Applied Electrochemistry 2nd Ed.

应 用 电 化 学

（第二版）

杨绮琴 方北龙 童叶翔 编著

中山大学出版社
·广州·

内容简介

本书内容包括：电化学基本原理和方法，电化学工程简介，无机物电解制备，有机电合成和电活性聚合物，电池，金属腐蚀与防护，电化学表面处理和加工，电解冶金和功能材料，电化学在环境保护、生物、医学中的应用，共十二章。本书既有基本理论，又有实际应用，并以应用为主；对每一实际应用领域，也介绍与之有关的原理及其新进展。书中附有习题和题解，以及上述内容的参考书刊。本书可作为高等院校电化学专业的教学用书，或供相关专业的学生选读，也可供从事与电化学有关工作的科技人员参考。

版权所有　翻印必究

图书在版编目(CIP)数据

应用电化学/杨绮琴，方北龙，童叶翔编著．—2 版．—广州：中山大学出版社，2005.2
ISBN 978 – 7 – 306 – 01710 – 9

Ⅰ．应… Ⅱ．①杨… ②方… ③童… Ⅲ．电化学 – 应用 Ⅳ．O646

中国版本图书馆(CIP)数据核字(2000)第 49981 号

中山大学出版社出版发行
(地址：广州市新港西路 135 号　邮编：510275
电话：020 – 84111998、84037215)
广东新华发行集团经销
广东虎彩云印刷有限公司
787 毫米×1092 毫米　16 开本　23.25 印张　537 千字
2001 年 1 月第 1 版　2005 年 2 月第 2 版　**2022 年 7 月第 13 次印刷**
印数：17501 – 18500 册　定价：33.80 元

本书如有印装质量问题影响阅读，请与出版社发行部联系调换

第二版 前 言

本书第一版在2001年1月出版以来,不少高等学校和研究单位选用本书作为大学生、研究生的教材或教学参考书,至2003年8月已第三次印刷。

进入21世纪以来,电化学各领域进展很快,尤其涉及能源、材料、环境及生物医药等方面取得了令人瞩目的发展。

汽车排放增长、石油短缺及美伊战争爆发所预示的潜在能源危机推动了燃料电池和电动汽车电源的迅速发展。西方发达国家在纯电动汽车与混合型电动汽车方面已实现和正在实现产业化,新型燃料电池电动汽车将在2010年实现商品化。

纳米材料应用到电子、化工、生物、医学、建材、环境、军事等领域,在高科技中发挥着不可替代的作用,并为传统产业带来了无限的活力。采用分子纳米材料可发展尺寸更小、速度更快的电子器件,以及研制新型的分子电子器件。例如"多官能有机连接器的纳米分子磁铁"、"人造DNA中自组装金属阵列"、"碳基分子整流器"。

模拟生物膜体系的生物电化学研究是当前最活跃的学科发展前沿领域之一,研制成功多种模拟生物膜、建立了表征模拟生物膜的谱学及现场电化学方法、发展从分子水平上现场跟踪膜动态变化的现场扫描探针显微技术等。电化学理论和方法的发展,使生命现象中的电化学过程成为生命化学的研究重点之一。

不断发展的电化学方法及新型的电化学传感器应用到生物、医药、工业和环境等领域中,诸如用毛细管电泳技术研究DNA、分析药物、检测污染物;电化学检测与流动注射分析联用监控水中痕量铝以防老人痴呆症;PVC膜铬离子选择电极测定饮用水中的致癌物铬(VI)的含量;纳米级检测矿物中含铍量的离子选择电极等。

电镀和表面精饰、腐蚀和防护、电解及合成、光电化学及谱学电化学技术等也发展很快,取得了很大的成就,在此不逐一介绍。

由上可见,为了及时反映国内外在应用电化学的新研究成果和进展,必须对《应用电化学》第一版加以修改补充。

此外,考虑到《应用电化学》为化学系本科高年级课程,并可供有关专业的研究生学习和从事电化学有关工作的科技人员参考,增加习题的题解更有利于学习。

在征询了同行专家和读者对第一版意见的基础上,对本书进行修订。修订内容如下:

(一)在能源、生物、医药、环境、纳米材料、金属电沉积、金属防腐、非水电解介质等方面增加新内容,增补在有关章节中。加强研究电极过程的方法及测试技术,补充有关实例。

(二)加入我们在非水电解液(低温熔盐和有机溶剂电解液)中电沉积金属薄膜及有关方面的新科研成果。

(三)对原书的习题,加入较详细的题解。

为了使本书第二版能尽快与读者见面,本书第二版基本上维持原来的编排。由于作者水平有限,修订工作难免有欠妥和错漏之处,恳请读者批评指正。

本书第二版除了加入我们一些科研成果外,还参考和引用有关书刊,在此向被引用书刊、论文的作者致谢。

编 者

2004 年 12 月

第一版前言

电化学应用范围很广,涉及民用、工农医、国防,以及尖端科学技术。电化学与固体物理、电子学、生物学等学科有密切的联系,形成了许多分支学科。我们在多年教学和科研工作中,不断地认识到:不仅在化学各学科中需要用到电化学的理论知识和研究方法,而且电化学也应用到物理、金属、生物、医学、地理等多个学科中去;从事电池、电解、电子、电工、化工、冶金、原子能、医药、卫生、材料保护、环境保护等与电化学有关工作的科技人员需要应用电化学的知识。因此,深感编写《应用电化学》的必要。国内外出版过这类书籍,但为数不多,而且缺乏生物电化学和环境保护方面的内容,满足不了日益增长的社会需要。我们编写此书,供与电化学专业有关的学生和从事与电化学有关工作的科技人员阅读。本书可作为高等学校教材和参考书。

全书共分为十二章。第一章到第三章叙述电化学基本原理,包括电解质溶液的物理化学性质、电化学热力学、电极过程动力学,以及有关的测量方法;第四章简介电化学工程基础;以后各章为应用部分,包括电池和能源、金属腐蚀与防护、表面处理、电解冶金、无机物电解制备、有机物电合成、电活性聚合物、电化学方法在环境、生物和医药上的应用。

书中附有习题、标准电极电位表、原子量表,供计算和查阅。参考书刊按内容分类列在全书之后,引用了参考资料的某些内容、数据和图表,在此向有关作者致谢。

由于作者水平有限,书中错漏之处在所难免,恳请批评指正。

编者

2000 年 3 月

目 录

绪 言 ………………………………………………………………………………… (1)

第一章 电解质溶液的物理化学性质 ……………………………………………… (3)
第一节 离子导体 ………………………………………………………………… (3)
一、电解质水溶液 …………………………………………………………… (3)
二、熔融电解质 ……………………………………………………………… (4)
三、固体电解质 ……………………………………………………………… (5)
第二节 电解质的活度和活度系数 ……………………………………………… (6)
一、活度和活度系数 ………………………………………………………… (6)
二、德拜－休克尔方程 ……………………………………………………… (7)
第三节 电导和迁移数 …………………………………………………………… (8)
一、迁移数和离子淌度 ……………………………………………………… (8)
二、电导率和摩尔电导率 …………………………………………………… (9)
第四节 扩散系数及其与淌度、粘度的关系 …………………………………… (11)
第五节 电导测定及其应用 ……………………………………………………… (13)

第二章 电化学反应热力学 ………………………………………………………… (16)
第一节 电化学体系 ……………………………………………………………… (16)
一、两类电化学装置 ………………………………………………………… (16)
二、电化学体系的界面电位差 ……………………………………………… (17)
第二节 电化学位和电极电位 …………………………………………………… (18)
一、内电位、外电位和电化学位 …………………………………………… (18)
二、电极电位和能斯特方程式 ……………………………………………… (20)
第三节 电动势和理论分解电压 ………………………………………………… (22)
第四节 电位-pH 图 ……………………………………………………………… (24)
第五节 电动势的测定及其应用 ………………………………………………… (27)
一、电动势的测定 …………………………………………………………… (27)
二、参比电极 ………………………………………………………………… (28)
三、有关物理化学数据的求算 ……………………………………………… (30)
四、电动势测定在分析化学上的应用 ……………………………………… (32)

第三章 电极过程动力学及有关电化学测量方法 ………………………………… (34)
第一节 双电层及其结构 ………………………………………………………… (34)

1

一、双电层的类型及结构模型 ································· (34)
　　二、双电层电容 ··· (35)
　　三、电毛细曲线与零电荷电位 ································· (37)
第二节　极化和电极过程 ·· (38)
　　一、极化和稳态极化曲线的测量 ································ (38)
　　二、电极过程和控制步骤 ·· (40)
第三节　稳态扩散和浓差极化方程式 ································ (41)
　　一、液相传质及电极表面附近浓度的分布 ····················· (41)
　　二、稳态扩散的电流和电位的关系 ······························ (43)
第四节　非稳态扩散 ·· (45)
　　一、平面电极的非稳态扩散和暂态电化学方法 ··············· (45)
　　二、线性扫描伏安法和循环伏安法 ······························ (49)
　　三、球状电极的非稳态扩散和极谱方法 ························ (51)
第五节　对流扩散与旋转圆盘电极 ·································· (54)
第六节　电荷转移反应动力学 ······································· (56)
　　一、电极电位对活化能和电极反应速度的影响 ··············· (56)
　　二、交换电流密度和电极反应速度常数 ························ (57)
第七节　电流密度和过电位的关系 ·································· (58)
　　一、稳态极化时电流密度和过电位的关系 ····················· (58)
　　二、浓差极化、分散层电位对电流密度和过电位关系的影响 ··· (60)
第八节　电极界面的交流阻抗 ······································· (62)
　　一、电解池等效电路及法拉第阻抗 ······························ (62)
　　二、交流阻抗的测定 ··· (64)
第九节　电化学研究中的谱学方法 ·································· (65)

第四章　电化学工程概要 ·· (68)
第一节　物料衡算 ·· (68)
第二节　电压衡算与能量衡算 ······································· (70)
　　一、电压衡算 ·· (70)
　　二、能量衡算 ·· (71)
第三节　电解生产的经济技术指标 ·································· (73)
　　一、转化率和选择性 ··· (73)
　　二、电流效率 ·· (73)
　　三、电能消耗和电能效率 ·· (74)
　　四、空时产率 ·· (74)
第四节　电化学反应器 ··· (75)
　　一、电化学反应器的分类 ·· (75)
　　二、电化学反应器的设计 ·· (76)
　　三、电解槽结构材料及电极材料的选择 ························ (79)

第五章　无机物的电合成及有关的电化学 ……………………………………… (83)
第一节　概述 ………………………………………………………………… (83)
一、电极过程的类型及无机物电解反应的分类 ……………………………… (83)
二、电合成的特点 ……………………………………………………………… (84)
三、无机物电合成简介 ………………………………………………………… (85)
第二节　气体电极过程 ……………………………………………………… (85)
一、氢电极过程 ………………………………………………………………… (85)
二、氧电极过程 ………………………………………………………………… (87)
三、氯电极过程 ………………………………………………………………… (88)
第三节　电催化 ……………………………………………………………… (89)
第四节　电解水和重水的制取 ……………………………………………… (91)
一、电解水工业 ………………………………………………………………… (91)
二、重水的制造 ………………………………………………………………… (94)
第五节　电解制取氯碱 ……………………………………………………… (95)
一、电解条件及某些技术进展 ………………………………………………… (95)
二、电解槽及工艺 ……………………………………………………………… (97)
第六节　某些无机物的电合成 ……………………………………………… (99)
一、次氯酸钠与氯酸钠 ………………………………………………………… (99)
二、过氧酸、过氧酸盐和过氧化氢 …………………………………………… (100)
三、高锰酸钾和二氧化锰 ……………………………………………………… (101)
四、重铬酸钾与铬酸 …………………………………………………………… (102)
五、赤血盐和高铁酸盐 ………………………………………………………… (103)
六、同时制取铬酸铅和氢氧化钠 ……………………………………………… (104)
七、氟和臭氧 …………………………………………………………………… (104)

第六章　电化学能量转换和贮存 ………………………………………………… (107)
第一节　化学电源的基本知识 ……………………………………………… (107)
一、化学电源的分类和组成 …………………………………………………… (107)
二、化学电源的原理和性能 …………………………………………………… (108)
三、电池的命名和型号 ………………………………………………………… (111)
第二节　用锌作负极的电池 ………………………………………………… (112)
一、锌锰干电池 ………………………………………………………………… (112)
二、碱性锌锰电池 ……………………………………………………………… (113)
三、锌汞电池和锌银电池 ……………………………………………………… (115)
四、锌空气电池 ………………………………………………………………… (116)
第三节　蓄电池 ……………………………………………………………… (117)
一、铅酸蓄电池 ………………………………………………………………… (117)
二、镉镍电池 …………………………………………………………………… (120)

三、金属氢化物镍电池 …………………………………………………… (120)
第四节　锂电池和锂离子电池 …………………………………………………… (122)
　　一、锂电池 …………………………………………………………………… (122)
　　二、锂离子电池 ……………………………………………………………… (124)
第五节　燃料电池 ………………………………………………………………… (125)
　　一、燃料电池的特征、结构和分类 ………………………………………… (125)
　　二、各类燃料电池 …………………………………………………………… (126)
第六节　其它化学电源 …………………………………………………………… (128)
　　一、钠硫电池 ………………………………………………………………… (128)
　　二、固体电解质电池 ………………………………………………………… (129)
　　三、热电池 …………………………………………………………………… (130)
第七节　太阳能电池 ……………………………………………………………… (130)
　　一、硅太阳能电池 …………………………………………………………… (130)
　　二、液结太阳能电池 ………………………………………………………… (132)
第八节　电化学与氢能开发 ……………………………………………………… (132)
第九节　应用于电动汽车的电池 ………………………………………………… (134)

第七章　金属腐蚀与防护 …………………………………………………… (136)
第一节　腐蚀的分类和腐蚀速度的表示 ………………………………………… (136)
第二节　金属腐蚀的倾向和电化学腐蚀的条件 ………………………………… (138)
　　一、金属腐蚀的倾向 ………………………………………………………… (138)
　　二、腐蚀电池 ………………………………………………………………… (139)
　　三、金属表面上水膜的形成 ………………………………………………… (141)
第三节　电化学腐蚀动力学 ……………………………………………………… (142)
　　一、伊文思图 ………………………………………………………………… (142)
　　二、析氢腐蚀动力学 ………………………………………………………… (142)
　　三、吸氧腐蚀动力学 ………………………………………………………… (144)
第四节　金属的钝化 ……………………………………………………………… (145)
第五节　金属腐蚀速度的电化学测量方法及有关测量技术 …………………… (147)
　　一、极化曲线外延法 ………………………………………………………… (147)
　　二、线性极化法 ……………………………………………………………… (148)
　　三、三点法 …………………………………………………………………… (149)
　　四、金属表面微区电位和电流密度分布的测量 …………………………… (150)
第六节　金属的防护 ……………………………………………………………… (151)
　　一、金属防护措施及耐腐蚀金属材料的选择 ……………………………… (151)
　　二、缓蚀剂保护 ……………………………………………………………… (152)
　　三、电化学保护 ……………………………………………………………… (154)
第七节　新型防腐蚀膜层的研究与应用 ………………………………………… (156)
　　一、金属防腐新工艺——达克罗 …………………………………………… (156)

二、防腐蚀的导电高分子膜 … (157)
　　三、自组装膜技术在金属防腐蚀中的应用 … (158)
　　四、化学修饰与电化学修饰防腐膜 … (158)
　　五、光催化 TiO_2 涂层在金属防腐蚀中的应用 … (159)

第八章　电解冶金及有关功能材料的制取 … (160)
第一节　电解制取金属及合金材料的重要意义和电解冶金的分类 … (160)
第二节　金属的电结晶 … (162)
　　一、金属电结晶过程 … (162)
　　二、结晶过电位 … (162)
　　三、影响电极金属结晶生长的因素 … (164)
第三节　水溶液电解提取 … (165)
　　一、水溶液中金属电沉积的基本原则 … (165)
　　二、锌和铜的电解提取 … (167)
第四节　水溶液电解精炼及电解制取金属粉末 … (169)
　　一、水溶液电解精炼 … (169)
　　二、电解法制取金属粉末 … (171)
第五节　熔盐电解制取轻金属及稀有金属 … (172)
　　一、熔盐中的电极电位 … (172)
　　二、影响熔盐电解的因素 … (172)
　　三、电解制取轻金属 … (174)
　　四、电解制取稀土金属 … (176)
　　五、熔盐电解制取高熔点金属 … (177)
第六节　熔盐电解制取合金和半导体 … (178)
　　一、熔盐电解制取稀土合金的电极过程及合金化机理 … (178)
　　二、钕铁合金的制取 … (180)
　　三、半导体和硼化钛的电沉积 … (180)
第七节　非水电解液电沉积金属 … (183)
　　一、有机电解液电沉积稀土金属及其合金 … (183)
　　二、低温溶盐电沉积活泼金属及其合金 … (184)

第九章　电化学表面处理与电化学加工 … (186)
第一节　电镀——现代表面工程技术的重要组成部分 … (186)
第二节　电镀液的组成和主要金属离子还原的电极过程 … (188)
　　一、电镀液的组成及其作用 … (188)
　　二、主盐金属离子还原的电极过程 … (189)
第三节　阴极上的电流分布和金属分布 … (191)
　　一、初次电流分布、二次电流分布和金属分布 … (191)
　　二、镀液的分散能力和赫尔槽试验 … (192)

三、微观分散能力和整平作用 ································· (194)
第四节　常用的电镀层 ··· (195)
第五节　各种电镀技术 ··· (198)
　　一、合金电镀和复合电镀 ····································· (198)
　　二、电沉积纳米涂层 ··· (200)
　　三、化学镀与塑料电镀 ······································· (201)
　　四、脉冲电镀、电刷镀、激光电镀 ····························· (203)
　　五、浸镀、机械镀、高速镀 ··································· (206)
第六节　化学转化膜 ··· (207)
　　一、铝及其合金的阳极氧化 ··································· (207)
　　二、铝及其合金的电解着色和氧化铝膜的封闭 ··················· (209)
　　三、磷酸盐膜 ··· (211)
第七节　电泳涂漆 ··· (212)
　　一、电泳涂漆的原理 ··· (212)
　　二、阳极电泳涂漆 ··· (213)
　　三、阴极电泳涂漆 ··· (214)
第八节　电解抛光和电化学加工方法 ······························· (214)
　　一、电解抛光 ··· (214)
　　二、电解加工 ··· (215)
　　三、电铸 ··· (216)

第十章　有机电化学和电活性聚合物简介 ··························· (218)
第一节　有机电化学反应的特点和分类 ····························· (218)
　　一、有机电化学反应的特点 ··································· (218)
　　二、有机电化学反应的分类 ··································· (219)
第二节　有机电解液的溶剂、支持电解质和参比电极 ················· (220)
　　一、溶剂 ··· (220)
　　二、支持电解质 ··· (221)
　　三、参比电极 ··· (222)
第三节　有机化合物的阳极氧化 ··································· (223)
　　一、脂肪烃、烯烃的阳极氧化 ································· (223)
　　二、醇、醚、羰基化合物的阳极氧化 ··························· (224)
　　三、有机物电化学卤化 ······································· (225)
　　四、含氮化合物、含硫化合物的阳极氧化 ······················· (226)
　　五、芳香化合物的阳极官能化 ································· (227)
　　六、杂环化合物的阳极氧化 ··································· (228)
　　七、间接电氧化 ··· (229)
第四节　有机化合物的阴极还原 ··································· (229)
　　一、含C＝C双键化合物的阴极还原 ···························· (229)

二、有机卤代物的阴极还原 ·· (230)
　　三、羰基化合物的阴极还原 ·· (230)
　　四、含氮化合物的阴极还原 ·· (232)
　　五、含硫化合物的阴极还原 ·· (233)
　第五节　有机电合成的电解槽和电解工业 ·································· (234)
　　一、有机电合成的电解槽、电极和隔膜 ······································ (234)
　　二、有机电合成的工业生产和中间试验简介 ································ (236)
　　三、电合成己二腈、四乙基铅和电化学氟化 ································ (237)
　第六节　导电聚合物 ·· (238)
　　一、概述 ·· (238)
　　二、导电聚合物在电池中的应用 ·· (239)
　　三、化学修饰电极和聚合物修饰电极 ·· (240)
　第七节　有机电致显色材料 ·· (243)
　　一、电致显色器简介 ·· (243)
　　二、氧化还原型、金属有机螯合物电致显色材料 ·························· (243)
　　三、导电聚合物电致显色材料 ·· (244)
　第八节　有机电合成的某些专题 ·· (245)
　　一、CO_2 的电化学还原 ··· (245)
　　二、SPE 法有机电合成 ·· (246)
　　三、消耗阳极法进行有机电合成 ·· (247)
　　四、有机声电合成 ·· (248)
　第九节　含有机化合物的分子电子器件 ····································· (248)
　　一、碳基分子连接器及其应用实例——分子整流器 ······················· (249)
　　二、使用多官能有机连接器的纳米分子磁铁 ······························· (250)
　　三、人造 DNA 中自组装金属阵列 ·· (252)

第十一章　环境保护与电化学 ··· (253)
　第一节　电化学方法在环境保护中的应用 ·································· (253)
　第二节　电解法处理污染物 ·· (255)
　　一、电解氧化和电解还原除污染物 ·· (255)
　　二、电浮离和电凝聚 ·· (258)
　　三、高性能电化学废水处理体系 ··· (260)
　第三节　电渗析 ··· (262)
　　一、原理和应用 ··· (262)
　　二、电渗析膜的分类和性能 ··· (263)
　第四节　离子选择电极 ·· (265)
　　一、离子选择电极的分类及原理 ··· (265)
　　二、离子选择电极在环境分析方面的应用 ································· (266)
　　三、以聚合物膜为基础的离子选择电极 ···································· (268)

第五节　溶出伏安法及其应用……………………………………………………(270)
　　　一、电积与溶出………………………………………………………………………(270)
　　　二、溶出电流及其影响因素…………………………………………………………(272)
　　　三、溶出伏安法在环境保护中的应用………………………………………………(273)
　　第六节　电化学检测与流动注射分析联用分析水中痕量铝……………………(274)

第十二章　电化学在生物和医学中的应用………………………………………………(277)
　　第一节　生物电化学的研究内容…………………………………………………(277)
　　第二节　生物体的电现象…………………………………………………………(278)
　　　一、脑波、心电和筋电………………………………………………………………(278)
　　　二、细胞膜电位和刺激传递…………………………………………………………(279)
　　第三节　伏安法在生物和医学中的应用…………………………………………(282)
　　　一、伏安法研究生物体物质的电极反应……………………………………………(282)
　　　二、溶出伏安法在医学中的应用……………………………………………………(284)
　　　三、溶出伏安法在食品中的应用……………………………………………………(284)
　　第四节　生物电化学传感器………………………………………………………(285)
　　　一、电化学传感器简介………………………………………………………………(285)
　　　二、生物电化学传感器的原理和器件………………………………………………(286)
　　　三、酶传感器、微生物传感器、组织传感器和免疫传感器………………………(288)
　　第五节　毛细管电泳技术及其应用………………………………………………(291)
　　　一、毛细管电泳简介…………………………………………………………………(291)
　　　二、毛细管电泳的电化学检测器……………………………………………………(292)
　　　三、毛细管电泳技术在生物、医药、工业和环境等领域中的应用………………(293)
　　第六节　应用电化学方法诊断和治疗的器件……………………………………(295)
　　　一、生物燃料电池……………………………………………………………………(295)
　　　二、FET 生物传感器和 DNA 生物传感器…………………………………………(296)
　　　三、利用电刺激传导的治疗方法……………………………………………………(298)
　　　四、人工肾脏中的电氧化除脲………………………………………………………(298)

习题及习题解答…………………………………………………………………………(300)
　　一、习题……………………………………………………………………………(300)
　　二、习题解答………………………………………………………………………(314)

附录 1　原子量四位数表…………………………………………………………………(333)
附录 2　25℃水溶液的标准电极电位/V*………………………………………………(334)
附录 3　25℃在某些非水溶液的标准电极电位/V………………………………………(340)
附录 4　电化学（原理和应用）名词术语中英对照*……………………………………(341)

参考文献…………………………………………………………………………………(350)

绪　　言

电化学是从研究电能与化学能的相互转换开始形成的。1799年伏特(Volta)发明了第一个原电池,即"伏特电堆"(把锌片和铜片叠起来,中间用浸有硫酸的毛呢隔开)。1807年戴维(Davy)用电解方法得到钠和钾。1837年雅可比(Якоби)发明了电铸技术,随后应用于精炼铜。1849年柯尔贝(Kolbe)电解戊酸水溶液得到辛烷。1859年普兰特(Planét)发明了铅酸电池。在1870年发明了发电机后,电解才获得实际的应用,从此相继出现电解制备铝,电解制造氯气和氢氧化钠,电解水制取氢气和氧气。

大量的生产实践和科学实验知识的积累,推动了电化学理论工作的开展,并进一步以理论指导新的实践。在伏特电堆出现后对电流通过导体时发生的现象进行了两方面的研究:从物理方面的研究得到欧姆定律(Ohm,1826年);从化学方面的研究得到法拉第定律(Faraday,1833年)。1887年阿累尼乌斯(Arrhenius)提出了电离学说。1889年能斯特(Nernst)提出了电极电位公式,对电化学热力学作出了重大的贡献。19世纪70年代赫姆荷兹(Helmholtz)首次提出了双电层的概念。1905年塔菲尔(Tafel)找到了过电位与电流密度的关系式。20世纪50年代前后弗鲁姆金(Фрумкин)、博克里斯(Bockris)等做了大量研究工作,发展了电极过程动力学,使之成为现代电化学的主体。20世纪60年代以后电化学的实验技术有了突破性的进展,同时将量子力学引进了电化学领域,电化学有了新的发展。现今电化学的研究已深入到探讨电化学界面的原子-分子世界。

电化学是一门重要的边沿科学,它与化学领域中其他学科、电子学、固体物理学、生物学等学科有密切的联系,出现了电分析化学、有机电化学、催化电化学、熔盐电化学、固体电解质、量子电化学、半导体电化学、腐蚀电化学、生物电化学等分支。这些学科涉及能源、交通、材料、生命以及环境等重大问题的研究,推动着国民经济和尖端科学技术的发展。电化学将是21世纪的一门绿色化学和热门科学,其中与能源、生物、环境、纳米材料有关的电化学成为研究的热点,并已取得令人瞩目的进展。

电化学应用范围很广,远远超出化学领域,在国民经济很多部门发挥了巨大的作用。电化学的实际应用大致分为:

(1) 电合成无机物和有机物,例如氯气、氢氧化钠、高锰酸钾、己二腈、四烷基铅。
(2) 金属的提取与精炼,例如熔盐电解制取铝、湿法电冶锌、电解精炼铜。
(3) 电池,例如锌锰电池、铅酸电池、镉镍电池、锂电池、燃料电池、太阳能电池。
(4) 金属腐蚀和防护的研究,采取有效的保护措施,例如电化学保护、缓蚀剂。
(5) 表面精饰,包括电镀、阳极氧化、电泳涂漆等。
(6) 电解加工,包括电成型(电铸)、电切削、电抛磨。
(7) 电化学分离技术,例如电渗析、电凝聚、电浮离等应用于工业生产或废水处理。
(8) 电分析方法在工农业、环境保护、医药卫生等方面的应用。

上述无机物、有机物和金属的电解制备统称为电解工业,电解和电池是两个规模庞大的电化学工业体系。

随着社会需求的不断增长,电化学工业在国民经济中的地位将日益提高。虽然目前世界能源较紧张,较难全面地、大规模地发展电化学工业生产,但是随着核能和太阳能的广泛开发和利用,许多传统的化工过程和冶金过程可望由电化学过程所替代。电化学应用前景将越来越宽广。

第一章 电解质溶液的物理化学性质

第一节 离子导体

一、电解质水溶液

根据电荷载体不同,可将导体分为第一类导体和第二类导体。由电子担负导电任务的导体叫第一类导体,例如金属、石墨、某些金属氧化物(如 PbO_2、Fe_3O_4)和碳化物(如 WC)等。第二类导体依靠离子移动来导电,又称之为离子导体,包括电解质水溶液、有机电解质溶液、熔融盐和固体电解质,其中最常见的是电解质水溶液。从电离程度来看,过去曾把电解质分为强电解质和弱电解质两类。这种分类不能解释同一物质在不同溶剂中表现为弱电解质或强电解质的行为,因而不能作为物质属性的一种分类。现代观点主张把电解质分为非缔合式和缔合式两种。前者在水中形成阳离子和阴离子,没有未离解的分子,也没有形成离子对,卤化碱、碱土卤化物、过氯酸盐和过渡金属卤化物等属于这一类。后者在溶液中存在共价键形成的未离解的分子。全部的酸,包括卤酸和过氯酸,它们通过静电吸引而使阳离子、阴离子形成离子对。

溶剂化作用对电解质的性质有很重要的作用。作为溶剂的水,其结构对电解质的性质影响很大。分析水蒸气中分子结构,得知两个氢离子以 104.5°夹角排在氧离子的两边,如图 1.1 所示。液体水在短程范围内和短时间内具有和冰相似的结构,如图 1.2 所示。这个四面体是通过氢键形成的。液体状态的水一般是网状结构,水分子通过静电作用聚集在一起,而热运动不断将其破坏,因此处在动态平衡之中,但也有一些游离的水分子。

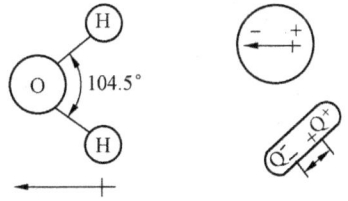
图 1.1 单独水分子的结构

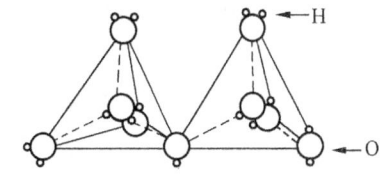
图 1.2 水的基本单元结构

水是偶极分子,其正负电荷中心不集中在一点上(见图 1.1)。因此,水分子受离子静电的作用而定向在离子周围形成水化壳,这是水的第一种溶剂化作用——离子水化。水分子还可使在纯态时由不导电的电解质变成可导电的,这是第二种溶剂化作用;在酸碱理论中,叫质子转移或酸碱反应,例如

$$HCl + H_2O = H_3O^+ + Cl^-$$

水化离子对电解质溶液的性质产生两种重要的影响：① 减少溶液中自由分子的数量，增加离子的体积，起到均化作用，使离子的扩散系数接近相同。离子水化也改变了电解质的活度系数和电导等静态和动态性质。② 破坏了附近水层的四面体结构。由于水分子的偶极对离子的定向，而使离子邻近水分子的介电常数发生变化。这种情况严重影响双电层的结构，对电极过程、金属电沉积都有不可忽视的影响。

在水溶液中除了水化作用外，也存在缔合作用。缔合在电镀上可以起到良好的辅助作用，例如无氰镀银时，加入一些络合剂实际上是起缔合作用的。含咪唑银络离子的镀银液的稳定性和电镀性能欠佳，但加入磺基水杨酸能提高该络离子溶解的 pH 范围，增加镀液的稳定性，改进了镀层的性能。磺基水杨酸是咪唑银络离子的缔合剂，由于它的强亲水性，与咪唑银络离子缔合后，形成一个强亲水性的负离子，使本来在高 pH 下会水解的咪唑银络离子保持水溶状态。

二、熔融电解质

熔融电解质一般指熔融状态的盐类，即熔盐。常温下盐类是晶体，盐熔化后（离熔点不远时），其结构仍然和晶体有类似之处。大多数盐熔化后，体积相对增加不大，例如 KCl 为 17.3%，KNO_3 为 3.3%，$CaCl_2$ 为 0.9%。盐类的热容只比固体的热容稍大一些，例如 KCl，两者只差 0.8 cal。这些数据表明熔盐中粒子间的平均距离与固态盐中粒子间的平均距离相近，盐熔化时各质点间的结合力只受到不大的削弱，熔盐中粒子的热运动性质仍然保持着固态粒子热运动的性质。根据 X 射线分析，在离结晶温度很近时的液态和其结晶态结构性质相近。

虽然现在对熔盐结构仍未弄清，但是一般认为熔盐是完全离解的离子液体。对于碱金属卤化物，这是切实的。其他如银离子的卤化物或多或少有共价键，给理论处理带来困难。由于熔盐的电离度大，而且温度高使离子运动速度增加，故其电导率一般比水溶液大得多。

熔盐发展至今已不限于无机盐熔体，还包括氧化物熔体及熔融有机物，例如等摩尔的 NaCl - KCl（mp = 663 ℃）；NaF（11.5 mol%） - KF（42.0 mol%） - LiF（46.5 mol%）（mp = 454 ℃）；La_2O_3（10 mol%） - CuO（90 mol%）（mp = 1050 ℃）；$CO(NH_2)_2$（59.1 mol%） - NH_4NO_3（40.9 mol%）（mp = 45.5 ℃）。前三者要在高于 500 ℃ 的温度下使用，称为高温熔盐；后者可在 100 ℃ 左右的温度下使用，称为低温熔盐。$AlCl_3$（33 mol%） - MEIC（即 MEI^+Cl^-，MEI：1-甲基-3-乙基咪唑）体系的熔点为 -75 ℃，可在常温下使用；$AlCl_3$ - BPC（即 BP^+Cl^-，BP：正丁基吡啶）也可在常温下使用，故这些体系被称为常温熔盐体系。熔盐应用范围很广，大致有如下几方面：① 电解冶金及材料科学，包括金属及其合金的电解制取与精炼、合成新材料、表面处理；② 能源技术，如核能、能源贮存、电池；③ 固态电化学技术，如单晶生长、熔盐半导体、固体电解质；④ 环境技术，如净化大气、处理废物、无硫金属提取；⑤ 化学工业，主要用作化学反应的介质。此外在冶金工业中用于热处理和焊接。

常温熔盐（或称室温熔盐、室温离子液体）是目前熔盐研究的热点课题。常温熔盐是一类熔点在室温附近的熔融盐，具有可调节的酸度、低熔点（低于 0℃，甚至低到 -75℃）、室温下有适当的电导率（~10^{-3} S·cm^{-1}）、宽阔的电化学窗口（可达 4 V）、可忽略的蒸气压、能溶解多种无机物，还可以与芳香族溶剂，如苯、甲苯混溶，在电化学、有机合成、催化、分离等领域被广泛应用。使用较多的室温熔盐是由无水氯化铝和有机盐类组成，例如氯化铝-氯化 1-甲基-3-乙基咪唑鎓（$AlCl_3$ - MEI^+Cl^-）、氯化铝-氯化正丁基吡啶鎓（$AlCl_3$ - BP^+Cl^-）熔体。但这类熔体对水十分敏感，故近年来又开发疏水的室温熔盐，例如 1-甲基-3-乙基咪唑四氟硼酸盐（$MEI^+BF_4^-$）、1-甲基-3-乙基咪唑六氟磷酸盐（$MEI^+PF_6^-$）。此外，还有基于季胺阳离子和酰亚胺阴离子的室温熔盐、N-甲基吡啶碘化物-N-甲基吡啶氯化物二元溶液等。不久将来，某些主要工业化学过程会被更有效和更有利于环境的室温熔盐过程所取代。例如在某些化学过程中以室温熔盐作溶剂，可避免使用污染环境的化学药品，如苯、甲苯和浓矿物酸。室温熔盐在这方面的工业应用虽然刚开始，但已显示出室温熔盐对发展绿色化学和清洁技术所起的重要作用。

20 世纪 80 年代出现另一类由酰胺与碱金属硝酸盐或硝酸铵组成的低温熔盐，例如尿素（59.1 mol %）- NH_4NO_3（40.9 mol %）（m.p. = 63.5 ℃）、尿素-乙酰胺-NH_4NO_3 低共熔物（m.p. = 7 ℃）。这类硝酸盐与短链脂肪胺形成的熔盐有明显的过冷倾向，过冷熔体在 -20℃ 下能保持液态数日以致数月。尿素-乙酰胺-碱金属硝酸盐的室温电导率高于 10^{-3} S cm^{-1}，电化学窗口约为 2 V，可作为电池或表面处理的电解质，例如常温锂热电池、钛和钛合金阳极氧化。低共熔组成的尿素-$NaBr$-KBr（m.p. = 51℃）在 100~125 ℃ 时的电导率可达 $2×10^{-2}$ S·cm^{-1}，电化学窗口为 2.3 V。这种熔体被应用于电沉积金属和合金，例如铁族金属、钛-铜合金、稀土-铁族金属的合金。

三、固体电解质

固体电解质是一种离子导体。人们早就发现某些离子晶体能导电，但是电导率很小。20 世纪 60 年代中期发现了快离子导体（例如 $RbAg_4I_5$），固体电解质才得到较广泛的应用。可用固体电解质制作微型电池、燃料电池、定时器、记忆元件和测氧分压探头等等。

目前已知的固体电解质有数百种，一般按照传导离子的类型来分类。传导离子大都是质量较轻，体积较小，带一个电荷的居多，例如 Ag^+、Cu^+、Li^+、O^{2-}、F^- 等。银离子导体如 AgX（X 为卤素）、Ag_2S、$RbAg_4I_5$、Me_2Et_2NI - AgI 等。铜离子导体如 CuI、Cu_2HgI_4、Cu_2Se。碱金属离子导体主要是锂离子导体和钠离子导体，锂离子电导的 B_2S_3、P_2S_6、SiS_2 基玻璃在室温下可呈现 10^{-3}~10^{-4} S·cm^{-1} 的电导率；β-氧化铝（$Na_2O·nAl_2O_3$，n 从 5 到 11）具有特殊重要性，应用于高能电池。大多数氧离子导体以第四族副族的金属或四价稀有金属的氧化物（如 ZrO_2、ThO_2）为主，掺杂一些价数较低的金属氧化物（如 Y_2O_3、CaO）才有实用价值，如测定氧的分压。研究较多的氟离子导体有 β-PbF_2、CaF_2、CdF_2，添加一价及三价金属的氟化物，如 NaF、AlF_3 与之形成固溶体，产生 F^- 空位及晶格间 F^-。

1973 年，Wright 等人发现对聚氧乙烯（PEO）与碱金属离子的配合物具有离子导电性，这一发现将高分子引入了固体电解质的领域。高分子固体电解质（SPE，又称离子导电聚合物）具有质轻、成膜性好、易卷曲等许多无机材料不可比拟的优点，它在电子、医疗、空间技术、电致显色、电化学、光电学、传感器等方面有着广泛的应用。采用 2,2-甲基丙烯酰氧乙基三甲基氯化胺为单体，与四羟基环氧乙烷接枝聚合，制得基本为无定型相的星形聚合物，将其与离子导电性高的低分子熔盐复合，得到室温电导率（离子电导率高达 10^{-1} S·m^{-1}）高的新型固体电解质，它具有优异的低温导电性能。

第二节　电解质的活度和活度系数

一、活度和活度系数

对于理想溶液某组分 i 的化学位 μ_i 与质量摩尔浓度 m_i 的关系为

$$\mu_i = \mu_i^\ominus + RT\ln m_i \tag{1.1}$$

此式近似地可用于无限稀溶液。对于非理想溶液，若用活度 a 代替 m，则有

$$\mu_i = \mu_i^\ominus + RT\ln a_i \tag{1.2}$$

$$a_i = \gamma_i m_i$$

$$m_i \to 0 \text{ 时}, \gamma_i \to 1$$

a/m 的比值表示真实溶液与理想溶液性质上的偏差，称为活度系数 γ。(1.2)式可用于理想或非理想溶液。如采用体积摩尔浓度或摩尔分数，则 $a = \gamma c$ 或 $a = \gamma x$。

关于活度的概念，也有定义为 $a_i = \gamma_i \dfrac{m_i}{m^\ominus}$，当 $m_i \to 0$, $\gamma_i = 1$。

电解质溶液比非电解质溶液复杂一些，因电解质会电离为阴阳离子。对于 1:1 价电解质，它们的化学位表示为：

阳离子：
$$\mu_+ = \mu_+^\ominus + RT\ln \gamma_+ m_+ \tag{1.3}$$

阴离子：
$$\mu_- = \mu_-^\ominus + RT\ln \gamma_- m_- \tag{1.4}$$

任何溶液都是电中性的，如果改变其中一种离子的浓度，则电荷符号相反的另一种离子的浓度也必然跟着变化。因此不可能测定单种离子的活度系数。但是采用平均活度和平均活度系数的概念，这就变为可测量的量。对于任何价型的强电解质

$$M_{\nu_+} A_{\nu_-} = \nu_+ M^{z+} + \nu_- A^{z-} \tag{1.5}$$

$$\mu = \nu_+ \mu_+ + \nu_- \mu_- \tag{1.6}$$

按离子数目平均得到

$$\mu_\pm = \frac{\nu_+ \mu_+ + \nu_- \mu_-}{\nu_+ + \nu_-} \tag{1.7}$$

把(1.3)和(1.4)式代入上式得

$$\mu = \frac{\nu_+ \mu_+^\ominus + \nu_- \mu_-^\ominus}{\nu_+ + \nu_-} + RT\ln(a_+^{\nu_+} \times a_-^{\nu_-})^{1/\nu}$$

$$= \mu_\pm^\ominus + RT\ln a_\pm \tag{1.8}$$

式中 $\nu = \nu_+ + \nu_-$，(1.8)式引出了强电解质平均活度 $a_\pm$，从而有平均活度系数 $\gamma_\pm$ 和平均质量摩尔浓度 $m_\pm$，见(1.9)式。

$$a_\pm = (a_+^{\nu_+} \times a_-^{\nu_-})^{1/\nu}$$

$$m_\pm = (m_+^{\nu_+} \times m_-^{\nu_-})^{1/\nu} \tag{1.9}$$

$$\gamma_\pm = (\gamma_+^{\nu_+} \times \gamma_-^{\nu_-})^{1/\nu}$$

表1.1列出一些离子的平均活度系数,可利用 $\gamma_\pm$ 按 $a_+ = \gamma_\pm m_-$ 和 $a_- = \gamma_\pm m_-$,近似计算阳离子和阴离子的活度系数。

表1.1　298K时某些电解质的离子平均活度系数

m	HCl	NaCl	KCl	CaCl$_2$	LaCl$_3$	HNO$_3$	NaNO$_3$	H$_2$SO$_4$	K$_2$SO$_4$	ZnSO$_4$	Al$_2$(SO$_4$)$_3$
0.001	0.965	0.965	0.965	0.889	0.790	0.965	0.966	0.830	0.885	0.700	
0.005	0.928	0.928	0.927	0.789	0.636	0.927	0.929	0.639	0.777	0.477	
0.01	0.904	0.903	0.902	0.731	0.560	0.902	0.905	0.544	0.711	0.387	
0.02	0.875	0.872	0.869	0.668	0.483	0.871	0.873	0.453	0.638	0.298	
0.05	0.830	0.822	0.816	0.583	0.388	0.823	0.821	0.340	0.525	0.202	
0.10	0.796	0.778	0.770	0.518	0.314	0.791	0.762	0.265	0.441	0.150	0.035
0.20	0.767	0.735	0.718	0.472	0.274	0.754	0.501	0.209	0.360	0.104	0.023
0.50	0.757	0.681	0.649	0.448	0.266	0.720	0.617	0.156	0.264	0.063	0.014
1.00	0.809	0.657	0.604	0.500	0.342	0.724	0.548	0.132		0.043	0.018
1.60	0.916	0.657	0.580	0.644	0.567	0.758	0.501	0.126		0.036	
2.00	1.009	0.668	0.573	0.792	0.825	0.793	0.478	0.128		0.035	
3.00	1.316	0.714	0.569	1.483		0.909	0.437	0.142		0.041	

二、德拜-休克尔方程

活度系数可以通过离子强度 I 进行计算,I 定义为

$$I = \frac{1}{2}\sum_i m_i Z_i^2 \tag{1.10}$$

计算时把一切离子都算进去。例如含有 $0.01\ \mathrm{mol \cdot kg^{-1}}$ 的 NaCl 和 $0.02\ \mathrm{mol \cdot kg^{-1}}$ 的 CdCl$_2$ 溶液,内含 Na$^+$、Cd^{2+} 及 Cl$^-$,其离子强度为

$$I = \frac{1}{2}[0.01 \times 1^2 + 0.02 \times 2^2 + 0.05 \times (-1)^2] = 0.07$$

实验表明,电解质的平均活度系数在稀溶液范围内符合如下经验式

$$\lg \gamma_\pm = -\text{常数}\sqrt{I}$$

此式与德拜-休克尔(Debye-Hückel)理论推导的结果相一致。

德拜-休克尔认为在溶液中,每一个离子周围都有异号离子和同号离子,由于静电作用力和热运动,使异号离子多于同号离子,且有一定规律分布,形成了离子氛。他们在此基础上,运用统计方法推出

$$\lg \gamma_i = -AZ_i^2\sqrt{I} \tag{1.11}$$

$$\lg \gamma_\pm = -A|Z_+ Z_-|\sqrt{I} \tag{1.12}$$

此即为德拜-休克尔极限方程式,只适用于浓度低于 $0.001\ \mathrm{mol \cdot kg^{-1}}$ 的溶液。引入离子半径进行修正,得到德拜-休克尔方程(1.13式),可用到 $0.01\ \mathrm{mol \cdot kg^{-1}}$。

$$\lg \gamma_\pm = \frac{-A|Z_+ Z_-|\sqrt{I}}{1 + Ba\sqrt{I}} \tag{1.13}$$

上式中的 a 为离子的平均有效直径(见图1.3),大多数电解质的离子平均直径为(3

~4)×10⁻⁸ cm。A 和 B 为与溶剂介电常数、温度有关的常数。

$$A = \frac{1.8246 \times 10^6}{(\varepsilon T)^{3/2}} \quad (1.14)$$

$$B = \frac{50.29 \times 10^8}{(\varepsilon T)^{1/2}} \quad (1.15)$$

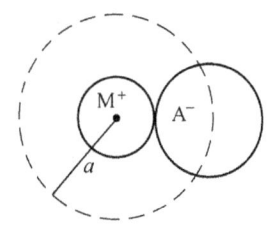

25 ℃水溶液的 A 和 B 的值为 0.5115 和 0.329×10^8。 图 1.3 离子的平均有效直径

当 $I < 0.1$ 时(1.12)式可得较准确的结果。若溶液更浓,进一步修正为

$$\lg \gamma_\pm = \frac{-A|Z_+ Z_-|\sqrt{I}}{1 + Ba\sqrt{I}} + bI \quad (1.16)$$

式中 b 为调节参数,例如 NaCl 水溶液的 b 由实验测得为 0.05。(1.16)式用在非缔合式 1:1 价电解质上,理论计算值与实验值符合到 1 mol·kg⁻¹。

第三节 电导和迁移数

一、迁移数和离子淌度

离子的动态性质包括电导、迁移、扩散、粘度等。它们之间有内在的联系,可由一种性质推知另一种性质。

在电场作用下,溶液中的阴离子向阳极迁移,而阳离子向阴极迁移。电解质溶液传导电流靠离子迁移,每种离子传导电流的能力是不一样的,我们把某种离子的传电量在通过溶液的总电量中所占的分数称为迁移数。若以 t_i、Q_i、I_i 和 Q、I 分别表示溶液中第 i 种离子的迁移数、传电量、电流和总电量、总电流,则

$$t_i = Q_i/Q = I_i/I \quad (1.17)$$

某种离子迁移的电量与其迁移速度、价数及体积摩尔浓度成正比,因此

$$t_i = \frac{v_i z_i c_i}{\sum_i v_i z_i c_i} \quad (1.18)$$

若溶液只有一种阳离子与一种阴离子,则

$$t_+ = \frac{v_+}{v_+ + v_-} \quad (1.19)$$

$$t_- = \frac{v_-}{v_+ + v_-}$$

这时迁移数完全取决于迁移速度。25 ℃时 0.1 mol·L⁻¹ NaCl 溶液中,$t_+ = 0.3854$,$t_- = 0.6146$,表明 Cl⁻ 的迁移速度比 Na⁺ 的大。

离子迁移是在电场作用下发生的,电场强度越大,即电位梯度越大,迁移速度越大。

$$v_+ = U_+ E_x = U_+ \frac{dE}{dx} \quad (1.20)$$

$$v_- = U_- E_x = U_- \frac{dE}{dx}$$

式中 E_x 为 x 方向的电位梯度,比例系数 U_+ 和 U_- 称为离子淌度,又称离子迁移率,它是 $E_x = 1V·m^{-1}$ 时的迁移速度。各种离子中 H^+ 的淌度最大,在 25℃时无限稀溶液中为 $36.30×10^{-8}$ $m^2·s^{-1}·V^{-1}$;其次是 OH^-,为 $20.52×10^{-8}$ $m^2·s^{-1}·V^{-1}$;一般在 $10×10^{-8}$ $m^2·s^{-1}·V^{-1}$ 以下。

由于阴阳离子处在同样的 E_x 下,故(1.19)式可写成

$$t_+ = \frac{U_+}{U_+ + U_-} \tag{1.21}$$

$$t_- = \frac{U_-}{U_+ + U_-}$$

二、电导率和摩尔电导率

物质导电能力常用电阻 R 或电导($1/R$)来表示。根据欧姆定律

$$\frac{1}{R} = \frac{I}{U} \tag{1.22}$$

式中 I 为电流强度,U 为外加电压。电导与物体的横截面 A 成正比,与长度 l 成反比,

$$\frac{1}{R} = \kappa \frac{A}{l} \tag{1.23}$$

比例系数 κ 称为电导率,在国际单位制(SI)中是指长为 1 m、截面积为 1 m^2 的导体的电导,单位为 $S·m^{-1}$(也有用 $S·cm^{-1}$)。$1/\kappa$ 为电阻率 ρ,单位为 $\Omega·m$ 或 $\Omega·cm$。

表 1.2 列出某些物质的电导率,可以比较它们导电能力的大小。

电导率可衡量电解质溶液的导电能力,但它和电解质的含量有关,因此引入摩尔电导率的概念。摩尔电导率 Λ_m 是把含有 1 摩尔电解质的溶液置于相距 1 m 的两个平行电极之间的电导,单位为 $S·m^2·mol^{-1}$。Λ_m 和 κ 的关系为

$$\Lambda_m = \kappa V_m = \frac{\kappa}{c} \tag{1.24}$$

表 1.2　某些物质的电导率/$S·m^{-1}$

类　别	物　质	电导率	电导率范围
金　属	银	$6.2×10^7$(18℃)	一般为 $10^5 \sim 10^8$
	汞	$1.0×10^6$	
半导体	锗	$1.7×10^4$	一般为 $10^{-7} \sim 10^4$
	铜酞花青	$5×10^3$	
电解质	30 wt% H_2SO_4	73.88(18℃)	
水溶液	0.1 $mol·L^{-1}$ KCl	1.288(25℃)	一般为 $10^{-6} \sim 10^1$
	0.1 $mol·L^{-1}$ NH_4OH	$3.1×10^{-2}$(18℃)	
熔融盐	KCl	224(800℃)	
	NaF	495(1000℃)	
固体电	K_4AgI_5	24(25℃)	
解质	AgBr	$4×10^{-7}$(25℃)	
绝缘体	石蜡	10^{-14}	一般为 $10^{-8} \sim 10^{-20}$

续表 1.2

类别	物 质	电导率	电导率范围
导电高聚物	云母	10^{-13}	
	cis-[CH]$_x$	1.7×10^{-7}	
	cis-[CHI$_{0.3}$]$_x$	5.5×10^4	

式中 V_m 为含 1 摩尔电解质溶液的体积，c 为体积摩尔浓度。对于 1:1 价型的电解质，Λ_m 与离子迁移率有如下关系，

$$\Lambda_m = \alpha(U_+ + U_-)F \tag{1.25}$$

对无限稀溶液，电离度 $\alpha = 1$，故

$$\Lambda_m^\infty = (U_+^\infty + U_-^\infty)F \tag{1.26}$$

又因在无限稀溶液中离子是独立移动的，因此有如下关系：

$$\Lambda_m^\infty = \lambda_{m+}^\infty + \lambda_{m-}^\infty \tag{1.27}$$

$$\lambda_{m+}^\infty = U_+^\infty F$$

$$\lambda_{m-}^\infty = U_-^\infty F$$

(1.27)式称为离子独立移动定律，式中 Λ_m^∞ 称为无限稀时的摩尔电导率，λ_{m+}^∞、λ_{m-}^∞ 称为正、负离子在无限稀时摩尔电导率，常见的离子电导值列在表 1.3。

由(1.21)式与(1.27)式，可把迁移数表示为

$$t_+ = \frac{\lambda_{m+}^\infty}{\Lambda_m^\infty}, \quad t_- = \frac{\lambda_{m-}^\infty}{\Lambda_m^\infty} \tag{1.28}$$

对浓度不太大的强电解质溶液，可近似认为

$$\Lambda_m = \lambda_{m+} + \lambda_{m-}$$

$$t_+ = \frac{\lambda_{m+}}{\Lambda_m}, \quad t_- = \frac{\lambda_{m-}}{\Lambda_m} \tag{1.29}$$

表 1.3　25℃时常见离子在无限稀时摩尔电导率 /S·m^2·mol^{-1}

阳离子	H$^+$	Tl$^+$	K$^+$	NH$_4^+$	(1/3)La^{3+}	(1/2)Ba^{2+}	Ag$^+$	(1/2)Ca^{2+}
$\lambda_{m+}^\infty \times 10^4$	349.82	74.7	73.52	73.4	69.6	63.64	61.92	59.50
阳离子	(1/2)Sr^{2+}	(1/2)Cu^{2+}	(1/2)Zn^{2+}	(1/2)Cd^{2+}	(1/2)Mg^{2+}	Na$^+$	Li$^+$	
$\lambda_{m+}^\infty \times 10^4$	59.46	56.6	53.5	54	53.06	50.11	38.69	
阴离子	OH$^-$	(1/4)Fe(CN)$_6^{4-}$	(1/3)Fe(CN)$_6^{3-}$	(1/2)CO$_3^{2-}$	(1/2)SO$_4^{2-}$	Br$^-$	I$^-$	Cl$^-$
$\lambda_{m-}^\infty \times 10^4$	198	110.5	101.1	83	79.8	78.4	76.8	76.3
阴离子	NO$_3^-$	ClO$_4^-$	ClO$_3^-$	MnO$_4^-$	HCO$_3^-$	Ac$^-$	(1/2)C$_2$O$_4^{2-}$	
$\lambda_{m-}^\infty \times 10^4$	71.44	67.2	64.6	62.8	44.48	40.9	24.0	

电导率、摩尔电导率皆随温度上升而增加，但随电解质浓度的变化却比较复杂。图 1.4 是几种电解质的 κ 随 c 变化的曲线。强电解质的电导率随导电粒子数增多而增加；当浓度增加到一定程度后，正、负离子的相互作用力增大到妨碍离子的运动，电导率便降

低,故出现最高点。由于摩尔电导率规定了物质的量都为1摩尔,故浓度降低时,由于粒子间相互作用力减弱而使电导能力提高。摩尔浓度与浓度的关系见图1.5,随着浓度降低,摩尔电导率趋向一极值 Λ_m^∞;图中虚线代表用(1.30)式外推到无限稀时的线性关系。

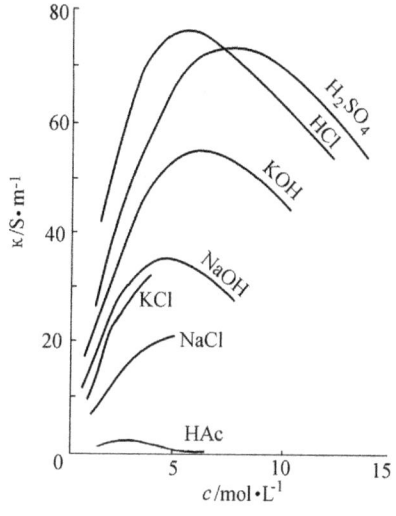 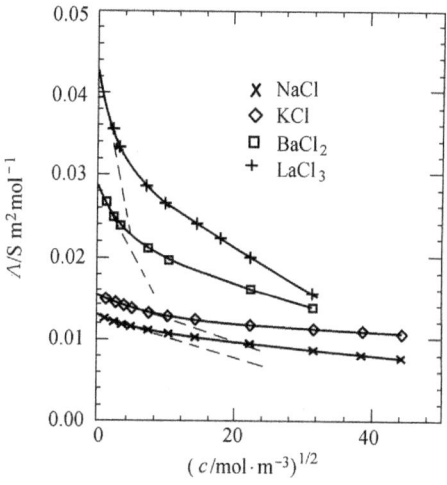

图1.4 电导率随浓度变化的曲线　　图1.5 摩尔电导与浓度的关系

科尔劳乌施(Kohlrasuh)从实验得到摩尔电导率与浓度的经验公式

$$\Lambda_m = \Lambda_m^\infty (1 - \beta\sqrt{c}) \tag{1.30}$$

式中,β 为与温度、溶剂、电解质有关的常数。此式适用于 $c < 0.001 \text{ mol} \cdot \text{L}^{-1}$ 的溶液。

在电解过程中还要考虑气泡或悬浮物对电导的影响。例如电解食盐水,阴阳极分别析出氢气、氯气,气泡分散在溶液中使表观电导率减少。

第四节　扩散系数及其与淌度、粘度的关系

当体系中不同部分含有不同物质,或同一物质在不同部位的浓度不同时就会引起扩散。扩散过程的推动力是化学位梯度 $-d\mu/dx$,相应的扩散速度 v 为 dx/dt(只考虑 x 方向的扩散)。对每个离子或分子,其推动力为

$$f_1 = -\frac{d\mu}{dx} \frac{1}{N_0} \tag{1.31}$$

式中 N_0 为阿佛加得罗常数。

体系中还存在与扩散推动力方向相反的粘滞力。每个离子或分子受到的粘滞力与粘度 $\eta_\text{粘}$、离子或分子的半径 r 有关,服从斯托克斯(Stokes)定律

$$f_2 = 6\pi r \eta_\text{粘} \frac{dx}{dt} \tag{1.32}$$

当上述两种力相等时,扩散便达到稳态。由(1.31)与(1.32)式得

$$\frac{dx}{dt} = -\frac{d\mu}{dx} \frac{1}{6\pi r \eta_\text{粘} N_0}$$

$$= -\frac{\mathrm{d}(\mu^* + RT\ln\gamma c)}{\mathrm{d}x} \frac{1}{6\pi r\eta_{\text{粘}} N_0}$$

$$= -\frac{RT}{6\pi r\eta_{\text{粘}} N_0 c} \frac{\mathrm{d}c}{\mathrm{d}x}\left(1 + \frac{\mathrm{d}\ln\gamma}{\mathrm{d}\ln c}\right) \tag{1.33}$$

在 $\mathrm{d}t$ 时间内，扩散距离为 $\mathrm{d}x$，通过 A 面积的扩散流量 $cA\mathrm{d}x$。根据菲克第一定律

$$cA \frac{\mathrm{d}x}{\mathrm{d}t} = -DA \frac{\mathrm{d}c}{\mathrm{d}x} \tag{1.34}$$

由(1.33)、(1.34)式得

$$D = \frac{RT}{6\pi r\eta_{\text{粘}} N_0}\left(1 + \frac{\mathrm{d}\ln\gamma}{\mathrm{d}\ln c}\right) \tag{1.35}$$

对于无限稀溶液，$\gamma = 1$。若认为浓度对扩散系数影响不大，则上式变为

$$D = \frac{RT}{6\pi r\eta_{\text{粘}} N_0} \tag{1.36}$$

这就是斯托克斯－爱因斯坦(Stokes-Einstein)方程。

离子受到的粘滞力和离子的迁移速度有关。在单位电场强度作用下，(1.32)式中的 $\mathrm{d}x/\mathrm{d}t$，即是离子淌度，无限稀时为 U^∞，另一方面离子所受到的电力，在单位场强度下数值上等于离子的电荷，为 $(1/N_0)|z|F$，z 为离子价数。在离子作等速运动时，其受到的电力和阻力是平衡的。故

$$\frac{|z|F}{N_0} = 6\pi r\eta_{\text{粘度}} U^\infty \tag{1.37}$$

由(1.36)、(1.37)式得

$$D = \frac{RTU^\infty}{|z|F} = \frac{RT\lambda_m^\infty}{z^2 F^2} \tag{1.38}$$

用无限稀时离子淌度或摩尔电导率，可以计算扩散系数。例如查出 25 ℃时 $\frac{1}{2}\mathrm{SO}_4^{2-}$ 的摩尔电导率为 79.8 S·cm^2·mol^{-1}，即 SO_4^{2-} 的摩尔电导率为 2×79.8 S·cm^2·mol^{-1}，由(1.38)式算出 SO_4^{2-} 的扩散系数为 1.06×10^{-5} cm^2·s^{-1}。在水溶液中大多数离子的扩散系数在 10^{-5} cm^2·s^{-1} 左右，这主要是因为水化过程对离子半径起了平均化作用。H^+ 和 OH^- 的扩散系数分别为 9.34×10^{-5} cm^2·s^{-1} 和 5.23×10^{-5} cm^2·s^{-1}，比其他离子大得多，这是由于它们在水溶液中移动时涉及特殊的迁移历程。

从(1.33)式可知，扩散系数是与离子浓度有关的。但在一般发生扩散的浓度范围内，活度系数变化不大，$(\mathrm{d}\ln\gamma/\mathrm{d}\ln c)\ll 1$，将 D 近似看作常数也不会带来太大的误差。例如，在 $10^{-3}\sim10^{-1}$ mol·L^{-1} 范围内活度系数的校正项只有百分之几。

温度对扩散系数的影响相当大，它们之间的关系式为

$$D = D_0\exp\left(\frac{-E_{\text{扩}}}{RT}\right) \tag{1.39}$$

式中 $E_{\text{扩}}$ 为粒子的扩散活化能。近代液体理论认为，液相扩散机理是粒子向空洞扩散。为了形成空洞，粒子的液相扩散需要一些活化能。

把(1.39)式取对数，并对绝对温度微商，整理得

$$E_{\text{扩}} = RT^2\left(\frac{\mathrm{d}\ln D}{\mathrm{d}T}\right) \tag{1.40}$$

常温下温度每升高1度，D约增大2.3%。对于25℃按上式算出$E_{扩}$为17 kJ·mol^{-1}，因此常温下扩散活化能多在此值左右，例如Na$^+$，Cs$^+$，Cl$^-$，Br$^-$的$E_{扩}$依次为18.4，16.2，17.4，17.0 kJ·mol^{-1}。

扩散系数与摩尔电导、粘度之间皆有联系，从(1.36)和(1.38)式得到摩尔电导和粘度之间的关系式为

$$\lambda_m^\infty = \frac{z^2 F^2}{6\pi r \eta_{粘} N_0} = \frac{常数}{r\eta_{粘}} \tag{1.41}$$

如果溶剂化离子在不同粘度的溶剂中其半径是相同的，则上式变为

$$\lambda_m^\infty \eta_{粘} = 常数 \tag{1.42}$$

由此可见，粘度增大，电导便降低。要提高溶液的导电能力，必须设法减少其粘度。

第五节 电导测定及其应用

电导的倒数是电阻，测定电阻常用电桥法。图1.6是测量电导的交流电桥的示意图，调节R_3和C至检测器显示电压为零，此时电桥平衡，$R_1/R_2 = R_3/R$，由此可求R。电解液R与电导率κ的关系为

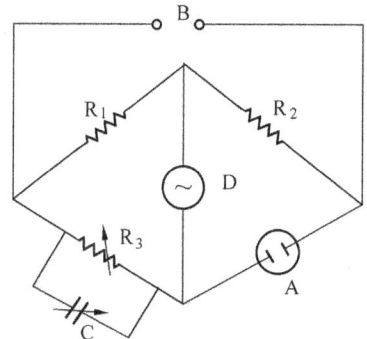

A：电导池
B：交流电源($\sim$1000Hz)
C：可变电容
R_3：可变电阻
R_1和R_2：固定电阻
D：检测器（耳机或示波器）

图1.6 测量电导的交流电桥

$$R = \left(\frac{1}{\kappa}\right)\left(\frac{l}{A}\right) \tag{1.43}$$

式中：l为电导池中两电极的距离，A为电极面积，l/A称电导池常数。测量电导率高的电解液用电极距离大的电导池（图1.7），而电导率低的电解液则用电极距离小的电导池（图1.8）。用已知电导率的电解液（常用KCl溶液）测定电导，可算出电导池常数。表1.4列出不同浓度KCl溶液的电导率。

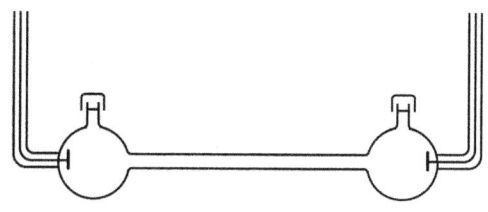

图1.7 具有高电导池常数的电导池

表 1.4　KCl 溶液的电导率/S·cm^{-1}

浓度/g·(1000g 水)$^{-1}$	76.627	7.4789	0.74625
18℃	0.097838	0.0111667	0.00122052
25℃	0.111342	0.0128560	0.00140877

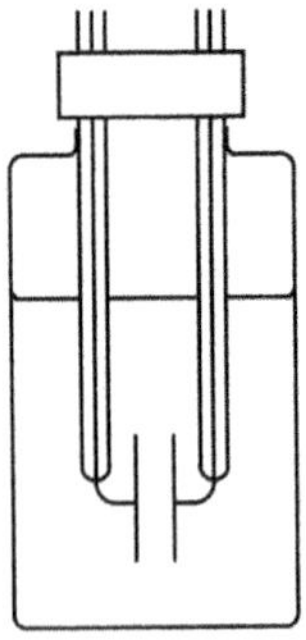

电导测定在理论上和实际上都有不少用途,简要介绍如下。

1. 电离常数的测定

对于弱电解质,AB $\rightleftharpoons$ A$^+$ + B$^-$,其平衡常数 $K_a = K_c \gamma_\pm^2/\gamma_{AB}$,近似表示为 $K_a = K_c \gamma_\pm^2$,把此式取对数,代入 Debye-Huckel 方程式得

$$\log K_c = \log K_a + 2A\sqrt{I}$$
$$= \log K_a + 2A\sqrt{\alpha c} \tag{1.44}$$

图 1.8　具有低电导池常数的电导池

用 $\log K_c$ 对 $\sqrt{I}$ 或 $\sqrt{\alpha c}$ 作图,直线的截距便是 $\log K_a$。例如,测定醋酸的 K_a 为 1.735×10^{-5}(25℃)。

2. 难溶盐溶解度的测定

BaSO$_4$、AgCl 等在水中的溶解度很小,用电导方法可测定其溶解度。根据(1.24)式

$$溶解度 = c \approx \kappa/\Lambda_m^\infty = \kappa/(\lambda_{m+}^\infty + \lambda_{m-}^\infty) \tag{1.45}$$

例如测得 25℃饱和 AgCl 水溶液的 κ 为 3.42×10^{-4} S·m^{-1},采用水的 κ 为 1.60×10^{-4} S·m^{-1},因此 AgCl 的 $\kappa = (3.42-1.60)\times 10^{-4} = 1.82\times 10^{-4}$ S·m^{-1}。从表 1.3 查出 Ag$^+$ 的 $\lambda_{m+}^\infty = 61.92\times 10^{-4}$ S·m^{-2}·mol^{-1},Cl$^-$ 的 $\lambda_{m-}^\infty = 76.3$ S·m^{-2}·mol^{-1},按上式算出 AgCl 在水中的溶解度为 1.32×10^{-5} mol·L^{-1}。而 AgCl 的溶度积,$K_s \approx [\text{Ag}^+][\text{Cl}^-] = 1.74\times 10^{-10}$。

3. 电导滴定

在中和、络合、氧化、还原和沉淀等各类离子反应过程中,可利用电导变化来确定其终点。例如,用 NaOH 滴入 HCl 溶液中,发生 HCl + NaOH = NaCl + H$_2$O 的反应,原有 H$^+$ 和 Cl$^-$ 变为 Na$^+$ 和 Cl$^-$,即 Na$^+$ 代替了 H$^+$。由于 Na$^+$ 的电导比 H$^+$ 的小得多,故电导迅速下降。过了终点后,增加了 Na$^+$ 和 OH$^-$,因而电导又迅速上升。以电导为纵坐标,加入的 NaOH 体积为横坐标,作图得到 V 字型曲线(图 1.9),曲线的折点就是终点。不同类型的离子反应,曲线的形状是不同的,在图 1.9 中也画出用 HAc 滴定 NaOH 的滴定曲线和用 HCl 滴定 NaAc 的滴定曲线。

4. 检查水质

工业上常用电导法来检验水质,水质的监控之一就是测量水的电导率。一般蒸馏水的 κ 为 10^{-5} S·cm^{-1},用离子交换树脂处理过的水(即离子水)的 κ 为 10^{-6} S·cm^{-1}。在石英容器中反复蒸馏 28 次得到的水的 κ 为 6.3×10^{-8} S·cm^{-1},已很接近纯水的 κ(理论计算值为 5.5×10^{-8} S·cm^{-1})。

5. 测定反应速度

有离子参加的有机反应,可用电导法测定其反应速度。典型的反应如乙酸乙酯皂化:

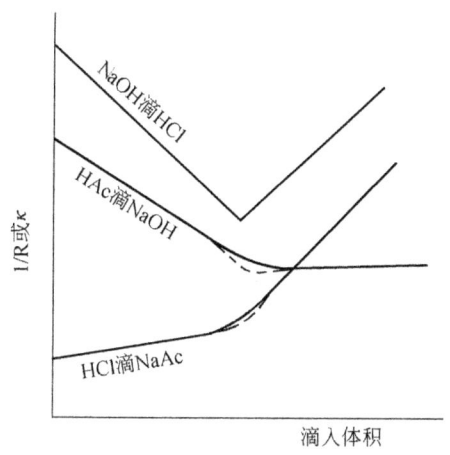

图 1.9 电导滴定曲线

$CH_3COOC_2H_5 + OH^- = C_2H_5OH + CH_3COO^-$。反应过程中 OH^- 不断为 CH_3COO^- 所取代,由于 OH^- 的电导比 CH_3COO^- 大得多,故随着反应进行,电导不断减少。由电导法测得此皂化反应在 25 ℃时的反应速度常数为 $0.107\ dm^3 \cdot mol^{-1} \cdot s^{-1}$。

6. 其他应用

利用电导法还可求盐类的水解程度,例如盐酸苯胺水解为弱碱和 HCl。设水解前后的电导率分别为 κ'、κ,水解度为 h,则 $\kappa = (1-h)\kappa' + h\kappa_{HCl}$,即 $h = (\kappa - \kappa')/(\kappa_{HCl} - \kappa')$。因此测定 κ、κ' 便可求出水解程度。

用电导法测定海水的总盐度,对于海洋资源调查、海底电缆的敷设都是重要的数据。

气体样品中的 CO_2 和 SO_2 以及钢铁中的碳和硫也可用电导法来确定其含量。

第二章 电化学反应热力学

第一节 电化学体系

一、两类电化学装置

镀镍是我们熟悉的重要电化学工业之一,其装置示意图如图 2.1 所示。为了使电流能够通过镀镍溶液(主要成分为 $NiSO_4$,还有缓冲剂、添加剂等),必须在溶液中插入两个电极,并接上直流电源。这种把两个电极与直流电源连结,使电流通过体系的装置,称为电解槽或电解池。另一类电化学装置则是在两电极与外电路中的负载接通后自发地将电能送到外电路,此种装置称为原电池或化学电源,例如锌锰干电池。上述两类电化学装置亦称为电化学体系。

原电池与电解池的两个电极之间存在着电位差,电位较高的电极称为正极,电位较低的电极称为负极。在自发电池中,电流(习惯上指正电荷)自正极经外电路流向负极。电解池的正、负极分别与外电源的正、负极相连,外电源使电流流入电解池的正极。事实上在外电路传送的电荷都是电子,电子流动方向与

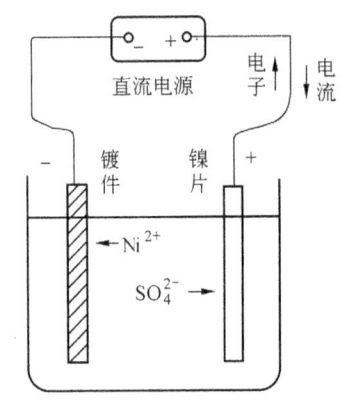

图 2.1 镀镍装置示意图

习惯上认为的电流方向相反。在镀镍的例子中,电流流入镍片,即电子从镍片流到外电路,而电子又流进镀件,但是这些电子不能进入溶液。因此电子将在镀件和溶液的界面上消失,即在界面上发生 Ni^{2+} 与电子结合的还原反应,$Ni^{2+} + 2e \rightarrow Ni$。这样就把负电荷转移到溶液中去,由溶液中的阴离子移动来传递电流。阴离子 SO_4^{2-} 向镍片迁移,把负电荷转给电极也要进行丢电子的氧化反应。由于 SO_4^{2-} 难以被氧化,故进行镍的溶解反应,$Ni \rightarrow Ni^{2+} + 2e$。换言之,电流乃由镍片电极进入溶液,而由溶液进入镀件。人为规定使正电荷由电极进入溶液的电极称为阳极,使正电荷由溶液进入电极的电极称为阴极,在阳极上进行氧化反应,在阴极上进行还原反应。因此镍片为阳极,镀件为阴极。显见,在电解时,正极是阳极,负极是阴极。在原电池中负极是阳极,正极是阴极。用正、负极名称是按电位高低来区分,用阴、阳极名称是按电极进行还原或氧化反应来区分。也有用氧化极、还原极来称呼电极的,前者即阳极、后者为阴极。

由上可知,要实现电流通过电化学体系,必须有两类导体:电子导体和离子导体,以及在这两类导体的界面上进行电化学反应。因此电化学的研究对象应当包括三部分:电子导体、离子导体、两类导体的界面及其上发生的一切变化。电子导体属于物理研究的范围,在电化学中一般只引用它们所得的结论。离子导体包括电解质溶液、熔融盐和固体电

解质,其中被研究最多的是电解质溶液,有关电解质溶液理论是经典电化学的主要内容。至于两类导体的界面性质及界面上所发生的变化,则是近代电化学的主要内容,涉及化学热力学和化学动力学的许多问题。总的来说,电化学包括的基本内容为电解质溶液理论、电化学平衡和电极过程动力学。本章讨论的是电化学反应的热力学。

无论上述哪一类电化学装置,当它们发生作用时,都涉及能量的转换。对于电解池来说,就是把电能转变为化学能;而化学电源则使化学能转变为电能。因此,可以认为电化学主要是研究化学能和电能之间相互转化以及和这过程有关的定律和规则的科学。

为了简单地表示一个电池的电化学体系,通常要用电池符号,例如铜锌原电池可表示为

$$Zn \mid ZnSO_4 \mid CuSO_4 \mid Cu$$

左边的锌电极进行 $Zn = Zn^{2+} + 2e$,是阳极(负极),右边的铜电极进行 $Cu^{2+} + 2e = Cu$,是阴极(正极)。$ZnSO_4$ 溶液与 $CuSO_4$ 溶液之间存在液体接界电位,以间的竖线隔开;若采用盐桥能消除液体接界电位,则用双竖线,即

$$Zn \mid ZnSO_4 \parallel CuSO_4 \mid Cu$$

从上可见,在电化学体系中存在金属与溶液的界面,两种不同溶液的界面;若考虑到电极引线,还有不同金属之间的界面。

二、电化学体系的界面电位差

在各种物质相界面上都存在着大小不等的电位差,两种不同金属的界面有接触电位差,金属与电解质溶液界面的电位差是化学电池中最重要的电位差,两种不同溶液界面上的电位差称为液体接界电位,亦称为扩散电位。这些电位差统称为界面电位差,其大小主要决定于各个相的性质、温度和压力等。

产生界面电位差的原因很多,最普遍的是由于两相间电荷的穿越。在两相接触的瞬间,某种电荷向界面的某一方的穿越占优势,就会使带这种符号的电荷在界面的一方过量,而在另一方则不足,因为原来的两个相都是电中性的。正、负电荷在界面两侧的分布,因而产生了电位差。电位差的产生将使穿越方向相反的带电粒子穿越速度的差别减小,最后在电位差增大到某一数值时,带电粒子相对方向的穿越速度达到相等,电位差也就稳定不变。

在界面上穿越的带电粒子可以是阳离子、阴离子或电子。对金属在真空中的界面,或两种不同金属间的界面来说,常常是电子的穿越。对金属和它的盐溶液所成的界面来说,是金属阳离子的穿越。也可以同时进行着几种离子的穿越,例如在两种不同溶液的界面上,阳、阴离子以不同速度穿越过界面时,就产生液体接界电位。

产生界面电位差的另一个原因是界面的一侧选择性地吸附某种离子。若界面另一侧的物相对这离子没有穿透性,则电位差只局限在界面的一侧,典型例子是液-气界面上电位差,常是阴离子被选择性地吸附。

第三种原因是极性分子(溶质分子或溶剂分子)倾向于在界面上定向排列。这些分子倾向于把极性相同的一端指向界面的同一侧,从而形成电位差。电位差的大小与界面上极性分子的数目、极性的大小和定向的程度有关。定向排列若发生在界面的一侧,则电位差也局限在这一侧。

实际的界面电位差往往是上述三种情况同时存在共同作用的结果,是难以把它们区分开的。但是本章考虑的是电化学反应热力学,故主要讨论金属与电解质溶液界面的电位差(下一节),也要讨论扩散电位,为的是要消除它。

扩散电位与金属-溶液间的平衡电位不同,它是非平衡的扩散过程在界面电位差的作用下达到稳定状态的结果。例如图2.2a中,HCl由浓度大的右方向浓度小的左方扩散,由于H^+的淌度大于Cl^-的淌度,所以在稀溶液一方会出现过量的正电荷,浓度大的一方出现过量的负电荷,从而产生电位差。此电位差会加速Cl^-向左方扩散而减慢H^+向左方扩散,最后电位差增大到某一定值时,两种离子以相等速度扩散而达到稳定状态。图2.2a是同种电解质但浓度不同的情况。不同电解质但浓度相同,且有一种离子是共有的如图2.2b所示;电解质种类和浓度都不同的如图2.2c所示,扩散电位一般不超过0.03 V。

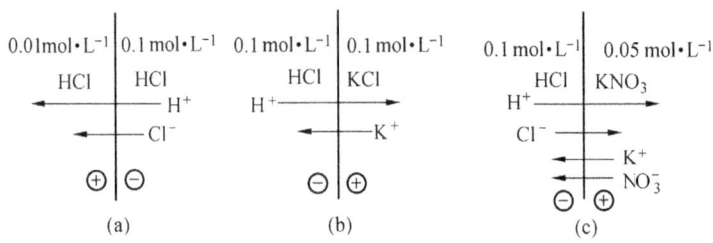

图 2.2　三种类型扩散电位

由于扩散过程不可逆,若电池中包含扩散电位时,实验难以测出稳定的电位数值。电动势测定常用于计算各种热力学变量,因此在实际工作中总是避免使用有液体接界的电池。常用 KCl 或 KNO_3 溶液制成盐桥避免两种溶液的直接接触,它可构成盐桥溶液与两种溶液形成的两个串联起来的界面。这里的扩散都由 KCl 控制,而 K^+ 和 Cl^- 的迁移数都接近 0.5,因而两个界面上的电位差可以相互抵消。当 KCl 浓度为 1 mol·L^{-1}时,扩散电位为 0.0084 V;而饱和时(4.2 mol·L^{-1}),扩散电位已小至低于 0.001 V。

第二节　电化学位和电极电位

一、内电位、外电位和电化学位

对于化学反应

$$(-\nu_A)A + (-\nu_B)B + \cdots = \nu_C C + \nu_D D + \cdots \tag{2.1}$$

当反应的自由能 ΔG 小于零时,反应自发地从左向右进行。当 ΔG 为零时,反应达到平衡。反应的自由能与反应中的原料、产物的化学位 μ,化学计量数 ν 有如下关系:

$$\Delta G = \sum_i \nu_i \mu_i \tag{2.2}$$

因而反应的平衡条件为

$$\sum_i \nu_i \mu_i = 0 \tag{2.3}$$

电极反应既是一个化学反应,但又有别于普通的化学反应。在电极反应中除了物质变化外,还有电荷在两相之间转移。因此,在电极反应平衡的能量条件中,除了考虑化学能外,还要考虑荷电粒子的电能。

现在来讨论一个相中电荷发生变化时电能的变化。一个单位正电荷从无穷远处移入相 P 内部(图 2.3)所需作的电功为多少?设想这是一个只有电荷而没有物质的点电荷,因而它进入相 P 内后会引起相 P 电能的变化而不会使相 P 的化学能变化。当这个单位正电荷移近相 P 时,为了克服相 P 外部电场的作用力,必须作功,这个功就是相 P 的外电位,用 ψ 表示。此电荷到达相 P 表面附近后,若要进入相 P,必须穿过表面层。表面层中分子的定向排列使表面层

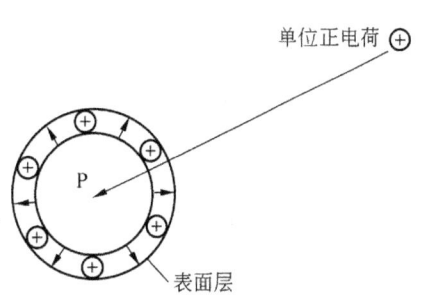

图 2.3 单位正电荷加入到相 P 中

成为偶极子层,故单位正电荷穿过表面层时也需作功,此功称为表面电位 χ。因此,将一个单位正电荷从无穷远处移入相 P 内所作的电功,即内电位为

$$\phi = \psi + \chi \tag{2.4}$$

带电荷的物质进入相 P 中,除了需作电功外,还要克服该物质与相 P 内的物质之间的化学作用而作的化学功。例如将 1 mol 的 M^+ 移到相 P 内,需作的化学功就是离子 M^+ 在相 P 中的化学位 μ,而需作的电功则为 1 mol M^+ 所带的电量 zF 与内电位 ϕ 的乘积 $zF\phi$。因此,将 1 mol M^+ 移入相 P 时所涉及全部能量变化为上述两项功之和,以 $\bar{\mu}$ 表示

$$\bar{\mu} = \mu + zF\phi \tag{2.5}$$

$\bar{\mu}$ 被称为电化学位。

类似于(2.1)式,电极反应

$$(-\nu_A)A + (-\nu_B)B + \cdots + ne = \nu_C C + \nu_D D + \cdots$$

达到平衡的条件可表示为

$$\sum_i \nu_i \bar{\mu}_i = 0 \tag{2.6}$$

这就是说,若从电极反应式一侧的体系向反应式另一侧的体系转化时,当自由能变化为零,电极反应就处于平衡状态;如果 $\sum_i \nu_i \bar{\mu}_i < 0$,则电极反应自动进行。下面举例说明电极反应的平衡条件。

铜片放在除氧的硫酸铜水溶液中,其电极反应为

$$Cu^{2+} + 2e = Cu$$

在金属相中,$\bar{\mu}_{Cu} = \mu_{Cu}$,因 Cu 为原子不带电荷,即 $z=0$;$\bar{\mu}_e = \mu_e - F\phi_M$,因电子带单位负电荷。在溶液相中,$\bar{\mu}_{Cu^{2+}} = \mu_{Cu^{2+}} + 2F\phi_S$。$\phi_M$、$\phi_S$ 分别为金属相、溶液相的内电位。上述反应的平衡条件为

$$\bar{\mu}_{Cu} - \bar{\mu}_{Cu^{2+}} - 2\bar{\mu}_e = 0$$
$$\mu_{Cu} - \mu_{Cu^{2+}} - 2\mu_e - 2F\phi_S + 2F\phi_M = 0$$
$$\phi_M - \phi_S = \frac{\mu_{Cu^{2+}} - \mu_{Cu}}{2F} + \frac{\mu_e}{F}$$

讨论电极反应平衡条件是为了能够根据一些测量值来判断所研究的电极反应是否处于平衡;如果没有达到平衡,则判断反应的方向。

二、电极电位和能斯特方程式

从上述电极反应的例子可见,一个电极反应的平衡条件可以表示为电极材料(电子导体相,通常为金属)的内电位与溶液(离子导体相)的内电位之差:

$$\phi_M - \phi_S = \frac{\sum_i \nu_i \mu_i}{nF} + \frac{\mu_e}{F} \tag{2.7}$$

$\phi_M - \phi_S$ 也可表示为 $\Delta^M\phi^S$,式中 n 为电极反应的得失电子数。$\Delta^M\phi^S$ 被称为该电极体系的绝对电位,即电极材料相与溶液相两相之间的伽尔伐尼电位差。(2.7)式是在平衡条件下才成立的, 故应是平衡的绝对电位。原则上,如果我们已知某一电极反应在某种条件下达到平衡时的绝对电位的数值,那末只要测量一下这个电极体系的绝对电位与此平衡值比较,就可判断这个电极反应是否达到平衡或进行的方向。但实际上,无论哪一个相的内电位或两个相内电位之差的绝对值都是无法测得的。

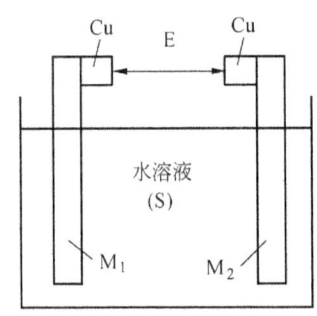

图 2.4 电动势的测量

如图 2.4 所示,实测两个电极电位之差 E 包括了 Cu/M_1、M_1/S、S/M_2、M_2/Cu 几个界面的内电位之差。其中 Cu/M_1 与 M_2/Cu 可合并为 M_2/M_1,因它们之间的接触是两个电子导体之间的接触,电子可以在两相之间转移而不会引起物质的变化。因此两电极之间电位差(即电动势)

$$E = (\phi_{M_1} - \phi_S) + (\phi_S - \phi_{M_2}) + (\phi_{M_2} - \phi_{M_1}) \tag{2.8}$$

单个电极的绝对电位虽然不能测量,但如果选择一个电极作为比较标准,便可测量出该电极电位的相对数值,不同电极之间亦可进行比较,而且某一电极的电位变化也可测量出来。迄今所有电极电位数值都是相对某一电极的,水溶液中以标准氢电极为标准。例如锌电极(Zn^{2+}/Zn)的电位是由它与标准氢电极组成的电池的电动势,电池两端由铜导线连接到测量电动势的仪器,就能测量出锌电极电位的相对数值。该电池可用如下符号表示:

$$Zn \mid Zn^{2+} \parallel H^+ (a = 1) \mid H_2(1 \text{ 大气压}), Pt$$

相应的电动势

$$E = (\phi_{Zn} - \phi_{Zn^{2+}}) + (\phi_{H^+} - \phi_{H_2}) + (\phi_{Pt} - \phi_{Zn}) \tag{2.9}$$

我们称这个 E 为锌电极相对标准氢电极的电极电位。

上述电池的两个电极反应为

$$Zn^{2+} + 2e = Zn$$
$$2H^+ + 2e = H_2$$

按(2.7)式可写出

$$\phi_{Zn} - \phi_{Zn^{2+}} = \frac{\mu_{Zn^{2+}} - \mu_{Zn}}{2F} + \frac{\mu_{e(Zn)}}{F} \tag{2.10}$$

$$\phi_{H^+} - \phi_{H_2} = \frac{\mu_{H_2} - 2\mu_{H^+}}{2F} - \frac{\mu_{e(Pt)}}{F} \tag{2.11}$$

由于 Zn 和 Pt 之间只有电子流动,且金属又是良导体,故可认为 $\bar{\mu}_e(Zn) = \bar{\mu}_e(Pt)$,即

$\mu_e(Zn) - F\phi_{Zn} = \mu_e(Pt) - F\phi_{Pt}$，由此得

$$\phi_{Pt} - \phi_{Zn} = \frac{\mu_{e(Pt)} - \mu_{e(Zn)}}{F} \tag{2.12}$$

上述三式代入(2.9)式得：

$$E = \frac{\mu^{\ominus}_{Zn^{2+}} + RT\ln a_{Zn^{2+}} - \mu^{\ominus}_{Zn}}{2F} - \frac{2\mu_{H^+} - \mu_{H_2}}{2F} \tag{2.13}$$

令 $E^{\ominus}_{Zn^{2+}/Zn} = \frac{\mu^{\ominus}_{Zn^{2+}} - \mu^{\ominus}_{Zn}}{2F}$，(2.13)式变为

$$E = E^{\ominus}_{Zn^{2+}/Zn} + \frac{RT}{2F}\ln a_{Zn^{2+}} - \frac{2\mu_{H^+} - \mu_{H_2}}{2F} \tag{2.14}$$

其中
$$\mu_{H^+} = \mu^{\ominus}_{H^+} + RT\ln a_{H^+}$$
$$\mu_{H_2} = \mu^{\ominus}_{H_2} + RT\ln a_{H_2}$$

对于标准氢电极，$a_{H^+} = 1$，$a_{H_2} = 1$。化学热力学规定 $\mu^{\ominus}_{H^+} = 0$，$\mu^{\ominus}_{H_2} = 0$，因此

$$E = E^{\ominus}_{Zn^{2+}/Zn} + \frac{RT}{2F}\ln a_{Zn^{2+}} \tag{2.15}$$

$E^{\ominus}_{Zn^{2+}/Zn}$ 乃电极反应 $Zn^{2+} + 2e = Zn$ 的标准电极电位，即 $a_{Zn^{2+}} = 1$ 的电极电位，其相对于标准氢电极的数值为 -0.763 V。

上述例子推广到普遍情况，可写出平衡时的电极电位

$$E = \frac{\sum_i \nu_i \mu^{\ominus}_i}{nF} + \frac{RT}{nF}\sum_i \nu_i \ln a_i$$

$$E = E^{\ominus} + \frac{RT}{nF}\ln \prod_i a_i^{\nu_i} \tag{2.16}$$

这就是著名的能斯特(Nernst)方程。

通常文献和数据表中的各种电极电位数值，除特别标明者外，一般都是相对于标准氢电极的数值(见附录1)。在实际测量时，常采用其他参比电极以便于进行实验，往往也将测得的数值换算成相对于标准氢电极的数值。常用的水溶液参比电极有甘汞电极、银-氯化银电极、汞-硫酸亚汞电极。熔盐体系尚无一致的标准电极，对于氯化物体系，可选用氯电极为标准电极。例如，在 KCl 熔体中 K^+/K 的标准电极电位，由 $K | KCl | Cl_2$ 电池反应：$K^+ + \frac{1}{2}Cl_2 = KCl$ 的 $\Delta G^{\ominus} = -nFE^{\ominus}$ 来求得。$E^{\ominus}$ 的负值即为 K^+/K 的标准电极电位。

在能斯特方程中，标准电极电位是指在标准状态下的电极电位，非常稀的溶液可假设为理想状态，不必校正活度系数。对于浓度小于 0.01 mol·L^{-1} 的溶液，可用 Debye-Huckel 方程计算活度系数；更浓的溶液则要用经验数据。绕过活度系数的方法之一是采用克式量电位。例如对于电对 Fe^{2+}/Fe^{3+}，其能斯特方程为

$$E = E^{\ominus} + \frac{RT}{F}\ln\frac{a_{Fe^{3+}}}{a_{Fe^{2+}}} = E^{\ominus} + \frac{RT}{F}\ln\frac{\gamma_{Fe^{3+}}}{\gamma_{Fe^{2+}}} + \frac{RT}{F}\ln\frac{c_{Fe^{3+}}}{c_{Fe^{2+}}} \tag{2.17}$$

当 $c_{Fe^{3+}} = c_{Fe^{2+}}$ 时

$$E = E^{\ominus} + \frac{RT}{F}\ln\frac{\gamma_{Fe^{3+}}}{\gamma_{Fe^{2+}}} = E^{\ominus'} \tag{2.18}$$

则有

$$E = E^{\ominus'} + \frac{RT}{F}\ln\frac{c_{Fe^{3+}}}{c_{Fe^{2+}}} \tag{2.19}$$

式中 $E^{\ominus'}$ 即所谓克式量电位(又称标准形式电位)。引入 $E^{\ominus'}$ 后,能斯特方程便用浓度来计算。$E^{\ominus'}$ 与溶液组成有关,例如 Fe^{2+}/Fe^{3+} 在 1 mol·L^{-1} HClO$_4$ 中的 $E^{\ominus'}$ 为 0.732 V,而在 1 mol·L^{-1} HCl 则为 0.700 V。在 HCl 溶液中铁离子与氯离子形成络合物,因而 $E^{\ominus'}$ 值与 $E^{\ominus}$(0.771 V)相差较大。但只要介质不变,仍可用 $E^{\ominus'}$ 计算电对离子浓度比。

第三节 电动势和理论分解电压

上面考虑的是一个电极反应,现在讨论整个电解池的情况。例如电解 HCl 溶液,接外电源正极的石墨电极为阳极,接外电源负极的石墨电极是阴极(见图 2.5)。石墨本身不参加电极反应,只起导电作用,故可称为惰性电极。阳极进行的氧化反应、阴极进行的还原反应、电解池进行的反应为

阳极反应　　　　　$Cl^- = \frac{1}{2}Cl_2 + e$

阴极反应　　　　　$H^+ + e = \frac{1}{2}H_2$

电解池反应　　　　$H^+ + Cl^- = \frac{1}{2}H_2 + \frac{1}{2}Cl_2$

如果断掉外电源,两个电极之间仍有电压,这就是由氢电极与氯电极组成氢氯原电池 C,H_2 | HCl | Cl_2,C 的电动势,其电极反应为电解时的逆向反应,即

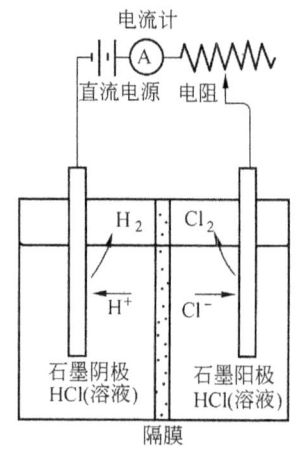

图 2.5　电解 HCl 溶液的示意图

阳极反应　　　　　$\frac{1}{2}H_2 = H^+ + e$

阴极反应　　　　　$\frac{1}{2}Cl_2 + e = Cl^-$

电池反应　　　　　$\frac{1}{2}H_2 + \frac{1}{2}Cl_2 = HCl$

显然,阴极的电位高于阳极的电位,也就是说在原电池的情况下,阴极为正极,阳极为负极。当然要维持一个可以输出电能的氢氯原电池,就必须分别往两个电极通入氢气、氯气。但这里目的在于说明电解 HCl 溶液会形成氢氯电池,要使电解能继续进行下去,外加电压起码要等于此电池的电动势(可逆情况下),实际上要大于此电动势。由于电解时形成的电池的电动势与外加电压方向相反,故称为反电动势。

一个电池的电动势 E 等于正极的电位减去负极的电位,即

$$E = E_{正} - E_{负} \tag{2.20}$$

对于氢氯原电池,根据 Nernst 公式

$$E_{正} = E_{氯} = E_{氯}^{\ominus} + \frac{RT}{F}\ln\frac{P_{Cl_2}^{1/2}}{a_{Cl^-}} \tag{2.21}$$

$$E_{\text{负}} = E_{\text{氢}} = E_{\text{氢}}^{\ominus} + \frac{RT}{F}\ln\frac{a_{H^+}}{P_{H_2}^{1/2}} \tag{2.22}$$

$$E = E_{\text{氯}}^{\ominus} - E_{\text{氢}}^{\ominus} - \frac{RT}{F}\ln\frac{a_{H^+} \cdot a_{Cl^-}}{P_{H_2}^{1/2} \cdot P_{Cl_2}^{1/2}}$$

$$= E^{\ominus} - \frac{RT}{F}\ln\frac{a_{H^+} \cdot a_{Cl^-}}{P_{H_2}^{1/2} \cdot P_{Cl_2}^{1/2}} \tag{2.23}$$

由热力学可知

$$E^{\ominus} = -\Delta G^{\ominus}/nF \tag{2.24}$$

已知 25℃时 H_2、Cl_2、HCl(液,$a=1$)的 $\Delta G^{\ominus}$ 分别为 0、0、$-131.17 \text{ kJ} \cdot \text{mol}^{-1}$，由此算出氢氯原电池 25℃时的标准电动势 $E^{\ominus} = 1.359 \text{ V}$。如果要求 E，则还需把 a_{H^+}、a_{Cl^-}、P_{H_2}、P_{Cl_2} 代入上述公式来计算。

在可逆情况下，化学反应逆向进行时自由能的变化，其绝对值与前向进行时相等，但符号相反。因此，电解盐酸以制取氢气、氯气，理论所需的外加电压为 1.359 V(标准状况)，这就是理论分解电压。所谓分解电压乃指电解某一电解质，使之分解所需的最小电压，理论上可根据热力学数据来计算。现再以水的电解为例来说明理论分解电压的计算。

用两个镍电极，电解 20% NaOH 溶液，阳极生成氧，阴极析出氢，总反应为：

$$H_2O(\text{液}) = H_2 + \frac{1}{2}O_2$$

NaOH 在这里只作导电用，被分解的不是它而是 H_2O。理论分解电压按下式计算：

$$E_D = E_D^{\ominus} + \frac{RT}{2F}\ln\frac{P_{H_2} \cdot P_{O_2}^{1/2}}{a_{H_2O}} \tag{2.25}$$

式中 $E_D^{\ominus}$ 为标准理论分解电压，它是温度函数，与 $\Delta G^{\ominus}$ 的关系为

$$E_D^{\ominus} = \frac{-\Delta G^{\ominus}}{nF} \tag{2.26}$$

在电解水时 $n=2$。

25℃时的 $\Delta G^{\ominus}$ 可查手册，但其他温度的数据却较少，需要按下列公式进行计算。

$$\Delta G_T^{\ominus} = \Delta H_T^{\ominus} - T\Delta S_T^{\ominus} \tag{2.27}$$

$$\Delta H_{T_2}^{\ominus} = \Delta H_{T_1}^{\ominus} + \int_{T_1}^{T_2}\Delta C_p dT \tag{2.28}$$

$$\Delta S_{T_2}^{\ominus} = \Delta S_{T_1}^{\ominus} + \int_{T_1}^{T_2}\frac{\Delta C_p}{T}dT \tag{2.29}$$

H_2、O_2、H_2O 的 $C_P(\text{J} \cdot \text{mol}^{-1} \cdot \text{K}^{-1})$ 为

$$C_P(H_2) = 27.70 + 3.39 \times 10^{-3}T$$
$$C_P(O_2) = 34.60 + 1.08 \times 10^{-3}T - 785.34/T^2$$
$$C_P(H_2O) = 6.665 - 1.62 \times 10^{-2}T + 2.65 \times 10^{-5}/T^2$$
$$\Delta C_P = C_P(H_2) + \frac{1}{2}C_P(O_2) - C_P(H_2O)$$

H_2O 的 $\Delta H_{298}^{\ominus} = -285.81 \text{ kJ} \cdot \text{mol}^{-1}$

$$\Delta G_{298}^{\ominus} = -237.32 \text{ kJ} \cdot \text{mol}^{-1}$$

H_2、O_2、H_2O 的 $S^{\ominus}$ 为

$$S_{298}^{\ominus}(H_2) = 130.67 \text{ J} \cdot \text{mol}^{-1} \cdot \text{K}^{-1}$$

$$S_{298}^{\ominus}(O_2) = 205.10 \text{ J} \cdot \text{mol}^{-1} \cdot \text{K}^{-1}$$

$$S_{298}^{\ominus}(H_2O) = 66.53 \text{ J} \cdot \text{mol}^{-1} \cdot \text{K}^{-1}$$

电解水时采用 80 ℃(即 353 K),由上述关系求出反应的

$$\Delta H_{353}^{\ominus} = -283.68 \text{ kJ} \cdot \text{mol}^{-1}$$

$$\Delta S_{353}^{\ominus} = 172.37 \text{ J} \cdot \text{mol}^{-1}$$

$$\Delta G_{353}^{\ominus} = -222.80 \text{ kJ} \cdot \text{mol}^{-1}$$

$$E_{D,353}^{\ominus} = -\frac{\Delta G_{353}^0}{2F} = 1.154 \text{ V}$$

a_{H_2O} 由电解液与纯水的蒸气压之比来求。80 ℃时,

$$a_{H_2O} = 289.1 \text{ mmHg}/355.1 \text{ mmHg} = 0.814$$

$$\therefore P_{H_2} + P_{H_2O} = 1$$

$$\therefore P_{H_2} = 1 - P_{H_2O} = 1 - \frac{289.1}{760} = 0.620 \text{ atm}$$

同理可得 $P_{O_2} = 0.620$ atm,由此可算出

$$E_D = 1.154 + \frac{8.314 \times 353.2}{2 \times 96500} \ln \frac{(0.620) \times (0.620)^{1/2}}{0.814} = 1.146 \text{ V}$$

第四节　电位-pH 图

电化学体系的热力学反应平衡与条件变化的关系可用图解法来研究。根据 Nernst 方程和质量作用定律,应用标准电极电位、平衡常数等得出的电位-pH 图,这是法国 Pourbaix 首先提出的。这种图首先用于研究金属腐蚀和防腐,现已推广到用于物质分离与提取、溶液净化、电解、电镀和电池等方面。电位-pH 图属于电位-pX 图的一种,X 可以是卤素离子也可以是氧离子。例如在熔盐体系中有电位-pO^{2-} 图,可预测金属氯化物熔体中金属氧化物选择性溶解的可能性。

根据有没有 H^+ 或 OH^- 和电子参加反应,可将在水溶液中反应分为如下三类:

(1) 只有 H^+ 参加的反应,例如 $Fe(OH)_2 + 2H^+ = Fe^{2+} + 2H_2O$。

(2) 只有电子,没有 H^+ 参加的反应,例如 $Fe^{3+} + e = Fe^{2+}$。

(3) H^+ 和电子皆参加的反应,例如 $MnO_4^- + 8H^+ + 5e = Mn^{2+} + 4H_2O$。

把上述反应用一通式来表示:

$$bB + rR + wH_2O + hH^+ + ne = 0 \tag{2.30}$$

$$E = E^{\ominus} + \frac{RT}{nF} \ln(a_B^b \cdot a_R^r \cdot a_{H_2O}^w \cdot a_{H^+}^h) \tag{2.31}$$

作为溶剂的水,其活度 a_{H_2O} 可视为 1,上式变为

$$E = E^{\ominus} + \frac{RT}{nF}\ln a_B^b \cdot a_R^r \cdot a_{H^+}^h \tag{2.32}$$

$$= E^{\ominus} + \frac{RT}{nF}(b\ln a_B + r\ln a_R) - \frac{2.303RTh}{nF}\text{pH} \tag{2.33}$$

若没有 H^+ 参加反应,则变为

$$E = E^{\ominus} + \frac{RT}{nF}(b\ln a_B + r\ln a_R) \tag{2.34}$$

若没有电子参加反应,则反应有如下关系:

$$a_B^b \cdot a_R^r \cdot a_{H^+}^h = K$$

$$\frac{1}{2.303h}(b\ln a_B + r\ln a_R - \ln K) = \text{pH} \tag{2.35}$$

电位-pH 图的纵坐标为平衡电极电位,横坐标为 pH 值。整个图由水平线、垂直线和斜线组成。由这三种线将坐标面划分成若干区域,分别代表不同的热力学稳定区域。垂直线表示一个无电子参加的反应的平衡与 pH 的关系(2.35)。水平线表示一个与溶液 pH 值无关的氧化还原反应的平衡电极电位值(2.34)。斜线表示一个氧化还原反应既有电子参加,又有 H^+ 或 OH^- 参加时,其平衡电极电位与 pH 的关系(2.33)。

因为每一平衡电极电位都与其离子浓度有关,故上述三种直线都不是一根线,而是一组平行线。通常都在线旁标以数字表示离子浓度的对数值,若离子浓度为 $10^{-2}\text{mol}\cdot L^{-1}$(设浓度等于活度)时就标以"-2"。当离子浓度小于 $10^{-6}\text{mol}\cdot L^{-1}$ 时,可视为不溶,故最多标到"-6"。各线的交点表示两种以上不同价态物质的共存条件。

现以 $Mg-H_2O$ 体系说明电位-pH 图绘制,该体系有如下反应:

$$Mg^{2+} + 2e = Mg \qquad ①$$

$$Mg(OH)_2 + 2H^+ + 2e = Mg + 2H_2O \qquad ②$$

$$Mg^{2+} + 2H_2O = Mg(OH)_2 + 2H^+ \qquad ③$$

25 ℃时相应的平衡关系为

$$E = -2.363 + 0.0295\lg a_{Mg^{2+}} \tag{2.36}$$

$$E = -1.862 - 0.0591\text{pH} \tag{2.37}$$

$$\lg a_{Mg^{2+}} = 16.95 - 2\text{pH} \tag{2.38}$$

按这三条方程式得到的电位-pH 图如图 2.6 所示。图中还有(a)、(b)两条虚线,分别代表水的还原和氧化的平衡。

$$2H^+ + 2e = H_2 \qquad (a)$$

$$E = -0.0591\text{pH} \tag{2.39}$$

$$4H^+ + O_2 + 4e = 2H_2O \qquad (b)$$

$$E = 1.229 - 0.0591\text{pH} \tag{2.40}$$

若除 H_2O 以外还有其他物质,则电位-pH 图更复杂,例如 $Pb-H_2SO_4-H_2O$ 的电位-pH 图,如图 2.7 所示。

对应图 2.7 中线段的反应:

(1) $Pb^{4+} + 2e = Pb^{2+}$

$$E = 1.694 + 0.0295\lg \frac{a_{Pb^{4+}}}{a_{Pb^{2+}}} \tag{2.41}$$

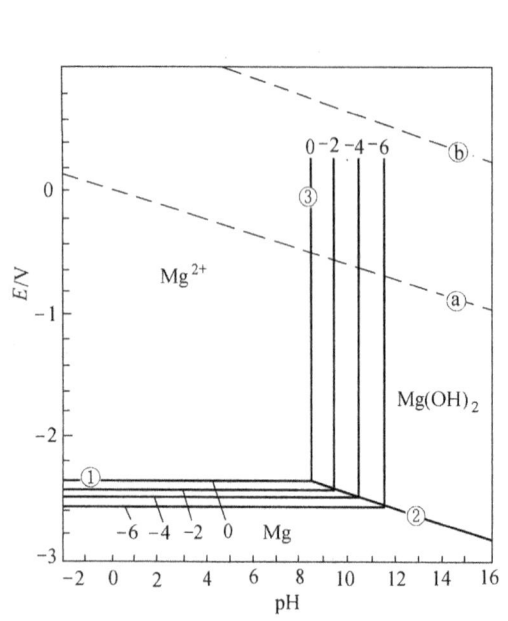
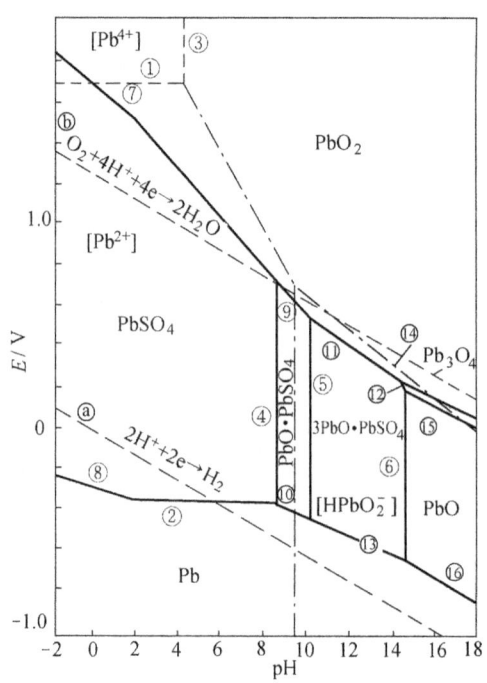

图 2.6　Mg-H_2O 体系的电位-pH 图　　图 2.7　Pb-H_2SO_4-H_2O 的电位-pH 图

(2) $PbSO_4 + 2e = Pb + SO_4^{2-}$

$$E = -0.3586 - 0.0295 \lg a_{SO_4^{2-}} \tag{2.42}$$

或　　$Pb^{2+} + 2e = Pb$

$$E = -0.126 + 0.0295 \lg a_{Pb^{2+}}$$

(3) $Pb^{4+} + 3H_2O = PbO_3^{2-} + 6H^+$

$$\lg \frac{a_{PbO_3^{2-}}}{a_{Pb^{4+}}} = -23.06 + 6pH \tag{2.43}$$

(4) $2PbSO_4 + H_2O = PbO \cdot PbSO_4 + SO_4^{2-} + 2H^+$

$$pH = 8.4 + \frac{1}{2} \lg a_{SO_4^{2-}} \tag{2.44}$$

(5) $2(PbO \cdot PbSO_4) + H_2O = 3PbO \cdot PbSO_4 \cdot H_2O + SO_4^{2-} + 2H^+$

$$pH = 9.6 + \frac{1}{2} \lg a_{SO_4^{2-}} \tag{2.45}$$

(6) $3PbO \cdot PbSO_4 \cdot H_2O = 4PbO + SO_4^{2-} + 2H^+$

$$pH = 14.6 + \frac{1}{2} \lg a_{SO_4^{2-}} \tag{2.46}$$

(7) $PbO_2 + HSO_4^- + 3H^+ + 2e = PbSO_4 + 2H_2O$

$$E = 1.632 - 0.0886 pH + 0.0295 \lg a_{HSO_4^-} \tag{2.47}$$

(8) $PbSO_4 + H^+ + 2e = Pb + HSO_4^-$

$$E = -0.302 - 0.0295 pH - 0.0295 \lg a_{HSO_4^-} \tag{2.48}$$

(9) $2PbO_2 + SO_4^{2-} + 6H^+ + 4e = PbO \cdot PbSO_4 + 3H_2O$
$$E = 1.436 - 0.0886pH + 0.0147\lg a_{SO_4^{2-}} \quad (2.49)$$

(10) $PbO \cdot PbSO_4 + 2H^+ + 4e = 2Pb + SO_4^{2-} + H_2O$
$$E = -0.113 - 0.0295pH - 0.0148\lg a_{SO_4^{2-}} \quad (2.50)$$

(11) $4PbO_2 + SO_4^{2-} + 10H^+ + 8e = 3PbO \cdot PbSO_4 \cdot H_2O + H_2O$
$$E = 1.294 - 0.0739pH - 0.0074\lg a_{SO_4^{2-}} \quad (2.51)$$

(12) $4Pb_3O_4 + 14H^+ + 3SO_4^{2-} + 8e = 3(3PbO \cdot PbSO_4 \cdot H_2O) + 4H_2O$
$$E = 1.639 - 0.1055pH + 0.222\lg a_{SO_4^{2-}} \quad (2.52)$$

(13) $3PbO \cdot PbSO_4 \cdot H_2O + 6H^+ + 8e = 4Pb + SO_4^{2-} + 4H_2O$
$$E = 0.029 - 0.0443pH - 0.0074\lg a_{SO_4^{2-}} \quad (2.53)$$

(14) $3PbO + 4H^+ + 4e = Pb_3O_4 + 2H_2O$
$$E = 1.122 - 0.0591pH \quad (2.54)$$

(15) $Pb_3O_4 + 2H^+ + 2e = 3PbO + H_2O$
$$E = 1.076 - 0.0591pH \quad (2.55)$$

(16) $PbO + 2H^+ + 2e = Pb + H_2O$
$$E = 0.248 - 0.0591pH \quad (2.56)$$

利用 Pb-H_2SO_4-H_2O 的电位-pH 图,可以分析铅蓄电池的自放电原因,讨论电池极板制造过程中的一些问题(见第六章)。

金属的电位-pH 图在电池和腐蚀科学中有着广泛的应用,但也有局限性,它只能从热力学的角度预示反应的可能性,而不能预示反应的动力学,即反应的速度及其影响因素。

第五节 电动势的测定及其应用

一、电动势的测定

必须在可逆条件下测定电动势,才得到具有热力学意义的数值。实际上如果微量电流通过电池,正反两方向的电池反应没有可察觉的变化时,便可认为是可逆的。考虑如图 2.8 所示的具有内阻 $R_内$ 的电池,它与一个具有输入电阻 $R_{电表}$ 的测量电压装置连接时,则流过电池的电流

$$I = E_{电池}/(R_内 + R_{电表}) \quad (2.57)$$

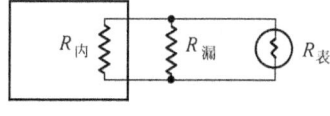

图 2.8 测量电动势的电路的电阻

而实际被测电压
$$E_测 = IR_{电表} \quad (2.58)$$
因而
$$E_测 = E_{电池}R_{电表}/(R_内 + R_{电表}) \quad (2.59)$$
若 $R_{电表}$ 比 $R_内$ 大得多,则可认为 $E_测 = E_{电池}$。

对于具有高内阻(>10^6 Ω)的电池,采用高输入电阻的电压表,在十分高电阻的电路中,电表两端之间会漏电。尘埃、油膜、甚至指纹都能在绝缘器上提供一个具有 10^7~10^9 Ω 的电流分路,此电阻与电表的电阻并联。具有高内阻的电池倾向不可逆,常常会出现漏电问题。

下面介绍两种测量电动势的方法。

1. 电位计

这是测量电动势的经典方法。测量线路如图 2.9 所示。调节接触点 D,使检流计 G 没有电流通过(其实不可能完全无电流,只是觉察不出来而已)。此时滑线 AD(长度)间的电位差等于被测电池的电动势 E_x。再连接标准电池,如上调节,AD′间的电位差便等于 E_s。因此 $E_x = E_s(AD/AD')$。常用标准电池是韦斯顿(Weston)标准电池,(Hg)Cd|CdSO$_4$|Hg$_2$SO$_4$,Hg,由下式可知其电动势,式中 1.01830 是 20 ℃时的 E。采用 10^{-8} A 灵敏度的检流计,精密度可达 ±0.1 mV。但是电位计不适用于测定高内阻体系。

$$E = 1.01830 - 4.06 \times 10^{-5}(t-20) - 9.5 \times 10^{-7}(t-20)^2 + 1 \times 10^{-8}(t-20)^3 \tag{2.60}$$

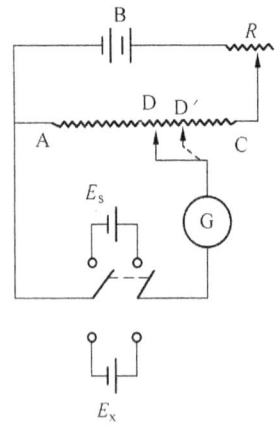

图 2.9 电位计电路

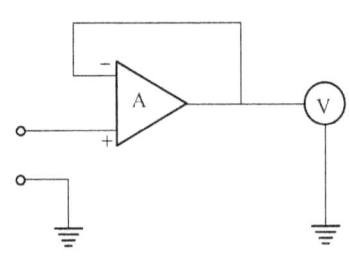

A: 运算放大器

图 2.10 电压跟随器

2. 伏特表

指针式伏特表不能精密测量电动势,因有明显电流流过被测电池,导致产生 $IR_内$ 和改变电极及其附近的状态,因而所测的并非平衡时两电极之间的电位差。采用运算放大器的电压跟随器(如图 2.10 所示),可以精密测定电动势。运算放大器具有高的增益(>10^4)和高的输入阻抗(>10^{10} Ω),因而用运算放大器制成的数字电压表,精密度可达 ±0.1 mV。

二、参比电极

理想的参比电极应具备的性质:① 电极反应可逆,服从 Nernst 公式;② 稳定性好,重现性好;③ 通过微小电流,电位迅速恢复原来数值;④ 电位随温度变化小,即温度系数小;⑤ 制备、使用和维护简便;⑥ 类似银-氯化银那样的电极,要求固相溶解度很小。基本上符合上述要求的,在水溶液中有氢电极、甘汞电极、硫酸亚汞电极、氧化汞电极、银-

氯化银电极;在熔盐中有氯电极、银电极。在电化学工业或防腐技术中也用简单金属电极,作为参比电极,例如铜放在硫酸铜溶液中构成的电极。

在选择参比电极时,除考虑上述各点外,还应考虑到电解液的相互影响。在酸性溶液中最好选用氢电极和甘汞电极(弱酸性)。在含氯离子的溶液中最常选用甘汞电极和银-氯化银电极。在含SO_4^{2-}的溶液中可用硫酸亚汞电极。在熔融氯化物熔解中,可用氯电极或银电极。参比电极经过较长时间使用后,电位可能发生变化,应定期校核。

下面介绍在水溶液中常用的参比电极。

1. 氢电极

氢电极(SHE 或 NHE)是可逆性最好的电极之一,适宜的制备方法能得到电位偏差小于 ±10 μV。其结构如图 2.11 所示。氢电极的实际电位为

$$E = \frac{RT}{F}\ln a_{H^+} + \frac{RT}{2F}\ln \frac{760}{p - p_w} \tag{2.61}$$

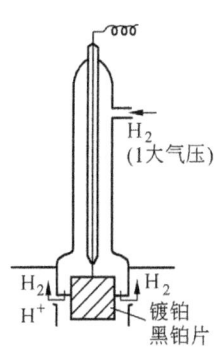

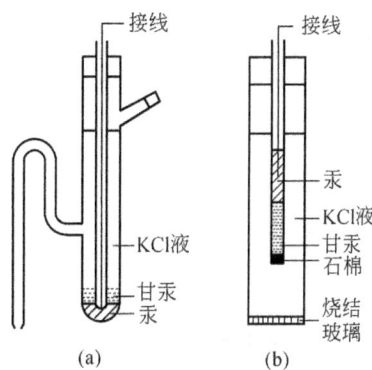

图 2.11 氢电极的结构　　图 2.12 甘汞电极的结构

式中第二项为校正水蒸气压的影响,P 为气压计读数(汞柱高度),P_w 为测定温度下的水蒸气压力。

SHE 要通 H_2 使用,不方便且不容易稳定,但可采用 Pd-H 电极或动力氢电极(DHE),选择含氢量处于 α 相与 β 相共存区的 Pd 制作电极,在 25 ℃时电位值比 SHE 正 50 mV,其对 pH 的依赖关系与氢电极相同。用一小辅助电极和镀铂黑的铂电极通小电流(~1 mA·cm^{-2})维持 DHE 恒定电位,其值较 SHE 负 20~40 mV,20 小时内的变化小于 2 mV。

2. 甘汞电极

甘汞电极 Cl$^-$|Hg$_2$Cl$_2$,Hg,构造如图 2.12 所示,其电极反应为 Hg$_2$Cl$_2$(固体) + 2e = 2Hg + 2Cl$^-$,相应的电位为

$$E = E^\ominus - \frac{RT}{F}\ln a_{Cl^-} \tag{2.62}$$

式中 $E^\ominus$ 为 0.2680 V(25 ℃)。甘汞电极有三种,它们的电位计算公式为

0.1 mol·L^{-1} KCl　　$E = 0.3337 - 0.7 \times 10^{-4}(t - 25)$ (2.63)

1.0 mol·L^{-1} KCl　　$E = 0.2800 - 2.4 \times 10^{-4}(t - 25)$ (2.64)

饱和 KCl(简写 SCE)　　$E = 0.2415 - 7.6 \times 10^{-4}(t - 25)$ (2.65)

3. 银-氯化银电极

在铂极上涂上 Ag_2O 糊状物,烘干后在 450 ℃加热 1.5 小时,然后在 $0.1\ mol\cdot L^{-1}$ HCl 或 $0.1\ mol\cdot L^{-1}$ KCl 中阳极极化($0.4\ mA\cdot cm^{-2}$)30 分钟,即可得银-氯化银电极(Cl^-/AgCl,Ag)。在 KCl 或 HCl 溶液中,其电极反应为 AgCl(固)+e=Ag+Cl^-,电位与活度的关系与(2.62)式相同。不同温度下 E° 的计算公式:

$$E^\circ = 0.23659 - 4.856 \times 10^{-4}t - 3.421 \times 10^{-6}t^2 + 5.869 \times 10^{-9}t^3 \quad (2.66)$$

式中温度单位为℃,这种电极在高温水溶液中,如地下热水(高达 100 多度)仍可用。

通常使用的银-氯化银电极的溶液为 $3.5\ mol\cdot L^{-1}$ KCl,25 ℃ E° 为 0.205 V。

4. 硫酸亚汞电极

硫酸亚汞电极结构类似图 2.12,电极反应为 Hg_2SO_4(固)+2e=2Hg+SO_4^{2-},电位为

$$E = E^\circ - \frac{RT}{2F}\ln a_{SO_4^{2-}} \quad (2.67)$$

不同温度下的 E° 可由下式算出

$$E^\circ = 0.63495 - 781.44 \times 10^{-6}t - 426.89 \times 10^{-9}t^2 \quad (2.68)$$

5. 氧化汞电极

氧化汞电极常用于强碱溶液中作为参比电极,电极反应为 $HgO + H_2O + 2e = Hg + 2OH^-$,电位为

$$E = E^\circ - \frac{RT}{F}\ln a_{OH^-} \quad (2.69)$$

不同温度下,几种氧化汞电极电位分别为

$1.0\ mol\cdot L^{-1}$ KOH | HgO,Hg $\quad E = 0.1100 - 0.00011(t - 25) \quad (2.70)$

$1.0\ mol\cdot L^{-1}$ NaOH | HgO,Hg $\quad E = 0.1135 - 0.00011(t - 25) \quad (2.71)$

$0.1\ mol\cdot L^{-1}$ NaOH | HgO,Hg $\quad E = 0.1690 + 0.00007(t - 25) \quad (2.72)$

三、有关物理化学数据的求算

1. 求算热力学函数

测定电池电动势,采用下列公式:

$$\Delta G = -nFE \quad (2.73)$$

$$\Delta H = -nFE + nFT\left(\frac{\partial E}{\partial T}\right)_P \quad (2.74)$$

$$\Delta S = (\Delta H - \Delta G)/T \quad (2.75)$$

测定 E 和 $\left(\frac{\partial E}{\partial T}\right)_P$ 便可求电池的反应自由能变化、热函变化和熵变化(具体测定方法从略)。

2. 电解质活度系数和标准电位的测定

例如,电池

$$Pt, H_2(1\ atm) | HCl(m) | AgCl, Ag$$

电池反应为

$$\frac{1}{2}H_2(1\ atm) + AgCl =\!=\!= Ag(固) + HCl(m)$$

电动势为
$$E = \left(E^{\ominus}_{Cl^-/AgCl,Ag} + \frac{RT}{F}\ln\frac{1}{a_{Cl^-}}\right) - \left(E^{\ominus}_{H^+/H_2} + \frac{RT}{F}\ln a_{H^+}\right)$$

$$= E^{\ominus}_{Cl^-/AgCl,Ag} - \frac{RT}{F}\ln a_{H^+} a_{Cl^-}$$

$$= E^{\ominus}_{Cl^-/AgCl,Ag} - \frac{2RT}{F}\ln\gamma_{\pm} m \tag{2.76}$$

25℃时，整理上式得

$$E^{\ominus}_{Cl^-/AgCl,Ag} - 0.1183\log\gamma_{\pm} = E + 0.1183\log m \tag{2.77}$$

当 $m\to 0, \gamma_{\pm}\to 1$，上式变为

$$E^{\ominus}_{Cl^-/AgCl,Ag} = (E + 0.1183\log m)_{m\to 0} \tag{2.78}$$

以实测的 $E + 0.1183\log m$ 为纵坐标，以 m 或 $\sqrt{m}$ 为横坐标（用 $\sqrt{m}$ 较好，因很稀时 $\log\gamma$ 与 $\sqrt{m}$ 成线性关系）作图，将所得线外推到 $m = 0$ 处，截距为 $E^{\ominus}$（0.223 V）。已知 $E^{\ominus}$，便可算出活度系数。例如 $m = 0.00321\ mol/1000\ gH_2O$ 时，$\gamma_{\pm} = 0.942$。已知 $E^{\ominus}$ 便可据（2-76）式算出 HCl 溶液在不同浓度的活度系数。

3. 平衡常数的测定

通过测定电池电动势求的平衡常数有弱酸、弱碱的电离常数、水的离子积、溶度积、配合物的稳定常数等等。举例如下：

（1）求难溶盐的溶度积

例如，电池 $Ag|AgNO_3(m)\parallel KCl(m')|AgCl,Ag$，其电池反应为 $AgCl = Ag^+ + Cl^-$，电动势为

$$E = E^{\ominus} - \frac{RT}{F}\ln(a_{Ag^+} a_{Cl^-}) \tag{2.79}$$

$$E^{\ominus} = \frac{RT}{F}\ln K_{SP} \tag{2.80}$$

因 AgCl（固）的活度为 1，且溶液很稀，所以 K_{SP} 就是溶度积。25℃时 $E^{\ominus} = E^{\ominus}_{Cl^-/AgCl,Ag} - E^{\ominus}_{Ag^+/Ag} = 0.2224 - 0.7991 = -0.5767\ V$，由此求得 $K_{SP} = 1.78\times 10^{-10}$。

（2）络合物的稳定常数

例如，求反应 Th^{4+}（熔体）$+ 6F^-$（熔体）$= ThF_6^{2-}$（熔体）的稳定常数

$$K_{C,稳} = c_{ThF_6^{2-}}/c_{Th^{4+}} \times c_{F^-}^6$$

可把钍置于含四价钍的氟化物熔体中，建立平衡电位

$$E = E^{\ominus'}_{Th^{4+}/Th} + \frac{RT}{4F}\ln c_{Th^{4+}} \tag{2.81}$$

当熔体中含钍的浓度很低时，近似认为 $\gamma_{Th^{4+}}$ 为常数，因此测得 $c_{ThF_6^{2-}}$、c_{F^-} 和 E，按上式便可求 $K_{C,稳}$。在 1000K 下求得 $K_{C,稳}$ 为 2.82×10^4。

4. 化合物的测定

例如，电池 $Hg|0.001m\ Hg_2SO_4(c_1), 0.1m\ HNO_3\parallel 0.01m\ Hg_2SO_4(c_2), 0.1m\ HNO_3|Hg$，测得电动势为 0.0274 V。这是浓差电池，因而电动势

$$E = \frac{0.058}{n}\lg\frac{c_1}{c_2} = \frac{0.058}{n} \tag{2.82}$$

$$n = 0.058/0.027 = 2.1$$

表明亚汞离子应为 Hg_2^{2+}。

5. 离子迁移数的测定

设有如下两个电池

$Ag, AgCl | LiCl(m_1) | LiCl(m_2) | AgCl, Ag(A)$

$Ag, AgCl | LiCl(m_1) | Li(Hg)-Li(Hg) | LiCl(m_2) | AgCl, Ag(B)$

相应的电动势为

$$E_A = 2t_+ \frac{RT}{F}\ln\frac{a_{\pm,1}}{a_{\pm,2}} \tag{2.83}$$

$$E_B = 2\frac{RT}{F}\ln\frac{a_{\pm,1}}{a_{\pm,2}} \tag{2.84}$$

式中 $a_\pm = \sqrt{a_+ a_-} = \gamma_\pm m$，两式相除得 Li 的迁移数

$$t_+ = E_A/E_B \tag{2.85}$$

由于迁移数随浓度而变，故上式表示为 $t_+ = \frac{dE_A}{dE_B}$ 更合理。在上述两电池中保持 m_1，改变 m_2，测得一系列 E_A 和 E_B，作 $E_A - E_B$ 曲线。曲线上任一点的斜率就表示在各相应浓度下的 t_+。在 0.01m LiCl 溶液中，用上述方法可求得 $t_+ = 0.334$。

四、电动势测定在分析化学上的应用

1. pH 的测定

在测定溶液 pH 的方法中，以电动势应用最广而且最精确，现已可测准到 0.002pH。测定溶液 pH 指示电极有三种：氢电极、氢醌电极（$C_6H_4O_2 + 2H^+ + 2e = C_6H_4(OH)_2$）和玻璃电极。若用于工厂监控 pH，则可用氧化锑电极（$Sb_2O_3 + 6H^+ + 6e = 2Sb + 3H_2O$）；此电极制作简单，但数值不够精密。玻璃电极是最常用的，它是一种氢离子选择电极，基本结构如图 2.13 所示。玻璃电极膜的组成一般是 72% SiO_2, 22% Na_2O, 6% CaO。测定 pH 值的范围为 1-9。如采用锂玻璃，可测定 pH 到 12。用玻璃电极与饱和甘汞电极组成如下电池测定未知溶液的 pH。

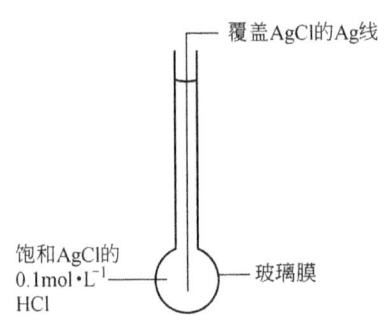

图 2.13 玻璃电极的基本结构

$Ag, AgCl | HCl(0.1\ mol\cdot L^{-1}) | 玻璃膜 | 溶液(待测 pH) | 饱和甘汞电极$ 25℃时，电池电动势

$$E = E_{SCE} - (E_G + \frac{RT}{F}\ln a_{H^+})$$
$$= 0.2415 - (E_G - 0.05916\text{pH}) \tag{2.86}$$

$$\text{pH} = \frac{E - 0.2415 + E_G}{0.05916} \tag{2.87}$$

对不同玻璃电极，E_G 不同。若用已知 pH 值的缓冲溶液(设为 pH_S)测定 E_S，就不必求出 E_G，而用下式求 pH 即可。

$$pH = pH_S + \frac{E - E_S}{0.05916} \tag{2.88}$$

玻璃电极的电阻很大，一般可达 10～100 兆欧。因此不能用电位计，而要用高输入阻抗的伏特表，如数字电压表来测定 pH。玻璃电极专门测量 pH 的仪器，称为 pH 计或酸度计。玻璃电极也用于非水溶液的 pH 测量。

2. 电位滴定

对于有色或混浊的溶液，没有适当的指示剂的场合，采用一般容量分析滴定方法是较困难的。电位滴定利用了可逆电池电动势随溶液浓度的变化关系(即 Nernst 公式)，在滴定等当点前后，溶液中离子浓度往往连续变化几个数量级，因而电动势变化很大，由此可确定等当点。

例如，进行酸碱滴定采用的电池为玻璃电极|待测液|SCE，当把碱液滴入酸液时，电池电动势不断变化，由此测得电动势对加入滴定液体积的电位滴定曲线(见图 2-14a)。滴定曲线斜率变化最大处，就是滴定等当点。为了提高精确度，可以把斜率($\Delta E/\Delta V$)对加入滴定液体积作图(图 2-14b)，滴定等当点将更易确定。

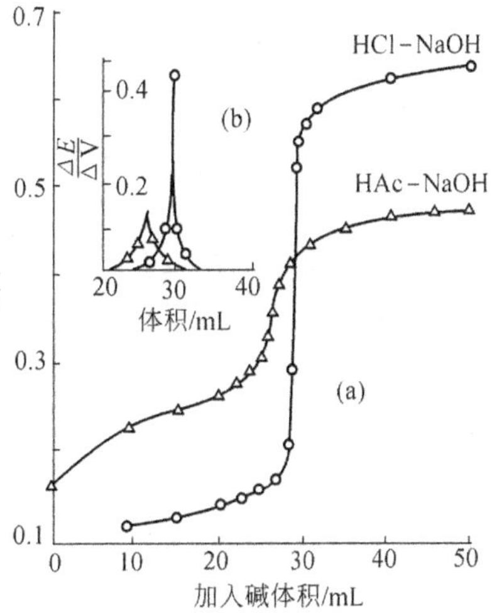

除酸碱滴定外，氧化还原滴定、络合滴定和沉淀滴定都可以利用电位法来进行。

图 2.14 (a)电位滴定曲线，酸碱度为 $0.1 \text{ mol} \cdot L^{-1}$；
(b)微分曲线

3. 电压传感器测定氧

许多工业过程的基本反应都涉及氧，例如燃料的燃烧，金属的提取与精炼，因此氧的浓度是个重要的参数，常常要测量和监控它。用固体电解质氧化锆制成的测氧仪，可测混合气体中含氧量、钢液中含氧量，此测氧仪的传感器由下列浓差电池组成。

参比气($P_{氧}^*$)，Pt|固体氧化物电解质|Pt，被测气($P_{氧}$)

固体氧化物可用 ZrO_2 或 $ZrO_2 \cdot CaO$，其结构如图 2.15 所示。设电池的电动势为

$$E = \frac{RT}{4F} \ln \frac{p_{氧}^*}{p_{氧}} \tag{2.89}$$

$P_{氧}^*$ 为已知，故测得 E 便可知氧的分压，按 $P_{氧} = (n/V)RT$，便可算出氧的浓度 n/V。

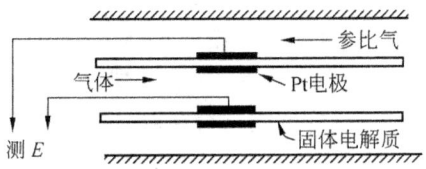

图 2.15 测氧仪的传感器

第三章 电极过程动力学及有关电化学测量方法

第一节 双电层及其结构

一、双电层的类型及结构模型

电极和溶液接触后,在电极和溶液的相界面会自然形成双电层,这是电量相等符号相反的两个电荷层。双电层大致有离子双电层、偶极双电层、吸附双电层三类。离子双电层由电极表面的过剩电荷和溶液中与之反号的离子组成,一层在电极表面,一层在贴近电极的溶液中。偶极双电层由在电极表面定向排列的偶极分子组成。吸附双电层由吸附于电极表面的离子电荷,以及由这层电荷所吸引的另一层离子电荷组成。这两类双电层都存在于一个相中。双电层的厚度,小则几个 nm,大则几百个 nm。双电层中存在一定大小的电容和电场强度。电容一般在 $0.2 \sim 0.4 \text{ F} \cdot \text{m}^{-2}$ 之间,电场强度在一定条件下可以高达 $10^8 \text{ V} \cdot \text{m}^{-1}$ 以上。

历史上有几种模型被提出过用来说明双电层的结构。第一种是平板电容器模型,也称紧密双电层模型,这是 Helmhotlz 在 19 世纪末提出的。这个模型把双电层看作平板电容器,电极上的电荷位于电极表面,溶液中的电荷集中排列在贴近电极的一个平面上,构成紧密层。紧密双电层的电容为

$$C = \varepsilon/4\pi d \tag{3.1}$$

式中 d 为双电层的厚度,ε 为介电常数。

第二种模型是分散双电层模型,这是 Guoy 和 Chapman 在 20 世纪初提出的。这种模型认为溶液中的离子电荷不是集中而是分散的,分散规律遵循 Boltzmann 分布。

第三种模型是 Stern 模型,由 Stern 在 1924 年提出。这个模型综合了上述两个模型中的合理部分,认为溶液中的离子分为两层,一层排列在贴近电极的一个平面上,另一层向溶液本体方向扩散,即分为紧密层和分散层两层。因此,双电层的电位差为分散层电位差 ψ_1 和紧密层电位差 $(\varphi - \psi_1)$ 之和。双电层电容由紧密层电容 $C_\text{紧}$ 和分散层电容 $C_\text{分}$ 串联而成。

图 3.1 是上述三种模型的图像,图中的垂直虚线为紧密层所在平面,阴影处代表电极,图中曲线为双电层的电位分布。

在 Stern 之后,很多研究者对紧密层的结构进行了探讨。他们考虑了双电层的介电常数和电场强度的联系。Bockris 等人认为,当紧密层与电极表面之间电场强度较大时,紧密层中包含了一层水分子偶极层,这层水分子在一定程度上定向吸附在电极表面上。双电层图像如图 3.2(a)所示,第一层为水分子偶极层,第二层为水化离子层。

除了静电力之外,在电极和溶液的界面上还存在非静电力,发生离子或分子在电极上的非静电吸附,这种吸附常称特性吸附。对产生这种现象的非静电力,不同的研究者有不

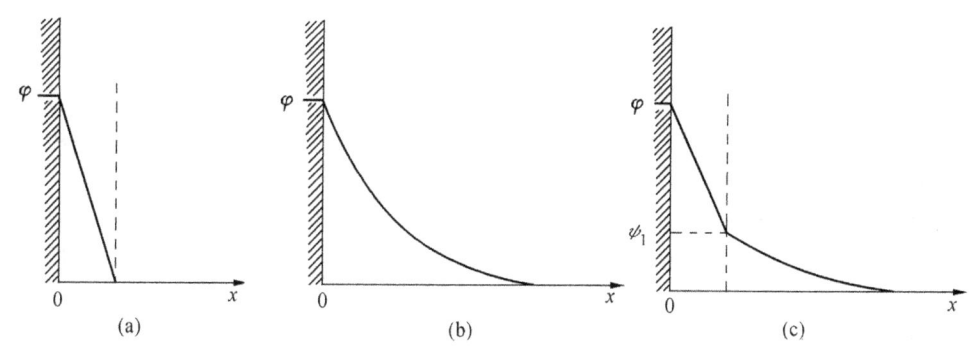

图 3.1 双电层结构模型

(a) 平板电容器模型; (b) 分散双电层模型; (c) Stern 双电层模型

同的解释。有的认为主要是由于在吸附离子与电极之间形成了共价键,有的认为主要是由于吸附离子的水合作用。存在特性吸附的双电层结构如图 3.2(b)所示。图中 IHP 和 OHP 分别称为是内、外亥姆荷茨层。

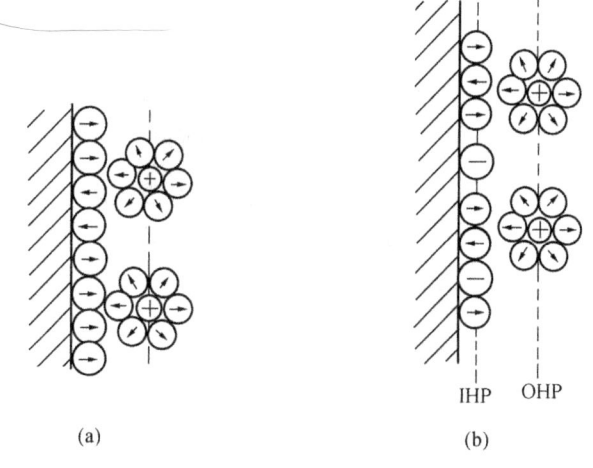

图 3.2 双电层结构图像

(a) 紧密层的结构(无特性吸附); (b) 存在特性吸附的双电层结构

自然界广泛存在双电层,例如,Zn(固体金属)与 $ZnSO_4$ 溶液(电解质溶液)界面、汞(液态金属)与 KCl 溶液界面、熔融锡与熔融 KCl 界面、固体氧化铝(绝缘体)与熔融 KCl 界面、动脉血管与血液界面的双电层。本章主要介绍固体金属与电解质溶液界面的双电层。

二、双电层电容

电流通过电极与溶液界面时发生两类过程:① 充电过程,使电极表面电荷密度发生变化,改变双电层结构。所消耗的电流称为充电电流或电容电流,I_c。② 法拉第过程,发生电极反应。因物质反应量与电量的关系服从法拉第定律,故所消耗的电流称为法拉第电流,I_f。一般来说,通过电极的电流为充电电流和法拉第电流之和。

$$I = I_f + I_c \tag{3.2}$$

研究双电层结构时,应采用通电时不发生电极反应,全部电量用于改变双电层荷电状态的电极,这样的电极称为理想极化电极。在一定电位范围内可以找到基本符合理想极化电极条件的电极体系。例如纯汞与经过去除了氧以及其他氧化还原杂质的 KCl 溶液接触时,在 +0.1 伏至 -1.6 伏的电位范围内可以认为是理想极化电极。因此研究双电层时,常采用汞电极。

电极通电时,双电层被充电,其结果是双电层的电容以及电极/溶液界面张力将随电位而变化。微分电容随电位变化的曲线称为微分电容曲线。界面张力随电位变化的曲线称为电毛细曲线。

往电极通入 dq 的电量,引起电位改变 dE,此时双电层的微分电容 C_d 便可表示为

$$C_d = dq/dE \tag{3.3}$$

对于 Stern 模型,

$$\frac{1}{C_d} = \frac{d\varphi}{dq} = \frac{d(\varphi-\psi_1)}{dq} + \frac{d\psi_1}{dq} = \frac{1}{C_\text{紧}} + \frac{1}{C_\text{分}} \tag{3.4}$$

(3.4)式中 φ 是双电层电位差,而(3.3)式中的 E 是被测的电极电位,两者相差一常数,故 $d\varphi = dE$。由 Stern 模型,推导出分散层的微分电容

$$C_\text{分} = \frac{dq}{d\psi_1} = \frac{|z|F}{RT}\left(\frac{\varepsilon RT c^0}{2\pi}\right)^{1/2} \cosh\left(\frac{|z|\psi_1 F}{2RT}\right) \tag{3.5}$$

式中 c^0 是溶液浓度($\text{mol}\cdot\text{cm}^{-3}$),$z$ 是离子电荷,$\varepsilon = 78.5$。在 25 ℃ 采用实用单位时,可写成

$$C_\text{分} = 7.23 \times 10^3 |z|(c^0)^{1/2}\cosh(19.46|z|\psi_1 F) \quad (\text{单位为 } \mu\text{F}\cdot\text{cm}^{-2})$$

用交流电桥可测定双电层的微分电容,微分电容与溶液浓度有关。图 3.3(a)、(b)分别是用汞电极在 $0.1\,\text{mol}\cdot\text{L}^{-1}$ NaF、$0.001\,\text{mol}\cdot\text{L}^{-1}$ NaF 测得的微分电容曲线。(a)中虚线是根据 Stern 模型计算的结果,可见计算值与实验值基本一致。在稀溶液中双电层的总电容主要由分散层的电容决定。从(3.5)式可知,$\psi_1 = 0$ 时,$\cosh(0) = 1$,此时 $C_\text{分}$ 具有最小值;当 q 和 ψ_1 增大时 $C_\text{分}$ 迅速增大,与图 3.3(b)的曲线形状相符。

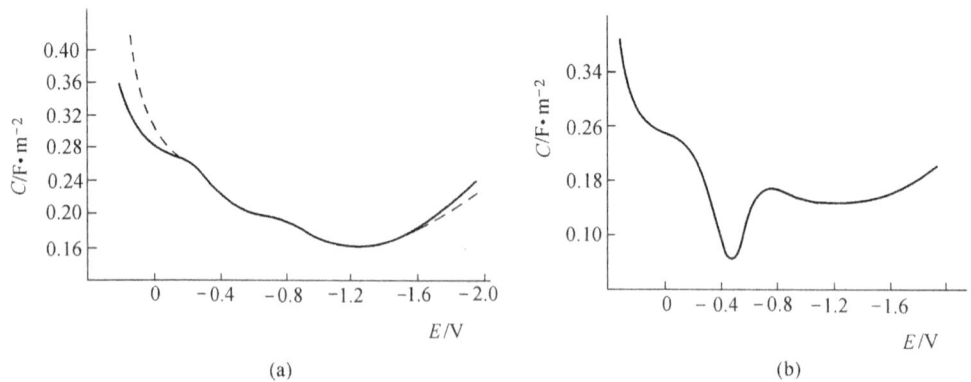

图 3.3 双电层的微分电容曲线
(a) $0.1\,\text{mol}$ NaF 的微分电容曲线; (b) $0.001\,\text{mol}\cdot\text{L}^{-1}$ NaF 的微分电容曲线

在测定微分电容时发现,当汞表面供有较多的负电荷时,在相当大的电位范围内微分电容值几乎与所用的阳离子种类以及水化离子半径无关。例如,在 $0.1\,\text{mol}\cdot\text{L}^{-1}$ LiCl 和 $0.1\,\text{mol}$

·L^{-1} AlCl$_3$溶液中,尽管Li$^+$和Al^{3+}有着不同的水化离子半径(估计为0.34 nm和0.61 nm),但在宽达1伏的电位范围内,两者的微分电容测定值基本相同。这一事实可用紧密层内存在一层水分子偶极层来解释[图3.2(a)]。水分子偶极层(第一层)在较强电场中定向排列导致介电饱和,其介电常数降低到约等于6,而阳离子周围水化层(第二层)的介电常数约等于40,因此,微分电容值主要由水分子偶极层来决定,其值约为0.2 F·m^{-2}。

三、电毛细曲线与零电荷电位

电毛细曲线可用毛细管静电计测定。在无特性吸附的情况下,典型的电毛细曲线如图3.4(σ)所示,其物理意义可作如下解释:开始时溶液一侧由阴离子构成双电层,随着电位向负方移,电极表面的正电荷减少,引起界面张力增加。当表面电荷变为零,界面张力达到最大值,相应的电位称为零电荷电位,以E_z表示。当电位继续向负方移,电极表面荷负电,由阳离子代替阴离子组成双电层。随着电位不断负移,界面张力不断下降。因此,电毛细曲线呈抛物线状。

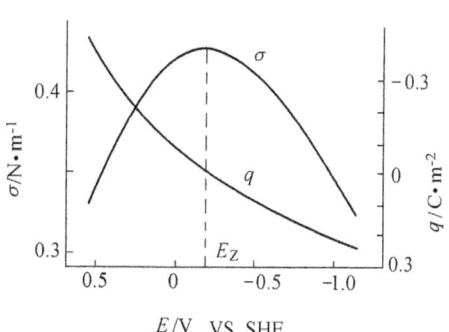

图3.4 汞电极上的界面张力(σ)与表面电荷密度(q)随电极电位的变化

当溶液组成一定时,界面张力与电极电位有如下关系:

$$d\sigma/dE = -q \tag{3.7}$$

这就是李普曼(Lippman)公式。界面张力对电位微商得到了电荷密度,如图3.4(q)所示。

从图3.4可见,E正于E_z时,σ随E负移而增加,q为正值;E等于E_z时,$\sigma = \sigma_{\max}$,$q = 0$;E负于E_z时,σ随E负移而下降,q为负值。这些结果与(3.7)式完全一致。

因$C_d = dq/dE$,故由李普曼公式可把σ、q、C_d联系起来,即

$$\frac{dq}{dE} = -\frac{d^2\sigma}{dE^2} = C_d \tag{3.8}$$

在零电荷电位时,界面张力最大,微分电容最小。

如果发生特性吸附,电毛细曲线有三种类型,如图3.5所示。从图3.5可见,阴离子吸附对左分支影响很大,使E_z向负移;阳离子吸附则改变了曲线的右分支,使E_z向正移。中性有机分子则在E_z附近表面张力下降,削去了电毛细曲线的极大峰;电位向两分支移动,达到一定电位时,吸附作用被抑制,曲线重合为一。

在汞电极上,某些无机阴离子吸附能力的顺序为:S^{2-}>I$^-$>SCN$^-$>Br$^-$>Cl$^-$>OH$^-$>SO$_4^{2-}$>F$^-$。在不同金属表面上,这一顺序也不全相同,例如在金电极上OH$^-$的吸附比Cl$^-$强。R$_4$N$^+$、Tl$^+$、La^{3+}、Th^{4+}都是表面活性阳离子,但通常它们的吸附作用不如阴离子那样显著。

零电荷电位可以用电毛细曲线和稀溶液的微分电容曲线来测定,表3.1列出某些金属的零电荷电位数值。从表中可见,各种金属即使在相同条件的溶液中,它们的E_z数值也相差很大。两种处在E_z下的金属组成的电池,其电动势并不等于零。过去有人企图

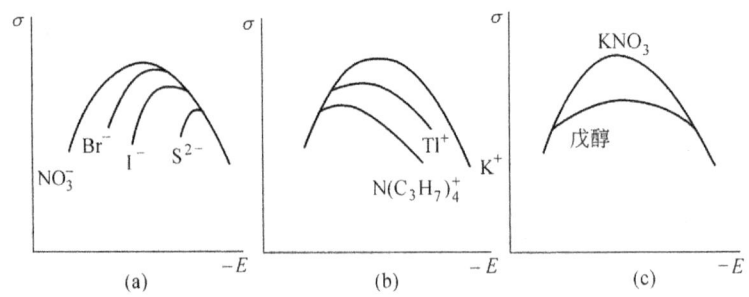

图 3.5 存在和不存在特性吸附时的电毛细曲线
(a) 阴离子吸附；(b) 阳离子吸附；(c) 有机分子吸附

用零电荷电位去确定绝对电位值,但这是不可能的,因为离子双电层电位差消失了,还可能有离子特性吸附、偶极分子定向排列、金属表面层中原子极化引起的电位差。然而利用零电荷电位却可以判断表面电荷的正负,而电极表面带正电或带负电对电化学过程有很大的影响,故零电荷电位具有实际意义。若以 E_z 作为零点,则 $E - E_z = \varphi$,此 φ 为离子双电层的电位差。当 $\varphi > 0$ 时,电极表面荷正电,$\varphi = 0$ 时,电极表面没有剩余电荷,$\varphi < 0$ 时,电极表面荷负电。

表 3.1 某些金属的零电荷电位(相对标准氢电极)

金属	溶　液	E_z/V	金属	溶　液	E_z/V
铝	0.01 mol·L^{-1} KCl	-0.52	金	0.01 mol·L^{-1} Na$_2$SO$_4$	+0.23
锑	0.05 mol·L^{-1} Na$_2$SO$_4$	-0.20	铁	0.05 mol·L^{-1} H$_2$SO$_4$	-0.37
铋	0.01 mol·L^{-1} KCl	-0.35	铅	0.01 mol·L^{-1} KCl	-0.69
镉	0.02 mol·L^{-1} KCl	-0.92	汞	0.1 mol·L^{-1} NaF	-0.19
铬	0.05 mol·L^{-1} H$_2$SO$_4$	-0.45	铂	0.05 mol·L^{-1} KClO$_4$	+0.41
钴	0.01 mol·L^{-1} Na$_2$SO$_4$	-0.32	银	0.05 mol·L^{-1} Na$_2$SO$_4$	-0.7
铜	0.01 mol·L^{-1} Na$_2$SO$_4$	+0.03	锌	0.5 mol·L^{-1} Na$_2$SO$_4$	-0.65

第二节　极化和电极过程

一、极化和稳态极化曲线的测量

1. 极化的概念

电极反应速度为 $v = I/nF$,可用电流密度来表示电极反应速度。电流密度的大小与电极电位有关,因而电极反应速度是电极电位的函数。换言之,电流通过电极会引起电位的变化。如果反应很快,则电极电位几乎不变;若反应较慢,则电极积累了流进来的电荷,电极电位将发生变化。通常把电流流过电极时电极电位偏离平衡电位的现象称为极化。

电极电位的测量如图 3.6 所示,图 3.6(a) 是开路的,电极没有电流流过。假定溶液中的离子和电极材料(例如 NiSO$_4$ 溶液和 Ni 电极)之间处于热力学平衡状态,这时用参比电极测出的电位是平衡电极电位,其值可用 Nernst 公式计算。(b)是闭路的,当接通电源后,电子从阳极经外电路流到阴极,两个电极都处于极化状态,这时用参比电极测出的电极电位不再是平衡电极电位,而是阴极的电位比其平衡电位要负,这是阴极极化;阳极的电位比其平衡电位要正,这是阳极极化。

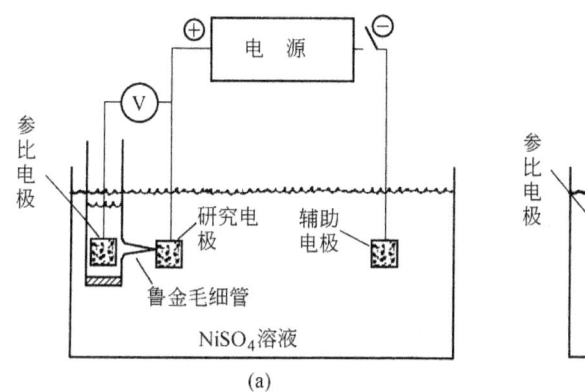
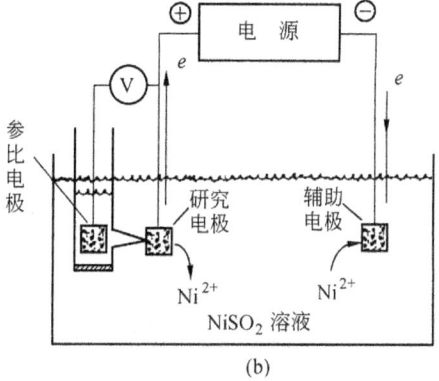

图 3.6 电极电位的测量
(a) 测量平衡电位; (b) 测量极化电位

电流通过电极时,电极电位偏离平衡电位的数值称为过电位(或超电势),用 η 表示。为使过电位为正值,阴极极化时过电位为

$$\eta_K = E_e - E \tag{3.9}$$

阳极极化时过电位为

$$\eta_A = E - E_e \tag{3.10}$$

式中:η_K 表示阴极过电位,η_A 表示阳极过电位,E_e 表示平衡电位,E 表示极化电位。

将电流密度随电位的变化(或反过来)绘成的曲线,这就是极化曲线。因为电流密度是电极反应速度的一种表达,所以极化曲线直观地显示了电极反应速度与电极电位的关系。在曲线上某一电流密度下电位的变化率 $\Delta E/\Delta i$ 称为极化度。极化度大,电极反应的阻力大;极化度小,电极反应的阻力小。在同一曲线上,不同的电流密度下极化度可以不同,也就是说,在不同的电流密度下电极反应的阻力不同。

极化曲线可从电解池(见图 3.6)的电极测定,也可从原电池的电极测定。图 3.7 是

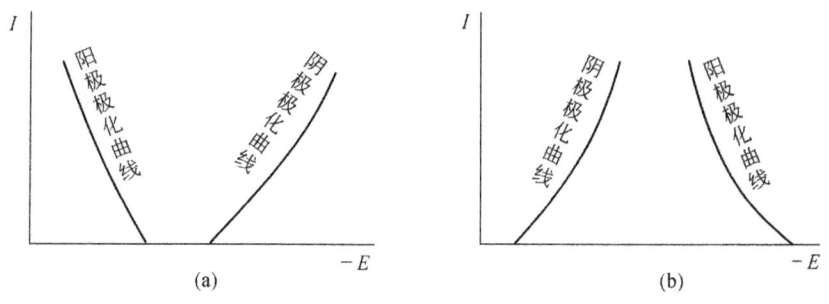

图 3.7 极化曲线示意图
(a) 电解池的极化曲线; (b) 原电池的极化曲线

极化曲线走向的示意图。从图可见,随着电流的增大,电解池两电极之间的电位差增大,这说明了增加电解电流,就要增大外加电压,即消耗更多的电能。而在原电池的情况下,因为阳极的电位比阴极的电位负,所以阳极极化曲线在阴极极化曲线的右边。原电池两电极之间的电位差随着电流的增大而减少,此电位差就是原电池的输出电压;这说明了放电电流越大,原电池能做的电功越小。

2. 稳态极化曲线的测量

表示 i 与 η 的关系、$\log i$ 与 η 的关系的曲线都称为极化曲线。测量极化曲线常采用三电极体系:研究电极(或称工作电极)、辅助电极(或称对电极)、参比电极(见图 3.6b)。参比电极是用来测量研究电极的电位,辅助电极是用来通电使研究电极极化的,如此测得的是单个电极的极化曲线。测定极化曲线有恒电流法和恒电位法两种。

(1) 恒电流法:控制电流密度使其依次恒定在不同数值,测定每一恒定电流密度下的稳定电位,作 $i-E$ 曲线。经典恒电流法是将高压直流电源与高电阻串联起来,使电流保持不变。但现在使用恒电位仪,既可恒电位也可恒电流。

(2) 恒电位法:控制电极电位使其依次恒定在不同数值,测定每一恒定电位下的稳定电流。现在普遍使用恒电位仪,测定恒电位下的 $E-i$ 曲线。对于单调函数的极化曲线,即对应一个电流密度只有一个电位的情况,可以用恒电流法或恒电位法来测量。但若有极大值的极化曲线(例如阳极钝化曲线),则只能用恒电位法才测量出来。

上述两种方法的自变量,可以逐点手动调节也可以自动调节。自动测定极化曲线最常用的方法是慢电位扫描法(线路见图 3.14b)。

消除研究电极与参比电极之间的欧姆电位降,这是测定极化曲线时必须尽量做到的。消除欧姆电位降可采用鲁金毛细管,或在恒电位仪中加进欧姆电阻补偿线路。但在溶液电阻较大时,这些措施效果不大,可用间接法测定极化曲线。间接法的原理就是先用恒电流使电极极化,达到稳态后,断掉电流,欧姆电位降随即消失。断电时间越短,测量的电极电位越可靠。一般来说,在 10^{-6} 秒内进行测量,引起误差不超过 0.01 V。

二、电极过程和控制步骤

电极过程是指与电极反应有关的步骤,它们在电极与溶液界面附近的液层里(合称电极表面区)。电极过程包括:

(1) 反应物向电极表面传质(迁移、扩散、对流);
(2) 电子转移(或称电子传递、电荷传递);
(3) 产物离开电极或进入电极内部;
(4) 电子转移前或电子转移后在溶液中进行的化学转化;
(5) 表面反应,如吸附、电结晶、生成气体。

如果把电极过程的步骤按照进行的先后安排,可以用图 3.8 表示。

具体到某一电极反应时,电极过程不一定包含上述所有步骤。例如,在 $Zn(NH_3)_3^{2+}$ 的槽液中电镀锌,阴极反应是 $Zn(NH_3)_3^{2+}$ 的还原,阳极反应是锌阳极的溶解,分别对应于电极反应

$$Zn(NH_3)_3^{2+} + 2e \rightarrow Zn + 3NH_3 \quad (阴极)$$
$$Zn + 3NH_3 \rightarrow Zn(NH_3)_3^{2+} + 2e \quad (阳极)$$

与阴极还原相应的阴极过程包括:

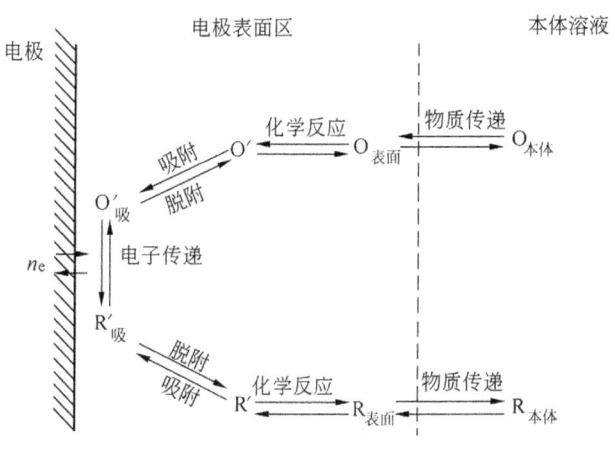

图 3.8 电极过程的各个步骤

(1) $Zn(NH_3)_3^{2+}$ 从溶液向电极扩散；

(2) $Zn(NH_3)_3^{2+}$ 到达电极之前在电极表面附近进行化学转化，

$Zn(NH_3)_3^{2+} \rightarrow Zn(NH_3)_2^{2+} + NH_3$；

(3) $Zn(NH_3)_2^{2+}$ 在电极表面接受电子还原成锌原子 Zn；

(4) Zn 在电极表面上进行电结晶。

与阳极氧化相应的阳极过程包括：

(1) 锌阳极溶解产生 $Zn(NH_3)_2^{2+}$，

$Zn + 2NH_3 \rightarrow Zn(NH_3)_2^{2+} + 2e$；

(2) $Zn(NH_3)_2^{2+}$ 在电极表面进行化学转化，

$Zn(NH_3)_2^{2+} + NH_3 \rightarrow Zn(NH_3)_3^{2+}$；

(3) $Zn(NH_3)_3^{2+}$ 向本体溶液扩散。

在电极过程的几个步骤中，有的进行得较快，有的进行得较慢（单独地考察这些步骤，以作比较），速度最慢的是电极过程的控制步骤。当扩散步骤成为控制步骤时，相应的过电位称为浓差过电位；当电子转移或化学转化成为控制步骤时，相应的过电位称为活化过电位。也有把电子转移，即电化学步骤起控制作用时的过电位称为电化学过电位，而化学反应起控制作用时的过电位称为反应过电位。浓差越大，过电位越大；电子转移或化学转化需要的活化能越高，过电位也越大。个别情况下，电极过程不只是一个速度控制步骤，而可能是两个控制步骤同时存在，这时过电位就包含了两方面的因素。

第三节 稳态扩散和浓差极化方程式

一、液相传质及电极表面附近浓度的分布

电极过程是从液相中的传质开始的。液相传质有电迁移、扩散和对流三种方式，如图 3.9 所示。在离电极较远的地方，v（液体流速）很大，dc/dx（浓度梯度）和 dE/dx（电位梯度）都很小，对流的贡献是主要的。而在紧贴电极表面处，$v \rightarrow 0$，dc/dx 和 dE/dx 都较大，

电迁移和扩散的贡献是主要的。若往溶液中加入大量支持电解质(通常其浓度至少为反应物浓度的 10^2 倍),则可忽略电迁移的贡献而把传质只归功于扩散。实际上通电过程中,对流是存在的,即发生对流扩散。

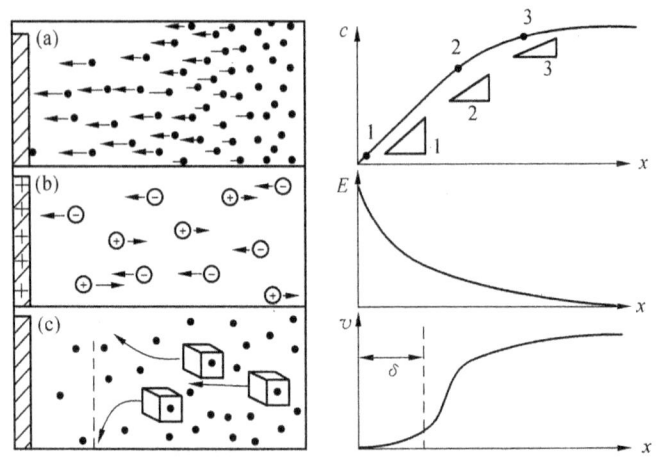

图 3.9 三种传质方式以及浓度、电位、速度分布
(a)扩散; (b)迁移; (c)对流

扩散传质过程是在扩散层内发生的。通常把电极表面附近存在着浓度梯度的液层称为扩散层。扩散层和双电层的分散层是两个不同的概念。扩散层是电中性的,它比分散层厚得多。当溶液不太稀时扩散层的厚度约为 $10^{-5}\sim10^{-4}$m,而分散层的厚度大约在 $10^{-9}\sim10^{-8}$m 左右。图 3.10 表示阴极极化时电极表面附近的浓度分布。图中 c^0 是本体浓度,c^s 是电极表面处的浓度或称表面浓度。

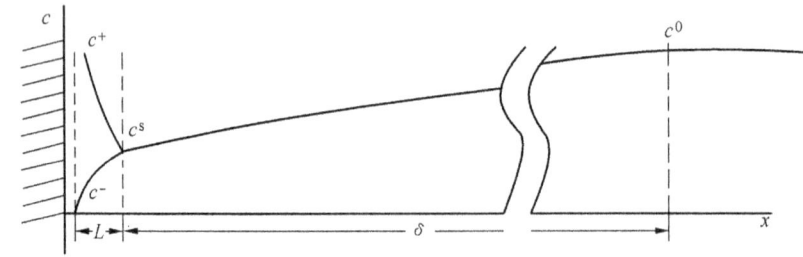

图 3.10 阴极极化时电极表面附近液层中的浓度分布
δ 是扩散层厚度; L 是分散层厚度

电极过程若是扩散控制的,可用 Nernst 公式计算电极电位。但这时浓度用 c^s 而不是用 c^0,所得结果是极化电位而不是平衡电位。对电极反应

$$O + ne = R$$

氧化态 O 会得到电子形成还原态 R。设阴极通电以前溶液中只有 O 存在。O 能否被还原取决于电位,如果电位太正,还原不能有效地进行;如果电位足够负,O 在电极表面处浓度降为零。如果电位不太正也不太负,则 O 和 R 在电极表面处的浓度比可以用 Nernst 公

式计算：

$$E = E^0 + \frac{RT}{nF}\ln\frac{\gamma_O c_O^s}{\gamma_R c_R^s} = E^{0\prime} + \frac{RT}{nF}\ln\frac{c_O^s}{c_R^s} \quad (3.11)$$

这是假定了电子转移这一步速度很快，并且电极过程由扩散控制，下面讨论稳态扩散和非稳态扩散的前提就是如此。

二、稳态扩散的电流和电位的关系

通电开始时，扩散层中各点的反应物浓度是距离（从电极表面算起）和时间的函数，$c = f(x,t)$。由于溶液中存在温度差和密度差引起的对流，因此扩散层内各点的浓度很快就不再随时间而变化，达到稳态扩散，浓度只是距离的函数，$c = f(x)$。

稳态扩散服从 Fick 第一定律

$$J = -D\left(\frac{\partial c}{\partial x}\right)_x \quad (3.12)$$

负号表示扩散方向与浓度增大方向相反，J 是扩散流量，

$$J = \frac{dm}{Adt} \quad (3.13)$$

dm 是在时间 dt 内通过面积 A 的摩尔数，J 的单位为 $mol·m^{-2}·s^{-1}$。又因

$$i = \frac{dQ}{Adt} = nF\frac{dm}{Adt} \quad (3.14)$$

由于扩散电流密度与电极表面的浓度梯度 $(\partial c/\partial x)_{x=0}$ 有关，故由(3.12)与(3.13)式可得

$$i = -nFD\left(\frac{\partial c}{\partial x}\right)_{x=0} \quad (3.15)$$

一般来说，浓度随距离的变化是非线性的，如图 3.11 的实线所示。若把浓度梯度看作是均一的，则得到图 3.11 中被称为扩散层有效厚度的 δ，于是(3.15)式变成

$$i = -nFD\left(\frac{c^0 - c^s}{\delta}\right) \quad (3.16)$$

当表面浓度降为零，电流密度达到极限，称为极限电流密度 i_L，有

$$i_L = -nFD\frac{c^0}{\delta} \quad (3.17)$$

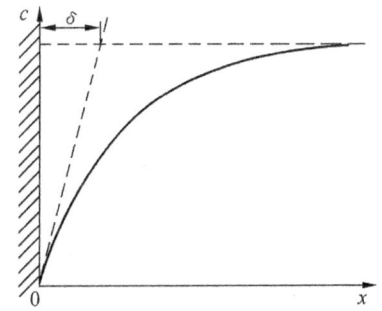

图 3.11 扩散层厚度 δ 的确定

在不搅拌的溶液中 δ 的大小约为 5×10^{-4} m，充分搅拌时降到 1×10^{-5} m 左右。

习惯上以自溶液流向电极的还原电流为正电流，故上两式适用于氧化电流，还原电流则去掉负号。

下面分两种情况讨论稳态扩散下的阴极还原。第一种情况是还原产物不可溶。例如，金属电沉积、析出气体。

$$O + ne = R(不可溶)$$

这时 Nernst 公式写成

$$E = E^{\ominus} + \frac{RT}{nF}\ln\gamma c_O^s \tag{3.18}$$

比较(3.16)与(3.17)式得到表面浓度和电流密度的关系

$$c_O^s = c_O^0\left(1 - \frac{i}{i_L}\right) \tag{3.19}$$

代入 Nernst 公式得到电位和电流密度的关系

$$E = E^{\ominus} + \frac{RT}{nF}\ln\gamma c_O^0 + \frac{RT}{nF}\ln\left(1 - \frac{i}{i_L}\right)$$

$$= E_e + \frac{RT}{nF}\ln\left(1 - \frac{i}{i_L}\right) \tag{3.20}$$

或

$$\eta_k = -\frac{RT}{nF}\ln\left(1 - \frac{i}{i_L}\right) \tag{3.21}$$

第二种情况是还原产物可溶,生成汞齐或产物溶解在溶液中就属于这种情况。

$$O + ne = R(可溶)$$

这时 Nernst 公式即(3.11)式。

电极表面上 R 的生成速度为 i/nF,而 R 的扩散流失速度为 $-D_R\left(\frac{\partial c_R}{\partial x}\right)_{x=0}$。稳态时 $i/nF = -D_R\left(\frac{\partial c_R}{\partial x}\right)_{x=0}$ 或写成 $i/nF = -D_R\frac{c_R^s - c_R^0}{\delta_R}$。故有

$$c_R^s = c_R^0 + \frac{i\delta_R}{nFD_R} \tag{3.22}$$

若反应前 R 不存在,$c_R^0 = 0$,则

$$c_R^s = \frac{i\delta_R}{nFD_R} \tag{3.23}$$

而从(3.17)和(3.19)式可知

$$c_O^s = \frac{i_L \delta_O}{nFD_O}\left(1 - \frac{i}{i_L}\right) \tag{3.24}$$

把(3.23)和(3.24)式代入(3.11)式得

$$E = E^{\ominus} + \frac{RT}{nF}\ln\frac{\gamma_O \delta_O D_R}{\gamma_R \delta_R D_O} + \frac{RT}{nF}\ln\frac{i_L - i}{i} \tag{3.25}$$

当 $i = i_L/2$ 时,

$$E_{1/2} = E^{\ominus} + \frac{RT}{nF}\ln\frac{\gamma_O \delta_O D_R}{\gamma_R \delta_R D_O} \tag{3.26}$$

$E_{1/2}$ 称半波电位,它是不随反应物质浓度而改变的常数。因为在一定对流条件下,δ_O 和 δ_R 均为常数,而在稀汞齐及含有大量支持电解质的溶液中,δ_O、δ_R、D_O、D_R 都很少随反应体系浓度而变化,也可看作常数。在极谱分析中,常用半波电位来识别反应物的性质。

把(3.26)式代入(3.25)式得

$$E = E_{1/2} + \frac{RT}{nF}\ln\frac{i_L - i}{i} \tag{3.27}$$

当 O、R 均可溶,结构又相似时,往往有 $\delta_O \approx \delta_R$,$D_O \approx D_R$,于是 $E_{1/2} \approx E^{\ominus}$。对由有机物组

成的氧化还原体系,可用 $E_{1/2}$ 来估计 E°。

产物不溶和产物可溶时的极化曲线可分别根据(3.20)和(3.27)式用图 3.12 表示。从半对数极化曲线的斜率 $2.3RT/nF$ 可求出参加反应的电子数。

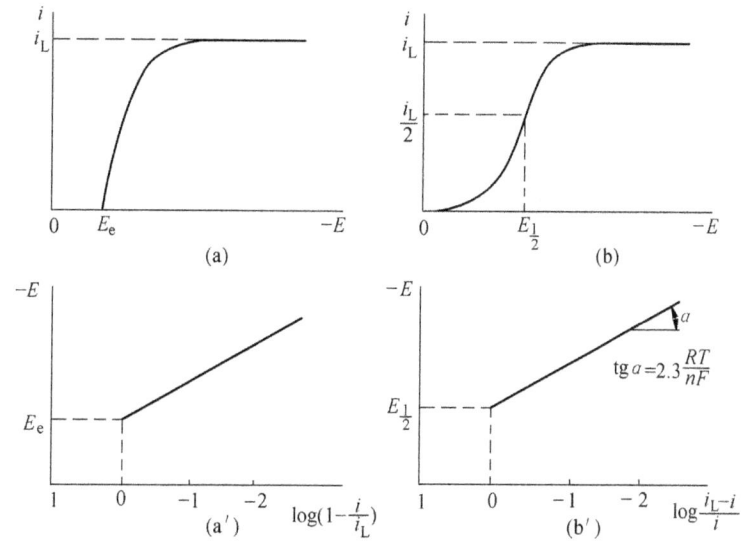

图 3.12 扩散控制时的极化曲线
(a) 和(a')产物不溶; (b) 和(b')产物可溶

第四节 非稳态扩散

一、平面电极的非稳态扩散和暂态电化学方法

在开始通电的短暂时间里发生的扩散总是非稳态扩散。非稳态扩散时,扩散层中各点反应物的浓度不但是距离的函数,而且是时间的函数,$c = f(x,t)$。

在平面电极的情况下,浓度随距离和时间的变化服从 Fick 第二定律

$$\frac{\partial c}{\partial t} = D \frac{\partial^2 c}{\partial x^2} \tag{3.28}$$

解方程(3.28),需要初始条件和两个边界条件,并假设电迁移和对流传质不存在,以及扩散系数与浓度无关。初始条件:$t=0$ 时,$c(x,0) = c^0$;边界条件之一:$x \to \infty$ 处,$c(\infty, t) = c^0$;另一边界条件视电解时的极化条件而定。

1. 完全浓度极化

如果给电极施加一个很负的阴极极化电位,使 c^s 立即降为零而达到极限电流,这称为"完全浓度极化"。在完全浓度极化条件下,另一边界条件为:

$$t > 0 \text{ 时}, c(0, t) = c^s = 0$$

应用 Laplace 变换法,把方程(3.28)两边的原函数变为象函数,然后根据上述初始条件和边界条件求出以象函数表示的微分方程的解,再反演,将象函数还原为原函数。结果得出方程(3.28)的解为

$$c(x,t) = c^0 \text{erf}\left(\frac{x}{2\sqrt{Dt}}\right) \tag{3.29}$$

erf 是误差函数的意思,代表积分

$$\text{erf}(Z) = \frac{2}{\sqrt{\pi}} \int_0^z e^{-y} \mathrm{d}y \tag{3.30}$$

$Z = \frac{x}{2\sqrt{Dt}}$,是积分变量。不同的 Z 所对应的函数值在专门的表中可查到(见表 3.2)。当 $Z=0$ 时,$\text{erf}(Z)=0$,$Z=\infty$ 时,$\text{erf}(Z)=1$。y 为辅助变量。

为了求电流,需要求出 $\left(\frac{\partial c}{\partial x}\right)_{x=0}$。由(3.29)式得

$$\left(\frac{\partial c}{\partial x}\right)_{x=0} = \frac{c^0}{\sqrt{\pi Dt}} \tag{3.31}$$

因为是完全浓度极化,$i = i_L$ 对于 O + ne = R,

$$i_L = nFD \frac{c^0}{\sqrt{\pi Dt}} \tag{3.32}$$

把上式与 $i_L = nFDc^0/\delta$ 比较,得出 $\delta = \sqrt{\pi Dt}$。可见,非稳态下,扩散层的厚度随时间而增加,电流密度随之而减少。原则上,电流密度可以降到任意小的值,表明在平面电极上单纯由于扩散作用,不可能建立稳态传质过程。但实际上由于溶液中存在自然对流,非稳态扩散会变为稳态扩散。

表 3.2 误差函数的近似值

Z	0	0.05	0.1	0.2	0.3	0.4	0.5	0.6	0.7
erf(Z)	0.0000	0.0564	0.1125	0.2227	0.3286	0.4284	0.5204	0.6039	0.6778
Z	0.8	1.0	1.2	1.4	1.6	1.8	2.0	2.5	3.0
erf(Z)	0.7421	0.8427	0.9103	0.9523	0.9763	0.9891	0.9953	0.9995	0.9998

2. 恒电位极化

恒电位极化,若只有反应物可溶,根据 Nernst 公式,反应物的表面浓度是定值,不随时间而变。因此,另一个边界条件是 c^s,即 $c(0,t)$ = 常数。如前推导,得

$$i = nFD \frac{c^0 - c^s}{\sqrt{\pi Dt}} \tag{3.33}$$

当极化电位足够负移时,便出现完全浓度极化的情况,于是(3.33)式变为(3.32)式。(3.32)式称为 Cottrell 方程。恒电位下电流密度和时间的关系如图 3.13 所示。

基于(3.33)式的电化学方法,称为计时电流法或电位阶跃法。按照图 3.14(a)线路进行恒电位电解,测定电流随时间的变化。若电极过程是扩散控制,以 i 对 $t^{-1/2}$ 作图,按(3.32)式从直线斜率求出扩散系数。若扩散系数已知,便可用计时电流法测定浓度。

3. 恒电流极化

在阴极极化维持电流恒定的条件下,另一个边界条件是 $(\partial c/\partial x)_{x=0} = i/nFD$ = 常数,i 是恒定的电流密度。根据初始和边界条件得出(3.28)式的解为

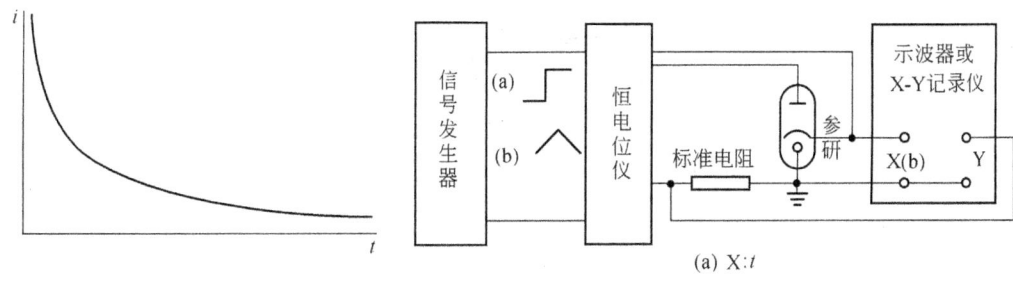

图 3.13 恒电位下平面电极的电流密度和时间关系

图 3.14 (a) 计时电流法的测量线路
(b) 电位扫描法的测量线路

$$c(x,t) = c^0 + \frac{i}{nF}\left[\frac{x}{D}\text{erfc}\left(\frac{x}{2\sqrt{Dt}}\right) - 2\sqrt{\frac{t}{\pi D}}\exp\left(-\frac{x^2}{4Dt}\right)\right] \quad (3.34)$$

erfc(Z) 是误差函数 erf(Z) 的反函数。erfc(Z) = 1 - erf(Z)。$x = 0$ 时,(3.34)式变为

$$c(0,t) = c^0 - \frac{2i}{nF}\sqrt{\frac{t}{\pi D}} \quad (3.35)$$

从这个式子可看到,当 $t^{1/2} = nF\sqrt{\pi D}c^0/2i$ 时,$c(0,t) = 0$。因此经过这段时间后,只有依靠其他电极反应才能维持电流密度恒定。电极电位突然向负的方向增大,发生新的电极反应。从开始恒电流极化到电位发生突变所经历的时间称为过渡时间,用 τ 表示。过渡时间也就是使反应物的表面浓度降为零所需的电解时间,由(3.35)式得(3.36)式,这个方程称 Sand 方程。

$$\tau^{1/2} = \frac{nF\sqrt{\pi D}c^0}{2i} \quad (3.36)$$

把式(3.36)代入式(3.35)得到

$$c(0,t) = c^0\left[1 - \sqrt{\frac{t}{\tau}}\right] \quad (3.37)$$

对于产物不溶的反应

$$O + n\text{e} = R(\text{不溶})$$

恒电流极化下的电位只由反应物的表面浓度决定。把式(3.37)代入 Nernst 公式得

$$E = E_\text{e} + \frac{RT}{nF}\ln\frac{\tau^{1/2} - t^{1/2}}{\tau^{1/2}} \quad (3.38)$$

对于产物可溶的反应

$$O + n\text{e} = R(\text{可溶})$$

在 $c_R^0 = 0$ 的条件下推出

$$E = E_{\tau/4} + \frac{RT}{nF}\ln\frac{\tau^{1/2} - t^{1/2}}{t^{1/2}} \quad (3.39)$$

$$E_{\tau/4} = E^\ominus + \frac{RT}{nF}\ln\left(\frac{D_\text{R}}{D_\text{O}}\right)^{1/2} \quad (3.40)$$

在恒电流极化下测定电位-时间曲线(图 3.15),称为计时电位法,测量线路如图 3.16 所示。因为在一定条件下 $\tau^{1/2}$ 与浓度成正比,所以可用此法测定浓度。利用 Sand 方程,

还可以计算扩散系数。将 E 对 $\log[(\tau^{1/2}-t^{1/2})/\tau^{1/2}]$（产物不溶时）或对 $\log[(\tau^{1/2}-t^{1/2})/t^{1/2}]$（产物可溶时）作图得一直线,从斜率可求反应电子数。如果反应物不只一种或反应物分步进行电子转移,则计时电位曲线将出现不只一个过渡时间。例如,在硫酸溶液中氧在铂电极上还原的计时电位曲线有两个过渡时间,因而可知氧是分步还原的。

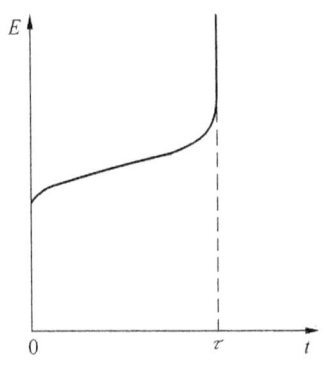

图 3.15　计时电位曲线

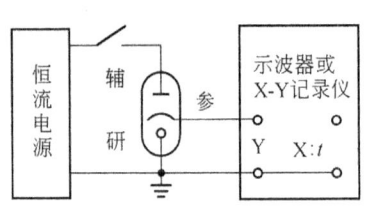

图 3.16　计时电位法的测量路线

4. 线性电位极化

极化电位随时间线性变化,$E=E_i\pm vt$,称线性电位极化。E_i 是起始电位,v 是电位改变的速度,即扫描速度,"+"表示阳极极化,"-"表示阴极极化。在线性极化条件下,另一边界条件为 $dE/dt=$ 常数。根据初始条件和边界条件,得出电极反应可逆条件下(3.28)式的解为

$$i = nFD^{1/2}a^{1/2}[\pi^{1/2}\chi(at)]c^0 \tag{3.41}$$

式中 $a=vnF/RT$,这个结果描述了在线性电位极化时电流和时间(或电位)的关系。方括号内的函数称电流函数,它是电位的函数,两者的数值对应关系表示在表 3.3 中。

表 3.3　电流函数和电位的关系

$n(E-E_{1/2})$	$\pi^{1/2}\chi(at)$	$n(E-E_{1/2})$	$\pi^{1/2}\chi(at)$	$n(E-E_{1/2})$	$\pi^{1/2}\chi(at)$
100mV	0.020	10	0.328	-30	0.446
80	0.042	0	0.380	-40	0.438
50	0.117	-5	0.400	-60	0.399
40	0.160	-10	0.418	-80	0.353
30	0.211	-20	0.441	-100	0.312
20	0.269	-28.5	0.4463	-120	0.280

电流函数 $\pi^{1/2}\chi(at)$ 与电位的关系如图 3.17 所示,曲线的形状决定了线性电位极化时极化曲线的形状。

在线性电位极化时得出的极化曲线中,峰电流是一个特征的量。通过从图 3.17 中求出 $\pi^{1/2}\chi(at)$ 的极大值然后代入式(3.41)便可得到峰电流密度的表达式

$$i_p = 0.4463(nF)^{3/2}(D/RT)^{1/2}v^{1/2}c^0 \tag{3.42}$$

这个方程称为 Randles-Sevčik 方程,表明峰电流密度与反应物的浓度成正比,与扫描速度

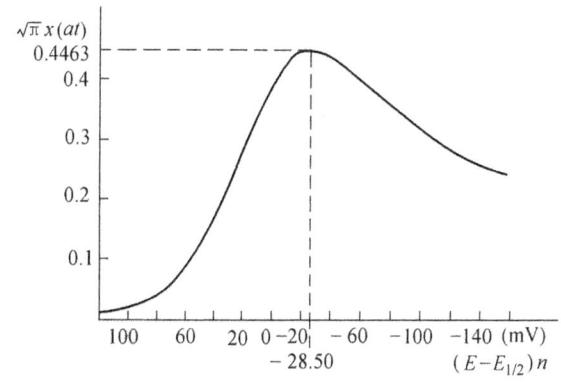

图 3.17　可逆线性扩散时电流函数和电位的关系

的平方根成正比。

二、线性扫描伏安法和循环伏安法

在线性电位扫描非稳态扩散原理基础上建立了线性扫描伏安法和循环伏安法。使电极电位随时间线性变化，测量电流与电位(或时间)的曲线，这是线性扫描伏安曲线。若从起扫电位 E_i 扫至某一电位 E_f，然后反扫回到 E_i，则得到循环伏安曲线。在图 3.18 中，电位向负方扫描，使反应物 O 发生还原，$O + ne \rightarrow R$；反扫后，则发生 R 的氧化，$R \rightarrow O + ne$。测量线路见图 3.14(b)。循环伏安法是一种很重要的电化学研究方法，可用于研究电极反应的可逆性、反应产物的稳定性、电极反应的机理。

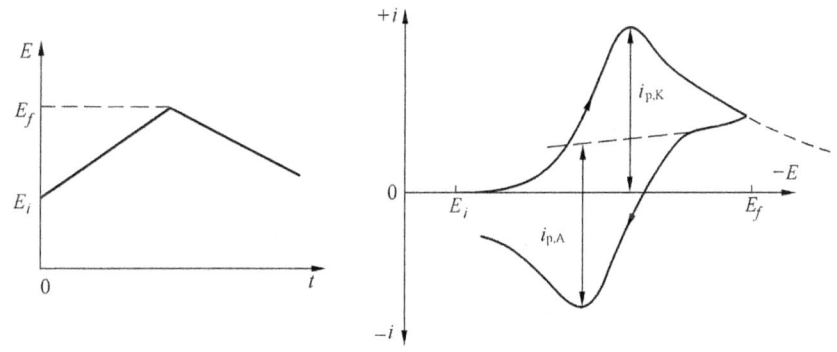

图 3.18　线性电位正反向扫描和循环伏安曲线

如图 3.18 所示，当电极反应可逆时，两个峰的峰电流相等，$i_{p,K}/i_{p,A} = 1$。两个可逆峰的峰电位之差 $\Delta E_p = E_{p,A} - E_{p,K} = 2.3RT/nF$。阴极还原时，在反应物的表面浓度降为零之后，电流的衰减服从 Cottrell 方程。因此，阳极峰电流可通过阴极还原峰的 Cottrell 行为外推而确定，这是确定峰电流的方法之一。

至于在准可逆和完全不可逆条件下进行的电极反应，情况较为复杂，表 3.4 列出可逆、准可逆和不可逆三种情况的循环伏安特征。

表 3.4 电荷转移可逆程度的判据

可 逆	准 可 逆	不 可 逆
E_p 与 v 无关。 $\Delta E_p = E_{p,A} - E_{p,K}$ $= 2.3RT/nF$ $i_p/v^{1/2}$ 与 v 无关。 $i_{p,A}/i_{p,K}$ 为 1，与 v 无关。	E_p 随 v 移动，低 v 时 $E_{p,A} - E_{p,K}$ 接近 $2.3RT/nF$，继续增加 v 时也增加。 $i_p/v^{1/2}$ 实际与 v 无关。 $i_{p,A}/i_{p,K}$ 仅在 $\alpha = 0.5$ 时为 1。	E_p 随 v 移动。 $\lvert E_p - E_{p/2} \rvert = 1.857RT/\alpha n_a F$ $i_p/v^{1/2}$ 与 v 无关。 在阴极波范围内不出现阳极波。

图 3.19 是铁电极在 700℃ 的 NaCl‐KCl‐NdCl$_3$ 熔体中的循环伏安曲线，ΔE_p 的测量值为 0.067 V，与按 $\Delta E_p = 2.3RT/nF$ 算出的数值 0.064 V 很接近；$i_{p,A}/i_{p,K}$ 也接近 1。这些结果表明 Nd(Ⅲ) 在铁电极上还原是可逆的，而且产物为可溶的。由电极产物的 X 射线图可知生成 Fe$_2$Nd。

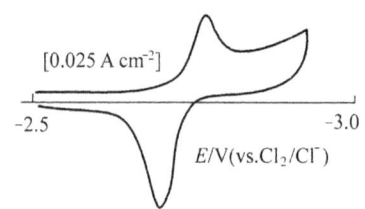

图 3.19 铁电极在 700℃ 的 NaCl‐KCl‐NaCl$_3$ 溶体中的循环伏安曲线(700℃,0.010 V·s^{-1})

除上面讨论的简单电子转移反应外，偶联均相化学反应的电子转移反应也很常见，诸如：

(1) 前置反应(CE 机理)
$$Y \rightleftharpoons O$$
$$O + ne \rightleftharpoons R$$

例如甲醛在酸性介质中还原为甲醇，是不可还原的水化式甲醛与可还原的甲醛之间的平衡反应，第二步是甲醛得电子而被还原。

(2) 后续反应(EC 机理)
$$O + ne \rightleftharpoons R$$
$$R \rightleftharpoons X$$

例如 Co(en)$_3^{3+}$ 在水溶液中的电还原，首先得电子还原为 Co(en)$_3^{2+}$，但因此还原产物不稳定，所以继续进行水化反应，生成稳定的 Co(en)$_2$(OH)$_3^{2+}$。

(3) 催化反应(EC' 机理)
$$O + ne \rightleftharpoons R$$
$$R + Z \rightarrow O + Y$$

例如 Fe^{3+}/Fe^{2+} 电对催化 H$_2$O$_2$ 电还原为 OH$^-$。

表 3.5 列出上述三种电化学‐化学偶联反应的循环伏安特征。

表 3.5 电化学－化学偶联反应的判据

可逆 CE 反应	可逆 EC 反应	催化反应
E_p 随 v 增加移向阳极化 $E_{p,A} - E_{p,K} = 2.3RT/nF$	E_p 随 v 增加移向阴极化。	E_p 随 v 增加移向阳极化。
$i_p/v^{1/2}$ 随 v 增加而减少	v 改变，$i_p/v^{1/2}$ 实际恒定。	在低 v 时 $i_p/v^{1/2}$ 随 v 增加，逐渐变为与 v 无关。
$i_{p,A}/i_{p,K}$ 一般大于 1，且随 v 增加而增加，低 v 时接近 1。	v 减少时，$i_{p,A}/i_{p,K}$ 由 1 减少。	$i_{p,A}/i_{p,K}$ 远大于 1 或远小于 1。
响应类似于可逆波，但化学动力学慢；K（即 k_a/k_b）具有中等数值时，电流响应低于可逆波的情形。	如 K 小，化学动力学快时，除电位移动外，具有可逆电子转移响应。	

三、球状电极的非稳态扩散和极谱方法

上面讨论的非稳态扩散都是平面电极的一维扩散。这里讨论的非稳态扩散是球状电极沿半径方向的对称扩散。球状电极是常常用到的，例如滴汞电极(DME)。图 3.20 表示一个浸在反应物溶液中的半径为 r_0 的球状电极。在电极周围，反应物由于浓度梯度的存在而沿半径向电极扩散。dr 是离电极中心为 r 处的一个液层。下面讨论这个理想球状电极模型的扩散。

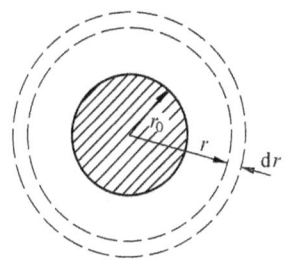

图 3.20 球状电极的扩散过程

在 dr 薄层中，反应物浓度的变化服从以球坐标表示的 Fick 第二定律

$$\frac{\partial c}{\partial t} = D\left[\frac{\partial^2 c}{\partial r^2} + \frac{2}{r}\left(\frac{\partial c}{\partial r}\right)\right] \tag{3.43}$$

以完全浓度极化条件解这个方程时，初始条件 $c(r,0) = c^0$，边界条件为 $c(\infty,t) = c^0$ 和 $c(r_0,t) = 0$，所得出的解为

$$c(r,t) = c^0\left[1 - \frac{r_0}{r}\mathrm{erfc}\left(\frac{r - r_0}{2(Dt)^{1/2}}\right)\right] \tag{3.44}$$

把上式对 r 微分，令 $r = r_0$ 可以得到电极表面处的瞬时浓度梯度

$$\left(\frac{\partial c}{\partial r}\right)_{r=0} = c^0\left(\frac{1}{r_0} + \frac{1}{(\pi Dt)^{1/2}}\right) \tag{3.45}$$

由此可得瞬时电流密度

$$i = nFDc^0\left(\frac{1}{r_0} + \frac{1}{(\pi Dt)^{1/2}}\right) \tag{3.46}$$

若 $c(r_0,t)$ 不等于零，则可得到

$$i = nFD(c^0 - c^s)\left(\frac{1}{r_0} + \frac{1}{(\pi Dt)^{1/2}}\right) \tag{3.47}$$

从上式可见，若通电时间很短，使得 $(\pi Dt)^{1/2} \ll r_0$，即 $t \ll r_0^2/\pi D$，可以略去 r_0 项，球状

电极非稳态扩散变成平面电极非稳态扩散。当 $t \to \infty$ 时，$i = nFD(c^0 - c^s)/r_0$，这时 i 与 t 无关，非稳态变为稳态。实际上由于溶液中对流传质的存在，稳态的建立并不需要无限长的时间。一般认为，$r_0 = (\pi Dt)^{1/2}$ 时，非稳态便向稳态过渡。对于 $r_0 = 0.001$ m 的球状电极，取 $D = 10^{-9}$ m²s⁻¹ 时，约 300 秒钟之后便认为达到稳态。

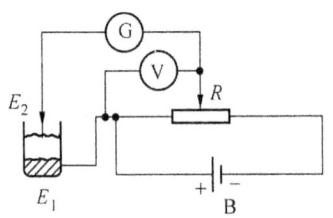

图 3.21 简单的极谱方法线路图
G：电流计； V：伏特计；
E_1：参比电极； E_2：滴汞电极

极谱方法常用的就是球状滴汞电极(DME)。汞滴从毛细管滴下，电极表面状态不断更新，故 DME 分析有高度的重现性。图 3.21 是简单的极谱方法线路图。由于辅助电极为大面积的汞池，通电时几乎不极化，故可把它作参比电极。

扩散控制时，DME 的非稳态扩散电流强度

$$I = nFAD\left(\frac{\partial c}{\partial r}\right)_{r=0} \tag{3.48}$$

A 是球面积，r 从球面算起。在汞滴从生成到滴落的时间内(一般控制在 2 秒)，扩散层的厚度远小于电极半径，即 $(\pi Dt)^{1/2} \ll r_0$，扩散未进入稳态，所以可以把球状电极看成平面电极，(3.48)式可写成

$$I = nFDA\frac{c^0 - c^s}{(\pi Dt)^{1/2}} \tag{3.49}$$

$A = 4\pi r^2 = 0.85 m^{2/3} t^{2/3}$，$m$ 是汞从毛细管流出的速度。所以

$$I = 0.85 nFDm^{2/3} t^{2/3} \frac{c^0 - c^s}{(\pi Dt)^{1/2}} \tag{3.50}$$

再考虑到汞滴在生成过程中对扩散层的压缩作用，使扩散层减薄，于是要把(3.50)式乘上校正系数 $(7/3)^{1/2}$。若单位取 $I(\mu A)$、$D(cm^2 \cdot s^{-1})$、$c^0(10^{-3} \times mol \cdot L^{-1})$、$m(mg \cdot s^{-1})$、$t(s)$，则有

$$I = 708 nD^{1/2} m^{2/3} t^{1/6} (c^0 - c^s) \tag{3.51}$$

在滴落时间 t_d 时，电极面积达到最大，电流强度也达最大，表示为 I_d。

$$I_d = 708 nD^{1/2} m^{2/3} t_d^{1/6} c^0 \tag{3.52}$$

但更常用的是平均电流，即把从 $0 \to t_d$ 时间内的电流进行平均得到的平均电流

$$\bar{I}_d = 607 nD^{1/2} m^{2/3} t_d^{1/6} c^0 \tag{3.53}$$

上式称为 Ilkovic 方程。从极限电流可测定扩散系数或求出反应物的浓度，这是极谱分析的定量基础。另外，从极谱图可确定半波电位，因而可作定性分析。

上述极谱方法是经典极谱方法，称直流极谱(DC)。除了直流极谱之外，常用的还有常规脉冲极谱(NP)和示差极谱(DP)。这三种极谱如图 3.22 所示。

常规脉冲极谱的 Cottrell 方程是

$$I_{NP} = nFAc^0 \left(\frac{D}{\pi t_m}\right)^{1/2} \tag{3.54}$$

I_{NP} 是极限扩散电流，$A = (0.006\pi^{1/2}/13.534)^{2/3} m^{2/3} t_m^{2/3}$，$t_m$ 是电流采样时间，在仪器说明书上有。由 I_{NP} 可计算扩散系数，分析反应物的浓度。

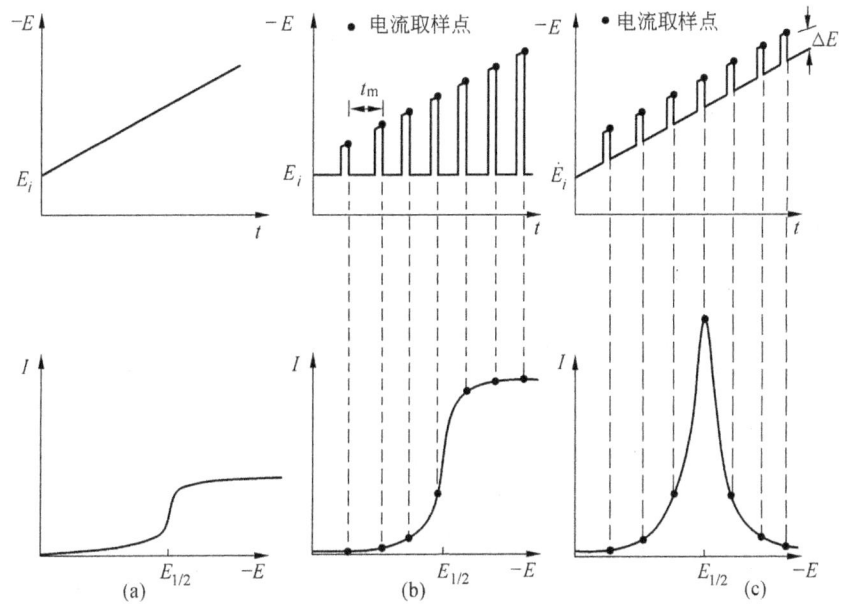

图 3.22 三种极谱方法
(a) 直流极谱；(b) 常规脉冲极谱；(c) 示差极谱

示差极谱的峰电流为

$$-I_{DP} = \frac{n^2 F^2 A c^0 \Delta E}{4RT} \left(\frac{D}{\pi t_m}\right)^{1/2} \quad (3.55)$$

式中脉冲高度 $\Delta E \leqslant 0.02$ 伏，A 同上。从上式可计算扩散系数，分析反应物的浓度。ΔE 很小时，峰电流处的电位便是半波电位。

在 DC、NP 和 DP 三种极谱中，DP 极谱最灵敏，但对于确定扩散系数 D，则用 NP 最好。DC 的检出限量为 $10^{-4} \sim 10^{-5}$ mol·L^{-1}，NP 为 $10^{-6} \sim 10^{-7}$ mol·L^{-1}，DP 为 10^{-8} mol·L^{-1}。常规脉冲极谱和示差脉冲极谱都是直接测定浓度的最灵敏手段。直流极谱存在双电层充电和残余电流的问题，常规脉冲极谱解决了双电层充电问题，而示差脉冲极谱同时解决了双电层充电和残余电流的问题。

图 3.23 是 Zn^{2+} 和 Cd^{2+} 离子(相同浓度)阴极还原的 DC、NP 以及 DP 极谱图。第一个波(峰)是 Cd^{2+} 的还原波(峰)，第二个波(峰)是 Zn^{2+} 的还原波(峰)，分别对应于 $Cd^{2+} + 2e = Cd$ 和 $Zn^{2+} + 2e = Zn$。

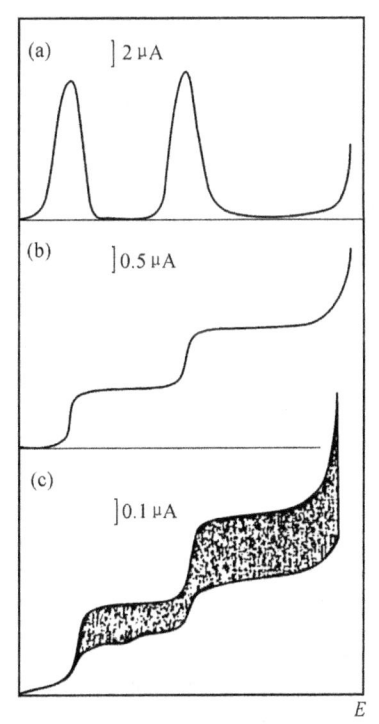

图 3.23 Zn^{2+} 和 Cd^{2+} 的阴极还原极谱图
(a) 示差极谱；(b) 常规脉冲极谱；(c) 直流极谱

第五节 对流扩散与旋转圆盘电极

前面讨论的平面电极上稳态和非稳态扩散,是在不搅拌的条件下进行的,存在扩散传质过程。在讨论滴汞电极时,汞滴变大过程不可避免地引起一定程度的对流,但对传质并不起重要作用。

在旋转圆盘电极(RDE)技术中,反应物向电极的对流传质起着十分重要的作用。RDE 广泛地应用在电化学研究上,它的突出优点是结果的重现性以及传质速度能够作精确的限定,严格解出对流扩散方程式。

RDE 的制作:把一种电极材料作为圆盘嵌入绝缘材料做成的棒中,使得只有棒的下端才能与溶液进行电接触。电极由马达带动以给定的速度在溶液中旋转。旋转的圆盘带着表面上的液体,并在离心力的作用下把溶液由中心沿径向甩出,而圆盘表面的液体垂直冲向表面进行补充。图 3.24 表示电极以及电极旋转时液流的走向。在 RDE 研究中,电极的转速在 100 rpm 到 10 000 rpm 的范围内。

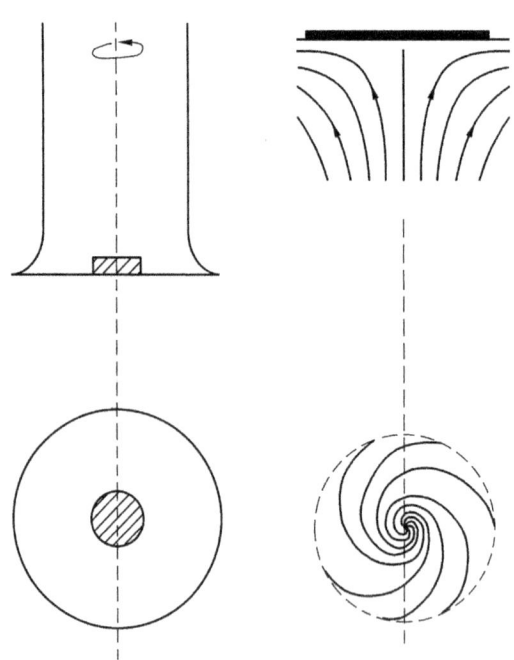

图 3.24 (a) 旋转圆盘电极; (b) 电极旋转时的液流图像

旋转圆盘电极要求电极表面光滑,电极面积比较大。理论上,电极的直径与扩散层厚度相比要无限大。因为扩散层的厚度在 10^{-3} cm 的数量级,所以在使用上电极的直径一般从几毫米到几厘米。使用时电极不能太靠近电解池的壁,即电解池要足够大,否则,与电极表面不够光滑一样会产生湍流。

Levich 通过解稳态条件下的流体力学方程,得到旋转圆盘电极的稳态对流扩散的电流方程。

第一种情况是电流由传质决定。这时极限电流在一个大的电位范围内与电位无关。

极限电流强度

$$\begin{aligned} I_L &= nFADc^0/\delta \\ &= nFADc^0/1.62D^{1/3}\nu^{1/6}\omega^{-1/2} \\ &= 0.62nFAD^{2/3}\nu^{-1/6}\omega^{1/2}c^0 \end{aligned} \quad (3.56)$$

式中 ω 是圆盘旋转的角速度;ν 是介质的动力粘度,其定义为粘度与密度之比。公式采用的单位:$I(A), D(cm^2\cdot s^{-1}), \nu(cm^2\cdot s^{-1}), \omega(s^{-1}), c(mol\cdot cm^{-3}), A(cm^2)$。若未达到极限情况,则扩散电流强度

$$I = 0.62nFAD^{2/3}\nu^{-1/6}\omega^{1/2}(c^0 - c^s) \quad (3.57)$$

把 I_L 对 $\omega^{1/2}$ 作图,从直线斜率按(3.56)式可求得扩散系数。

对于电极反应 $\quad\quad\quad\quad$ O+ne=R

利用(3.56)与(3.57)式可解出 c^0 和 c^s。若电极反应可逆,把 c^0 和 c^s 代入 Nernst 式得出 RDE 的电流-电位关系

$$E = E_{1/2} + \frac{RT}{nF}\ln\frac{I_{L,K} - I}{I - I_{L,A}} \quad (3.58)$$

式中 $I_{L,K}$ 是 O 的还原极限电流,$I_{L,A}$ 是 R 的氧化极限电流。图 3.25 表示反应 $Fe(CN)_6^{3-}$ + e = $Fe(CN)_6^{4-}$ 的 RDE 电流-电位曲线。曲线是在 $Fe(CN)_6^{3-}$ 和 $Fe(CN)_6^{4-}$ 两者浓度相等的条件下得出的,又由于 n 相同,D 相近,故 $I_{L,K} \approx I_{L,A}$。

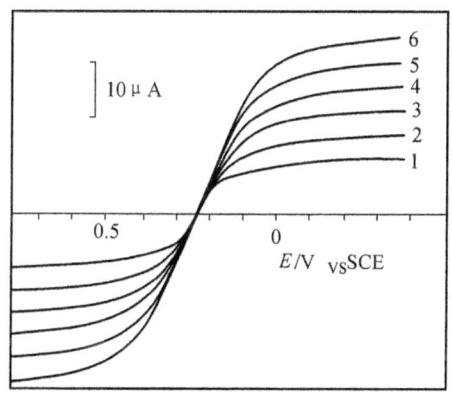

图 3.25 RDE 上电极反应 $Fe(CN)_6^{3-}$ + e = $Fe(CN)_6^{4-}$ 的 I~E 曲线
1. 400 rpm; 2. 900 rpm; 3. 1600 rpm;
4. 2500 rpm; 5. 3600 rpm; 6. 4900 rpm

第二种情况是反应需要较高的活化能。这时电极反应速度降低,而电流由传质以及活化共同控制。在这种情况下电流强度的关系为

$$\frac{1}{I} = \frac{1}{I_a} + \frac{1}{I_L} \quad (3.59)$$

I_a 是活化控制电流;I_L 是极限电流,可表示为 $B\omega^{1/2}$,B 为常数。通过 $1/I$ 对 $\omega^{-1/2}$ 作图,外推到 ω 为∞便可求得 I_a。把 E 对 $\log[(I_{L,K} - I)/(I - I_{L,A})]$ 作图,或把 $1/I$ 对 $\omega^{-1/2}$ 作图可判断反应是否可逆[见(3.58)式和(3.59)式]。用 RDE 还可以通过作图求出 I_a 后,计算电极反应的速度常数 k_f 和 k_b。

RDE 技术目前已发展为多种形式,例如旋转环－盘电极(RRDE)。离圆盘电极圆周一定距离处,装配一个有一定宽度的圆环,就成为 RRDE。把盘电位控制在发生 O+ ne = R 反应,而环电位控制在足够正,可研究电极反应的中间产物。

第六节　电荷转移反应动力学

一、电极电位对活化能和电极反应速度的影响

前面所讨论的电流是全部或部分受反应物向电极的传质速度控制的,通过电位对反应物在电极上的表面浓度的影响而使反应速度改变。下面要讨论的是电化学步骤控制的电化学反应,在这种情况下,通过电位对电子传递的活化能的影响而使反应速度改变的。

图 3.26 是电极反应

$$O + ne \underset{k_b}{\overset{k_f}{\rightleftharpoons}} R$$

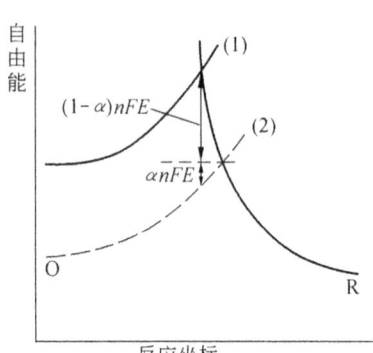

图 3.26　电位变化对电极反应活化能的影响
(1) 电位为零时;
(2) 电位向正方向移动 E 伏时

中的氧化态 O、还原态 R 沿反应坐标的自由能分布。如果设原来的电位为零,那么使电位向正方向移动 E 伏时,电极上电子的能量就降低 nFE,阴极反应和阳极反应的活化能分别变成

$$W_1 = W_1^0 + \alpha nFE \tag{3.60}$$
$$W_2 = W_2^0 - (1-\alpha)nFE \tag{3.61}$$

W_1^0 是电位改变之前,即 $E=0$ 时阴极反应的活化能,W_2^0 是 $E=0$ 时阳极反应的活化能。设 $1-\alpha=\beta$,式(3.61)写成

$$W_2 = W_2^0 - \beta nFE \tag{3.62}$$

电位向正方向移动 E 伏时,使阳极反应的活化能降低,对阳极氧化有利,而使阴极反应的活化能升高,使阴极还原受阻。

α、β 称传递系数。α 和 β 反映了电位对反应活化能的影响程度。$\alpha+\beta=1$,即两者都是小于 1 的数。α 是活化能曲线对称性的一种衡量,$\alpha=0.5$ 时,两条活化能曲线对称相交。通常 α 的数值近似地取作 0.5。

上述电极反应的 k_f 是前向反应的速度常数,k_b 是逆向反应的速度常数。因为电子转移反应是在溶液和电极这两个不同的相之间进行的,所以是异相反应。异相反应的动力学规律也可用于电极反应。

已知在固相和液相界面单位面积上进行的单分子反应的反应速度为

$$v = kc = k'\exp(-W/RT)c \tag{3.63}$$

k 是反应速度常数,k' 是指前因子,c 是反应物的表面浓度,W 是活化能。因此,单位电极面积上电极反应的前向反应(还原反应)的速度为

$$v_f = k'_f c_O \exp(-W_1/RT) \tag{3.64}$$

逆向反应(氧化反应)的速度为

$$v_\text{b} = k'_\text{b} c_\text{R} \exp(-W_2/RT) \tag{3.65}$$

W_1 和 W_2 分别是阴极反应和阳极反应的活化能，c_O 和 c_R 分别是氧化态 O 和还原态 R 的表面浓度。

用电流密度表示电极反应速度，$i = nFv$。用 $\vec{i}$ 表示前向反应的电流密度，用 $\overleftarrow{i}$ 表示逆向反应的电流密度，则

$$\vec{i} = nFk'_\text{f} c_\text{O} \exp(-W_1/RT) \tag{3.66}$$

$$\overleftarrow{i} = nFk'_\text{b} c_\text{R} \exp(-W_2/RT) \tag{3.67}$$

把 $W_1 = W_1^0 + \alpha nFE$ 和 $W_2 = W_2^0 - \beta nFE$ 分别代入上述二式，得到当电位从零改变到 E 时的电流密度，分别为

$$\vec{i} = nFk'_\text{f} c_\text{O} \exp\left(-\frac{W_1^0 + \alpha nFE}{RT}\right) \tag{3.68}$$

$$\overleftarrow{i} = nFk'_\text{b} c_\text{R} \exp\left(-\frac{W_2^0 - \beta nFE}{RT}\right) \tag{3.69}$$

设 k_f^0、k_b^0 为 $E = 0$ 时的反应速度常数，即令 $k_\text{f}^0 = k'_\text{f} \exp(-W_1^0/RT)$，$k_\text{b}^0 = k'_\text{b} \exp(-W_2^0/RT)$，得到

$$\vec{i} = nFk_\text{f}^0 c_\text{O} \exp\left(-\frac{\alpha nFE}{RT}\right) \tag{3.70}$$

$$\overleftarrow{i} = nFk_\text{b}^0 c_\text{R} \exp\left(\frac{\beta nFE}{RT}\right) \tag{3.71}$$

以上两式是电化学步骤的基本动力学方程。

$\vec{i}$ 和 $\overleftarrow{i}$ 都是总电流(外电流)的两个分量，是不能用电表直接测量的。阴极还原时，阴极电流密度为

$$i_\text{K} = \vec{i} - \overleftarrow{i} = nFk_\text{f}^0 c_\text{O} \exp\left(-\frac{\alpha nFE}{RT}\right) - nFk_\text{b}^0 c_\text{R} \exp\left(\frac{\beta nFE}{RT}\right) \tag{3.72}$$

阳极氧化时，阳极电流密度为

$$i_\text{A} = \overleftarrow{i} - \vec{i} = nFk_\text{b}^0 c_\text{R} \exp\left(\frac{\beta nFE}{RT}\right) - nFk_\text{f}^0 c_\text{O} \exp\left(-\frac{\alpha nFE}{RT}\right) \tag{3.73}$$

(3.72)和(3.73)式表示电极电位与活化控制的电极反应净速度的关系。式中 i_K 和 i_A 都是电极反应的净电流密度，可以用电表直接测量，所以又称"外电流密度"。

二、交换电流密度和电极反应速度常数

阴极极化时，$\vec{i} > \overleftarrow{i}$，阳极极化时，$\overleftarrow{i} > \vec{i}$。而当电极处于平衡状态时，$\vec{i} = \overleftarrow{i}$，净电流密度为零。从宏观上看，平衡时没有任何情况发生，但实际上电极与溶液之间进行着电荷的交换，只是两个方向的速度(电流)大小相等方向相反。在平衡状态下大小相等方向相反的电流密度称交换电流密度，用 i^0 表示。i^0 反映了在平衡电位下的反应速度，$i^0 = \vec{i} = \overleftarrow{i}$。从(3.70)和(3.71)式可知

$$i^0 = nFk_\text{f}^0 c_\text{O} \exp\left(-\frac{\alpha nFE_\text{e}}{RT}\right) = nFk_\text{b}^0 c_\text{R} \exp\left(\frac{\beta nFE_\text{e}}{RT}\right) \tag{3.74}$$

把上式取对数，并根据 $\alpha + \beta = 1$ 整理得到

$$E_e = \frac{RT}{nF}\ln\frac{k_f^0}{k_b^0} + \frac{RT}{nF}\ln\frac{c_O}{c_R} \tag{3.75}$$

$$\frac{RT}{nF}\ln\frac{k_f^0}{k_b^0} = E^{\ominus} + \frac{RT}{nF}\ln\frac{\gamma_O}{\gamma_R} = E^{\ominus'} \tag{3.76}$$

(3.75)式是从动力学推出来的 Nernst 方程。

由式(3.75)和(3.76)可见,当 $c_O = c_R = c$ 时,$E_e = E^{\ominus'}$。于是式(3.74)变为

$$i^0 = nFk_f^0 c\exp\left(-\frac{\alpha nFE^{\ominus'}}{RT}\right) = nFk_b^0 c\exp\left(\frac{\beta nFE^{\ominus'}}{RT}\right)$$

令

$$k_s = k_f^0\exp\left(-\frac{\alpha nFE^{\ominus'}}{RT}\right) = k_b^0\exp\left(\frac{\beta nFE^{\ominus'}}{RT}\right) \tag{3.77}$$

则推到

$$i^0 = nFk_s c \tag{3.78}$$

k_s 称为标准电极反应速度常数,简称电极反应速度常数。k_s 的物理意义:在电位为 $E^{\ominus'}$ 和反应物浓度为单位浓度时,电极反应的速度,单位为 cm·s^{-1} 或 m·s^{-1}。

若 c_O 不等于 c_R 时,则由(3.74)式、(3.77)式,得到

$$i^0 = nFk_s c_O^{\beta} c_R^{\alpha} \tag{3.79}$$

交换电流密度不但与电极反应的本性决定的量 k_s、α、β 有关,而且与温度、反应物及生成物的浓度有关。例如25 ℃时,在 1 mol·L^{-1}NiSO$_4$ 溶液中,Ni^{2+} + 2e = Ni 的 i^0 为 $5×10^{-5}$ A·m^{-2};在 1 mol·L^{-1}ZnSO$_4$ 溶液中,Zn^{2+} + 2e = Zn 的 i^0 为 $2×10^{-1}$ A·m^{-2}。k_s 则与浓度无关,例如 25 ℃时,Ni^{2+} + 2e = Ni(Hg)的 k_s 为 $1.6×10^{-11}$ m·s^{-1};Cd^{2+} + 2e = Cd(Hg)的 k_s 为 $1.0×10^{-4}$ m·s^{-1}。交换电流密度与标准反应速度常数成正比关系,两者都反映电极反应的可逆程度,i^0 越大或 k_s 越大电荷转移的速度越大,也即电极反应的可逆程度越大。

第七节 电流密度和过电位的关系

一、稳态极化时电流密度和过电位的关系

1. 一步电化学步骤

根据过电位的定义式,阴极过电位为 $\eta_K = E_e - E$,把 $E = E_e - \eta_K$ 代入式(3.70)和(3.71)得

$$\vec{i} = i^0\exp\left(\frac{\alpha nF\eta_K}{RT}\right) \tag{3.80}$$

$$\overleftarrow{i} = i^0\exp\left(-\frac{\beta nF\eta_K}{RT}\right) \tag{3.81}$$

由此得阴极电流密度和过电位的关系为

$$i_K = i^0\left[\exp\left(\frac{\alpha nF\eta_K}{RT}\right) - \exp\left(-\frac{\beta nF\eta_K}{RT}\right)\right] \tag{3.82}$$

同理可求出阳极电流密度和过电位的关系为

$$i_A = i^0\left[\exp\left(\frac{\beta nF\eta_A}{RT}\right) - \exp\left(-\frac{\alpha nF\eta_A}{RT}\right)\right] \tag{3.83}$$

当阴极极化相当大时，$\vec{i} \gg \overleftarrow{i}$，于是 $i_K \approx \vec{i} \approx i^0 \exp\left(\dfrac{\alpha nF\eta_K}{RT}\right)$，取对数得

$$\eta_K = -\dfrac{RT}{\alpha nF}\ln i^0 + \dfrac{RT}{\alpha nF}\ln i_K \tag{3.84}$$

在一定浓度下，i^0 不随极化而变，故上式右方第一项为常数，上式可写成

$$\eta_K = a_K + b_K \ln i_K \tag{3.85}$$

式中 $a_K = -\dfrac{RT}{\alpha nF}\ln i^0$，$b_K = \dfrac{RT}{\alpha nF}$。同理，当阳极极化相当大时有

$$\eta_A = a_A + b_A \ln i_A \tag{3.86}$$

式中 $a_A = -\dfrac{RT}{\beta nF}\ln i^0$，$b_A = \dfrac{RT}{\beta nF}$。式(3.85)和(3.86)称 Tafel 关系式。

当阴极极化很小时，把阴极电流密度和过电位的关系式，即(3.82)式中的指数项展开为级数得

$$i_K = i^0\left[1 + \dfrac{\alpha nF\eta_K}{RT} + \dfrac{1}{2}\left(\dfrac{\alpha nF\eta_K}{RT}\right)^2 + \cdots - 1 + \dfrac{\beta nF\eta_K}{RT} - \dfrac{1}{2}\left(\dfrac{\beta nF\eta_K}{RT}\right)^2 + \cdots\right]$$

把高次项略去，取前面两项得

$$i_K = i^0 \dfrac{nF\eta_K}{RT}$$

上式可写成

$$\eta_K = \dfrac{RT}{nFi^0} i_K \tag{3.87}$$

同理可得当阳极极化很小时，阳极电流密度和过电位的关系为

$$\eta_A = \dfrac{RT}{nFi^0} i_A \tag{3.88}$$

上两式与欧姆定律形式相似。RT/nFi^0 称极化电阻，或反应电阻，以 R_f 或 R_r 表示。

从以上讨论可知，在极化很大时，例如对于水溶液中常温下的单电子转移反应，过电位达 0.1V 时，过电位和电流密度的对数成线性关系。而在极化很小时，例如过电位小于 10mV 时，过电位与电流密度成线性关系。

图 3.27 表示过电位与电流密度的关系。极化小时为线性关系，极化大时为非线性关系。总电流密度为前向电流密度和逆向电流密度的差，即 $i_K = \vec{i} - \overleftarrow{i}$，$i_A = \overleftarrow{i} - \vec{i}$。在 E_e 时两方向的电流密度皆等于交换电流密度，即 $\vec{i} = \overleftarrow{i} = i^0$。图 3.28 表示极化较大时过电位与电流密度出现 Tafel 关系。

2. 多电子电化学步骤

上面都是假定电化学步骤只由一步完成，当反应得失电子数 $n=1$ 时确是如此。若 $n=2$，则有两种可能：两个电子同时转移或分两步转移。如果 $n=3$，情况就更复杂。为简便起见，现仅讨论 $n=2$ 的情况。设电化学反应为两步：

$$O + e \xrightleftharpoons{i_1^0} X$$

$$X + e \xrightleftharpoons{i_2^0} R$$

在稳态条件下，上述两个步骤的电流密度相等，即 $i_1 = i_2 = i_K/2$。若不考虑浓差极化，则

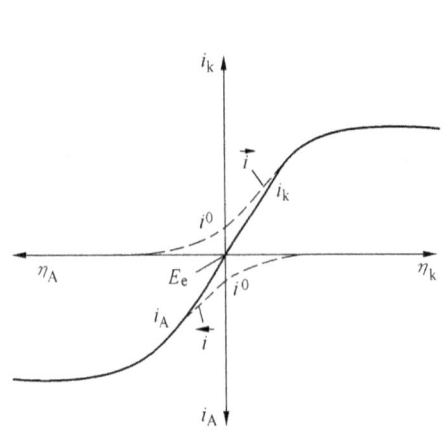
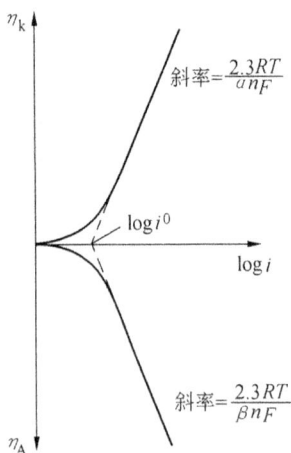

图 3.27 O+ne=R 的 η-i 曲线   图 3.28 O+ne=R 的 η-log$i$ 曲线

$$i_1 = i_1^0\left[\exp\left(\frac{\alpha_1 F\eta_K}{RT}\right) - \left(\frac{c_x}{c_x^0}\right)\exp\left(-\frac{\beta_1 F\eta_K}{RT}\right)\right] \quad (3.89)$$

$$i_2 = i_2^0\left[\left(\frac{c_x}{c_x^0}\right)\exp\left(\frac{\alpha_2 F\eta_K}{RT}\right) - \exp\left(-\frac{\beta_2 F\eta_K}{RT}\right)\right] \quad (3.90)$$

c_x^0、c_x 分别表示中间产物 X 在平衡电位下和极化时的浓度。

当 $i_1^0 \gg i_2^0$,由上述两式得到

$$i_K = 2i_2^0\left[\exp\left(\frac{\alpha F\eta_K}{RT}\right) - \exp\left(-\frac{\beta F\eta_K}{RT}\right)\right] \quad (3.91)$$

式中 $\alpha = (1+\alpha_2)/2$,$\beta = \beta_2/2$,因而 α 明显大于 β。

如果 $i_2^0 \gg i_1^0$,则有

$$i_K = 2i_1^0\left[\exp\left(\frac{\alpha' F\eta_K}{RT}\right) - \exp\left(-\frac{\beta' F\eta_K}{RT}\right)\right] \quad (3.92)$$

式中 $\alpha' = \alpha_1/2$,$\beta' = (1+\beta_1)/2$,因而 β' 明显大于 α'。

假定 i_2^0 与 i_1^0 相差不大,且在强烈极化的情况下,可得

$$i_K = 2i_1^0\exp\left(\frac{\alpha_1 F\eta_K}{RT}\right) \quad (3.93)$$

$$i_A = 2i_2^0\exp\left(\frac{\beta_2 F\eta_A}{RT}\right) \quad (3.94)$$

上述分步电化学反应,在实践中是经常可见的。例如铜的电化学溶解,已证实在低电流密度下分两步进行:$Cu = Cu^+ + e$,$Cu^+ = Cu^{2+} + e$,在高电流密度下一步完成,即 $Cu = Cu^{2+} + 2e$。

二、浓差极化、分散层电位对电流密度和过电位关系的影响

1. 浓差极化的影响

上面讨论的是纯粹由电化学步骤控制的动力学。现在讨论浓差极化和电化学极化共同控制的情况。

一个电子转移速度慢的电化学反应,当极化电流小时,传质速度跟得上电极反应的速度,不会出现浓差极化和电化学极化共同控制的情况,但是当极化电流大时,则传质速度也会成为控制步骤之一。

若阴极极化较大,相应的电流密度 $i_K \gg i^0$,则 $i_K = i^0 \exp\left(\dfrac{\alpha n F \eta_K}{RT}\right)$ 需要修正而变为

$$i_K = \frac{c^s}{c^0} i^0 \exp\left(\frac{\alpha n F \eta_K}{RT}\right) \tag{3.95}$$

把纯粹扩散控制时的 $c^s = c^0[1-(i/i_L)]$ 代入上式并用对数形式表示为

$$\eta_K = \frac{RT}{\alpha n F} \ln \frac{i_K}{i^0} + \frac{RT}{\alpha n F} \ln \frac{i_{L,K}}{i_{L,K} - i_K} \tag{3.96}$$

这是共同控制时反应速度和过电位的关系。式中第一项等于纯粹电化学极化时的过电位(见 Tafel 关系式),第二项是由浓差极化产生的过电位。

把(3.96)式用曲线表示可得到图 3.29 中的实线。图中虚线是纯粹由扩散控制得出的极化曲线,由(3.27)式所决定。从图可见当极化电流密度相同时,由扩散加活化控制的极化程度比纯粹由扩散控制的要大些,因此半波电位也要负些。

2. 双电层分布的影响

前面讨论的电化学动力学方程,并没有考虑双电层结构的影响,这只有在溶液很浓和电位远离零电荷电位的情况下才可以这样做。

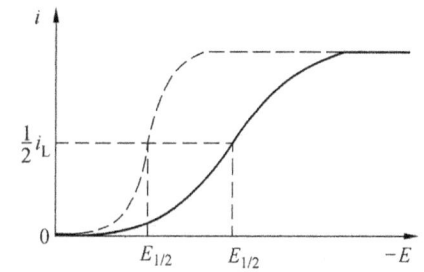

图 3.29 极化曲线(虚线:纯粹由扩散控制)

在稀溶液中,特别是电极电位接近 E_z,分散层电位 ψ_1 变化较大时,就要考虑双电层对电极反应的影响,即 ψ_1 效应。

从双电层结构来看,影响电极反应的活化能并不是整个双电层的电位差,而是其中的紧密双电层的电位差,而且 ψ_1 对反应物的浓度有影响。据此可推出阴极极化相当大时,

$$\eta_K = 常数 + \frac{RT}{\alpha n F} \ln i_K + \frac{z_O - \alpha n}{\alpha n} \psi_1 \tag{3.97}$$

式中 z_O 是氧化态 O 的价数。

(1) 阳离子还原时,$z_O \geqslant n$,故(3.97)式中 ψ_1 的系数为正数。ψ_1 向正方移动时(例如阳离子特性吸附),引起 η_K 增大。

(2) 反应粒子是中性时,$z_O = 0$,(3.97)式变为

$$\eta_K = 常数 + \frac{RT}{\alpha n F} \ln i_K - \psi_1 \tag{3.98}$$

ψ_1 变化的效果与阳离子还原时相反,ψ_1 向负方移动使 η_K 增加。

(3) 阴离子(如 $S_2O_8^{2-}$)还原时,$z_O < 0$,(3.97)式中 ψ_1 项的系数为绝对值大于 1 的负值。因此 ψ_1 对 η_K 的影响与反应粒子为中性时方向相同,但程度更大。

第八节 电极界面的交流阻抗

一、电解池等效电路及法拉第阻抗

电解池是一个相当复杂的体系,其中进行着电子的转移、化学变化和组分浓度的变化等。这种体系显然不同于由简单的线性电子元件如电阻、电容组成的电路。但是用小幅度交流电通过电解池时,往往可根据实验条件的不同把电解池简化为不同的等效电路。所谓等效电路,就是由电阻 R 和电容 C 组成的电路,当加上相同的交流电压信号时,通过此等效电路的交变电流具有与通过电解池的交变电流完全相同的振幅和相位角。

由于研究电极与辅助电极之间的距离较大,故其间的电容可忽略;而电极本身的电阻通常亦很小,亦可忽略。因此,电解池的等效电路如图 3.30 所示。R_l 为溶液电阻,C_d 和 Z_f 分别表示研究电极的双电层电容和法拉第阻抗;有上标 ′ 的是辅助电极的。若采用面积很大的辅助电极,则 C_d' 很大,其容抗 $1/\omega C_d'$ 很小,如同被 C_d' 短路,于是电解池的等效电路简化为研究电极和溶液的等效电路,如图 3.31 所示。

图 3.30 电解池的等效电路　　图 3.31 忽略辅助电极阻抗时电解池的等效电路

若两个电极面积都很大,以致两个电极双电层电容的容抗都很小而可忽略时,则整个电路的阻抗等效于溶液的电阻。如果研究电极是理想极化电极,且溶液电阻很小时,则整个电路的阻抗等效于研究电极双电层的电容,用交流电桥测定双电层微分电容就要满足这样的条件。

电极的法拉第阻抗 Z_f 由反应电阻 R_r、浓差极化引起的阻抗 Z_W 所组成,Z_W 称为 Warburg 阻抗,其电阻部分为 R_W,容抗部分为 $1/\omega C_W$。Z_W 有如下关系式,式中 σ 称为 Warburg 系数。

$$Z_W = R_W - \frac{j}{\omega C_W} \tag{3.99}$$

$$R_W = \frac{RT}{n^2 F^2 c_O (2\omega D_O)^{0.5}} = \sigma \omega^{-0.5} \tag{3.100}$$

$$C_W = \frac{1}{\sigma \omega^{0.5}} \tag{3.101}$$

电化学极化与浓差极化同时存在时,电极的等效电路如图 3.32 所示。法拉第阻抗中的串联电阻和电容分别为

$$R_s = R_r + R_W = R_r + \sigma \omega^{-0.5} \tag{3.102}$$

$$C_s = C_W = \frac{1}{\sigma \omega^{0.5}} \tag{3.103}$$

其中 R_W 随频率而变化,R_r 与频率无关(图 3.33)。

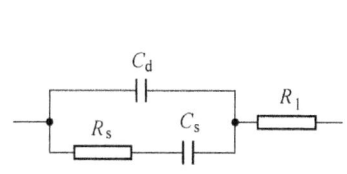

图 3.32 电化学极化与浓差极化 　　图 3.33 R_s 随 $\omega^{-0.5}$ 的变化
　　　同时存在时的等效电路

阻抗是向量,可表示为复数形式。把复数阻抗的实数部分 Z' 作横轴,虚数部分 Z''(单位为"$-j$")作纵轴,作出的图像称为阻抗的复数平面图。从此图的形状可以计算电极等效电路中各元件的数值,进而求得电极反应的动力学参数,也可从图形识别电极过程的特征。

由图 3.32 的等效电路及(3.102)、(3.103)式,可推导出

$$Z' = R_l + \frac{R_r + \sigma\omega^{-0.5}}{(C_d\sigma\omega^{0.5} + 1)^2 + \omega^2 C_d^2 (R_r + \sigma\omega^{-0.5})^2} \tag{3.104}$$

$$Z'' = \frac{\omega C_d (R_r + \sigma\omega^{-0.5})^2 + \sigma\omega^{-0.5}(C_d\sigma\omega^{0.5} + 1)}{(C_d\sigma\omega^{0.5} + 1)^2 + \omega^2 C_d^2 (R_r + \sigma\omega^{-0.5})^2} \tag{3.105}$$

(1) 低频率极限:$\omega \rightarrow 0$ 时,上两式近似为

$$Z' = R_l + R_r + \sigma\omega^{-0.5} \tag{3.106}$$

$$Z'' = 2\sigma^2 C_d + \sigma\omega^{-0.5} \tag{3.107}$$

从两式消去 ω,可得

$$Z'' = Z' - R_l - R_r + 2\sigma^2 C_d \tag{3.108}$$

可见把 Z'' 对 Z' 作图,得到斜率为 1 的直线,如图 3.34 中右方的直线 FG。此直线延长至横坐标的截距 OE,其长度等于 $R_l + R_r - 2\sigma^2 C_d$。这时电极过程动力学处于扩散控制区。直线 EFG 适用于仅有浓差极化而电荷传递反应很快的电极系统。

(2) 高频率极限:在高频率下,Warburg 阻抗明显减小,电极的法拉第阻抗主要是 R_r。此时的 Z'、Z'' 分别为

$$Z' = R_l + \frac{R_r}{1 + \omega^2 C_d^2 R_r^2} \tag{3.109}$$

$$Z'' = \frac{\omega C_d R_r^2}{1 + \omega^2 C_d^2 R_r^2} \tag{3.110}$$

从上两式可推出

$$[Z' - (R_l + R_r/2)]^2 + Z''^2 = (R_r/2)^2 \tag{3.111}$$

可见 Z'' 与 Z' 的关系为圆的曲线方程式。圆半径为 $R_r/2$,圆心在坐标为($Z' = R_l + R_r/2$, $Z'' = 0$)处,如图 3.34 中的 D 点。ABC 为半圆,OA 距离等于 R_l,AC 距离等于 R_r。B 点的频率 ω_B 满足 $\omega_B C_d R_r = 1$,故

$$C_d = 1/\omega_B R_r \tag{3.112}$$

因此对于仅有电化学极化的电极,用这种方法,可在一次实验数据处理中同时求得 R_l、R_r 和 C_d。实验用频率高端要大于 $5\omega_B$,低端要小于 $\omega_B/5$。

对于电化学极化和浓差极化同时存在的电极,当频率减小时得不到图 3.34 中右方半圆的虚线。代替它的是弯曲的实线 BF,向扩散控制区的直线 FG 过渡,也就是动力学和扩散的混合控制区。

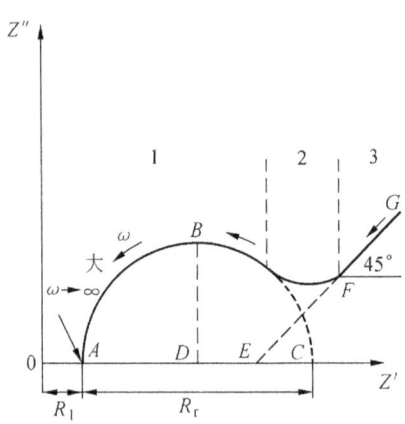

图 3.34 电极阻抗的复数平面图
1. 动力学制区; 2. 混合控制区; 3. 扩散控制区

二、交流阻抗的测定

交流电桥法是测定电解池阻抗的经典方法。测量线路如图 3.35 所示,电解池为电桥的一个臂,与之对应的是由标准电阻箱 R_B 和标准电容箱 C_B 串联组成;另外两个臂为阻值相等的无感应固定电阻 R_1、R_2。用小于 10 mV 的正弦波交流信号作为电桥的电源,调

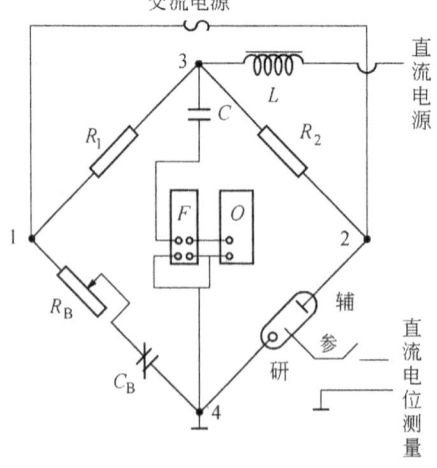

图 3.35 交流电桥法测定电解池的阻抗

节 R_B、C_B 使示波器上出现水平线。电桥已达平衡，此时 R_B 与 C_B 的串联的阻抗即为电解池等效电路的阻抗值。

研究电极过程需要测定不同频率下电极界面的阻抗，但是交流电桥的信号频率很难降低到几个赫兹以下，因而难以提供超低频信息。采用相敏检波法或锁相放大器可使频率下限达到 1 赫兹左右，而且可避免高次谐波和噪音的干扰。采用按相关原理设计的"频率响应分析仪"，测量范围宽达 $10^{-4} \sim 10^4$ 赫兹。采用简单的波形直接观测方法，如用双线示波器，或利用李沙育(Lissajous)图形，也可使测量下限延伸到 10^{-2} 赫兹左右。

对处于平衡电位的电极，施加小幅度正弦波交流电压 Y

$$Y = \varphi_m \sin\omega t \quad (3.113)$$

φ_m 为电位的最大振幅。产生相同频率的交流电流为

$$X = I_m \sin(\omega t + \theta) \quad (3.114)$$

I_m 为电流的最大振幅，θ 为电流超前电位的相位角。此电流通过标准电阻 R_N 所产生的电位降输入示波器(或函数记录仪)的 X 轴，交流正弦波电位输入示波器(或函数记录仪)的 Y 轴，则可得到如图 3.36 所示的椭圆形，称为李沙育图。从(3.113)和(3.114)两式消去 ωt，整理可得：

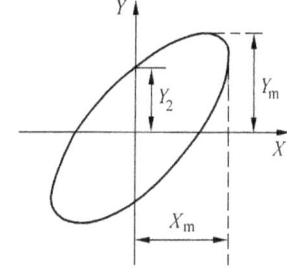

图 3.36　李沙育图

$$\left(\frac{Y}{\varphi_m}\right)^2 + \left(\frac{X}{I_m}\right)^2 - \frac{2XY}{\varphi_m I_m}\cos\theta = \sin^2\theta \quad (3.115)$$

可见 X、Y 的关系为椭圆方程式。电极交流阻抗的幅模为

$$|Z| = \frac{\varphi_m}{I_m} = \frac{Y_m}{X_m/R_N} \quad (3.116)$$

把 $X=0$，$Y=Y_2$ 代入(3.115)式，得

$$\sin\theta = Y_2/\varphi_m = Y_2/Y_m \quad (3.117)$$

若电极的交流阻抗 Z 用 R_s 和 C_s 串联电路来模拟，则

$$Z = R_s - j/\omega C_s \quad (3.118)$$

$$R_s = |Z|\cos\theta$$

$$1/\omega C_s = |Z|\sin\theta \quad (3.119)$$

因此从李沙育图求得 $|Z|$ 和 θ 值后，即可计算出电极的交流阻抗。此法虽然简便，但噪音影响较大，因而精确度较低。

第九节　电化学研究中的谱学方法

常规的电化学方法基本上是电学方法，通过测量电化学体系的宏观电参数(电流、电位、电量等)以及它们与时间的关系，研究体系的内部过程。为了获得电极/溶液界面分子水平的信息，以便研究电极过程机理、识别反应中间体和产物物种以及测定电极过程热力学和动力学参数，必须进一步把光谱技术与电化学方法结合起来。

光谱电化学方法分为非现场型和现场型，非现场方法是在电解池外考察电极的方法，

大多数涉及到高真空表面技术如低能电子衍射、Auger 能谱、X 射线衍射、光电子能谱等。但是这些方法远不能满足电化学机理研究的需要，因为有些电化学产物和中间产物很不稳定，电极表面在从电解池转入高真空腔过程中难免发生某些变化；此外用高真空技术不可能研究界面的溶液一侧。现场方法则不必把电极从电解池中取出，而直接可以用光谱技术观测其在电解池中的状态。下面介绍几种较常用的光谱电化学方法。

1. 透射光谱电化学方法

此法是让光束通过具有透光电极（OTE）的电解池，测量电化学体系的吸收光谱。由于在电极过程中产生或消耗的物种会改变光的衰减，故可用来研究电极过程。OTE 必须具有良好的透光性、尽可能低的电阻。最早使用的 OTE 是被掺杂的 SnO_2 薄膜附着在玻璃基体上，后来一般用蒸镀或溅射的方法将厚度为 10～100 nm 的金属层沉积在玻璃基体上，基体上往往先附着一层薄的金属氧化物以增强附着力。除玻璃基体外，还使用石英和聚酯片，金属薄膜材料还使用了金、银、铜、汞和碳等。另一类是所谓"微栅电极"，它由 100～200 目的金属网构成，常用的材料为金、银、铜、镍及其合金。微栅电极主要用于薄层电解池的透射光谱研究。

2. 紫外-可见光谱电化学方法

这是最早建立起来的现场光谱测量方法，其理论基础、实验技术的发展已经非常完善，所需仪器设备简单，操作简便，目前被广泛使用。透射式紫外-可见光谱采用光透薄层电极。利用此法可以求出标准电位 E°、电子转移数 n、扩散系数 D 等电化学参数，测定某些热力学参数如 ΔS° 和 ΔH°，指认反应中间产物、研究反应机理和表面特性。

3. 红外反射光谱电化学方法

反射法主要用于研究界面特性。反射式红外现场光谱电化学测量，必须克服两个困难：① 溶液对光的强吸收，必须保证有足够强度的光被反射；② 在溶液强的吸收背景下测量微弱的光谱响应信号，一般吸光度变化范围在 $10^{-2} \sim 10^{-6}$ 之间。解决前一个问题的方法是采用超薄层电解池，解决灵敏度问题需通过电化学和光谱方法密切结合，由此发展了电化学调制红外光谱法和差示归一化界面付里叶变换红外光谱法。此外还有线性电位扫描红外反射光谱法、红外反射-吸收光谱法。

4. 拉曼光谱电化学法

由于电化学体系常用的介质水对红外光有强的吸收，电解池常用的窗体材料在低能区（<200 cm^{-1}）也使红外光失去透射能力。因此，红外光谱电化学的应用受到了一定的限制。20 世纪 70 年代中，激光拉曼光谱技术开始应用于电化学领域。现场拉曼光谱技术可以在分子水平上提供有关电极/电解质溶液界面的结构和性质的许多重要信息，并且由于水分子的拉曼散射信号特别弱，在水溶液体系的测试中比较容易避免溶剂水的严重干扰。但是拉曼光谱的散射强度很小，因而需要采用适当的技术以增强散射光的强度。通常采用表面增强拉曼散射和共振拉曼散射两种方法以增强拉曼散射。对电化学体系，能明显产生表面增强拉曼散射效应的电极材料有铜、金、银。共振拉曼光谱法对于监测电化学反应产物是一种非常有用的方法，这是由于振动光谱本身具有极好的分子识别能力。

此外，萤光光谱、偏振光谱（例如椭圆偏振光谱）、顺磁共振谱、光热和光声光谱、圆二色光谱等也能用于电化学测量，这也属于光谱学电化学的内容。

各类具有高空间分辨率的技术，如电化学扫描微探针显微镜技术。扫描电化学显微镜技术可以在原子分辨尺度上研究各类表面活性中心。采用各类显微镜系统和微区扫描法将光谱研究的空间分辨率提高至微米级,已成功地用于研究许多复杂的电化学体系,如导电高聚物、钝化膜。

谱学电化学发展趋势将是进一步完善已建立的现场谱学电化学技术,并开展联用技术研究,即谱学技术和多种电化学技术、多种谱学技术、表面物种和表面结构、表面检测和表面加工、非实时和实时的联用等。由于扫描微探针及激光皆可作为微米(纳米)加工手段,因此不应将谱学技术简单地视为检测手段,而应当争取使之充分发挥可原位加工和检测表面的双重功能。

第四章 电化学工程概要

第一节 物 料 衡 算

使一个电化学反应变成电解产品,即进行电化学工业生产,必需考虑电化学工程。电化学工程的基本内容分为基础与应用两大部分,基础包括电化学热力学、电化学动力学、物料衡算和能量衡算原理、电化学传输过程、电流和电位分布理论等;应用包括电化学反应器的理论分析与设计、放大方法、过程的经济优化、实验室与中试车间的实验技术、过程控制等。基础部分的有关内容已在前几章和将在以后章节中提及,本章扼要介绍物料衡算和能量衡算、主要的经济技术指标、电化学反应器的设计。电化学反应器的实例将在后面阐述的电解工业中介绍。

物料衡算是指对一个生产过程或一个设备系统内所有进入、离去、积累或耗损的物料,进行质量和组成方面的衡算。物料衡算的理论依据是质量守恒定律。在化学生产过程中物料经常是流动的,体系与环境发生质量的交换,物料衡算的方程可表示为

$$\frac{dm}{dt} = N_1 - N_2 + G \tag{4.1}$$

dm/dt 为体系中某一物种的积累量随时间的变化,N_1 和 N_2 为单位时间内该物种进入和离开体系的质量,G 为该物种在体系中生成(正值)或消耗(负值)的速度(单位为 mol·s^{-1})。在稳定条件下,$dm/dt=0$,于是

$$N_2 = N_1 + G \tag{4.2}$$

电解产物的生成速度 G 与通过的电流有关,根据法拉第定律,G 可表示为

$$G = \frac{\nu I}{nF} \tag{4.3}$$

ν 为电化学反应式中该物种的化学计量数,n 为反应电子数。如果电极上有副反应,或产物在电解液中有二次反应,则上式还要乘上电流效率。

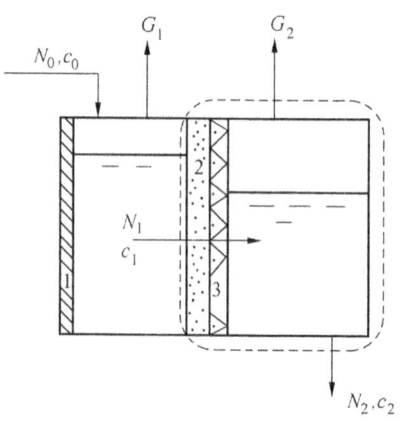

图 4.1 生产氯气的电解槽
1. 阳极; 2. 隔膜; 3. 阴极

现以生产氯气用的隔膜电解槽(图 4.1 为示意图)为例,进行物料衡算。将 65 ℃含有 5.39 kmol·m^{-3}NaCl 的溶液输入电解槽中。阳极室温度为 95 ℃,每 kg 氯气带走 0.5 kg 水离开阳极室。阴极室温度为 100 ℃,每 kg 氢气含 22 kg 水蒸气离开阴极室。电解槽在 150 kA 电流下稳定工作,阴极电解液中 NaOH 与 NaCl 的摩尔比为 1∶0.92。试利用上述数据计算:

① 进入电解槽,跨越隔膜和离开电解槽溶液的体积流速($m^3 \cdot s^{-1}$);② 阳极电解液和阴极电解液的组成。假设:(a) OH^-不会迁移越过隔膜,Cl^-的迁移数 t_- 为0.58;(b) 离开电解槽的流速降低是由于水的蒸发和反应的消耗,从而减小液体体积所致;(c) 溶液进入阳极室后温度立即变为与该室的温度相同;(d) 阴、阳极反应的电流效率均为100%;(e) 各种溶液具有与水相同的密度($kg \cdot m^{-3}$),即 $\rho_0 = 981(65\ ℃)$,$\rho_1 = 962(95\ ℃)$,$\rho_2 = 958(100\ ℃)$。

图4.1的N_0、N_1和N_2分别是盐水进料、越过隔膜的溶液和阴极室排出液的体积流速($m^3 \cdot s^{-1}$);c_0、c_1和c_2是对应溶液中NaCl的浓度($mol \cdot m^{-3}$);G_1和G_2为单位时间内Cl_2和H_2的产量($kg \cdot s^{-1}$)。

以整个电解槽为衡算体系,衡算时间为1s,列出为下衡算式:

氯气($2Cl^- \rightarrow Cl_2 + 2e$)的质量衡算

$$G_1 = \left(\frac{I}{2F}\right) \times 71 \tag{4.4}$$

氢气($2H^+ + 2e \rightarrow H_2$)的质量衡算

$$G_2 = \left(\frac{I}{2F}\right) \times 2 \tag{4.5}$$

氯原子的摩尔数衡算

$$N_0 c_0 = N_2 c_2 + \frac{I}{F} \tag{4.6}$$

钠原子的摩尔数衡算

$$N_0 c_0 = N_2 c_2 \left(1 + \frac{1}{0.92}\right) \tag{4.7}$$

总质量衡算

$$\rho_0 N_0 = \rho_2 N_2 + G_1(1 + 0.5) + G_2(1 + 22) \tag{4.8}$$

以阴极室为衡算体系(图中虚线所示)列出如下衡算式:

氯原子的摩尔数衡算

$$N_1 c_1 = \frac{t_- I}{F} + N_2 c_2 \tag{4.9}$$

钠原子的摩尔数衡算

$$N_1 c_1 + (1 - t_-)\frac{I}{F} = N_2 c_2 \left(1 + \frac{1}{0.92}\right) \tag{4.10}$$

由于c_0、ρ_0、ρ_1、ρ_2、I和t_-是已知的,而G_1和G_2可由(4.4)和(4.5)式求得,因此,由(4.6)到(4.10)式可得N_0、N_1、N_2、c_1和c_2。计算结果为

$$N_0 = 5.536 \times 10^{-4} m^3 \cdot s^{-1}$$
$$N_1 = 5.360 \times 10^{-4} m^3 \cdot s^{-1}$$
$$N_2 = 4.733 \times 10^{-4} m^3 \cdot s^{-1}$$

阳极液中NaCl浓度为254.2 $kg \cdot m^{-3}$

阴极液中含176.5 $kg \cdot m^{-3}$NaCl和131.3 $kg \cdot m^{-3}$NaOH。

此外,通过衡算尚可求得氯气和氢气的产量均为0.7772 $mol \cdot s^{-1}$。

由实验电解槽测得阳极液中含 266.1 kg·m^{-3}，阴极液中含 140 kg·m^{-3} NaOH，进料速度为 5.4×10^{-4} m^3·s^{-1}，与计算值相当一致，表明上述简单模型很好地反映工业电解槽的行为。

第二节 电压衡算与能量衡算

一、电压衡算

电流通过电解槽时，槽电压 U 为

$$U = E_d + \eta_A + \eta_K + \sum IR = E_d + \Delta U \tag{4.11}$$

ΔU 为槽电压与理论分解电压之差值，包括阳极过电位、阴极过电位和电解槽内的欧姆电压降（电解液、隔膜、电极、集流器⋯等欧姆电压降）。

为了降低槽电压，必须尽量减少各项电压数值。η_A 和 η_K 的大小与电极材料、结构有关，因而要选择适合的电极材料。E_d 由电解反应的本质所决定，改变它只能从革新工艺着手。例如隔膜法电解食盐水的阴极析氢反应，若用氧还原反应代替之，则使理论分解电压降低 50%。$\sum IR$ 也是影响槽电压的重要因素之一，这部分能量转变为热而损失掉，故应尽量减少各项的电阻。

电解液的电阻 R_s 服从欧姆定律，与反应器的构型有关。平行板反应器中电极之间的溶液电阻为

$$R_s = \frac{l}{\kappa A} \tag{4.12}$$

κ 为电导率，l 为电极间的距离，A 为面积。

圆柱状反应器中，两个同心圆筒电极之间的溶液电阻为

$$R_s = \frac{1}{2\pi\kappa L}\ln\left(\frac{r_0}{r_i}\right) \tag{4.13}$$

L 为圆筒长度，r_0 和 r_i 为外筒和内筒的半径。

从上两式可见，缩短电极间距可减少溶液电阻的电压降。

当电解过程中有气体产生时，一方面气泡覆盖电极表面，使有效反应面积减少；另一方面气泡分散在溶液中，使表观电导率降低，都引起槽电压的增加。Bruggemann 提出气液混合物的电导率有如下关系：

$$\kappa = \kappa_0(1-\varepsilon)^{3/2} \tag{4.14}$$

κ_0 是没有气泡时溶液的电导率，ε 是溶液中气体的体积分数。此式可用于 $\varepsilon\leqslant 0.4$ 的场合。当 $\varepsilon = 0.4$ 时，$\kappa = 0.465\kappa_0$，可见在所述的条件下溶液的电压降增加一倍以上。减少残留在溶液中的气体量是降低能耗的一个措施。

隔膜由绝缘材料制成，在电流通道间会使电阻增大。因此，隔膜在能隔离阴、阳极室的产物前提下，必须具有一定的通透率，以免电阻太大。

采用铁电极电解 KOH 溶液制取氢气，电解槽的主要尺寸如图 4.2 所示。操作温度为 80 ℃，电流为 500 A，当气体压力为 1.01×10^5 Pa 时，阴极电解液中含 35% H$_2$，阳极电

解液中含 20% O_2(均为体积百分数),隔膜中不含气体。已知电极面积为 $1 m^2$, E_d 为 1.154 V, KOH 的电导率 κ_0 为 112 $S \cdot m^{-1}$, 隔膜的有效电导率为 35 $S \cdot m^{-1}$。在铁电极上 $\eta_A = 0.35 + 0.07 \lg i - 0.001(T-20)$, $\eta_K = 0.06 + 0.12\lg i - 0.002(T-20)$, T 为操作温度(℃)。试求在上述条件下的电解电压。由所给公式算出

$$\eta_A = 0.419 \text{ V}$$
$$\eta_K = 0.264 \text{ V}$$

按 $I \sum R = I \left(\dfrac{l_1}{\kappa_1 A} + \dfrac{l_2}{\kappa_2 A} + \dfrac{l_3}{\kappa_3 A} \right)$ 可算出欧姆电压降的总和。式中 A 为电极面积, l_1, l_2 和 l_3 分别为阳极—隔膜间距离、隔膜—阴极间距离和隔膜厚度,依次为 0.01 m, 0.01 m 和 0.003 m; κ_1, κ_2 和 κ_3 分别为阳极液、阴极液和隔膜的电导率。根据(4.14)式, $\varepsilon_1 = 0.20$, $\varepsilon_2 = 0.35$, 算出

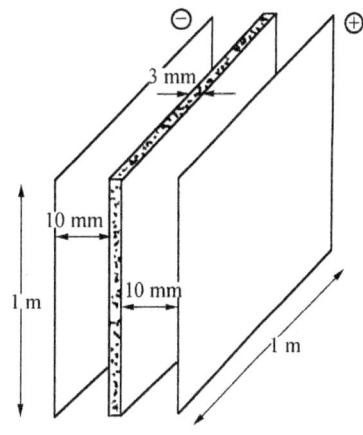

图 4.2 水电解槽的尺寸

$$\kappa_1 = \kappa_0 (1 - \varepsilon_1) = 80.1 \text{ S} \cdot \text{m}^{-1}$$
$$\kappa_2 = \kappa_0 (1 - \varepsilon_2) = 58.7 \text{ S} \cdot \text{m}^{-1}$$

因此 $\sum IR = 0.190 \text{ V}$

$$U = E_d + \eta_A + \eta_K + \sum IR = 2.027 \text{ V}$$

电解水通常在加压下进行,要计算槽电压必须考虑压力对 E_d、η_A 和 η_K 的影响,也不能忽视气泡体积随压力增大而缩小所引起 ε 的变化。如果压力从 1.01×10^5 Pa 增加到 1.01×10^6 Pa, ε_1 将从 0.2 降低到 0.0244, 使 κ_1 从 80.1 $S \cdot m^{-1}$ 变为 108 $S \cdot m^{-1}$。同理可求得 $\kappa_2 = 103.5$ $S \cdot m^{-1}$。可见增大压力时电导率提高了,因而槽电压将减小。在 80 ℃, 1.01×10^6 Pa 下, U 减小了 80 mV。

二、能量衡算

可逆过程的自由能变化 ΔG 为

$$\Delta G = \Delta H - T\Delta S \tag{4.15}$$

对于电解反应所需的最小电能,即对其所作的最小电功 W

$$W = \Delta G = -nFE_d \tag{4.16}$$

E_d 为理论分解电压。由(4.15)式可知,在可逆情况下,为使电化学过程在等温条件下操作,需要向电解槽供给数值上等于 $T\Delta S$ 的能量。在实际生产中,等温操作是非常重要的,通过从环境吸热或输入额外电能进行等温操作,由此所需施加的槽电压称为热中电压 U_{tn}

$$U_{tn} = \dfrac{\Delta H}{nF} \tag{4.17}$$

工业电解过程往往是在不可逆条件下进行的,常需要消耗额外的电能,才可达到所需的电流密度。槽电压与热中电压之差所消耗的电能($UIt - U_{tn}It$) 会变成热 Q, 把 Q 移

走,才能维持等温。在等温操作条件,电解槽能量衡算式可表示为

$$UIt - U_{tn}It = UIt - \left(\frac{\Delta H}{nF}\right)It = Q \qquad (4.18)$$

由(4.18)式推出传热速率为

$$\frac{dQ}{dt} = UI - \left(\frac{\Delta H}{nF}\right)I \qquad (4.19)$$

对于电解水,

总反应　　　　$H_2O \rightarrow H_2 + \frac{1}{2}O_2$

阴极反应为　　$2H^+ + 2e \rightarrow H_2$

阳极反应为　　$2OH^- \rightarrow \frac{1}{2}O_2 + H_2O + 2e$

已知 80 ℃时上述反应的 $\Delta G^\circ = -222.8 \text{ kJ·mol}^{-1}$,$\Delta H = -283.7 \text{ kJ·mol}^{-1}$。由此算出

$$E_d = -\Delta G/nF = -222.8 \times 10^3/2 \times 96500 = 1.154 \text{ V}$$

$$U_{tn} = -\Delta H/nF = -283.7 \times 10^3/2 \times 96500 = 1.470 \text{ V}$$

采用铁作阴、阳极,在 80 ℃、电流密度为 500 A·m^{-2}时,从前面例子得知 $\eta_A = 0.419$ V,$\eta_K = 0.264$ V。KOH 溶液、隔膜的电导率,极间距离,隔膜厚度也采用前面例子的数据,依次为 112 S·m^{-1},35 S·m^{-1},10 mm,3 mm。当电解流为 6000 A 时,两电极的面积均为 12 m^2,用上述数据算出槽电压 U 为 2.027 V。因此电解槽要维持等温操作,需要转移到环境的热为

$$Q = (U - U_{tn})It = 3.34 \times 10^3 t$$

t 为电解时间,故传热速率为 3.34 kJ·s^{-1}。

上面只考虑没有传质的简单情况,下面讨论更全面的热平衡。进出电解槽的热流量 q 的总和等于零。即

$$\sum q_{入} + \sum q_{出} = 0 \qquad (4.20)$$

热流量包括:

(1) 槽电压与热中电压之差消耗的电能转变而来的热流量

$$q_1 = I(U - U_m) \qquad (4.21)$$

(2) 由传导、对流、辐射(高温要考虑)产生的热流量

$$q_2 = q_{传} + q_{对} + q_{辐} \qquad (4.22)$$

$$q_{传} = -\frac{A\lambda}{L(T_1 - T_2)} \qquad (4.23)$$

式中:A 为面积,λ 为热导率,L 为平壁传导体的厚度,$(T_1 - T_2)$ 为温度差。

$$q_{对} = A\alpha(T_{液} - T_{固}) \qquad (4.24)$$

式中:α 为热传递系数,$T_{固}$ 为固相表面温度,$T_{液}$ 为流体相温度。

$$q_{辐} = A_{体}\delta\varepsilon(T_{体}^4 - T_{环}^4) \qquad (4.25)$$

式中:$T_{体}$ 为辐射体温度,$T_{环}$ 为环境温度,$A_{体}$ 为辐射面积(公式要求 $A_{环} \gg A_{体}$),δ 为 Stefen-Boltzmann 常数,ε 为发射率。

(3) 反应物、产物传质流动产生的热流量

$$q_3 = A \sum n_i M_i C_{Pi} T \tag{4.26}$$

式中：A 为物料流动的面积，n_i、M_i、C_{pi} 分别为组分 i 的摩尔流量、摩尔质量、比热容，T 为反应物或产物的绝对温度。

如果采用热交换器，则通过热交换器离开电解槽的热流量

$$q_{冷} = N_{冷} C_{p,冷} \Delta T \tag{4.27}$$

式中：$N_{冷}$ 为冷却剂的流量，$C_{p,冷}$ 为冷却剂的比热容，ΔT 为冷却剂进出热交换器的冷却剂温度差。

若热量通过电解的气体逸出而离开电解槽，则必须考虑额外的热量。当气体经过电解液被水蒸气饱和时，除了水蒸气和气体混合物的热容量外，还必须考虑水的蒸发热。总言之，影响电解过程的热平衡的因素很多，要结合具体对象来考虑。

第三节　电解生产的经济技术指标

一、转化率和选择性

一个电化学过程是否有实用价值的经济效益，常用转化率、电流效率、电能消耗和空时产率等指标来评价，下面首先介绍转化率。

转化率，θ 又称为产率或原料回收率，其定义为

$$\theta = \frac{原料转化为产物的摩尔数}{原料消耗的摩尔数} \times 100\% \tag{4.28}$$

一般而言，$\theta < 1$。为了提高生产效益，必须寻求降低原料消耗的办法，或者设法分离产物中所含的副产物。原料回收率有时用选择性表示：

$$选择性 = \frac{目的产物的摩尔数}{所有产物的摩尔数之和} \times 100\% \tag{4.29}$$

二、电流效率

由法拉第定律可知，一个电极上得到产物的摩尔数与通过的电量成正比，1 摩尔产物所需的电量为 nF，F 是 96487 库仑(C)或 26.8 安时(Ah)，n 是电极反应的电子数。因此电极产物的量可表示为

$$产物的量 = \frac{ItM}{nF} \tag{4.30}$$

ItM 分别为通过的电流强度、通电时间、产物的分子量。式中 M/nF 为一常数，这是通过单位电量得到产物的质量，被称为电化当量 k。例如 Cu^{2+} 还原为 Cu，$k = 63.57/2 \times 96487 = 0.3294$ mg·C^{-1} 又等于 1.186 g·(Ah)$^{-1}$。

电解时通过的电流并非全部用于生成目的产物，目的产物的量也就低于由(4.30)式计算的量(理论产量)。电流效率 η_I 定义为

$$\eta_I = \frac{生产目的产物所用的电量}{消耗的总电量} \times 100\% \tag{4.31}$$

也可由目的产物的实际产量与 kIt 之比计算出 η_I。电流效率也可用 CE 来表示。

由于电解槽两个电极进行的反应不同,故有不同的电流效率。根据阴极产物计算的电流效率叫阴极电流效率,根据阳极产物计算的电流效率叫阳极电流效率。电流效率通常低于100%,偶然也有大于100%,金属阳极溶解时可能出现这种情况,这是因为还存在金属的化学溶解。

电流效率低于100%的原因主要是副反应(例如电解生产锌时的析氢反应)和二次反应(例如阳极产生的氯气溶解在电解液中形成次氯酸盐)。电流空耗(漏电、金属离子不完全放电、熔盐电解时存在电子导电)和机械损失也不可忽视。一般来说,熔盐电解的电流效率比水溶液电解的低。

三、电能消耗和电能效率

电解时每个电解槽所需的电能为 IUt,而生产单位重量的产物所需要的电能,称为电能消耗(或简称能耗),可由下式来计算

$$能耗 = \frac{UIt}{(ItM/nF) \times (\eta_I)} = \frac{nFU}{M\eta_I} = \frac{U}{k} \frac{1}{\eta_I} \quad (4.32)$$

理论上所需要的电能为 $E_d I't$,I' 为按法拉第定律计算所需的电流,因此,电能效率 η_E 可表示为

$$\eta_E = \frac{E_d I't}{UIt} \times 100\% = \frac{E_d}{U} \times \frac{I'}{I} 100\% \quad (4.33)$$

式中 $(I'/I) \times 100\%$ 为 η_I,而电压效率 η_U 定义为

$$\eta_U = (E_d/U) \times 100\% \quad (4.34)$$

则(4.33)式变为

$$\eta_E = \eta_I \times \eta_U / 100\% \quad (4.35)$$

提高能量效率,即减小电能消耗,要尽量降低槽电压和提高电流效率,下列途径可选用:

(1) 减小电解液中杂质含量,可提高电流效率;
(2) 适当提高反应物浓度,有利于在较高电流密度下得到较高的电流效率;
(3) 加入适当的电解质,提高溶液电导,降低槽电压;
(4) 加入适量的表面活性物质,改善产品的质量;
(5) 适当提高温度,增加溶液电导,降低槽电压;
(6) 适当提高电流密度,强化生产;
(7) 缩短极距,减少欧姆电压降。

四、空时产率

空时产率是指单位体积的电解槽在单位时间内所得产物的量,其单位常用 $mol \cdot L^{-1} \cdot h^{-1}$。它是衡量电解槽生产能力的指标,与单位体积电解槽内通过的有效电流成比例,即和电流密度、电流效率、单位体积内的电极面积三者的乘积成比例。增大电极面积与电解槽体积之比值 A/V,可提高电解槽的生产能力。为了使电极的正反两个表面都参与电极反应,常把阴、阳极组合起来使用,例如以下两种平行板式电解槽。

(1) 单极式:如图4.3(a)所示,位于中间的任一块极板的两面都充分参与电解,而两端

的两块极板的外表面利用率不大。槽电压等于任意两块相邻电极之间的电位差,通过电解槽的总电流随电极数目增加而成比例地增大。极板的间距越小,A/V 值越大。但增大 A/V 值必须考虑其他因素,例如电极反应逸出气体产物,就要设法减小气体从溶液释出的阻力。

（2）复极式：如图 4.3(b)所示,只有电解槽两端的两块极板联接电源,其余中间各块的一面为阴极,另一面为阳极,具有双重极性。相邻两块极板和它们之间的电解液组成一个电解单元,彼此串联在一起。因此通过每个电解单元的电流就是总电流,槽电压等于电解单元的电压乘以(极板数 - 1)。复极式的优点是金属导体少,外电路欧姆电压降的损失低,电解槽的占地面积小。缺点是相邻两个电解单元会通过电解液产生漏电电流,而且极板同一面上会有少量极性不同的点,引起电化学腐蚀作用。复极式电解槽形状似压滤机,其极板常用同一个金属制成,也可由两种不同的金属板粘结而成。

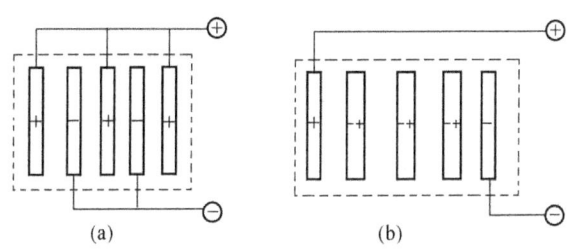

图 4.3　电极板的组合方式
(a) 单极式；　(b) 复极式

上面讨论的各个指标都是一系列实验变量的函数。这些变量包括电极电位、电极材料和结构、电活性物种的浓度、溶液的介质、温度、压力、传质方式和电解槽的设计等。电解槽的总体性能是由这些变量之间的复杂联系决定的,而电解过程的优化依赖于这些参数的合理选择。

此外,电解槽的成本与寿命在电解生产中也很重要。这是较难评价的指标,因为电解槽的所有部件的初始成本、性能和寿命都对它有影响。

第四节　电化学反应器

一、电化学反应器的分类

电化学反应器又名电解池,工业上称电解槽。电解槽和其他化工反应器的区别主要在于它有阴阳两种电极,设计时要考虑电极上的电位和电流分布、电极过程动力学、电解槽中的传热和传质,以及电极材料、隔膜、离子膜等等的物理化学性质和价格。按操作方式可把电化学反应器分为三类：

（1）间歇式电化学反应器

把电解液装在反应器内,电解一定时间后停电出料。因间歇操作,故生产率不高,只适合于小规模生产。反应器内电解液的浓度和温度随电解时间而变,需经常调整槽电压,使电流密度尽可能接近最适宜值。为了便于控制反应温度和增大反应器的容量,可使电解液在电解槽和另一化学反应器组成的封闭系统循环,边流动边电解。电解制取氯酸盐的反应器就是采用这种电解方式的。

(2) 活塞流式电化学反应器

电解液从反应器的一端进入,另一端流出,边流动边电解。其特征是流经反应器的流体体积元像活塞那样平推移动,均不会跟其前后的体积元进行混合。达到稳态后,反应器内各处的温度和浓度均不相同,但分别保持恒定。单个反应器的转化率不高,当要求转化率较高时,可将多个反应器串联起来操作。

(3) 连续搅拌式电化学反应器

用机械搅拌器或鼓气泡使电解液达到完全混合,反应器内电解液组成等于出口料液的组成。在操作达到稳态时,即加料速度、电流和电压等保持恒定时,出口料液组成不随时间而变。操作简便,但反应器不如活塞流式那样坚实,制造费用和操作费用都较高。

电化学反应器还可按构型或其他方式来分类。若按电极构型来分,则有表 4.1 所列的各种类型的电化学反应器。

二、电化学反应器的设计

电化学反应器的设计需要考虑如下因素。

(1) 电极材料的选择:要求材料稳定而持久地工作,具有高的电流效率和低的过电位,价格适宜。

(2) 电解质浓度:尽可能用浓度较高的电解液,以提高电解液的电导率,减少溶液中的欧姆电位降。

(3) 温度和压力:除特殊要求外,一般电解槽都用常压操作。温度常采用高于室温的温度,以加速电极反应速度,减少极化,提高电解液的电导率。

(4) 传质方式:一般采用搅拌或循环电解液来加快传质。有气体释出的电极,可借气泡上升搅拌溶液。

表 4.1 按电极构型分类的电化学反应器

二 维 电 极		三 维 电 极	
静 电 极	动 电 极	静 电 极	动 电 极
1. 平行板电极 板电极放入槽中 压滤式 层式	1. 平行板电极 往复式 振动式	1. 多孔电极 网状 带状 泡沫式	1. 活性流化床电极 金属粒子 碳粒子
2. 同心圆筒电极 棒电极放入槽中 流通式	2. 旋转电极 旋转圆筒 旋转圆盘 旋转棒	2. 填充床电极 颗粒/薄片 纤维/金属绒 球	2. 移动床电极 泥浆 倾斜床 转鼓床
3. 叠盘电极			

设计电化学反应器时,首先从单个反应器的产率要求、原材料转化率的要求和电流效

率数据进行物料衡算,求出通过反应器的总电流,再按选用的电流密度算出所需的电极总表面积,初步选择一种反应器的操作方式。然后根据电化学反应的性质、反应物和产物的物理化学性质、电解液的温度等,选择电极材料和确定电解槽的整体结构。电流密度是电化学反应器的重要参数,影响到槽电压的大小和电流效率的高低。在不降低电流效率的条件下,尽可能增大电流密度来提高生产能力。但是电流密度的提高会受到扩散传质的限制,电化学反应器采用的电流密度及电极面积必须考虑到这一点。下面用活塞流式电化学反应器为例加以说明。

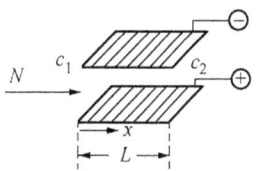

图 4.4 平行板电极电化学反应器

如图 4.4 所示,电解液以体积流速 N 通过二块平板电极,边流动边电解。进口处的浓度为 c_1,出口处降到 c_2。在板长 x 处的体积平均浓度为 c,电极表面浓度为 c_s,传质系数为 m_x,则电流密度

$$i_x = nFm_x(c - c_s) \tag{4.36}$$

设电极板全长为 L,单位长度极板面积为 a,则电流强度为

$$I = a\int_0^L i_x \mathrm{d}x \tag{4.37}$$

电解液流过板长 $\mathrm{d}x$ 后,电活性物质平均浓度的变化为 $-\mathrm{d}c$,由物料衡算可得

$$-N\mathrm{d}c = \frac{ai_x}{nF}\mathrm{d}x \tag{4.38}$$

把(4.36)式代入(4.38)式,整理后积分

$$\int_{c_1}^{c_2} \frac{\mathrm{d}c}{(c-c_s)} = -\frac{a}{N}\int_0^L m_x \mathrm{d}x = -\frac{a\overline{m}}{N}L \tag{4.39}$$

式中 $\overline{m}$ 为平均传质系数,把上式改写为

$$L = -\frac{N}{a\overline{m}}\int_{c_1}^{c_2} \frac{\mathrm{d}c}{(c-c_s)} \tag{4.40}$$

当 $c_s = 0$,电流密度为极限值,这时板长达到转化率所要求的最短长度 $L_{\min}$

$$L_{\min} = -\frac{N}{a\overline{m}}\int_{c_1}^{c_2} \frac{\mathrm{d}c}{c} = \frac{N}{a\overline{m}}\ln\frac{c_1}{c_2} \tag{4.41}$$

求 $L_{\min}$ 必须知道传质系数。传质方式有迁移、扩散和对流;在大量支持电解质存在时,可忽略迁移。根据电极和电解槽的形状、尺寸,可以估算传质系数。

对于平板电极,电解液沿板长方向流动时,其极限电流密度的平均值

$$\overline{i_L} = \frac{1}{L}\int_0^L i_L(x)\mathrm{d}x = 0.678 nFD\left(\frac{\nu}{D}\right)^{1/3}\left(\frac{\overline{u}}{\nu L}\right)^{1/2} c^0 \tag{4.42}$$

式中 $\overline{u}$ 为电解液的平均线速度,D 为扩散系数,ν 为电解液的动力粘度。$\overline{i_L}$ 又表示为

$$\overline{i_L} = nF\overline{m}c^0 \tag{4.43}$$

由(4.42)与(4.43)式得

$$\overline{m} = \frac{i_L}{nFc^0} = 0.678 D\left(\frac{\nu}{D}\right)^{1/3}\left(\frac{\overline{u}}{\nu L}\right)^{1/2} D \tag{4.44}$$

两边乘以 (L/D),得无量纲数值,称为舍伍德(Sherwood)数 Sh

$$Sh = \bar{m}\left(\frac{L}{D}\right) = 0.678\left(\frac{\nu}{D}\right)^{1/3}\left(\frac{\bar{u}L}{\nu}\right)^{1/2} \qquad (4.45)$$

式中 $\bar{u}L/\nu$ 称为雷诺(Reynolds)数 R_e，ν/D 称为施密特(Schnidt)数 S_c。

$$R_e = \frac{\bar{u}L}{\nu} \qquad (4.46)$$

$$S_c = \frac{\nu}{D} \qquad (4.47)$$

应用(4.45)式时，L 要用反映电解槽形状的特征长度或等效直径 d_e 来代替。例如两块平行板电极，板长为 L，板宽为 b，极间距为 s，当电解液沿板长方向流动时，R_e 为

$$R_e = \frac{d_e \bar{u}}{\nu} \qquad (4.48)$$

$$d_e = 2bs/(b+s)$$

按流体动力学规定，$R_e < 2000$ 时，液体滞流流动；$R_e > 2000$ 时，湍流流动。流动性质不同时，Sh 值的计算公式也不同。对于由平行板电极组成的电解槽

滞流： $$Sh = \bar{m}\left(\frac{d_e}{D}\right) = 2.54\left(\frac{R_e \times S_c \times d_e}{L}\right)^{0.33} \qquad (4.49)$$

湍流： $$Sh = \bar{m}\left(\frac{d_e}{D}\right) = 0.023 R_e^{0.8} S_c^{1/3} \qquad (4.50)$$

下面举例说明单室平行板反应器最小电极面积的计算。

电极反应为

$$X + 2e = Y$$

产物 Y 的分子量为 110，电解液含大量支持电解质及 100 mol·m^{-3} 的 X，转化率为 45%。用平行板反应器，年(以 8 000 小时算)产 125 吨。阴极和阳极面积相同，宽度 b 为 0.5 m，极间距 s 为 0.005 m。假设极电流效率为 100%，试计算总电流和所需的最小阴极面积。已知溶液粘度 $\eta_{粘}$ 为 1.52×10^{-3} kg·m^{-1}·s^{-1}，电解液的密度 ρ 为 1 050 kg·m^{-3}，扩散系数 D 为 6.2×10^{-10} m^2·s^{-1}。

解：每秒产生 Y 的摩尔数为 $125 \times 10^6/(110 \times 8000 \times 3600) = 0.0395$ mol·s^{-1}，也就是每秒消耗 0.0395 mol 的 X。由此算出电流

$$I = 2 \times 96494 \times 0.0395 = 7620 \text{ A}$$

由于转化率为 45%，所以反应物进出口浓度 $c_1 = 100$ mol·m^{-3}，$c_2 = 55$ mol·m^{-3}

电解液的体积流速 N 由下式求出

$$N(c_1 - c_2) = I/nF$$
$$N = I/nF(c_1 - c_2) = 8.78 \times 10^{-4} \text{ m}^3 \cdot \text{s}^{-1}$$

溶液的平均线速度等于体积流速除以流动面积，即

$$\bar{u} = 8.78 \times 10^{-4}/(0.5 \times 0.005) = 0.351 \text{ m} \cdot \text{s}^{-1}$$

等效直径

$$d_e = 2bs/(b+s) = 0.0099 \text{ m}$$

动力粘度

$$\nu = \eta_{粘}/\rho = 1.448 \times 10^{-6} \text{ m}^2 \cdot \text{s}^{-1}$$

雷诺数
$$R_e = \overline{u}d_e/\nu = 2400 > 2000(湍流)$$

因此按(4.50)式计算传质系数

$$\overline{m} = 0.023 R_e^{0.8} S_c^{1/3} \frac{D}{d_e} = 9.67 \times 10^{-6} \mathrm{m \cdot s^{-1}}$$

由(4.41)式算出最小阴极面积

$$A_{\min} = L_{\min} \times a = \frac{N}{\overline{m}} \ln \frac{c_1}{c_2}$$
$$= 54.3 \mathrm{m}^2$$

平行板反应器也可由若干个反应器单元组成,如图4.5所示,电解液按箭头方向依次流过每个反应器单元。总的阴极面积为各单元的阴极面积之和。上述例子算出的阴极面积相当大,实际上也要采用多室平行板反应器。

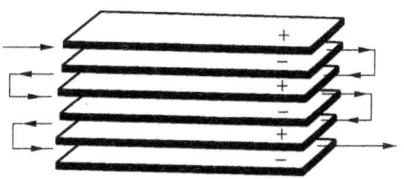

图4.5 多室平行板电极反应器

三、电解槽结构材料及电极材料的选择

电解过程中材料使用的最大问题是腐蚀,因此在选择电解槽结构材料及电极材料时,除考虑电解对象的要求外,还必须防腐蚀。

1. 金属材料,碳材料和塑料

非合金钢(含碳量低于2%的铁碳合金)是最便宜易得的金属结构材料,其耐蚀性能较差,只用在不含Cl^-、NO_3^-、SO_4^{2-}和碳酸根离子的碱性溶液中。含Cr的合金钢在氧化性环境中具有良好的耐蚀性。含Mo的钢在酸性溶液中易于钝化,并能防止Cl^-引起的孔蚀。不锈钢(含10%~20%Cr和1%~15%Ni的铁合金)可作为弱碱性和中性电解液中的阴极材料。在加压的水电解槽中,碱的浓度大,操作温度高,不宜用奥氏体钢,因为它会遭受应力腐蚀开裂,用被覆Ni的钢可克服这个问题。

镍和大多数合金在还原性环境中具有良好的稳定性,能在温度较高碱性溶液中或非氧化性无机酸中钝化。但在含氨的溶液中会快速溶解,这是由于形成络合物的缘故。镍的价格较高,机械性能欠佳,因此常用作里衬或镀层覆盖在电解槽、容器或管道的内表面。

钛在氧化性介质中很稳定,在湿氯气中很耐蚀,可用于恶劣腐蚀的环境中。但在还原性介质中较不稳定,与干燥氯气发生激烈反应。由于钛的价格贵,通常以薄膜形式衬敷在设备管道内。当用做电极或电极载体时,烧结的钛可代替整块的钛板材。锆、铪、钽也能用于腐蚀性强及高温气体的环境中,但因价格昂贵而较少使用。

铅常用于盛装硫酸溶液的容器中做衬里,在这种介质中形成的$PbSO_4$沉积层覆盖在金属表面上起防蚀作用。但$PbSO_4$在水溶液中仍有较大的溶解度,可能沾污金属提取物或毒化阴极上的催化剂。

金属材料虽然广泛用于电化学反应器中,但由于电场的作用,有些特殊问题是要考虑到的。靠近电解槽和整流器,通过杂散电流,在金属结构中会发生中间导体效应,易引起阳极侧的金属溶解。因此除非使用完全绝缘保护层,一般不宜采用金属作电解槽的结构材料。

碳材料有玻璃碳、热解石墨和多晶石墨等,最常用的是多晶石墨,它是多孔材料。为了减少孔隙率,可在真空条件下让石墨吸收热沥青或树脂物,但经过这样处理后只能在100℃以下使用。石墨在有机溶剂中很稳定,作为阳极比金属合适。在熔盐电解中可用石墨做电极或反应器的衬里。

塑料,如聚乙烯、聚丙烯和聚氯乙烯等的软化温度低于100℃,且对酸碱和氧化还原剂的耐蚀能力不大理想,因此很少用作电解槽;但是可制作输送60℃以下腐蚀溶液和电解气体的管道。玻璃纤维增强的聚酯材料可做电解液的贮罐,为防止聚酯水解,可用聚氯乙烯做衬里。氟化聚合物,例如聚四氟乙烯具有较好的热稳定性和化学稳定性,但其蠕变性致使它不适于制作刚性的构件。塑料增强的石棉、填充 Sb_2O_3 的聚硫砜、聚苯撑硫化物的针织物都是具有前途的非选择性的隔膜材料。有选择性的隔膜是离子交换膜,可用聚合物材料制造。

表4.2列出一些工业电解质所选用的材料。

表4.2 某些电解质选用的材料

电解质	浓度,温度	非金属材料(塑料)*	金属材料
H_2SO_4 水溶液	93%,25℃	PE,PP,PVC,PVDF	硅铸铁
H_2SO_4 水溶液	10%,60℃	PP,PVDF	NiMo3OFe
H_2SO_4 水溶液	10%,100℃	PP	NiMo3OFe
H_2SO_4 水溶液 +二氧六环	10%,40℃	PTFE	NiMo3OFe
HNO_3 水溶液	20%,40℃		Ti、Zr、Hf、Ta
HNO_3 水溶液+铬酸盐+$Ce(SO_4)_2$	20%,40℃		Ti、Zr、Hf、Ta
$NiCl_2$+NaCl 溶液	pH=4,60℃	环氧树脂涂层	硅铸铁,Ti,Ta,NiMoCr1615
氯水	饱和,20℃	PVC(含GRP),PVDF	Ti、Ta
铬酸水溶液	10%,60℃	PVC,PE,PP	CrNiMoCu1820
$MgCl_2$熔盐	720℃	石墨,抗热陶瓷,石英	

* PE:高密度聚乙烯; PP:聚丙烯; PVC:高密度聚氯乙烯; PVDF:聚偏氟乙烯;GRP:玻璃纤维再生塑料。

2. 电极材料

电极材料必须具备优良的导电性、足够的电化学惰性、良好的机械稳定性、可加工性、耐电解介质及电解产物的腐蚀,此外还需考虑价格是否可以接受。在选择具体过程用的阳极和阴极时,首先要考虑不同电极材料的电化学性质,即在指定条件下的电极反应速度、目的反应的电流效率以及电极材料本身的耐腐蚀性能等。从生产来看,所用电极可分为三类:① 性能长期稳定的电极,常用于简单氧化还原反应、电极表面作为反应中间产物吸附位置的电化学过程和电结晶过程等;② 气体反应剂电极,一般具有多孔结构,用于氢、烃类和CO的电氧化或CO_2的电还原过程;③ 在反应过程中电极材料不断消耗的电极,主要用于金属有机化合物的电化学制备,例如生产四烷基铅的铅阳极。

阳极有可溶性和不溶性两种。在金属精炼工业中,金属阳极溶解的电流效率高是重要的。在许多电解工业中,选择不溶性阳极是很重要的研究课题之一。

碳或石墨的导电性好,在许多化学环境下有良好的耐腐蚀性,并具有可实用的机械性能。直到覆盖了金属氧化物的钛阳极被开发之前,石墨是氯化物水溶液电解时使用的最好的阳极材料。在熔盐电解时,除特殊要求外,碳及石墨迄今仍是惟一的阳极材料。

金属及合金种类很多,在机械性能、电性能、化学性能和加工性能方面都很好,由于具有这些作为实用材料的优良特性,所以广泛用作阳极材料。但是与一般结构材料不同,在电解质中阳极极化的条件下,阳极材料必须不发生活性溶解及不会钝化,并能圆满地进行阳极反应。

有些金属在电解质中阳极极化时,生成的表面氧化物具有很好的耐腐蚀性,从而阻止了其后阳极的进一步消耗,并且具有导电性,可作阳极使用。由金属及合金所构成的不溶性阳极几乎全是这种形式,硫酸盐溶液中的铅阳极就是其中一例。在铅电极表面生成PbO_2,一方面保护了阳极底板,另一方面作为阳极而工作。利用电解氧化制得的PbO_2,可直接作为阳极而工作。熔融铸造的PbO_2阳极,用于电解制造卤酸盐及有机电解等苛刻的条件下。将铁氧化物熔融铸造的磁性阳极,在氯化物水溶液中具有良好的耐腐蚀性,往往用来制备氯酸盐。

Perry发明了被覆氧化钌的钛电极后,人们对氧化物阳极便有了新的认识。这种电极制法简单:将$RuCl_3$与$Ti(OBu)_4$的盐酸酸化的甲醇溶液涂于钛的表面,干燥后在500℃左右短时间加热分解,使钌与钛的共晶氧化物致密地吸附在钛基底上。这种不溶性金属阳极,常称为形稳阳极(DSA),它们的氯过电位低,并且耐腐蚀性优良。自发明DSA后几十年来,超过总产量半数的氯,都是用这种电极制造的。

金属材料作为阴极往往可以防腐,即使在强腐蚀的环境中,除特殊场合外,不致引起腐蚀问题,所以与阳极相比,材料选择的自由度大。腐蚀问题在下述三种场合产生:① 电解槽停止运转时;② 即使在运转中,由于电流分布不均匀,有的地方未能完全阴极极化;③ 容易形成氢化物的金属材料。

电解槽运转时,阴极被极化,不会被腐蚀。若运转停止,金属材料的电位慢慢达到稳定电位;如果此稳定电位处于材料活性溶解区内,就可使材料腐蚀。对于强腐蚀环境,必须考虑到运转停止时的防腐蚀措施。必要时应将阴极液抽出,就不致产生自发电池腐蚀。钛、锆、钽等具有优良的耐蚀性,但有形成氢化物而产生氢脆的缺点,故也不宜推荐作为阴极材料。因氢脆而造成的材料破坏只与阴极电位、电流密度等有关,故在低电流密度条件下,可以酌情使用这种材料。要防止因电流分布而产生的腐蚀,必须改善结构及变更材料。

阴极材料的选择另一要点就是过电位特性。例如隔膜槽电解食盐水的阴极反应是水放电析出氢,降低氢过电位可使电能消耗下降,因此许多人研究开发具有较低氢过电位的阴极材料。与此相反,水银法电解食盐槽是以汞为阴极材料的;由于氢在汞上的过电位很高,除抑制氢析出外,还可能使钠离子放电。

在有机电解过程中,阴极还原往往是重要的,反应受阴极电位及阴极材料的影响十分明显。例如若用镍及铂一类氢过电位低的金属材料为阴极,使硝基苯进行还原,就可能生成中间体；如果用铅及汞一类氢过电位高的材料作为阴极还原时，就生成苯胺。

表 4.3 列出一些电解工业常用的电极材料。

表 4.3 电解工业常用的电极材料

材　料	阳极	阴极	用　途
铅	+		H_2SO_4 溶液中的电解
	+	+	有机电合成
铁	+	+	水的电解，碱性溶液中有机电合成
		+	食盐水电解，ClO_3^-，ClO_4^- 和过氧酸盐生产，熔盐电解(Na,Li,Be,Ca)
石墨	+		食盐水电解，ClO_3^- 生产，有机合成，铝电解
	+	+	次氯酸盐生产，熔盐电解(Na,Li,Be.Ca)
镍	+		水的电解
	+	+	有机电合成，熔盐电解(Na)，制取高锰酸盐和 Fe(III)氰化物
铂	+	+	含氯化物溶液中的有机电合成
	+		ClO_3^-，ClO_4^-，过氧酸盐，次氯酸盐的生产
汞		+	食盐水电解，汞齐电解(Cd,Tl,Zn)，有机电合成
Fe_3O_4	+		氯碱和氯酸盐生产
形稳阳极（钛和钌或其它贵金属的混合物阳极）	+		食盐水电解，次氯酸盐，ClO_3^- 的生产，电冶炼和阴极保护
Ta 或 Ti/Pt	+		过硫酸盐生产，次氯酸生产，电渗析和阴极保护
Ti/Pt－Ir	+		ClO_3^- 和次氯酸盐生产
Ti/PbO_2	+		ClO_3^- 生产，酸性介质中的有机电合成

第五章　无机物的电合成及有关的电化学

第一节　概　　述

一、电极过程的类型及无机物电解反应的分类

电极过程大致可分为以下三类：① 金属电极过程，包括金属电沉积和金属溶解，例如 $Ni^{2+}+2e=Ni$（镀镍的阴极过程）和 $Cu(粗铜)=Cu^{2+}+2e$（铜电解精炼的阳极过程）；② 气体电极过程，例如氢氧燃料电池中的两个电极反应：$H_2=2H^++2e$ 和 $O_2+2H_2O+4e=4OH^-$，电解盐酸溶液的阴、阳极反应：$2H^++2e=H_2$ 和 $Cl^-=Cl_2+2e$；③ 电解氧化还原，其实所有在电极上进行的反应都是氧化反应或还原反应，这里指的是除金属电极过程和气体电极过程以外的电极过程，而且其反应物和产物通常都是可溶的。因此电解氧化还原涉及面广，在无机方面例如硫酸盐电解氧化 $2SO_4^{2-}=S_2O_8^{2-}+2e$；在有机方面如硝基苯的电还原，$C_6H_5NO_2+6H^++6e=C_6H_5NH_2+2H_2O$。本章所讲的无机电合成，它们的电极过程属于第②、③类的电极过程。

在气体电极过程和电解氧化还原过程中，在大多数情况下，电极本身不发生净变化。但是电极的作用不只是传导电流，更重要还在于不同电极材料对电极反应速度有很大的影响，换言之，电极具有催化作用。对于无机物电合成或有机物电合成，电化学催化作用都是很重要的。

无机物电解反应可分为电还原和电氧化两大类。

1. 电还原

放电物质从阴极上取得电子，并转化为产物，可能出现下述几种反应：阳离子在电极上得到电子，转化为正电荷较低的产物，例如

$$Ce^{4+}+e \rightarrow Ce^{3+}$$

阴离子在电极上得到电子，转化为负电荷较高的产物，例如

$$Fe(CN)_6^{3-}+e \rightarrow Fe(CN)_6^{4-}$$

也可能是中性物质的还原，并生成阴离子，例如

$$O_2+H_2O+2e \rightarrow HO_2^-+OH^-$$

$$H_2O+2e \rightarrow H_2+2OH^-$$

电还原法在无机电解工业上应用的例子主要是水的电还原制造纯氢气、汞阴极法电还原制造烧碱等。

2. 电氧化

电活性物质在阳极上失去电子，并转化为相应的产物，可能出现的反应有阳离子在电极上失去电子，转化为正电荷较高的产物，例如

$$Sn^{2+} - 2e \rightarrow Sn^{4+}$$

阴离子在电极上失去电子,转化为负电荷较低的产物,例如

$$MnO_4^{2-} - e \rightarrow MnO_4^-$$

$$2I^- - 2e \rightarrow I_2$$

或含氧量改变的反应,例如

$$2SO_4^{2-} - 2e \rightarrow S_2O_8^{2-}$$

另外,从电极本身考虑,则可分为电极可溶和不溶两类。在电极可溶的电极反应中,电极本身发生溶解,如铅阳极在 Na_2CO_3 + NaAc 溶液中电解,可得碱式碳酸铅(即铅白粉),电极反应可表示为

$$Pb + 2Ac^- - 2e \rightarrow PbAc_2$$

$$3PbAc_2 + 4Na_2CO_3 + 2H_2O \rightarrow 2PbCO_3 \cdot Pb(OH)_2 + 2NaHCO_3 + 6NaAc$$

类似地,以铅阳极在 $NaClO_3$ + Na_2CrO_4 溶液中电解,可制得铬黄(即铬酸铅)。以铁铬合金或铁锰合金阳极在 KOH 或 K_2CO_3 溶液中电解,可制得铬酸盐或锰酸盐。

不溶性阳极的例子更多,如用贵金属铂、黄金、Ti/RuO_2 等阳极时,一般都不会溶解,因而在制取过氧化氢、氯酸盐、高锰酸钾、氯碱工业中普遍采用。此外,镍阳极也可在电解制氢、赤血盐等方面应用。不溶性阳极还有石墨、铅/二氧化铅等。

二、电合成的特点

电合成的优点:

1. 调节电极电位,可改变电极反应速度。根据计算,改变过电位 1 V,活化能将降低 40 kJ,可使反应速度增加 10^7 倍。因此,电合成工业一般都在常温常压下进行,不需特别的加热、加压设备。

2. 控制电极电位和选择适当的电极、溶剂等方法,使反应按人们所希望的方向进行,故反应选择性高,副反应较少。因此,电合成可得到收率和纯度都较高的产品。

3. 电化学反应所用的氧化剂或还原剂是失电子或得电子,在反应体系中除原料和生成物外通常不含其他反应试剂。因此产物容易分离和收集,环境污染少。

4. 电化学过程的电参数(电流、电压)便于数据采集、过程自动化与控制,而且电解槽可以连续运转。

电合成不足之处:

1. 消耗大量电能,例如生产每吨铝消耗电能约 15 000 kWh,每吨烧碱耗电约 3 000 kWh,每吨电解锌耗电约 6 000 kWh。因此,在目前能源较紧张的条件下,较难全面地、大规模地发展电合成工业。

2. 电解槽结构复杂,生产能力不高,以及电极活性不易维持。

此外,电合成生产要求工作人员的技术和管理水平都较高,并有现代科技知识,以保证电解操作正常运转,长期、稳定、连续地生产。

克服电合成的不足,积极发展电合成工业,这是努力的目标。但现在可根据下述情况考虑采用电合成方法:① 没有已知的化学方法;② 已知化学方法步骤多或产率低;③ 化学方法采用的试剂价格太贵;④ 现有化学方法工艺流程大批量生产有困难,或经济不合

算,或污染问题未解决。

三、无机物电合成简介

最重要的无机电化学工业是电解食盐水溶液制取氢氧化钠、氯气和氢气,因为氢氧化钠和氯都是属于支撑现代化学工业的基本化学产品。氯碱是电解产量最大的产品,世界年总产量达到近 5 000 万吨。制造氯气也有用电解盐酸的方法,因为烃类氯化时有副产品氯化氢,例如制造氯乙烯($C_2H_4 + Cl_2 = CH_2CHCl + HCl$)。因此从副产品氯化氢中再生回收氯气,在工业经济上是有价值的。由盐酸水溶液电解制取氯,其过程比较简单,此法随着有机氯化反应的发展而使用至今,但生产规模不大。

电解水主要是制取氢气,用于有机物氢化、制造半导体、制取高纯金属、合成氨。但若大规模生产,较之从水煤气中分离氢出来的费用更大。电解水制取的氢纯度高,故适用于需要高纯氢的地方。近年来原子能的开发,有利于促进电解水工业的发展。在原子能发电站电解水,可大规模生产氢气,输送到消费氢的地方,用于燃料电池发电,用作化工原料或燃料等。这样输送电能比起用电线输送经济得多。若能利用氢气来解决能源不足的问题,电解水工业必然得到很大的发展。

电解水还可制取重水。因重水对中子吸收很少,且具有使高速中子减速的良好性能,故在重水型原子反应堆中被用作中子减速剂。再者将来可望作为能源的核聚变反应,重水是其燃料,因此制取重水越来越引起人们的重视。

利用电解方法可以制取许多其他的无机化合物,例如,高锰酸钾、过氧化氢、铬酸、二氧化锰、氧化亚铜、臭氧、氟等等,这些多属强氧化剂或具有很高活性的化合物,一般生产规模不大。

第二节 气体电极过程

一、氢电极过程

在生产实际中最常遇到的气体电极是氢电极、氧电极和氯电极。对氢电极过程的研究在电极过程动力学的发展过程中起着很重要的作用,电化学动力学的一般规律性就是在研究它的基础上建立起来的。研究氢电极过程不但有重要的理论意义,而且有很大的实际意义。在生产实践中,如电解水、重水生产、燃料电池、电冶金等都会经常碰到氢在电极上的氧化还原反应,尤其是氢的析出。氢过电位可能有害也可能有利,例如电解水制备氢气时,当过电位达到 0.3 V,每生产一吨氢就要多耗费约 8 000 kWh 的电能;而对于铅蓄电池,如果不是氢在其上的过电位很大,则无法使用。

最早研究氢过电位的是塔菲尔(Tafel),他从实验事实出发,发现氢析出时过电位与电流密度有如下关系:

$$\eta = a + b\log i \tag{5.1}$$

此式与(3.85)式不同之处仅在于这里是用以 10 为底的对数来表示。后来许多研究者对这关系进行了研究,表明在过电位大于 0.1 V 左右,此关系仍成立;大多数金属的 b 具有比较接近的数值,在 $0.10\sim0.14$ V 之间(见表 5.1);a 的数值各不相同,与金属材料、表面

状态有关,大致可分为三类:

(1) 高氢过电位金属,$a \approx 1 \sim 1.5$ V,主要有 Pb,Cd,Hg,Tl,Zn,Ga,Bi,Sn 等;
(2) 中过电位金属,$a \approx 0.5 \sim 0.7$ V,其中最主要的是 Fe,Co,Ni,Cu 等;
(3) 低过电位金属,$a \approx 0.1 \sim 0.3$ V,其中最重要的为 Pt 和 Pd 等铂族金属。

表5.1　20℃时氢析出的塔菲尔常数

金属	溶液组成	a/V	b
Pb	0.5 mol·L^{-1} H$_2$SO$_4$	1.56	0.110
Tl	0.85 mol·L^{-1} H$_2$SO$_4$	1.55	0.140
Hg	0.5 mol·L^{-1} H$_2$SO$_4$	1.415	0.113
Cd	0.65 mol·L^{-1} H$_2$SO$_4$	1.40	0.120
Zn	0.5 mol·L^{-1} H$_2$SO$_4$	1.24	0.118
Sn	0.5 mol·L^{-1} H$_2$SO$_4$	1.24	0.116
Cu	0.5 mol·L^{-1} H$_2$SO$_4$	0.80	0.115
Ag	1 mol·L^{-1} HCl	0.95	0.116
Fe	1 mol·L^{-1} HCl	0.70	0.125
Ni	0.1 mol·L^{-1} NaOH	0.64	0.100
Co	1 mol·L^{-1} HCl	0.62	0.140
W	1 mol·L^{-1} HCl	0.43	0.10
Pd	1 mol·L^{-1} HCl	0.24	0.03
Pt,光滑	1 mol·L^{-1} HCl	0.10	0.03

这种分类对电化学实践中选择电极材料有一定参考价值。例如,低氢过电位金属可用于电解水工业中或氢氧燃料电池中作负极,但因铂、钯太贵,故工业上多用中过电位金属来代替,为此需要将这些金属制成比表面很大的多孔性电极。

在氢析出反应历程中可能出现的表面步骤主要有:

(1) 电化学步骤　　　　$H_3O^+ + e = H_{吸} + H_2O$　　　　　　　　　　[A]
(2) 复合脱附步骤　　　$2H_{吸} = H_2$　　　　　　　　　　　　　　　　[B]
(3) 电化学脱附步骤　　$H_3O^+ + H_{吸} + e = H_2 + H_2O$　　　　　　[C]

上述反应是在酸性溶液中进行的,若在碱性溶液中,则不是 H_3O^+ 还原,而是 H_2O 还原。式中 $H_{吸}$ 为电极上的吸附氢。

如果步骤[A]起控制作用,则称迟缓放电机理;若[B]为控制步骤则为复合机理;如果[C]为控制步骤则为电化学脱附机理。在一定溶液组成的条件下,由控制步骤写出动力学方程式。上述各种机理的过电位与电流密度的对数都有线性关系,只是斜率,即塔菲尔方程中的 b 值不同。迟缓放电机理的 $b = 2.3RT/\alpha F$,α 通常为 0.5,故 25℃时 b 为 0.118。复合脱附机理的 $b = 2.3RT/2F$,25℃时为 0.030。电化学脱附的 $b = 2.3RT/(1+\alpha)F$,25℃时约为 0.039。

研究结果表明对 Hg,Pb,Cd,Zn,Tl,In,Sn,Bi,Ga,Ag,Au,Cu 等金属表面上氢的析出,属迟缓放电机理。对于中、低过电位金属,尤其是那些吸附氢能力较强的金属,如 Pt,

Pd,Ni,Fe 等,就不能简单认为属于延缓放电机理。根据目前的认识,在平滑的 Pt,Pd 电极上,极化不大时,氢析出过程很可能是复合步骤控制;而在毒化了的电极表面上或极化较大时则可能是电化学脱附步骤控制。在 Fe,Ni,Co,W 等金属表面上,情况复杂。迄今未能用简单的反应历程来解释各种实验现象,很可能在这些电极上三种步骤的反应速度相差不大,因而反应历程随电极表面性质与极化条件而改变。

氢的阳极氧化反应早期被研究得较少,但是燃料电池的发展促进了对它的研究。氢在光亮铂电极表面上氧化可能分成如下步骤:① 分子氢溶解和向电极表面扩散;② 溶解氢在电极上化学离解吸附,$H_2 = 2H_{吸}$,或电化学离解吸附,$H_2 = H_{吸} + H^+ + e$。电极反应与液相传质速度有关。例如采用铂电极,在低极化区时,若传质速度慢,则是溶解氢扩散控制;若传质速度大,则离解吸附就会成为控制步骤。在磷酸中氢在铂电极上的氧化,氢离解为两个吸附氢原子这一步是控制步骤。160 ℃时,85% H_3PO_4 中铂电极上氢的阳极氧化的交换电流密度达 140 mA·cm^{-2}。在光亮铂、载体碳上的铂和不用载体的铂上的反应机理都相同,速度仅与表面粗糙程度有关。

二、氧电极过程

在电解水和阳极氧化法制备高价化合物时,氧的析出是主要反应或不可避免的副反应。在空气电池和燃料电池中,阴极反应几乎总是氧的还原。因此,研究氧电极的实际意义也十分重大。但是人们对氧电极过程的认识远不如氢电极过程,主要原因在于氧电极过程有四个电子参加反应,可能存在各式各样的中间产物,故反应历程复杂。

氧的阴极还原有两种可能的途径:

1. 二电子反应的过氧化物途径

碱性溶液　　　　　$O_2 + H_2O + 2e = OH^- + HO_2^-$

　　　　　　　　　$HO_2^- + H_2O + 2e = 3OH^-$

　　　　　　　　　(或 $2HO_2^- = 2OH^- + O_2$)

酸性溶液　　　　　$O_2 + 2H^+ + 2e = H_2O_2$

　　　　　　　　　$H_2O_2 + 2H^+ + 2e = 2H_2O$

　　　　　　　　　(或 $2H_2O_2 = 2H_2O + O_2$)

2. 四电子反应的直接途径

碱性溶液　　　　　$O_2 + 2H_2O + 4e = 4OH^-$

酸性溶液　　　　　$O_2 + 4H^+ + 4e = 2H_2O$

在 KCl 溶液中和汞电极上,氧阴极还原的极谱波出现两个高度大致相等的波,表明分两步还原,每步电子数都等于 2。旋转环盘实验出现环上的氧化电流,表明有中间产物的存在。这些都证实了二电子反应的途径。在汞、碳、石墨、金等电极表面上主要生成 HO_2^-。在清洁的铂表面和某些过渡金属大环化合物表面上,则主要进行氧分子的四电子还原。

氧在阳极析出的反应比还原反应复杂,因为金属电极表面往往形成各种不同价态的氧化物,受影响因素较多。氧在酸性溶液中析出的电位很正,适宜使用铂系元素和金作电极。在碱性溶液中氧析出电位较低,可用铁、镍等电极。在酸性溶液中氧析出的反应为

$2H_2O = 4H^+ + O_2 + 4e$,在碱性溶液的反应为 $4OH^- = 2H_2O + O_2 + 4e$。

氧在铂、铱、铑、镍、钴、铅(二氧化铅)上阳极析出都符合塔菲尔关系,b 值约 $0.12\ V$ ($b = 2.3RT/0.5F$),说明控制步骤可能是一电子步骤。在碱性溶液中低电流密度区的半对数曲线往往具有更小的斜率,$b \approx 0.055 \sim 0.06V$。从图 5.1 镍电极上氧的析出就可以看到这种情况。对 pH = 11.7 的极化曲线,高电流密度时 $b = 0.127\ V$,低电流密度时 $b = 0.063\ V$。

对于氧析出的机理尚无一致看法,大多数学者认为,酸性溶液中 O_2 的析出机理为

$H_2O_{吸} = OH_{吸} + H^+ + e$　　(慢)

$OH_{吸} = O_{吸} + H^+ + e$

$2O_{吸} = O_2$

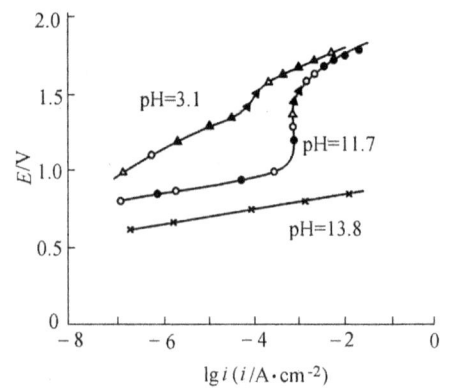

图 5.1　镍电极上氧析出极化曲线

在碱性溶液中为

$OH_{吸}^- = OH_{吸} + e$　　(高 i 时慢)

$OH_{吸} + OH_{吸} = O_{吸} + H_2O + e$　　(低 i 时慢)

$2O_{吸} = O_2$

由于影响因素较多,故对不同金属上氧析出的过电位难以进行比较。对某些金属的氧过电位在电流密度的数量级为 $10^{-3}\ A \cdot cm^{-2}$ 的条件下,依照如下顺序增大:钴、铁、铜、镍、镉、钯、金、铂、铱、铑。

三、氯电极过程

许多电化生产都和氯电极密切相关,例如电解食盐溶液,熔盐电解氯化物制备金属,其阳极过程都是氯的析出,因此研究氯电极过程,特别是其阳极过程就具有很大的实际意义。

由于多年来在氯碱工业中都是使用石墨阳极,故对它的研究较多。石墨具有很大孔隙度,其真实面积比表观面积大得多。氯在石墨电极上析出和氯在石墨电极上还原都符合塔菲尔关系,且有相同的斜率(见图 5.2)。由此可推测氯电极反应,$2Cl^- = Cl_2 + 2e$ 可能有如下反应机理

$Cl^- = Cl_{吸} + e$

$Cl_{吸} + Cl^- = Cl_2 + e$

第二步为控制步骤。其逆向反应则是第一步 $Cl_2 + e = Cl_{吸} + Cl^-$ 为控制步骤,第二步为 $Cl_{吸} + e = Cl^-$。因为只有这样的反应机理,才会两条塔菲尔线交于

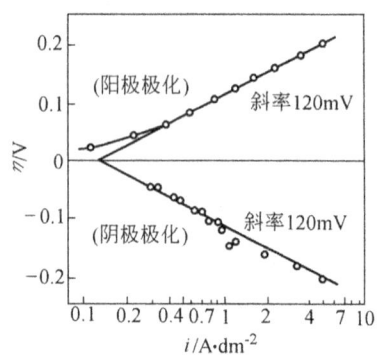

图 5.2　50 ℃饱和食盐水(pH~0.5)中石墨电极的极化曲线

一点,具有相同的 i^0。

在 $5\ mol\cdot L^{-1} NaCl + 0.01\ mol\cdot L^{-1} HCl$ 溶液中,测定石墨阳极极化曲线,20 ℃时所得塔菲尔式中 $a = 0.75\ V, b = 0.15\ V$,由此求出 $i^0 = 5\times 10^{-6} A\cdot cm^{-2}$,数值较小,表明氯在石墨电极上析出的过电位较大。

由于石墨上氯的过电位较大,且石墨易损坏,所生成石墨细粉会影响产品质量,故近年来应用了镀钌的钛阳极。在 $1.5\ mol\cdot L^{-1} HCl + 2.5\ mol\cdot L^{-1} NaCl$ 溶液中测定极化曲线表明,在极化较大时氯在镀钌的钛阳极析出符合塔菲尔关系,直线斜率为 $0.03\sim 0.04\ V$。其反应机理可能为(1) $Cl^- = Cl_{吸} + e$, (2) $Cl_{吸} = Cl^+ + e$, (3) $Cl^+ + Cl^- = Cl_2$,其中第二步为控制步骤。

第三节 电 催 化

上述氢气的过电位和氧气的过电位都随电极材料而变化,因而交换电流密度也改变。例如氢在酸性溶液中汞电极上析出时,i^0 为 $4.3\times 10^{-13} A\cdot cm^{-2}$;而在铂电极上析出时为 $4.6\times 10^{-4} A\cdot cm^{-2}$;相差 10^9 倍。因此气体在惰性电极上析出时,电极不仅起导电作用,还影响电极反应的速度。

电极显著地影响某些电极反应的速度,而电极本身不发生任何净变化的作用,称为电催化。电极就是电催化剂。电催化与异相化学催化不同之处有三点:① 电催化与电极电位有关;② 溶液中不参加电极反应的离子和溶剂分子常常对电催化有明显的影响;③ 电催化通常在较低温度下起作用。

由于电极反应速度受电极电位影响,故在评比不同电极材料的催化性能时,必须在相同的过电位下比较。通常选用平衡电位下的交换电流密度 i^0 来衡量电极催化能力。

在电解工业中急需性能优良的电催化剂,例如氯碱工业中耗电费用占产值的 30%,某种电催化剂若能使氯碱隔膜电解槽的槽电压下降 $0.1\ V$,则生产每吨烧碱能节省 70 度电。其他如电解冶炼铝、大规模的电解水制备重氢和氯酸盐生产等,过电位的微小下降都意味着可大量节约电能。在化学电源和燃料电池等电化学能量转换器中,应用电催化剂可以减小电极极化作用,提高电池的输出功率。有机电合成工业中,采用电催化剂可提供优良的选择性,减少副产物,提高产品质量,这是非电化学生产方法所不能比拟的。

作为电催化剂必须具备如下主要性能:① 一定的电子导电性,为电子转移反应提供不引起严重电压降的电子通道;② 电化学稳定性,即在能实现目标反应的电位范围内,催化表面不至于因为电化学反应而过早地失去催化活性;③ 必要的催化活性,包括实现目标反应与抑制有害的副反应,以及能耐受杂质及中间产物的作用而不致较快地中毒失活。

影响电催化活性的主要因素有两大类:① 能量因素,即如何在催化剂的作用下使反应有较低的活化能;② 空间因素,即催化剂表面与反应粒子之间,应有对实现目标反应和减少有害副反应最有利的空间对应关系。这两类因素之间也存在一定联系。还有一类因素是由催化剂制备方法决定,包括催化剂的比表面积和表面状态,如缺陷性质和表面浓度,各种晶面的暴露程度等。目前已积累了大量经验规律,如在低温下采用强还原剂往往能得到比表面较大,活性较高的金属催化剂;采用某些载体(活性碳、金属和非金属氧化物)可以提高分散性与催化效率,等等。

常用的电催化剂材料有：① 金属，如铂、铱和镍等；② 合金，如甲醇氧化用的铂锡合金，镍钼合金析氢活性阴极等；③ 半导体型氧化物，如 RuO_2，$Ni(OH)_2$ 及混合氧化物，如尖晶石型 $NiCo_2O_4$ 等；④ 金属配合物，如过渡金属的酞菁化物和卟啉等。这些催化剂多数为过渡元素及其化合物。在催化剂的制备工艺中，要考虑如何把这些主要成分掺入基体材料中，并从影响催化活性的诸因素上研究如何使它的催化作用达到最优化。

下面以氢电极反应为例讨论影响电催化的能量因素。氢电极反应中电极与反应粒子之间的相互作用主要表现为氢原子在电极表面上的吸附，因此形成或脱除这一中间吸附粒子(吸附氢)时涉及的能量变化常对反应的活化能有重大影响。对于吸附氢很弱的那些高氢过电位金属，氢析出反应速度一般由形成吸附氢的电化学步骤起控制作用。因此吸附增强使吸附氢能量降低(如图 5.3 中实线变为虚线)，有利于降低控制步骤的活化能和增大反应速度。对于那些吸附氢较强的低过电位金属，由于吸附氢能量低，生成吸附氢的速度一般较高，故吸附氢的脱附往往成为整个反应控制步骤。此时吸附增强将导致控制步骤的活化能增加。反应速度将如何变化还需要考虑表面覆盖度的影响，以及吸附键强度随表面覆盖度的变化。

实验发现析氢过电位很高的金属电极，如铅、汞、铊和镉等，金属和氢原子吸附能越大，析氢反应速度越快，如图 5.4 的上方曲线所示，M-H 键能越大的，i^0 越大。反之，图中下方曲线所示从铂到铝这类金属上析氢反应速度随着 M-H 键能的增加而减少。

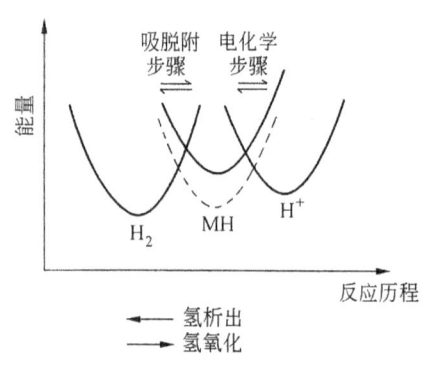
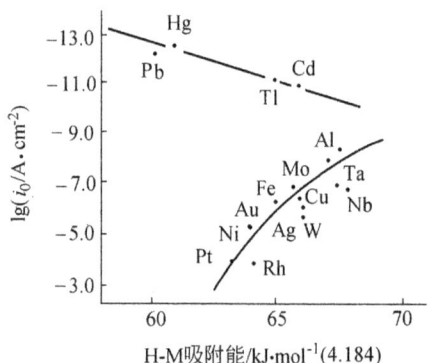

图 5.3 氢原子吸脱附对电极过程活化能的影响　　图 5.4 i^0 与 M-H 键能的关系

由于电极反应发生在电极与溶液之间的界面上，故要考虑在这界面上离子和溶剂分子的吸附对吸附中间态粒子强度影响。例如在铂电极上阴离子按 OH^-，SO_4^{2-}，Cl^-，Br^- 的顺序使吸附氢键的强度递减，因此，在电化学反应中吸附步骤较容易成为控制步骤。

已知周期表中过渡金属对很多反应有催化活性，这些金属都能吸附氢原子、氧原子、烃类分子及其裂解物。过渡金属的 d 能带中有不成对电子，这种电子可与吸附物分子或原子中的未成对电子配成对而产生化学吸附。过渡金属 d 能带中不成对的电子数越多，则其 d 能带特性的百分数越小，吸附热则越大。d 能带百分数越大，逸出功越大，因为这时有较多的电子结合成对，需要用很多的能量才能从金属中移出电子。对于中等过电位这类金属，逸出功增大时，i^0 也增大，这与电化学脱附为控制步骤的反应机理相一致。

催化剂表面上活性吸附位排列的几何因素对催化活性有很大影响。活性位的间距和几何分布要有利于反应的协调进行。例如,在甲酸的氧化反应中,它必须首先进行C-H键的断裂。因此电极表面活性吸附位的分布有利于M与H,M与C形成吸附键,则有利于C-H键的断裂,加速甲酸的氧化反应,如图5.5所示。

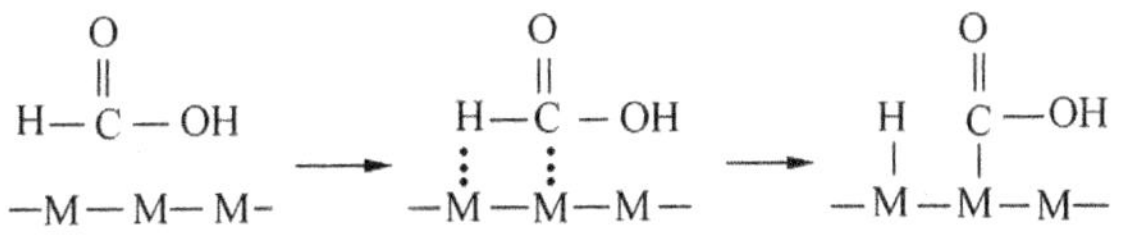

图 5.5 甲酸的 C-H 键的断裂过程

除化学组成外,影响催化性能的因素尚有催化剂的比表面。对电催化剂来说,这种比表面是催化剂与电解液相接触的润湿的比表面,因为电极反应只能发生在电极与电解液的相界面上。为了增大电催化剂的比表面,也可把它分散在多孔性载体物质上。这样既节省了贵金属催化剂的用量,又增大了反应的表面积。电催化剂用的载体要求是电子良导体,并能耐电解液的腐蚀,常用的载体是碳。另外,也可把电催化剂微粒涂在合适的金属底材电极上,呈薄层状。例如氯碱电解槽用的金属阳极是以钛板为底材,表面涂上二氧化钌薄层制成的。多孔性金属镍也称雷尼(Raney)镍电极,是用等离子喷涂、合金熔融或合金电镀等方法先制成镍铝合金或镍锌合金,然后再用烧碱溶出铝或锌制成。它的真实湿比表面,经用双层电容的测定计算,比表观面积增大 2~3 个数量级。

催化剂的活性与催化剂微粒的晶体结构有关,微粒的大小已接近于原子的大小。微粒的大小和方向以及晶格边界、晶格缺陷和各种特殊的晶格部位,如晶面台阶转角、螺旋位错等的存在,都是值得重视的因素。例如,电位阶跃实验表明:一定电位范围内,钌在汞电极表面电沉积仅呈单分子层。在单分子层成长过程中,电极上有大量氢析出,而形成的单分子钌层却对析氢反应没有催化活性。由此得出:析氢反应仅发生在汞"湖"面小块单分子钌"岛"周围的台阶位置上,例如图5.6所示。

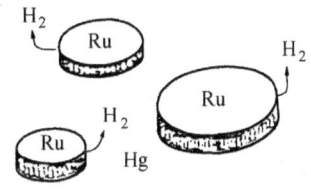

图 5.6 汞表面电沉积钌时析氢部位的模型

对于实用催化剂电极,要求能在一定时期内稳定地保持对电极反应的催化活性。电解工业上一般要求电极在过电位小于 100 mV 时能产生 $0.1\sim 1$ A·cm^{-2} 的电流密度,并有一年以上的寿命。电催化失去活性的原因可能有:① 使用中的剥蚀和磨损;② 电解液的侵蚀;③ 由于副反应或吸附杂质而中毒;④ 因表面上微粒的重结晶而减小反应面积。这些都是一个新的电极催化剂要投入工业使用前必须解决的问题。

第四节 电解水和重水的制取

一、电解水工业

电解水时,在酸性溶液中阴极反应为 $2H^+ +2e = H_2$,阳极反应为 $2H_2O = 4H^+ + O_2 + 4e$;而在碱性溶液中阴、阳极反应分别为 $2H_2O + 2e = H_2 + 2OH^-$、$4OH^- = 2H_2O + O_2 + 4e$;总反应都是 $2H_2O = 2H_2 + O_2$。水的理论分解电压与 pH 无关,因而用酸性溶液或碱性溶液都可作为电解液。但从电解槽结构及材料的选择方面来看,使用酸性溶液容易出各种故障,故现在都采用碱性溶液(NaOH 溶液或 KOH 溶液),这种碱性溶液的电导率与浓度、温度都有关(见图 5.7,图 5.8)。无论 NaOH 溶液或 KOH 溶液,都在浓度为 20%～30wt%附近,电导率最大;温度越高,电导率也越高。不过若在高温高浓度下操作,则绝缘材料及金属材料的腐蚀损坏将变得更为严重。因此碱的浓度常为 20%～25%,操作温度在 50～80 ℃,更常采用 80 ℃。

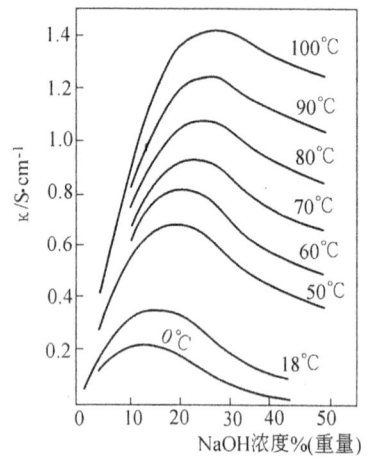

图 5.7　NaOH 溶液的电导率　　　　图 5.8　KOH 溶液的电导率

电极应选用耐碱性强和过电位较低的材料来做,工业上使用还得考虑价格问题。铁在碱液中耐腐蚀性较强,氢过电位也较低,故可用不锈钢来做阴极。但阳极极化时铁会稍微溶解,故用镍做阳极较适合。为了降低电能消耗,采用在不锈钢板上镀镍,给出高表面积的沉积镍,促进氧析出。阴极用催化覆盖层如高表面积的镍合金,也可降低过电位。

电解生成的氢气和氧气,由于气泡效应会严重地阻碍电解电流的通过,因此,在电极和电解槽的设计上都要设法迅速除去两极上的气泡。此外,阴阳极之间必须有隔膜,主要目的在于防止氢气与氧气的混合。隔膜的孔较粗大,电阻也就较小。

用 20%NaOH 作电解液,操作温度为 80 ℃,电流密度为 5 A·dm^{-2},极间距为 2.3 cm,其中石棉隔膜厚度为 0.3 cm,阴阳极均采用镀镍电极。在此情况下,对电解槽的电压作粗略的衡算。

如前所述槽电压:

$$V = E_d + \eta_A + \eta_K + \sum IR$$

式中 $\sum IR$ 为欧姆压降的总和。80 ℃ 时 $E_d = 1.15$ V。镀镍电极上氢和氧的过电位如图 5.9 所示。当电流密度为 5 A·dm^{-2}时,$\eta_{氢} = 0.47$ V,$\eta_{氧} = 0.35$ V。由图 5.7 可得 80 ℃,20%NaOH 的电导率为 1.02 S·cm^{-1}。由电解液引起的欧姆压降为

$$IR_{溶液} = il/\kappa_{溶液} = 0.05 \times 2/1.02 = 0.098 \text{ V}$$

80 ℃,20%NaOH 中,隔膜的电导为 3S·cm^{-2},故由隔膜引起的欧姆压降为

$$IR_{隔膜} = 0.05/3 = 0.017 \text{ V}$$

电解过程中生成的氢及氧分散于溶液中,或者覆盖于电极表面,由此造成的气泡压降 $IR_{气体}$估计为 0.1 V。此外金属导体部分(包括电极)也存在欧姆压降 $IR_{导体}$,估计为

0.03 V。将上述各项相加,则有

理论分解电压	E_d	1.15 V
氧过电位	$\eta_{氢}$	0.35 V
氢过电位	$\eta_{氧}$	0.47 V
溶液欧姆压降	$IR_{溶液}$	0.098 V
隔膜欧姆压降	$IR_{隔膜}$	0.017 V
气泡效应压降	$IR_{气体}$	0.1 V
导体欧姆压降	$IR_{导体}$	0.03 V
(合计)槽电压	V	2.21 V

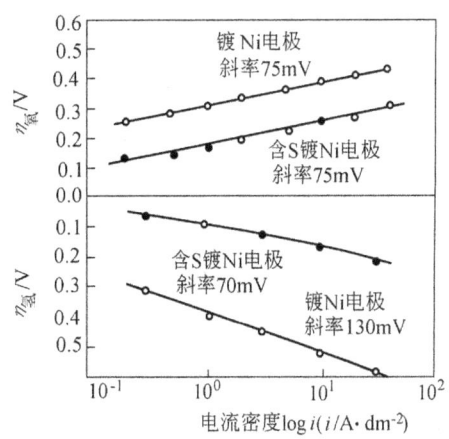

图 5.9　镀镍电极上氢和氧的过电位

由上可见,氧及氢的过电位在槽电压中占有很大的比例,因而降低过电位,对减少电能消耗很有效。例如在电极的镀镍液中加入 KCNS 则可得含硫的黑色镍镀层,该镀层对氢及氧的过电位均较低。例如 5 A·dm^{-2} 时 $\eta_{氢}$ = 0.14 V, $\eta_{氧}$ = 0.23 V,与通常采用的镀镍电极相比,槽电压可降低 0.45 V,即在 1.8 V 左右就可进行电解。

槽电压的降低不仅对节约电能有重要意义,而且有利于电解槽的温度控制。因为在约 2 V 的槽电压中,理论分解电压约 1.15 V,供分解 H_2O 所需的能量。其余约 0.8 V 的能量全部变为热。按上述电解必须把约 24% 能量散发出去才能维持能量平衡。若把槽电压降低就可减少这部分能量的损耗。

较大型水电解槽有槽式、压滤机型式和高压式三类。槽式电解槽空时产率低,但简单可靠。压滤机型式虽然结构复杂,但空时产率高。在压滤机型式的电解槽基础上可造成高压式电解槽,一般操作在 30 大气压左右,也有高达 100 大气压以上,在这样的电解槽中气泡变细,减少 IR 降,而且由电解槽直接获得高压氢气与氧气,从而不需压缩机加压,这是引人注目的技术。不过其设计与制造较困难,在能量效率方面也没有比常压明显的提高。常压电解槽电流规模可达 10 kA 以上,单槽电压为 2.1 V 左右,电流密度为 2.0~2.5 kA·m^{-2},每立方氢电能消耗为 4~5 kWh,氢气纯度大于 99.5%(体积百分数)。

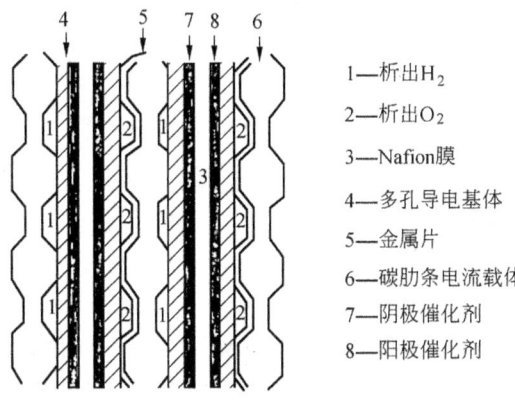

1—析出 H_2
2—析出 O_2
3—Nafion膜
4—多孔导电基体
5—金属片
6—碳肋条电流载体
7—阴极催化剂
8—阳极催化剂

图 5.10　固体电解质水电解槽的双电极堆

固体电解质的水电解器可供小规模应用,其基本设计如图 5.10 所示,电解质为厚约 0.2~0.3 mm 的 Nafion 膜,容许质子传导。阴极为 PTFE/石墨基的多孔电极,具有贵金属催化剂;阳极有类似的基体,但用混有过渡金属添加剂的 RuO_2 作催化剂。80 ℃的纯水从阳极区加入,氧化为氧和 H^+,H^+ 通过电解质到达阴极上还原为氢。与前面所述的电解槽相比,这种电解槽可以在相当高的电流密度($10~20$ kA·m^{-2})下操作,而槽电压亦较低。例如在 80 ℃,$i = 10.8$ kA·m^{-2} 条件下,固体电解质水电解器的电压分配为 $E_d = 1.15$ V,$\eta_{氧} = 0.30$ V,$\eta_{氢} = 0.02$ V,$IR = 0.30$ V,故槽电压为 1.77 V。

二、重水的制造

氢的同位素有轻氢(H)、重氢(D)和超重氢(T),其中超重氢是放射性同位素,含量很微少。用于原子反应堆时重水品位应含 D_2O 99.7%以上,而天然水中含重水约 0.014%,故此必须把天然水进行浓缩。制造重水的方法有电解法、精馏法和无机化学方法。

电解法大致有两种作用:① 由天然水浓缩至含重水 1%~10%,这是电解浓缩法;② 由浓度较高的重水(20%~30%)提取最终产品(99.7%以上),这是回收电解法。

含有重水的水进行电解时,其阴极反应为

$$H_2O + HDO + 2e = H_2 + OH^- + OD^-$$

$$H_2O + HDO + 2e = HD + 2OH^-$$

这两个阴极反应速度常数将随阴极材质或操作条件的不同而异。若用(H/D)表示轻氢与重氢的原子比率时,则电解分离率 α,可用下式来表示

$$\alpha = (H/D)_{气}/(H/D)_{水} \tag{5.2}$$

不同阴极金属材料,电解分离率不同,例如 Fe 为 6~9,Ag 为 5~6,Ni 为 4~6,Pt(平滑)为 5~7,Pt(铂黑)为 3.5~4.5。

以制氢为目的的电解槽,需补加纯水,使生成氢和氧的电解过程得以继续进行。因为电解槽的操作温度为 60~80 ℃,所以随氢与氧带出了相当数量的水分,如将其冷凝,则可得到比天然水的重水浓度稍微高一些的冷凝水。用这种冷凝水作为下一个电解槽的补加水,则可进一步提浓重水。如此循环数次,便可得到含量为百分之几的重水。但是,大部分重氢仍与轻氢一同逸出,为回收重氢,可进行下列气液接触交换反应

$$H_2O(液) + HD(气) = HDO(液) + H_2(气)$$

上式的平衡常数

$$K = [HDO]_{液}[H_2]_{气}/[H_2O]_{液}[HD]_{气} \tag{5.3}$$

温度为 20 ℃时,K 值为 3,75 ℃时为 2.88,100 ℃时为 2。因此,不宜将电解液温度提高到 75 ℃以上进行。上述交换反应是在固定于活性炭上的 Pt 或 Ni-Cr 系催化剂床中进行的。由于湿气可降低催化剂的活性,所以气体应经由过热器加热后再通过催化剂填充层。

电解浓缩法使用制氢用的水电解槽,可获得重水含量较高的水作为副产品。回收电解法则专门用于制造重水,电解过程仍采用阶式,但间歇操作。电解使电解液的体积一直减至 1/7 左右,从而使重水得到浓缩。因为产生的氢气中重氢含量较高,故用氧燃烧并回收 HDO。往电解槽中残余的电解液通入 CO_2 使之碳酸化,并将其蒸馏以回收 HDO,然后

将这种水送往下一段电解。表 5.2 列出某一电解生产的主要条件及指标。

表 5.2 重水电解回收的主要条件及指标

阴极(及槽体)	钢	电解液	7.5% K_2CO_3
阳极	镍	每槽耗水量	0.335 kg·h^{-1}
电解槽温度	40 ℃	重氢分离率(α)	7.0~9.0
电流	1 000 A	电解槽中 D_2O 最高浓度*	99.8%
槽电压	2.6~3.4 V	单位电耗	8.8 kWh·kg^{-1}

* 供给电解槽的水含 90% D_2O。

第五节 电解制取氯碱

一、电解条件及某些技术进展

电解食盐水制取氯碱主要采用隔膜法和汞阴极法两种工艺。在隔膜法电解过程中阳极、阴极反应分别为

$$2Cl^- = Cl_2 + 2e \tag{1}$$

$$2H_2O + 2e = H_2 + 2OH^- \tag{2}$$

在汞阴极法电解过程中,由于采用氢过电位高的汞阴极,因而在阴极上的反应为

$$Na^+ + e + Hg = Na\text{-}Hg \tag{3}$$

钠汞齐在另外的反应器中进一步分解为

$$2Na\text{-}Hg + 2H_2O = 2Hg + 2Na^+ + 2OH^- + H_2 \tag{4}$$

阳极反应则与隔膜法相同,都是析出氯。

在上述两种方法中阳极还可能发生副反应

$$4OH^- = 2H_2O + O_2 + 4e \tag{5}$$

下面以隔膜法为例,讨论电解条件。采用隔膜的目的在于防止氯和氢的接触以及阴阳极区电解液混合引起的副反应。

根据反应(1)与(5)的平衡电位,由于析出氯的电位正于析出氧的电位,因此 OH^- 比 Cl^- 易于放电。选用氧过电位大的电极,使 OH^- 放电的阻滞因素大大超过 Cl^- 的,这样才可能使阳极上主要进行析出氯的反应。氧在石墨上析出有相当大的过电位,因此可采用石墨作为电解食盐水的阳极。

提高 Cl^- 的浓度,降低 OH^- 的浓度更有利于 Cl^- 的放电而不利于 OH^- 的放电。因此应该使用接近饱和的食盐水,而且电解液的碱性不能太强。使电解液流动,即不断往电解槽加入食盐水,不断让碱液流出,可阻止阴极附近的碱向阳极扩散。从表 5.3 可见,随着 NaCl 浓度增加,电流效率上升,阳极重量损失减少。这些数据是在 $i_A = 625 \text{ A·m}^{-2}$,60~70 ℃条件下,取 4 天数据的结果。

表 5.3　阳极液中氯化钠浓度对电流效率及阳极损失的影响

NaCl 浓度/g·L^{-1}	电流效率/%	阳极重量损失/g
187	86	7.98
230	89	6.52
287	96.5	3.14

提高 Cl$^-$ 的浓度，降低 OH$^-$ 的浓度，同时还可以减少 Cl$_2$ 的溶解度，这是因为气体的溶解度常随溶液中强电解质浓度的增加而减少（见表 5.4）。减少 OH$^-$ 的浓度，也可使 Cl$_2$ 的溶解反应，Cl$_2$ + OH$^-$ = HClO + Cl$^-$ 的速度降低。

表 5.4　氯在不同浓度 NaCl 溶液中的溶解度/g·L^{-1}

NaCl 浓度/g·L^{-1}	20 ℃	40 ℃	60 ℃	80 ℃
0	7.3	4.6	2.6	1.2
229	2.9	1.8	0.95	0.42
297	1.9	1.0	0.54	0.25

电解通常是在较高温度下进行的，因为高温降低了 Cl$_2$ 的溶解度，增加电导，但也加速了石墨电极的损坏。通常在 60～90 ℃ 之间进行电解。

图 5.11 为在石墨电极析出氯和氧的极化曲线。从图可见，当电流密度足以使电位超过氯的平衡电位时，氯便会同氧一起析出。电流密度越大，即电极电位越正时，析出氧占的部分越小。这不但可提高电流效率，而且由于氧的析出相对减少，石墨的损坏也相对减少。提高电流密度还能增加生产速度，提高设备利用率。工业上采用的电流密度一般在 400～700 A·m^{-2}，但也有超过 1 kA·m^{-2} 的。在隔膜法中由于阴极进行析出

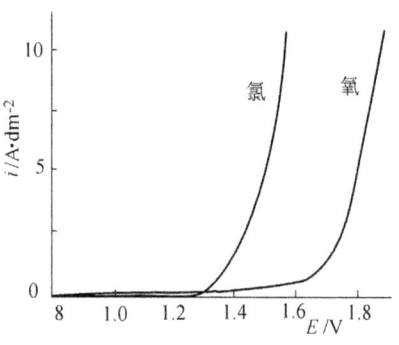

图 5.11　在石墨电极析出氯和氧的极化曲线

氢的反应，故宜采用低氢过电位的材料来做阴极。考虑到价格问题，常采用铁。

上述讨论氯电极的情况原则上适用于汞阴极法。但由于汞阴极法中阴阳极区溶液是分不开的，因此还有一些氯气扩散到阴极区被还原（Cl$_2$ + 2e = 2Cl$^-$）。

电解食盐水溶液是大规模的工业生产，因此必须考虑：① 简单而价格便宜的电解槽设计；② 高电流密度以减少投资；③ 电解槽的组成部分必须可靠，容易获得并且使用寿命长；④ 电流效率和产率高；⑤ 低的能量消耗。为此人们进行了多方面的研究。

近年来在电极材料和膜材料方面有较大的进展。在氯碱工业中以往使用的阳极是石墨或与碳有关的材料，在其上氯析出的过电位高达 0.5 V，而生产每吨 Cl$_2$ 石墨损耗为 2.3～3.2 公斤。用金属如铂或铂/铱分散在钛基体上作阳极，可使过电位降低到 0.1 V。但是这些阳极价格贵而且不够牢固，例如生产 1 吨 Cl$_2$ 损失 0.2～0.4 g 铂。后来又出现形稳性阳极（DSA），这种电极是在钛基体上覆盖一层含有过渡金属氧化物，例如 RuO$_2$ 造

成的。它们具有很好的催化作用,使过电位低至 $5\sim40$ mV,而且能用几年。其他如 PdO_2 或 $M_xCo_{3-x}O_4$ ($0<x<1$, M=Cu, Mg 或 Zn)也类似 RuO_2。使用氧化物电极时条件控制要小心,有些在含有 SO_4^{2-} 溶液中使用时会沾污氯气。用 DSA 代替碳阳极使槽电压降低 0.45 V,从而使能耗降低 8%~15%。

在隔膜法中使用的阴极,用钢阴极时过电位约 0.4 V。若采用镍合金覆盖层的阴极可使过电位降低到 0.15~0.2 V,进一步采用某些催化剂覆盖层还可降到 0.02~0.05 V。

在氯碱电解槽中好的隔离器应具有:① 只许 Na^+ 从阳极到阴极,不许 OH^- 从阴极到阳极;② 低电阻;③ 对湿氯气和 50% NaOH 具有长期的稳定性。隔膜是多孔性的,不具备上述①的功能,因此隔膜法生产的 NaOH 常沾有氯,而且阴极区中的 NaOH 浓度不能超过 10%,否则 OH^- 向阳极区传输并放电析出氧。

阳离子交换膜在理论上能满足上述要求,但也是近年来才有实用价值。这些膜都是具有酸性基团的有侧链的全氟聚合物,例如被称为 Nafion 的,其结构为

$$(CF_2\!-\!CF_2CF\!-\!CF_2)_x$$
$$(OCF_2\!-\!CF)_y\!-\!OCF_2CF_2\!-\!SO_2OH$$
$$CF_3$$

这是一种强酸型交换膜,所得 NaOH 浓度不能超过 20%,否则仍会发生 OH^- 的传输问题。若采用弱酸型交换膜(Flemion),可到得 40% 的 NaOH,其结构为

$$(CF_2\!-\!CF_2)-(CF_2\!-\!CF)_y$$
$$(OCF_2\!-\!CF)_m\!-\!O(CF_2)_n\!-\!COOH$$
$$CF_3$$

二、电解槽及工艺

1. 汞电解槽

汞电解槽及解汞装置如图 5.12 所示。阳极用 DSA,与流动汞阴极的极距约 1 cm,60 ℃,35% 盐水流入槽中,17% 盐水流出槽加浓后可再使用。电流密度为 $8\sim14$ kA·m^{-2}。含约 0.5% Na 的 Na-Hg 进入解汞器,内装浸渍过渡金属(如 Fe 或 Ni)的石墨球使 Na-Hg 催化分解,得到 50% NaOH。

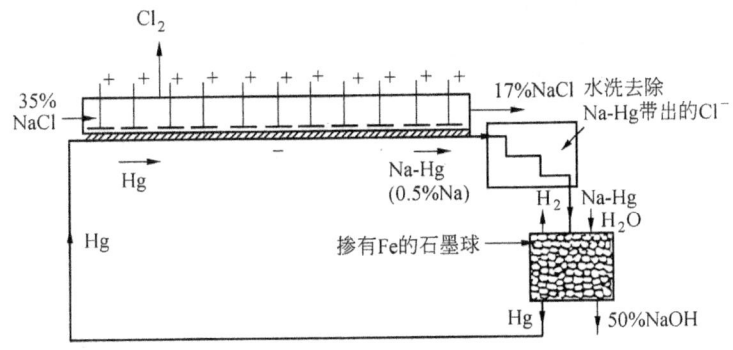

图 5.12 汞电解槽与解汞装置

在盐水中若含有能在汞阴极还原或者在汞阴极表面生成氧化物膜的杂质,就会阻碍 Na^+ 的阴极还原及 Na 向汞中的溶解和扩散。盐水中某些金属的容许量 $(mg \cdot L^{-1})$ 为:Ca 100,Mg 1.0,Fe 0.3,Ti 0.1,Mo,Cr,V 都是 $0.001 \sim 0.01$。

2. 隔膜电解槽

图 5.13 示出隔膜槽的一种结构,石棉直接沉积在作为阴极的钢网上,阳极靠近石棉那一边。30% NaCl 水进入阳极区,氢和 NaOH 在没有石棉那一边形成。现今阳极采用 DSA,钢阴极上也覆盖了一层催化剂。电流密度在 $1.5 \sim 3.0 \, kA \cdot m^{-2}$ 范围内。

使用石棉隔膜有如下问题:① 碱浓度低于 10%,因而要增加蒸发工序才能得到 50% NaOH。② IR 降较大,而且随着使用时间增大,因为镁和钙的氢氧化物沉积在孔洞中。因此盐水纯化比汞电解槽更严格。③ 石棉使用期有限,必须定期更换。在石棉中添加一些高聚物可改善其性能。

3. 离子膜电解槽

在离子膜电解槽中电极反应与隔膜槽相同,但 Na^+ 能通过膜进入阴极区,与 OH^-

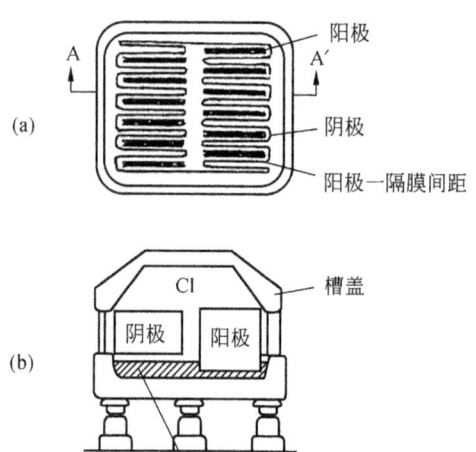

图 5.13 虎克型电解槽
(a) 取去槽盖后的平面图;(b) A-A′断面

形成无 Cl^- 的 NaOH。由于 NaOH 浓度达 50% 时,目前的膜还未能有效地阻止 OH^- 的迁移,因此限于直接生产 20%～40% NaOH,若要生产 50% NaOH,还须蒸发,但已经比隔膜法消耗的能量低得多。电流密度也比隔膜槽高,一般适用 $5 \, kA \cdot m^{-2}$。

当然从石棉隔膜改变为离子交换膜,槽的设计要改变。离子膜电解槽的生产容量较小,这与离子膜的大小及制备有关。图 5.14 是具有板框压滤式的离子膜电解槽。

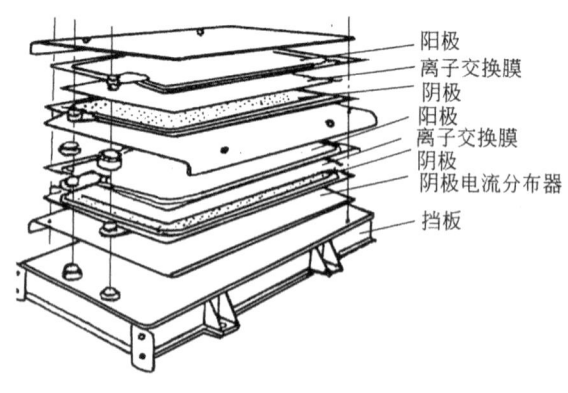

图 5.14 离子膜电解槽

自离子膜法之后,由意大利德诺拉公司与美国通用电气公司合作提出用固体聚合的电解质(简称 SPE)和聚四氟乙烯相结合的催化剂电极体系,为氯碱工业提供新的技术。

SPE电解槽实质上是离子膜电解槽,不同的是两个电极紧贴在交换膜上,因而没有溶液中的电压降和气泡效应。由于用催化剂电极,过电位小,能耗低。内部电流分布均匀,在氯中氧含量低,碱的纯度高。SPE电解槽尚在完善发展阶段,有些问题仍需进一步解决。

表5.5是对上述三类槽进行比较的一些典型数据。

表5.5 氯碱电解槽的典型数据

	汞电解槽	隔膜电解槽	膜电解槽
槽电压/V	4.4	3.45	3.5
电流密度/ $kA \cdot m^{-2}$	10	2	4.5
氯电流效率/%	97	96	93
能耗/ $kWh \cdot t^{-1}$ 碱(电解)	3 150	2 550	2 700
（电解 + 蒸发）	3 150	3 260	2 920
氯气纯度/%	99.2	98	99.3
氢气纯度/%	99.9	99.9	99.9
氯气中含氧/%	0.1	1~2	0.3
50%碱液中含 Cl^- /%	0.003	1~1.2	0.005
单槽年产 NaOH/t	5 000	1 000	100
年产 10^5 t NaOH 的占地面积/m^2	3 000	5 300	2 700

最有希望降低能耗的方法之一是用氧还原($O_2 + 2H_2O + 4e = 4OH^-$)代替析出氢。在膜电解条件下,析氢为阴极反应的理论分解电压为 2.22 V,而氧还原则为 1.02 V,减少 54%。氧还原要用高效氧气扩散阴极,但气体电极在工业上的应用存在不少问题,近年来试用喷淋床电极(直径为 0.6~1 mm 的石墨粒作阴极床)。

第六节 某些无机物的电合成

无机物的电合成主要用于制取一般化学方法不易制得的无机物。目前,无机物的电解氧化已应用于工业生产,而电解还原尚属少见。

一、次氯酸钠与氯酸钠

次氯酸钠广泛用于纺织、造纸工业,其优点是漂白质量高而且不降低纤维的强度。氯酸钠也可用于漂白纤维或除草,但主要用于生产其他氯酸盐、高氯酸盐、高氯酸等。

制取次氯酸钠可用化学法或电解法。在无隔膜电解槽内电解食盐水时,阳极析出的氯与阴极生成的 NaOH 相互作用,可得到次氯酸钠。

$$2NaOH + Cl_2 = NaClO + NaCl + H_2O$$

随着 ClO^- 离子的积累,它会在阳极被氧化而生成氯酸钠。为避免发生这种情况,宜在最低氯过电位及阳极附近 ClO^- 离子浓度很小的条件下进行。为了降低次氯酸钠的分解速度,可将电解液循环冷却,使电解过程在 20~25 ℃下进行。阳极用铂-铱网或石墨,电解液的初始浓度为 100~150 $g \cdot L^{-1}$,电流密度为 1.4 $kA \cdot m^{-2}$,槽电压为 3.7~4.2 V。为防止阴极的还原作用,在盐水中添加氯化钙、茜素油和松香油(约0.1%)。有效氯积累到10~12 g·L^{-1}时,每公斤有效氯的电能消耗是5.5~6 kWh。

电解制取氯酸钠有两条途径,其一是由电化学反应与化学反应偶合进行,

$$2Cl^- = Cl_2 + 2e \tag{1}$$

$$Cl_2 + H_2O = HClO + Cl^- + H^+, HClO \rightleftharpoons ClO^- + H^+ \tag{2}$$

$$2HClO + ClO^- = ClO_3^- + 2Cl^- + 2H^+ \tag{3}$$

另一途径是直接阳极氧化次氯酸根

$$6ClO^- + 3H_2O = 2ClO_3^- + 4Cl^- + 6H^+ + \frac{3}{2}O_2 + 6e \tag{4}$$

第二途径消耗更多的电量,因部分用于氧的生成。

采用第一途径时,必须在反应(4)发生前,将次氯酸盐从阳极表面移走。由于反应(3)速度慢,故要把次氯酸盐带到贮液池中,让反应(3)反应完全后再回到电解槽中。如此不仅可以避免次氯酸盐进一步氧化,而且又不会在阴极上被还原。pH要小心控制,因为氯的水解pH要高于6,而反应(3)又要求有些ClO$^-$要处于质子化形式。

电解槽不必用隔膜,阴极为钢,阳极用石墨或镀铂(或类似的贵金属)的钛。电解液迅速循环通过电解槽,但亦要在贮液池中维持一定时间。通常开始时电解液为3.3 mol·L^{-1} NaCl和3 mol·L^{-1} NaClO$_3$,电解结束时NaClO$_3$达到5.5 mol·L^{-1}。典型电流密度对Pt/Ti为2~3 kA·m^{-2},对石墨为200~800 A·m^{-2}。槽电压一般为3~4 V。电流效率为80%~95%,电能消耗为5000~6500 kWh·t^{-1}。

其他碱金属氯酸盐可用类似方法电解制取。溴酸钠或溴酸钾都可用溴化物溶液或溴液开始电解制取,但生产规模很小。用二氧化铅、镀铂的钛甚至铂来做电极。溴酸盐形成机理与用反应(1)-(3)制取氯酸盐类似,但溴的水解速度比氯慢,而歧化反应(3)的速度则较快。因此可用更碱的电解液,pH约为11。

二、过氧酸、过氧酸盐和过氧化氢

几种过氧酸盐包括钠、钾、铵的过硫酸盐、过氯酸盐、过碘酸盐以及过硼酸盐,都可以各在其硫酸盐、氯酸盐、碘酸盐和硼砂溶液中电解制取出来。由于过硫酸盐用于制取过氧化氢,故其生产规模较之其他过氧酸盐为大。其他过氧酸盐一般都是小规模生产。它们都是强氧化剂,不能用一般化学方法来制取之。

电化学制取这些过氧阴离子要求高的阳极电位,一般在酸性介质中进行,采用铂或二氧化铅做阳极,由于铂价格高昂,通常用镀铂的钛、钽、铌或用铂箔粘在基体上。阴极可用钢或铅。

在H$_2$SO$_4$溶液中电解,阳极上生成过硫酸根

$$2SO_4^{2-} = S_2O_8^{2-} + 2e$$

将过硫酸加水分解可得过氧化氢

$$H_2S_2O_8 + H_2O = H_2SO_5 + H_2SO_4$$

$$H_2SO_5 + H_2O = H_2SO_4 + H_2O_2$$

电解条件:电解液为50%~70% H$_2$SO$_4$,阳极电流密度为6~8 kA·m^{-2},电解温度为20~

30 ℃,电流效率为 70%~75%。

也有用硫酸盐和硫酸的电解液,例如 260 g·L^{-1} H$_2$SO$_4$ + 230 g·L^{-1} (NH$_4$)$_2$SO$_4$,在 20~25 ℃下,用 4~7 kA·m^{-2} 的阳极电流密度,电解制取过硫酸铵,电流效率可达 85%。可见加入阳离子会提高电流效率。

用电解制取过硫酸盐水解得到的 H$_2$O$_2$ 浓度只有 5%左右,经蒸馏可得 35% H$_2$O$_2$。近年来用蒽醌化学自氧化制取过氧化氢,其能耗为电解法的 10%~20%,而且可能直接得到 37% H$_2$O$_2$ 溶液。因此,上述电解方法制取 H$_2$O$_2$ 已不像从前显得那么重要。现在感兴趣于研究在碱性溶液中电解还原氧制取过氧化氢。

电解氯酸钠溶液可制取过(高)氯酸钠,用过氯酸钠与氯化钾进行复分解制取过氯酸钾,用过氯酸钠与氯化铵进行复分解制取过氯酸铵。

在氯酸钠溶液中电解时,阳极、阴极反应分别为

$$2ClO_3^- + H_2O = HClO_4 + HClO_3 + 2e$$

$$2H_2O + 2e = H_2 + 2OH^-$$

OH$^-$ 与 HClO$_4$、HClO$_3$ 作用,即

$$HClO_4 + HClO_3 + 2OH^- = ClO_4^- + ClO_3^- + 2H_2O$$

因而总反应为

$$ClO_3^- + H_2O = ClO_4^- + H_2$$

当电解液浓度为 500~700 g·L^{-1} NaClO$_3$,温度为 40~60 ℃,阳极电流密度为 3~7 kA·m^{-2},槽电压为 6~10 V 时,电流效率平均为 85%,每吨 NaClO$_4$ 的电能消耗为 3 000~3 500 kWh。阳极可用铂网、镀铂的钛、二氧化铅,阴极可用镍、不锈钢、石墨。

三、高锰酸钾和二氧化锰

高锰酸钾是广泛使用的一种氧化剂,尤其是用在精细有机化学工业中。一般用电氧化法从锰酸钾制取高锰酸钾。在阳极生成高锰酸钾

$$MnO_4^{2-} = MnO_4^- + e$$

此反应是在强碱溶液中进行的,阴极反应为氢的析出。因此电解总反应为

$$2MnO_4^{2-} + 2H_2O = 2MnO_4^- + H_2 + 2OH^-$$

将磨碎的软锰矿和浓 KOH 溶液混合,加热并通入空气,使之氧化为锰酸钾,作为电解的原料。其反应为

$$2MnO_2 + 4KOH + O_2 = 2K_2MnO_4 + 2H_2O$$

制取高锰酸钾的电解液由 1~4 mol·L^{-1} KOH 和 100~250 g·L^{-1} K$_2$MnO$_4$ 所组成,温度为 60 ℃。阳极是镍或蒙乃尔合金(Ni-Cu),阴极是铁或不锈钢。阳极的电流密度在 50~1 500 A·m^{-2} 范围内,更常采用低限那一边的数值。即使如此低的电流密度,也有些氧产生。电流效率在 60% 与 90% 之间,物质转化率常超过 90%。在 $i_A = 60~70$ A·m^{-2},$i_K = 700$ A·m^{-2} 下电解,槽电压为 2.7~3 V。每吨 KMnO$_4$ 的能耗为 600 kWh。

电解是在无隔膜的情况下进行的,因此,电流效率主要取决于高锰酸钾在阴极的还原率。在阳极上析出氧以及由于碱的浓度高而使 KMnO$_4$ 逆向转化为 K$_2$MnO$_4$,也会使电流效率降低。电解液中含有 MnO$_2$ 会对逆向反应起催化加速作用,因而是有害的。采用

较低阳极电流密度以及对电解液进行搅拌,能降低浓差极化,有助于提高电流效率。

在阳极有结晶存在下,电解 K_2MnO_4 的饱和溶液可提高电流效率和氧化率,因为能阻止氧的析出。电流效率可提高到 80%,每吨 $KMnO_4$ 的电能消耗降到 500 kWh。

电解法制取的二氧化锰主要用于电池工业,而且由于其具有较高活性,还应用于精细化工和制药工业中作为氧化剂。因此,电解二氧化锰的生产迅速发展。电解锰盐溶液可制取纯净块状晶粒二氧化锰。锰盐可用氯化锰或硫酸锰,但现在采用的都是硫酸锰。

将软锰矿按下列反应还原为一氧化锰

$$2MnO_2 + C = 2MnO + CO_2$$

$$MnO_2 + C = MnO + CO$$

所得一氧化锰用硫酸浸取,通常用来自电解槽的含有硫酸的废电解液来浸取,便可得到硫酸锰

$$MnO + H_2SO_4 = MnSO_4 + H_2O$$

发生上述反应的同时,一些杂质如 CaO, MgO, Al_2O_3, FeO 也相应地变成硫酸盐。但是硫酸完全中和以后,由于硫酸盐水解便析出氢氧化铁和氢氧化铝沉淀,溶液中只留下少量硫酸镁。随后再加硫酸酸化,便可配制成电解液。

二氧化锰是在阳极反应中形成的,其反应为

$$Mn^{2+} + 2H_2O = MnO_2 + 4H^+ + 2e$$

MnO_2 沉积在惰性阳极,如石墨、铅或钛上。事实上反应是较为复杂的,因为电对 Mn^{3+}/Mn^{2+} 的标准电位和电对 Mn^{4+}/Mn^{3+} 的比较接近,例如 18 ℃ 时前者为 +1.511 V,后者为 +1.642 V,因而在阳极上极易生成 Mn^{3+},存在歧化反应

$$2Mn^{3+} = Mn^{2+} + Mn^{4+}$$

以及水解反应

$$Mn^{4+} + 2H_2O = MnO_2 + 4H^+$$

因此生成二氧化锰的速度受到这些化学反应动力学的影响,而这又和溶液的酸度等因素有关。一般来说,在强酸性溶液中 Mn^{3+} 和 Mn^{4+} 浓度较大,在阴极上会发生 Mn^{3+} 和 Mn^{4+} 的部分还原。在弱酸性溶液中,较易发生水解反应。因此,电流效率的高低和溶液的酸度有关。Mn^{2+} 浓度降低也会降低电流效率。

电解过程中的阴极反应为氢的析出,阴极可用石墨或不锈钢。当选用的电解条件能使 MnO_2 保留在阳极的表面上,电解槽就不分开阴阳极区。电解液由 $0.5 \sim 1.1 \text{ mol} \cdot \text{L}^{-1}$ 硫酸锰和 $0.5 \sim 1.0 \text{ mol} \cdot \text{L}^{-1}$ 硫酸所组成,在 $85 \sim 95$ ℃ 和 $70 \sim 120 \text{ A} \cdot \text{m}^{-2}$ 下电解,槽电压为 $2.2 \sim 3.0$ V,电流效率为 75%~95%,每吨产品的电能消耗约 3 000 kWh。二氧化锰层厚度达 $20 \sim 30$ mm 时,可取出阳极,用机械方法除去二氧化锰。若用于电池的二氧化锰,则在 80 ℃ 时烘干。一般都要在 100 ℃ 以下烘干,否则破坏吸附性能。

上述的电解方法制取二氧化锰,不能连续操作,而且空时产率低。由此导致研究在阳极液中生成泥浆状的二氧化锰以及溶液流动的电解槽,例如压滤机型式的槽。在这样的体系中,常采取较低的温度和较高的 pH。

四、重铬酸钾与铬酸

在酸性介质中 Cr^{3+} 电解氧化可制取重铬酸钾

$$2Cr^{3+} + 7H_2O = Cr_2O_7^{2-} + 14H^+ + 6e$$

但通常用这反应来再生铬酸。被再生铬酸的溶液可来自氧化有机物(例如蒽、芘、褐煤蜡)的废铬酸液、浸蚀或抛光液、调整镀铬的镀液。

电解液常含有硫酸、Cr(III),但它们的浓度视来源不同变化范围相当大。来自氧化有机物的溶液,含有 1 mol·L^{-1} Cr(III) 和 3 mol·L^{-1} H$_2$SO$_4$;来自调整的镀液,则含有 0.02 mol·L^{-1} Cr(III)、0.005 mol·L^{-1} H$_2$SO$_4$ 以及大量的 Cr(VI)。

可得到高电流效率的阳极材料是二氧化铅,铅或铅合金(例如 Pb-5%Sb)在电解液中通电氧化便可形成二氧化铅。在二氧化铅阳极上 Cr(III) 氧化为 Cr(VI) 要求高的电位,因此析出氧的反应会与之竞争。用浓 Cr(III) 溶液在电流密度为 0.5～2 kA·m^{-2} 下进行电解,初时电流效率大于 95%。Cr(III) 浓度下降,电流效率下降。在 Cr(III) 浓度十分低和较少酸的情况下,当电流密度为 300 A·m^{-2} 时电流效率只有 30%～50%。电解液中含有有机分子时会毒化二氧化铅表面,加速氧的析出。因此,必须把氧化过有机物的废铬酸液纯化,然后才电解回收。

回收铬酸的电解槽早期是用铅衬槽,加入硫酸溶液,把装有废铬酸溶液的多孔陶瓷筒放入槽中。把铅阳极插入陶瓷筒内,把铅或铁阴极放在筒外的硫酸溶液中。比较现代和经济的电解槽采取双电极压滤机型,其中有铅合金阳极,钢阴极,Nafion 质子导电性膜。在这样的电解槽中进行电解,可获得好的空时产率和电能利用率,并且能连续生产。

五、赤血盐和高铁酸盐

一般化学法是以氯气氧化黄血盐(亚铁氰化钾)来制取赤血盐(铁氰化钾),反应为
$$2K_4Fe(CN)_6 + Cl_2 = 2K_3Fe(CN)_6 + 2KCl$$
但用此法所得副产品 KCl,其溶解度与 K$_3$Fe(CN)$_6$ 相近,不易将二者结晶分离。若用电解法,在阳极上生成 Fe(CN)$_6^{3-}$
$$Fe(CN)_6^{4-} = Fe(CN)_6^{3-} + e$$
在阴极上析出氢和生成碱。电解总反应为
$$2K_4Fe(CN)_6 + 2H_2O = 2K_3Fe(CN)_6 + 2KOH + H_2$$
副产品 KOH 易和赤血盐分离。

电解槽用隔膜分为阳极和阴极两部分。在阳极区有浓黄血盐溶液,用镍或石墨做阳极。阴极区内有稀 KOH 液,用镍做阴极。阳极电流密度为 50～200 A·m^{-2},电解液温度为 40～50℃,槽电压为 2.5～3 V,电流效率为 95%,每公斤产品消耗电能 0.2 kWh。黄血盐浓度减少时,阳极会析出氧。若不用隔膜,电流效率只有 40%～50%。

把阳极电解液冷却至 15℃,赤血盐析出后,母液返回电解槽。此时须向循环母液中添加黄血盐,以确保电解液原有组成。

高铁酸根具有很强的氧化能力,而不会对人类和环境带来任何破坏。它可以氧化有机物质,例如 NH$_2^+$、S$_2$O$_6^{2-}$、醇、酸、胺、羟酮、肼等。高铁酸根离子在水溶液中能杀死大肠杆菌和一般细菌,除去污水中有害的有机物质及剧毒的 CN$^-$ 等。因此,高铁酸根是高效高选择性氧化剂,是有机工业氧化剂理想的替代品;它又是工业废水和饮用水理想的处理剂。

制备高铁酸盐的基本方法有三：① 次氯酸盐氧化法；② 电解法；③ 高温过氧化物法。次氯酸盐氧化法操作麻烦，但方法成熟，产率及纯度高；电解法操作简单，原材料消耗少，但电能消耗大，副产物多；高温过氧化物法需要温度高，但产率及纯度也较高。下面介绍电解法。

高铁酸根在酸性、碱性条件下，与三价铁有如下反应式

酸性条件： $FeO_4^{2-} + 8H^+ + 3e = Fe^{3+} + 4H_2O$ $E_1^\ominus = 1.9$ V   (1)

碱性条件： $FeO_4^{2-} + 4H_2O + 3e = Fe(OH)_3 + 5OH^-$ $E_2^\ominus = 0.72$ V   (2)

可见在酸性条件下 FeO_4^{2-} 有强氧化能力；而在碱性条件下有利于电解合成铁酸盐。

电解制备高铁酸钠，以此来与其他金属离子反应制备高铁酸钾及其盐。电解反应如下：

阳极： $Fe + 8OH^- = FeO_4^{2-} + 4H_2O + 6e$

$Fe^{3+} + 8OH^- = FeO_4^{2-} + 4H_2O + 3e$

阴极： $2H_2O + 2e = H_2 + 2OH^-$

高铁酸根形成后易被阴极或析出氢还原为 Fe_2O_3 和 $Fe(OH)_3$，因此宜采用隔膜电解槽，隔膜材料是全氟磺酸树脂膜，槽体用四氟乙烯材料制做。阳极为纯铁板，阴极为镍网，阳极区装有搅拌器，阴阳极各有加热管。阳极液组成为 50%～65% NaOH，0.05%～0.1% NaCl，Fe^{3+} 为 0.1%～10%；阴极液为 45%～65% NaOH。电流密度为 30～500 A·m^{-2}，温度为 35～50 ℃。产品的电流效率可达 92.7%。

六、同时制取铬酸铅和氢氧化钠

铬酸铅（铬黄）是黄－橙色颜料，因其具有良好的耐光性和价格便宜曾被广泛使用。为降低其毒性，现在多数用硅把颜料粒子(1 μm)微囊包封后才使用。采用电解法制铬黄，阳极为铅，其主要反应为

$Pb = Pb^{2+} + 2e$

$Pb^{2+} + CrO_4^{2-} = PbCrO_4 \downarrow$

阴极反应为

$2H_2O + 2e = H_2 + 2OH^-$

为避免阳极钝化，阳极液可采用低浓度 CrO_4^{2-}，以及加入支持电解质，例如 $NaNO_3$。阴极因析出氢使 pH 升高，所以要加入 CrO_3 维持阴极液的 pH 恒定。采用隔膜，以免颜料粒子进入阴极液。

最近法国用两室电解池同时制取铬酸铅和氢氧化钠。在不锈钢或钛篮框内加入电解铅粒(99.9%)作阳极，阴极为不锈钢网，用 Nafion 膜做隔膜。阳极电解液为 3 g·L^{-1} Na_2CrO_4，50 g·L^{-1} $NaNO_3$；阴极电解液初始浓度为 45 g·L^{-1} NaOH。电解温度为 22 ℃，阴、阳极电解液流速均为 0.15 L·min^{-1}，阴、阳极电流密度均为 200 A·m^{-2}，槽电压为 2.5～3.0 V。在上述条件下电解，可得到质量好的铬酸铅和氢氧化钠，电能消耗为 0.41 kWh·$(kg\ PbCrO_4)^{-1}$。

七、氟和臭氧

氟用于制取核工业和化学工业中所需的氟化物，例如制取用于分离同位素 U^{235} 和

U^{238}的六氟化铀,制取用作电气设备绝缘介质的六氟化硫,对有机物进行氟化,制备含氟聚合物,等等。

电解是分离元素氟的惟一方法。最适宜的电解液组成为 $KF \cdot 2HF$,其熔点为 82 ℃,而且这种熔体上 HF 的蒸气压低。电解时阳极析出氟,阴极析出氢,总反应为

$$2HF = H_2 + F_2$$

电解槽用钢制造,而且要密封。阳极是碳或石墨,要小心选择所需的类型及等级,因这些因素影响到电流效率、电能消耗以及使用寿命。阴极用钢制造,可用槽体本身,或空心的钢管(可通水冷却)。为了除去电解时放出的热量,电解槽外面用水套冷却。在正常情况下不必把阴阳极隔开,但其间相距应大于 4 cm。用镍或蒙乃尔合金的套筒浸入电解液面下,把阳极气体、阴极气体分别引导到收集器中。

电解过程会出现阳极效应,电压可能上升到 40~60 V。这是由于阳极的碳与氟作用生成一层 $(CF)_n$ 使电解液不润湿电极表面而引起的。采用两个途径以减少阳极效应。其一,是用渗透性很好的碳做阳极,让氟气进入孔中以免充满在电解液中,然后从这些孔中把氟气引走,如此可保证阳极与电解液的接触。阴极也可仿此制造。其二,是用无孔的碳作阳极,往电解液中加入添加剂,例如 1%~1.5% LiF,以改善电解液润湿阳极的性能。

电解液中的水含量应很少,因为会使氟中含氧及增加极化。在使用新电解槽时常常需要在低电流密度下预电解以除去水。其他杂质如 SO_4^{2-},SiF_6^{2-} 也有害,因会侵蚀阳极。

电解液中 HF 含量为 37%~40%,电解过程中要通入 HF 补充消耗的量。电解温度为 95~115 ℃,电流密度为 1~2 kA·m^{-2},电流效率达 95%,它与 HF 气体和 $KF \cdot 2HF$ 的纯度有关。当电解液中 HF 浓度降低到 37% 以下时,KF 开始结晶,同时电解液的电阻增大。生产每吨氟消耗电能 15 000 kWh,这是相当大的数字,但是氟的价格也相当高。

在阳极气体中含有 4%~8% HF。除去 HF 后的气体组成为 99% F_2,0.12%~0.14% CO_2,0.3%~0.5% O_2 和 0.1%~0.4% N_2。

臭氧是无污染的强氧化剂,它在饮用水和废水的处理、化学物品和半导体的工业氧化过程、消毒和医疗领域中的需求量不断增加。无声放电类型的臭氧发生器已在工业上使用,但如果用空气作为氧原料,则来自电极材料的金属粒子和 NO_x 的污染,对某些应用是有害的。近年来已有电化学臭氧发生器,用聚合物电解质把纯水电解,在阴极产生氢气,在阳极产生臭氧和氧的混合物。其反应为

阳极 $2H_2O = O_2 + 4H^+ + 4e$ $E^{\ominus} = 1.23$ V   (1)

   $3H_2O = O_3 + 6H^+ + 6e$ $E^{\ominus} = 1.51$ V   (2)

阴极 $2H^+ + 2e = H_2$ $E^{\ominus} = 0.00$ V   (3)

此法虽然可以得到高浓度的臭氧,但是能耗为 60~80 Wh·(g O_3)$^{-1}$,比无声放电类型臭氧发生器高三倍。如果阴极反应变为氧的还原,即

阴极 $O_2 + 4H^+ + 4e = 2H_2O$ $E^{\ominus} = 1.23$ V   (4)

理论上槽电压可以降低 1.23 V。电解水时阴极析氢和阴极氧还原的槽电压差异如图 5.14 所示。

阴极氧还原的电化学臭氧发生器的结构如图 5.16 所示。以多孔钛板作基体,先用热分解法在基体上形成铂底层,然后用阳极氧化法在铂底层上形成 PbO_2 层,这便是阳极。

中间覆盖铂层可改善 PbO_2 与钛基体的结合。在碳织物上涂以碳粉和 PTFE 粉的混合物（用有机溶剂调配），在 350 ℃下烘成可透气的导电基体。导电基体的一面涂以含有铂盐的烯丙醇，在 350 ℃时烧固，这便是阴极。为了扩大反应点，阴极还涂上液体 Nafion。Nafion 117 膜作为固体电解质，用酸前处理，使反离子转换为质子。用 SUS 316L 做成的织网作阴极电流集流器和气体区域。阴极室用 SUS 316L 来制造，阳极室用钛来制造。

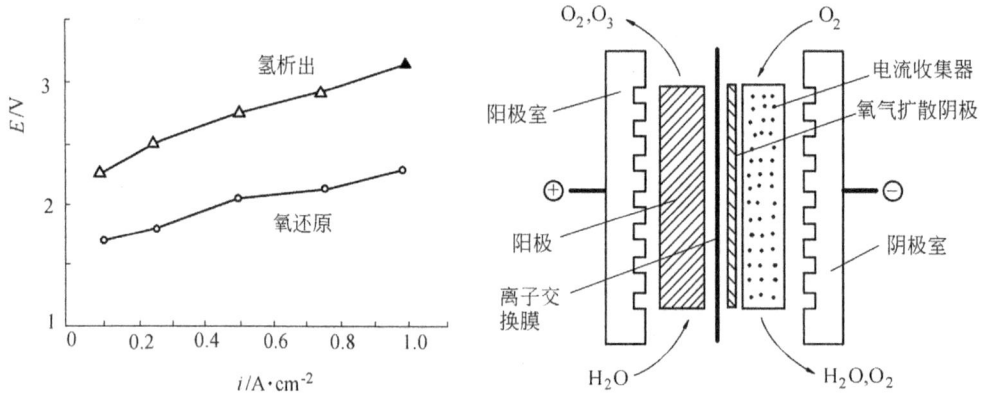

图 5.15　电解水时 $E_槽$ 与 i 的关系　　图 5.16　具有氧扩散阴极的电化学臭氧发生器

具有氧扩散阴极的新型电化学臭氧发生器的性能：① 电解器能在电流密度高达 10 $kA·m^{-2}$ 情况下无氢析出并安全地工作；② 与析出氢气的电化学臭氧发生器相比，能耗降低可超过 30%（见表 5.6）；③ 槽电压和电流效率等性能可稳定三个月以上；④ 为使氧阴极有良好的性能和维持较好的臭氧电流效率，操作温度必须控制在 30 ℃左右。

表 5.6　不同阴极反应制备臭氧的能耗

阴极反应	槽电压/V	O_3 的电流效率/%	能耗/$Wh·(g\ O_3)^{-1}$
氢析出	3.2~3.5	15~18	60~80
氧还原	2.1~2.3	15~18	40~50

第六章 电化学能量转换和贮存

第一节 化学电源的基本知识

一、化学电源的分类和组成

电池是贮存电能并可输出电能的装置。将化学能转变成直流电能的装置称为化学电池或化学电源。把光能或热能转变为电能的装置称为物理电池,例如太阳能电池。化学电源通常分为以下 4 类。

(1) 原电池:又称一次电池,放电后不能用充电方法使之复原,因此两电极的活性物质只利用一次。原电池的特点是小型、携带方便,但放电电流不大,一般用于仪器及各种电子器件。常用的原电池如锌锰电池、锂电池。

(2) 蓄电池:又称二次电池,充电可使之复原,能多次充放电,循环使用。常见的蓄电池如铅酸蓄电池、镉镍电池。铅酸蓄电池的产量很大,而且多数用在汽车起动、照明和点火。

(3) 贮备电池:在贮存期内电极活性物质和电解质不接触,或电解质处于固态;能贮存几年或十几年,使用时借助动力源或水作用于电解质使电池激活。例如,镁氯化银电池、铅高氯酸电池。

(4) 燃料电池:又称连续电池,其正负极本身不包含活性物质,将燃料(电极活性物质)输入电池就能长期放电。例如,氢氧燃料电池、肼空气燃料电池。

目前,广泛使用或已投产的化学电源是锌锰电池、铅酸蓄电池、镉镍电池、氢镍电池、锂电池、锌银电池、碱性锌锰电池、空气湿电池、镁氯化银贮备电池等等。改善现有电池产品固然可提高性能,但电池的化学体系已确定,其性能的提高受到限制。因此,人们除继续改善现有电池外,还致力于研制新电池。化学电源的研制正朝着如下几方面发展。

(1) 车辆动力电池及储备电池:这两类电池都要求较高的比能量(高达 150 Wh·kg^{-1})和较长的寿命(长达 10 年)。利用电池驱动车辆可防止大气污染。我国积极发展燃料电池汽车,赶超世界汽车工业先进水平,燃料电池汽车将出现在 2008 年北京奥运会上。使用储备电池把夜间和低负荷时的剩余电能储存起来,到峰值供电时再由电池放出电能补充到输电线路中,如此可保证电能供需平衡,达到节能的目的。

(2) 燃料电池:因其转换效率高和大气污染少,故受到人们的重视。早在 20 世纪 60 年代燃料电池已应用于宇宙飞船,近年来又在大、中型发电站中开发应用。

(3) 军用电池:供核武器、导弹、炮弹、坦克、鱼雷的使用,强力照明和发报机也需要性能高的电池。

(4) 用作空间探索和海洋开发的辅助电源:例如空间飞行器的启动、回收,海洋探测器的照明都要求新型电池。

(5) 小型及微型电池：由于集成电路的发展，携带式仪器趋向小型化；人体植入电池在医学上的应用，这些都要求发展小型及微型电池。

任何化学电源（以下简称电池）都包括四个基本部分。

(1) 正极和负极：由活性物质和导电材料以及添加剂等组成，其主要作用是参与电极反应和导电，决定电池的电性能。原则上正极与负极的电位相差越大越好，参加反应的物质的电化当量越小越好。例如负极活性物质为锂，正极活性物质为氟，室温下两极 E^0 之差高达 5.9 V，而它们的电化当量又很小，用很少的活性物质便得到相当多的电量。除考虑电极电位和电化当量外，还需考虑活性物质的稳定性及材料来源。

(2) 电解质：保证正、负极之间离子导电作用，有的参与成流反应或二次反应，如铅酸蓄电池中的 H_2SO_4；有的只起导电作用，如镉镍电池中的 KOH。电解质通常是水溶液，也有用有机溶剂、熔融盐和固体电解质。要求电解质的化学性质稳定和电导率高。

(3) 隔膜：又叫隔离物，防止正、负极短路，但允许离子顺利通过，例如，石棉纸、微孔橡胶、微孔塑料、尼龙、玻璃纤维。

(4) 外壳：除干电池由锌极兼作容器外，其他都不用活性物质做容器。要求外壳具有良好的机械强度、耐腐蚀、耐振动、抗冲击强度。

二、化学电源的原理和性能

对于化学电源来说，电池反应的自由能变化是电能的来源。在正、负极上进行的反应被称为成流反应。下面以铅酸蓄电池为例来说明，其电池符号及放电反应

$$Pb, PbSO_4 \mid H_2SO_4 \mid PbSO_4, PbO_2 \quad (\text{或 } Pb \mid H_2SO_4 \mid PbO_2)$$

正极 $\quad PbO_2 + 3H^+ + HSO_4^- + 2e = PbSO_4 + 2H_2O \quad$ (6.1)

负极 $\quad Pb + HSO_4^- = PbSO_4 + H^+ + 2e \quad$ (6.2)

电池 $\quad Pb + PbO_2 + 2H^+ + 2HSO_4^- = 2PbSO_4 + 2H_2O \quad$ (6.3)

$$(\text{或 } Pb + PbO_2 + 4H^+ + 2SO_4^{2-} = 2PbSO_4 + 2H_2O)$$

电池的电动势为

$$E = E^{\ominus} - \frac{RT}{2F} \ln \frac{a_{H_2O}^2}{a_{H^+}^2 \times a_{HSO_4^-}^2} = E^- \frac{RT}{2F} \ln \frac{a_{H_2O}^2}{a_{H_2SO_4}^2} \quad (6.4)$$

电池反应（按括弧内的式子）的自由能变化，$\Delta G^{\ominus}$ 在 25 ℃ 时为 -394.6 kJ，由公式

$$\Delta G^{\ominus} = -nFE^{\ominus} \quad (6.5)$$

算出电池的标准电动势，$E^{\ominus}0 = 2.045$ V，25 ℃ 时电池的电动势

$$E = 2.045 - 0.05916 \log \frac{a_{H_2O}}{a_{H_2SO_4}} \quad (6.6)$$

从(6.6)式可见，电动势与硫酸的活度有关。例如 H_2SO_4 浓度为 $4 \text{ mol} \cdot (\text{kg H}_2\text{O})^{-1}$，即 $= 4 \text{ m}$ 时，$\gamma = 0.171$，$a_{H_2O} = 0.779$，算出 25 ℃ 时 $E = 2.057$ V，与实测值 2.053 V 相当接近。

电池的电动势除与浓度有关外，还受温度的影响，理论上电动势与温度的关系为

$$E = -\frac{\Delta H}{nF} + T \left(\frac{dE}{dT} \right)_p \quad (6.7)$$

实测电动势的温度系数为 $+0.2 \sim +0.3$ mV。

上面算出的是平衡状态下的电动势。实际上由于极化作用,电池放电时的电压总是低于其平衡电动势的。电池反应需要活化能使电池电压下降,这是活化极化,实用的电池的活化极化值一般比较少。电池反应速度快,才有应用价值。但有的电极如气体电极,其电极反应速度不快,可寻找适合的催化剂来提高反应速度,以降低活化极化。参加电池反应的物质的浓度变化也会引起电压下降,影响浓差极化的主要因素是扩散。扩散包括溶液中的扩散和活性物质内部的扩散。电池的电压降大多数由电阻极化引起,即欧姆电位降。电池的电阻包括电解质层的电阻、活性物质混合物的电阻、电解质层与活性物质混合物之间或活性物质混合物与集电极之间等的接触电阻。通常电解质溶液的导电性较好,由电解质层引起的电压降较小。采用金属作负极,则负极的电阻不大。正极活性物质采用氧化物时电阻较大,通常要加入导电性好的物质,如乙炔黑。多数电池在连续放电后,其反应产物积聚在电解质层或电解质层与混合物的界面上,或者氧化物的组成发生变化,都可能导致内阻随着放电进行逐渐增大。

实用的电池对电性能、贮存性能、机械性能、密封性能以及几何形状都有一定的要求,而首要的是具有良好的电性能和贮存性能。主要的电性能和贮存性能如下:

1. 开路电压和工作电压:没有通电时电池的电压称为开路电压,等于两电极之间的电位差。开路电压取决于正负极材料的本性、电解质和温度。电池的额定电压或标称电压是指开路电压的最低值。工作电压又称闭路电压,是指电池接通负荷时的电压。欧姆电阻和过电位的存在使工作电压低于开路电压。工作电压的数值及稳定度依赖于放电条件。

2. 内阻:包括欧姆内阻 R_Ω 和极化电阻 R_f,前者由电解质、电极材料、隔膜的电阻及各部分零件的接触电阻组成,后者由极化引起。为了减少极化,可提高电极的活性和增大电极的面积,例如,采用多孔电极(其真实面积比表观面积大得多)。内阻和开路电压 $E_开$、工作电压 E 的关系为

$$E = E_开 - I(R_\Omega + R_f) \tag{6.8}$$

3. 放电曲线:即电池的工作电压随时间变化的曲线。评价电池的性能常采用放电曲线,放电曲线越平坦性能越好。从图 6.1 可见,锌汞电池的放电性能比锌锰电池和碱性锌锰电池都好。电压下降到不宜继续放电的最低工作电压称为终止电压,例如干电池的终止电压为 0.9 V。放电方法主要有恒流放电和恒阻放电两种,还分为连续放电和间歇放电(见图 6.2)。

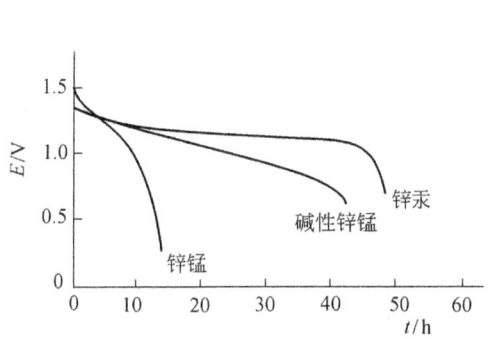

图 6.1 某些一次电池在 250 mA 下的放电曲线

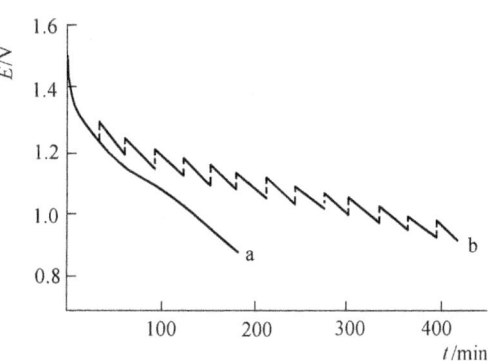

图 6.2 锌锰电池的放电曲线

(a) 连续放电; (b) 每日两次每次 30 min

4. 容量：在一定放电条件下可从电池获得的电量，称为容量，以 Q 表示，单位为 Ah。理论容量为

$$Q_{理} = nFm = 26.8nG/M = G/k \tag{6.9}$$

式中 M、m、G 分别为活性物质的分子量、电池反应的摩尔数、重量。从上式可见，电化当量越小，电池容量越大。实际容量为

$$Q = \int_0^t I dt \tag{6.10}$$

恒电流时，$Q = It$。恒电阻时，常以电池从开始放电到终止电压所能维持的时间来表示。

刚制做出来，尚未使用的一次电池或刚完全充电的二次电池，以规定的温度和放电率放电到一定终止电压的容量称为额定容量，常用 C 来表示。放电率是电池的放电速率，常用小时率（放电时间）和倍率（电流）来表示。例如电池的额定容量为 10 Ah，以 2 A 电流放电，则小时率为 10 Ah/2 A = 5h，这是 5 小时率，以 $C/5$ 表示；或进行 5 小时放电，则倍率为 10 Ah/5 h = 2 A，表示为 0.2 C。

5. 比能量：又称能量密度。电池对外作功输出的电能为电量与电压之乘积，理论上

$$电能 = Q_{理} E_{理} = GE_{理}/k \tag{6.11}$$

比能量为单位重量或单位体积电池对外输出的能量。单位为 $Wh \cdot kg^{-1}$ 或 $Wh \cdot L^{-1}$。例如铅酸电池，$Pb + PbO_2 + H_2SO_4 \rightarrow 2PbSO_4$，活性物质为 Pb，PbO_2，H_2SO_4。总的电化当量，$k = 3.866 + 4.463 + 2 \times 1.830 = 11.989$。$E_{理}$ 取 $E^{\ominus}$（= 2.045 V），理论比能量为 170.5 $Wh \cdot kg^{-1}$。铅酸电池的实际比能量为 $10 \sim 50$ $Wh \cdot kg^{-1}$，比理论比能量低得多。原因：① 计算比能量时所用的电动势数值只适用于平衡状态，当电流通过时电池的电压会下降；② 实用的电池还有容器、集电极等辅助材料。表 6.1 列出一些常见电池的能量，可见锌银电池和碱性锌空气电池具有较大的比能量。

表 6.1 某些电池的电动势、开路电压和比能量

电池体系	$E^{\ominus}/V$	E/V	理论比能/$Wh \cdot kg^{-1}$	实际比能量/$Wh \cdot kg^{-1}$
铅酸	2.044	2.1	170.5	$10 \sim 50$
镉镍	1.30	1.3	214.3	$15 \sim 40$
铁镍	1.399	1.37	272.5	$10 \sim 30$
氢镍	1.319	1.5	381	$80 \sim 100$
锌银	1.721	1.5	487.6	$60 \sim 160$
锌汞	1.343	1.3	255.4	$40 \sim 100$
锌锰（干电池）	1.504	1.6	232.8	$10 \sim 60$
碱性锌锰	1.428	1.5	297.5	$30 \sim 100$
锌空气	1.646	1.1	1350	$130 \sim 290$
镁氯化银	2.585	1.7	446	$40 \sim 100$

6. 比功率：这是单位时间电池的比能量。比功率的大小表征电池能承受的工作电流的大小。功率较大，则可用较大的电流放电。例如银锌电池在中等电流密度下放电时，比功率可达 100 $W \cdot kg^{-1}$ 以上；而锌锰干电池在小电流密度下工作时，比功率只能达到 10 $W \cdot kg^{-1}$。比功率与内阻有关，因为电池的实际功率为

$$P = IV = I(E - IR_{内}) = IE - I^2 R_{内} \tag{6.12}$$

电池的内阻越大,比功率越小,也就是高速率放电性能差。电池以高倍率放电时,比功率虽然增大,但由于极化增大,电池的电压降低很快,因此比能量降低;反之,电池以低倍率放电时,比功率降低而比能量增大。

7. 贮存性能:主要是对一次电池来说的,它是指电池贮存期间容量的下降率。电池容量下降是由于两个电极的自放电引起的。电池的自放电速率用下式表示

$$自放电 = (Q_a - Q_b) \times 100\% / Q_a T \tag{6.13}$$

Q_a、Q_b 表示电池贮存前、后的容量,T 为贮存时间,常用天、月、年计算。自放电的大小有时还用电池容量下降到某一规定容量所经过的时间来表示,并称为搁置寿命或贮存寿命。减少电池的自放电的措施一般采用纯度较高的材料或除去其中有害的杂质,在负极中加入氢过电位高的金属,在电解液中加入缓蚀剂。

8. 循环寿命:蓄电池充电和放电一次称为一个周期(或循环)。电池容量降到某一规定值之前,能反复充、放电的次数称为循环寿命。在目前常用的电池中以镉镍电池循环寿命最长,铅酸电池次之。蓄电池的循环寿命除取决于电池的本性外,还与使用和维护是否恰当有关。

三、电池的命名和型号

为了确保不同厂家的电池产品在电气上与物理上的可互换性,以及确定质量标准,有必要定出一套有关电池的标准。国际电工委员会制定的原电池的 IEC 标准已为许多国家所采用。我国推行 IEC 标准。用字母 R、S、F 分别表示为圆形、方形、扁平形电池,迭层电池也用 F 来表示,字母后跟的数字表示电池的大小。例如 R20(即 1 号电池):最大直径为 34.2 mm,高 61.5 mm。除锌锰体系外,都在字母 R、S、F 之前加一个表示电化学体系的字母,如 LR20 表示一单个碱性锌锰电池。有关公称尺寸、电化学体系的代表字母可参看 IEC 标准。在字母前的数字表示串联电池的个数,例如 3R6 表示 3 个 R6(即 5 号电池)串起来。并联则在电池名称后划一划,例如 R14－3 表示 3 个 R14(即 3 号电池)并联起来。外国也有用其他命名,各国干电池名称对照见表 6.2。

表 6.2 各国干电池名称对照表

IEC	ANSI(美国)	BS(英国)	DIN(德国)	JIS(日本)
R20	D	R20	R20	SUM－1,UM－1
R14	C	R14	R14	SUM－2,UM－2
R6	AA	R6	R6	SUM－3,UM－3
R03	AAA	R03	R03	SUM－4
R1	N	R1	R1	SUM－5
6F22	6F22/6F45	6F22	6F22	S006P,001P

由于铅酸蓄电池已大量生产和广泛应用,故对产品型号的表示有所规定。根据我国部颁标准 JB2599－85,铅酸蓄电池的产品型号分三段:① 串联单个电池数;② 电池的类型和特征;③ 额定容量。电池类型根据其主要用途划分,主要代号如下:

Q——启(qi)动用　　　　G——固(gu)定用　　　　D——蓄电(dian)池车用
N——内(nei)燃机车用　　T——铁(tie)路客车用　　M——摩(mo)托车用

电池特征代号为 A——干(gan)荷电式 F——防(fang)酸式 M——密(mi)闭式
例如 6-QA-120:6 个单体电池;启动用,装有干式荷电极板;20 小时率额定容量为 120 Ah。

第二节 用锌作负极的电池

一、锌锰干电池

锌-二氧化锰电池常称锌锰干电池,正极为二氧化锰和碳粉导电材料的混合物,负极是金属锌,电解质是氯化铵、氯化锌的水溶液。最初采用的二氧化锰是天然的,电解液以氯化铵为主要成分,用淀粉糊做电解液保持层,即所谓糊式电池。改用人工精制的化学二氧化锰或电解二氧化锰(EMD),可使电池在较高电压较大电流下工作。用浆层纸(厚 0.10~0.20 mm 的牛皮纸上涂以合成糊等物质)夹在正负极之间,防止它互相接触,代替了淀粉糊;并且以氯化锌为主要成分。这种电池称为纸板电池或氯化锌电池,改善了漏液情况,降低欧姆电位降,增大了容纳活性物的空间。因此,糊式电池逐渐为纸板电池所取代。糊式电池、纸板电池的符号和放电反应如下:

糊式电池　　$Zn|NH_4Cl,ZnCl_2|MnO_2(C)$

负极反应　　$Zn = Zn^{2+} + 2e$ 　　　　　　　　　　　　　　　(6.14)

　　　　　　$Zn^{2+} + 2NH_4Cl = Zn(NH_3)_2Cl_2 + 2H^+$ 　　　　　(6.15)

正极反应　　$MnO_2 + H_2O + e = MnOOH + OH^-$ 　　　　　　(6.16)

电池反应　　$Zn + 2NH_4Cl + 2MnO_2 = Zn(NH_3)Cl_2 + 2MnOOH$ 　(6.17)

纸板电池　　$Zn|ZnCl_2(NH_4Cl)|MnO_2(C)$

电池反应　　$4Zn + ZnCl_2 + 8H_2O + 8MnO_2 = ZnCl_2 \cdot 4Zn(OH)_2 + 8MnOOH$
　　　　　　　　　　　　　　　　　　　　　　　　　　　　　　(6.18)

在纸板电池中,水参加了电池反应,故要求更多的水。因此,纸板电池放电后电解液漏液较少。在糊式电池中,结晶沉积物 $Zn(NH_3)_2Cl_2$ 常在正极外层生成,使欧姆电位降增加。在纸板电池中,沉积物 $ZnCl_2 \cdot 4Zn(OH)_2$ 具有多孔性,在高速放电时仍有离子导电性。

正极混合物的组成示例列于表 6.2,不同制作者采用的组成会有所差别。二氧化锰与乙炔黑等按比例混合,加入一定量电解液进行拌粉。

表 6.2　R20 正极混合物的组分(重量/g)示例

	MnO_2	乙炔黑	NH_4Cl	H_2O
糊式	26.5	4.3	9.1	10.1
纸板	30.0	4.8	0	15.7

糊式电池电液的组成约为 20% $NH_4Cl + 10\% ZnCl_2$。纸板电池电液组成为 20%~35% $ZnCl_2$,添加 NH_4Cl 以减少极化。此外,还添加缓蚀剂,如氯化汞(<0.3%),以抑制锌的腐蚀。现已研制出无汞缓蚀剂代替汞,以满足环保的要求。以往用面粉或玉米淀粉作糊层或浆层纸的浆料,现已使用变性淀粉改善防漏性能,提高放电性能。

用作干电池负极的锌通常含有少量铅(0.3%~0.5%)和镉(0.2%~0.3%)。前者改善其延展性,后者可提高其强度;铅和镉还可以提高锌电极上的氢过电位。为减少锌的腐蚀,常使锌表面汞齐化。镍、铁、铜等杂质能促进锌负极的放电,应严格控制其含量。

正极的集流体是碳棒,它由石墨和沥青(粘合剂)制成。近年来也有用酚醛树脂作粘合剂,如此制得的碳棒可与铜帽紧密配合,减少接触电阻。为防止碳棒孔率过多,要把碳棒在真空中浸蜡。碳棒的电阻一般在 $3\sim 5$ mΩ 之间。

干电池的密封剂要能在 $60\sim 70$ ℃下保持不变形,而且有良好的气密性。目前所用密封剂主要是沥青,加入少量石蜡与树脂;也有塑料封口的。干电池的外壳有纸壳、金属壳、塑料三种,但只有生产廉价电池才用纸壳。

常用的锌锰干电池有圆筒式和迭层式两种(图 6.3 和图 6.4)。干电池的开路电压为 1.6 V 左右,额定电压为 1.5 V。如需要更高电压可用迭层电池,或把电池串联起来。干电池的理论比量能为 233 Wh·kg^{-1},实际比能量约为 60 Wh·kg^{-1},这是因为电极活性物质未充分利用和电池中还有不参加反应的物质,如碳棒、石墨等。一般正极活性物质的利用率为 15%~40%,负极活性物质的利用率为 10%~15%。锰粉的质量直接影响电池的容量,以 γ-MnO_2 给出的容量最高。与其他化学电源相比,干电池的欧姆内阻较大,未放电的 R20 电池的欧姆内阻达 0.2~0.5 Ω。电池的尺寸越小,欧姆内阻越大;并随放电深度及温度下降,欧姆内阻增大。

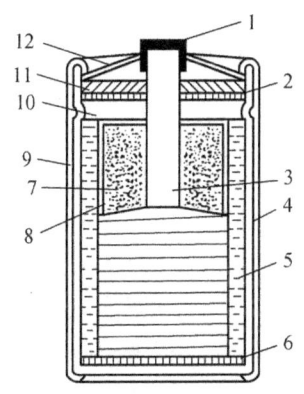

图 6.3 圆筒式锌锰电池的结构
1-铜帽;2-垫圈;3-炭棒;4-锌筒;5-电解液+淀粉;
6-垫片;7-正极炭包;8-棉纸;9-硬壳纸;10-空气室;
11-封口剂;12-胶纸盖

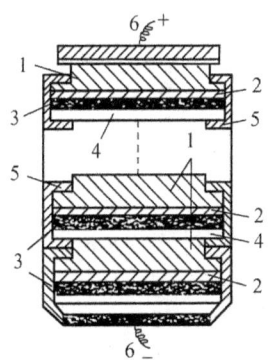

图 6.4 迭层式锌锰电池的结构
1-炭饼;2-浆层纸;3-锌片;4-导电膜;
5-塑料套;6-导线

干电池在高温及潮湿环境下贮存,自放电较为严重,主要是负极锌腐蚀引起。在低温下贮存自放电较小,但如果密封不好使氧进入电池,则自放电加剧。因自放电而产生的氢气积累到一定程度会发生气胀或漏液,这是应该防止的。

二、碱性锌锰电池

由于便携式电子器具的发展,要求高容量、体积小的电源,以 NH_4Cl,$ZnCl_2$ 为电解质的锌锰电池已不能适应这种要求;而锌汞电池由于汞的价格贵和公害不能广泛使用,因此人们的注意力转向开发碱性锌锰电池。碱锰电池与锌锰干电池相比,放电性能和贮存性能都更好。比能量虽然不及锌汞电池,但高于锌锰干电池;价格虽然较贵,但可较好地满足电子器具的要求。因此 20 世纪 60 年代以来得到迅速发展,并且已大量生产。

碱锰电池所用的电极活性物质与干电池相同,但其电解液则是 KOH 液。KOH 液较

之 $NH_4Cl + ZnCl_2$ 液或 $ZnCl_2$ 液有强得多的导电能力,反应机理也与干电池不同。碱锰电池可表示为

$$Zn(含少量汞)|KOH(ZnO)|MnO_2(C)$$

负极反应 $Zn + 2OH^- = Zn(OH)_2 + 2e$ (6.19)

正极反应 $MnO_2 + 2H_2O + 2e = Mn(OH)_2 + 2OH^-$ (6.20)

上述反应只列出放电开始和终了时的物质,实际过程要复杂得多。

由于锌箔在碱液中极易钝化,故不能像干电池那样采用锌筒作负极。锌粉有足够大的比表面,在碱液中也不易钝化,是碱锰电池负极较为适合的材料。负极这一差别使碱锰电池的结构与干电池大不相同,LR6 的结构如图 6.5 所示。

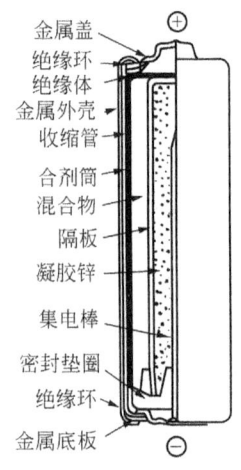
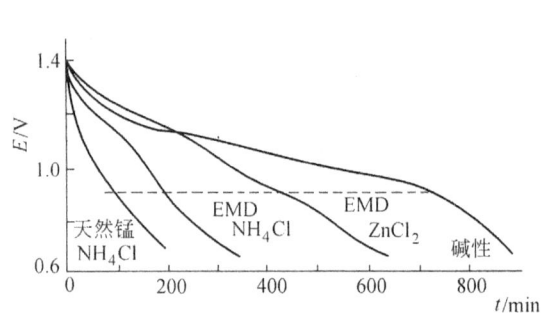

图 6.5 圆筒形碱锰电池的结构　　图 6.6 R20 型锌锰电池 2.25 Ω 放电曲线

碱锰电池的开路电压约为 1.52 V,工作电压约为 1.25 V。其正负极活性物质的量比干电池的多,电解质是电导率高的碱液。因此,电池内阻小,在快速放电时能提供足够的容量,而且在低温(-21 ℃)下,其放电容量相当于干电池室温下的数量。放电曲线相当平坦,如图 6.6 所示。放电到终止电压(0.9 V)时,放电量明显高于其他锌锰电池。贮存性能相当好,20 ℃时自放电率低于 0.8%,一年后还能保持 90% 以上的容量,甚至 4 年后仍有 80% 的容量。

一个电池的可充,主要依据是电极的可逆性。在碱锰电池中,锌电极的可逆性问题不大,关键是二氧化锰电极。二氧化锰电极还原过程分二步进行:

第一步 $MnO_2 + H_2O + e = MnOOH + OH^-$ (6.21)

第二步 $MnOOH + H_2O + e = Mn(OH)_2 + OH^-$ (6.22)

如果放电反应控制在第一步,Mn^{3+},Mn^{4+} 在晶格中可自由移动,则电极具有可充性。事实表明,电池放电不太深时,充放电循环可达 40~50 次,每次循环后电压下降很慢。当放电到进行第二步反应时,形成 $Mn(OH)_2$ 使 γ-MnO_2 的晶格膨胀,稳定性便降低。把二氧化锰改性,使 MnO_2 具有开放的结构,且在循环中能稳定,也就具有可充电性。采用化学方法,如在含 Mn^{4+}、Pb^{2+} 及 Bi^{3+} 的溶液中加入 NaOH,通进氧气,把产生的沉淀清洗、干燥后便得到改性产物;也可用物理方法,例如把 PbO 或 Bi_2O_3 以一定比例与 MnO_2 研细

混匀,便得改性产物。

加拿大在20世纪80年代首先研制成功可充碱锰电池(RAM),我国也在1991年制成这种产品。1993年美国Rayovac获取加拿大BTI公司的技术,推出可充碱锰电池。RAM来源丰富,生产成本低廉,仅略高于一次碱锰电池,不足MH-Ni电池的三分之一。以AA型为例,RAM的容量(1400~1800 mAh)、贮存性能(一年容降率不大于10%)明显优于Cd-Ni(500~850 mAh、28天容降率15%~30%)和MH-Ni(1000~1300 mAh、28天容降率20%~30%);但因充放电循环性能上的限制等原因,RAM并未像其它蓄电池一样得到广泛应用。

三、锌汞电池和锌银电池

锌汞电池和锌银电池都是已有商品生产的一次电池,也可用作二次电池。它们具有放电电压平稳、贮存性能好、比能量高等优点。但是这两种电池的价格贵,尤以锌银电池为甚。因此,锌银电池主要以钮扣式电池供应市场;锌汞电池则有圆筒型和钮扣式。这两种电池多应用于电子计算器、照相机、助听器、电子手表、小型收音机。

(1) 锌汞电池:Zn(含少量汞)|30%~40%KOH(ZnO饱和)|HgO,Hg

负极反应 $\quad Zn + 4OH^- = Zn(OH)_4^{2-} + 2e \quad$ (6.23)

$\quad\quad\quad\quad\quad Zn(OH)_4^{2-} = ZnO + 2OH^- + H_2O \quad$ (6.24)

正极反应 $\quad HgO + H_2O + 2e = Hg + 2OH^- \quad$ (6.25)

电池反应 $\quad Zn + HgO = Hg + ZnO \quad$ (6.26)

锌汞电池的$E^\circ = 1.343$ V,开路电压为1.36 V。贮存后开路电压两年内不低于初值的99%。其体积比能量高达400~500 Wh·L^{-1},比任何一种水溶液电解质电池都高。它在20℃下存放3~5年只损失容量10%~15%,在45℃下贮存一年损失约20%。但其低温工作性能差,而且不适合于重负荷放电。

(2) 锌银电池:Zn(含少量汞)|30%~40%KOH(ZnO饱和)|Ag$_2$O或AgO(C)

负极反应 $\quad Zn + 4OH^- = Zn(OH)_4^{2-} + 2e \quad$ (6.27)

$\quad\quad\quad\quad\quad Zn(OH)_4^{2-} = ZnO + H_2O + 2OH^- \quad$ (6.28)

正极反应 $\quad Ag_2O + H_2O + 2e = 2Ag + 2OH^- \quad$ (6.29)

电池反应 $\quad Zn + Ag_2O = ZnO + 2Ag \quad$ (6.30)

由热力学数值算出上述锌银电池的$E^\circ = 1.589$ V,若正极活性物质采用AgO,则电池反应分两阶段:

第一阶段 $\quad 2AgO + Zn = Ag_2O + ZnO \quad$ (6.31)

第二阶段 $\quad Ag_2O + Zn = 2Ag + ZnO \quad$ (6.32)

电池反应 $\quad 2Zn + 2AgO = 2Ag + 2ZnO \quad$ (6.33)

第一阶段的$E^\circ = 1.852$ V,第二阶段的$E^\circ = 1.589$ V,取平均值为1.721 V。

锌银电池可做成原电池、蓄电池、贮备电池。其放电电压极平稳,即使在-10℃下放电,电压下降也很小。用作蓄电池时,一般采用10小时率电流充电,充电终止电压为2.0~2.1 V。低倍率深放电的循环寿命为100~300次,可工作寿命为12~18个月。高倍率放电时,循环寿命和工作寿命都较低。低温性能也较差,且不耐过充电。

四、锌空气电池

以金属为负极活性物质,空气为正极活性物质的电池,称为金属空气电池。作为负极材料的一般是镁、铝、锌、镉、铁,电解质溶液多数是碱性水溶液。镁空气的 E° 为 3.09 V,铝空气为 2.70 V,锌空气为 1.65 V,镉空气为 1.21 V,铁空气为 1.28 V。除镉空气电池外,其余的理论比能量都在 1000 Wh·kg^{-1} 以上。目前,生产的金属空气电池主要是锌空气电池。

碱性锌空气电池:Zn(汞齐化)|KOH|O$_2$(C)

负极反应　　$Zn + 2OH^- = ZnO + H_2O + 2e$　　　　　　　　　　　(6.34)

正极反应　　$O_2 + 2H_2O + 4e = 4OH^-$　　　　　　　　　　　　　(6.35)

电池反应　　$2Zn + O_2 = 2ZnO$　　　　　　　　　　　　　　　　(6.36)

电动势为 1.636 V(若正极活性物质为纯氧时,则为 1.646 V)。

氧的电还原反应速度很慢,加快反应速度要有足够的催化剂(如铂、银、镍),还要有电子导体提供所需的电子。含有催化剂的电极表面需同时与氧及电解液接触,才能发生氧的还原。设计电极时,必须考虑气、液、固界面的稳定性及最大的接触总面积,电极应是多孔的。采用疏水技术防止电解液从电极小孔漏出来,例如,在电极与空气接触的那边覆盖一层多孔的疏水塑料(聚四氟乙烯、聚乙烯)。空气电极的结构就是气体扩散电极,由防水透气层、催化层及导电网组成,如图 6.7、图 6.8 所示。对还原有催化作用的铂族、银族催化剂价格贵,因而一般采用载体(用得最多的是活性碳)。

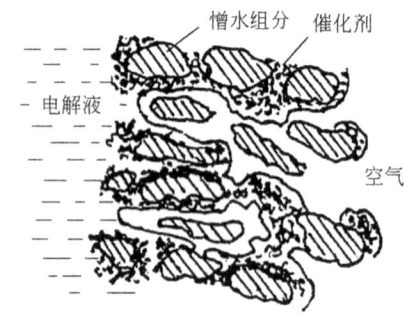 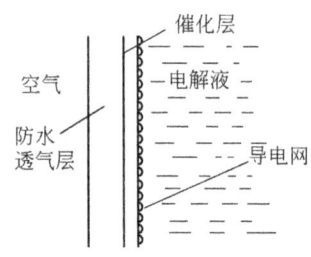

图 6.7　憎水电极结构　　　　　图 6.8　气体扩散电极示意图

与空气电极相比,锌电极的制备较成熟,常见的有压成式、涂膏式等。为了减少锌的自放电延长贮存寿命,可把锌粉汞齐化。

锌空气电池的开路电压约为 1.4 V,工作电压视放电条件不同,在 1.0~1.2 V 之间。锌空气电池的理论比能量为 1 341 Wh·kg^{-1}(不计氧量),实际比能量约为理论值的 1/4,为现有水溶液电解质电池中最高的。由于此种电池无法密封,易受环境影响,故贮存寿命不长,电池性能也受影响。但锌空气电池的正极采用了用之不竭的空气,其造价和体积都可降低,因此人们积极开发它,并向高功率动力电源发展。锌空气电池可用于电子计算器、电子表、航标灯、手电筒及汽车动力电源。

第三节 蓄 电 池

一、铅酸蓄电池

1. 铅酸蓄电池的分类、结构和工作原理

铅酸蓄电池常称铅蓄电池。1859 年 Plante 发明铅蓄电池至今已有 100 多年,这是一种质量稳定的电池,而且价格低,故在工业上、民用上用量最大。现正在改进铅蓄电池,以便用作电动汽车的电源和用作贮存电力的电源;另一方面向小型化、高性能、高可靠性方向发展,并要求使用方便,保养简便。

铅蓄电池按用途可分为:① 启动用蓄电池,用于汽车、拖拉车、内燃机的启动、照明、点火;② 固定型蓄电池,用于通信设备电源、发电厂和变电所开关以及计算机等不停电备用电源;③ 牵引用蓄电池,用于车辆驱动电源,如火车站运输用的电瓶车和工矿电机车动力电源;④ 摩托车用蓄电池;⑤ 船舶用蓄电池;⑥ 航空用蓄电池;⑦ 坦克用蓄电池;⑧ 铁路客车用蓄电池;⑨ 航标用蓄电池;⑩ 矿灯用蓄电池等。

按极板结构分类:① 涂膏式,正、负极板都用铅合金板栅,涂上铅膏后,经干燥、化成而制成;② 管式,在正极板的导电骨架上套以编织的纤维管,管中放入活性物质;负极则用普通涂膏式极板;③ 形成式,正极用纯铅制成,其活性物质是靠铅本身化成而得的薄层;负极则用涂膏式的极板;④ 半形成式,用纯铅铸成紧密的小方格的正极板栅,再涂以铅膏;负极板则用涂膏式。

按电解液和充电维护情况分类:① 干放电蓄电池,极板处于干燥放电状态,注入电解液并进行初充电才能使用;② 干荷电蓄电池,极板处于干燥充电状态,注入电解液放置短时间便可使用;③ 带液蓄电池,即可使用;④ 免维护蓄电池,正常使用过程不用维护加水;⑤ 少维护蓄电池,在正常运行条件下,只需较长时间加水一次便可;⑥ 湿荷电蓄电池,充好电后倒出大部分电液,在一定贮存期间内注入电液便可使用。常用铅蓄电池的结构如图 6.9 所示,主要由正极板组、负极板组、电解液和容器等组成。正、负极板由板栅和活性物质构成。板栅除起支持活性物质外,还起导电作用。板栅一般使用铅锑合金,有时也用纯铅或铅钙合金。

对于涂膏式电池,用稀硫酸把铅粉和氧化铅粉调成糊状,将所得涂膏涂到板栅上,干燥后放入与电解液相同的溶液中通电,使极板上的铅膏变成电极活性物质,这就是化成。阴极还原为海绵铅,制成负极;阳极氧化为二氧化铅,制成正极。负极常加入膨胀剂,如硫酸钡、腐植酸、木质素磺酸盐,防止负极活性物质在循环过程中表面收缩,改善循环周期,提高输出功率。另外还要加入缓蚀剂,如 α-羟基-β-萘甲酸。为减少正极板栅的腐蚀,常用变晶剂如银、砷、碲、锡、硫。

根据电池的用途不同,采用 20 ℃时密度为 $1.200 \sim 1.280 \ \text{kg} \cdot \text{L}^{-1}$ 硫酸,高温地区以用中等密度为好。

避免正、负极短路的隔板的材料是具有化学稳定性、电阻小的电子导电绝缘材料,塑料(聚苯乙烯、聚氯乙烯、聚丙烯、聚乙烯)微孔板、微孔硬橡胶板、玻璃丝隔板都适用。用耐硫酸腐蚀、具有适合强度的材料,如塑料、硬橡胶来作铅蓄电池的容器。

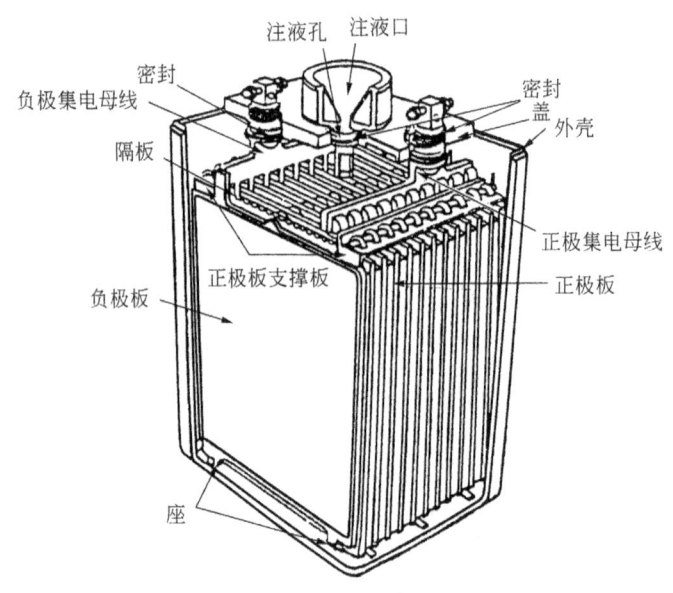

图 6.9 铅酸蓄电池的结构

铅蓄电池在充电状态时,负极为海绵铅,正极为二氧化铅;放电时正、负极都是硫酸铅。目前公认的成流反应为双硫酸化理论,反应式见(6.1)、(6.2)式。其正确性从如下三方面得到证实:① 用化学分析等方法确认正极活性物质的组成为 PbO_2,负极活性物质的组成为铅;② 当通过 $2F$ 电量时,测量 H_2SO_4 浓度的变化,相当于消耗了 2 mol 的 H_2SO_4,并生成 2 mol 的 H_2O,这与电池反应是一致的;③ 热力学数据计算电池的动势,与测量值一致。

从热力学可以分析铅酸蓄电池自放电的原因。从铅的电位-pH图(图 2.7)可见,反应(8):$Pb + HSO_4^- = PbSO_4 + H^+ + 2e$ 和反应(a):$2H^+ + 2e = H_2$ 这对共轭反应导致负极自放电。反应(b):$2H_2O = 4H^+ + O_2 + 4e$ 和反应(7):$PbO_2 + HSO_4^- + 3H^+ + 2e = PbSO_4 + 2H_2O$ 这对共轭反应引起正极自放电。

2. 铅酸蓄电池的性能

(1) 开路电压:电池的电动势为 2.045 V,所以规定其额定电压为 2.0 V。电池的开路电压与电解液密度的关系可用下式计算:

$$开路电压 = 1.850 + 0.917(\rho_{液} - \rho_{水}) \quad 或$$

$$开路电压 = \rho_{液} + 0.84 \tag{6.37}$$

式中 $\rho_{液}$ 为电解液的密度,$\rho_{水}$ 为水的密度。

(2) 放电特性:充电后的电池,若以恒定电流进行放电,则电池的电压变化如图 6.10 所示。电压下降到 1.8 V 左右(M 点),放电便告终。若继续放电,则电压急剧下降(MN)。在 M 点停止放电,电压将迅速回升到 2 V 左右(MP)。M 点的电压称为电池的终了电压。此时必须停止放电,以免继续放电使极板硫酸化或反极,影响电池的使用寿命。电压的降低与放电率有关,放电率高(即大电流放电),电压降低快。

(3) 充电特性:以各种小时率恒流充电时,电压-时间曲线如图 6.11 所示。接近充

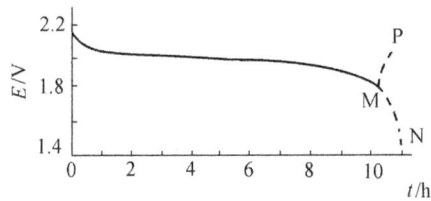 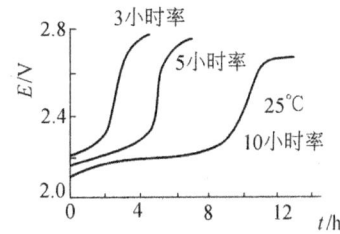

图 6.10 铅蓄电池的放电曲线　　　图 6.11 铅蓄电池的充电特性

电结速时电压上升,并趋稳定,电压维持在 2.7 V 左右(10 小时率),此时便算充电完毕。充电末期的终了电压和充电电流有关,充电电流较低时,终了电压也略为减少些。常用的充电率是 10 小时率,即充电要 10 小时才能达到充电终期。

(4) 容量:铅蓄电池的容量是温度和放电电流的函数。在标准中明确规定放电的小时率和温度。起动型铅蓄电池一般用 20 小时率容量,固定型常用 10 小时率容量,动力牵引用蓄电池多用 5 小时率容量。蓄电池容量与温度的关系为

$$C = \frac{C_T}{1 + K(T - T_{标})} \tag{6.38}$$

式中 C:换算为标准温度的容量,C_T:在初始温度为 $T\ ℃$ 时的实测容量,$T_{标}$:标准中规定的标准温度,T:放电时的初始温度,K:容量的温度系数。起动型的 $T_{标}$ 为 25 ℃,K 为 0.01 ℃$^{-1}$;固定型为 25 ℃,0.008 ℃$^{-1}$;动力牵引型为 30 ℃,0.006 ℃$^{-1}$。

(5) 效率与寿命:蓄电池的容量效率为(输出容量/输入容量)×100%,又称安时效率,这是较常用的。电能效率为(输出电能/输入电能)×100%,又称瓦时效率。

蓄电池经过多次反复充放电后,由于活性物质的脱落和收缩,使极板微孔减少,容量降低,电池寿命逐渐缩短。在一般情况下,电池容量降低到额定值的 70% ~ 80% 后便不能再使用了。蓄电池寿命与制造质量有关,也受使用和维护方法的影响。同一额定容量的蓄电池,如经常采用大电流放电,则到后期实际容量低于小电流放电的容量。铅蓄电池的循环寿命为 200 ~ 400 次,使用期限为 3 ~ 10 年。

(6) 自放电:铅蓄电池无论工作与否,其内部都有放电现象,白白消耗电能。自放电的原因除上面提到的外,还因电池内部存在杂质。

3. 密封式铅酸电池

从 20 世纪 70 年代末开始,国际上兴起了全密闭铅蓄电池,分为气密型和全密型。这种电池具有免维护、不污染和价廉的优点,可与碱性电池和干电池相比。全密型铅电池除气密外,还要电解液不流动,电池在任何方位工作都不漏液。使电池达到气密有三个途径:

(1) 气相催化法:把装有钯催化剂的催化铨装在蓄电池的盖上,使电极上析出的氢、氧气再化合为水,并回到蓄电池内部,从而减少水的损失,达到免维护。

(2) 辅助电极式:在电池中装有一对吸收氢气、氧气的辅助电极或只装有一个氢气的辅助电极。当蓄电池产生的氢气被吸附到氢辅助电极就构成一个氢电极,与 PbO_2 形成一个自行放电的小电池,发生反应 $2H_2 + PbO_2 + H_2SO_4 = PbSO_4 + 2H_2O$,水又回到电池中。

(3) 阴极吸收式:使正极在充电时产生的氧气,通过隔膜扩散到负极,与活性物质铅

反应,形成 PbO_2,进而与 H_2SO_4 反应生成 $PbSO_4$ 和 H_2O。

阴极吸收式的蓄电池采用适当的隔膜使电池限液或贫液,或用胶体电解质(用 SiO_2 细粉与一定量 H_2SO_4 形成的二氧化硅凝胶)时,可使电解液固定,又无气体逸出,达到全密封的要求。但考虑到电池的自放电,以及充电后期存在氢析出的可能性,故电池装有安全阀。当电池内气压增到某一值时,气体排出,因此也称为阀控式密闭铅蓄电池。

二、镉镍电池

碱性蓄电池是使用 KOH 或 NaOH 电解液的二次电池的总称,包括镉镍、镉银、锌银、锌镍、氢镍等蓄电池,市售的多是镉镍电池。镉镍电池的特点:①可进行高率放电;②低温特性好;③循环寿命长;④即使完全放电,性能也不怎么下降;⑤易于维护;⑥易于密闭化。缺点主要是电压较低。镉镍电池已广泛用于国防、航天、工业与民用。镉镍电池的组成为

$$Cd|KOH|NiOOH$$

负极反应 $\quad Cd + 2OH^- \underset{充电}{\overset{放电}{\rightleftharpoons}} Cd(OH)_2 + 2e \qquad (6.39)$

正极反应 $\quad 2NiOOH + 2H_2O + 2e \underset{充电}{\overset{放电}{\rightleftharpoons}} 2Ni(OH)_2 + 2OH^- \qquad (6.40)$

电池反应 $\quad Cd + 2NiOOH + 2H_2O \underset{充电}{\overset{放电}{\rightleftharpoons}} Cd(OH)_2 + 2Ni(OH)_2 \qquad (6.41)$

从电池反应可知,OH^- 并不消耗,故电解液变化不大。活性物质在充电时,负极是金属镉,正极是半导体 NiOOH,都能导电。但放电后的负极产物 $Cd(OH)_2$ 和正极产物 $Ni(OH)_2$ 都是绝缘体,导电性极差。因此如不混以导电性物质来增加导电性,电池就不能正常工作。

镉镍电池的 E° 为 1.299 V(25 ℃),开路电压为 1.35~1.40 V,工作电压为 1.25 V 左右,放电电压平稳。在常温下循环次数可达 1000~2000 次。

镉镍电池的电极形式有袋式、管式、烧结式。配成电池有敞开式和密封式两种,前者主要是大型高容量电池,后者则多用于携带式仪器。烧结式密封镉镍电池已被广泛使用。在 20~30 目镍网或镀镍多孔板的两面涂以羰基镍粉浆料,在 900 ℃ 左右烧结成厚度不超过 1 mm、孔隙度约为 80% 的多孔层,在小孔中填入镉为负极,填入 NiOOH 为正极。用聚氯乙烯微孔板或尼龙纤维等无纺布作隔膜。电解液为添加 15~50 g·L^{-1} LiOH 的 KOH(20 ℃时比重为 1.20~1.25)。电池的密封措施:① 负极容量大于正极容量;② 电解质用量小于电极和隔膜可吸收的电解质量;③ 采用透气隔膜。如此可防止电池产生气体而引起的气胀。

近年已使用发泡镍电极骨架的镉镍电池,与烧结式电池相比,其容量提高 40%,并可快速充电,节约金属镍的用量。

三、金属氢化物镍电池

以氢为活性物质的二次电池中,具有代表性的是氢镍电池和金属氢化物镍电池(MH/Ni),后者是在镉镍电池的基础上发展起来的。70 年代中期美国研究成功了 MH/Ni 电池,引起世界各国的重视。能用作负极的贮氢合金有 AB(TiNi)、AB_2($ZrCr_2$)、AB_5

(LaNi$_5$、MmNi$_5$[Mm 为混合稀土])和 A$_2$B(Mg$_2$Ni)等类型,已用于生产的是稀土系和钛系。虽然稀土系的理论容量高于钛系和稀土的价格相对较低,但有人认为稀土系既要掺杂大量价格贵的钴,又要进行碱蚀、表面微封等后处理。这些后处理不仅价格较贵,并且可能导致稀土合金粉的损失和容量降低。Mg$_2$Ni 具有很高的贮氢容量(3.6 wt%)、资源丰富、重量轻和价格低,最近研究表明 Mg$_2$(Ni$_{0.9}$Cu$_{0.1}$)是有潜力的 MH/Ni 负极材料。

金属氢化物镍电池的符号为

$$MH | KOH | NiOOH$$

若以 LaNi$_5$ 为负极时,电池反应为

负极反应 $\quad LaNi_5H_6 + 6OH^- = LaNi_5 + 6H_2O + 6e \quad$ (6.42)

正极反应 $\quad 6NiOOH + 6H_2O + 6e = 6Ni(OH)_2 + 6OH^- \quad$ (6.43)

电池反应 $\quad LaNi_5H_6 + 6NiOOH = LaNi_5 + 6Ni(OH)_2 \quad$ (6.44)

与镉镍电池相比,MH/Ni 电池具有比能量和比功率高、充电和放电速率高、充放电性能好、耐过充放电性能好、使用寿命长、公害小、安全性好。钛系、稀土系 MH/Ni 与镉镍电池的性能列于表 6.3。美国奥文尼克公司采用钛系氢化物,日本松下和三洋公司采用稀土系氢化物。

表 6.3 金属氢化物镍电池的性能

生产厂家	奥文尼克(Ovonic)			日本松下	三洋	镉镍
	R6	R14	方型大电池	R6	R6	R6
标称电压/V	1.2	1.2	1.2	1.2	1.2	1.2
电容量/Ah	1.5	5	50~250	1.1	1.1	0.45
重量比能量/Wh·kg^{-1}	70	80	70~80	50	50	45
体积比能量/Wh·L^{-1}	240	245	210~220	180	180	120
循环寿命/次	1000	1400	8500	1000	1000	500
(放电深度/%)	(100%)	(100%)	(30%)	(100%)	(100%)	(100%)
自放电/%(30 天,20℃)	<20%	<20%	<7%	<30%	<30%	

MH/Ni 电池采用由镉镍电池一样的镍正极、隔板以及碱性电解液,而负极则用贮氢合金制成。不同类型贮氢合金的制作方法是不同的。对于稀土系贮氢合金,用钴取代在 LaNi$_5$ 或 MmNi$_5$(Mm:混和稀土)中的一半镍,并且添加少量的铝或硅,明显改善了合金的使用寿命。钴的作用是在充电过程中降低了体积膨胀,并使合金变得比较坚韧。铝或硅的作用是形成比较紧密的表面氧化物膜,防止合金内部进一步氧化。这种合金在氮气氛下破碎成粉末(70 μm 左右),还需要化学镀铜(表面微封)降低微粉化作用,提高使用寿命。对于钛系贮氢合金,已从第一代的 Ti-Ni 发展到第四代的 Zr-V-Ti-Ni-Cr 合金。加入钒提高材料的稳定性,但钒在 KOH 液中被腐蚀,添加铬明显减少钒的腐蚀;加入锆延长使用寿命。用钛、锆、钒、镍、铬等进行熔炼、氢化/去氧化处理得到合金,把合金破碎为粉末压制在镍网中,然后烧结,便可做电极。

镍的氢氧化物是各种镍基碱性蓄电池的正极材料,研制优质镍的氢氧化物可提高电池的性能。最新的研究结果表明,在 α 型氢氧化镍中电化学嵌入铝所得的电极性能稳定,

放电容量达到 450 mAh·g^{-1},明显高于 β 型氢氧化镍电极(200 mAh·g^{-1})。

MH/Ni 电池可做成:① 小型便携式电池(容量少于 30 安时),用于通讯(如无线电台)、娱乐(如录像机)、轻便工具(如电钻)、仪器、武器、玩具;② 大型工业用电池,用于航空(如导航系统)、工业(如应急电源)、军舰(如雷达)、铁道(如空调);③ 电动车辆电池。随着各种便携式器具日益广泛和电动车辆时代的到来,以及全球性环境保护,MH/Ni 电池的应用前景将是很宽广的。

第四节　锂电池和锂离子电池

一、锂电池

锂是高能电池理想的负极活性物质,因它具有最负的标准电极电位和相当低的电化当量。锂电池的研制始于 20 世纪 60 年代,至今已成为相当重要的化学电源,应用于宇航、国防、民用以及科技领域,如心脏起搏器、电子手表、计算器、录音机、飞机、导弹点火系统、鱼雷等。锂十分活泼,不能用水作溶剂。用有机溶剂或非水无机溶剂电解液制成锂非水电池,用熔融盐制成锂熔融盐电池,用固体电解质制成锂固体电解质电池。常用的有机溶剂有乙腈、二甲基甲酰胺、碳酸丙烯酯、γ-丁内酯等,$LiClO_4$、$LiAlCl_4$、$LiBF_4$、$LiBr$、$LiAsF_6$ 等可做支持电解质。非水无机溶剂有 $SOCl_2$(硫酰氯),SO_2Cl_2(亚硫酰氯),$POCl_3$(磷酰氯)等,它们可兼作正极活性物质。

用氟、氯为正极活性物质,理论比能量很高,例如 Li/F_2 为 6250 Wh·kg^{-1},但氯和氟是有毒和侵蚀性强的气体,故难于应用。硫作为正极活性物质,理论比能量也较高,但其活性低。因此,目前研制的锂电池主要采用固体氟化物、氯化物、硫化物、氧化物和 SO_2 溶液。固体正极锂电池的理论比能量大多数在 500 Wh·kg^{-1} 以上,例如 $Li/(CF_x)_n$ 为 2 260 Wh·kg^{-1}。

与传统的电池相比,锂电池具有电压高、比能量高、比功率大、放电电压平稳、贮存寿命长、工作温度范围宽。图 6.12 和表 6.4 把一些锂电池与其他电池的性能进行比较。锂电池在制作过程中要避免接触水,所用的有机电解液成本较高,而且还存在不少问题。主要问题之一是安全性,某些锂非水溶液电池在重负荷条件下放电,可能发生爆炸。此外,有机电解质溶液的电导率低、电池的使用电流密度较低、比功率较低,这些都是需要解决的。

表 6.4　D 型锂电池与其他电池的性能比较

电　池	比能量/Wh·kg^{-1}	比功率/W·kg^{-1}	开路电压/V	工作温度/℃	贮存寿命/年(20 ℃)
Li/SO$_2$	330	110	2.9	-40~+70	5~10
Li/SOCl$_2$	550	550	3.7	-60~+75	5~10
Zn/MnO$_2$	66	55	1.5	-10~+55	1
Zn/MnO$_2$(碱性)	77	66	1.5	-30~+70	2
Zn/HgO	99	11	1.35	-30~+70	>2

各种锂电池的负极大致相同,把锂片压在焊有导电引线的镍网或其他金属网上。正极活性物质很多,如 SO_2,$SOCl_2$,SO_2Cl_2,V_2O_5,CrO_3,Ag_2CrO_4,MnO_2,$(CF_x)_n$,CuS,FeS_2,FeS,CuO,$BiPb_2O_3$,Bi_2O_3,有粉末式和涂膏式,高倍率放电的锂电池常用涂膏式。低倍率放电的锂电池一般制成扣式(图 6.13)。在圆筒型锂电池中,正、负极及其间的隔膜卷成螺旋体,有很大的表面积,适用于高倍率放电。

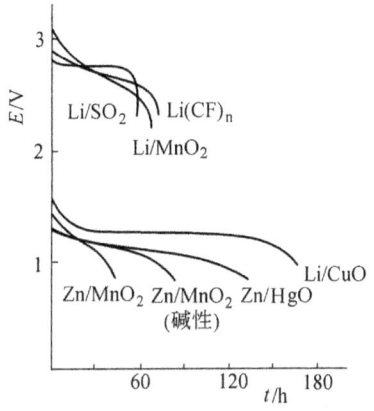
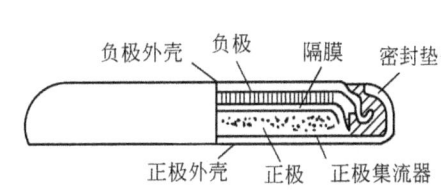

图 6.12 锂电池的放电曲线 AA 型,20 mA 放电　　图 6.13 扣式锂电池的结构

锂电池通常有如下几类。

1. 锂有机电解质电池:Li/MnO_2 电池常用 $LiClO_4$-碳酸丙烯酯(PC)-乙二醇二甲醚做电解液,其开路电压为 3.5 V,工作电压为 2.9 V;比能量可达 250 Wh·kg^{-1} 及 500 Wh·L^{-1}。Li/SO_2 电池的电解液为含溴化锂的 PC-乙腈溶液,放电电压平稳,体积比能量高达 520 Wh·L^{-1},比功率高,低温性能好,贮存寿命长,但安全性较差。$Li/(CF_x)_n$ 电池的电解液为含 $LiBF_4$ 的 γ-丁内酯溶液,其开路电压为 3.1 V,实际比能量较高,聚氟化碳$(CF_x)_n$ 化学稳定和热稳定,但成本较高。

2. 锂无机电解质电池:用无机溶剂 $SOCl_2$,SO_2Cl_2,$POCl_3$ 兼作正极活性物质。$Li/SOCl_2$ 电池的性能比 $Li/POCl_3$ 优越,比有机电解质电池中综合性能最好的 Li/SO_2 还要好。放电曲线十分平坦,其比功率相当高(见表 6.4)。

3. 常温锂蓄电池:研究较广泛的是有机电解质锂蓄电池,其正极材料采用过渡族金属硫化物,例如 CuS,FeS,MnS,Ag_2S,TiS_2,VS_2,MoS_2,VSe_2,$NbSe_2$,$TiSe_2$。过渡族金属二硫化物是层状结构,电池进行嵌入反应。放电时 Li^+ 进入夹层,嵌入正极物质的晶格中。例如 Li/TiS_2(电解液可用 1 mol·L^{-1} $LiAsF_6$ - 2MeTHF)蓄电池,其开路电压为 2.47 V、理论比能量达 481 Wh·kg^{-1}。AA 型 Li/TiS_2 在 200 mA 放电时,平均工作电压是 2.2 V;在大于 80% 深度充放电下循环寿命可达 200 次。

4. 熔盐锂电池:这是有前途的高能电池,其电解质为 LiCl-KCl 共晶混合物,450 ℃ 时电导率为 1.57 S·cm^{-1},比有机电解液高 2~3 个数量级。负极材料为 Li,Li-Al,Li-B,Li-Si 等,合金化可降低锂的腐蚀性。Li-Al 最稳定,Li-B,Li-Si 可提高容量。正极材料是过渡金属硫化物,例如 FeS,FeS_2,TiS_2。Li/FeS,Li/FeS_2 电池的性能列于表 6.5。

表 6.5　LiAl/FeS,Li$_4$Si/FeS$_2$ 电池的性能

电　池	LiAl/FeS	Li$_4$Si/FeS$_2$
电池反应	2LiAl + FeS = Li$_2$S + Fe + 2Al	Li$_4$Si + FeS$_2$ = 2Li$_2$S + Si + Fe
电压/V	1.33	1.8
理论比能量/Wh·kg^{-1}	458	944
比能量/Wh·kg^{-1}	90	180
比功率/W·kg^{-1}	100	100
寿命/h	5 000	15 000

城市小汽车、载货车和公共汽车需要 50~180 W·kg^{-1} 的能源,而私人小汽车还要更高的比功率,以提供适当的加速度和爬山能力。从表 6.5 数据看来,熔盐锂电池有较高的比能量、比功率,可望作为电动车辆的电源。

二、锂离子电池

锂离子电池由日本索尼公司于 1990 年最先开发成功,它是把锂离子嵌入碳中形成负极,取代传统锂电池的金属锂或锂合金负极。负极材料碳是石油焦炭和石墨。正极材料常用 Li$_x$CoO$_2$,也用 Li$_x$NiO$_2$ 和 Li$_x$Mn$_2$O$_4$,电解液常用 LiPF$_6$ + EC(二乙烯碳酸酯)+ DMC(二甲基碳酸酯)。锂离子电池分为非再充和再充电池,前者可做超薄型电池(厚约 0.2 mm),后者多为筒式电池。负极材料石油焦炭和石墨胜在无毒和资源充足。锂离子嵌入碳中,克服金属锂的高活性,解决了传统锂电池的安全问题。正极 Li$_x$CoO$_2$ 胜在充放电性能和寿命均能达到较高的水平,弥补了成本高的缺点。锂离子二次电池充放电时的反应式为:

$$LiCoO_2 + C \xrightleftharpoons[\text{放电}]{\text{充电}} Li_{1-x}CoO_2 + Li_xC \tag{6.45}$$

锂离子电池的综合性能好。例如索尼锂离子电池 us-61 与 R20 型镉镍电池比较(见表 6.6),us-61 的工作电压是 Cd/Ni 的 3 倍,比能量为 Cd/Ni 的 3~4 倍,循环寿命是 Cd/Ni 的 1.5,自放电低于 Cd/Ni。与 MH/Ni 电池相比,锂离子电池也占优势。为了避免过充电可能析出金属锂引起的安全问题,必须采取保护措施。电池应用的优越性是电压高,能量密度高,可制成体积很小和重量很轻的电池,用于便携式或微型电器上。现已有电动车(EV)和混合型电动车(HEV)用锂离子电池的研究报道,预计在 21 世纪,锂离子电池将会占有很大的市场。

表 6.6　R20 型锂离子电池与镉镍电池的比较

电池参数	us-61	Cd/Ni	电池参数		us-61	Cd/Ni
重量/g	122	166	自放电/%·月$^{-1}$	(一月)	12	25
体积/cm^3	55.4	55.4		(二月)	21	40
工作电压/V	3.6	1.2		(三月)	30	60
比能量/Wh·kg^{-1}	115	30	电容量/Ah		14.0	4.8
/Wh·L^{-1}	253	87	使用温度/℃	(充电)	0~45	0~45
循环寿命(100% DOD)/次	1200	800		(放电)	-20~60	-20~60

非水电解质有待改善的问题之一是电导率低。此外,为解决电子微型化的紧迫需要,必须发展实用固态聚合物电解质。美国贝尔柯公司选用偏氟乙烯基氟与六氟丙烯共聚物(PVDF-HEP)作聚合物基质,成功制作了塑料二次电池。以 $LiMn_2O_4$ 为正极,石油焦为负极,$EC-DMC-1\ mol·L^{-1}\ LiPF_6$ 为电解质,电池的循环寿命 2000 次以上(25 ℃),比能量为 110 $Wh·kg^{-1}$、280 $Wh·L^{-1}$;但高温下自放电严重,有待今后解决。

近年来提出一类新负极材料用以发展下一代锂离子电池,这就是用晶态或非晶态金属氧化物取代碳质负极,研究最多的是锡的氧化物。这些氧化物通过锂合金的形成和分解反应,提供相当高的比容量(710 $mAh·g^{-1}$),约两倍于碳质电极上锂嵌入和脱嵌反应提供的比容量。最近报道,采用模板法制备纳米结构的 SnO_2-基阳板,比容量相当高(例如在8℃时,>700 $mAh·g^{-1}$),并且仍保持充放循环 800 次。用氧化锡负极、$LiMO_2$(M=Co,Ni)正极和 $LiClO_4-EC-DMC-PAN$(聚丙烯腈)凝胶制作了聚合物电解质电池。虽然有许多问题需要研究解决,但开发了新型的塑料锂离子电池。钒的氧化物也被重视,因为 V_2O_5 具有较高的电压、大的比容量、资源丰富、价格便宜等特点。纳米结构的 V_2O_5 比一般晶相材料的电化学性能更好。研究表明:用纳米 V_2O_5 作锂离子电池具有较高的放电容量、较好的循环性能,有商业化应用前景。

第五节 燃料电池

一、燃料电池的特征、结构和分类

1839 年 William Grove 首次制成氢氧燃料电池。20 世纪 60 年代美国成功地把燃料电池用于"双子星座"和"阿波罗"飞船中。80 年代日本引进美国技术,建立了燃料电池发电厂,大大提高了燃料的综合利用效率。目前,正朝着地面用燃料电池的研制和空间燃料电池的改进及提高方向发展。

燃料电池与一般电池不同,它所需的电极活性物质并不存在于电池内部,而是全部由电池外部供给的。原则上只要不断供给化学原料,燃料电池就能不断工作。

燃料电池具备如下优点:① 能量效率高。利用热机原理使化学能变为电能,必须经过化学能→热能→机械能→电能的过程,各转化步骤都有能量损失,效率要比卡诺循环低得多。目前热电厂的效率大约是:核能为 30%～40%,天然气为 30%～40%,煤为 33%～38%和油为 34%～40%;而燃料电池可达 60%。② 与其他能量转换装置相比,操作更为简变,而且效率与负荷无关。③ 燃料电池运行时比较安静、清洁,废气排放量低,对环境污染少。④ 可在较宽温度范围内工作,能回收中温和高温燃料电池的废热,提高能源综合利用率。但是燃料电池的成本较高,使用寿命较短,需要辅助系统,这些都影响到其推广应用。

燃料电池的总效率 ε 为最大热效率 ε_m、电压效率 ε_v 和法拉第效率 ε_I 的乘积,即

$$\varepsilon = \varepsilon_m \cdot \varepsilon_v \cdot \varepsilon_I$$
$$= (\Delta G/\Delta H) \cdot (E/E^{\ominus}) \cdot (I/I_m) \quad (6.46)$$

E 是电流为 I 时电池的电压,$E^{\ominus}$ 为电池的标准电动势,I_m 为燃料全部变为生成物时的最

大电流。如果电池反应可逆,法拉第效率也接近 1 时,则可认为 $\varepsilon = \varepsilon_m = (\Delta G/\Delta H)$。表 6.7 列出常用燃料电池的 ε,大多数在 90% 以上。

表 6.7　25℃标准状态下常见燃料电池的可逆电压和最大热效率

燃料	反应	反应电子数	E/V	ε_m	比能量/$kWh \cdot kg^{-1}$
氢气	$H_2 + \frac{1}{2}O_2 = H_2O$	2	1.229	82.97	3.65
甲烷	$CH_4 + 2O_2 = CO_2 + 2H_2O$	8	1.060	91.87	2.84
一氧化碳	$CO + \frac{1}{2}O_2 = CO_2$	2	1.333	90.86	1.65
甲醇	$CH_3OH + \frac{3}{2}O_2 = CO_2 + 2H_2O$	6	1.214	96.68	2.43
甲醛	$HCHO + O_2 = CO_2 + H_2O$	4	1.350	93.00	3.03
肼	$N_2H_4 + O_2 = N_2 + 2H_2O$	4	1.170	96.77	2.74

燃料电池的比能量高,例如氢氧燃料电池为 3.65 $kWh \cdot kg^{-1}$,若用空气代替氧气,则高达 32.7 $kWh \cdot kg^{-1}$。这是因为燃料电池所用的燃料的电化当量都比较小,而且不断供给燃料,时间越长越明显。

燃料电池由燃料、氧化剂和电解质构成,阴、阳极都是多孔气体电极。一般分为碱性燃料电池、酸性燃料电池、熔融碳酸盐燃料电池和固体氧化物燃料电池。表 6.8 给出几种典型燃料电池的构成和运行条件。

表 6.8　几种燃料电池的构成和运行条件

燃料电池种类	聚合物电解质膜	碱性	磷酸	熔融碳酸盐	固体氧化物*
阳极	Pt 黑或 Pt/C	掺钛朗尼镍	Pt/C	Ni-10%Cr	Ni-ZrO_2 陶瓷
阴极	同上	朗尼镍	Pt/C	掺 Li 的 NiO	掺 Sr 的 $LiMnO_3$
燃料	H_2	H_2	H_2	H_2, CO	任何燃料
氧化剂	O_2	O_2	空气	空气	空气
压力/MPa	0.1~0.5	0.2	0.1~1	0.1~1	0.1
温度/℃	80	85	200	650	1000
电解液/mol% 或电解质	Nafion	6 $mol \cdot L^{-1}$ KOH	浓磷酸	62% Li_2CO_3 -38% K_2CO_3	钇稳定化的 ZrO_2

* 圆柱状结构,其余为双极性平板结构。

二、各类燃料电池

1. 碱性燃料电池(AFC)

用碱作电解质的优点:① 燃料的电化学活性较高,在较低温度下也可得到较大功率输出;② 不需要贵金属催化剂或所需贵金属催化剂载量低。电池工作温度在 260℃以下,发电效率 45%~50%。因碱性电解质会与 CO_2 作用形成 CO_3^{2-},需要经常更换新电解质。这种电池适用于航天和海洋开发等特殊场合,大规模应用需到氢能时代。

2. 磷酸燃料电池(PAFC)

用酸作电解质最大的优点是抗 CO_2,但是电化学反应活性相对低,只有采用铂等贵金属催化剂才有一定的活性。要使铂催化剂不被 CO 毒化,温度必须高于 130~165℃(因 CO 含量而异)。用于构造电池而不被强酸腐蚀的材料有限,且造价较高。较高温下磷酸的电导率足够大,如 200℃ 时,其电导率接近室温下 $6\ mol \cdot L^{-1}$ KOH 的电导率。磷酸燃料电池是目前最成熟的燃料电池之一,许多重整燃料(如甲醇重整)都可使用。电池工作温度在 190~210℃ 之间,发电效率 40%~45%。

3. 聚合物电解质膜燃料电池

聚合物电解质膜燃料电池是以质子交换膜作为电解质,质子(H^+)为传导离子,工作温度低于 100℃,阴极和阳极均为铂族贵金属做催化剂的多孔电极,阳极燃料是氢或重整气,阴极氧化剂是空气或氧气。这类电池被称为质子交换膜燃料电池(PEMFC),广泛使用全氟磺酸膜 Nafion。近年来也开发了 Dow 膜,可提高 PEMFC 的性能,但机械稳定性较差。PEMFC 具有功率密度高、结构简单、启动速度快、无腐蚀等优点,适用范围广泛,是目前被受关注的燃料电池,发展潜力很大。但质子交换膜等材料价格昂贵,因而电池的成本较高。

此外,直接甲醇燃料电池(DMFC)也是近年开发的用质子交换膜做电解质的新型燃料电池。直接甲醇燃料电池可直接将甲醇供给电池做燃料,不需要燃料重整装置,大大简化发电系统与结构。此外,甲醇来源丰富,价格便宜,常温下是液体,便与携带和储存。但甲醇在质子交换膜中存在"穿透效应",电池的工作性能尚待提高。

4. 熔融碳酸盐燃料电池(MCFC)

由煤气化产生的氢气和一氧化碳混合燃料(经净化除去杂质),在阳极上与熔融 CO_3^{2-} 离子反应产生二氧化碳和水汽,并给外电路提供电子。

电池反应 $\quad CO + H_2 + O_2 = CO_2 + H_2O \quad$ (6.47)

负极 $\quad H_2 + CO_3^{2-} = H_2O + CO_2 + 2e \quad$ (6.48)

$\quad\quad\quad CO + CO_3^{2-} = 2CO_2 + 2e \quad$ (6.49)

正极 $\quad \frac{1}{2}O_2 + CO_2 + 2e = CO_3^{2-} \quad$ (6.50)

电池的理论电压为 0.7~1.0 V(视气体的组分、压力而异)。

阴极几乎都是由多孔性镍氧化物构成,其中含 2%~3% 锂离子。一般阴极厚 0.3 mm 左右,孔率约为 55%,平均孔径约 10 μm。阳极总是由多孔性烧结镍做成,孔隙率约为 55%~70%,平均孔径约为 5μm。工作在 650℃ 左右,在此高温下就可对天然气进行内部重整,省去复杂、昂贵的重整装置。电极反应很快,不必像低温燃料电池那样为避免毒化而使用贵金属催化剂,但寿命比磷酸燃料电池短。目前这种电池是效率最高的燃料电池,有希望发展成大规模电池技术,美国正规划 250 kW~2 MW 的碳酸盐燃料电池产品。

5. 固体氧化物电解质燃料电池(SOFC)

通常用 $ZrO_2 - Y_2O_3$ 作电解质,只允许 O^{2-} 通过,在 1000℃ 左右工作,主要使用 H_2 或 HCHO 作燃料。优点:① 所有燃料都自动重整并迅速地氧化成最终产物;② 燃料中的杂质影响很少;③ 固体氧化物很稳定;④ 原理上可设计成自支持电池,能量密度高,电流密度比熔融碳酸盐燃料电池要高 2~4 倍。由于陶瓷材料的脆性,难以做到 MW 的规模。温度高达 1 000℃,设备成本也较高。目前,正在改进陶瓷隔膜和开发金属隔膜以及发展密封技术。美国研制的 20 kW 管形固体氧化物燃料电池已运行数千小时。

燃料电池系统通常由电池发电主体(电堆、供气系统、水管理系统、热管理系统)、燃料变换装置和电流变换装置组成。图 6.14 是燃料电池用于电厂发电系统的示意图。

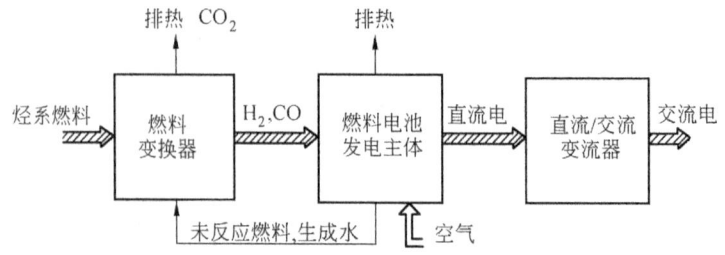

图 6.14 用烃系燃料的磷酸型燃料电池的发电系统流程

燃料电池的应用面较广。在动力上的应用包括大规模发电装置(已进入 100 MW 级试验)、边远地区小型发电、宇宙空间电源、电动汽车电源、军舰动力装置、娱乐方面。在化工上的应用如浓缩烧碱液、从含硫化氢的气体中回收硫、过氧化氢生产、盐酸生产、有机物(醛、酮、酚、氯代烷)的合成。此外,还可用于共生工程上,例如与污水处理装置相结合。

燃料电池发电技术的发展必须与其它新能源、新材料技术的发展相结合,例如:利用太阳能、风能从空气中提取水,从纯水中电解制氢,海水淡化制取纯水技术,以及用生物方法从植物废弃物中制取的乙醇作为燃料电池的燃料,这些技术在我国未来能源应用领域具有广泛的潜在市场。

第六节 其它化学电源

一、钠硫电池

钠硫电池是一种有实际应用前景的高能二次电池,其优点为:① 比能量高;② 充放电效率高;③ 电池全密封;④ 钠和硫的资源丰富,价格便宜;适用于作车辆驱动及配电调节贮能电源。钠硫电池的负极活性物质是熔融金属钠;正极活性物质是熔融的多硫化物,通常充满在多孔碳中,集流体是碳棒;电解质为固体电解质,常用 β-氧化铝($Na_2O \cdot 11Al_2O_3$);工作温度约为 300 ℃。电池的隔膜有 3 种:管式 β-Al_2O_3、板式 β-Al_2O_3、硼玻璃毛细管隔膜。

钠硫电池的电池反应比较复杂,因为在不同放电阶段,有不同的正极反应,先后为

(1) $2Na^+ + 5S + 2e = Na_2S_5$ (初期) (6.50)

(2) $2Na^+ + 4Na_2S_5 + 2e = 5Na_2S_5$ (中后期) (6.51)

(3) $2Na^+ + Na_2S_4 + 2e = 2Na_2S_2$ (后期,Na_2S_5 耗尽后) (6.52)

负极反应为

$$2Na = 2Na^+ + 2e \quad (6.53)$$

因此电池反应先后为

(1) $2Na + 5S = Na_2S_5$ (6.54)

(2) $2Na + 4Na_2S_5 = 5Na_2S_4$ (6.55)

(3) $2Na + Na_2S_4 = 2Na_2S_2$ \hfill (6.56)

一般情况在充足电时正极活性物质为硫和硫化物的混合物,其组成常为 Na_2S_5,放电时组成为 Na_2S_3,若继续放电到析出 Na_2S_2 固体,会堵塞陶瓷隔膜。

钠硫电池放电初期电压为 2.1 V,放电中、后期电压下降 0.2~0.3 V。充电电压在 2.2~2.6 V。单电池的比能量可达 100 Wh·kg^{-1}(不包括保温及包装的重量),充放寿命达 2000 个深放电循环。把数十个电池组合起来可以用作汽车动力电源。如果组合为 25 V 的电池,峰值功率达到 29 kW,则在输出功率 15 kW 的情况下,汽车以 56 公里/小时的速度行驶 128 公里。要达到作为汽车动力电源这个目标还要解决不少问题:陶瓷隔膜的老化、与硫接触的材料的稳定性、电池的密封技术等等。

钠硫电池工作温度较高,电池容器易受硫和多硫化钠的腐蚀,而且电池损坏时,钠和硫剧烈反应有危险。为了解决这些问题,研究开发钠/金属氯化物电池。过渡金属氯化物如 $NiCl_2$,$FeCl_2$ 可作为正极活性物质。若用 $NiCl_2$,电池反应为

$$2Na + NiCl_2 \underset{充电}{\overset{放电}{\rightleftharpoons}} 2NaCl + Ni \tag{6.57}$$

钠/金属氯化物电池工作温度较宽,一般在 250 ℃ 左右工作,电性能可望优于钠硫电池。

二、固体电解质电池

固体电解质电池与溶液型电解质电池相比,其特点是贮存寿命长,使用温度范围广,耐振动及冲击,没有泄漏电解液或产生气体等问题,能制成薄膜,做成各种形状和微型化。但是固体电解质的电导率低于液态电解质溶液,常温时电池的比功率和比能量较低,容易出现极化,不易适应工作时体积变化。

固体电解质电池大概可分为:① 常温固体电解质电池;② 中温固体电解质电池,如使用 $\beta\text{-}Al_2O_3$ 的钠硫电池;③ 高温固体电解质电池,如用 ZrO_2 系固体电解质的高温燃料电池。目前,较成熟的常温固体电解质电池有银碘电池和锂碘电池。

1. 银碘电池 $Ag|RbAg_4I_5|RbI_3\text{-}C$

负极反应 $14Ag = 14Ag^+ + 14e$ \hfill (6.59)

正极反应 $14Ag^+ + 7RbI_3 + 14e = 3RbAg_4I_5 + 2Rb_2AgI_3$ \hfill (6.60)

电池反应 $14Ag + 7RbI_3 = 3RbAg_4I_5 + 2Rb_2AgI_3$ \hfill (6.61)

$4Ag + 2RbI_3 = 3AgI + Rb_2AgI_3$(温度<27 ℃ 时) \hfill (6.62)

该电池的开路电压为 0.66 V,放电电压平稳,放电电流密度为 1~2 mA·cm^{-2},瞬间可达 100~200 mA·cm^{-2},理论比能量为 48 Wh·kg^{-1},实际只有 5.3 Wh·kg^{-1}。若采用有机正极材料,如 $(CH_3)_4NI\text{-}I_2$,则可达 11~22 Wh·kg^{-1}(或 38~77 Wh·L^{-1}),贮存寿命超过 10 年。

2. 锂碘电池:下面介绍两种

(1) $Li|LiI\text{-}Al_2O_3|PbI_2 + PbS\text{-}Pb$,电池反应为

$2Li + PbI_2 = 2LiI + Pb$ \hfill (6.63)

$2Li + PbS = Li_2S + Pb$ \hfill (6.64)

正极活性物质为 PbI_2、PbS 或 $PbI_2 + PbS$(重量比为 1:1),集流体为 Pb,电解质为 $LiI + Al_2O_3$ 粉末压成的薄片。开路电压约 1.9 V,在低放电条件下,比能量可达 490 Wh·L^{-1}。

电池在较高温度(100 ℃)下贮存,经一年半容量无损失,贮存寿命 10 年以上。

(2) 反应生成 LiI 电解质的锂电池,正极为聚二乙烯吡啶(P2VP)与碘的络合物。两电极紧密接触,自然产生厚约 1 μm 的固体电解质层。开路电压为 2.8 V,标准放电电流密度小于 10 $\mu A \cdot cm^{-2}$,比能量为 190~230 $Wh \cdot kg^{-1}$,10 年可保存容量 90%。这种电池多用作心脏起拨器的电源。

除了上述两类固体电解质电池外,近年来也有用蒙脱石作电解质的固体电解质电池。蒙脱石是粘土矿物(主要成分为 SiO_2 和 Al_2O_3),来源丰富,价格低廉,有较高的离子传导能力。例如,$Zn|mont|MnO_2$ 扣式电池已成功用在石英手表中。

三、热电池

热电池的电解质在常温贮存时是不导电、没有活性的无机固体盐类,使用时需把电解质加热熔融为导体。加热方式可用机械激活机构点燃电池内部的燃烧热源。贮存时电池是惰性的,其贮存期达 10 年以上。热电池的负极活性物质常用钙、镁、锂等活泼金属;正极活性物质常用 $CaCrO_4$,Fe_2O_3,V_2O_5,CuO,WO_3 等;电解质一般用 LiCl - KCl 低共熔物。电池的工作温度约 500 ℃左右,电流密度为 100~300 $mA \cdot cm^{-2}$,工作时间可在几十秒到几分钟之内,工作寿命可达 60 分钟以上。主要用作军用电源和应急电源。

比较成熟的电池,例如 $Ca|LiCl - KCl|CaCrO_4$ - Fe,电池反应现被认为

$$3Ca + 2CaCrO_4 + 6LiCl = 3CaCl_2 + Cr_2O_3 \cdot 2CaO + 3Li_2O \tag{6.65}$$

此电池的激活时间为 0.3~0.7 s,比能量为 10~30 $Wh \cdot kg^{-1}$,使用功率范围<500 W,放电时间<5 min,最大比功率为 500~1 000 $W \cdot kg^{-1}$,贮存寿命达 10 年。

热电池有杯型和片型两种结构。正、负极活性物质、电解质片(饱吸 LiCl - KCl 熔盐的玻璃纤维布)和负极片装入镍杯(正极端)中,杯底外加一个热片,即构成密闭杯型的单体热电池。片型由加热片($Fe - KClO_4$)、DEB 片(去极剂 D、电解质 E、粘合剂 B)和负极片三层组成。

导电聚合物电池是一种重要的新型电池,将在第十章中介绍。

第七节 太阳能电池

一、硅太阳能电池

太阳能电池是把光能转换为电能的光电池,属于物理电源。用锗或硅的 pn 结,GaAs,CdS,CdTe 等都可用来做成太阳能电池,但商品普及的只有硅太阳能电池。它可用于无人灯塔、广播中转站及人造卫星电源,有望作汽车动力电源。

硅系太阳能电池的结构如图 6.15 所示。将厚度 0.2~0.5 mm 的 n 型硅单晶经表面处理后,利用高温使氧化硼扩散到单晶硅表面 2 μm 左右深度处制成 pn

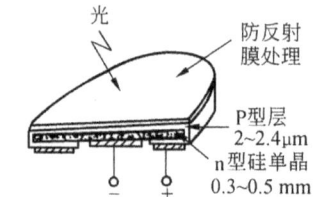

图 6.15 硅太阳能电池的元件结构

结;再经化学处理,安装电极和覆盖防反射膜而制成元件。经过防反射膜涂覆处理后,受光率可提高 30%~40%,电极通常是 Ti-Ag,Ti-Pd-Ag 合金;防反射膜一般采用 SiO_2, TiO_2 或 Ta_2O_5 等的真空镀膜。

光能变成电能的原理如图 6.16 所示。当太阳光照射到半导体元件表面时,价带的电子被激发到导带上去,因而产生空穴、电子对。只有光的能量超过半导体禁带宽度(带隙)E_g,这种光电效应才能发生。硅的 E_g 为 1.12 V,故波长低于 1.13 μm 的光才可有效地起作用。在 pn 结附近的过剩电子就向 n 侧移动,过剩空穴就向 p 侧移动,使 n 侧带负电,使 p 侧带正电。当与负载连接时,就有电流流过。

太阳能电池的典型电流-电压曲线如图 6.17 所示。在没有光照时,如曲线 a;有光照时,如曲线 b。I_{sc} 表示短路电流,E_{oc} 为开路电压,获得与负载相匹配的最大输出电流为 I_{mp},最大电压为 E_{mp}。I_{mp} 越接近 I_{sc},E_{mp} 越接近 E_{oc} 的元件,其特性就越好。

$$E_{OC} = \frac{AkT}{q} \ln\left(\frac{I_{sc}}{I_0} - 1\right) \tag{6.66}$$

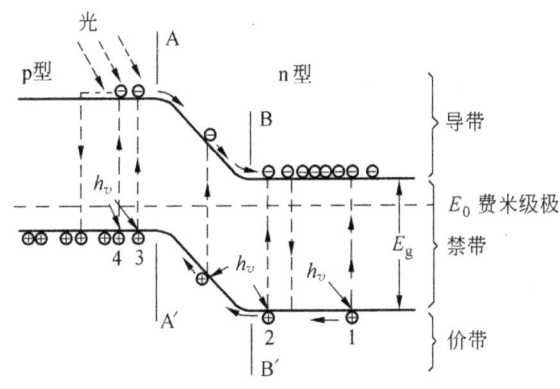

图 6.16 硅太阳能电池元件结构

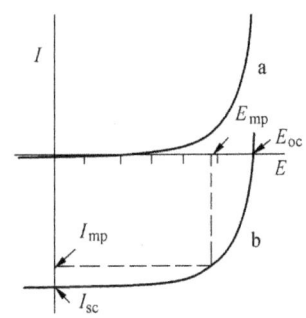

图 6.17 太阳能电池的 $I-E$ 曲线

式中 I_0 是 pn 结的饱和电流,取决于 E_g,即

$$I_0 \propto \exp\left(-\frac{E_g}{BkT}\right) \tag{6.67}$$

上两式中 A、B 为常数(通常 $A=B$),k 为波兹曼常数,q 为电荷。

太阳能电池的短路电流与入射光强度成正比,入射能量强度为零时,I_{sc} 为零;入射能量强度为 40 mW·cm^{-2} 时,I_{sc} 接近 40 mA。开路电压与入射能量强度的关系是非线性的,入射能量强度为 20~80 mW·cm^{-2} 范围内,E_{oc} 为 0.51~0.56 V。最大输出电压基本不受入射强度的影响,这种特性用来做二次电池的浮充电源是理想的。所谓浮充电是使二次电池与稳定电源直接连接,以低率电流补充已放电部分的充电方法。使用太阳能电池时,需要和二次电池并用,在有入射光时,经常以浮充电方式为二次电池充电。

硅太阳能电池的使用温度范围很宽,-50~+150 ℃,其光电转换效率可超过 20%。为了降低成本,开发多晶硅电池和非晶硅电池;前者的效率可达 20%,价格中等,后者效率为 15% 左右,成本较低。其他各具特色的太阳能电池,如 GaAs,InP,$CuInSe_2$,CdTe 等种类,还只限于实验室产品。

由于石油资源短缺和燃烧矿物燃料污染环境,因此,近年来太阳能电池发展迅速。美国能源部制定了 Solar 2000 计划,预计 2010 年太阳能电池年产 >1 000 MW,结晶硅太阳能电池最高效率 >27%,商品效率 >18%;非晶硅太阳能电池最高效率 >20%,商品效率 >15%;太阳能电池使用寿命 >30 年。日本制定了超高效率太阳能电池计划,2000 年结晶硅电池效率为 30%,非晶硅电池为 20%。西欧、中国、澳大利亚、巴西也很重视太阳能电池产业的开发。

二、液结太阳能电池

除上述固体太阳能电池外,还有液结太阳能电池。与固体太阳能电池相比,液结太阳能电池的优点在于开路光电压很容易用溶液中不同的氧化还原电对来调节,性能良好的液结的制作工艺简单,更宜于采用多晶材料。液结太阳能电池常称为光电化学电池(PEC),通常一个电极是半导体,另一个是金属,如此组成的电池称为 Schottky 电池。若由两个不同导电类型的半导体组成的电池,则称为 p/n 型电池。光电化学电池分为如下三类:

(1) 光伏电池:如 $n-TiO_2|NaOH|O_2,Pt$、$p-MoS_2|Fe^{3+},Fe^{3+}|Pt$,不发生净反应,即 $\Delta G=0$,只是把光变为电;

(2) 光电合成电池:如 $n-SrTiO_2|H_2O|Pt$,$2H_2O=2H_2+O_2$,$\Delta G>0$,不能自发进行,但吸收 $h\nu$ 把光能变为化学能,反应可以实现;

(3) 光催化电池:如 $p-GaP|DMF,AlCl_3|N_2,Al$,Al 把 N_2 还原,$\Delta G<0$,光照加速反应。

研制光电化学电池时,必须考虑以下问题:

① 半导体电极及对电极长期使用的稳定性,其中主要是半导体电极的稳定性;

② 电池应有较高转换效率,与固体器件相比应有竞争能力;

③ 尽量采用廉价原料。

半导体电极必须与太阳能光谱及溶液的 O/R 电对匹配好。E_g 为 1.1~1.5 eV 的半导体材料,如 Si,GaAs,InP,CdTe,对太阳能具有最佳的利用率。但至今所有稳定材料的 E_g 均过高,而 E_g 落在 1.1~1.5 eV 范围内的材料在水溶液中又都会产生腐蚀。为使材料的光吸收系数满足大多数光子能在耗尽层中被吸收的条件,半导体还需有适当的掺杂浓度。此外,为了降低成本,应向多晶方向发展。现有 p-型半导体材料的价带边一般都很高,没有适合的 O/R 电对与之匹配,故由 p-型半导体材料制成的电池很少。

第八节 电化学与氢能开发

氢气来源广、品位高、易于贮存和输送、无污染、能再生。氢气既是重要的化工原料,又有可能成为未来的理想能源。因此,人们把 21 世纪称之为氢能经济社会。与电化学有关的氢能开发有以下几个方面:

1. 热化学循环法合成氢

热化学循环由水制氢是一条重要的新途径。它利用一反应簇组合成一个封闭的热化学循环,将水分解成 H_2 和 O_2。在不少循环中采用了电化学反应,例如下两个混合循环:

(1) $$2FeSO_4 + I_2 + H_2SO_4 \xrightarrow{光} 2HI + Fe_2(SO_4)_3$$

$$2HI \xrightarrow{708K} H_2 + I_2$$

$$Fe_2(SO_4)_3 + H_2O \xrightarrow{电解} 2FeSO_4 + H_2SO_4 + \frac{1}{2}O_2$$

总反应： $H_2O \longrightarrow H_2 + \frac{1}{2}O_2$

(2) $2H_2O + SO_2 \xrightarrow{电解} H_2SO_4 + H_2$

$$2H_2SO_4 \xrightarrow{热} 2H_2O + 2SO_2 + O_2$$

总反应： $2H_2O \longrightarrow 2H_2 + O_2$

2．煤浆电解制取氢

1979 年美国科学家首次提出煤浆制氢法。阳极室加入煤粉作为去极化剂,以降低电解水的电压。反应为

阴极　　　　　　$4H^+ + 4e \longrightarrow 2H_2$

阳极　　　　　　$C(固) + 2H_2O \longrightarrow 4H^+ + CO_2 + 4e$

总反应　　　　　$C(固) + 2H_2O \longrightarrow 2H_2 + CO_2$

实验表明,制氢反应可在 1.0 V 下进行,析氢的电流效率接近 100%。阳极反应比较复杂,电解后出现一些 $C_8 \sim C_{19}$ 的烃和醇。

3．水的电解

工业上制备纯氢,以 20%～25%KOH 溶液为电解质,软钢为电极,石棉为隔膜;采用电流密度 1 000～6 000 A·m^{-2},槽电压为 1.9～2.6 V。70 年代以后出现固体电解质水电解装置。以 Nafion 全氟磺酸膜为电解质,用有电催化活性的贵金属 Pt,Ir,Ru,Pd 或合金微粒为电极材料。这种电解方法的优点是能量转换效率高(85%),工作电流密度大(10～20 kA·m^{-2}),为一般方法的 3～5 倍,空时效率大为提高。

4．重水制造

天然水中重水含量约为 0.014%,用于原子反应堆时,重水品位应达到 99.7% 以上。利用电解法可从天然水浓缩至含重水 1%～10%,也可以用回收电解法将 20%～30% 重水提取为 99.7% 以上。电解反应为

$$H_2O + HDO + 2e \longrightarrow H_2 + OH^- + OD^-$$

$$H_2O + HDO + 2e \longrightarrow HD + 2OH^-$$

上述轻氢和重氢的阴极反应速度常数随电极材料和操作条件不同而异,电解分离效率 α 一般在 3～6 之间。现已制得含 99.8% D_2O 的重水。

随着核反应的发展,将会使核反应成为电力的主要来源。在原子能发电站,利用电能去电解水,大规模产生氢气。用管道把氢气输送到用户,比用电线输送可能要便宜得多。氢气的有效利用见图 6.18。

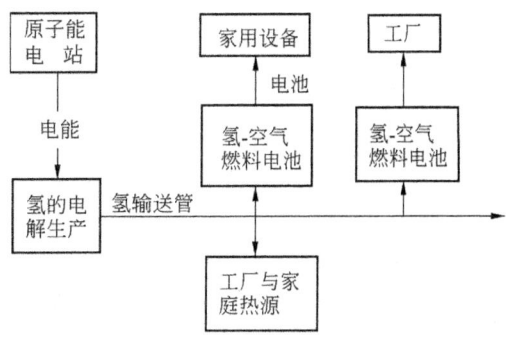

图 6.18　氢的有效利用

第九节 应用于电动汽车的电池

电动汽车(EV)是一种以电力代替燃油、以电动机代替内燃机的公路车辆,包括纯电池(驱动)电动车(BEV)、混合型电动车(HEV)与燃料电池电动车(FCEV)三大类。根据使用规格,通常把电池分作小型便携式电池(1~5 Ah)和大型动力电池(50~250 Ah)两种,前者用于手机和笔记本电脑,后者主要用于电动汽车。

据报导:在2005~2010年电动车用电池中,氢镍电池约占64%,锂离子电池约占15%,铅酸电池约占11%,锂聚合物电池约占2%,其余燃料电池、锌空气电池等约共占8%左右。据统计,国内已有200家公司、企业着手小型电动车的开发与应用。

铅酸蓄电池作为纯电动汽车动力电源,在比能量、深放电循环寿命、快速充电等方面均比氢镍电池、锂离子电池差,不适合于小型私人汽车;但由于其价格低廉,国内外将它的应用定位于速度不高、路线固定、充电站设立容易规划的公交车上。铅酸蓄电池可以满足混合型电动车上电池的充放电方式,新一代的阀控式密封铅酸电池、胶体铅酸电池是较为经济、可靠、技术成熟的电池,因此在各国都有较多的应用,也成为我国近期开发混合动力电动车的首选电池。河北风帆公司生产的铅酸蓄电池在清华电动校巴上使用效果较理想,有一组电池已正常运行了3.7万多千米。日本松下公司生产的动力型铅酸蓄电池循环寿命已突破1000次(80%DOD),汤浅公司的动力型密封铅酸电池比能量已超过40 $Wh·kg^{-1}$。

镍基电池中,Ni-Cd电池工艺成熟、放电电流大,但作为EV电源其工作性能与环境保护均不如Ni-MH储氢电池。Ni-Cd电池用于电动汽车的例子,如法国雪铁龙贝灵格电动车采用镍镉电池,其比功率超过200 $kW·kg^{-1}$,循环寿命长达2000次。Ni-MH电池及Ni-Zn、Ni-空(气)、Na/NiCl$_2$等电池都有达到美国先进电池联合体(USABC)制定的中期目标的能力(见表6.9)。Ni-Zn的主要缺点是循环寿命短。Na/NiCl$_2$目前尚不适于应用,其性能还有待改善。

表6.9 电动汽车电池的主要参数

电池类型	比能量[a]/$Wh·kg^{-1}$	能密度[a]/$Wh·L^{-1}$	比功率[b]/$W·kg^{-1}$	循环寿命[b]/循环数	预计成本[d]/美元·$(kWh)^{-1}$
VRLA[c]	30~45	60~90	200~300	400~600	150
Ni-Cd	40~60	80~110	150~350	600~1 200	300
Ni-Zn	60~65	120~130	150~300	300	100~300
Ni-MH	60~70	130~170	150~300	600~1 200	200~350
Zn/空(气)	230	269	105	不详[e]	90~120
Al/空(气)	190~250	190~200	7~16	不详[e]	不详
Na/S	100	150	200	800	250~450
Na/NiCl$_2$	86	149	150	1 000	230~350
Li-聚合物	155	220	315	600	不详
Li离子	90~130	140~200	250~450	800~1 200	>200
USABC要求	200	300	400	1 000	<100

a:在C/3率即3小时率下取得; b:放电深度为80%条件下; c:机械再充; d:仅供参考; e:阀控铅酸电池; USABC:美国先进电池联合体。

纯电池电动车要求容量 100 Ah、比能量 90 Wh·kg^{-1}、比功率 450 W·kg^{-1} 的电池组件；混合型电动车要求容量 35 Ah、比能量 80 Wh·kg^{-1}、比功率 700 W·kg^{-1} 的电池组件。Ni-MH 电池是镍基电池中性能最好的，而且储氢电极(MH)所用的稀土和钛资源丰富，原料供给充足和有成本相对低廉的优势。目前 AB$_5$ 型镍氢动力电池的比能量在 60~70 Wh·kg^{-1} 之间，估计能达 80 Wh·kg^{-1}。Ovonic 公司用 AB$_2$ 型合金研制出能密度达 70~90 Wh·kg^{-1} 的矩形镍氢电池。丰田公司的 RAV4L EV 使用高能镍氢电池，最高时速达 125 km·h^{-1}，行驶里程 215 km。

锂基电池由于性能明显优于 Ni-MH 电池，在小型电池的应用中锂离子电池在便携式电器应用中已呈逐步取代 Ni-MH 电池之势，但作为动力电池，在电动汽车的应用中还有安全问题的隐患。日产 Hypemini 电动车采用锂离子电池，其最高时速达 100 km·h^{-1}，行驶里程为 130 km。三菱公司用锂锰氧电池在 FTO-EV 原型车上 24 h 行驶 2000 km。

燃料电池电动车最大的优势在于可跑出与内燃机汽车相同的里程，并具有与之相同的工作性能。用 H$_2$ 燃料电池动力车的燃料，由于能量转换效率高达 50%~60%，在续航力或行驶里程(能密度)和加速性(功率密度)等性能上可做到二者兼得。燃料电池的缺点是成本高，氢的储存与转移尚无满意的途径，因此 FCEV 仍处于研发阶段。福特的 P2000 为质子交换膜燃料电池(PEMFC)电动车，戴姆勒-克莱斯勒的 Necar 5 为直接甲醇型燃料电池(DMFC)电动车，两者的最高时速分别为 128 km 和 150 km。奔驰 A 级 F-Cell 燃料电池轿车在 2003 年由用户进行首次试车，所用质子交换膜燃料电池的功率为 68 kW，450 V 直流电转换成 315 V 交流电。

固体氧化物燃料电池(SOFC)的工作温度高达 800~1000℃，结构也较 PEMFC 复杂，但它不使用铂族催化剂和外部重整装置，尤其是其空气极、燃料极、固体电解质、互连材料等都使用稀土复合氧化物，扬我国稀土资源之长，避我国铂族资源之短，因此除用作固定式发电装置外，也是我国研发电动汽车的首选电源之一。与直接用甲醇燃料的电池电动汽车比，DMFC 采用车上重整，仅用于转换的燃料就占总燃料的 25%。从节省燃耗看，发展 SOFC EV 也是一个重要的方面。研发低温 PEMFC 和高温 SOFC 作为电动汽车的驱动电源是今后的主攻方向。西门子公司计划于 2003 年批量生产固体氧化物 SOFC(发电供电用)，5 年后将形成 100 MW 的能力。

在金属空气电池方面，以色列开发了可再充镁电池(金属镁为阳极，有机卤铝酸镁为电解液，含镁、钼与硫的新材料为阴极)，充放电循环可达数千次、工作温度宽、搁置寿命长、价格便宜，是否适用于电动汽车，尚需视今后开发情况而定。继以色列 EFL 公司之后，我国博信公司、通锐新能源等也参与电动车用锌空气电池的开发工作。

第七章 金属腐蚀与防护

第一节 腐蚀的分类和腐蚀速度的表示

金属或合金由于外部介质的化学或电化学作用产生的破坏称为腐蚀。金属腐蚀现象广泛存在,例如铁在水中生锈、黄铜在大气中脱锌、不锈钢在一定电位下发生腐蚀或缝隙腐蚀而穿孔。1995年5月广州海印桥一根百米长的拉索因锈蚀而断裂,就是一个实例。

金属腐蚀问题遍及国民经济和国防建设各部门,其危害性十分严重。首先造成重大的经济损失,全世界因腐蚀而损耗的金属约占年总产量的30%,其中1/3不可再生的就白白浪费掉。其次在某些腐蚀体系中(特别是伴随着应力作用下),可能造成灾难性事故。此外金属腐蚀还会阻碍科学技术的发展,例如,法国的拉克油田1951年因解决不了设备发生 H_2S 应力腐蚀开裂问题,推迟到1957年才能全面开发。因此,必须研究金属腐蚀与防护。

腐蚀分类的方法有多种。若按腐蚀形态来分,有全面腐蚀(均匀腐蚀)和局部腐蚀两大类。若按腐蚀机理来分,则有化学腐蚀、电化学腐蚀、物理溶解(如铬铁头在锡中的溶解)三大类。若按腐蚀环境来分可分好几类,例如高温腐蚀、大气腐蚀、海水腐蚀、土壤腐蚀、有机物腐蚀、熔盐腐蚀、工业酸碱盐腐蚀、微生物腐蚀等。考虑到力学的作用,还有应力腐蚀、磨损腐蚀、氢脆和腐蚀疲劳(同时遭受腐蚀和交变应力的作用,当交变应力达到材料的疲劳极限的数值,则经过若干次循环后会发生疲劳裂缝)。

腐蚀出现在整个金属表面上,称为全面腐蚀或均匀腐蚀。腐蚀如果集中在表面某个局部,则称为局部腐蚀。图7.1是腐蚀形态示意图。

在各种各样的腐蚀中纯化学腐蚀并不多,高温氧化腐蚀和有机物腐蚀比较多,而最普遍的是电化学腐蚀。大多数腐蚀都是在含水介质中进行的,这是本章讨论的主要内容。然而,在工业生产中常常会遇到金属的熔盐腐蚀问题。例如,热处理用的熔盐浴中或热浸镀用的盐锅中的电极就会发生腐蚀。为使高温燃料电池、高温锂电池、钠硫电池等高能电池应用于实际,必须解决熔盐中材料的腐蚀问题。

根据腐蚀破坏形式的不同,金属腐蚀的程度有各种各样的评定方法。对于全面腐蚀,常用平均腐蚀速度来衡量。腐蚀速度可用失重法(或增重法)、深度法和电流密度来表示。

(1) 失重法和增重法:失重法是根据腐蚀后单位面积单位时间的重量损失来计算腐蚀速度的,其单位为 $g \cdot m^{-2} \cdot h^{-1}$。我国选定的时间单位除小时(h)外,还有天(d)、年(a);质量的单位除g外,也用mg或kg。如果腐蚀后试样质量增加且腐蚀产物完全牢固地附着在试样表面时,则可用增重法。

(2) 深度法:以质量变化表示腐蚀速度的缺点是没有把腐蚀深度反映出来。腐蚀深度直接影响金属部件的寿命,因而实际意义更大。在衡量不同密度的金属的腐蚀程度时,用深度法更合适。把失重腐蚀速度除以金属的密度,便得到单位时间的腐蚀深度,常用的

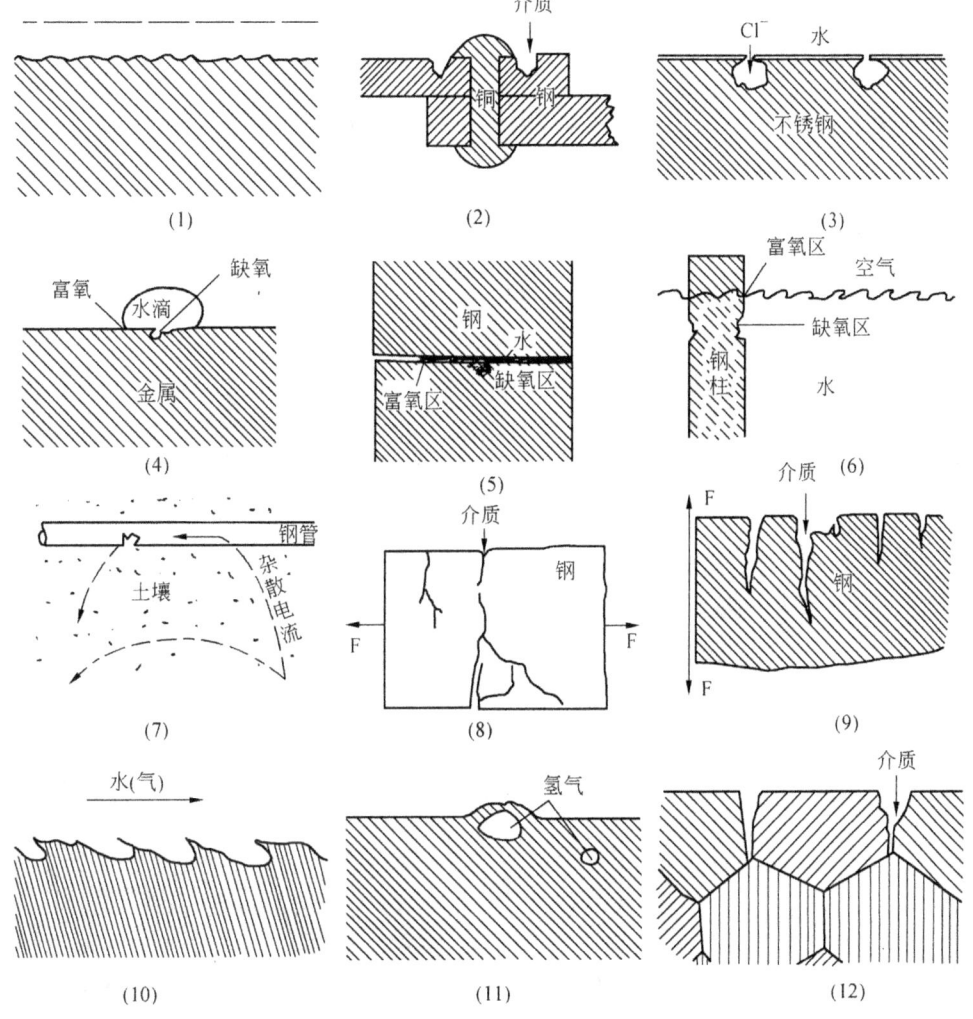

图 7.1 腐蚀形态示意图

(1)均匀腐蚀； (2)电偶腐蚀； (3)点蚀； (4)氧浓差腐蚀； (5)缝隙腐蚀； (6)水线腐蚀；
(7)杂散电流腐蚀； (8)应力腐蚀； (9)腐蚀疲劳； (10)磨损腐蚀； (11)氢脆； (12)晶间腐蚀

单位为 $mm \cdot a^{-1}$。

(3) 以电流密度表示：电化学腐蚀中，阳极溶解导致金属腐蚀。根据法拉第定律，可把失重腐蚀速度，$v_失$ 换算为以腐蚀电流密度 i_{corr} 表示的腐蚀速度，各种腐蚀速度的关系式为

$$v_失 = i_{corr} M / nF \tag{7.1}$$

式中，M 为金属的原子量，n 为电荷转移数。若 i_{corr} 的单位取 $\mu A \cdot cm^{-2}$，则

$$v_失 = 3.73 \times 10^{-4} \times i_{corr} M / n \tag{7.2}$$

单位为 $g \cdot m^{-2} \cdot h^{-1}$。若金属密度($\rho$)的单位取 $g \cdot cm^{-3}$，则以腐蚀深度表示的腐蚀速度，$v_深$ 为

$$v_{\text{深}} = 3.27 \times 10^{-3} \times i_{\text{corr}} M/n\rho \qquad (7.3)$$

单位为 mm·a^{-1}。

局部腐蚀速度及其耐腐蚀性的评定比较复杂,一般不能用上述方法表示腐蚀速度。

第二节 金属腐蚀的倾向和电化学腐蚀的条件

一、金属腐蚀的倾向

利用标准电极电位(见附录2),可以判断金属腐蚀的倾向。例如 Na、Mg 等电位很负,在热力学上极不稳定,腐蚀倾向很大。Pt、Au 等情况则相反,相当稳定。但是标准电极电位是平衡电位,只靠它来判断金属腐蚀的倾向,与实际可能有出入。

实际上,多数腐蚀是在非平衡电位下进行的。非平衡电位是金属浸在不含有该金属离子的溶液中的电位。在这种情况下,电极上失去电子是一个过程,而得到电子是另一个过程。例如,铁在 NaCl 溶液中的电位是靠失电子过程($Fe \rightarrow Fe^{2+} + 2e$)和得电子过程($O_2 + 2H_2O + 4e \rightarrow 4OH^-$)建立起来的,不同于与由反应 $Fe^{2+} + 2e \rightarrow Fe$ 及逆向反应 $Fe \rightarrow Fe^{2+} + 2e$ 建立起来的电极电位。表 7.1 是金属在流动海水中的电极电位。这种在一定介质中测得的腐蚀电位的排列叫电偶序,用电偶序来判断腐蚀倾向要比用标准电极电位可靠。

表 7.1 金属在充气的流动海水中的电极电位

金 属	E/V vs SCE	金 属	E/V vs SCE
镁	-1.5	铝黄铜	-0.27
锌	-1.03	炮铜	-0.26
铝	-0.79	铜镍合金 90/10	-0.26
镉	0.7	铜镍合金 80/20	-0.25
钢	-0.61	铜镍合金 70/30	-0.25
铅	-0.5	镍	-0.14
焊料(50/50)	-0.45	银	-0.13
锡	-0.42	钛	-0.10
海军黄铜	-0.30	不锈钢 18/8(钝态)	-0.08
铜	-0.28	不锈钢 18/8(活态)	-0.53

金属在不同介质中的电位序不一定相同。Al 的标准电极电位为 -1.66 V,而在海水中的电位要比其标准电极电位正 0.9 V,耐蚀性较强。又如 Ti,标准电极电位为 -1.63 V,而在海水中的电位比之要正 1.5 V,耐蚀性强。再如 Al 的标准电位比 Zn 的(-0.76 V)负,好像是 Al 比 Zn 易腐蚀。但是在海水中,Al 的电位(-0.79 V)比 Zn 的(-1.03 V)还要正,Al 比 Zn 还耐腐蚀。

金属的电化学腐蚀不但与它的电极电位有关,而且还与水溶液的 pH 有关。因此可用电位-pH 图(Pourbaix 图)来判断腐蚀倾向。电位-pH 图早已成为研究金属在水溶液中腐蚀行为的重要工具,它可以从理论上预测金属的腐蚀倾向、类型和选择控制腐蚀的途径。兹以 $Fe-H_2O$ 体系来加以说明。

图 7.2 是 $Fe-H_2O$ 体系的电位-pH 图,图中划分各区的线对应 Fe^{2+}、Fe^{3+} 的浓度皆为 $10^{-6} mol \cdot L^{-1}$,因为固体只能溶解为 $10^{-6} mol \cdot L^{-1}$,便可认为基本上不溶了,故用这浓度为界限。图中分为稳定区(Fe)、腐蚀区(Fe^{2+} 及 Fe^{3+}、$HFeO_2^-$、FeO_4^{2-})、钝化区(Fe_3O_4、Fe_2O_3 或 $Fe(OH)_3$、$Fe(OH)_2$)。

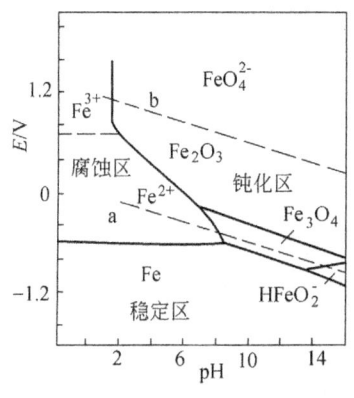
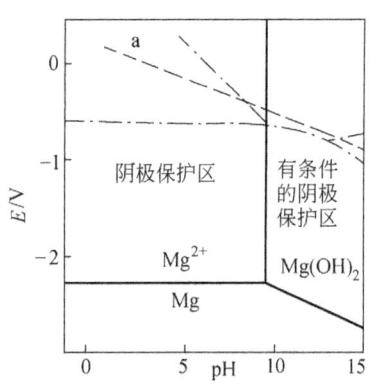

图 7.2　$Fe-H_2O$ 的电位-pH 图　　　　图 7.3　用镁保护铁的阴极保护区

从图 7.2 可见,表示析氢反应的平衡线 a 在所有 pH 范围内都位于铁的稳定区之上,这意味着铁在水溶液中所有 pH 范围内,都有发生析氢腐蚀的倾向。但在不同 pH 值时,腐蚀产物是不相同的。从图还可看出,当铁的电位正于稳定区的电位时,在酸性和强碱性溶液中,铁具有活化溶解的倾向;而在 pH 约为 8～14 的碱性溶液中,铁具有钝化的倾向。

根据铁接触溶液的 pH 值和它的电位,可借助于电位-pH 图来选择防腐方法。通常可采用:① 把铁的电位降到稳定区,那就要对铁施加阴极保护;② 把铁的电位升高到钝化区,这可使用阳极保护法或在溶液中添加阳极型缓蚀剂来实现;③ 调整溶液 pH 值至 8～13 之间,使铁进入钝化区。

利用比铁活泼的金属与铁相连接,在腐蚀介质中形成原电池,铁成为阴极得到保护,而较铁活泼的金属则变为阳极而溶解,此即所谓牺牲阳极的阴极保护法。图 7.3 显示用镁保护铁在理论上的考虑。图中实线代表镁的电位-pH 图,鉴于用镁作牺牲阳极,即镁被腐蚀,产生镁离子会停留在其附近,故腐蚀区的边线采用较大的浓度,$10^{-2} mol \cdot L^{-1}$。镁的腐蚀区与铁的稳定区重迭的地方就是阴极保护区。镁的钝化区和铁的腐蚀区重迭的地方就是有条件的阴极保护区,在这区域内,镁可能钝化而不起保护作用,但在适当的腐蚀介质中,镁的钝化不完全,这时也可以起一定的保护作用。

上述的电位-pH 图都是根据热力学的数据绘制出来的,因而称之为理论电位-pH 图。利用这些图可较方便地研究许多腐蚀问题,但也有一定的局限性。它只能预示腐蚀的倾向,而不能预示腐蚀速度的大小。此外,图中考虑的阴离子只有 OH^-,而实际上腐蚀介质中常同时含有 Cl^-、SO_4^{2-} 或 PO_4^{3-} 等离子,所以实际体系更复杂。

二、腐蚀电池

电化学腐蚀是腐蚀电池作用的结果。一个腐蚀电池必须有阴极、阳极和电解质溶液以及连接阴阳极的电子导体四个部分。Daniel 电池短路时就是一个腐蚀电池(图 7.4a)。电池中电位较负的电极是阳极,电位较正的电极是阴极。电子从阳极跑到阴极的同时,锌溶解而铜离子还原。图 7.4(b)的情况与(a)的有些相似,都是锌的溶解,不同的是锌的溶解与 H^+ 的还原一起进行。图 7.4(c)与(b)相似之处是锌的溶解,不同的是锌的溶解与氧的还原同时进行。Cu^{2+},H^+,O_2 都是溶液中接受阴极的电子的氧化性物质,起防止阴极极化的作用,在腐蚀化学中常称去极化剂。因为腐蚀是和去极化剂的还原同时进行的,所以去极化剂也是腐蚀剂。当金属的电位比腐蚀剂的还原电位更负时金属的腐蚀才会进行。

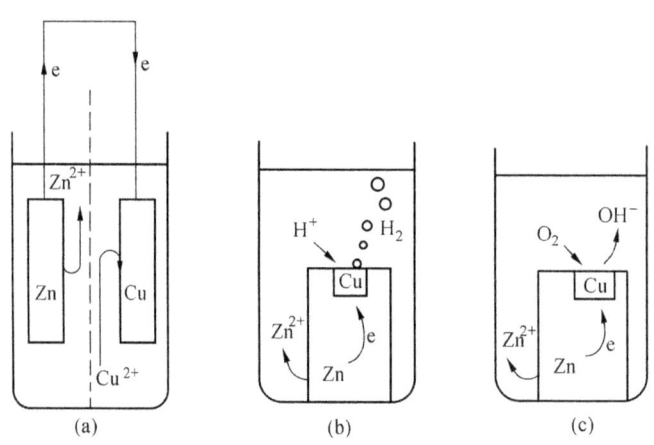

图 7.4 腐蚀电池
(a) 短路 Daniel 电池; (b) 在酸中含杂质铜的锌溶解时的腐蚀电池;
(c) 在含氧的水中含杂质铜的锌溶解时的腐蚀电池

在实际生活中,能满足如图 7.4 所示的腐蚀条件的情况是很多的。首先,金属表面往往有电位不同的点存在,这些电位不同的点将形成腐蚀电池的阴极和阳极。下面几种情况都有可能产生电位不同的点。

(1) 金属表面化学成分不均匀:金属中杂质的电位与基体金属的电位并不相同。例如碳钢的渗碳体 Fe_3C,铸铁的石墨,工业用铝的铁和铜。这些杂质的电位都比基体的电位正。

(2) 金属组织不均匀:多数金属材料都是多晶材料,晶界的电位往往比晶粒的负。多相合金中不同相之电位也不相同。

(3) 金属的物理状态不均匀:金属在加工装配过程中,由于各部分变形不同或应力不同都会引起表面上产生电位的差异。通常,变形较大的地方或应力较大的部位电位较负。

(4) 金属表面钝化膜或导电涂层不完整:在膜的孔隙或破裂处的电位通常比较负。

因此金属表面潮湿时,只要金属的电位比 H^+ 或 O_2 的还原反应电位负,水中的 H^+ 或 O_2 就会在电位较正的点上还原而使金属腐蚀。

电化学腐蚀一定有阳极过程和阴极过程同时存在。阳极过程是金属的溶解,M→M^{n+} + ne。阴极过程最常见的是 H^+ 或 O_2 的还原,即 $2H^+ + 2e \rightarrow H_2$ 或 $O_2 + 2H_2O + 4e \rightarrow 4OH^-$(在中性和碱性介质中)或 $O_2 + 4H^+ + 4e \rightarrow 2H_2O$(在酸性介质中)。以氢离子还原

为阴极过程的腐蚀称为析氢腐蚀,以氧还原反应为阴极过程称为氧还原腐蚀或吸氧腐蚀。

在以上几种情况下构成的腐蚀电池都是微观腐蚀电池,除此之外还有宏观腐蚀电池存在,下面几种情况都会形成这类电池。

(1) 不同种的金属接触,如铝制容器用铜铆钉来铆接时,由于铝的电位比铜负,便会在潮湿时形成腐蚀电池使铆钉周围的铝遭到腐蚀,这种情况称为电偶腐蚀或双金属腐蚀。

(2) 同一金属与不同浓度的电解质溶液或与含氧量不同的介质接触,因为浓度低或含氧量低的地方电位比较负,所以形成腐蚀电池,这种电池称为金属离子浓差电池或氧浓差电池。氧浓差电池是引起水线腐蚀、缝隙腐蚀、沉积物腐蚀以及土质不同产生的管道腐蚀的主要原因。

(3) 金属两端温度不同时,温度不同之处电位不同,因温差产生的腐蚀叫热偶腐蚀。

(4) 直流电源漏电会产生杂散电流腐蚀。

图 7.5 表示存在电位差的几种腐蚀情况。

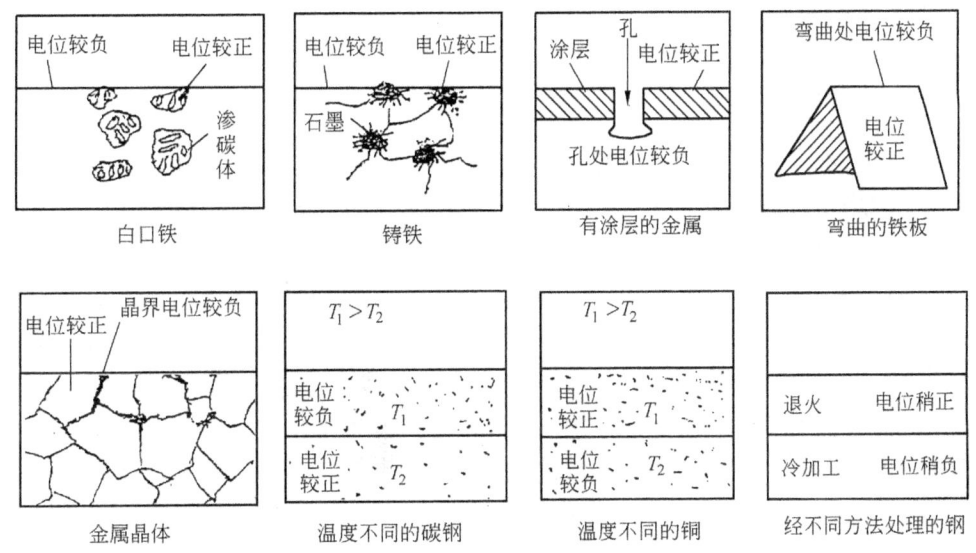

图 7.5 存在电位差的一些腐蚀实例

三、金属表面上水膜的形成

金属的电化学腐蚀可以发生在水中也可以发生在水膜下。水膜可分为水汽膜和湿膜两种,水汽膜是看不见的,其厚度为 2~40 层水分子,湿膜可以看得见,厚度约为 2 μm~1 mm。

1. 水汽膜的形成

在大气相对湿度小于 100% 而温度又高于露点时,金属表面上也会有水的凝聚。水汽膜有 3 种主要成因。

(1) 毛细凝聚:液面形状不同,饱和蒸气压不同,曲率半径越小饱和蒸气压就越小,水蒸气也就越易凝聚。因此,水蒸气优先凝聚在凹形的弯液面上,这时平面上水蒸气还未达饱和。零件之间的间隙、落在金属表面上的灰尘下的狭缝和材料上的微孔都是毛细凝聚水蒸气的良好条件。

(2) 吸附凝聚:在相对湿度低于 100% 时,在未发生毛细凝聚之前,固体表面对水分子的吸附作用也能形成水分子层。水分子的层数随相对湿度的增加而增加。

(3) 化学凝聚：如果金属表面上落下了吸水物质，如 NaCl 等盐类，即使盐已变成了溶液，也会使水的凝聚变得容易。因为盐溶液的蒸气压低于纯水的蒸气压，所以金属表面上留下手汗时腐蚀容易产生。

2. 湿膜的形成

金属暴露在雨雪中或在海上受海水起伏的浸润都会形成一层可见湿膜。凝露也是湿膜的成因。露的生成与温差有关，温差越大成露要求的相对湿度就越低。当昼夜温差达 15 ℃ 时，相对湿度达 35% 就有露出现。强烈的日照会产生剧烈的温差，所以金属制品仓库应保持昼夜温差小于 6 ℃，相对湿度小于 70%，并避免日光直接照射。

湿膜下的腐蚀和水汽膜下的腐蚀不同，前者更接近于水中的腐蚀，后者只有当大气的相对湿度超过其临界值时才会变得重要起来。

第三节 电化学腐蚀动力学

一、伊文思图

腐蚀过程动力学可以从伊文思图（Evans 图）来了解（见图 7.6）。伊文思图也叫腐蚀极化图，这种图是把表征腐蚀电池的阴、阳极极化曲线画在同一图上而成的。为方便起见，常常忽略电位随电流密度变化的细节，将极化曲线划成直线形式，如图 7.6(b) 所示。图中阴、阳极极化曲线的起始电位 $E_{e,K}$ 和 $E_{e,A}$ 是阴极反应和阳极反应的平衡电位。腐蚀电池短路的结果，极化作用使阴、阳极的电位交于一点（忽略溶液的电阻）。交点对应的电位叫混合电位，也叫稳定电位或腐蚀电位，处于两个平衡电位之间，腐蚀电位用 E_{corr} 表示。与腐蚀电位对应的电流叫腐蚀电流，用 I_{corr} 表示，也叫自溶电流。金属就是以此电流不断地腐蚀。一般情况下，腐蚀电池的阴极和阳极表面不相等，但稳态下电流强度相等。因此用电流强度 I 表示电流，对于均匀腐蚀和局部腐蚀都适用。在均匀腐蚀时，整个金属面同时起阴极和阳极的作用，阴、阳极面积相等，可以采用电流密度表示电流。当阴、阳极反应都由电化学极化控制时，电流密度的对数与电位的变化呈线性关系，所以，这时用半对数坐标表示电位与电流的关系更为直观。

从 Evans 图可以看出腐蚀速度的控制因素。如果阴极过程的过电位比阳极过程的过电位大，E_{corr} 就离阳极的平衡电位 $E_{e,A}$ 近些。在这种情况下，腐蚀速度是受阴极反应速度的控制，称阴极控制。反之，E_{corr} 离 $E_{e,K}$ 近些，这时腐蚀速度是受阳极反应速度控制。图 7.7 表示不同控制因素的伊文思图。

实际上常常通过控制阴极过程或阳极过程来控制金属的腐蚀速度。例如用阳极型缓蚀剂来阻碍金属的阳极氧化，用阴极型缓蚀剂来阻碍去极化剂的阴极还原。

腐蚀中最普遍的去极化剂是 H^+ 和 O_2，因此最普遍的阴极反应是 H^+ 和 O_2 的还原。下面分别讨论析氢腐蚀和吸氧腐蚀的动力学。

二、析氢腐蚀动力学

析氢腐蚀是以 H^+ 还原为阴极过程的腐蚀，电极反应为

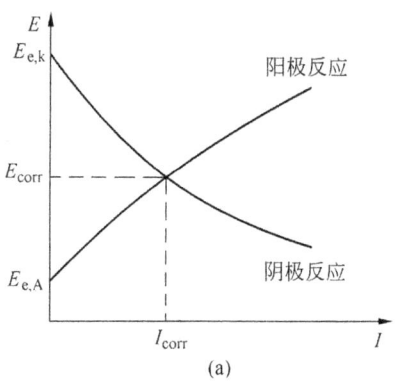
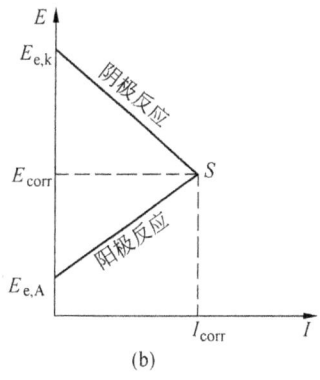

图 7.6 伊文思图
(a) 用曲线表示; (b) 简化并用直线表示

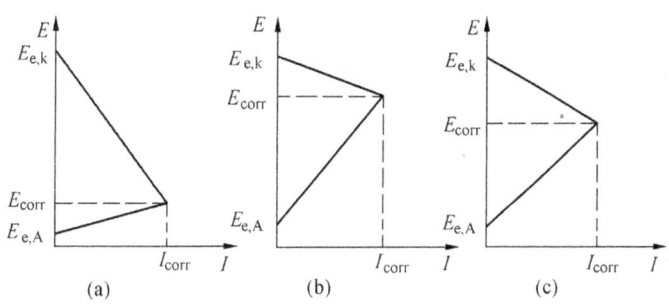

图 7.7 不同控制因素的伊文思图
(a) 阴极控制; (b) 阳极控制; (c) 混合控制

阳极反应　　$M \rightarrow M^{n+} + ne$

阴极反应　　$2H^+ + 2e \rightarrow H_2 \uparrow$

其中阴极反应的速度由 Tafel 经验方程式决定,即

$$\eta = a + b\lg i$$

在析氢腐蚀中,如果腐蚀速度由 H^+ 的还原控制,析氢过电位的大小对腐蚀速度的影响则很大。析氢过电位越大,反应受阻越严重,结果是腐蚀速度变小。有关影响析氢过电位的各种因素,已在第五章第二节讨论过。下面讨论析氢腐蚀的速度控制问题。析氢腐蚀的速度视阴、阳极的极化性能,可由阴极反应控制(阴极控制)或由阳极反应控制(阳极控制),也可由阴极反应和阳极反应共同控制(混合控制)(见图 7.8)。锌在酸中的溶解是阴极控制下的析氢腐蚀,腐蚀速度决定于析氢过电位的大小。随着锌中杂质品种的不同,锌在酸中的溶解速度可以相差 2~3 个数量级。铝、不锈钢等钝化金属在稀酸中的腐蚀是阳极控制下的析氢腐蚀。因为金属离子必须穿透氧化膜才能进入溶液,因此有较大的阳极极化产生。当酸中含 Cl^- 时,钝化膜会形成氧氯化物而被破坏,这时腐蚀速度将增加。铁和钢在酸性溶液中的析氢腐蚀是混合控制的,因为阴、阳极极化大致相同。当钢中的硫可溶于酸而产生 S^{2-},S^{2-} 对阴、阳极反应都起催化作用,使极化度降低,这时腐蚀速度增加。

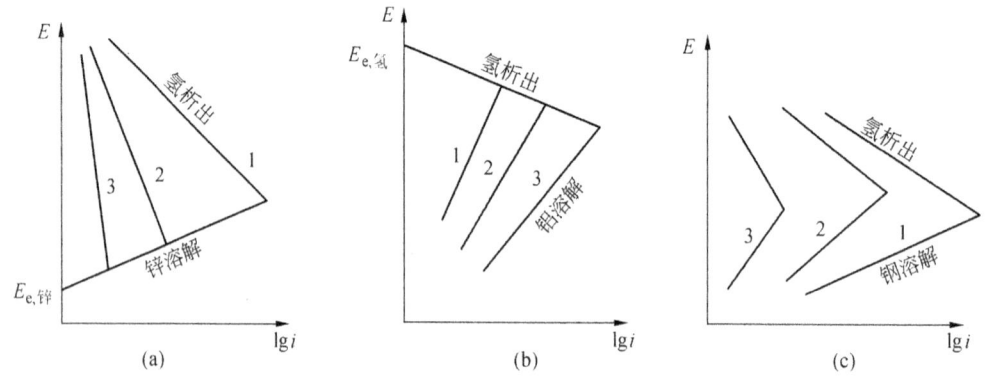

图 7.8 析氢腐蚀

(a) 阴极控制——锌在酸中的腐蚀：线 1 是氢在含铁的锌上析出，线 2 是氢在纯锌上析出，线 3 是氢在含汞的锌上析出；(b) 阳极控制——铝在弱酸中的腐蚀：线 1 是铝在充空气的酸中溶解，线 2 是铝在无空气的酸中溶解，线 3 是铝在含 Cl^- 的酸中溶解；(c) 混合控制——铁和碳钢的析氢腐蚀：线 1 是含高硫碳钢的腐蚀，线 2 是普通碳钢的腐蚀，线 3 是铁的析氢腐蚀。

三、吸氧腐蚀动力学

吸氧腐蚀是以氧的还原反应为阴极过程的腐蚀，电极反应为

阳极反应　　$M \rightarrow M^{n+} + ne$

阴极反应　　$O_2 + 2H_2O + 4e \rightarrow 4OH^-$（中性或碱性介质）

　　　　　　$O_2 + 4H^+ + 4e \rightarrow 2H_2O$（酸性介质）

吸氧腐蚀是阴极控制，而且在多数情况下，吸氧腐蚀受氧向阴极表面的扩散速度控制。氧的极限扩散电流为

$$i_L = nFDc^0/\delta \tag{7.4}$$

O_2 在水中溶解度不大。20℃，被空气（氧分压为 0.21 atm）饱和的纯水含 O_2 量约为 40 ppm。5℃下，海水的含 O_2 量约为 10 ppm（约 0.3 mol·m^{-3}），这意味着 O_2 还原的极限电流不大。O_2 在水中的扩散系数为 10^{-9} m^2·s^{-1}，静态扩散层厚约 0.1 mm 到 0.5 mm 之间，反应电子数为 4。取 $\delta = 0.1$ mm，$c^0 = 0.3$ mol·m^{-3}，从式(7.4)可算出 $i_L = 1.16$ A·m^{-2}，据此算出铁的腐蚀速度约为 1 mm·a^{-1}。所以不管腐蚀电池的电动势大小如何，腐蚀的速度都被氧的阴极还原速度限制在 1 mm·a^{-1} 的程度。

如果是在流动的介质中，特别是在海水飞溅区，由于氧的扩散速度加快，以及其他因素的影响，腐蚀速度将大大增加。

图 7.9 表示两种不同的金属在吸氧腐蚀的阴极控制下具有相同的腐蚀速度。图中 $E_{e,\text{氧}}$ 表示氧还原的平衡电位，在中性和碱性质中氧还原反应为 $O_2 + 2H_2O + 4e \rightarrow 4OH^-$，相应的平衡电位为

$$E_{e,\text{氧}} = E^\circ + \frac{2.3RT}{4F} \lg \frac{P_{O_2}}{[OH^-]^4} \tag{7.5}$$

当 $T=298$ K, pH=7 时,

$$E_{e,氧} = 0.401 + \frac{0.059}{4}\lg\frac{0.21}{[10^{-7}]^4} = 0.805 \text{ V} \quad (7.6)$$

在酸性介质中氧还原反应为 $O_2 + 4H^+ + 4e \rightarrow 2H_2O$,相应的平衡电位为

$$E_{e,氧} = E^{\ominus} + \frac{2.3RT}{4F}\lg(P_{O_2} \times [H^+]^4)$$
$$= 1.23 - 0.059 \text{ pH} \quad (25℃ 时) \quad (7.7)$$

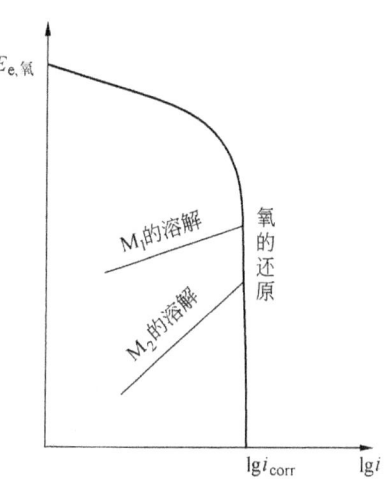

图 7.9 氧扩散控制的腐蚀

第四节 金属的钝化

把铁放入稀硝酸中,铁会腐蚀得很快,有大量的氢气放出。开始是硝酸的浓度越大,腐蚀速度越大,但当浓度增加到 35% 附近时,铁的腐蚀会突然停止,这是钝化现象(见图 7.10)。经钝化的铁重新放入稀硝酸中再也不容易溶解,这是因为铁处于钝态。除 Fe 外,Co,Ni,Nb,Ta,Cr,Mo,W,Ti 都会被一些氧化剂钝化。Fe,Ni,Cr 三者相比,Cr 最易钝化,Ni 次之,Fe 再次之。钝化的结果是金属的电位大幅度正移,甚至接近贵金属的电位。由化学试剂引起的钝化,称为化学钝化。空气中氧的钝化作用也是化学钝化。

阳极极化也可以引起金属的钝化,这叫电化学钝化。某些金属会在某一电位下突然停止腐蚀,例如 18-8 型不锈钢在 30% 硫酸溶液中的阳极溶解,当极化到 -0.1V 时,溶解速度突然下降到原来的万分之一。

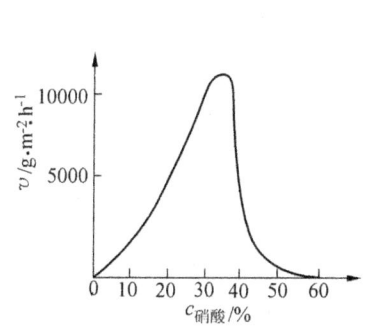

图 7.10 铁在硝酸中的钝化现象

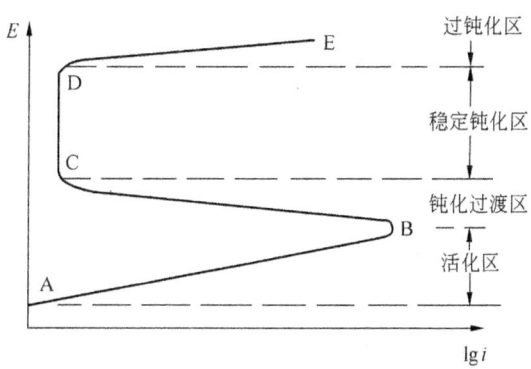

图 7.11 金属阳极钝化时的钝化现象

图 7.10 是典型的阳极钝化的极化曲线,曲线上有活化、钝化过渡、稳定钝化以及过钝化四个区域。AB 段是金属的活性溶解,在 BC 段金属表面状态发生急剧的变化。在 B 点,钝化膜的生成速度趋于超过它的溶解速度,是从活化开始进入钝化的转折点。B 点对应的电位称临界钝化电位或致钝电位。B 点对应的电流密度称为临界电流密度。到了 C 点金属已进入稳定钝态。CD 范围内的电流密度很小,基本不随电位而变。CD 的电流密度称为维钝电流密度。D 点以后,某些金属的钝化膜会因电位太正而被氧化为可溶的离子,于是金属又开始阳极溶解甚至伴随 O_2 的析出。Fe,Ni,Cr,Mo 等金属在稀硫酸中都可以进行阳极钝化。合金中随 Cr 含量的增加,致钝电位向负方向移动,CD 变宽,而且维钝电流密度变小。

从金属腐蚀的角度看,希望金属钝化;但是对于电镀用的可溶性阳极以及化学电源来说,则避免金属钝化。

钝化的反面是活化,有利于钝化的因素将不利于活化。氧化剂的存在是钝化的因素,其反面,即还原剂会引起活化。阳极极化引起钝化,而阴极极化则是活化因素。使电位变正将引起钝化,电位变负则引起活化。和电位更正的金属接触促使钝化,而与更负电位的金属接触,则导致活化。降低温度有利于钝化,升高温度则有利于活化。很光滑的表面有利于钝化,而粗糙的表面有利于活化。

金属表面的机械损伤可以使许多钝化了的金属活化。铁在硝酸中钝化后,稍加磨擦,便失去钝性,但是铝、铬、不锈钢等在空气或许多介质中却容易自行钝化,故机械损伤后可以重新钝化。

不少阴离子具有活化作用,例如铝在平常条件下不易腐蚀,但在海水中却很易腐蚀,原因是氯离子破坏了钝态。按阴离子使金属失去钝化能力的强弱,可以将它们的顺序排列为:

$$Cl^- > Br^- > I^- > F^- > ClO_4^- > OH^- > SO_4^{2-}$$

在某些溶液中,氯离子常常只使金属表面部分活化,所以在这些个别部分金属以很高的速度溶解,而使其表面形成许多深坑,称为斑点腐蚀。不锈钢在海水中也能发生斑点腐蚀,其危害性相当大。

由于钝化现象的复杂性,至今对其机理尚未有统一的看法,其中主要有成相膜理论和吸附理论。

成相膜理论认为在金属上形成一层薄膜,把金属表面和溶液机械地隔开来,使金属腐蚀速度大大降低,金属便转为钝态。因成相膜具有一定的离子导电性,故金属达到钝化后,并未完全停止溶解。实验表明大多数钝化膜是由金属氧化物组成的,例如铁在硝酸溶液中的钝化膜为 $\gamma\text{-}Fe_2O_3$、$\gamma\text{-}FeOOH$,其厚度为 $250 \sim 300$ nm。从成相膜理论易于了解为什么强氧化剂会使金属钝化,因为氧化剂与金属作用能生成氧化膜,例如铬酸盐、亚硝酸盐对铁进行处理能使铁的表面生成氧化物层。

实际工作表明,有时膜的厚度不到一个原子层时,金属腐蚀已大大减慢,例如铂在盐酸中的腐蚀,只要表面有 6% 为氧覆盖,其溶解度降低 4 倍,氧覆盖 12% 时降低 16 倍,这是不能用膜的机械隔离来解释的,但是用吸附理论却能说明之。

吸附理论认为,金属的钝化是由于金属表面形成含氧粒子的吸附而引起的。吸附的粒子可能是 O_2 或 OH^- 离子,但更多人认为是氧原子。吸附的作用有两种说法,其一认为金属表面存在着活化中心,只要这些活化中心吸附了钝化剂,溶解度就可以大大降低;其二认为吸附改变了双电层结构,使阳极反应活化能显著升高,因而反应速度剧烈减少。由此可见,只要少量吸附而不必形成一薄膜,已可导致钝化。测定界面电容可知并非形成薄膜才能钝化,例如 1 Cr18Ni9Ti 不锈钢表面上,金属钝化时的电容变化不大。若形成膜,即使很薄,其界面电容也大为减少。用吸附理论能很好地解释阴离子活化作用的问题,由于某些阴离子能更好地吸附在电极表面上,从而妨碍或排挤了引起钝化的阴离子或原子的吸附。可钝化的金属主要是过渡金属,因为它们具有未充满的 d-电子层,与未成对的氧很易形成强化学键,导致氧在这些表面的化学吸附。

成相膜理论和吸附理论,各自都解释不少实验现象,但又不能综合地对全部实验事实分析清楚。因此,要想从两种理论中作出肯定的选择是不容易的。不同的金属在不同的条件下,钝化的机理可能不同。对钝化现象及其机理的认识,还有待深化。

第五节 金属腐蚀速度的电化学测量方法及有关测试技术

一、极化曲线外延法

对于金属防护工作来说,很重要的一个任务是测量腐蚀速度。测定腐蚀后金属的失重(或增重)是最简单而直观的方法,在现场试验或实验室里都适用。但这种方法所需时间很长,所得出的结果是平均腐蚀速度,而电化学方法快速,所得结果是瞬时腐蚀速度。金属腐蚀并非恒速进行,所以电化学方法有助于深入研究腐蚀过程。

测定腐蚀速度的电化学方法有几种:极化曲线外延法、线性极化法、三点法、恒电流暂态法和交流阻抗法等。在这里介绍前三种。极化曲线外延法是利用阴极极化曲线和阳极极化曲线,把 $E-\lg i$ 曲线的直线部分外延相交于腐蚀电位处,从而得出腐蚀电流(图 7.12)。曲线的直线部分是强极化区,是 Tafel 直线区。

金属腐蚀时进行去极化剂还原 $O + ne = R$(1)和金属氧化溶解 $M = M^{n+} + ne$(2),这是一对平行进行的反应,而且有同一数目的电子参加反应,但除此以外互相并不依赖,一般称为共轭反应。互不依赖表现在改变其中一个反应的历程,不会对另一个反应的基本动力学规律发生影响。

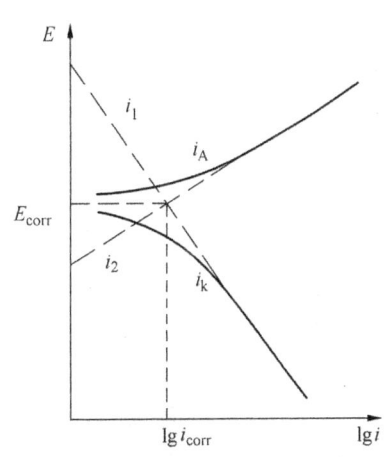

图 7.12 极化曲线外延法求腐蚀电流

如果两个反应都是电化学控制,且 E_{corr} 远离上述两个反应的平衡电位 $E_{e,1}$ 和 $E_{e,2}$,亦即极化较大,那么还原反应的电流密度

$$i_1 \approx i_1^0 \exp\left[\frac{\alpha_1 nF(E_{e,1} - E_{corr})}{RT}\right] \qquad (7.8)$$

氧化反应的电流密度

$$i_2 \approx i_2^0 \exp\left[\frac{\beta_2 nF(E_{corr} - E_{e,2})}{RT}\right] \tag{7.9}$$

在腐蚀电位下,腐蚀处于稳定状态,$i_1 = i_2 = i_{corr}$。

当对金属进行阳极极化时,金属的电位从 E_{corr} 开始向正方向移动了 ΔE,这时对应阳极极化电流密度为

$$i_A = \Delta i = i^0 \exp\left[\frac{\beta_2 nF(E_{corr} + \Delta E - E_{e,2})}{RT}\right] - i_1^0 \exp\left[\frac{\alpha_1 nF(E_{e,1} - E_{corr} - \Delta E)}{RT}\right]$$

$$= i_{corr}\left[\exp\left(\frac{\beta_2 nF\Delta E}{RT}\right) - \exp\left(\frac{-\alpha_1 nF\Delta E}{RT}\right)\right] \tag{7.10}$$

当阳极极化足够大时,即 ΔE 足够大时上式第二项可忽略,得到

$$i_A = i_{corr} \exp\left(\frac{\beta_2 nF\Delta E}{RT}\right)$$

或

$$\Delta E = -b_A \lg i_{corr} + b_A \lg i_A \tag{7.11}$$

式中 $b_A = 2.3RT/\beta_2 nF$。

当阴极极化较大时,金属溶解的电流密度可以忽略,在金属的电位从 E_{corr} 向负方移动了 ΔE 之后,用上述方法可推出如下关系

$$-\Delta E = -b_K \lg i_{corr} + b_K \lg i_K \tag{7.12}$$

式中 $b_K = 2.3RT/\alpha_1 nF$。

式(7.11)和(7.12)都与 Tafel 方程相似,ΔE 对极化电流的对数作图都是直线。$\alpha_1 = \beta_2$ 时两直线对称。

从图 7.12 可见,在强极化区,阳极极化电流密度 i_A 与金属氧化溶解的电流密度 i_2 相重合,而阴极极化电流密度 i_K 与去极化剂还原的电流密度 i_1 重合。两条 Tafel 直线延长的交点或 Tafel 直线延长线与 E_{corr} 水平线的交点对应的电流密度就是腐蚀电流密度 i_{corr}。由直线段的斜率可求出 b_A 与 b_K。

极化曲线外延法有它的局限性,当腐蚀的阴极过程或阳极过程,或者同时由活化控制时才适用。它常用于测定酸性溶液中金属的腐蚀速度,因为在此情况下容易测得极化曲线的 Tafel 直线段。本法的主要缺点是极化较强,导致测定阳极极化曲线时可能发生钝化;测定阴极极化曲线时可能使金属表面的氧化膜还原。另外,由于电流密度大能引起浓差极化及电极表面状态显著变化,从而会出现偏离线性关系的情况。再者由于腐蚀电位会随时间而变,到一定时间才稳定下来。因此,测定阴、阳极极化曲线时 E_{corr} 会稍有差别,结果所得的 i_{corr} 数值会略有差异。

一般来说,只有在腐蚀速度不大的情况下,才较容易测得阳极极化的 Tafel 直线。在不容易得到阳极极化 Tafel 直线的情况下,可以单独让阴极极化的 Tafel 直线与 $E = E_{corr}$ 的水平线相交,交点为腐蚀电流密度,即自腐蚀速度。

二、线性极化法

线性极化曲线是目前应用较广的快速测定金属腐蚀速度的方法。它的理论基础是当极化很小时(一般小于 10 mV),极化电位 ΔE 与极化电流密度成线性关系。

当阳极极化很小时,把式(7.10)的指数项按级数展开后,可把高次项略去而得到

$$\Delta i = i_{\text{corr}}\left[\left(\frac{\beta_2 nF}{RT}\right)+\left(\frac{\alpha_1 nF}{RT}\right)\right]\Delta E$$
$$= i_{\text{corr}}(2.3/b_A + 2.3/b_K)\Delta E \tag{7.13}$$

因为极化电阻定义为 $R_p = \Delta E/\Delta i$,故上式可写成

$$i_{\text{corr}} = \frac{b_A \times b_K}{2.3(b_A + b_K)} \times \frac{1}{R_p} \tag{7.14}$$

这是线性极化方程式,常称 Stern-Geary 方程,它表明腐蚀速度与极化电阻 R_p 成反比。R_p 越大,i_{corr} 越小。b_A、b_K 和 R_p 皆可由实验测定,故可求出腐蚀电流密度。

当阴极极化的 ΔE 很小时,同样可推出如上的线性极化方程。

通过测定腐蚀体系的阳极和阴极极化曲线,从 Tafel 直线段的斜率求出 b_A 和 b_K。腐蚀体系不同,b_A 和 b_K 也各不相同。铁和铁基合金的 b_A 一般小于 b_K,b_A 在 $0.03\sim 0.10$ V 之间,b_K 在 $0.09\sim 0.14$ V 之间。

测定极化电阻 R_p 的方法很多,这里介绍动电位扫描法和交流方波法。

(1) 动电位扫描法

先把腐蚀体系在 E_{corr} 附近的 $E\sim i$ 曲线测出,然后找出 E_{corr} 附近的直线段(线性极化区),并从直线斜率求出 R_p。图 7.13 为 430 不锈钢在 $0.5\ \text{mol}\cdot\text{L}^{-1}\ H_2SO_4$ 中的慢线性电位扫描极化曲线。电极浸入溶液达 1 小时,测得 E_{corr} 为 -522 mV(vs SCE)。然后从比 E_{corr} 约负 30 mV 的电位处开始慢电位扫描,直到比 E_{corr} 约正 30 mV 为止,扫描所得曲线在 E_{corr} 附近是一条直线,从直线的斜率求得 $R_p = 7.53\ \Omega\cdot\text{cm}^2$。

(2) 交流方波法

此法又分方波电流法和方波电位法,后者应用更为广泛。为满足线性极化要求,方波幅度要很小,$\Delta E < \pm 10$ mV。测量 Δi,由 $R_p = \Delta E/\Delta i$ 求出腐蚀电阻。方波频率选择要适当。频率太高,电流达不到稳态值就换向,测得 R_p 偏小;频率太低,浓差极化的影响增大,腐蚀电流漂移,也使测量误差增大。腐蚀速度大者,方波频率应选择高一些;反之,腐蚀速度小的,频率应选择低一些;一般频率在 $0.01\sim 100$ Hz 范围内选定。本法采用暂态微弱电信号,不会因测量而引起体系的显著变化,因而得到较广泛应用。

三、三点法

三点法是利用 ΔE 为 $10\sim 70$ mV 范围内的极化数据求腐蚀速度,因而也叫弱极化法。此法可避免强极化法对腐蚀体系的过分干扰;又可同时测出 i_{corr},b_A 和 b_K,而不像线性极化那样,必须用另外的方法测得 b_A 和 b_K 才能求 i_{corr}。

如图 7.14 所示,在弱极化区内,取 ΔE,$2\Delta E$ 和 $-2\Delta E$ 三点以及三点对应的电流 i_1,i_2 和 i_{-2},通过数学变换,可同时计算出 i_{corr},b_A 和 b_K。

把(7.10)式改写为

$$\frac{i_1}{i_{\text{corr}}} = \exp\left(\frac{2.3\Delta E}{b_A}\right) - \exp\left(\frac{-2.3\Delta E}{b_K}\right) \tag{7.15}$$

令 $s = \exp(2.303\Delta E/b_A)$,$q = \exp(-2.303\Delta E/b_K)$,并代入上式,则有

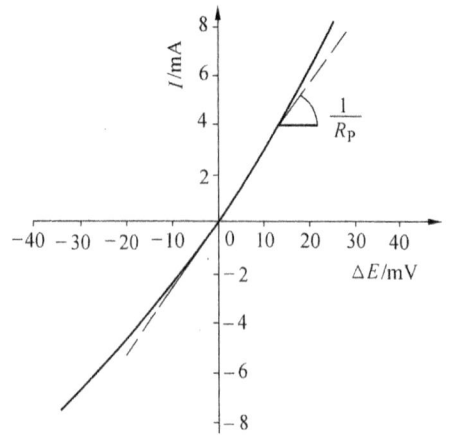
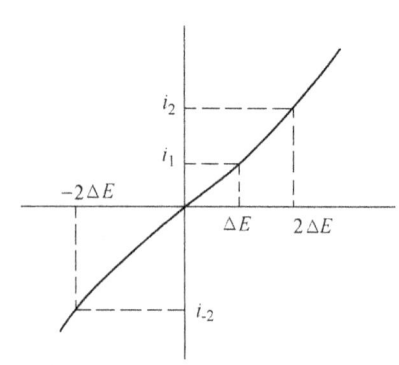

图 7.13　430 不锈钢在 0.5 mol·L^{-1} 硫酸中电位扫描极化曲线(30 ℃,充氢,扫描速度:0.33 mV·s^{-1})

图 7.14　三点法测定腐蚀速度

$$i_{\text{corr}} = \frac{i_1}{(s-q)} \tag{7.16}$$

$$b_A = \Delta E/\lg s \tag{7.17}$$

$$b_K = \Delta E/\lg q \tag{7.18}$$

因此只要求出 s 和 q,就能算出 b_A,b_k 和 i_{corr}。为求 s,q,令 $r_1 = i_2/i_{-2}$ 和 $r_2 = i_2/i_1$,推导出 r_1 和 r_2 符合下列一元二次方程:

$$x^2 - r_2 x + r_1^{1/2} = 0 \tag{7.19}$$

此方程的两个根即为 s 和 q:

$$x_1 = \frac{r_2 + \sqrt{r_2^2 - 4r_1^{1/2}}}{2} = s \tag{7.20}$$

$$x_2 = \frac{r_2 - \sqrt{r_2^2 - 4r_1^{1/2}}}{2} = q \tag{7.21}$$

四、金属表面微区电位和电流密度分布的测量

为了测定金属表面微区腐蚀电位及电流密度的分布,常采用扫描微电极法。此法可以在无外加极化扰动(或在极化条件)下,对电极表面微区进行定位的电化学测量。

微区电位测量的主要部件是微参比电极,其外形尺寸及各项性能对测量精度影响很大。用于腐蚀研究的微参比电极有两类:一类是金属电极,如 Pt,Sn,W,Sb 等;另一类是非极化微参比电极,如甘汞电极、Ag/AgCl 电极等。它们大多以玻璃毛细管作为盐桥。对微参比电极的基本要求是:毛细管外径为 $1\sim30~\mu m$,内径为 $0.2\sim8~\mu m$,并具有一定的机械强度,阻抗尽可能小;极化性与稳定性良好;电极内溶液扩散小等。以玻璃毛细管作盐桥的 Ag/AgCl 微电极,对研究含 Cl$^-$ 离子介质的腐蚀体系是比较理想的。金属微电极制作简便,阻抗较低,能满足腐蚀研究的需要。例如钨微电极在酸性范围内在 NaCl 或 MgCl$_2$ 溶液中,其电位与溶液 pH 值有良好的线性关系;用于研究隙缝腐蚀和应力腐蚀具有良好的稳定性和重现性。钨微电极是用直径为 0.1 mm 的纯钨丝熔封在玻璃毛细管中制成的,露出的钨丝需经在浓硝酸中氧化处理。

20世纪80年代,我国已经设计制造了微参比电极在样品表面附近自动扫描的机械装置,研制了具有高输入阻抗、强抗干扰能力的电位分布测定仪器,并且用计算机控制自动测试和自动绘制电位和电流密度的三维分布图。

微区电化学测试技术主要用于局部腐蚀的研究,它可以获得由一般电化学方法所不能得到的局部腐蚀的重要信息。主要应用有:① 测定金属在腐蚀介质中发生局部腐蚀时的电位、电流密度的分布,指示金属局部腐蚀的阴、阳极区位置分布和活性大小及其影响因素,连续观察局部腐蚀的发生和发展过程,从而用于评价合金的耐腐蚀能力,研究金属局部腐蚀机理。② 利用某些类型局部腐蚀的模拟装置,测试局部腐蚀微区的电化学行为,揭示局部腐蚀的机理,寻找防止局部腐蚀的有效方法。

第六节 金属的防护

一、金属防护措施及耐腐蚀金属材料的选择

金属的防护措施一般有如下几种:

(1) 提高金属本身的耐蚀性,例如镍中加铜,铬钢中加镍,在铜锌合金中加锡,低碳钢中加铬和铜等。

(2) 采用保护性覆盖层,例如铁上镀锌,铝上涂漆,钢上磷化以及管子上绕防护带(由PVC或PE材料做成)等。

(3) 改变腐蚀环境,例如介质除氧脱盐,添加缓蚀剂等。

(4) 电化学阴极保护和阳极保护。

在最常用的金属材料中,铜、铝、镁、钛、锆等可以纯金属的形式使用,大量的是以合金形式使用。合金化可提高金属的耐蚀性,合金化的基本原则:① 降低合金中阳极相的活性,例如钢中加镍,镍中加铬;② 降低合金中阴极相的活性,例如工业镁中加锰,钢中加锑;③ 合金表面形成保护膜,例如铁中加硅,不锈钢中加钼。

选择材料的基本要求是耐蚀性和力学性能,例如高硅铁的耐蚀性能良好,但由于较脆,故不能进行车、钻、镗、铣等冷加工。此外选择材料还要考虑成本、资源等。下面介绍在十多种典型环境中,选材时应优先考虑的金属材料。

大气:铝及铝合金、钛及钛合金、抗大气腐蚀钢(例如10MnSiCu钢)、碳钢和铸铁(若要提高其耐蚀性,可在表面镀镍或渗铝)、铜及铜合金、不锈钢。

工业大气:铝及铝合金、钛及钛合金、碳钢或铸铁(表面可采用渗铝、喷钛等保护)。

淡水:铝及铝合金、钛及钛合金、高硅铁、不锈钢、铜及铜合金、铅及铅合金、镍。

海水:钛及钛合金、铜及铜合金、镍及镍合金、18-8钢。

硫酸:高硅铁、铅(低浓度时用)、铁碳合金(高浓度时用)。

硝酸:钛及钛合金、高硅铁、不锈钢(低浓度时用)、铝(高浓度时用)。

盐酸:高硅铁、加钼高硅铁、哈氏合金(62Ni17Cr15Mo)。

脂肪酸:高硅铁、18-8-Mo不锈钢、18-8钢、铝。

甲醇:碳钢、高硅铁、18-8钢、18-8-Mo不锈钢、铜及铜合金、钛及钛合金。

氢氧化钠：镍及镍合金、高硅铸铁、加镍铸铁（＞2％Ni）、铁碳合金、18-8钢、18-8-Mo不锈钢、铜及铜合金、钛及钛合金。

氯化钠：高硅铁、18-8钢、18-8-Mo不锈钢、镍及镍合金、钛及钛合金。

二氧化硫：碳钢、18-8-Mo不锈钢、铜及铜合金、钛及钛合金。

硫化氢：碳钢、高硅铁、18-8钢、18-8-Mo不锈钢、铝及铝合金。

氯气（干）：碳钢、高硅铁、18-8钢、18-8-Mo不锈钢、铝及铝合金。

氯气（湿）：钛及钛合金、高硅铁、哈氏合金。

以上选材是按均匀腐蚀速度来考虑的，实际应用时还要注意它们的局部腐蚀倾向。

二、缓蚀剂保护

铁在盐酸中溶解放出大量氢气，若往酸液中加入少量六次甲基四胺（乌洛托品），氢的析出明显减少。凡是在腐蚀介质中添加少量就能抑制金属腐蚀的物质称为缓蚀剂，缓蚀剂保护金属的优点在于用量少、见效快、成本低、使用方便。缓蚀剂在工业上的应用很广，例如，黑色金属酸洗用若丁（Rodine）来保护基体金属，在矿物油中加入十二烯基丁二酸来保护传动齿轮，在冷却水中加铬酸钠来保护冷却水系统。缓蚀剂保护的缺点是它只适用于腐蚀介质有限体积的情况，例如电镀和喷漆前的酸洗除锈、产品包装。不适用于开放体系，例如码头、钻井平台。

1. 缓蚀剂的分类和应用范围

（a）按化学成分分类，分为无机缓蚀剂和有机缓蚀剂两类。某些有机物对无机缓蚀剂具有协同作用，例如乙醇胺＋钼酸钠对A3钢的缓蚀作用明显优于钼酸钠，表明其分子内的醇胺基团与钼酸根有明显的协同缓蚀效应。

（b）按物理性质分类，分为水溶性、油溶性以及气相缓蚀剂三类。油溶性缓蚀剂是具有极性的有机化合物，兼有界面活性。石油磺酸盐是目前使用最多的一类油溶性缓蚀剂。油溶性缓蚀剂可作为防锈油（脂）的添加剂。气相缓蚀剂有挥发性，当中含有对钢、铝、镍和黄铜有良好缓蚀作用的十八胺。

（c）按成膜特征分类，分为氧化膜型、沉淀膜型和吸附型三类。氧化膜型缓蚀剂多为氧化剂，但并非氧化性越强作用越大，例如高锰酸钾氧化性很强，但缓蚀效果不大。氧化型缓蚀剂有钝化作用，又称钝化剂。沉淀膜型缓蚀剂如聚磷酸钠，在水中有足量Ca^{2+}存在及有溶解氧时，生成沉淀膜起缓蚀作用。吸附型缓蚀剂如硫脲，能吸附在金属表面从而阻挡腐蚀剂的接触，这类缓蚀剂大多是含O、N、S和P的有机物。

（d）按用途分类，分为冷却水缓蚀剂（例如在凝结水系统中加入联氨）、锅炉缓蚀剂（例如蒸汽锅炉中注入磷酸盐）、酸洗缓蚀剂（例如在盐酸或硫酸中用的乌洛托品）、油气井缓蚀剂（例如411-甲醛、若丁-A）、石油化工缓蚀剂（例如炼油厂用的溴代烷基吡啶）等。

（e）按腐蚀电池的作用机理来分类，有阳极型、阴极型和混合型三类。

阳极型缓蚀剂：铬酸盐、硝酸盐、正磷酸盐、硅酸盐、苯甲酸盐等属这类。其中苯甲酸盐只有当介质含有溶解氧时才起作用。这类缓蚀剂的作用主要是使金属表面钝化并持续保持此钝态，导致阳极极化增大从而使腐蚀电流减小（图7.15a）。使用这类缓冲蚀剂时用量要足，以免保护膜对阳极覆盖不完全，形成阳极面积小阴极面积大的腐蚀电池，从而引起孔蚀。铬酸盐在淡水中的使用浓度在100～150 ppm以上，在含Cl^-的水中使用则要在 200 ppm 以上，但苯甲酸钠是个例外，用量不足也不存在孔蚀的危险。

阴极型缓蚀剂：聚磷酸盐、碳酸氢钙、硫酸锌等属于这类。按其作用机理分为成膜型阴极型缓蚀剂(生成氢氧化物或碳酸盐覆盖于阴极表面)和增加氢离子放电过电位的缓蚀剂。两者都是抑制阴极反应，使阴极极化增大而降低腐蚀电流(图 7.15b)。阴极型缓蚀剂用量不足也无危害性。

混合型缓蚀剂：主要是含 N 或 S，以及既含 N 又含 S 的有机物、生物碱、琼脂等。它们对阳极过程和阴极过程同时起抑制作用，结果是腐蚀电位变化不大而腐蚀电流变小(图 7.15c)。有些无机盐，例如硅酸钠、铝酸钠，在溶液中有呈胶体态的粒子，在阳极区和阴极区均沉淀成为保护膜，阻滞铁的溶解和氧接近金属。

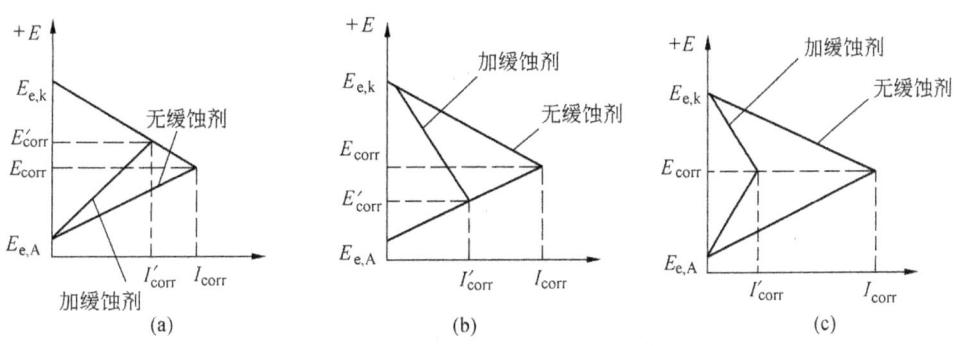

图 7.15 缓蚀剂抑制电极过程的三种类型
(a) 阳极型； (b) 阴极型； (c) 混合型

缓蚀剂有各种各样，有不同的代号，在不同场合应用。例如蓝 5(其主要组分为乌洛托品)、苯胺、硫氰酸钠，是碳钢、铜合金在硝酸中的缓蚀剂。表 7.2 列出某些作为缓蚀剂的化合物及它们的应用范围，这是大致划分，应用时还应考虑金属对象。常用的酸性缓蚀剂是相当毒的危险品。某些取代的 N-芳香基吡咯，如 1-苯基-2,5-二甲基吡咯，不仅具有好的缓蚀性，而且毒性小，对环保有好处。

2. 缓蚀剂的评选

缓蚀剂有着明显的选择性，例如对钢铁高效的缓蚀剂对铜的效果并不好，而对铜有高效的对钢铁的效果却差。金属不同，介质不同，适用的缓蚀剂可能不同。中性水介质多用无机缓蚀剂，以氧化膜型和沉淀膜型为主。在酸性介质中多用有机缓蚀剂，以吸附型为主。不但要选出缓蚀剂品种，还要确定其用量；有时不同类型的缓蚀剂配合使用，效果更好。因此，必须对缓蚀剂进行评选。

缓蚀剂的缓蚀效率可用下列公式表示。

$$\varepsilon = \frac{v_0 - v}{v_0} \times 100\% \tag{7.22}$$

式中：ε 为缓蚀效率，v_0、v 分别为无缓蚀剂、有缓蚀剂时试样的腐蚀速度，常以 $g \cdot m^{-2} \cdot h^{-1}$ 为单位。

目前选择缓蚀剂还没有一个完整的理论依据，主要靠大量的筛选工作，筛选方法有以下几种：① 失重法求腐蚀速度再计算缓蚀效率。② 容量法(只用于析氢腐蚀)，即用单位时间内单位试样表面所析出的氢的体积表示腐蚀速度,再从腐蚀速度计算缓蚀效率。③电化学方法,可用线性极化法或极化曲线外延法求腐蚀电流。此外,通过测微分电容可以了解缓蚀剂在电极表面上的吸附机理,吸附、脱附的电位范围以及吸附覆盖度,进而判断缓蚀剂的吸附能力。

表7.2 按应用范围分类的缓蚀剂

适用范围	缓蚀剂名称
酸性介质溶液	醛、炔醇、胺、季胺盐、硫杂环化合物(吡啶、奎啉、页氮)、咪唑啉、亚砜、松香胺、乌洛托品、酰胺、若丁
碱性介质溶液	硅酸钠、8-羟基喹啉、间苯二酚、铬酸盐
中性溶液	多磷酸盐、铬酸盐、硅酸盐、碳酸盐、亚硝酸盐、苯并三唑、2-硫醇苯并噻唑、亚硫酸钠、氨水、肼、环己胺、烷基胺、苯甲酸钠
盐水溶液	磷酸盐+铬酸盐、多磷酸盐、铬酸盐+重碳酸盐、重铬酸盐
气相腐蚀介质	亚硝酸二环己胺、碳酸环己胺、亚硝酸二异丙胺
混凝土中	铬酸盐、硅酸盐、多磷酸盐
微生物环境	烷基胺、氯化酚盐、苄基季胺盐、2-硫醇苯并噻唑
防冻剂	铬酸盐、磷酸盐
采油炼油化学工厂	烷基胺、二胺、脂肪酸盐、松香胺、季胺盐、酰胺、氨水、氢氧化钠、咪唑啉、吗啉、酰胺的巨氧乙烯化合物、磺酸盐、多磷酸锌盐
油、气输送管线及油船	烷基胺、二胺、酰胺、亚硝酸盐、铬酸盐、有机重磷酸盐、氨水、碱

三、电化学保护

电化学保护分为阴极保护和阳极保护两种。

1. 阴极保护

阴极保护是在被保护的金属表面通入足够大的阴极电流,使其电位变负,从而抑制金属表面上腐蚀电池阳极的溶解速度。图7.16所示的极化曲线可以说明阴极保护的原理,未进行阴极保护时,金属以 I_{corr} 速度不断溶解。当往金属输入阴极电流时,金属发生阴极极化,金属的电位从 E_{corr} 负移至 E',这时总的阴极极化电流由两部分组成,一部分由腐蚀电池提供(AB段),另一部分是外加的(BC段)。这表明金属的电位移到 E' 时,金属仍有与 AB 段相等的腐蚀电流存

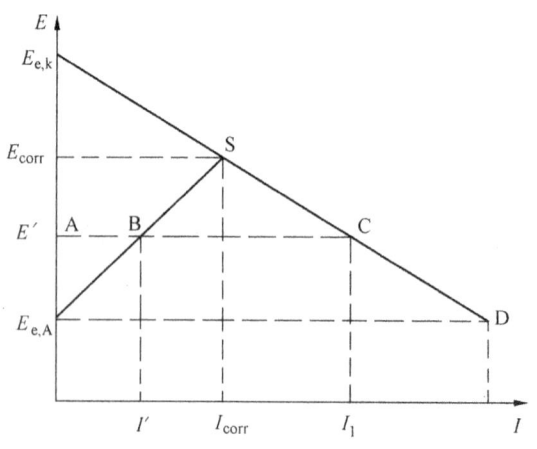

图7.16 用极化曲线说明阴极保护的原理

在,即腐蚀速度变小而没有完全停止。当输入电流使金属的电位负移到 $E_{e,A}$ 时,即等于金属的平衡电位时,外加电流便足以使金属完全停止腐蚀,使金属得到完全保护。

使金属达到完全保护所需的最小电流密度称最小保护电流密度,相应的电位称为最小保护电位。实际上要得到满意的保护效果,选用的保护电位总是低于腐蚀电池的阳极的平衡电位。为了达到必要的保护电位,要通过控制保护电流密度来实现。表 7.3 列出了某些金属和合金在海水和土壤中的保护电位。我国制定的标准中,钢质船舶在海水中的保护电位范围为 $-0.75 \sim -0.95$ V(vs Ag/AgCl)。

阴极保护电位不是越负越好。超过规定范围,除浪费电能外,还会引起析氢,导致附近介质 pH 升高,破坏漆膜,甚至引起氢脆。

表 7.3 几种金属和合金的阴极保护电位(V)

金属或合金 \ 参比电极	Cu/CuSO$_4$	Ag/AgCl	Zn
铁和铜:含氧环境	-0.85	-0.80	$+0.25$
缺氧环境	-0.95	-0.90	$+0.15$
铜合金	$-0.5 \sim -0.65$	$-0.45 \sim -0.60$	$+0.6 \sim +0.45$
铝及铝合金	$-0.95 \sim -1.20$	$-0.90 \sim -1.15$	$+0.15 \sim -0.10$
铅	-0.60	-0.55	$+0.5$

阴极保护根据阴极电流的来源又分为牺牲阳极的阴极保护和外加电流的阴极保护两类。牺牲阳极的阴极保护是靠电位较负的金属的溶解来提供阴极电流,一般是用锌合金、铝合金、镁合金。在保护过程中电位较负的金属为阳极,逐渐溶解牺牲掉。在 20 世纪 60 年代及 70 年代初期,船壳的保护大部分是用牺牲阳极。外加电流的阴极保护则靠外部电源提供阴极电流,这时要用钢铁、石墨、高硅铸铁、铅银(2%)合金、镀铂的钛等作阳极,称为辅助阳极。

阴极保护是一种经济而有效的防腐措施,使用范围日益广泛。一些要求在海水、土壤中使用几十年的设备,如船舰、码头、海上石油钻探平台、电缆、地下管道等都要用阴极保护,提高它们的抗蚀能力。图 7.17 表示船体牺牲阳极和外加电流阴极保护。阴极保护所需的电流密度不大,例如我国渤海中平台阴极保护所需的电流密度,水中为 $60 \sim 70$ mA·m^{-2},泥中为 20 mA·m^{-2}。在强酸中不适宜用阴极保护,因为所需的电流密度很大,生产上难以实现。

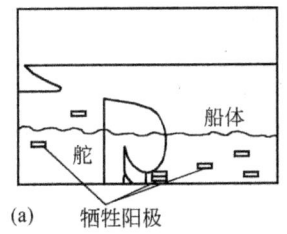
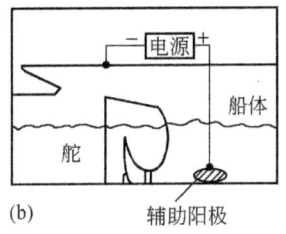

图 7.17 船的电化学保护示意图
(a) 牺牲阳极保护; (b) 外加电流保护

对管道的阴极保护,必须考虑电位和电流分布的均匀性。例如,对埋地钢管实施阴极保护大多采用相隔一定距离的分立位置的辅助阳极,这时邻近阳极的管段的保护电位最负,而两个阳极之间的管段的电位就要正一些。为了改变这种情况,使在受阴极保护的管道上获得均匀的电位分布,采用与管道平行敷设的带状牺牲阳极是一条可行的途径,因为沿着轴线方向的电位分布一定是均匀的。美国已生产出挤压带状镁阳极,近年来国内也研制成功带状镁阳极和锌阳极。

2. 阳极保护

阳极保护是在被保护金属表面通入足够大的阳极电流,使电位变正进入钝化区从而防止金属腐蚀(图7.18)。阳极保护主要用来保护贮存硫酸用的碳钢贮槽、贮存氨水用的碳钢贮槽、生产碳酸氢铵用的碳钢制的碳化塔以及钢制纸浆蒸煮釜。阳极保护的辅助阳极(见图7.19)所用的材料,对浓硫酸可用镀铂电极、高硅铸铁、银等;对稀硫酸可用铝青铜、石墨等;对碱液可用高镍铬合金或普通碳钢。若介质含Cl^-多,就不宜用阳极保护的方法,因此阳极保护的应用是有限的。

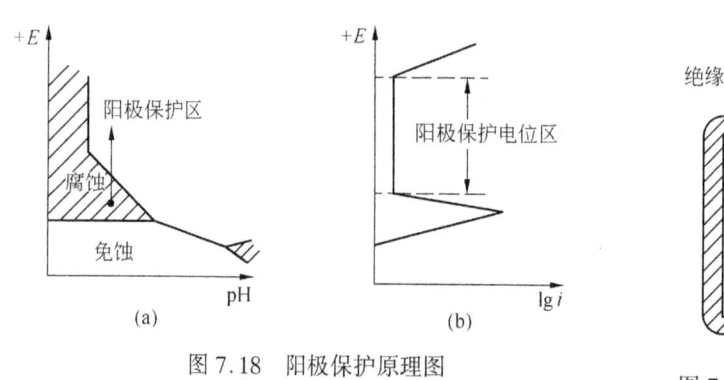

图 7.18 阳极保护原理图
(a) 电位-pH图; (b) 极化曲线

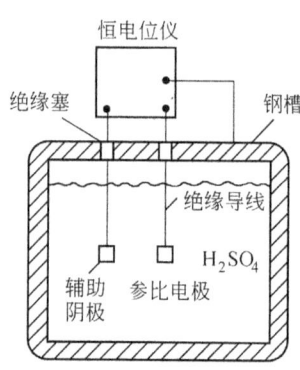

图 7.19 硫酸贮槽的阳极保护

第七节 新型防腐蚀膜层的研究与应用

一、金属防腐新工艺——达克罗

达克罗(DACROMET)又称达克锈、达克膜、迪克龙、锌铬膜,是一种鳞片状锌铝铬盐防护涂层,是当今国际上表面处理的高新技术。由于它的整套工艺采用全过程闭路循环涂覆的方式,因此具有生产过程中将产生的污染物完全控制的特点,所以,达克罗产品又称为环保产品,绿色产品。达克罗技术是20世纪80年代末由美国大洋公司的科学家们首先研制的,90年代中期,日本引进了该技术。我国于近年也引进了该技术。

达克罗的工艺流程为:待处理的金属件→脱脂→除锈(抛丸)→涂覆→预热→烧结→冷却→涂覆→预热→烧结→冷却→成品。涂覆二层达克罗溶液经300℃保温烘烤后,金属表面涂料产生"热融"烧结而形成一种厚薄均匀、色泽一致、附着力强、高度耐腐蚀的薄膜——达克罗涂层。达克罗溶液的主要成分:A组分为醇类、表面活性剂、锌片、铝片;B组分为铬酸、pH缓冲剂、去离子水;C组分为增稠剂。

通常的钝化只是在金属表面形成极薄的钝化膜,而达克罗溶液中无数极细的锌片、铝片($\delta \leqslant 0.002\mu m$)与铬酸钝化反应,经涂覆烘烤后,锌片、铝片及非晶体铬酸化合物的层层叠加,形成了多层钝化膜(见图7.20)。从图7.20可见,达克罗膜中的多层锌片、铝片及铬酸化合物层层覆盖且相互叠加,对金属基体形成强力屏蔽,而且锌片的阳极牺牲作用又受到铝片电化学性质的限制。同时,达克罗膜中铬酸化合物不含结晶水,其抗高温性及加热后的耐蚀性能较之电镀锌有了显著提高。

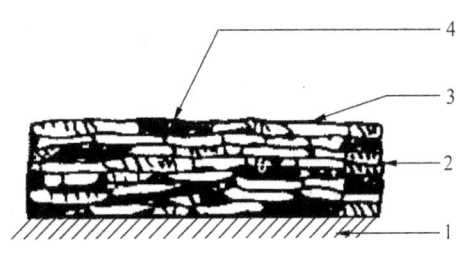

图7.20 达克罗涂层示意图
1.金属基体; 2.$nCrO_3mCr_2O_3$; 3.Zn片; 4.Al片

达克罗涂层为亚光银灰色,层厚度在6~10μm之间,它具有许多优异的特点,主要是:①极强的抗腐蚀性能,为同等涂层电镀锌抗蚀能力的10倍;②无氢脆,特别适用于高强度螺栓和弹簧种类的工件;③渗透性好,因为达克罗涂料是以水作为溶剂的;④高附着性和高亲和性,所生成的复合盐涂层与钢铁基体有良好的附着力(F≥1级);⑤耐高温性,涂层在300℃条件下仍保持它固有耐热性;⑥良好的耐候性,经达克罗处理的金属件在大气环境条件下可达70年不生锈,可以经受二氧化硫、酸雨、烟尘、粉尘的侵蚀。

达克罗技术目前应用于汽车行业较广,随着达克罗技术的进一步推广,应用范围已不断扩大。在电气电子、交通运输、五金工具、石油化工、农业技术、医疗器械、军事工业等方面都可以开发运用达克罗涂层技术。诚然,达克罗产品也存在生产成本较高的弱点,从目前情况看,小部件应用达克罗技术更具有经济性。

二、防腐蚀的导电高分子膜

由于导电高分子膜层不但结合了导电性、环境稳定性及可逆的氧化还原特性等物理化学性能,而且能使金属表面钝化而防腐;其不但对腐蚀介质物理隔离,而且能有效的把金属腐蚀限制在膜基界面上,并改变金属的腐蚀电位,所以人们对导电高分子膜层防腐产生了兴趣。而在导电高分子中,以聚苯胺(PAN)、聚吡咯(PPy)、聚噻吩(PT)及其衍生物为主,所以它们成为金属防腐膜层的主要研究对象。

导电高分子膜层主要用电化学法、化学法合成制备。由于电化学法把导电高分子的合成与成膜一次完成,所以电化学法制备导电高分子膜简单易行。电化学合成聚苯胺主要在 0.1~2mol·L^{-1} H_2SO_4 与 0.1~0.3 mol·L^{-1} 苯胺或 0.1~0.5 mol·L^{-1} 草酸与 0.1~0.3 mol·L^{-1} 苯胺条件下进行。电化学合成聚吡咯膜可采用 0.25 mol·L^{-1} 吡咯 -0.1 mol·L^{-1} $LiClO_4$ 电解液。电化学合成导电高分子膜层时,主要的添加剂为硫酸、草酸、高氯酸、对甲基苯磺酸及其盐。

在制备导电高分子膜过程中,电极材料、溶剂、电解质、含氧量、含水量、电流密度都影响薄膜的性能。例如聚苯胺膜层、聚吡咯层在防腐时主要使金属表面钝化,提高腐蚀电位,它们的防腐性能主要受到制备工艺、膜的结合强度、添加剂及前处理有关。

导电高分子防腐研究仍处在实验阶段,其应用有待进一步推广。若把导电高分子膜层的加工成本与其它成熟工艺进行比较,将会引起企业对导电高分子膜层防腐的关注。目前,导电高分子膜在防腐领域的应用研究主要在钢铁、铜、铝、钛等金属上。随着镁合金研究的发展,导电高分子膜在镁合金基体上的防腐研究也已开始。今后研究方向的特点:在可溶解单体的有机溶剂中制备导电高分子膜层;用有取代基的多分子单体制备导电高分子膜层;开发弥散导电高分子的复合防腐膜层;处理含有导电高分子的多层功能防腐膜层。

三、自组装膜技术在金属防腐蚀中的应用

20世纪90年代初拉开了自组装膜技术用于金属防腐研究的序幕。所谓自组装(Self-assembly,SA)乃指靠自发的化学吸附或化学反应形成有序分子膜的过程,所形成的膜称为自组装单分子层膜(Self-Assembled monolayers,SAM)。在已报道的SAM体系中,有关硫醇、二硫化物、硫酚等含有巯基的化合物在Au、Ag、Cu、Hg的表面形成的SAM的研究最为广泛和深入。

自组装的基本方法是:将基片浸入到含有活性物质的溶液或活性物质的蒸气中,活性物质在基片表面发生自发的化学反应,在基底上形成化学键连接的二维有序结构(见图7.21)。自组装膜技术在润滑、防腐蚀、催化、刻蚀、非线性光学、分子器件、分子生物学、电子转移等方面都具有广泛的

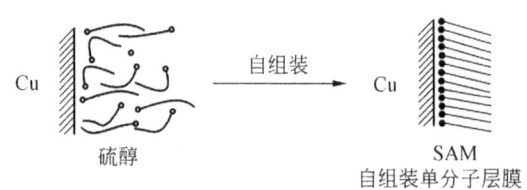

图7.21 自组装单分子层膜的形成过程示意图
圆圈表示硫醇的巯基,弯线表示硫醇的烷基链

应用前景。在防腐蚀方面,例如硫醇类缓蚀剂的自组装膜对Cu、Au、Fe等金属有相当好的保作用。此外,邻氨基苯硫酚对Ni在3%NaCl中,也具有良好的缓蚀作用。

将SAM应用于金属的防腐蚀,具有许多其它方法所不具备的优点:自组装膜的形成是一个自发的化学吸附过程,自组装膜与金属表面具有很强的粘合力,被保护的金属不论任何形状均可以形成自组装膜,自组装膜的厚度在纳米数量级并可通过选择吸附剂方便地加以控制。自组装膜对金属的保护并不改变金属的外观,这对铜的文物的保护具有特别重要的意义。此外,形成的自组装膜密集、处于液晶态,自组装膜的化学组成可通过设计和合成吸附剂来改变其尾基,自组装膜可以用X光电子能谱和其他表面分析技术测定其化学状态和金属表面的物种组成。

四、化学修饰与电化学修饰防腐膜

近年来发现在金属表面进行化学修饰或电化学修饰,明显改善金属的耐腐蚀性能,这是提高耐蚀性的新方法。例如工业纯铁在4×10^{-6} mol·L^{-1}四苯基卟啉的丙酮-水溶液(pH 2.3~3.3)中,25℃下在-0.9~1.3 V(vs Pt)范围内,以76.6 mV·s^{-1}阳极扫描60次,铁表面形成一层与基体结合牢固、均匀的淡黄色修饰膜。若直接把工业纯铁放在上述四苯基卟啉溶液中,也能形成修饰膜。无论化学或电化学修饰了的铁,在酸性溶液中的耐蚀性均被提高。试样在硫酸溶液和盐酸溶液中浸泡24小时后,用方波电位法测定腐蚀电阻列于表7.4。从表可见,修饰后工业纯铁的R_p比未修饰前的R_p大得多。在0.5 mol·L^{-1}盐酸溶液中电化学修饰的工业纯铁的R_p最大。修饰后的铁与卟啉形成了金属有机配合物,在盐酸溶液中形成的卟啉配合物更稳定,因而耐蚀性高。

表 7.4 修饰前后工业纯铁的腐蚀电阻

试 样	$R_p(0.5\ mol\cdot L^{-1}\ HCl)/\Omega\cdot cm^2$	$R_p(0.5\ mol\cdot L^{-1}\ H_2SO_4)/\Omega\cdot cm^2$
工业纯铁	45	60
化学修饰的工业纯铁	330	390
电化学修饰的工业纯铁	1300	520

五、光催化 TiO_2 涂层在金属防腐蚀中的应用

以半导体 TiO_2 为基础的光催化技术具有安全、节能等很多优点,在环境保护、水质处理、有机物降解等方面有重要的应用,已经受到各国科学家的广泛重视。光催化 TiO_2 涂层在金属防腐蚀方面的应用研究刚刚起步,理论上 TiO_2 本身可以作为永久性的光催化防腐蚀层,对涂层致密性的要求也不是很高,而且涂层本身还具有自清洁的效果。但是,必须在有光的状态下 TiO_2 涂层才能发挥作用。诚然,TiO_2 涂层离防腐蚀的实际应用还有一段的距离。

研究表明,光照下 TiO_2 涂层对铜和不锈钢有良好的防腐蚀效果。在 400~700℃ 热处理过的 TiO_2 涂层对铜基底表现出显著的光效应,光电势远低于铜的腐蚀电势(见图 7.22)。在 0.01%~5%NaCl 溶液中,覆盖了 TiO_2 涂层的不锈钢电极的开路光电位保持稳定,表明该涂层能保护基底免遭腐蚀。

为了克服在有光时 TiO_2 涂层才能发挥防腐蚀作用的弱点,日本学者设计了 WO_3-TiO_2 复合防腐蚀涂层,其中的 WO_3 可以"储存"电子,当光被关闭时,在 WO_3 涂层中"储存"的电子注入到金属中使金属得到保护。从图 7.23 可以看出,光照时表面有 TiO_2 涂层的不锈钢电极的电位为 -0.4V,可以对不锈钢起到保护作用,当闭光后几分钟内电位升高到不锈钢的腐蚀电位(-0.1~0V);相对地,有 WO_3-TiO_2 复合涂层的不锈钢在闭光后数小时内电位可以保持在腐蚀电位以下,表明在闭光后 WO_3-TiO_2 复合涂层仍对不锈钢具有保护作用。

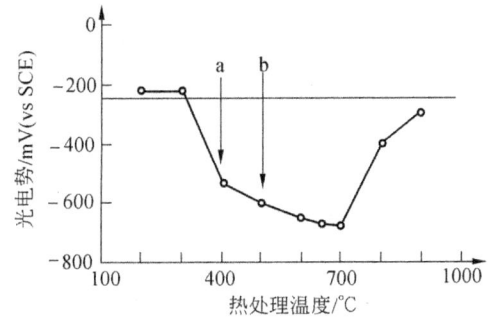

图 7.22 Cu 电极表面 TiO_2 涂层的热处理温度与光电势的关系

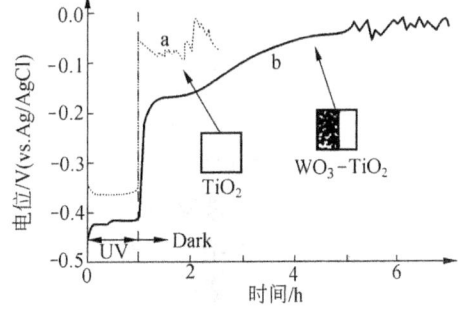

图 7.23 304 不锈钢表面 TiO_2 涂层及 WO_3-TiO_2 复合涂层在有光和无光时的电位与时间的关系

第八章 电解冶金及有关功能材料的制取

第一节 电解制取金属及合金材料的重要意义和电解冶金的分类

金属和合金材料在国民经济中具有很重要的地位,工农业、国防、科学技术、以及民用,都要用到金属材料。因此,金属冶炼与合金材料的制取是必不可少的。在自然界中除个别贵金属元素外,金属元素都是以化合物存在。金属化合物还原为金属一般采用两种方法:① 热还原法,用还原剂如碳、氢、镁、钠在一定温度下把金属化合物还原为金属;② 电解法,包括电解提取(或称电解生产)、电解精炼以及粉末金属的制取。

电解法制取金属的优点:① 还原能力强,用还原剂方法不能还原的活泼金属如钠,电解是其惟一的制备方法;② 不用还原剂,引入杂质较少,可获纯度较高的金属;③ 与火法冶金相比,水溶液电解放入大气中的烟尘和废气较少,有利于环境保护。因此,已有不少金属采用电解法进行生产或精炼,电解法制取金属和合金的品种不断增加。

电解冶金方法通常分为水溶液电解和熔盐电解两种。水溶液电解大多数是电解金属氯化物或硫酸盐的水溶液,电流效率高和操作条件较简单。但是对于一些活泼金属,例如碱金属、碱土金属、稀土金属、铝、钛等,由于电解时易析出氢,难以得到这些金属,故常采用熔盐体系来电解制取活泼金属。在有机溶剂电解液中也可电沉积某些活泼金属及合金。

上述的金属电解提取、电解精炼和粉末金属的制取都属于金属电沉积;电镀也是金属电沉积的一种,但因属于表面处理,对其有特殊要求,将在下一章讨论。

电解提取:矿物经化学处理,制成氧化物或盐类,进行电解以制取金属。例如电解提取铜,其主要流程为铜精矿焙烧→焙烧产物(氧化铜、硫酸铜)的稀硫酸浸出和净化→硫酸铜溶液→电沉积铜。电解时使用不溶性阳极,氯化物溶液常用石墨阳极,硫酸盐溶液常用铅或铅合金阳极。近年来在氯化物溶液中逐步用钛钌阳极代替石墨阳极,以降低电能消耗,提高产物质量。

电解精炼:利用电解方法将含有杂质的金属进行提纯。把被精炼的金属作阳极,欲制取的纯金属或不被电解液腐蚀的其他金属作阴极,在适当的电解液中进行电解。阳极上电位正于被精炼金属的杂质仍然留在电极上或成为粉末状沉淀,称为阳极泥。其他电位比被精炼金属更负的杂质金属,则与被精炼的金属一起溶到电解液中,但只有被精炼的金属才能沉积在阴极上。例如铜的电解精炼以粗铜作阳极,纯铜作阴极,电解液为酸性硫酸铜溶液,在阴极上析出纯铜。

电解制取金属粉末:在粉末冶金、有机合成等方面都要用到金属粉末。电解方法制造金属粉末可有效地代替其他方法(如化学法、机械法)。生产要求金属粉末有一定大小的粒度和一定的纯度,并且牢固地粘附在阴极上,以便不断将产物取出来。锌粉、铅粉、铜粉、铁粉、镍粉、钴粉都可用这种方法生产。

电解提取与电解精炼是电解法制备金属的两种主要方法，两者在原理和工艺上有许多共同之处，而其主要区别为：

(1) 电解精炼时阳极是可溶的，阳极反应为金属溶解，阴极反应为金属沉积，例如铜电解精炼：$Cu = Cu^{2+} + 2e$（阳极），$Cu^{2+} + 2e = Cu$（阴极）。电解提取采用不溶性阳极，阳极反应是析出气体，阴极反应为金属沉积，例如 $2H_2O = 4H^+ + O_2 + 4e$，$Cu^{2+} + 2e = Cu$。

(2) 电解提取的电能主要消耗在化合物的分解，而电解精炼的电能主要用于克服电阻。因此，电解提取的电能消耗比电解精炼往往高出 10 倍以上，例如铜精炼，每公斤铜消耗 0.23~0.27 度电，而电解提取铜，每公斤铜消耗 2.1~3.2 度电。

(3) 电解精炼时一切条件比较稳定，电解液的浓度、酸度变化不会很大，因此易得到均一的沉积物。电解提取时金属离子含量不断变化，如不加以控制，电解过程中各阶段的阴极沉积物性质可能各不相同。

元素周期表中几乎所有金属都可以用水溶液或熔盐电解方法来制取，但目前已能进行工业生产的金属并不多。可用熔盐电解提取的金属有铝、镁、钠、锂、钾、钙、锶、钡、铍、钍、铀、铈、镧、混合稀土、钛、锆、铪、钽、铌、钼等，熔盐电解精炼的有铝、钛、钒等。可用水溶液电解提取的有锌、铜、钴、镍、银、铁、铬、锰、锑、铅、锡、镓、铟等；电解精炼的有铜、镍、钴、锡、铅、银、金等。电解提取产量最多的是铝，熔盐电解法是其惟一的生产方法；其次是锌，电解产量占总产量半数以上；铜居第三，但电解产量占总产量的小部分。制备纯度较高的铜、镍、银，主要采用电解精炼。

近年来新发展起来的功能材料，多半是金属间化合物。表 8.1 列出某些金属间化合物功能材料的应用领域和实例，表中所列金属间化合物或制造这些化合物的原料，大多数可用电解方法制取。

表 8.1 某些金属间化合物功能材料的应用领域及实例

应用领域	化合物名称（示例）	应用实例
磁性材料	$SmCo_5$，$Nd_2Fe_{14}B$	磁电机、仪表、微波通讯
储氢材料	Mg_2Al，$LaNi_5$	贮氢，金属氢化物，镍电池
太阳能材料	$GaAs$，$CdTe$	太阳能电池、光敏元件
原子能工程材料	UAl_4，Zr_3Al	核燃料、中子吸收
表面工程材料	WC，TiB_2	耐酸、耐磨、耐蚀表面改性
形状记忆材料	$NiTi$，Cu_3Al	卫星天线、自动控制元件
生物材料	Ag_3Sn，Cu_6Sn_5	牙科材料
光学材料	$GdGeAs_2$，$CoCr_2S_4$	非线性光学材料
敏感功能材料	SiC	温度传感器
	$HgCr_2Se_4$	微波传感器
电子发射材料	LaB_5	阴极材料

纳米材料是受到人们极大关注的新型领域。所谓纳米材料，乃指物质以纳米结构按一定方式组装成的体系，或纳米结构排列于一定基体中分散形成的体系。按物质类别，纳米材料可分为金属纳米材料、半导体纳米材料、纳米陶瓷材料、有机－无机纳米复合材料及纳米介孔固体与介孔复合体材料等。纳米材料在电子、精细化工、石油化工、生物医

学、建材、环境、军事等领域都得到应用,而且应用前景很广阔。有关金属纳米材料的应用诸如:纳米镍基合金可以有效地抑制晶间应力腐蚀;镍－铜纳米合金具有优异的耐海水、酸、碱、氧化、还原性气体腐蚀的特性;镍－钼纳米合金具有良好的析氢电催化活性;纳米镍基合金以及许多稀土合金具有极大的比表面积和良好的储氢性能;纳米晶体磁性材料具有十分特别的磁学性能,即随晶粒尺寸的减小而磁饱和强度增大,因而用它制成的磁记录介质材料的音质图象记录密度信躁比等均很好。

第二节 金属的电结晶

根据生产需要,对金属的电结晶有不同的要求。电镀工业要求获得致密平整的镀层;电解生产粉末状金属,要求沉积物有一定的粒度;金属的电解精炼与电解提取,力求避免发生树枝状结晶,以免造成电极间短路和操作困难。因此,必须了解金属电结晶过程及影响电结晶的因素,以指导生产实践。

一、金属电结晶过程

金属电结晶可在原有的晶体上生长,也可先形成晶核,然后再继续长大。金属离子在过电位很小的情况下还原,新晶核形成的速度很小,主要是在基体金属的晶格上继续长大。

图 8.1 表示一个理想晶体未完成的晶面上的生长的模型。晶面上占有不同位置的金属原子具有不同的能量,图中 a(在晶面),b(在台阶),c(在结点)的能量依次减少。只从能量来看,似乎金属离子在 c 点放电是最可能的(图中过程 4)。但金属离子直接在 c 点还原要剥去大量水化膜,需要很大的活化能,因此它发生的可能性很小。如果金属离子在 a 点还原,水化膜剥离最少,变形最少,所需活化能最小。例如在零电荷电位时,Ag^+ 还原为 Ag,在晶面放电的活化能为 $41.8\ kJ\cdot mol^{-1}$,在台阶放电的活化能为 $87.9\ kJ\cdot mol^{-1}$,在结点放电的活化能为 $146\ kJ\cdot mol^{-1}$。

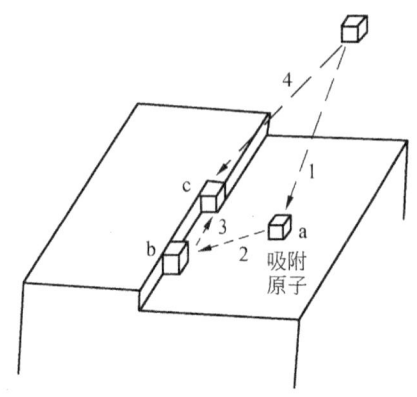

图 8.1 电结晶过程几种可能的历程

因此,金属电结晶过程将是金属离子在晶面上放电,形成吸附原子(过程 1),吸附原子进行表面扩散,即从晶面到台阶(过程 2),再到结点(过程 3),同时逐步脱去水化膜。

二、结晶过电位

1. 由表面扩散迟缓引起的结晶过电位

如果表面扩散即结晶步骤对电极过程起控制作用,将使电极上吸附原子的浓度 $c_{吸}$ 超过平衡时的浓度 $c_{吸}^0$,这时就会引起结晶过电位。假定吸附原子的表面覆盖度 $\theta \ll 1$,则结晶过电位为:

$$\eta_{结晶} = \frac{RT}{nF}\ln\frac{c_{吸}}{c_{吸}^0} = \frac{RT}{nF}\ln\left(1 + \frac{\Delta c_{吸}}{c_{吸}^0}\right) \tag{8.1}$$

式中 $\Delta c_{吸} = c_{吸} - c_{吸}^0$，当结晶过电位很小时，可近似表示为：

$$\eta_{结晶} = \frac{RT\Delta c_{吸}}{nFc_{吸}^0} \tag{8.2}$$

如果电荷转移步骤和结晶步骤同时起控制作用，达到稳态后电流密度与过电位的关系可表示为

$$i = i^0\left[\frac{c'' - c_{吸}}{c'' - c_{吸}^0}\exp\left(\frac{\alpha nF\eta_K}{RT}\right) - \frac{c_{吸}}{c_{吸}^0}\exp\left(-\frac{\beta nF\eta_K}{RT}\right)\right] \tag{8.3}$$

式中：c'' 为相当于 $\theta = 1$ 时吸附原子表面浓度，i^0 为电荷转移步骤交换的电流密度。在平衡电位附近，即当 $\eta_K \ll RT/\alpha nF$ 时，可忽略指数项展开式中的高次项，若此时 $c'' \gg c_{吸}$（即 $\theta_{吸}^0 \ll 1$），则近似有 $(c''-c_{吸})/(c''-c_{吸}^0) \approx 1$，及 $\Delta c_{吸}/c_{吸}^0 \ll 1$，于是上式可简化为

$$\eta_K = \frac{RT}{nF}\left(\frac{i}{i^0} + \frac{\Delta c_{吸}}{c_{吸}^0}\right) \tag{8.4}$$

上式表明这时的过电位等于电荷转移步骤和结晶步骤分别引起的过电位之和。

为求结晶过电位，必须知道 $c_{吸}$ 和 $c_{吸}^0$，通过恒电流极化的电位-时间曲线可解决这个问题。例如在恒电流极化时，当 $c_{吸} > c_{吸}^0$，可推出

$$\ln(\eta_\infty - \eta_K) = \ln\frac{iRT}{n^2F^2Kc_{吸}^0} - Kt \tag{8.5}$$

式中 η_∞ 为 $t \to \infty$ 时的过电位，K 为表面扩散系数。作 $\log(\eta_\infty - \eta_K)$ 对 t 图，从斜率可求出 K，从截距和 K 可求出 $c_{吸}^0$。用此法求出银沉积时的 $c_{吸}^0$ 约为 $10^{-11}\,\mathrm{mol\cdot cm^{-2}}$。$K$ 值则随电流密度增加而增大，例如 $i = 4.5\,\mathrm{mA\cdot cm^{-2}}$ 时 $1/K = 324\,\mu\mathrm{s}$；$i = 62.6\,\mathrm{mA\cdot cm^{-2}}$ 时 $1/K = 22\,\mu\mathrm{s}$。因此随着 i 增加，表面扩散越来越快；控制电极过程的步骤，将由表面扩散步骤变为放电步骤。

2. 晶核形成与过电位关系

在理想平整的晶面上不存在生长点，因此晶体继续生长必须有新的晶核。

在溶液中三维晶核的形成，只有当溶液达到某一过饱和程度才能实现。对于电结晶过程，像在饱和溶液中不能形成晶核那样，在平衡状态的电极上也不能形成金属晶核，只有电极电位偏离平衡值时金属晶核方能形成，因此可认为处在平衡电位的状况相当于饱和溶液，过电位相当于过饱和度，阴极极化越大，晶核形成越容易。三维晶核的形成速度 N 与过电位有如下关系：

$$N = a\exp\left(-\frac{b}{\eta_K^2}\right) \tag{8.6}$$

式中 a,b 均为常数。由此可见，随着 η_K 增大，新晶核的形成速度迅速增加。

二维晶核的形成速度与过电位也有类似关系：

$$N = a'\exp\left(-\frac{b'}{\eta_K}\right) \tag{8.7}$$

由上可知金属结晶的极化是由三维晶核形成、二维晶核形成和表面扩散迟缓而产生的。在实际结晶过程中，随着电解时间、电流密度、金属本性、溶液组成、添加剂、温度、搅

拌和晶面缺陷等因素的影响,其中一种或两种极化占优势而决定整个极化过程的特征。表面扩散所引起的极化被认为是最重要的一种,通常把这种极化引起的过电位称为结晶过电位。

三、影响电极金属结晶生长的因素

金属电解生产中沉积物大多数是多晶的。它的形成过程主要有两步,即晶核的形成和晶核的长大。晶核的形成受过电位影响很大。过电位大,晶核形成速度快,生长的晶体来不及长大,结晶就细小;反之,过电位小,结晶就粗大。因此各种电解条件的影响主要看过电位的作用而定,这是主要方面。但是各种工艺条件的影响也有特殊性,有些因素的影响也不能完全用过电位来解释。

1. 金属本性及离子价态

在水溶液中从简单盐溶液析出金属颗粒的粗细,可以根据交换电流密度的大小把金属分成三组。第一组:交换电流密度比较大,$10^{-1} \sim 10^{-3}$ A·cm^{-2},例如 Pb,Cd,Sn,它们沉积时过电位很小(10^{-3}V),沉积物颗粒粗大,其平均线性大小$\geqslant 10^{-3}$ cm。第二组:交换电流密度为 $10^{-4} \sim 10^{-5}$ A·cm^{-2},相应的过电位约为 $10^{-2} \sim 10^{-1}$V,例如 Bi,Cu,Zn,所得结晶颗粒大小为 $10^{-3} \sim 10^{-4}$ cm。第三组:交换电流为 $10^{-8} \sim 10^{-9}$ A·cm^{-2},过电位$\geqslant 10^{-1}$V,例如铁、钴、镍,这组金属通常以细密的沉积物析出。因此,根据交换电流大小,可以预计颗粒的粗细。

离子价态对沉积物结构亦有影响,如 Pb^{4+} 沉积的铅呈海绵状,Pb^{2+} 沉积的铅为大结晶;用 CrO_3 沉积的铬是光亮的,而 Cr^{3+} 沉积的铬是粗大的结晶。

2. 电解液组成

电解液成分(除主盐金属离子外)通常包括阴离子、不参加电还原的惰性阳离子、络合剂、有机添加剂等,这些成分对电结晶有影响。

在简单盐溶液中析出金属时发现,阴离子对过电位的影响随下列顺序而减少:
$$PO_4^{3-} > NO_3^- > SO_4^{2-} > ClO_4^- > Cl^- > Br^- > I^-$$
析出金属颗粒的线性大小也随这个顺序增大。

有惰性阳离子存在时,可以增加金属析出的过电位。这种效应在析出镍、锌、铜和其他金属时,都能观察到。在冶金电解生产中,最常见的局外离子是氢离子。增加 H^+ 离子浓度,常使析出金属离子的过电位增大。在用电解法制取粉末金属时,常使用高酸度溶液。电镀中添加惰性阳离子有利于得到细密结晶。

与简单盐溶液相比,络合物的加入常使金属离子析出电位明显负移。在电镀工业中,为了得到致密的金属镀层,对于一些析出电位较正的金属经常加入络合物。在冶金电解工业中,较少使用络合物;但在某些电解体系中,例如硫化钠浸出锑时,生成的硫代酸根络离子可直接进行电解生产金属锑。

实验表明,在电沉积过程中加入少量有机添加剂,可以改变沉积物的结构,这些有机物含有 O,S,N 等原子,如动物胶、硫脲、丁炔二醇、硫代氨基脲等,它们能吸附在电极表面上,改变双电层结构,使极化增加,因此会使结晶变细。

3. 金属离子浓度和电流密度

在一定浓度范围内,晶核产生的数目与电流密度、析出金属离子浓度的关系可用下式表示:

$$N = a + b\log\frac{i}{c} \tag{8.8}$$

上式表明,随着电流密度的增加和离子浓度的减少,皆使晶核的数目增加,因而可获得细小的结晶。例如对银的析出,可获得上式的关系。当 Ag^+ 离子浓度很低时,形成较细小的结晶;当 Ag^+ 离子浓度高达 $0.5\sim1.0\ mol\cdot L^{-1}$ 时,则在单晶面上形成 $1\sim3$ 个银晶体。

4.温度和搅拌

温度上升,结晶变得粗大,这是因为极化减少以及有机添加剂的脱附。温度过高还会带来其他问题,因而应结合具体对象来选择温度。搅拌,使电解液流动,减少浓差极化,可在较高电流密度下防止树枝状、海绵状沉积物的生成及氢的析出。

5.晶体缺陷对电结晶的影响

如果晶核在一平面上形成,并且沿着这一平面成长,这就是二维晶核的形成与成长。然而在大多数实际晶体生长过程中,发现晶体生长可以连续发展下去而不必再度形成二维晶核,这种生长方式叫螺旋错位。因为实际晶面常有隆起的台阶,只要有原子层大小的台阶就足以引起螺旋错位,并由此形成块状和层状(图8.2)。螺旋错位也可以发生类似图8.3所示的生长,在平面上螺旋不断上升似一座山,在银的析出时可观察到这样的生长。晶面上也可以出现两条以上的螺旋线,出现两个左右旋转的螺旋平面和上升。

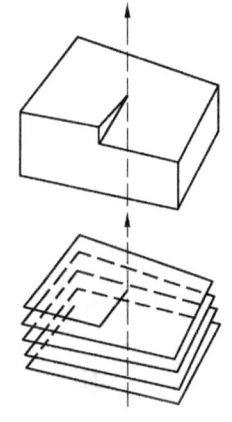
图8.2 原子层螺旋错位形成的块状和层状晶体

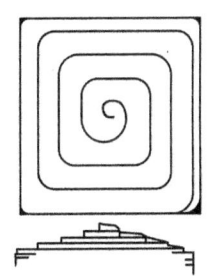
图8.3 螺旋生长平面和上升示意图

实际上晶体的生长是很复杂的,形态也有各种各样,常见者有锥状、层状、粒状、螺脊状、立体层状、螺旋状、须状、树枝状、纤维状。

第三节 水溶液电解提取

一、水溶液中金属电沉积的基本原则

在水溶液中电沉积金属时,或多或少总会有其他阳离子在阴极上还原。最常见的是氢离子放电,溶液中其他金属离子(杂质)也可能在阴极上析出。水溶液电解冶金必须考虑氢离子的放电问题,因为氢离子放电会降低电流效率,改变沉积物的结晶形式。阳离子放电时的电位近似地由下式决定。

$$E = E^\circ + \frac{RT}{nF}\ln c - \eta_K \tag{8.9}$$

一般来说标准电位 E° 是一个比较重要的因素。例如 Na/Na^+ 的 E° 为 $-2.713\ V$，而 H_2/H^+ 的 E° 为 $0\ V$，因此在惰性阴极上电解钠盐的水溶液时，只能在阴极上析出氢。浓度 c 固然可改变 E，但其影响不很大。过电位 η_K 却受电流密度、电极材料等因素的影响产生较大的变化，尤以氢电极为显著，正因为如此，就使得 E° 比氢负的金属也能在水溶液中电沉积。下面举例说明之。

电解生产锌时，溶液中锌的含量约为 $1\ mol\cdot L^{-1}$，H^+ 约为 $2\ mol\cdot L^{-1}$，阴极材料是锌（开始是铝，但通电后沉积了锌），电流密度约为 $500\ A\cdot m^{-2}$。已知在此条件下氢析出的过电位为 $0.926\ V$，锌析出的过电位为 $0.1\ V$，于是 $25℃$ 时氢析出的电位和锌析出的电位为

$$E_{氢} = 0 + 0.05916\lg 2 - 0.926 = -0.908\ V$$

$$E_{锌} = -0.763 + \frac{0.05916}{2}\lg 1 - 0.1 = -0.863\ V$$

由于 $E_{锌}$ 比 $E_{氢}$ 正，所以 Zn^{2+} 首先在阴极上放电。在这里 $E_{锌}$ 与 $E_{氢}$ 较接近，因此必须适当控制电解条件，尽量减少氢的析出。

除第八族铁、钴、镍元素外，一价或二价金属在其简单盐溶液中电沉积的过电位是较小的。例如在 $25℃$，$0.5\ mol\cdot L^{-1}$ 硫酸溶液（pH 为 $3.0\sim 3.5$）中，测得在电流密度为 $200\ A\cdot m^{-2}$ 时，镍、钴、铁析出的过电位依次为 662、255、202 mV；铜、锌、镉分别为 86、64、23 mV；铊和锡则为 17、16 mV。

氢在金属上析出的过电位一般都较大，而且随电极材料的不同有明显的变化。随电流密度的增加而增大，见表 8.2。

表 8.2 氢在某些电流密度下不同金属上的过电位/V

电极材料 \ 电流密度/$A\cdot m^{-2}$	100	500	1000	2000	5000
Al	0.826	0.968	1.066	1.176	1.237
Zn	0.746	0.926	1.064	1.168	1.201
Pt	0.068	0.186	0.288	0.355	0.573
Au	0.390	0.507	0.588	0.688	0.770
Ag	0.762	0.830	0.875	0.940	1.030
Cu	0.584	—	0.801	0.988	1.186
Bi	1.05	1.14	1.15	1.20	1.21
Sn	1.077	1.185	1.223	1.234	1.238
Pb	1.09	1.168	1.179	1.217	1.235
Cd	1.134	1.211	1.216	1.228	1.246
Ni	0.747	0.890	1.048	1.130	1.208
Fe	0.557	0.700	0.818	0.985	

由于氢析出的过电位比金属析出的过电位大，因此 $E^\circ > 0$（相对于标准氢电极）的金属，只要其离子浓度不太低，则总是首先在阴极上沉积，例如铜、银、金。而 $E^\circ < 0$ 的金属，只要 E° 不太负，则选择适当的电解条件，也能从水溶液中电沉积出来，如锌、镉、铟、锡、铅等。

有多种金属同时存在时,哪一种离子首先放电?在制取纯金属时,这是涉及杂质放电的问题。可用(8.9)式来讨论离子放电的先后,但实际上测定极化曲线更能说明问题。例如在电解精炼铜溶液中含有砷、锑、铋等杂质,必须避免它们的析出。图 8.4 是铜、砷阴极沉积的极化曲线。铜和砷都是活化控制,因此砷在沉积物中含量应与温度有关。随着温度升高,铜的极化下降得很多,而砷下降得很少。选择较高温度,有利于抑制砷在阴极上沉积。从极化曲线可见,在析出铜的电位范围内,50 ℃时砷并未析出,而 25 ℃时却可析出砷。

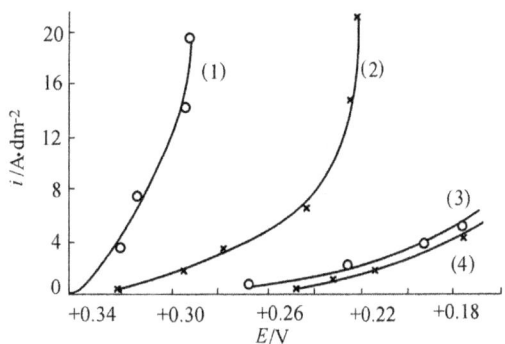

图 8.4 铜、砷阴极沉积的极化曲线
(1) 32 g·L^{-1}Cu,100 g·L^{-1}H$_2$SO$_4$,50℃
(2) 32 g·L^{-1}Cu,100 g·L^{-1}H$_2$SO$_4$,25℃
(3) 7 g·L^{-1}As,100 g·L^{-1}H$_2$SO$_4$,50℃
(4) 7 g·L^{-1}As,100 g·L^{-1}H$_2$SO$_4$,25℃

二、锌和铜的电解提取

当金属离子容易还原为金属时,可在水溶液中使之电解还原,即湿法冶金方法能得到这些金属。锌和铜是水溶液电解提取的两个主要金属,已有大规模工业生产。钴、镍、铬、锰、镉、镓、铊、铟、银和金也可用湿法冶金方法提取,但其电解工艺是小规模。

1. 锌的电解提取

湿法炼锌是生产锌的主要方法,整个生产流程分为五个阶段:

(1) 沸腾焙烧:在沸腾炉内 ZnS 及其他金属硫化物在 850~900 ℃下与氧作用,主要反应为 $2ZnS + 3O_2 = 2ZnO + 2SO_2$。

(2) 浸出:将锌焙砂用稀硫酸溶解,$ZnO + H_2SO_4 = ZnSO_4 + H_2O$。浸出液最终 pH 为 5.2~5.6 之间,高铁、砷和锑的硫酸盐便水解沉淀出来。

(3) 净化:先用锌粉将浸出液的 Cu^{2+} 与 Cd^{2+} 置换出来,再用黄药使 Co^{2+} 成为沉淀物。

(4) 电解:经过上述步骤得到符合要求的硫酸锌溶液供电解用。电解总反应为 $2ZnSO_4 + 2H_2O = 2Zn + 2H_2SO_4 + O_2$。

(5) 熔铸:在低频感应炉中将阴极锌片加热至 450~500 ℃,使之熔化,铸成锌锭。

电解酸性硫酸锌溶液的阴极反应可能有 $Zn^{2+} + 2e = Zn$ 和 $2H^+ + 2e = H_2$;用氢过电位高的金属,如铝做阴极,使阴极反应析出金属锌。往电解液中加入适量的骨胶也能增大氢过电位。电解液存在的杂质如 Cu^{2+}、Fe^{3+}、Co^{2+} 大大降低氢过电位,因而必须除去。

提高电解液中锌离子的含量,降低溶液的酸度,可减少氢的析出和锌的溶解。但是为了提高溶液的电导,必须加入适量的硫酸。

温度升高,氢过电位降低,杂质的危害性增大,析出锌的溶解也增加,使电流效率降低,因此电解温度不宜高。电流密度增加,氢过电位增大,锌的相对溶解也减少,对提高电流效率有利。但在生产实践中,由于提高电流密度,相应要求加快往电解液中补充新液的速度,并要求保证电解液的冷却,因此电流密度不能提得太高。

采用铅做阳极,在电极表面生成 $PbSO_4$ 覆盖铅电极;$PbSO_4$ 继续氧化成为 PbO_2,具有电子导电性。因此电解 $ZnSO_4$ 溶液时,在铅阳极反应为 $H_2O = \frac{1}{2}O_2 + 2H^+ + 2e$。

电解液是 $1.2\ mol \cdot L^{-1}\ H_2SO_4 + 0.5 \sim 1.0\ mol \cdot L^{-1}\ ZnSO_4$,常用的添加剂为硅酸盐或动物胶(例如每生产一吨锌约添加 0.8 公斤骨胶)。电解温度为 40~55 ℃,电流密度为 300~750 $A \cdot m^{-2}$,槽电压约为 3 V。电解所得锌的纯度超过 99.9%,电流效率为 85%~90%,电能消耗为 3000~3500 $kWh \cdot t^{-1}$。

2. 铜的电解提取

提取铜的电解液是酸性硫酸铜溶液。阴极反应为 $Cu^{2+} + 2e = Cu$,阳极反应为 $H_2O = \frac{1}{2}O_2 + 2H^+ + 2e$。由于阴极反应与铜电解精炼的相同,故有关讨论参见下一节。

电解提取铜的电解槽可采用具有橡胶或塑料衬里的水泥槽,阴阳极交错地放入槽中,其间距为 5~10 cm。单极连接电解槽,其排布示例于图 8.5。阳极为片状的铅合金,它在硫酸溶液中形成二氧化铅覆盖层,添加一些其他金属,例如银,可催化氧的析出反应,从而降低阳极过电位。阴极的始极片是铝或钛,金属沉积在其上,到一定厚度后,便从槽中取出阴极。把沉积金属剥落后,始极片又可再用。电极面

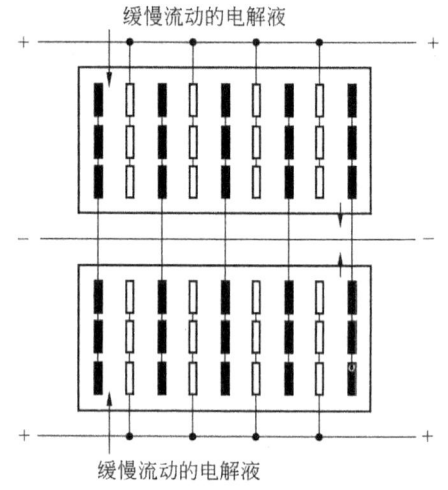

图 8.5 电解提取铜的电解槽

积一般为 $(0.6 \sim 0.8)m \times (0.8 \sim 1)m$,而阴极通常略大于阳极,以防止沉积的边缘效应,获得均匀的沉积物。电解液缓慢流过电解槽,太快则会使槽中的固体沾污阴极沉积物。为了增加电流密度,可用空气喷射阴极(让空气通过在阴极下面的喷咀),能提高电流密度 5~10 倍。

电解生产铜的电解液是 $2\ mol \cdot L^{-1}\ H_2SO_4 + 0.5 \sim 1.0\ mol \cdot L^{-1}\ CuSO_4$,有少量添加剂,例如动物胶、硫脲、明胶。添加剂的作用在于改善沉积铜的质量,避免生长树枝状晶体。电解操作条件与电解液中杂质的含量有关,但通常选用电解温度为 40~60 ℃,电流密度 150~1 500 $A \cdot m^{-2}$,槽电压为 1.9~2.5 V。沉积铜的纯度超过 99.5%,电流效率为 80%~90%,电能消耗为 1 900~2 500 $kWh \cdot t^{-1}$。

从上可见电解提取金属的电能消耗是比较高的,这是因为分解化合物需要较高的能量,其中高的阳极过电位是造成电能消耗高的重要因素。例如铜电解提取槽的槽电压分布如下:$E_d = 0.96\ V$,$\eta_A = 0.91\ V$,$\eta_K = 0.05\ V$,$IR_液 = 0.20\ V$,$E_槽 = 2.12\ V$,其中阳极过电位就占了总电压的 42.9%。水法电解生产金属是可行的,但能源消耗较大,因此选择湿法冶金还是火法冶金,必须根据不同的环境和条件来决定。综合考虑对锌来说是湿法有利,故半数以上由电解法生产。铜则至今仍是以火法冶炼为主,火法得的粗铜再经电解精炼变为纯铜。

第四节 水溶液电解精炼及电解制取金属粉末

一、水溶液电解精炼

电解精炼比电解提取更普遍,全世界都有规模为每年生产 1000~100 000 吨纯金属的工厂。电解精炼所得的金属纯度很高,例如铜可达 99.99%。表 8.3 列出几种金属精炼的工艺条件。电解液及其他条件的选择必须使阳极溶解与金属沉积的效率都很高,而杂质金属不会从阳极转移到阴极。因此,阳极不能发生钝化,阴极沉积物的结晶必须致密。为此要添加氯离子使阳极顺利溶解,添加少量有机物改善阴极沉积物的结构。

表 8.3 某些金属电解精炼的主要技术条件

金属	电解液/$g·L^{-1}$	电流密度/$A·m^{-2}$	槽电压/V	温度/℃	电流效率/%
Cu	$CuSO_4$(100~140) H_2SO_4(180~250)	200~300	0.2~0.3	60	95
Ni	$NiSO_4$(140~160) NaCl(90) H_3BO_3(10~20)	150~200	1.5~3.0	60	98
Co	$CoSO_4$(150~160) Na_2SO_4(130) NaCl(15~20) H_3BO_3(10~20)	150~200	1.5~3.0	60	85
Pb	Pb^{2+}(60~80) H_2SiF_6(50~100)	150~250	0.3~0.6	30~50	95
Sn	Na_2SnO_3(40~80) NaOH(8~20)	50~150	0.3~0.6	20~50	65
Au	Au($AuCl_4^-$)(250~300) HCl(250~300)	200~250	0.2~0.3	30~50	95
Ag	Ag^+(30~150) HNO_3(0~10) Cu^{2+}(5~80)	200~500	1.5~5.0	25~45	95

粗金属阳极中较不活泼的金属杂质成为阳极泥,较活泼的金属杂质溶在电解液中。例如粗铜精炼时,阳极泥中主要含银和金,溶液中含的杂质有铁、镍、锌、砷、锑、铋。电解精炼需要回收有价值的金属,处理电解液以便循环使用。

从表 8.3 可见,电解精炼获得纯金属的电流密度比较低,电流效率相当高(锡例外)和槽电压较低,因而电能消耗较低,在 200~1 500 $kWh·t^{-1}$ 的范围内。

电解精炼槽和前述的电解提取槽类似,但阳极是可溶性粗金属。电解液缓慢流动,使阳极泥及其他泥渣沉在槽底,不与阴极接触。

以铜的电解精炼为例来说明电解精炼的条件。铜主要应用在电工上,要求纯度大于99.5%,一般火法冶炼很难达到此纯度,并且不能除去金、银等贵金属。电解精炼很容易得到 99.90%~99.99% 的铜,还可回收金、银、硒、碲等。

铜电解精炼所用的电解液是由硫酸铜和硫酸所组成,阳极采用粗铜,粗铜含铜量在 98%以上,主要杂质是镍、铅、砷、锑、铋、铁、硫、氧以及金、银等贵金属。不考虑杂质存在时,阳极上可能发生的反应为

$$Cu = Cu^{2+} + 2e \qquad E^\circ = 0.337 \text{ V}(25\ ℃)$$

$$H_2O = 2H^+ + \frac{1}{2}O_2 + 2e \qquad E^\circ = 1.23 \text{ V}(25\ ℃)$$

$$2SO_4^{2-} = S_2O_8^{2-} + 2e \qquad E^\circ = 2.01 \text{ V}(25\ ℃)$$

正常情况下只有铜溶解,但当阳极钝化时,氧的析出也有可能。在阴极上可能的反应为

$$Cu^{2+} + 2e = Cu \qquad E^\circ = 0.337 \text{ V}$$

$$2H^+ + 2e = H_2 \qquad E^\circ = 0 \text{ V}$$

铜的 E^0 比氢的正,而且氢在铜上的过电位也不小,正常情况下不会析出氢,但当铜离子浓度过低或电流密度过大时,就有可能析出氢。

在溶液中除 Cu^{2+} 外还有少量 Cu^+,存在 $Cu^{2+} + Cu = 2Cu^+$ 的平衡,Cu^+ 随温度上升而增加。由于在空气中会发生 $Cu_2SO_4 + H_2SO_4 + \frac{1}{2}O_2 = 2CuSO_4 + H_2O$,使电解液中 $CuSO_4$ 含量增加和 H_2SO_4 含量减少。溶液酸度不足时,Cu^+ 会水解,$2Cu^+ + H_2O = Cu_2O + 2H^+$,造成铜的损失。如果电流密度太低,$Cu^{2+}$ 在阴极上不完全放电,$Cu^{2+} + e = Cu^+$,生成的 Cu^+ 又在阳极上氧化,因而降低了电流效率。

由于粗铜含有杂质,所以必须考虑杂质对精炼的影响。粗铜阳极溶解进入溶液的金属离子中,Fe^{2+} 是有害的,因 Fe^{2+} 会被氧化为 Fe^{3+},Fe^{3+} 又在阴极上还原为 Fe^{2+} 会降低电流效率。溶进溶液的砷、锑、铋是最有害的杂质,例如含 0.02% 砷会使铜的导电性降低 15%,用略为高的电解温度能抑制这些杂质在阴极上析出。砷、锑进入溶液会发生水解,产生飘浮的阳极泥沾附阴极,降低铜产品的质量,因此必须保持溶液必要的酸度。

基于上述讨论,铜电解精炼的主要条件选择如下:

(1) 电解液成分:适中的铜离子浓度,常用 40~50 g·L^{-1},使能采用较高的电流密度而又对溶液导电性影响不大。在溶液中加入硫酸增加电导和防止 Cu^+ 水解,一般硫酸浓度为 200 g·L^{-1} 左右。加入少量有机物,例如牛皮胶(30~40 克/吨铜)+ 干酪素(30~40 克/吨铜)+ 硫脲(20 克/吨铜),使阴极铜致密平整;加入 Cl^- 防阳极钝化,抑制砷、锑、铋离子的活性。通常还加入 HCl 或 NaCl,例如加入 1000~2000 克 HCl/吨铜。

(2) 温度:提高温度增加溶液电导,使电能消耗降低;有利于铜离子扩散,使铜在阴极均匀析出。但过高温度会促使 Cu^+ 的生成、加速铜的化学溶解、增加电解液的蒸发。通常取 55~60 ℃。

(3) 电流密度:为了避免 Cu^{2+} 的不完全放电引起电流效率下降,强化生产,宜采用较高电流密度。但是提高电流密度会使槽电压升高,从而增加电耗,同时会引起阳极钝化和阴极质量下降。通常采取电流密度为 200~300 A·m^{-2}。

(4) 极距:缩短极距既可降低溶液欧姆电位降,减少电能消耗;又能增加槽内极片数目,提高产率。但过小极距容易引起短路,增加阳极泥在沉降过程中粘附阴极的可能性,降低产品质量。一般采用同名电极(同为阴极或阳极)距为 100 mm 左右。

(5) 周期反向电流电解:电解时,先通入较长时间的阴极方向电流,然后再通入较短

时间的反向电流,周期性交替供电。这种电解方法能够克服较高电流密度下阳极的钝化,能改善阴极沉积物状态。例如在含 Cu 48~58 g·L^{-1},H$_2$SO$_4$ 190~205 g·L^{-1},Cl$^-$ 0.07~0.09 g·L^{-1} 的流动电解液(65~75 ℃)中进行周期反向电流电解,阴极方向 250 A,50 s,反向 250 A,2 s。添加剂用量每吨产品为牛胶 160 g、硫脲 100 g、干酪素 50 g。电解得到纯度为 99.97% 的铜,电流密度提高到 440 A·m^{-2},电耗为 291 kWh·t^{-1}(直流电解的对比试验则为 273 kWh·t^{-1})。电耗增加不多,而产量却提高了 10%,提高电流密度的原因主要是通入反向电流消除阳极附近铜离子的饱和状态。

二、电解法制取金属粉末

用电解法制取金属粉末的最大优点是产物纯度高,工艺过程简单,还可利用半成品或废料作原料。许多金属粉末和合金粉末可以用电解法来生产,例如 Fe,Ni,Cu,Pb,Zn,Fe-Ni,Fe-Ni-Co,Fe-Mn,Fe-Cr。由欲制取的金属做阳极,含有这种金属的盐作电解质,这与电解精炼相似;但因阴极产物是金属粉末,故电解条件有异于电解精炼。

适合于制取金属粉末的阴极沉积物可分为三类:① 硬而脆的沉积物,破碎后成粉末,如铁粉、铬粉。一般采用高氢离子浓度,低金属离子浓度,高电流密度电解,使金属被氢饱和,提高脆性而易破碎。② 软的海绵状物,容易破碎,如银粉、锌粉等。生产条件是低电流密度,高溶液酸度,低电解质浓度。③ 松散的黑色沉积物,电解能直接得到的高分散粉末。对于所有电解沉积金属来说,都可以得到松散沉积物,主要条件是采用大电流密度。

下面以电解制取镍粉为例,讨论各种因素对电解生成金属粉末的影响。电解制取镍粉的主要条件:5~15 g·L^{-1} Ni^{2+},150 g·L^{-1} NH$_4$Cl,200 g·L^{-1} NaCl,pH 为 6.3,温度为 55 ℃,电流密度为 2000~3000 A·m^{-2}。

(1) 金属离子浓度:电解制粉采用比电解精炼低得多的金属离子浓度。为的是抑制金属离子向阴极的扩散数量,使沉积速度降低到利于形成松散粉末。但浓度不能过低,以免粉末太细,降低产量和使溶液导电性变差,引起槽电压上升。金属离子浓度的选择取决于粉末粒度,一般为 10 g·L^{-1} 左右。

阴极粉末再溶解和停电时阳极可能发生化学溶解,都会引起金属离子浓度增加。为减少金属离子浓度的波动,可在电解槽中放置不溶性阳极(如石墨、铅等),或更换部分电解液,或加水稀释并补加酸。

(2) 电流密度:明显比电解精炼高得多。电流密度是控制粉末粒度的重要参数,据(8.8)式,可知形成晶粒数目随电流密度增加,粉末也就越细小。电流密度增加也有利于提高产量,但会使电能消耗增加。

(3) pH 值:采用高氢离子浓度,使氢易于析出,利于海绵状及松散沉积物形成,而且溶液导电性好,但使粉末的再溶解增加。在 pH 接近 7 时,金属离子可能发生水解。因此必须适当控制 pH 值,一般在 5.5~6.5。

(4) 添加剂:添加电解质是为了提高溶液的导电性或缓冲溶液的 pH,如电解制取 Ni 粉时加入 NH$_4$Cl 和 H$_3$BO$_3$。添加少量胶体(如糊精、明胶、甘油)、有机表面活性物质(如尿素、葡萄糖),可以改变阴极沉积物形态。

(5) 温度:电解制取金属粉末通常采用较低的温度,有利于细粉末的生成。但温度过低,溶液电阻增加,电流效率和产量都会降低,要根据粉末粒度来选择合适的温度。

第五节 熔盐电解制取轻金属及稀有金属

一、熔盐中的电极电位

由于熔盐体系各异,没有像水溶液那样有共同的溶剂,故金属在不同熔盐体系的电极电位不尽相同。尽管如此,人们还是根据实践需要确定了不同种类溶剂中的电位序,例如根据生成金属氯化物的自由能进行热力学计算,得出单一氯化物熔盐作电解质的化学电池的电动势,把 Cl^-/Cl_2 电极的电位定为零,求得各种温度下金属的电极电位数值(表8.4)。

表8.4 某些金属在氯化物中的电极电位,$-E^\circ/V$

电极	100℃	200℃	400℃	600℃	800℃	1000℃
K^+/K	4.153	4.056	3.854	3.656	3.441	3.115
Li^+/Li	3.955	3.881	3.722	3.571	3.457	3.352
Na^+/Na	3.910	3.810	3.615	3.424	3.240	3.019
Ca^{2+}/Ca	3.830	3.754	3.605	3.462	3.323	3.208
La^{3+}/La	3.504	3.426	3.227	3.134	2.997	2.876
Mg^{2+}/Mg	3.006	2.922	2.760	2.602	2.460	2.346
Th^{4+}/Th	2.779	2.699	2.546	2.399	2.264	
Mn^{2+}/Mn	2.235	2.166	2.032	1.902	1.807	1.725
Ti^{2+}/Ti	2.202	2.134	2.006	1.885		
Zn^{2+}/Zn	1.854	1.776	1.665	1.552		
Fe^{2+}/Fe	1.516	1.451	1.327	1.207	1.118	1.050
Ag^+/Ag	1.093	1.073	0.935	0.870	0.828	0.734

金属在熔盐中的电位序,虽然在氯化物和氟化物中略有差异,但是都和水溶液相似,碱金属、碱土金属电位最负,在电位序前面;稀土金属、轻金属、难熔金属次之;有色重金属、贵金属电位最正,在电位序后面。在选择电解介质时,应选碱金属和碱土金属的盐,因为它们不会首先析出来。氯化物主要用在金属氯化物为原料的电解,氟化物主要用在金属氧化物为原料的电解。

二、影响熔盐电解的因素

电极电位较氢为负且氢在其上的过电位又小的金属往往要在熔盐中才能电解析出,因此,熔盐电解在冶金工业和化学工业上有广泛的应用。采用熔盐电解法生产的主要有铝、镁、钙、碱金属(锂和钠)、高熔点金属(钽、铌、锆、钛)、稀土金属、锕系金属(钍、铀),非金属元素的氟和硼。其中氟、铝、钠、镁、混合轻稀土金属,熔盐电解法是其惟一的或主要的生产手段。熔盐电解还可进行精炼金属和制取合金。

1. 熔盐的物理化学性质对电解的影响

通常希望在较低温度下进行电解,以减少金属在熔盐中的溶解、产品氧化、熔盐的挥发损失和降低设备腐蚀等。因此,熔盐电解体系常常由两种或两种以上的盐类组成,以降低熔点。常用的熔盐体系是氯化物或氟化物体系,例如 NaCl-KCl(等摩尔),663℃(低共熔点,下同);LiCl-KCl(59-41 mol%),352℃;LiCl-NaCl-KCl(43-33-24 mol%),357℃;NaF-KF(60-40 mol%),700℃;LiF-NaF-KF(46.5-11.5-42.0 mol%),454℃;NaCl-NaF(35-65 mol%),675℃。通常电解使用的熔盐温度要高出其熔点 50℃ 左右。

熔盐密度对阴极析出液体金属有重要的作用。当熔盐密度大于液体金属的密度时,金属就浮在上面,如镁、钠。当熔盐密度小于液体金属的密度时,金属就沉到电解槽底部,如铝、稀土。当二者密度相近时,金属会悬浮在熔盐中而不易分离。熔盐密度与所制取金属密度的相对大小,是决定电解槽结构的因素之一。

熔盐粘度大,流动性低时,不能用于电解制取金属,因为阴极析出的金属小颗粒难收集,阳极析出气体难排出,导电性也差;但粘度太小对流严重,降低电流效率。因此,熔盐要有适当的粘度。熔盐粘度随温度升高而降低。混合盐的粘度随组成变化多数不能用加和规则来计算,因为影响粘度的因素相当复杂。

熔盐的表面张力直接影响电解的进行。通常金属与熔盐间的界面张力愈大,金属在熔盐中的溶解度愈小,阴极析出的液态金属便易于凝聚,减少了金属的损失。阳极效应、电解槽衬里材料的选择都与熔盐的表面张力有关。

由于电解温度较高,熔盐会从电解槽中蒸发出来,造成盐的损失。因此,应选择蒸气压低、挥发性小的熔盐作电解质,但挥发性小的盐类往往熔点较高。采用二元或多元体系,电解可在较低温度下进行,以减少盐类的挥发。

电导是熔盐的重要性质之一,研究它可了解熔盐的结构;在生产中通过提高熔盐的电导以降低电能消耗,在电解槽设计和有关电解工艺的试验中常用到电导的数据。熔盐的电导比室温下水溶液的电导大得多(见表 1.2),故熔盐电解可采取较高的电流密度。

2. 影响电流效率的各种因素

熔盐电解通常在较高温度下进行,除了引起材料的腐蚀外,还因电解产品与电解质的作用及溶解、燃烧氧化等而使熔盐电解的电流效率比水溶液的低。下面讨论影响因素。

(1) 温度:温度过高时,增加金属在熔盐中的溶解度,加速了阴极和阳极产物的扩散,盐的挥发。但是温度过低时,熔盐粘度增加,使金属损失增大。因此,电流效率随温度变化的曲线会出现最高点。

(2) 电流密度:通常电流效率随电流密度升高而增加,因为在一定条件下,金属溶解的量基本不变。对单组分熔体,电流效率理论上可以接近 100%。对于多组分熔体,电流密度达到其他离子的放电电位时,就会引起其他离子放电,从而降低电流效率。

(3) 极间距和电解槽结构形式:极间距增加,在阴极区的溶解金属向阳极扩散的路程增长,从而减少金属的损失,使电流效率增加。但极距加长,熔盐电压降增加,使电能损失增大,因此必须在改善熔盐电导的情况下,才能在不增加电能消耗条件下扩大极距。电解槽的结构形式影响熔盐对流和电流分布,因而影响电流效率。

(4) 电解质组成:熔盐的密度、粘度、表面张力、电导、金属的溶解度等都与电解组成有关,因而会影响电流效率。电解制取镁时电解质组成对电流效率的影响,如图 8.6 所示,从图可见,电解温度为 720℃,电流密度分别为 5 和 10 kA·m^{-2} 时,MgCl$_2$ 含量在(10

~20)wt%时,电流效率最高。

3. 阳极效应

熔盐电解中有时会观察电解槽的端电压突然升高(达12~120 V),电流剧烈下降,碳阳极周围出现细微火花放电的光圈,阳极停止析出气泡,熔盐和阳极间好像被一层气体膜隔开似的。这种现象叫阳极效应,只当电流密度超过某一临界电流密度后才能发生。各种熔盐的临界电流密度随电解温度、电解质组成、阳极材料而异。氟化物的临界电流密度比氯化物低,碱土金属氯化物又比碱金属氯化物低;例如 NaCl 的临界电流密度为 1.08 A·cm^{-2},NaF + KF 为 0.25 A·cm^{-2},$CaCl_2 + BaCl_2$ 为 0.7 A·cm^{-2}。

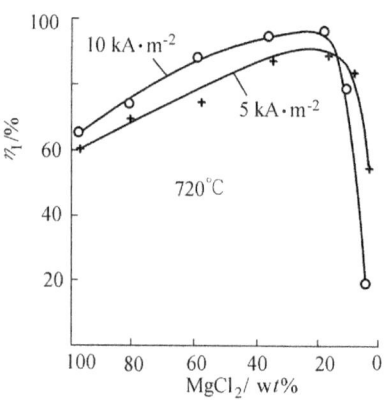

图 8.6 在 KCl:NaCl = 7:3 时 $MgCl_2$ 含量与电流效率的关系

电解制取钠、钾、镁时,常在低于临界电流密度下进行,一般看不到阳极效应。电解 Na_3AlF_6 - Al_2O_3 熔体制取铝是在接近临界电流密度下进行的,所以会周期性地出现阳极效应。在氟化物熔体中产生阳极效应的原因,可能是碳电极表面形成$(CF)_m$ 固体化合物,使电解质难以润湿电极,从而引起阳极效应。

三、电解制取轻金属

1. 电解制铝及电解精炼铝

电解制取铝的电解质为 Na_3AlF_6 - Al_2O_3 (3~10 wt%),NaF 与 AlF_3 的分子比为 2.6~2.8(由于这两种氟化物都可能蒸发或参与其他副反应,故两者比例并非与冰晶石的组成相当)。加入添加剂,如 CaF_2,MgF_2,KF,LiF 等,以降低电解质的熔点,减少铝的损失和提高熔盐的电导率。电解温度为 950~970 ℃,此时熔盐的密度为 2.15 g·cm^{-3}。铝的熔点为 660 ℃,960 ℃ 呈液态(密度为 2.36 g·cm^{-3}),因此铝沉于槽底而成为阴极。碳阳极在阴

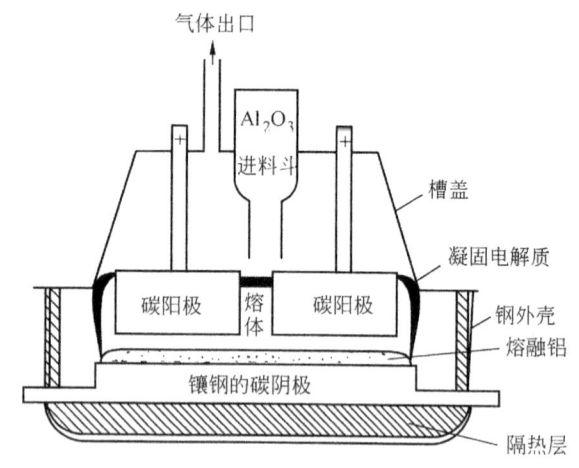

图 8.7 炼铝电解槽(Hall - Héroult 法)

极之上,与阴极相距约 4~5 cm。电解时阳极电流密度约为 1 A·cm^{-2},阴极电流密度为 0.5 A·cm^{-2} 左右。图 8.7 为铝电解槽示意图,现代电解槽的规模可达 10 万安培。

炼铝电解槽内的反应机理相当复杂,至今仍未定论,但可概括地用下列反应来表示:

$$2Al_2O_3(\text{固}) + 3C(\text{固}) \rightarrow 4Al(\text{液}) + 3CO_2(\text{气})$$

977 ℃ 时 $\Delta G = -338.9 \text{ kJ·mol}^{-1}$,由此算出 E_d 为 1.17 V;而单独 Al_2O_3 分解为 Al 和 O_2

的 $\Delta G^0 = -640 \text{ kJ} \cdot \text{mol}^{-1}$，$E_d = 2.21 \text{ V}$；由此可见，消耗碳阳极可降低氧化铝的分解电压。实际上电解时槽电压高达 $4 \sim 4.5 \text{ V}$，因为还包括过电位，金属部分和熔盐部分的欧姆电压降，以及阳极效应引起的电压增加（短时间出现，平均计算约每日一次）。电流效率为 $85\% \sim 90\%$，电能消耗为 $14\,000 \sim 16\,000 \text{ kWh} \cdot \text{t}^{-1}$，因此，降低电耗是电解铝的重要课题之一。

根据上述反应，碳质阳极的理论消耗量为每吨铝需用 0.33 吨碳，而实际要 $0.4 \sim 0.5$ 吨，更换这种消耗大的阳极花费很大的工本。因此除采用预焙式阳极外，还采用自焙式阳极。在阳极空套上部加入焦炭及沥青组成的阳极膏，利用电解槽放出的热将膏状物烧成碳质。

上述方法电解所得铝的纯度达 99.9%，电解精炼可进一步提高纯度。在三层式电解槽中进行精炼，以比重较大的 $Cu(30\% \sim 35\%)$-Al 合金作阳极（沉于底部）。熔盐居中，由 $23\%\text{AlF}_3$，$17\%\text{NaF}$，$60\%\text{BaCl}_2$ 组成。纯铝浮在上层，作为阴极。电解温度为 $740 \sim 750\text{ ℃}$，电流密度为 $3 \sim 4 \text{ kA} \cdot \text{m}^{-2}$。精炼所得铝，纯度在 99.995% 以上。电流效率为 $93\% \sim 95\%$。

美国铝业公司研究开发了氯化铝电解法。熔盐为含 $2\% \sim 15\%\text{AlCl}_3$ 的 NaCl-LiCl，AlCl_3 可由 Al_2O_3 和 C, Cl_2 反应而得到。在 700 ℃附近，$10 \text{ kA} \cdot \text{m}^{-2}$ 左右进行电解。阳极为石墨，析出氯气。理论分解电压为 1.8 V，单槽电压为 2.7 V，电能消耗明显低于 Hall-Héroult 法。

2. 电解制取镁

电解制镁方法大体可分为美国法和德国法，它们最大的差别是前者用 $\text{MgCl}_2 \cdot 1.5\text{H}_2\text{O}$，后者用无水氯化镁。原料中有无结晶水，显著影响电流效率、石墨电极的消耗定额、氯气浓度。美国槽的熔盐为 700 ℃的 $\text{MgCl}_2(25\%)$-$\text{NaCl}(60\%)$-$\text{CaCl}_2(15\%)$，通电 55 kA 时电压为 $6 \sim 9 \text{ V}$，电流效率：75%，电能消耗：$17 \sim 22 \text{ kWh} \cdot \text{kg}^{-1}$，阳极消耗：0.1 公斤碳/公斤镁，氯气浓度：$5\% \sim 10\%$。德国槽的熔盐为 $720 \sim 780 \text{ ℃}$ 的 $\text{MgCl}_2(13\%)$-$\text{NaCl}(35\%)$-$\text{CaCl}_2(40\%)$-$\text{KCl}(12\%)$，电流效率：90%，电能消耗：$17 \sim 18 \text{ kWh} \cdot \text{kg}^{-1}$，阳极消耗：0.015 公斤碳/公斤镁，氯气浓度：90%。MgCl_2 的 $E_d = 2.59 \text{ V}(700\text{ ℃})$，通电 32 kA 时槽电压为 6.8 V，此时 i_A 为 $6 \text{ kA} \cdot \text{m}^{-2}$，$i_K$ 为 $6.8 \text{ kA} \cdot \text{m}^{-2}$。槽电压与 E_d 相差约 4.2 V，其中大部分是 IR 损失及阳极过电位。

电解槽内衬耐火材料，石墨阳极板与铸钢阴极板平行竖立敷设，在阳极周围设有耐火材料制的隔膜，以导出氯气。析出液态镁由于密度比熔盐轻，故浮在上面。

制备无水氯化镁成本较高，人们试图直接用氧化镁进行电解，但因氧化镁在氯化物熔体或氟化物熔体中的溶解度低而难以实现。把氧化镁溶于氯化钕熔体中，$\text{MgO} + \text{NdCl}_3 \rightarrow \text{MgCl}_2 + \text{NdOCl}$；用石墨阳极和液态锡阴极在所得熔体中进行电解，制得的镁只含 0.5 wt% 的钕。

3. 电解制钠

从前用 NaOH 熔体电解制钠，最大电流效率为 50%，现已为电解 NaCl 所取代。熔盐组成为 $\text{NaCl}(40\%)$-$\text{CaCl}_2(60\%)$，电解温度为 $600 \sim 650 \text{ ℃}$，阴、阳极电流密度均为 $10 \text{ kA} \cdot \text{m}^{-2}$；电流效率为 85%，电能消耗为 $9.6 \text{ kWh} \cdot \text{kg}^{-1}$。NaCl 的 E_d 在 650 ℃时为 3.4

V,而实际槽电压为 5.7~6.0 V,相差 2.3~2.6 V,相应此差值的电能用于加热熔盐。

电解氯化物制钠时,阳极为石墨,阴极为铸钢,隔膜由钢网制成,阳极所发生的氯气从电解槽上部的氯贮槽排出,阴极所生成之钠经阴极上部周围的钠收集沟,进入电解槽上部的钠贮槽。

四、电解制取稀土金属

稀土金属广泛用于冶金及其他工业中,如用作钢铁和有色金属的添加剂、催化剂、发火合金。它们与有色金属的合金具有许多特殊性能,可制成各种功能材料,如 Nd－Fe、Sm－Co 可制作永磁材料,La－Ni 可制作贮氢材料。制取稀土金属及其合金主要采用熔盐电解法,也有用热还原法制备少量的中重稀土(熔点较高)金属。

1960 年以来,美国矿务局完成了 20 kA 混合稀土金属电解槽中间工厂试验,从此开始了大规模生产稀土金属。我国稀土资源极其丰富,储量占世界首位。在稀土熔盐电化学和电解制备稀土金属及其合金方面,做了大量研究工作和科学实验;测量了有关稀土熔盐的物理化学性质,研究稀土熔盐电极过程,为制备稀土金属及其合金提供重要依据,电解生产了镧、铈、镨、钕、混合稀土金属(以镧铈为主的轻稀土金属)、稀土－铝合金、稀土－镁合金、钕－铁合金,以及其他一些合金。

电解制备稀土金属有两类熔盐体系。一类是以 $RECl_3$(代表混合稀土、或单个轻稀土的氯化物)和 KCl 作电解质,有时还加入 $CaCl_2$。熔盐中氯化稀土含量为 25%～30%(以 RE_2O_3 计)。用石墨阳极,钼阴极在 850～900 ℃下电解。阴极电流密度为 20～60 kA·m^{-2},阳极电流密度为 5 kA·m^{-2} 左右。阴极析出液态稀土金属,阳极析出氯气。电解生产规模从数百安培到数万安培,视生产品种及需要量而定,一般混合稀土是大规模生产的,电流效率为 40%～60%,电能消耗为 25～35 kWh·kg^{-1}。另一类电解体系是用氟化物作电解质,以稀土氧化物作为原料,电流效率较高,电能消耗较低。例如 La_2O_3－LaF_3－LiF－BaF_2,电解温度为 950 ℃,能耗为 12.9 kWh·kg^{-1}。

生产常用电解槽有石墨槽和耐火砖槽两种。石墨槽如图 8.8 所示。石墨坩埚兼作电解槽和阳极,钼棒作阴极,垂直置放在液态金属接受器上(氯化物用瓷坩埚,氟化物用镍坩埚)。此种解槽运用于小规模生产,一般可以自热,但当温度较低时需用电炉加热。使用寿命较短,约一、两周。试制金属或合金,常用这种槽。耐火砖槽主要用于电解氯化物。适用于大规模生产,使用寿命可达一年。上挂石墨阳极,下插钼棒阴极,再用上插辅助钼棒阴极来调节温度。

改进电解制取稀土金属的工艺,有以下几方面:① 提高电流效率,减少能耗;② 减少原料中 Sm,Nd 对电流效率及稀土成分的影响;③ 改善 $RECl_3$ 质量,减少水和不溶物;④ 密封电解;⑤ 氟化物－氧化物体系要寻找适用的金属接受器材。

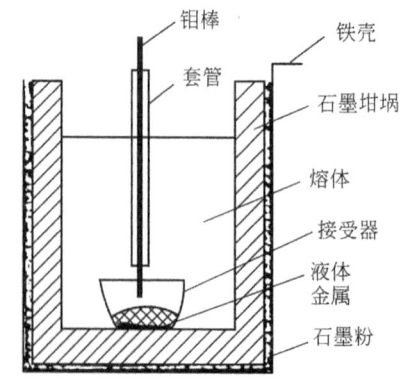

图 8.8 石墨电解槽

五、熔盐电解制取高熔点金属

上述电解制取的金属是在阴极上以液态析出的,只要凝聚得好便可得到好的产品。高熔点金属是以固态晶体析出的,一般生成海绵状或树枝状结晶,往往妨碍电解提取。近年来由于对电极结晶机理的深入研究,这些困难已逐渐克服,有些金属已能工业生产,例如钽和钛。

1. 钽的制备

钽的熔点为 2850 ℃,非常耐腐蚀,用作特种合金和耐热合金的成分,也广泛用于电子工业,如制造微型电容器。

熔盐电解制取金属钽,以 $KCl-K_2TaF_7$(8~15wt%)作溶剂,Ta_2O_5 为原料,其在熔体中的含量为 4~9 wt%,在敞口兼作阳极的石墨坩埚中,用镍作阴极,于 700~750 ℃ 下电解,阴极电流密度为 5 000 $A·m^{-2}$。产品中金属钽含量 99.7%~99.9%,电流效率为 80% 左右,电能消耗为 2300 $kWh·t^{-1}$。坩埚型电解槽的电流强度为 5 kA。采用 Ta_2O_5 作原料时,从阳极扩散出来的 CO 会增加金属钽中碳和氧的含量。因此,改用 $TaCl_5$ 为原料在氟化物熔体中进行电解(电解温度为 850~950 ℃),以提高金属钽的纯度。

2. 钛的制备及精炼

钛及其合金具有比重小、耐腐蚀等优良性能,在国防、工业及民用上有广泛用途。工业制备钛的主要方法是镁热还原法,设备要求高,消耗大量的金属镁,而镁本身是由熔盐电解制取的。因此 20 世纪中期以来,人们都致力于研究熔盐电解制取钛。70 年代美国已有数万安培电解槽制备海绵钛,电流效率约为 70%。

熔盐电解氯化钛的电解介质主要为 NaCl-KCl 或 LiCl-NaCl-KCl,前者电解温度为 700 多度,后者则为 500 多度。若以 $TiCl_4$(bp 为 136 ℃)为原料,需将 $TiCl_4$ 通入熔体中形成 $TiCl_4^{2-}$,$TiCl_6^{3-}$ 等。为了获得高的电流效率和结晶质量好的沉积物,熔盐中钛的平均价应控制在 2.0~2.1,不能高于 2.4。电解法得到的金属钛是海绵状的,需经进一步真空熔炼。

电解钛的主要困难来源于钛的变价特性。阴极还原得到的低价离子遇氯和高价氯化物又会被氧化。低价离子和零价金属遇水和氧,生成不溶物或氧化膜。低价离子会发生歧化反应:$2Ti^{2+} \rightarrow Ti + Ti^{4+}$,$3Ti^{2+} \rightarrow Ti + 2Ti^{3+}$。这些反应都严重地影响着电流效率和产品质量。解决这些问题的办法,通常是在密封体系下借隔膜把阴阳极区间分开,但是,有实用价值的绝缘隔膜材料还未见公开报道。用铁网或孔板上沉积海绵钛起隔膜作用,即所谓篮筐阴极。用这种阴极进行电解,电流效率并不高,一般在 50% 左右,而且产品含铁量较高。

海绵钛或各种钛合金废料的电解精炼,已有工业生产。钛电解精炼时,阳极反应为 $Ti \rightarrow Ti^{n+} + ne$,阴极反应为 $Ti^{n+} + ne \rightarrow Ti$($n = 2~3$),反应结果是 Ti(粗)$\rightarrow$Ti(纯)。可溶钛的浓度对电解有较大的影响。从图 8.9 Ti^{n+} 还原时阴极极化曲线可知,当可溶钛浓度为 5% 和电流密度小于 10 $kA·m^{-2}$ 时,阴极极化很小;而可溶钛浓度为 1% 时,浓差极化可达 0.3 V。降低浓差极化,可避免枝晶生成,减少电能消耗。因此,电解时宜采用的可溶钛浓度为 5% 左右。

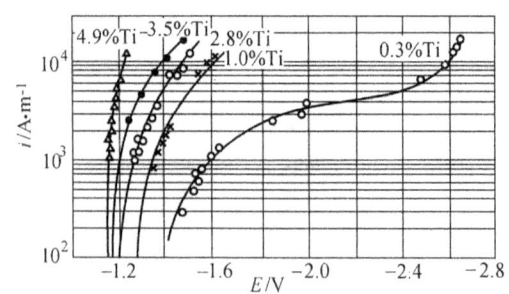

图 8.9 氯化物熔体中 Ti^{n+} 还原的极化曲线

海绵钛废料电解精炼,一般采用 NaCl-KCl 作电解质,可溶钛浓度为 2%~6%,电解温度为 700~850 ℃,阳极电流密度为 2~4 kA·m^{-2},阴极电流密度为 2~12 kA·m^{-2}。钛废料装在篮框中作阳极,阴极为钢棒,每棒电解时间为 2~6 小时,在氩气氛下进行电解。电流效率为 80% 左右,电能消耗为 24~26 kWh·kg^{-1}。所得精炼钛 80% 以上粒度大于 0.25 cm,纯度达 99.8% 以上。

第六节 熔盐电解制取合金和半导体

一、熔盐电解制取稀土合金的电极过程及合金化机理

电解制取合金的优点:① 将高熔点金属在较低温度下,电沉积为熔点较低的合金。例如钇的熔点高达 1300 ℃,制取液态钇的电解温度必然很高;当钇沉积在镁电极上形成 Y-Mg 合金时,电解温度可低于 900 ℃。所得液态 Y-Mg 合金,蒸去镁后得纯钇。② 降低稀土金属在熔盐中的活性,减少它们与空气或水分的作用所带来的污染与损失,能提高电流效率。③ 金属离子在金属阴极上析出并形成合金,其析出电位比析出纯金属的低。

制取稀土合金通常有三种方法:液态阴极法、自耗阴极法和电解共析法。例如用液态铝作阴极,在氯化物或氟化物熔体中制取稀土-铝合金;用钴作阴极制取稀土-钴合金,因钴阴极与稀土形成液态合金而被消耗,故称为自耗阴极法;在含有钇离子和镁离子的熔体中,在钼阴极(惰性电极)上共沉积 Y-Mg 合金。

研究电解制取稀土合金的电极过程及合金化机理,测定有关的电化学参数,对电解实践有指导作用。

1. 电极过程及形成合金的机理

采用稳态极化曲线、循环伏安法、卷积伏安法、恒电位电解断电后的电位-时间曲线、电流阶跃下的电位-时间曲线、电位阶跃下的电流-时间曲线,以及 X 射线衍射法、扫描电镜、电子探针等方法研究稀土离子[RE(III)]还原的电极过程及形成合金的机理。获知在氯化物熔体中大多数稀土离子在惰性电极(钨、钼)上,3 电子可逆还原为相应的稀土金属,即 RE(III)+3e=RE;而 Sm(III)、Eu(III)、Tm(III)、Yb(III)分步还原,第一步还原为相应的二价离子,即 RE(III)+e=RE(II),反应是可逆的。

在可合金化的电极(铁、钴、镍、铜电极)上,RE(III)首先电还原为 RE,并立即与阴极

形成合金;然后才析出稀土金属。所形成的合金主要是金属间化合物,通常生成多个金属间化合物,而且随着阴极电位向负方移动,金属间化合物中稀土原子的数目会相对增加。例如铁阴极在含有 $GdCl_3$ 的熔体中,在阴极上依次形成 Gd_2Fe_{17}、$GdFe_4$、$GdFe_3$、$GdFe_2$。

2. 扩散系数的测定

测定熔体中稀土离子扩散系数可采用线性扫描伏安法,在可逆情况下,有下列方程式:

$$I_p = 0.611(nF)^{3/2}(Dv/RT)^{1/2}Ac \quad \text{(电极产物不溶)}$$
$$I_p = 0.446(nF)^{3/2}(Dv/RT)^{1/2}Ac \quad \text{(电极产物可溶)}$$

稀土离子扩散系数的数量级为 $10^{-6} \sim 10^{-5}\ cm^2 \cdot s^{-1}$(973~1 173 K)。测定不同温度下的离子扩散系数,计算出稀土离子在氯化物熔体中的扩散活化能为 50 kJ·mol^{-1}左右。

对于形成合金的电极反应 $xm_1^{n+} + ym_2 + xne = m_{1x}m_{2y}$,可用下式来求算金属原子在其合金相中扩散系数。

$$D = (1/2\tau)(Q_e M/xnFA\rho)^2$$

式中 M、ρ 分别为金属间化合物 $m_{1x}m_{2y}$ 的分子量、密度。电流达到稳态时的时间 τ 和生成金属间化合物所需的电量 Q_e,可从电位阶跃下的电流-时间曲线测得。用此法测定了 La,Pr,Nd,Gd,Dy,Ho,Lu,Y 原子分别在其合金相(例如 $LaCu_2$,$NdFe_2$,Ho_2Fe_{17},YCo_5,$PrNi_5$)中扩散的扩散系数。数十个测量数值表明,稀土原子在其合金相中扩散系数的数量级为 $10^{-11} \sim 10^{-10}\ cm^2 \cdot s^{-1}$(973~1173 K),与稀土离子在熔体中的扩散系数($10^{-6} \sim 10^{-5} cm^2 \cdot s^{-1}$)相比,可知稀土原子在其合金相中扩散相当缓慢,这一步可能成为电极过程的控制步骤。测定不同温度下的扩散系数,算出稀土原子在其合金相中的扩散活化能为 100 kJ·mol^{-1}左右,明显比稀土离子在熔体中的扩散活化能大。

3. 金属间化合物生成自由能的测定

用恒电位电解断电后的电位-时间曲线,测定稀土金属间化合物的生成自由能。例如在 $NaCl-KCl-YCl_3$ 熔体中 Y-Cu 体系恒电位电解断电后的电位-时间曲线有 5 个台阶(图 8.10)。经 X 射衍射分析表面合金层可确定第 1,2,3,4,5 个台阶依次相应于 YCu_6,YCu_4,YCu_2,

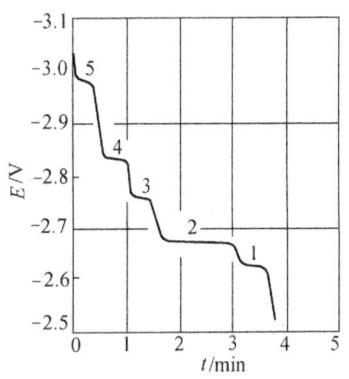

图 8.10 恒电位电解断电后的 $E-t$ 曲线
(700 ℃,Cu 电极,$NaCl-KCl-YCl_3$)

YCu,Y。第 5 台分别与第 1,2,3,4 个台阶组成下列电池:

$$Y|YCl_3-NaCl-KCl|YCu_6,Cu \quad (1)$$
$$Y|YCl_3-NaCl-KCl|YCu_4,YCu_6 \quad (2)$$
$$Y|YCl_3-NaCl-KCl|YCu_2,YCu_4 \quad (3)$$
$$Y|YCl_3-NaCl-KCl|YCu,YCu_2 \quad (4)$$

相应的电池反应为

$$Y + 6Cu = YCu_6 \quad (1)$$
$$1/3\ Y + 2/3\ YCu_6 = YCu_4 \quad (2)$$

$$1/2\ Y + 1/2\ YCu_4 = YCu_2 \tag{3}$$
$$1/2\ Y + 1/2\ YCu_2 = YCu \tag{4}$$

电动势为 $E_1^\circ, E_2^\circ, E_3^\circ, E_4^\circ$，反应自由能变化 $\Delta G^\circ = -nFE^\circ$。由上述反应式及 E°，算出 YCu_6, YCu_4, YCu_2, YCu 的标准生成自由能依次为 $-103.1, -98.5, -81.7, -63.1$ kJ·mol^{-1}(973 K)。

二、钕铁合金的制取

Nd-Fe-B 永磁体是当代已经生产的优异磁性材料，Nd 和 Nd-Fe 合金是制造这种永磁体的原料，研制质优价廉的 Nd 和 Nd-Fe 合金是很有必要的。用金属钙在含有 Nd^{3+} 熔盐中进行热还原可得到 Nd，若同时使 Nd 往 Fe 中扩散还可得到 Nd-Fe 合金，但此法只能分批生产。熔盐电解不必使用昂贵的金属还原剂，而且可连续生产。

电解制取 Nd-Fe 合金效果较好的方法是日本的 Showa-Denko(SDK)法。SDK 法采用 $LiF-NdF_3$ 为电解质，用铁阴极、石墨阳极在金属电解槽中进行电解。由于所用熔盐的电阻较小，不能靠自身发热来维持电解温度，故需用电炉外加热。电解温度(接近 900 ℃)高于所生成 Nd-Fe 合金的熔点，Nd 沉积在铁电极上与 Fe 形成的合金便呈液态从阴极掉下来，收集在槽底中。SDK 法所用电流已达 10 kA，电解时间超过 800 天。与电解制铝相比(表 8.5)，可见除电流规模小外，已达到电解制铝的水平。在操作上还优于电解制铝，如产量可以调节和夜间可进行无人运转。

表 8.5 电解制取 Nd-Fe 与 Al

	Nd-Fe	Al
电流/ kA	3	100
电流效率/ %	85	80～90
阳极电流密度/ A·cm^{-2}	>1	0.6
产品纯度/ %	99.9	99.9

SDK 法制取 Nd-Fe 合金的电流效率高达 85%，所得 Nd-Fe 合金的产品含 80% Nd，0.8% Pr，19.2% Fe，对磁性有坏影响的杂质氧、碳分别只有 68 ppm、122 ppm。

日本学者探索电解制取 Nd-Fe-B 合金的工艺。第一步在 LiF(38.8 wt%)-BaF_2 熔盐中加入 NdF_3，用铁阴极电解制取 Nd-Fe 合金。第二步在含 B_2O_3 的熔盐中，用 Nd-Fe 合金阴极使 B 在其上电沉积。

三、半导体和硼化钛的电沉积

通常制备半导体膜要经过组分元素的提取、纯化、单晶生长、切片、掺杂及成结等步骤。采用电沉积法可在基体上直接得到所需的半导体膜。从水溶液或有机介质电沉积出来的半导体结晶度低，且混有其他相，故发挥不出半导体的机能。熔盐电沉积半导体的结晶度高，故近年来熔盐电沉积半导体膜的研究很活跃。表 8.6 列出一些例子。

表 8.6 熔盐电沉积某些半导体的实验条件

化合物	溶 剂	溶 质	基 体	温度/℃
CdS	LiCl-KCl LiCl-KCl	$CdCl_2$,Na_2SO_3, $CdCl_2$,Na_2SO_3	Cu,Ag 石墨	450~500 380~550
CdSe	LiCl-KCl	$CdCl_2$,Na_2SeO_3	石墨	450
CdTe	LiCl-KCl LiCl-KCl	$CdCl_2$,TeO_2, $CdCl_2$, TeO_2/Na_2TeO_3	Cu 石墨	400~500 450
ZnSe	LiCl-KCl	$ZnCl_2$,$SeCl_4$ 或 ZnO,Na_2SeO_3	Ge,Si	430~550
GaP	$NaPO_3$-NaF LiCl-KCl NaCl-KCl $NaPO_3$-NaF	Ga_2O_3 Ga_2O_3,$NaPO_3$ Ga_2O_3,$NaPO_3$ Ga_2O_3	石墨,Si 石墨,Si 石墨,Si 石墨,Si,GaP	800~1000 550~600 800 750~900
GaAs	B_2O_3-NaF	Ga_2O_3,$NaAsO_2$	Ni,GaAs	720~760
InP	$NaPO_3$-KPO_3-NaF-KF	In_2O_3	石墨,金属,CdS	600
MoS_2	$Na_2B_4O_7$-NaF	MoO_3,Na_2SO_4	石墨,Mo,Ta,Pt	800~1000

II-VI 族化合物半导体如 CdX(X=S,Se,Te)的薄膜,应用于光导体、电子器件、电化学电池的研究。使用 LiCl-KCl 系熔盐温度较低,400~500 ℃,操作较简单。III-V 族化合物半导体在发光二极管、太阳能电池中有重要的应用,已在熔盐中电沉积了 GaP,GaAs,InP。

在 LiCl-KCl-ZnO-Na_2SeO_3 熔体中,用锗作阴极,硅棒作阳极,在氩气氛下电解得到黄绿色平滑有光泽的 ZnSe 膜。槽电压与阴极电流密度曲线如图 8.11 所示。电流密度低于 0.5 mA·cm^{-2} 时,阴极无沉积物;在 0.5~3 mA·cm^{-2} 范围内得到外延的 ZnSe 单晶膜;约在 3 mA·cm^{-2} 附近,沉积 ZnSe 多晶。

熔盐电解制取的 GaP,其形态也和电流密度有关。例如在石墨阴极上形成的多晶 GaP,电流密度为 20 mA·cm^{-2} 时结晶较大,直径约 0.1 mm,长 0.5 mm;电流密度升至 1 A·cm^{-2}

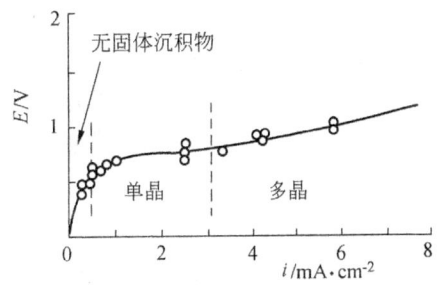

图 8.11 电沉积 ZnSe 时槽电压与电流密度的关系

时生成黄色粉末。在单晶硅阴极上得到外延的 GaP 层,厚约数十微米。在阴极上形成 GaP 可能的步骤:(1) Ga^{3+} + 3e→Ga;(2) $4PO_3^-$ + 5e→P + $3PO_4^{3-}$;(3) Ga + P→GaP。

硼化钛具有很多优良性能,例如硬度很高(比一般超硬合金的硬度高出一倍)、易被铝液所润湿、抗高温氧化、对于熔融的金属和盐类有耐热性以及良好的导电性等,使其在宇航、机械构件、切削加工、冶金(尤其是电冶金工业)等方面成为极为重要的结构材料。另一方面也可赋予基体表面以上述优良性能,用作表面功能材料。

通常制造硼化钛采用烧结方法,反应为 TiO_2 + B_2O_3 + 5C→TiB_2 + 5CO。烧结得到的

TiB_2 纯度不很高,也较不稳定;采用熔盐电解制取 TiB_2 可望在这些方面得到改善。

在 FLINAK 熔体(46.5 mol%LiF-11.5 mol%NaF-42 mol%KF)中,加入 K_2TiF_6 和 KBF_4,用碳坩埚兼作电解槽及阳极,在碳阴极或铜阴极上得到 TiB_2 沉积物。

表 8.7 列出用碳阴极的主要电解条件及沉积物状态。从表中数据可见高电流密度下沉积物疏松;在适宜的电流密度、K_2TiF_6 浓度和 KBF_4 浓度条件(如表中第 1、2 列)下,得到的 TiB_2 硬度很大。TiB_2 的纯度大于 98%,颗粒直径大于 1 mm,电流效率较低(<50%)。

表 8.7 电解制取 TiB_2 的主要电解条件

$T/℃$	700	700	700	700	600
K_2TiF_6/mol%	2	4	4	4	1
KBF_4/mol%	4	9	10	10	3
i/mA·cm^{-2}	300	200	700	2000	300
t/h	16	28	26	4	40
沉积物状态	十分硬	十分硬	疏松	疏松	粉末状

如果 TiB_2 仅作为高纯度原料用时,不必要求沉积物紧密平滑。若用作基体覆盖层时,则要求沉积物紧密平滑且与基体粘结牢固。当覆盖层厚度小于 0.5 mm 时,在碳阴极基体上可得到致密平滑的 TiB_2 覆盖层。采用的电流密度约为 0.3 A·cm^{-2},电解时间为 1~4.5 h。在铜阴极上得不到与基体结合牢固的覆盖层,因为两者的热膨胀系数不匹配。

在 LiF-NaF-KF-K_2TiF_6-KBF_4 熔体中,脉冲电流电镀获得的 TiB_2,其质量优于直流(即连续电流)电镀所得的沉积层。脉冲沉积层裂纹少,与基体的结合紧,没有出现阳极效应。适宜的脉冲电沉积条件为:600 ℃,K_2TiF_6 与 KBF_4 的浓度比=1:4,石墨阴极,脉冲频率在 5~100 Hz 之间,脉冲导通时间与关断时间之比在 5/1 和 3/1 之间,平均电流密度为 0.35 A·cm^{-2}左右。

表 8.8 对连续电流电镀(CCP)、脉冲电流电镀(PCP)、周期反向电流电镀(PRCP)所得 TiB_2 膜的膜厚和形态进行比较,可见脉冲电镀得到的膜平滑和厚度居中,周期反向电镀得到的膜虽平滑但膜较薄,直流电镀得到的膜虽较厚但呈结节状。

表 8.8 CCP、PCP、PRCP 三种方法的比较

方法	i/A·cm^{-2}	厚度/μm	形态
CCP	0.35	140	结节状
PCP	0.33	120	平滑
PRCP	0.33	105	平滑

第七节　非水电解液电沉积金属

一、有机电解液电沉积稀土金属及其合金

稀土薄膜具有许多功能特性,广泛应用于磁性、光学、核能、超导等材料和器件。迄今主要用真空蒸镀和溅射方法生产这些薄膜。若用电沉积制取薄膜,则可简化工艺流程降低生产成本。由于稀土元素十分活泼,所以通常采用非水电解介质电沉积稀土金属及其合金。

20世纪50年代已成功地在乙二胺中电沉积出钇、钕和镧,80年代中期到90年代期间,人们分别从碳酸丙烯酯、甲酰胺、二甲基甲酰胺、二甲基亚砜中电沉出钐-钴、钴-钆、镝-铁、钕-铁、稀土-铁族等合金;从有机电解液中首先电沉积稀土-铜合金,然后把合金氧化成为超导体,例如合成 YBaCuO 超导体。在上述有机电解液中电沉积土金属及其合金,所用的电解质是醋酸稀土、硝酸稀土、氯化稀土,它们在有机溶剂中的溶解度低,脱水难,导致严重浓度极化,沉积膜含有氧化物,严重影响沉积膜的功能特性。因此,必须要寻求溶解度高和易脱水的稀土盐。

我们用对甲苯磺酸和稀土氧化物为原料制得的对甲苯磺酸稀土$[(p-CH_3C_6H_4SO_3)_3RE]$易脱水,脱水盐不潮解,在有机溶剂中溶解度大。采用对甲苯磺酸稀土,在有机电解液中电沉积了与基体结合紧、致密的金属钕、铕、钆、铽和钕-钴、钆-钴、铕-钴、钕-铁、钆-铁、铽-铁、钕-镍等合金薄膜,合金薄膜呈非晶态。用 DSC、TG 和 XRD 法研究非晶态稀土合金的晶化过程,测定了晶化温度和相变热效应。

采用循环伏安法和计时电位法,研究了稀土离子在含有对甲苯磺酸稀土的有机电解液中还原的电极过程。例如:图 8.12 是 Pt 电极在 $(p-CH_3C_6H_4SO_3)_3Gd+(n-Bu)_4NBF_4+DMF$ 中的循环伏安曲线,阴极峰电位随扫描速度增加而负移,阴极峰电流 I_p 与扫描速度 v 的平方根为线性关系,故电极反应为不可逆。对电解产物定性分析,可知沉积物为 Gd。根据不可逆反应的 I_p 与 v 关

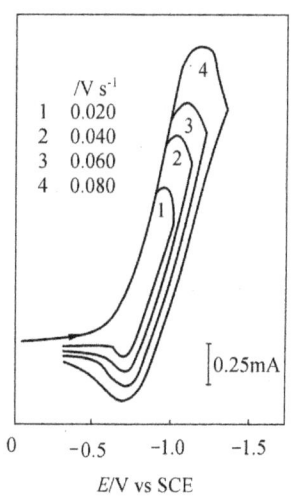

图 8.12　Pt 在 $0.06\ mol \cdot L^{-1}$ $(p-CH_3C_6H_4SO_3)_3Gd+$ $0.3\ mol \cdot L^{-1}(n-Bu)_4NBF_4+$ DMF 的 CV 曲线

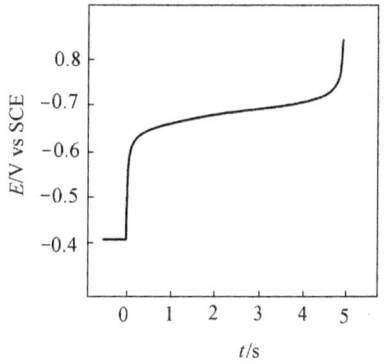

图 8.13　Pt 在 $0.06\ mol \cdot L^{-1}$ $(p-CH_3C_6H_4SO_3)_3Gd+$ $0.3\ mol \cdot L^{-1}(n-Bu)_4NBF_4+$ DMF 的 $E-t$ 曲线

系：

$$I_p = 0.4958nF((n_a FDv/RT)^{1/2}Ac$$

和 $I_p - v^{1/2}$ 直线的斜率可计算 Gd(III)的扩散系数为：1.8×10^{-7} cm·s^{-1}(25℃)。

图 8.13 是 Pt 电极在上述溶液中的计时电位曲线,只有一个电位台阶,由上可知这个台阶对应于 Gd(Ⅲ)+3e=Gd。对于不可逆过程,有下列关系式存在：

$$|E_{\tau/4} - E_{3\tau/4}| = 33.8 \text{ mV}/\alpha n_a \quad (25℃)$$

式中 n_a 为控制步骤的电荷转移数,其值等于3,从 $E-t$ 曲线得到 $|E_{\tau/4} - E_{3\tau/4}|$ 之值,便可求得传递系数 $\alpha = 0.35$。

二、低温熔盐电沉积活泼金属及其合金

由于低温熔盐没有高温熔盐腐蚀设备、耗能及易发生歧化反应的弊端,也不像有机溶剂溶解盐类的能力低和导电性差,所以作为非水电解介质是较为理想的。近年来,研究在低温熔盐(尤其是室温熔盐)中电沉积难熔金属或过渡金属与铝的合金很活跃。从 AlCl$_3$－EMIC 或 AlCl$_3$－BPC 熔盐中电沉积了 Al－Cu、Cu－Zn、Al－Ni、Al－Co、Al－Cr、Al－Mn、Al－Ni、Al－Nb、Nb－Sn 等合金。例如：在饱和了 NiCl$_2$ 或 CoCl$_2$ 的 AlCl－BPC(摩尔比为 2:1)熔盐中,室温下用脉冲电流沉积了 Ni$_3$Al 或 Co－Al(Al 含量可达 60 at%),电流效率均高达 98%；在饱和了 LaCl$_3$ 的 AlCl$_3$－EMIC(摩尔比为 2:1)熔盐中,在室温、搅拌和电流密度为 15.0 mA·cm^{-2} 的条件下沉积了十分平滑的 Al－La 合金镀层。

有些室温熔盐常温下的电导率较低,使用时温度要高于100℃,因此研究 150~200℃ 低温熔盐电沉积铝合金也不少,例如在 NaCl－AlCl$_3$ 熔体中电沉积 Al－Nb、Al－Mo、Al－Ta、Al－Ni、Al－Co、Al－Cu、Al－Fe。

尿素的熔点为132℃,它可与碱金属卤化物组成低共熔体,例如尿素－NaCl 低共熔体的熔点为109.5℃、尿素－NaBr/KBr 熔体低共熔体的熔点为51℃。尿素-碱金属卤化物熔体有较好的导电性,如尿素－NaBr－KBr 熔体在100℃时 $\kappa = 18.96$ mS·cm^{-1}。20世纪70年代报道了在尿素－NiCl$_2$ 中电沉积镍、在尿素－AlCl$_3$－中镀铝等试验。近年来,我们

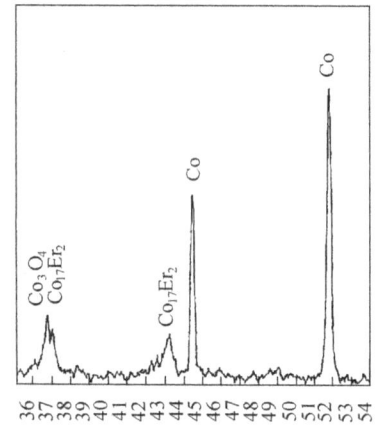

图 8.14 Er－Co 晶化后的 X-射线衍射图

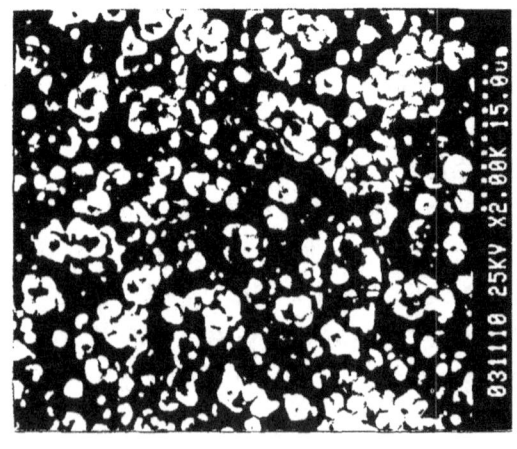

图 8.15 Er－Co 晶化后的扫描电镜图

在 100~120℃低温尿素熔体中,诱导共沉积得到稀土-铁族合金薄膜,如镧、钕、钐、铽、镝、钬、铒、铥等分别铁、钴、镍的合金。这些合金薄膜呈非晶态,用 DSC 研究非晶态合金的晶化过程,并测定其晶化温度。例如图 8.14 和图 8.15 分别为为 Er‑Co 晶化后的 X‑射线衍射图和形态图,均表明有晶相存在。Er‑Co 的晶化温度为 470℃。

第九章　电化学表面处理与电化学加工

第一节　电镀——现代表面工程技术的重要组成部分

表面技术也称为表面工程。广义地说表面技术是直接与各种表面现象或过程有关的，能为人类造福或被人们利用的技术。与表面现象有关的一些表面技术，如表面湿润和反湿润技术、表面催化技术、膜技术、表面化学技术等。其中表面化学技术涉及面广，如电解、电镀、电化学反应、腐蚀和防腐、细胞膜电位和生物电流等等。迄今表面技术已成为国际性的关键技术之一，是新材料、光电子、微电子等许多先进产业的基础技术。表面技术是一门新兴的边缘性学科，与材料科学、冶金学、机械学、电子学、物理学、化学相结合，开辟了一系列新的研究领域。实际上通常所指的表面技术，是采用物理、化学、机械等方法改变固体材料表面成分或组织结构，提高产品质量或赋予新功能的各种技术的总称。表面工程技术主要包括：表面处理技术（表面涂敷技术、表面改性技术、复合表面处理技术）；表面加工技术；表面分析和测试技术；表面工程技术设计。

表面涂敷技术是指采用各种涂层技术在表面上施加各种覆盖层。包括：电镀、化学镀、涂装、堆焊、热喷涂、塑料粉末涂敷、电火花涂敷、热浸镀、搪瓷涂敷、陶瓷涂敷、真空蒸镀、喷射镀、离子镀、化学气相沉积、分子束外延、离子束合成薄膜技术等。此外，还有其它形式的覆盖层，例如氧化和磷化处理后的膜层；包箔、贴片的整体覆盖层；缓蚀剂的暂时覆盖层等等。

用机械、物理、化学等方法改变材料表面的形貌、化学成分、相组成、微观结构、缺陷状态，主要技术有喷丸强化、表面热处理、化学热处理、等离子扩散处理、激光表面处理、电子束表面处理、高密度太阳能表面处理、离子注入表面改性等，被称为表面改性技术。

对金属材料来说，表面加工技术包括电解、包覆、抛光、蚀刻等等。它们在工业上获得了广泛的应用。近年来已发展到微细加工，这是一种加工尺度从亚微米到纳米的制造小尺寸器件或薄膜图形的先进制造技术，应用于微电子工业以及其他工业的精密加工。表面加工技术主要包括光刻蚀、电子束加工、离子束加工、激光加工、超声波加工、火花加工、电解加工和电铸加工。

把具有表面导电的工件与电解质溶液接触，并作为阴极通过外电流作用，发生电化学反应，在工件表面沉积与基体结合牢固的镀层，这就是电镀。电镀通常使用所镀金属或合金的板材作阳极，有时也用石墨、不锈钢等不溶性阳极。电镀层主要是各种金属和合金，如镍镀层和锌铜合金镀层。电镀应用遍及各个生产和科技领域，主要用来提高制件的抗蚀性、耐磨性、装饰性或者使制件具有一定的功能。19世纪中期首先出现电镀铬，1916年开始了Watt（瓦特）镀镍。此后，电镀技术得到迅速的发展。电镀的开发最初是为了满足人们防腐和装饰的需要，近年来随着现代工业和科学技术的发展，不断开发出新的工艺技术方法（例如激光强化电镀新技术、脉冲电镀非晶态合金），尤其是一些新的镀层材料和复合电镀技术的出现(例如金属与非金属的复合镀层,使电镀层从单纯的金属结构变为复合结构,提供了增强、抗磨、自润滑、荧光、彩色、电磁以及磨削能力等种功能特性),大大地拓展了这项表面处理的应用领域,并使其成为现代表面工程技术的重要组成部分。

电镀具有如下的主要作用。

(1) 提高外观质量:使产品美观,并能长期保持这种美观是电镀的重要目的之一。为使基体表面平整光亮和提高耐蚀性,常镀上铜镀层或镍镀层作底层;大多数采用镀铬或镀金、银、铑等贵金属进行最后装饰性电镀。

(2) 提高耐蚀性:电镀最基本的要求是耐蚀性。在电镀件中用得最广泛的是钢铁,在钢铁表面镀覆其他金属,如镀锌或镀镉,保持美观并延长零件的寿命,从而显著地增加了整个产品的使用期。

根据上述两点,通常把镀层分为防护性镀层和防护-装饰性镀层。

(3) 功能作用:电镀在机械、电、磁、光、热、化学等方面有着不少特殊的功能,因而出现了各种功能镀层,例如硬铬镀层(耐磨镀层)、锡铅镀层(减磨镀层)、高锡青铜镀层(反光镀层)、镍钴镀层(导磁镀层)、防渗碳铜镀层(热加工镀层)、转子发动机内腔的铬镀层(抗高温氧化层)、修复机床主轴的镀铁层(修复镀层)。

目前工业上用的电镀液大多数是水溶液,特殊情况下也使用熔盐或有机溶剂镀液。表9.1列出了可从水溶液及非水溶液中电沉积的金属种类,从表可见,在约70种元素中,约有30种能从水溶液中电沉积。原则上几乎所有金属都能从熔盐中电沉积,但往往外观不好,结合力也差,能沉积出平滑镀层的金属是不多的。

电镀的工艺流程是比较复杂的。例如,常用作防护装饰性镀层的铜、镍、铬电镀工艺流程包括:抛光→除油→酸浸蚀→中和→镀铜→镀镍→镀铬,每个工序之间还包括水洗。一般抛光以后的工序都是排布在电镀车间内的。

表9.1 可电沉积的金属

	Ⅰ	Ⅱ	Ⅲ	Ⅳ	Ⅴ	Ⅵ	Ⅶ	Ⅷ
1	H							
2	Li$^\triangle$	Be$^\triangle$	B	C	N	O	F	
3	Na$^\triangle$	Mg$^\triangle$	Al$^\triangle$	Si	P	S	Cl	
4	K$^\triangle$ Cu*	Ca$^\triangle$ Zn*	Sc Ga$^\circ$	Ti$^\triangle$ G$_e^\triangle$	V As*	Cr* Se	Mn$^\circ$ Br	Fe* Co* Ni*
5	Rh$^\triangle$ Ag*	Sr$^\triangle$ Cd*	Y$^\triangle$ In$^\circ$	Zr$^\triangle$ Sn$^\circ$	Nb$^\triangle$ Sb*	Mo$^\triangle$ Te	Tc I	Ru$^\circ$ Rh$^\circ$ Pd$^\circ$
6	Cs$^\triangle$ Au$^\circ$	Ba Hg$^\circ$	La$^\triangle$ Tl$^\circ$	Hf Pb$^\circ$	Ta$^\triangle$ Bi*	W* Po$^\circ$	Re$^\circ$ At	Os$^\circ$ Ir$^\circ$ Pt$^\circ$

○在水溶液中沉积; △在非水溶液中沉积; *在水溶液或非水溶液中沉积

在上述电镀工艺流程中,从抛光到中和属于前处理。前处理的目的在于除掉金属表面上的毛刺、结瘤、锈蚀物、油污,使工件表面光洁,从而获得结合力好、厚度均匀的镀层。如果前处理不严格,则镀层会起泡、起皮,甚至得不到镀层。

镀前处理包括：① 粗糙平面的整平，可采用机械抛光、化学抛光、电抛光、滚光、喷砂等；② 除油，可用有机溶剂除油、碱性化学除油、电解除油等；③ 浸蚀，有强浸蚀、弱浸蚀和电化学浸蚀等。

电镀工艺流程除了上述生产工序外，还包括废水处理及其循环利用。此外，镀液管理（镀液分析及成分控制）和镀件质量检查也是不可缺少的重要环节。

通常按照镀件大小，分为挂镀与滚镀。较大规模生产是把镀件挂在挂具上，按程序自动地完成各个工序；若用人工操作，只适用于小规模生产。如果工件很小，如螺丝、螺母等，常用滚镀。把金属镀件放进多孔筒（例如塑料筒）内，镀件接触阴极，此筒在镀液中慢速旋转。

第二节 电镀液的组成和主要金属离子还原的电极过程

一、电镀液的组成及其作用

电镀液一般由以下几种成分组成。① 析出金属的盐类；② 与析出金属形成络合物的成分；③ 提高镀液导电能力的盐类；④ 镀液稳定剂；⑤ 镀液缓冲剂；⑥ 可改变析出金属物性的成分；⑦ 阳极助溶剂；⑧ 可改变镀液性质或析出金属性质的添加剂。下面讨论电镀液主要成分的作用。

1. 电镀液的本性

通常根据电镀液中主要离子存在形式，把电镀液分为简单离子和络离子两大类。以简单离子形式存在的镀液主要有：硫酸盐镀液（如镀铜、锌、锡、镍、钴）、氯化物镀液（如镀铁、镍、锌）、氟硼酸盐镀液（如镀铅、锡、铜、镍、铟）、氟硅酸盐镀液（如镀铅）、氨基磺酸盐镀液（如镀铅、镍、铟）。以络离子形式存在的镀液主要有焦磷酸盐电镀液（如镀铜、锌、铜锡、锌铁、锌铁镍、锌锑合金）、氰络合物镀液（如镀金、银、铜、锌、镉、黄铜、铜锡合金）、氨络合物镀液（如镀锌、镉）、有机络合物镀液（如柠檬酸盐镀铜锡合金）。

主要金属离子为简单离子的镀液，离子放电时往往是浓差极化，阴极极化作用不大（铁、钴、镍的简单盐镀液除外），因而镀层结晶较粗大。主要金属离子为络离子时，它们在阴极上放电需要较高的活化能，电化学极化较大，故镀层结晶较细小，可获光亮镀层。把适当的添加剂用于某些简单离子镀液，有时也可获得结晶细致和光亮的镀层。

2. 主盐浓度

为获得组织良好的镀层，镀液中主盐要有合适的浓度。在一定电镀条件（温度、电流密度、搅拌）下，随着主盐浓度增加，镀层变粗。反之，主盐浓度较低时，镀层结晶细致。这种规律对于络盐电镀液并不明显。采用降低浓度以获得结晶细致的镀层是不可取的，因为允许使用的电流密度低，生产效率不高。

3. 附加盐或酸

在电镀液中常加入其他金属盐，如碱金属或碱土金属盐，以增加导电能力。某些盐还能使改善镀层状态，例如在硫酸盐镀锌液中加入硫酸钠，可使沉积物晶粒细小，在镀镍液中加入硫酸镁使镍镀层洁白柔软。有时在配方中加入某些酸来调节pH，例如镀镍液中加入硼酸。

4. 添加剂

在电镀液中加入少量添加剂,能明显改善镀层组织,使镀层平整、光亮、细致。无机添加剂多数采用硫、硒、铅、铋、锑的化合物,它们在镀液中形成高分散度的氢氧化物或硫化物胶体,吸附在阴极表面,提高阴极极化。有机添加剂根据它们的作用主要分为整平剂、光亮剂和润湿剂。整平剂如香豆素、吡啶,它们易吸附在阴极表面的突起部位,使金属在这些部位的沉积受阻。光亮剂如镀镍液中的丁炔二醇、镀铜液中的硫脲,它们在阴极表面上的吸附提高了阴极过电位,有利于晶核的形成;同时它们在不同晶面上的选择性吸附,抑制了金属在原来优先结晶的晶面上沉积。这些作用将降低镀层表面的漫射,加强镜面反射,从而提高光亮度。润湿剂可以降低表面张力,减少镀层针孔,例如在镀镍液中加入的十二烷基硫酸钠。

添加剂若使用不当,也会给镀层带来弊病。若它们夹杂在镀层中,使镀层产生脆性和内应力而导致起皮、碎裂、变色等。把造成镀层产生压应力的添加剂(如糖精等含硫化合物)和拉应力的添加剂(如丁炔二醇等不含硫的化合物)配合使用,可减少镀层的内应力。

二、主盐金属离子还原的电极过程

简单金属离子阴极还原往往表现出浓差极化,为了消除电结晶的干扰,用汞齐电极进行电化学测量。图 9.1 为 Tl^+、Pb^{2+}、Bi^{3+} 分别在汞电极上还原,从计时电位曲线得到的 $\lg[(\tau^{1/2}-t^{1/2})/t^{1/2}]$ 与 E 的线性关系,表明电极反应可逆。从直线斜率(等于 $2.3RT/nF$),求出 Tl^+、Pb^{2+}、Bi^{3+} 还原反应的电子数依次为 1、2、3。有些金属离子,例如 Ni^{2+} 阴极还原时表现出明显的电化学极化或结晶极化。

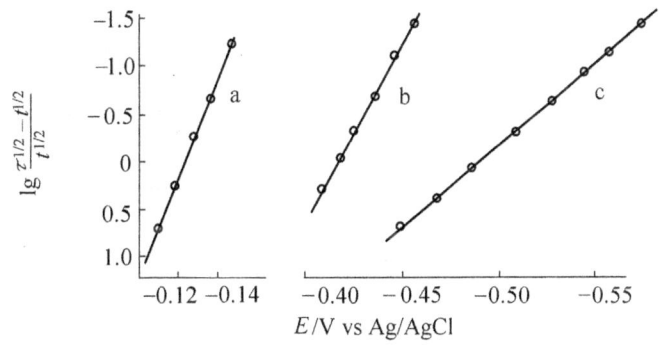

图 9.1 Tl^+、Pb^{2+}、Bi^{3+} 在汞电极上还原的 $E-\lg[(\tau^{1/2}-t^{1/2})/t^{1/2}]$ 关系
(a) $0.1\times10^{-3}\text{mol}\cdot\text{L}^{-1}\text{Bi}(\text{NO}_3)_3 + 0.5\text{mol}\cdot\text{L}^{-1}\text{H}_2\text{SO}_4$; (b) $0.1\times10^{-3}\text{mol}\cdot\text{L}^{-1}\text{Pb}(\text{NO}_3)_2 + 0.1\text{mol}\cdot\text{L}^{-1}\text{KNO}_3$; (c) $0.1\times10^{-3}\text{mol}\cdot\text{L}^{-1}\text{TlNO}_3 + 0.1\text{mol}\cdot\text{L}^{-1}\text{KNO}_3$

许多镀层是在络合物溶液中沉积出来的,在镀液中络合物与金属离子之间存在一系列的"络合-离解平衡",有各种不同络位数的络离子以不同浓度同时存在溶液中。过去一直以为首先是络离子离解成简单离子,然后简单离子在阴极上放电。事实证明在大多数场合下,这种看法是不对的。

设 M/M^{z+} 在平衡电位下的交换电流密度为 i^0,则在电位 E 下由于 M^{z+} 放电引起的阴极电流密度为

$$i_K = i^0 \frac{c_{M^{z+}(E)}}{c_{M^{z+}(E_e)}} \exp\left[\frac{\alpha n F}{RT}(E_e - E)\right] \tag{9.1}$$

式中：$c_{M^{z+}(E)}$ 和 $c_{M^{z+}(E_e)}$ 分别是在 E 和 E_e 时简单离子的浓度。若溶液中加入络合剂后体系的平衡电位移至 $E_{e,络}$，则在这一电位下简单离子的浓度可由下式算出

$$c_{M^{z+}(E_{e,络})} = c_{M^{z+}(E_e)} \exp\left[\frac{zF}{RT}(E_{e,络} - E_e)\right] \tag{9.2}$$

把(9.2)代入(9.1)，且 $z = n$，就得到在 $E_{e,络}$ 下由于简单离子放电引起的阴极电流

$$i_K = i^0 \exp\left[-(1-\alpha)\frac{zF}{RT}(E_e - E_{e,络})\right] \tag{9.3}$$

在(9.3)式中，由于 $E_e > E_{e,络}$ 及 $(1-\alpha) > 0$，故 $i_K < i^0$，即加入络合剂后在新的平衡电位下简单离子的放电速度减慢了。

以银电极为例。在 $1\ mol \cdot L^{-1}\ HClO_4$ 中 Ag/Ag^+ $(3 \times 10^{-2}\ mol \cdot L^{-1})$ 体系的 $E_e = 0.710\ V$，$i^0 = 1.7\ A \cdot cm^{-2}$，$\alpha = 0.26$；在 $1\ mol \cdot L^{-1}\ KCN$ 中同一体系的 $E_{e,络} = -0.529V$，$i^0 = 2.8 \times 10^{-3}\ A \cdot cm^{-2}$。将这些数据代入(9.3)式，可以算出在 $-0.529V$ 时，由于简单 Ag^+ 离子放电而引起的电流密度仅有 $8 \times 10^{-16}\ A \cdot cm^{-2}$。与交换电流密度相比，简单离子直接放电而产生的电流可以忽略。

若认为溶液中主要存在形态的络离子直接还原，则由于这种离子往往具有较高或最高配位数，其能量较低，因而需要较高活化能。实际上在电极上直接放电的是配位数较低的络离子(见表9.2)，可能因为这些络离子具有适中的浓度及反应能力。另一方面配位数较高的络离子在带负电的阴极表面上，受到双电层电荷更强烈的排斥，以致不易放电。因此络离子电还原时，通常经过主要存在形态的络离子转化为能在电极上直接放电的离子这一步骤。

表9.2 某些络离子的主要存在形式及其直接放电的络离子

电极体系	主要存在形式	直接放电的络离子
Ag/Ag^+, CN^-	$Ag(CN)_3^{2-}$	$[CN^-] < 0.1\ mol \cdot L^{-1}$ 时为 $AgCN$ $[CN^-] > 0.2\ mol \cdot L^{-1}$ 时为 $Ag(CN)_2^-$
Ag/Ag^+, NH_3	$Ag(NH_3)_3^+$	$Ag(NH_3)_2^+$
Au/Au^+, CN^-	$Au(CN)_2^-$	$AuCN$
Pd/Pd^{2+}, Cl^-	$PdCl_4^{2-}$	$PdCl_2$
$Zn(Hg)/Zn^{2+}$, CN^-, OH^-	$Zn(CN)_4^{2-}$	$Zn(OH)_2$

金属络离子在电极上析出往往比简单离子更困难，因而电沉积时出现的过电位较高，这一性质在电镀工艺中广泛用来改善镀层的质量。显然不能用络离子中金属离子的自由能比较低来解释过电位的增大，因为在平衡电极电位公式中已考虑了由于络合剂引起的自由能变化。认为络离子的不稳定常数 $K_{不稳}$ 较小，过电位较大，这与事实不完全相符。对氰化物镀液确是如此，但对于卤素离子作络位体的镀液，则可能出现相反的情况。因此不能单凭络离子不稳定常数来选择络合剂，还必须考虑络合剂的界面性质。

第三节 阴极上的电流分布和金属分布

一、初次电流分布、二次电流分布和金属分布

阴极上电流和金属的分布关系到镀层的均匀性。电流和金属的分布不但和电场分布有关,而且和电极过程有关。镀液的极化性能以及电极形状、电极排布等都是影响电流和金属分布的因素,前者是电化学因素,后者是几何因素。

研究电流分布可用图 9.2 所示的远、近阴极电解槽。通过槽的电流大小由槽电压 V 以及电流 I 所遇到的阻力决定。阻力来自槽液电阻 $R_{槽液}$、电极电阻 $R_{电极}$ 及界面上的极化电阻 $R_{极化}$。因此,通过槽的电流

$$I = V/(R_{槽液} + R_{电极} + R_{极化})$$

忽略 $R_{电极}$,得到

$$I = V/(R_{槽液} + R_{极化})$$

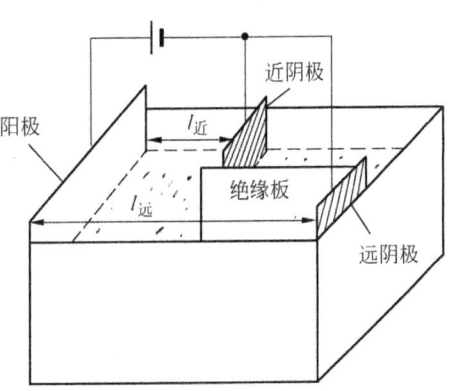

图 9.2 远、近阴极电解槽

当近、远阴极面积相等时,可用远、近阴极上电流密度之比表示阴极上的电流分布

$$\frac{i_近}{i_远} = \frac{R_{槽液,远} + R_{极化,远}}{R_{槽液,近} + R_{极化,近}} \quad (9.4)$$

若只考虑槽液电阻而忽略极化电阻,即只考虑几何因素对电流分布的影响,则得到初次(或称一次)电流分布

$$\frac{i_近}{i_远} = \frac{R_{槽液,远}}{R_{槽液,近}} \quad (9.5)$$

又因为 $R_{槽液} = \rho l/A$,所以

$$\frac{i_近}{i_远} = \frac{l_远}{l_近} = K \quad (9.6)$$

可见当电极排布后,初次电流分布是一个大于 1 的常数。

若同时考虑几何因素和电化学因素的电流分布,从(9.3)式可推出

$$\frac{i_近}{i_远} = \frac{l_远 + (\Delta E/\Delta i)/\rho}{l_近 + (\Delta E/\Delta i)/\rho} \leqslant K \quad (9.7)$$

$\Delta E/\Delta i = -(E_近 - E_远)/(i_近 - i_远)$ 称为极化度或极化率,可从阴极极化曲线(图 9.3)求得。

从(9.7)式可见,电解液的导电性越好及阴极极化度数值越大,$i_近/i_远$ 的值较之 K 值越小,并趋向于1,此时电流分布更为均匀。这体现了电化学因素能调整电流分布,使之更均匀。

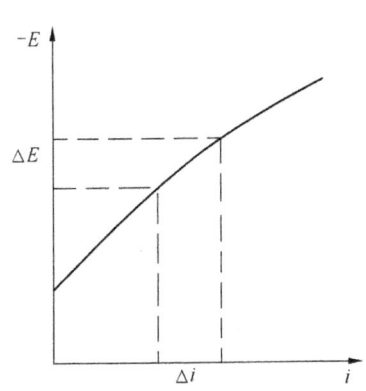

图 9.3 从极化曲线求极化度

金属在阴极的分布既与二次电流分布有关,又与电流效率有关。金属分布均匀性可用近、远阴极上镀层厚度之比来衡量。

根据法拉第定律,金属镀层的厚度 δ 可用下式表示:
$$\delta = it\,k(\eta_1)/d \tag{9.8}$$
式中 k 是电化学当量,η_1 是电流效率,d 是镀层金属的密度。

由(9.8)式得出金属分布 $\delta_{近}/\delta_{远}$ 为
$$\delta_{近}/\delta_{远} = (i_{近}/i_{远}) \times (\eta_{1近}/\eta_{1远}) \tag{9.9}$$
$i_{近}/i_{远}$ 是二次电流分布,η_1 也是与 i 有关的量。

η_1 与 i 的关系有三种情况,如图9.4所示。第一种情况(曲线1)的电流效率不随电流密度而变化,金属分布与二次电流分布相同,例如酸性镀铜液。第二种情况(曲线2)的电流效率随电流密度增加而降低,金属分布比二次电流分布均匀,例如氰化物镀液。第三种情况(曲线3)的电流效率随电流密度加大而提高,金属分布比二次电流分布不均匀,例如镀铬液。

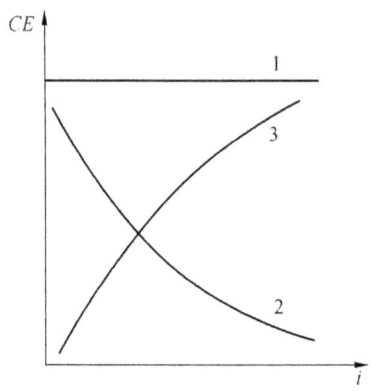

图9.4 电流效率与电流密度的关系

二、镀液的分散能力和赫尔槽试验

分散能力又称均镀能力,它是镀液使金属在镀件表面均匀沉积的能力。分散能力越大,阴极上金属分布越好。与分散能力相关的有深镀能力,或称覆盖能力。它是镀液使金属在深凹部位沉积的能力。一般来说,分散能力好的镀液,其深镀能力也好。分散能力以碱性氰化物等络合物镀液的最好,由简单盐组成的镀液次之,镀铬液的最差。

镀液的分散能力通常用一次电流分布与二次电流分布的相对偏差来表示。如果电流效率为100%,则 $i_{近}/i_{远}$ 和沉积金属的重量 m 或厚度成正比,即 $i_{近}/i_{远} = m_{近}/m_{远}$。分散能力的计算公式有如下三种:
$$T.P. = [(K-M)/K] \times 100\% \tag{9.10}$$
$$T.P. = [(K-M)/(K-1)] \times 100\% \tag{9.11}$$
$$T.P. = [(K-M)/(K+M-2)] \times 100\% \tag{9.12}$$
式中 $T.P.$ 代表分散能力,$K = l_{远}/l_{近}$,$M = m_{近}/m_{远}$。用不同的公式计算 $T.P.$,结果是不同的。在比较不同镀液的分散能力时,必须用同一计算公式,并且用同一 K 值的装置。

测定分散能力的装置如图 9.5 所示,这是远、近阴极法。

研究阴极上的电流分布还可用赫尔槽试验,其试验能在一块试片上反映不同电流密度的电镀效果,这是电镀研究和电镀生产控制的有力工具。赫尔槽的形状如图 9.6 所示。

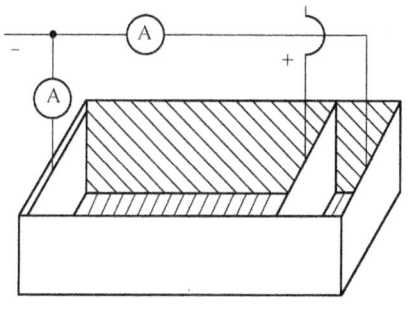

图 9.5 分散能力的测定装置　　　　　　　图 9.6 赫尔槽

根据容积大小赫尔槽有 1000 mL、267 mL 和 250 mL 三种规格,其特点是阴极各部位与阳极之间的距离可在相当大范围内连续变化。因此,从距离阳极最近的阴极部位(近端)到阳极最远的阴极部位(远端)之间的电流密度可在相当大范围内连续变化。根据经验公式可求得阴极各部位的电流密度。

对于 1 000 ml 的槽　　　$i = I(3.26 - 3.05\lg l)$　　　　　　　(9.13)

对于 267 ml 的槽　　　$i = I(5.1 - 5.24\lg l)$　　　　　　　(9.14)

式中 I 为试验用的电流强度(安培),l 为阴极上与 i 对应的点至阴极近端的距离(厘米)。对于 250 mL 的槽,或用 267 mL 的槽装 250 mL 镀液,求 i 时(9.14)式乘以 267/250 即可。表 9.3 是 250 mL 的赫尔槽试验时阴极上的电流分布数据。

表 9.3　250 ml 赫尔槽阴极上的电流分布

离近端远/cm		1	2	3	4	5	6	7	8	9
		电流密度/A·dm^{-2}								
试验用电流/A	1	5.45	3.74	2.78	2.08	1.54	1.09	0.72	0.40	0.11
	2	10.90	7.48	5.55	4.11	3.08	2.18	1.43	0.79	0.21
	3	16.34	11.21	8.33	6.25	4.61	3.27	2.15	1.19	0.32
	4	21.79	14.95	11.11	8.33	6.15	4.36	2.86	1.58	0.43

用上述经验公式求 i 是近似值。在较高温度和较高电流密度下试验时,由于槽的容积有限温度不易控制,所得结果误差较大。

赫尔槽主要用途为:① 选择适当的操作条件,例如,确定获得满意镀层的电流密度、温度和 pH 等;② 确定镀液各组分的合适含量;③ 确定镀液中添加剂或杂质的大致含量。

试验发现,在试片上与端点距离相同的不同高处,镀层的外观可能不一样,这时可选取中线偏上的各部位作为试验结果。外观的表示可用图 9.7 的符号。

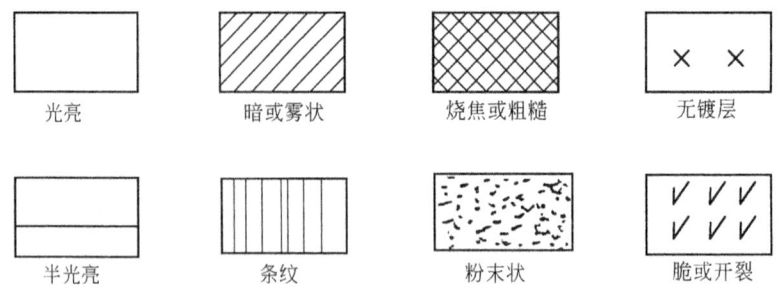

图 9.7 赫尔槽试验的镀层状况的符号

三、微观分散能力和整平作用

为了获得平整光亮的镀层,必须研究电流在显微粗糙表面上的分布以及整平作用。图 9.8 为具有一定几何形状的显微凹坑(深度<0.5 mm)的平面,作为显微粗糙表面的代表。所谓微观分散能力,可理解为电流或镀层厚度在显微凹坑的峰和谷这两点之间的差异程度。

微观分散能力有三种类型:① $I_谷/I_峰$ 或镀层厚度分布 $h_谷/h_峰$(见图 9.9)等于 1,镀层分布均匀,凹坑深度减少,称为几何整平;② $h_谷/h_峰$ 小于 1,不但没有整平作用,而且凹坑比原来基体表面还要深;③ $h_谷/h_峰$ 大于 1,凹坑深度明显减小,这种整平作用称为真整平作用;第 3 类微观分散能力最好。在没有添加剂的瓦特槽镀镍时,若电流密度不高于 3A·dm^{-2}时,整平作用属于第 1 类;随着电流密度提高,会出现第 2 类;加入 0.4 g·L^{-1} 丁炔二醇时则属于第 3 类。

能够作为整平剂的物质,必须对金属离子还原起阻化作用,且随金属沉积而被消耗,消耗速度受扩散控制。由于在电极表面上凹处扩散层厚度(图 9.9 中的 δ')较凸处(图 9.9 中的 δ)厚,故整平剂较难扩散到凹处,到达的量较少,因此金属还原在凹处受到的阻力较凸处小。

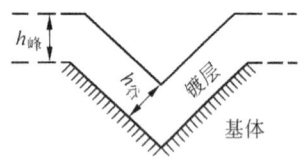
图 9.8 微观表面镀层

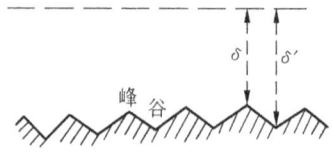
图 9.9 微观表面

旋转圆盘电极能控制扩散层厚度,转速快扩散层薄,转速慢扩散层厚。因此可预料有良好的整平剂时,金属离子在旋转圆盘电极上还原的电流将随转速增加而下降。图 9.10 是在酸性硫酸铜镀液中加入不同添加剂对 i-$\omega^{1/2}$ 曲线的影响。明显可见,四氢噻唑硫酮(H_1)及聚氧乙烯辛烷基酚醚(OP)有整平作用,聚二硫丙烷磺酸钠(S_{12})没有整平作用。

图 9.11 为在添加丁炔二醇和香豆素的镀镍液中,用旋转铂盘电极测得的循环伏安曲线。电位往负方扫描使镍沉积,电位向正方扫描沉积镍溶解。电极静止时与旋转时阳极

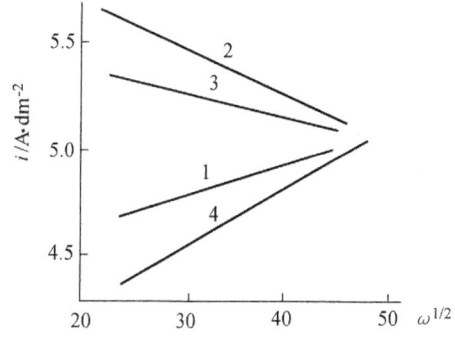 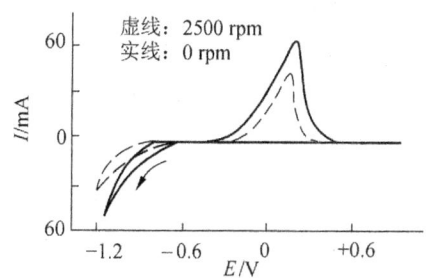

图9.10 恒电位下 $i-\omega^{1/2}$ 曲线
1. 220 g·L^{-1}硫酸铜 + 60 g·L^{-1}硫酸
2. 添加 H_1 0.005 g·L^{-1}
3. 添加 OP 0.5 g·L^{-1}
4. 添加 S_{12} 0.03 g·L^{-1}

图9.11 瓦特镀镍液的循环伏安曲线
旋转铂电极
添加剂:0.1 g·L^{-1}香豆素 +
0.3 g·L^{-1}丁炔二醇

溶出峰的面积不同,据此可计算整平能力。

$$整平能力 = [(A_s - A_r)/A_s] \times 100\% \qquad (9.15)$$

式中 A_s、A_r 分别为静止时、旋转时的峰面积。从图可见,电极旋转时金属电沉积受阻力大,故阳极溶出的峰面积小。

第四节 常用的电镀层

1. 镀镍

锌、镉、锡、铜、镍、铬、银、金镀层是常用的镀层。镀锌和镀镉主要用于保护钢及铁基合金。铜镀层用于电子工业及作为铜镍铬防护装饰性镀层的底层。锡镀层用于食物包装铁罐的保护层和作为焊接的电接触。镀铬的主要目的是保持美观和光泽的表面及提高硬度和耐磨性。银和金镀层可用于装饰、反射器和电接触。镍镀层作为保护各种钢铁制品的中间层,是铜镍铬防护性装饰镀层的主体,在电镀工业中占有很重要的地位,广泛应用于机械制造、轻工业和国防工业等。

镍镀液一般为酸性,以硫酸镍和氯化镍为主盐,以硼酸为缓冲剂。若不加光亮剂,则得到暗镍镀层。光亮镍镀液需同时加入第一类(初级)光亮剂和第二类(次级)光亮剂。第一类光亮剂分子中具有 =CSO$_2$- 的结构,例如糖精,使镀层晶粒细化;但单独使用时不能产生全光亮镀层,只有第二类光亮剂配合使用时才能使镀层达到全光亮。第二类光亮剂分子中常含有双键或三键等不饱和基团,例如香豆素,能使镀液具有较好的整平性,能降低底层张应力;但是用量过多时会带来压应力,也不能单独使用。

瓦特镀镍液是应用最广泛的镀镍液,基本工艺条件:250～350 g·L^{-1}NiSO$_4$·7H$_2$O,30～60 g·L^{-1}NiCl$_2$·6H$_2$O,35～40 g·L^{-1}H$_3$BO$_3$,0.05～0.10 g·L^{-1}十二烷基硫酸钠,pH 为 3～4,温度为 45～65℃,i 为 1.0～2.5 A·dm^{-2}。

光亮镀镍工艺条件:250～300 g·L^{-1}NiSO$_4$·7H$_2$O,30～50 g·L^{-1}NiCl$_2$·6H$_2$O,35～40 g·L^{-1}H$_3$BO$_3$,0.6~1.0 g·L^{-1}糖精,0.3~0.5 g·L^{-1}丁炔二醇,0.05~0.15 g·L^{-1}十二烷基硫酸钠,pH 为 4~4.6,温度为 40~50 ℃,i 为 1.5~3 A·dm^{-2}。采用先进的添加剂,可把 i 的上限提高到 7~8 A·dm^{-2}。

镀镍的种类很多,除暗镍、半光亮镍、光亮镍外还有冲击镍、封闭镍、缎面镍、黑镍等等。由于镀镍工艺的关键技术是添加剂,国内外都积极进行添加剂的开发研究。

2. 镀铜

镀铜的电镀液有酸性及碱性二类。酸性镀液成分简单,毒性小,价格便宜,在搅拌下可用较高的电流密度,故生产率较高,但是镀层结晶较大,分散能力较差。碱性镀液毒性大,价格较贵,但镀层结晶细致光滑。

酸性镀铜的主要工艺条件:200~250 g·L^{-1}CuSO$_4$·5H$_2$O,45~75 g·L^{-1}H$_2$SO$_4$,10~80 mg·L^{-1}NaCl,适量光亮剂,pH 为 1.2~1.7,温度为 20~32 ℃,i 为 1~5 A·dm^{-2}。

碱性氰化物镀铜的主要工艺条件:16 g·L^{-1}CuCN,45 g·L^{-1}KNaC$_4$H$_4$O$_6$·4H$_2$O,35 g·L^{-1}NaCN,30 g·L^{-1}Na$_2$CO$_3$,pH 为 12.4~12.8,温度为 60~70 ℃,i 为 1.5~6 A·dm^{-2}。

焦磷酸盐镀铜主要工艺条件:70 g·L^{-1}Cu$_2$P$_2$O$_7$,420 g·L^{-1}K$_4$P$_2$O$_7$·3H$_2$O,1~3 mL·L^{-1}NH$_3$水(25%),适量光剂,pH 8.2~8.8。温度为 52~58 ℃,i 为 1~8 A·dm^{-2}。

酸性镀铜的光亮剂有四氢噻唑硫酮(H_1)、苯基聚二硫丙烷磺酸钠(S_1)、聚乙二醇(P)等等,一般配合使用,例如同时加入 0.001 g·L^{-1}H_1,0.01~0.02 g·L^{-1}S_1 和 0.03~0.05 g·L^{-1}P。

3. 镀锌

镀锌液一般分为酸性和碱性两大类,碱性镀液又分为氰化物和锌酸盐镀液,酸性镀液又分为硫酸盐、氯化物、氨盐、氯化钾、氟硼酸盐镀液。下面列举两种。

硫酸盐镀锌:350 g·L^{-1}ZnSO$_4$·7H$_2$O,15 g·L^{-1}NH$_4$Cl,30 g·L^{-1}AlCl$_3$,15 g·L^{-1}H$_3$BO$_3$,0.5~1 mL·L^{-1}苄叉丙酮衍生物与平平加的混合物,pH 为 3.8~4.6,温度为 15~25 ℃,i 为 1~3 A·dm^{-2}。

锌酸盐碱性镀液:10 g·L^{-1}ZnO,120 g·L^{-1}NaOH,1~2 ml·L^{-1}乙二胺与环氧氯丙烷缩合物,温度为 20~28 ℃,i 为 1~3 A·dm^{-2}。

为了提高镀锌层的抗腐蚀性,常把镀锌后的工件进行钝化处理,使锌镀层表面形成一层致密的稳定性较高的薄膜。例如高铬酸盐钝化溶液:200~300 g·L^{-1}CrO$_3$,15~30 mL·L^{-1}HNO$_3$,10~25 mL·L^{-1}H$_2$SO$_4$,在室温下把镀件放入钝化液中移动 8~15 秒,在空气中停留 5~10 秒。

4. 镀镉

镀镉层在海洋空气或海水中比较稳定,因而航空、航海及电子工业所用的机件常镀镉。但因镉的蒸气及可溶性镉盐有毒,故近年来逐渐采用合金镀层来代替镉镀层。

氰化镀镉:35~50 g·L^{-1}CdO,105~120 g·L^{-1}NaCN,40~60 g·L^{-1}Na$_2$SO$_4$·10H$_2$O,1.2~2 g·L^{-1}NiSO$_4$·7H$_2$O,10~15 g·L^{-1}磺化蓖麻油,温度为 15~40 ℃,i 为 1.5~4 A·dm^{-2}。

硫酸盐镀镉:40~50 g·L^{-1}CdSO$_4$·$\frac{8}{3}$H$_2$O,45~60 g·L^{-1}H$_2$SO$_4$,3~5 g·L^{-1}β-萘二磺酸,3~5 g·L^{-1}明胶,6~10 g·L^{-1}OP 乳化剂,温度为 10~40 ℃,i 为 1~3 A·dm^{-2}。

5. 镀锡

由于锡的熔点低,故常用热浸镀锡,但此法不易控制镀层的厚度及均匀性。用酸性或碱性溶液镀锡,可得到较好的镀层,尤以碱性镀锡更佳。

碱性镀锡:$40\sim60\ \mathrm{g\cdot L^{-1}}$ $Na_2SnO_3\cdot H_2O$,$10\sim16\ \mathrm{g\cdot L^{-1}}$ NaOH,$20\sim30\ \mathrm{g\cdot L^{-1}}$ NaAc,温度为 $70\sim85\ ℃$,i 为 $0.4\sim0.7\ \mathrm{A\cdot dm^{-2}}$。

酸性镀锡:$45\sim55\ \mathrm{g\cdot L^{-1}}$ $SnSO_4$,$60\sim100\ \mathrm{g\cdot L^{-1}}$ H_2SO_4,$80\sim100\ \mathrm{g\cdot L^{-1}}$ 甲酚磺酸,$2\sim3\ \mathrm{g\cdot L^{-1}}$ 明胶,$0.8\sim1\ \mathrm{g\cdot L^{-1}}$ 2~萘酚,温度为 $15\sim30\ ℃$,i 为 $0.5\sim1.5\ \mathrm{A\cdot dm^{-1}}$。

6. 镀铬

铬电镀液一般用铬酐溶于水中,再加硫酸以增加导电能力。镀铬时需要很大电流密度,但其电流效率很低(约 $12\%\sim15\%$)。因为大部分电流用在分解水析出氢及氧,并放出热量。电镀过程中析出带有铬酸的大量气体,需要排除有毒雾气的设备。镀铬时要用较高的电压($10\sim12$V),采用不溶性阳极,如铅-锑($6\%\sim8\%$)合金。镀铬时阴极反应为

$$CrO_4^{2-} + 8H^+ + 6e \longrightarrow Cr + 4H_2O$$

$$2H^+ + 2e \longrightarrow H_2$$

$$CrO_4^{2-} + 8H^+ + 3e \longrightarrow Cr^{3+} + 4H_2O$$

阳极反应为

$$2H_2O \longrightarrow O_2 + 4H^+ + 4e$$

$$Cr^{3+} + 4H_2O \longrightarrow CrO_4^{2-} + 8H^+ + 3e$$

镀铬层的质量取决于硫酸浓度和铬酸浓度之比,一般控制 CrO_3/H_2SO_4 在 $(100\sim150):1$ 的范围较好。CrO_3/H_2SO_4 太低时,金属铬析不出;过高时,镀层质量显著降低。三价铬对镀铬质量影响很大,必须经常分析调整,Cr^{3+} 不能超过 $15\ \mathrm{g\cdot L^{-1}}$。

一般采用中等浓度的铬酸酐镀液镀铬,其主要工艺条件:$230\sim270\ \mathrm{g\cdot L^{-1}}$ CrO_3,$2.3\sim2.7\ \mathrm{g\cdot L^{-1}}$ H_2SO_4,$2\sim4\ \mathrm{g\cdot L^{-1}}$ Cr^{3+},温度为 $48\sim53\ ℃$,i 为 $15\sim30\ \mathrm{A\cdot dm^{-2}}$。为了减少污染、节省资源,研究低浓度镀铬工艺已取得某些成果。在一定条件下采用 $70\sim150\ \mathrm{g\cdot L^{-1}}$ CrO_3,可得性能接近高浓度镀铬水平的镀层。此外,也开发三价铬电镀工艺。

7. 镀银

镀银电解液种类较多,但仍以氰化物镀银应用最广。这种镀液稳定可靠,电流效率高,有良好的分散能力,镀层结晶细致有光泽;最大缺点是毒性大,污染环境。

氰化物镀银:$30\sim40\ \mathrm{g\cdot L^{-1}}$ AgCl,$65\sim80\ \mathrm{g\cdot L^{-1}}$ KCN(总),$30\sim40\ \mathrm{g\cdot L^{-1}}$ KCN(游离),温度为 $10\sim35\ ℃$,i 为 $0.1\sim0.5\ \mathrm{A\cdot dm^{-2}}$。

8. 镀金

镀金一般在铜及银镀层上进行,可采用碱性金镀液或酸性金镀液。碱性镀金液:$5\sim20\ \mathrm{g\cdot L^{-1}}$ $KAu(CN)_2$,$25\sim35\ \mathrm{g\cdot L^{-1}}$ KCN,$25\sim35\ \mathrm{g\cdot L^{-1}}$ K_2CO_3,温度为 $50\sim65\ ℃$,i 为 $0.1\sim0.5\ \mathrm{A\cdot dm^{-2}}$。

从上列举的电镀工艺条件来看,多数电镀的电流密度为 $1\sim5\ \mathrm{A\cdot dm^{-2}}$,但镀金、镀银的较低,而镀铬的却很高。通常沉积物的厚度取决于应用对象,从 $0.01\sim100\ \mu m$,电镀时间短至数秒,长达数十分钟。对多数金属,电流效率都很高,镀铜、镍、银、锡、锌的电流效率都可达 90% 以上。但镀铬却很低,析出很多氢。

第五节 各种电镀技术

一、合金电镀和复合电镀

1. 合金电镀

合金镀层与单金属镀层相比,具有较高的硬度、致密性、耐蚀性、耐磨性、耐高温性、可焊性、良好的磁性以及美丽的外观。国内外已研究的电镀合金超过 240 种,但应用于实际生产的约 40 种。电镀防护性合金有锌镍、锌铁、锌钴、锡锌和镉钛等,它们对钢铁基体来说属于阳极镀层。装饰性合金如铜锌、锡铜、锌铟等呈现金色,锡钴、锡镍则有铬的外观。可焊性合金如锡铅合金。耐腐蚀合金如铬镍、铬钼、铬钨、镍磷和镍硼等。磁性合金如钴铁和镍铁。近年来电镀非晶态合金引起人们极大的兴趣,因为非晶态具有许多优异性能,例如高耐蚀性、高机械强度、超导性、耐放射性和催化特性等。在水溶液中电镀法得到的非晶态合金常以过渡元素(如铁族金属)为主,加入元素如磷、钼、钨。在有机溶剂或低温熔盐介质中,电沉积出非晶态稀土-铁族合金镀层。

欲使两种(或几种)金属在阴极上共同沉积,它们的析出电位有如下关系:

$$E_1^\ominus + \frac{RT}{nF}\ln a_1 + \Delta E_1 = E_2^\ominus + \frac{RT}{nF}\ln a_2 + \Delta E_2 \tag{9.16}$$

实践表明,只有少数 $E^\ominus$ 较接近和放电时极化值不大的金属,才能在其简单盐溶液中共沉积。例如镍和钴的 $\Delta E^\ominus = 30$ mV,在硫酸盐溶液中沉积时,两者的过电位较接近,故可共沉积。然而大多数情况下,金属的 $E^\ominus$ 相差较大,如 Cu^{2+} 与 Zn^{2+} 相差 1.10 V,单靠改变离子浓度是不可能实现共沉积的,因此要通过改变离子的活度及阴极极化值来实现。措施如下:

(1) 采用络合物溶液。这是生产上常用的方法。例如 $Cu/Cu(CN)_2$ 的 $E^\ominus$ 为 -0.43 V比 Cu^{2+}/Cu 的 $E^\ominus$ 负了 0.767V;锌在氰化物溶液中的 $E^\ominus$ 也向负移,但与铜的差距减少了,因而可能形成合金。在氯化物-氟化物溶液中能电沉积锡镍合金,这是由于锡能形成稳定的 SnF_4^{2-}、$SnF_2Cl_2^{2-}$ 络离子,而镍仍以 Ni^{2+} 存在,因此两者析出电位接近。

(2) 采用适当的添加剂。一般为有机表面活性物质或胶体物质,它们吸附在阴极表面上妨碍其中之一的金属离子放电,使析出电位变负。例如草酸盐电解液中沉积铜锌合金,虽然也有络离子生成,但它们的沉积电位差别仍很大。加入明胶后,电位相差就很小。

(3) 选择适当的电流密度。这对电位较正的金属离子放电时阴极极化较大才有意义。例如锌和镍在 20 ℃的含氨电解液中共沉积时,在一定电流密度下镍的沉积电位向负方移动将近 300 mV,接近锌的析出电位。

(4) 借助于金属共沉积,减少电位较负的组分的极化,例如镍钼合金。

合金电沉积有两大类。第一类是电位较正的金属优先沉积,分为:① 正则共沉积:特点是受扩散控制。提高金属离子浓度、提高温度、减少阴极电流密度等能增加电位较正的金属在镀层中的含量。简单金属盐镀液一般属于这类,例如镍钴、铅锡在简单盐中的共沉积。② 非正则共沉积:特点是合金组成主要受阴极电位控制。络合物镀液,尤其是络合物浓度对某一组分金属的平衡电位有明显影响的镀液多属于此类,例如铜锌在氰化物镀液中的电沉积。③ 平衡共沉积:特点是在低电流密度下,沉积金属组成之比等于溶液中沉积金属离子浓度之比。属于此类的共沉积并不多,例如在酸性镀液中沉积铜铋合金和铅锡合金。

第二类是非正常共沉积,分为:① 异常共沉积:特点是电位较负的金属反而优先沉积,只有在一定浓度和某种工艺条件下才出现这种情况。含铁族金属的共沉积多属于此类,例如镍钴、铁钴、铁镍、锌镍、锌铁和镍锡合金等。在沉积合金中,电位较负的金属的含量总是较高的。② 诱导共沉积:主要是不能从水溶液中析出的金属与铁族金属一起析出。诱导共沉积的合金例如铁钼、镍钼、钴钨等。

某些较成熟的合金电镀的主要工艺条件列于表9.4,表中的镍铁合金是磁性合金镀层,其余几种均可作装饰性镀层。有些合金视实际需要可在电解液中加入光亮剂或稳定剂,例如镍铁合金镀液可加入防止 Fe^{2+} 氧化的稳定剂及加入类似于镀亮镍的光亮剂。

表9.4 某些合金电镀的工艺条件

合 金	电解液/ $g \cdot L^{-1}$	$T/℃$	$i/ A \cdot dm^{-2}$	$\eta_1/\%$	阳极
70%Cu-Zn	45 $K_2Zn(CN)_3$,50 $K_2Zn(CN)_3$, 12 KCN,60 酒石酸钠	40~50	0.5~1	60~80	黄铜
40%Sn~Cu	40 $K_2Cu(CN)_3$,45 Na_2SnO_3, 12 NaOH,14 KCN	60~70	2~5	70~90	青铜
65%Sn~Ni	250 $NiCl_2 \cdot 6H_2O$,50 $SnCl_2$, 40 $NH_4F \cdot HF$,30 NH_4OH	60~70	1~3	97	锡,镍
80%Ni~Fe	300 $NiSO_4 \cdot 7H_2O$,20 $FeSO_4 \cdot 7H_2O$, 30 NaCl,45 H_3BO_3,pH 3-4	50~70	2~5	90	镍,铁
Fe~Mo (非晶态)	18~70 $FeSO_4 \cdot 7H_2O$, 31~94 $Na_2MoO_4 \cdot 7H_2O$, 76~230 $Na_3C_6H_5O_7 \cdot 2H_2O$,pH 4-5	30	0.8		

2. 复合电镀

在镀液中加入某些非金属或金属微粒,使这些微粒均匀分散在共沉积主体金属里的方法称为复合电镀(又称分散电镀),所得镀层称为复合镀层。这种镀层具有高硬度、耐磨性、自润滑性、抗蚀性以及特殊装饰外观等不同性质。例如在内燃机缸体内壁上镀上 Ni-SiC 复合镀层明显提高缸体的耐磨性,在钢钻头上镀了 Ni-金刚石复合镀层制造金刚石钻头。

作为复合电镀底层的金属有 Ni,Co,Cu,Cr,Fe,Ag,Al,Au,Pb 等,用得最多的是 Ni。分散粒有:① 无机物,如镀耐磨复合镀层用的 SiC,ZrO_2,WC,TiC;② 有机物,如聚四氟乙烯、尼龙、聚氯乙烯等颗粒;③ 金属,如 Ni,Cr,W 等粉末。

按用途可把复合镀层分为装饰-防护性复合镀层、功能性复合镀层、用作结构材料的复合镀层三类。生产中用得最多的装饰-防护性复合镀层如镍封和缎面镍(镍与 SiO_2 等形成的复合镀层)。使用荧光颜料与镍共沉积,可制备出彩色荧光复合镀层。研究与使用最多的功能性复合镀层是耐磨镀层,例如 SiC,Al_2O_3,ZrO_2,WC,TiC 与镍、铜、铬等形成的各种复合镀层。金刚石与镍形成的复合镀层,可用来制备各种磨削工具。镀了 Ni-WC,Ni-ZrO_2,Ni-MoS_2 等镀层的电极对 H^+ 离子电还原反应有明显的催化活性。Ag-La_2O_3,Ag-MoS_2,Au-SiC 等导电复合镀层的抗电蚀能力和耐磨性能都较强。CdS 与镍形成的复合镀层具有光电转换功能。用 Ni-UO_2 复合镀层可制造反应堆燃烧元件。各种陶瓷粉末能与金属共沉积形成高强度的结构材料。通过电铸使细长的 SiC、石墨、玻璃等纤维丝与基质金属共沉积成为高度增强的结构材料。

固体粒子要与金属共沉积形成复合镀层,必须均匀悬浮在镀液中。固体粒子的下沉速度近似服从斯托克公式:

$$v = \frac{2}{9}\frac{g}{\eta}r^2(\rho_1 - \rho_2) \tag{9.17}$$

式中:v 是粒子的下沉速度,g 为重力加速度,r 和 ρ_1 为粒子的半径和比重,η 和 ρ_2 为溶液的粘度和比重。

对于特定的镀液,η 和 ρ_2 基本不变,下沉速度主要取决于 r 和 ρ_1。若 $\rho_1<\rho_2$,例如用疏水性的 MoS_2、氟化树脂、石墨、氟化石墨时,下沉速度为负值,即浮于镀液上面。如果要它们均匀悬浮在镀液中,通常要用氟阳离子型表面活性剂,加水搅拌。一般的固体粒子 $\rho_1>\rho_2$,固体粒子下沉,可用强搅拌使之均匀在悬浮。在复合电镀中,一般要求粒度小于 40 μm,通常采用 1~5 μm。

由于固体粒子不带电,不参加电极反应,故粒子的沉积属于物理过程。共沉积过程可分为三个阶段:① 粒子走向阴极表面。② 粒子在阴极表面吸附,这是物理吸附,容易脱落。吸附时间越长越有利于与金属共沉积。粒子表面吸附正电荷有利于它们在阴极上的吸附,其电荷量直接影响共沉积量。因此,常加入一些阳离子表面活性剂或半径较大的金属离子,促进粒子共沉积。③ 粒子被周围电化学还原的金属包埋,形成共沉积复合镀层。这一步取决于电流密度、搅拌速度、粒度、粒子形状及界面张力等因素。

微粒在镀液中的分散浓度对其共沉积有较大的影响。分散浓度越大,底层中粒子含量越高。选择适当的分散浓度,可得到满足要求的复合镀层。适当的搅拌方式和搅拌强度是很重要的,搅拌强度以能维持粒子在镀液中均匀悬浮为度。对于一般粒子,用压缩空气更方便。一般认为 pH 值低有利于粒子共沉积,pH 值长期过高容易使粒子吸附 OH^- 而失效。电流密度也是影响共沉积的重要因素,对于电中性或吸附微量电荷的粒子,用小电流密度沉积得到的复合镀层,其中分散粒子的百分含量比大电流密度沉积的要高。

二、电沉积纳米涂层

纳米材料是指结晶粒度(或多层膜的调制波长 λ)在纳米量级(1~100 nm)的固态材料,被誉为 21 世纪最有前途的材料。它们本身具有的量子尺寸效应、小尺寸效应、表面效应和宏观量子隧道效应,使之呈现出特殊的光学、力学、电学、化学(例如催化)性能,以及耐蚀耐磨、巨弹性模量、巨磁阻效应等,展示出诱人的应用前景。

纳米涂层的制造方法主要包括气相沉积、各类喷涂、镀覆(含电镀和化学镀)等多种方法。电镀成本低、易于操作、可在大面积和形状复杂的样品上制作、电沉积速度快,而且可有效地避免层间扩散。与传统的纳米晶体材料制备法相比,电沉积法可以获得各种纳米晶体材料,例如:纯金属(铜、镍、锌、钴等),合金(钴-钨、镍-锌、镍-钼、镍-铜、钴-磷等),半导体(硫化镉等),纳米金属线(金、银、铋等),纳米迭层膜(铜/镍、铜/铋,银/钯,镍/钼、钴/钨等),复合镀层(镍-碳化硅、镍-三氧化二铝等),纳米Ni-W结构梯度镀层,有巨磁阻效应的Co-Cu颗粒膜;而且所得的纳米晶体材料具有很高的密度和极少的空隙率。

电化学沉积纳米材料的方法:①直流电沉积,例如电沉积纳米镍,可采用瓦特镀镍液(含有常用的有机添加剂,如糖精、香豆素和硫脲等)或硫酸盐镀液(含有硫酸镍、硫酸钠以及甲酸)。②脉冲电沉积,例如用含有糖精的瓦特镀镍液,用矩形波脉冲,控制脉冲电镀的通、断时间分别在 2.5 ms 和 15~45 ms,峰电流密度为 1900 mA cm^{-2},6~8 cm 的电极距以及 10:1 的阳极与阴极的表面积之比,就可以获得纳米晶体。③复合共沉积,例如电沉积纳米镍/Al$_2$O$_3$,采用硫酸镍镀液,加入 Al$_2$O$_3$ 纳米粒子,pH 值控制在 3.5~4.0 之间,电流密度为 0.5~8.0 Adm^{-2},温度控制在 50℃,可以获得复合共沉积纳米晶体。④喷射电沉积,如采用含有硫酸镍,氯化镍及硼酸的镀液,在喷射速度为 2~5.5 m s^{-1},电流密度为 80~160 Adm^{-2},温度为 50±1℃ 和 pH 值为 3.0±0.1 的条件下可以获得平均尺寸在 20~30 nm 的纳米晶体。

三、化学镀与塑料电镀

1. 化学镀

化学镀即无电镀,又称自催化镀。化学镀是利用还原剂,使溶液中的金属离子在基体表面上自动还原析出金属的过程。开始时溶液中的金属离子在活化表面上被催化还原,产生的第一批金属沉积物成为进一步还原金属离子的核和催化剂,于是反应便持续进行下去。关于化学镀的反应历程,文献中争论颇多。但是对于化学镀镍,用 NaH$_2$PO$_2$ 作还原剂时,一般认为有如下反应历程:

(1) $H_2PO_2^- + H_2O \longrightarrow HPO_3^{2-} + 2H^+ + H^-$(表面催化)

(2) $2H^- + Ni^{2+} \longrightarrow Ni + H_2$

总反应 $2H_2PO_2^- + 2H_2O + Ni^{2+} \longrightarrow 2HPO_3^{2-} + 4H^+ + Ni + H_2$

与此同时,H^+ 与 H^- 作用析出氢,降低了 $H_2PO_2^-$ 的利用率。上述反应沉积出来的镀层并非纯镍,它含有大约 3%~15% 的磷。

用硼化物(硼氢化钠、胺基硼烷)作为还原剂也可进行化学镀镍,其反应为

$2Ni^{2+} + NaBH_4 + 2H_2O \longrightarrow 2Ni + 2H_2 + 4H^+ + NaBO_2$(表面催化)

镀层中含有硼化物。

对于化学镀铜,常采用另一类还原剂,如甲醛,其反应为

$Cu^{2+} + 2HCHO + 4OH^- \longrightarrow Cu + H_2 + 2H_2O + 2HCOO^-$(表面催化)

由于甲醛与 OH$^-$ 的歧化反应,生成甲醇和甲酸,使还原剂消耗比理论的多。铜的沉积也认为是 H^- 与 Cu^{2+} 作用的结果。

化学镀的反应必须在具有催化性能的表面上进行,因此,原则上具有催化作用的金属才能进行化学镀。通常次外层的 d 轨道上容易得到电子的金属能从其他物质上夺取电子,故容易化学吸附,有催化作用。因此在周期表中,符合此条件的是具有催化作用的第Ⅴ族到第Ⅷ族的过渡金属。另外,ⅡB 族的铜、银、金虽与此条件不合,但是这些金属次外

层 d 电子跃迁到外层轨道所需的能量不大,故在 d 轨道上有可能造成电子空穴,因而也有催化作用。据此,可能进行化学镀的金属有 Fe,Co,Ni,Pd,Ir,Pt,Cu,Ag,Au,Cr 等,它们的合金也可进行化学镀。甚至一些本来不能直接依靠自身催化而沉积出来的金属和非金属亦可夹在上述金属中,化学沉积出合金层或复合镀层。

化学镀具有许多优点:① 无论零件几何形状如何,均可得到均匀镀层;② 设备简单,操作方便,而且能镀特殊性能的膜;③ 可在塑料、陶瓷、玻璃等非金属和半导体基体上进行。化学镀镍已应用于机械工业、汽车工业、电子工业,应用前景宽广。但是化学镀也有不少缺点:① 随着化学镀反应的进行,反应物浓度不断下降,反应速度随之下降,以致反应停止,金属离子未能充分利用;② 镀液的稳定性、化学镀的速度与镀层密切相关,镀层质量不容易控制;③ 对于非金属材料上的化学镀,还存在镀件表面预处理问题。

2. 塑料电镀

ABS 塑料、聚丙烯、聚砜、聚碳酸酯、尼龙等种种塑料都能进行电镀,其中以 ABS 塑料电镀最普遍。塑料是非导体,不能直接进行电镀,必须先进行化学镀使其表面有导电性。而在化学镀之前要进行一系列的表面处理过程。

(1) 化学除油:可用有机溶剂除油或碱液除油,ABS 塑料通常只用碱液除油。碱液为 $50\sim80\ g\cdot L^{-1}\ NaOH$,$30\ g\cdot L^{-1}\ Na_3PO_4$,$15\ g\cdot L^{-1}\ Na_2CO_3$,$3\sim5\ mL\cdot L^{-1}$ 海鸥洗涤剂,在 $40\sim55\ ℃$ 下浸 $30\sim40$ 分钟。

(2) 粗化:通过化学腐蚀使塑料的微观表面变得粗糙,从憎水变为亲水,提高塑料基体与镀层的结合力。粗化液为硫酸($60\%\sim80\%$)加入 CrO_3 至饱和,温度为 $60\sim70\ ℃$,处理 $10\sim30$ 分钟。有时也可用磷酸代替部分硫酸。

(3) 敏化:使塑料表面吸附一层有还原能力的离子型物质,以便在活化处理时把催化金属还原出来。敏化剂有 $SnCl_2$,$TiCl_3$,$SnSO_4$ 等,但常用的为 $SnCl_2$。

(4) 活化:使活化剂在塑料表面还原析出,形成一层有催化能力的贵金属。活化剂有 $PdCl_2$,$AgNO_3$ 等,但常用的是 $PdCl_2$ 和盐酸配制成的活化液。敏化后的工件放入 $PdCl_2$ 或 $AgNO_3$ 的溶液中,发生反应 $Pd^{2+}+Sn^{2+}=Sn^{4+}+Pd$ 或 $2Ag^++Sn^{2+}=Sn^{4+}+2Ag$。

将敏化和活化合为一步进行,溶液稳定,维护简便。敏化-活化液是用 $PdCl_2$,$SnCl_2$,HCl,Na_2SnO_3 配制的水溶液,含 $PdCl_2$ 量很少,每升 $1\ g$ 左右。塑料工件放入这种溶液后表面生成一层胶体钯,尚无催化活性。采用氢氧化钠、盐酸、硫酸等溶液去除附在钯外面的 SnO_3^-,Sn^{2+},Cl^- 等进行解胶,就能使钯起催化作用。活化后,要求化学镀铜的工件应先在 10% 甲醛中浸数秒,不经清洗,直接放入碱性化学镀铜液中。而需要化学镀镍的工件应先在 3% 次亚磷酸钠中室温浸 $2\sim3$ 分钟,不经清洗,直接放入化学镀镍液中。这过程称为还原处理,目的是加速化学镀及避免污染化学镀的溶液。

(5) 化学镀:使在塑料表面形成一层金属膜,以便进行常规电镀。通常先化学镀铜,镀液配方如:$7\ g\cdot L^{-1}\ CuSO_4\cdot5H_2O$,$20\ g\cdot L^{-1}\ NaKC_4H_4O_6$,$2\ g\cdot L^{-1}\ Na_2CO_3$,$5\ g\cdot L^{-1}\ NaOH$,$25\ mL\cdot L^{-1}\ 38\%\ HCHO$,常温下空气搅拌进行化学镀。化学镀铜后可以进行电镀或化学镀镍,化学镀镍液的配方如:$20\ g\cdot L^{-1}\ NiSO_4\cdot7H_2O$,$30\ g\cdot L^{-1}\ NaH_2PO_2\cdot H_2O$,$10\ g\cdot L^{-1}\ Na_3C_6H_5O_7\cdot2H_2O$,$30\ g\cdot L^{-1}\ NH_4Cl$,用氨水调节 pH 为 $8.5\sim9.5$,在 $35\sim45\ ℃$ 下进行化学镀。(注:一般化学镀镍采用高温酸性化学镀镍工艺,即温度为 $90\ ℃$ 附近、pH 为 5.0 左

右。不加 NH_4Cl,加入乳酸或其他有机酸。)

四、脉冲电镀、电刷镀、激光电镀

1. 脉冲电镀

将电镀槽与脉冲电源相连构成电镀体系进行的电镀过程就是脉冲电镀。典型脉冲电源提供的方波电流如图 9.13 所示,有三个独立参数:t_{on},t_{off} 和 i_p。t_{on} 是导通时间,在此期间内进行电镀;t_{off} 是关断时间,停止电镀。整个脉冲周期为 $T = t_{on} + t_{off}$,其中导通时间所占的比例,称为占空比,以下式表示:

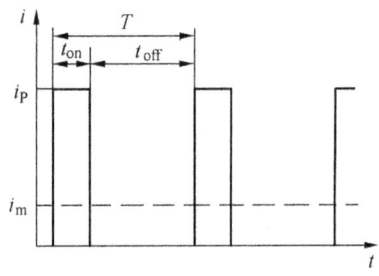

图 9.13　方波脉冲电流示意图

$$r = \frac{t_{on}}{T} \times 100\% = \frac{t_{on}}{t_{on} + t_{off}} \times 100\% \quad (9.18)$$

脉冲电镀时通过槽的平均电流密度 i_m 与脉冲峰值电流密度 i_p、占空比 r 的关系为

$$i_m = i_p \times r \quad (9.19)$$

直流电镀时,由于阴极附近金属离子不断还原沉积,引起浓差极化,在水溶液中还会析出氢。脉冲电镀时,虽然导通期间的电沉积使金属离子减少,但扩散层来不及长厚就断电,在关断时间内,阴极表面缺少的金属离子及时由本体溶液得到补充。脉冲电镀可以降低浓差极化,消除氢脆,提高阴极极限电流密度,改善镀层质量。脉冲电镀的平均电流密度一般少于直流极限电流密度。

周期反向脉冲电镀是用得较早而普遍的。它是在正向脉冲(阴极脉冲)后紧接一个反向脉冲(阳极脉冲),正向脉冲持续时间长而反向脉冲持续时间短。反向时将沉积层的毛刺溶解掉,改善复杂形状镀层的厚度分布,从而起到整平作用。

脉冲电镀技术虽然早已问世,但直到 60 年代电子工业对镀金质量提出了高的要求后,脉冲电镀才真正得到发展。金、钯、铑等贵金属脉冲电镀被研究得较多,效果也相当明显。例如使用毫秒级的脉冲参数镀金,就能改善镀金层的密度、导电性和孔率。合金电镀沉积物的组成不易控制,而脉冲电镀却有利于控制镀层的组成。下面举例说明。

(1) 脉冲镀金

在亚硫酸盐镀金液($20\ g·L^{-1}$ Au,$250\ g·L^{-1}$ $(NH_4)_2SO_3$,$100\ g·L^{-1}$ $K_3C_6H_5O_7·H_2O$,pH $9 \sim 9.5$,$40 \sim 45\ ℃$)中,用镀了光亮镍的黄铜片作阴极,进行脉冲镀金。所用脉冲的占空比为 1/9,频率为 1000Hz,平均电流密度为 $0.5\ A·dm^{-2}$。脉冲镀金层的孔率比直流镀金层的孔率低 $30\% \sim 50\%$;脉冲镀金层的显微硬度 Hv 为 $37.9\ kg·mm^{-2}$,比直流镀层约大 40%;脉冲镀金层经过 $4500 \sim 4700$ 次摩擦才露出底层,耐磨性比直流镀金层提高 60% 左右。脉冲镀金在电子工业的印刷板、接插件镀金方面得到广泛应用。

(2) 脉冲镀 Ni-Co 合金

颜色白亮的 Ni-Co 合金镀层具有比亮镍镀层更好的耐腐蚀与耐磨性能,可作防护装饰性镀层、磁性材料,广泛用于电子、航天工业等领域。脉冲电镀 Ni-Co 合金的镀液为 $250 \sim 300\ g·L^{-1}$ $NiSO_4·7H_2O$,$30 \sim 50\ g·L^{-1}$ $NiCl_2·6H_2O$,$10 \sim 30\ g·L^{-1}$ $CoSO_4·7H_2O$,30

~45 g·L^{-1}H$_3$BO$_3$,pH 为 4.0~4.8,50~60 ℃,试片为黄铜。脉冲电镀 Ni-Co 合金的最佳脉冲参数为 $t_{on}=1$ ms,$t_{off}=1.5$ ms,$i_p=10$ A·dm^{-2}。与直流电镀相比,脉冲电镀 Ni-Co 合金镀层分布均匀;结晶细致,孔隙率低,硬度和耐磨性均得到明显改善。

2. 电刷镀

电刷镀是用镀笔在被镀零件的表面上快速电沉积金属镀层的技术。电刷镀的设备和线路如图 9.14 所示。电源的正极连接镀笔(阳极),负极连接被镀零件(阴极)。通常用高纯细结构石墨块作阳极材料(有时用不锈钢),阳极材料外面包裹棉花和耐磨的涤棉套。刷镀时使浸满镀液的镀笔以一定的相对运动速度在被镀零件表面上移动,并保持适当的压力。在镀笔与被镀零件接触的那些部位,金属离子还原为金属原子,沉积成镀层。

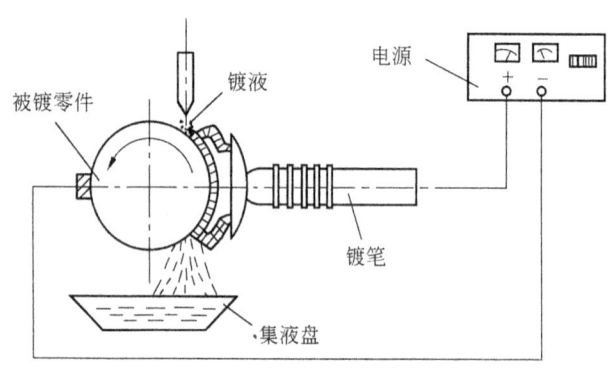

图 9.14 电刷镀技术工作原理图

电刷镀的特点:① 设备体积小、重量轻,便于拿到现场流动使用;不需要镀槽和挂具,设备数量大大减少。用一套设备可在各种基体上镀覆不同的镀层,笔杆与阳极利用螺纹连接,为更换各种型号的阳极提供方便。② 大多数镀液是金属有机络合物的水溶液,络合物在水中的溶解度较大,且相当稳定。溶液中金属离子含量高,通常比镀槽高几倍到几十倍。镀液使用完产生的废液量少,便于回收和处理。③ 电刷镀不受被镀零件形状尺寸和位置的限制,凡是镀笔能触及的地方均可镀覆。阴阳极之间距离很近,一般不大于 5 mm,其间的棉花与包套吸满了镀液,有利于金属离子向阴极扩散。使用电流密度(20~200 A·dm^{-2})比槽镀高得多(10~100 倍),沉积速度快(4~30 μm·min^{-1},为槽镀的 5~50 倍),有利于提高生产率。④ 镀层种类多,可获得多种多样的单金属镀层、合金镀层、组合镀层和复合镀层。镀层与基体结合强度高,例如镍镀层在碳钢上的结合强度 $\sigma>70$ MPa,经加热后可提高到 $\sigma>200$ MPa。

目前电刷镀的品种已有 160 多种,表 9.5 举出一些例子。采用刷镀表面技术修复或改造大型、重型、精密设备,尤其是进口设备,取得了很突出的成效,例如修复机床铸铁道轨,修复镀铬液压元件表面的磨损、压伤、划伤和大面积电刷镀镀银等。

表9.5 一些电刷镀镀液的性能及工艺参数

镀　液	金属离子含量/$g·L^{-1}$	电导率/$mS·cm^{-1}$	耗电系数/$Ah·dm^{-2}·\mu m^{-1}$	镀层硬度/Hv	工作电压/V	相对运动速度/$m·min^{-1}$
特快镍	56.0	55.0	0.046	546	6~14	6~16
高浓度铜	96.0	56.0	0.081	231	10~16	6~12
中性铁	20.0	41.0	0.848	525	6~10	6~14
酸铬	44.0	>100	0.545	464	6~12	4~6
酸性钴Ⅱ	70.0	34.5	0.057	464	8~10	10~14
酸锌Ⅰ	73.0	26	0.010	60	10~14	8~16
酸性锡Ⅰ	123	>100	0.073	10	4~10	10~15
碱性镍钴	54.4Ni	41.50	0.213	500	6~14	6~14
锡铟(2)	80Sn,10In	45.0	0.033	22	4~6	4~8
镍钴钨	56Ni	71.0	0.065	653	8~12	6~14

3. 激光电镀

激光电镀和激光刻蚀是20世纪70年代末发展起来的新表面处理技术之一。在液相进行表面处理时,必须选择基体能吸收而溶液不能吸收的激光作为加工光源。满足此要求的激光波长为$0.5\ \mu m$左右,因而选择氩离子激光是适宜的。激光电镀能应用于实际主要基于以下两种特征:① 在激光照射区域的电沉积速度比在本体的高得多(约10^3倍);② 激光的控制能力强,可使材料的必要部分析出所需的金属量。普通电镀发生在整个电极基体上,电镀速度慢,难以形成复杂和精细的图案。采用激光电镀可把激光束调节到微米大小,在微米尺寸上进行无屏蔽描图。对于电路设计、电路修复和在微电子连接器部件上的局部沉积,这类型的高速描图愈来愈有实际意义。

激光电镀除了可提高电镀速度外,还可改善沉积层的质量。激光照射能提高成核的速度,使结晶细小致密。激光产生的热效应也起了局部清洁表面的作用,因而在难镀的基体上能得到结合紧密的镀层。

在微电路上连接线路,用激光增强电镀来桥联是很有效的。例如采用$0.5\ mol·L^{-1}$ $CuSO_4 + 0.01\ mol·L^{-1}\ H_2SO_4$溶液,在低过电位的条件下完成铜线的桥联工作。激光镀得到的桥具有低的电阻,桥的宽度可以控制,能减小到$2\ \mu m$。

金镀层以其高耐热、高电导和易焊接等优良性能在电脑、微电子仪表工业中得到广泛的应用。在这些领域中,传统镀金工艺采用屏蔽后镀覆或全部镀覆后刻蚀,费工时和大量浪费金;而激光增强电镀金则是一种更经济的镀金技术。在$KAu(CN)_2$系镀液中,激光电镀金,沉积速度达数$\mu m·s^{-1}$。若同时采用激光和液体喷射进行电镀,则镀金速度可提高到$10\ \mu m·s^{-1}$,并可提高镀层平滑性、减少结节形成。表9.6列出激光增强喷射电镀金的某些工艺条件。

最近研究了在铜、黄铜、钢铁、陶瓷、玻璃、纤维、树脂等基体上激光电沉积Ni,Fe,Co,Ni-Fe,Co-Ni-Fe,Zn,Sn-Pb,Ag和Au。从表9.7可见激光照射下电沉积速度非常快。用扫描电镜观察沉积层,发现在激光照射下沉积颗粒细致紧密。激光电沉积方法已不限于无屏蔽制作线路板,还能应用在阴极表面上难镀部分的电沉积,节省短缺和稀贵金属。

表9.6 镀金溶液和喷射电镀的参数

镀 液	无添加剂的氰化金溶液
液温	60 ℃
线性速度	$1.0\times10^3 \text{ cm}\cdot\text{s}^{-1}$
雷诺数	5.5×10^3
喷咀-阴极间距	~0.5 cm
电流密度	$1\sim16 \text{ A}\cdot\text{dm}^{-2}$
激光功率	最大约 25 W

表9.7 某些激光电镀的镀层厚度/μm

镀 层	激光照射 $\tau=7$ ms	无激光照射 $\tau=5$ min, $i_K=1 \text{ A}\cdot\text{dm}^{-2}$
Ni-Mo	3.21	—
Cu	5.82	2.21
Co	13.48	—
Zn	13.07	1.43
Ni	4.14	1.03
Sn-Pb	3.83	

采用激光电镀装置,把原来的阴极与阳极的位置调换,即把激光射在阳极上,通电便可进行电刻蚀。例如激光射在 $NiCl_2$ 溶液中的不锈钢上,阳极溶出直径为 $50\sim100$ μm 的孔洞。采用喷射液体的电刻蚀技术可使物体发生局部溶解,从而能够对小尺寸元件进行加工、描绘图案,这种技术在电子、机械、航空设备中已得到应用。

五、浸镀、机械镀、高速镀

如果基体金属的电位负于溶液内金属离子还原的电位,则把基体浸入该溶液中便会溶解而将溶液内的金属离子还原,使之沉积出完整致密且结合牢固的镀层,称为置换或浸镀。这是不需要外电源的沉积方法,$Zn + CuSO_4 \rightarrow Cu\downarrow + ZnSO_4$ 就是我们熟知的例子。目前生产上应用最多的是浸锡,可以直接用于防锈和简单装饰。例如把经过处理的铜零件放入 $50\sim100$ ℃ 的 $6 \text{ g}\cdot\text{L}^{-1}$ $SnCl_2\cdot2H_2O + 80 \text{ g}\cdot\text{L}^{-1}$ $(NH_4)_2CS + 10 \text{ g}\cdot\text{L}^{-1}$ HCl 中浸镀 5 分钟;把经过处理的钢零件放入 $90\sim100$ ℃ 的 $0.8\sim2.5 \text{ g}\cdot\text{L}^{-1}$ $SnSO_4 + 5\sim15 \text{ g}\cdot\text{L}^{-1}$ H_2SO_4 中浸 $5\sim20$ 分钟。其次是浸金,在环境不太恶劣而又不太经受摩擦的表面,用浸镀金代替电镀是很经济的办法。例如钢铁在 20 ℃ 的 $0.1 \text{ g}\cdot\text{L}^{-1}$ $HAuCl_4\cdot4H_2O + 100 \text{ g}\cdot\text{L}^{-1}$ C_2H_5OH 中浸镀 $2\sim5$ 分钟。

机械镀是一种无需通过电解或化学镀的镀覆方法,它依靠金属粉末被零件和辅料冲击及挤压使粘合成为镀层。操作时将被镀零件、欲形成镀层的金属粉末和滚磨时用的粒料(玻璃珠、陶瓷珠等,直径为 $0.1\sim10$ mm)与活化和清理表面的活化溶液一起进行滚磨。所用的金属粉末也可以是合金粉末,因而也能得到合金镀层。通常适合于形成镀层的主要是较软、易于塑变和通过冲击、挤压和摩擦的金属粉末,典型的如铜、锡、锌、铝、镉等。机械镀的溶液较简单,废液处理较方便,也无毒气析出。

高速电镀是电沉积速度很快的电镀,一般高于普通电镀的速度数倍乃至数百倍以上。例如电镀 $20\sim30$ μm 的镀层,普通电镀要用一小时甚至数小时,而高速电镀仅需几分钟甚至不到一分钟。高速电镀的方式:①将阴、阳极间距离缩至 $1\sim5$ mm,其间通以流速大于 $3 \text{ m}\cdot\text{s}^{-1}$ 的镀液;②将镀液经喷咀喷射到阴极表面,进行局部电镀,这就是喷镀。高速电镀主要用于件小量大的零件甚多的产业(如电子工业)和大部件的电镀或修复。贵金属、铜、锌、锡、镍、铬、铁等的高速电镀应用较多。例如柠檬酸盐($0.17 \text{ mol}\cdot\text{L}^{-1}$)镀金,喷流速度达 $18 \text{ m}\cdot\text{s}^{-1}$ 时,电流密度 $>600 \text{ A}\cdot\text{dm}^{-2}$,镀速 >3.4 μm·s^{-1}。

第六节 化学转化膜

一、铝及其合金的阳极氧化

化学转化膜是金属在一定介质中生成的一层稳定化合物,有氧化膜、铬酸盐膜、磷酸盐膜和草酸盐膜等类别。对金属进行成膜处理是金属表面处理的一个重要方面,主要目的有:① 提高金属的防腐蚀能力,例如镀锌后在铬酸中钝化,镀银进行防变色处理。② 使金属获得某种装饰外观,例如铝材着色、钢铁发黑。③ 改善金属表面的物理性能,如电绝缘性和对光的吸收性等。

化学转化膜的形成有两种方法:化学浸渍和阳极氧化。例如要在铝的表面上形成一层具有一定用途的氧化膜,可把铝放入以碳酸钠为基本成分的溶液中浸渍,也可把铝作为阳极在硫酸溶液中进行阳极氧化。

铝在大气中形成一层极薄的氧化膜,其防护作用有限。防护作用一般随氧化膜厚度的增加而提高,室内使用时,$5 \sim 10~\mu m$就足够,而户外使用时要达到$15~\mu m$以上。因此对铝及其合金进行氧化处理使之生成一定厚度的氧化膜,这是铝加工工业的一个重要部分。通常采用阳极氧化,因为容易获得较厚的氧化膜。为了防护装饰,可用硫酸、铬酸和草酸三种不同的电解液进行阳极氧化。从硫酸电解液得到的膜层厚、吸附性好、抗腐蚀性好、成本较低,因而用得最广。在铬酸电解液中获得的膜层较薄,但电绝缘性较好,足以避免同其他金属接触时发生电偶腐蚀。在草酸电解液中得到的氧化膜本身就有颜色,不一定要进一步着色处理,但成本较高。为了在纯铝上获得电绝缘性高的氧化膜,可用加有少量硼砂的硼酸电解溶液,经处理的铝能用于制造铝电解电容器。用低浓度硫酸溶液在低温下进行电解,可得硬度高、耐腐蚀性好的氧化膜。

1. 铝和铝合金阳极氧化工艺条件及影响因素

铝和铝合金在阳极氧化之前都要作表面处理,而在阳极氧化之后都要进行封孔处理。生产流程为:除油→水洗→碱蚀→水洗→出光→水洗→阳极氧化→水洗→封孔。

碱蚀用$50~g \cdot L^{-1}$ NaOH,在$45 \sim 60~℃$下浸数分钟除去氧化皮。出光用$250~g \cdot L^{-1}$ HNO_3,常温下浸数分钟除去不溶于NaOH的杂质(成挂灰状),如Cu、Mn之类。阳极氧化通常在H_2SO_4中进行,阴极为铅或不锈钢。封孔的目的在于提高氧化膜的耐腐蚀性和绝缘性,有关封孔法后述。若要求获得光洁度高的氧化表面,在工艺流程中还要加上抛光这一步。铝的化学抛光可用H_3PO_4(70%体积比)-H_2SO_4(20%)-HNO_3(10%),$90 \sim 115$ ℃下处理$1 \sim 5$分钟。

铝和铝合金在硫酸中阳极氧化的工艺条件如表9.8所示。影响因素如下:

(1)硫酸浓度:硫酸浓度升高,氧化膜的成长速度降低。为了得到孔隙较多、吸附力强、弹性好的膜,均采用高浓度的硫酸。为了获得硬而厚的耐磨膜,则用低浓度的硫酸。通常采用15%~20%。加入少量草酸

表9.8 硫酸氧化工艺配方及操作条件

	直流电氧化	交流电氧化
硫酸浓度/$g \cdot L^{-1}$	150~200	100~150
温度/℃	18~22	15~25
电压/V	16~24	18~28
电流密度/$A \cdot dm^{-2}$	0.8~1.5	2~3
氧化时间/min	30~60	20~40

或甘油,可提高膜的防护性能,并可抑制电解液的热效应。

(2) 温度:升高温度,加速膜的溶解,氧化膜的厚度减少,而且硬度也会降低。电解温度为20℃时,氧化膜的耐蚀性最好。氧化过程会发热,因而必须采取冷却措施。若要获得耐磨膜,可在1~3℃下进行阳极氧化。

从图9.15和图9.16可以看出,降低温度使氧化膜更至密。

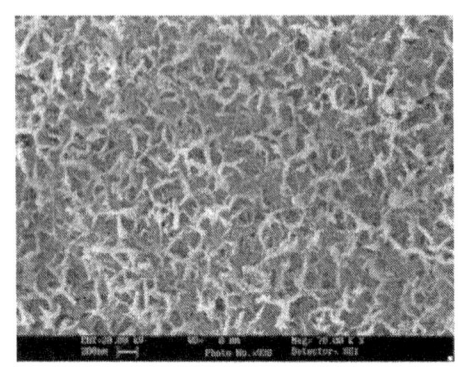
图9.15 低温阳极氧化时氧化铝的形态

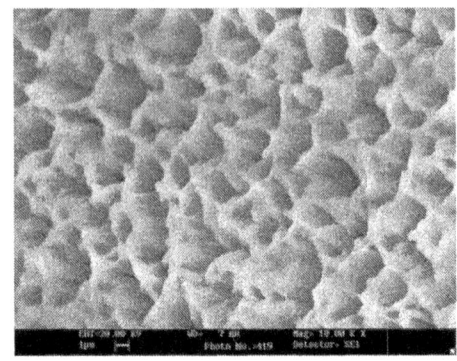
图9.16 常温阳极氧化时氧化铝的形态

(3) 电流密度:在一定范围内提高阳极电流密度可加速膜的生长速度,但高于$6\ A\cdot dm^{-2}$时,由于膜孔内热效应加大,促使膜溶解,生成速度变得很小。电流密度超过一定范围也会降低膜的防护性能。通常防护装饰工件进行阳极氧化时,电流密度不要大于$1.5\ A\cdot dm^{-2}$,且开始时电流密度还要低些,如用$0.5\ A\cdot dm^{-2}$,约1分钟后才调整到所需值。

(4) 氧化时间:氧化时间的选择,取决于电解液的浓度、工作条件及所需膜厚。当阳极电流密度恒定时,氧化膜的成长速度与时间成正比。但时间过长,由于膜的表面溶解,孔径渐大,膜的结晶变粗,硬度会降低。通常氧化时间为30~60分钟。

(5) 搅拌和移动阳极:为了保证氧化所需的温度范围,必须排除热量。因此生产中常用蛇形管通冷却剂冷却电解液,并以阳极移动或搅拌,使温度均匀。也有用泵连续抽出电解液循环冷却。

(6) 杂质:电解液的主要杂质有Cl^-,Al^{3+},Cu^{2+},Fe^{2+}。$Cl^->0.2\ g\cdot L^{-1}$,氧化膜粗糙疏松。$Cu^{2+}>0.02\ g\cdot L^{-1}$,膜出现暗色条纹和斑点。$Al^{3+}>20\ g\cdot L^{-1}$,工件表面呈白点或块状白斑。$Fe^{2+}>0.2\ g\cdot L^{-1}$,膜出现暗色条纹斑点。因此,这些杂质的含量必须控制在容许范围内。

2. 氧化机理

在H_2SO_4中,铝阳极的反应:$H_2O = [O] + 2H^+ + 2e$,$2Al + 3[O] = Al_2O_3$,$Al_2O_3 + 3H_2SO_4 = Al_2(SO_4)_3 + 3H_2O$,前两个反应是成膜反应,后一个反应是膜的溶解反应。电化学成膜和化学溶解过程同时存在,氧化膜的形成和变厚是成膜速度大于溶解速度的结果。

铝的阳极氧化服从法拉第电解定律。通电1 Ah的电量理论上能够生成0.6343 g的Al_2O_3。如果取Al_2O_3的密度为$3.4\ g\cdot cm^{-3}$,则1 Ah的电量在1 dm^2的铝阳极上生成厚度为19 μm的Al_2O_3。实际上除Al_2O_3外,还有水合三氧化铝的生成、氧化膜的化学溶解,因此膜厚会偏离计算值。溶解速度与电解液的溶解能力和温度有关。HCl、NaOH对膜的溶解作用强,不能用作电解液;H_2SO_4、H_2CrO_4、$H_2C_2O_4$以及H_3BO_3可用作电解液。

阳极氧化膜分为内外两层，如图 9.17 所示。内层称为密膜层（或阻挡层），由无水 Al_2O_3 构成，厚度一般在 $0.01\sim0.1~\mu m$ 之间。外层称孔膜层（或多孔层），由 Al_2O_3 及其水合物组成，膜孔与基体垂直，厚度可达 $10^2~\mu m$。内层是在通电初期生成的，生成过程如图 9.18 所示。首先 Al^{3+} 在电场作用下脱离金属晶格，然后 Al^{3+} 沿电场方向穿透 Al_2O_3 层，最后在固液界面上与氧结合而长出新的表面令内层增厚。外层的形成是由于内层电阻大引起电压升高，以致被击穿所致。击穿处电解液温度较高把内层溶解出膜孔来，电解液深入膜孔直至与基底金属接触。随着电流从孔内通过，结果在孔底又重新形成氧化膜以至内层连成一片。随着电解的进行，带孔那一层不断得到加厚而形成孔膜层。

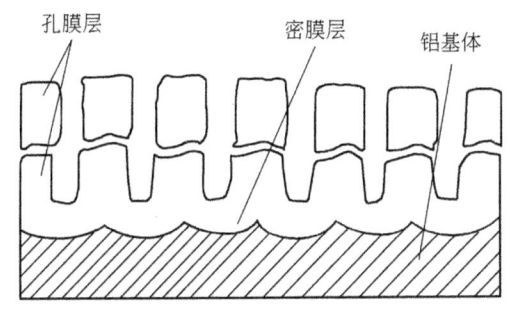

图 9.17　铝的阳极氧化膜结构

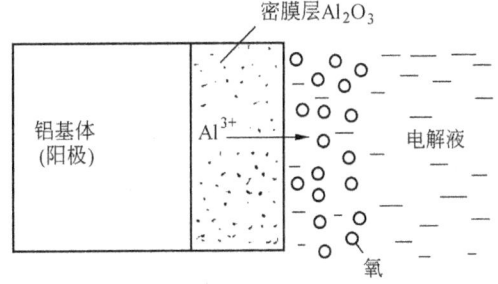

图 9.18　铝氧化膜内层的生成

近年来，在阳极氧化基础上建立了微弧氧化新技术。将 Al、Ti、Mg、Zr、Nb 等金属或合金置于电解质（常用氢氧化钠）水溶液中，用电化学方法使该材料表面微孔中产生火花放电斑点，在热学、等离子体化学和电化学共同作用下阳极氧化，生成陶瓷膜层。微弧氧化膜主要由 $\alpha\text{-}Al_2O_3$ 和 $\gamma\text{-}Al_2O_3$ 相组成，膜厚约 $150~\mu m$。该氧化层具有很好的耐蚀性、耐磨性、韧性。改变工艺条件和电解液中添加胶体微粒，可以实现膜层的功能设计。

二、铝及其合金的电解着色和氧化铝膜的封闭

1. 电解着色

铝及铝合金着色有浸渍法、阳极氧化整体着色法和电解着色法等三种方法。浸渍法是先在硫酸电解液中阳极氧化，得出无色透明的氧化膜（厚 $10\sim15~\mu m$），然后进行染色。浸入含有机染料的溶液，例如 1% 铝深红 LW 中得到红色；或分两次浸入两种无机盐溶液，例如交替浸入醋酸钴溶液、高锰酸钾溶液，就得到红色。浸渍法是靠带色的粒子在膜孔的表面处吸附，不耐老化，应用范围有限。

某些铝合金在特定的电解条件下，在阳极氧化的同时还能着色，这就是阳极氧化整体着色法或称自然发色法。例如 6063 合金（Al-Mg-Si 系）在 $65~g\cdot L^{-1}$ 磺基水杨酸 + $6~g\cdot L^{-1}$ 硫酸溶液中，在 25 ℃ 和 $2.6~A\cdot dm^{-2}$ 下通电 26 分钟，得到青铜色氧化膜。对光产生散射作用的微粒分散在氧化膜内，发色就靠其散射作用。着色膜的颜色取决于膜的厚度和铝合金的成分。着色膜硬和耐光性好，但只有黄金、古铜和灰黑色，工作电压为 $50\sim60$ V，能耗高达 $7\sim8~kWh\cdot m^{-2}$。

电解着色法又称二次电解着色法或浅田法。首先进行阳极氧化，然后在含金属盐的酸性溶液中用交流电着色。着色物质沉积在膜孔的底部。主要采用锡盐、镍盐、钴盐和铜

盐,有时也采用混合盐,如锡盐和镍盐。在一定范围内,颜色与膜的厚度、铝合金成分关系不大。着色膜耐光性好、颜色品种多,能耗低,在 $0.22\sim2.2\ kWh\cdot m^{-2}$ 的范围内。

目前电解着色法已成为铝材着色的主要方法,广泛应用于防护装饰性铝制品,尤其成功地用在建筑工业上,例如外墙板和窗框。此外在太阳能利用中,黑色表面层可作为光热转换的吸收面板。

电解着色时,除了控制电解液成分外,必须选择适当的电压和电流。通常使用交流电,电压为 $8\sim25\ V$,电流密度为 $0.2\sim0.8\ A\cdot dm^{-2}$。色调深浅可通过电解时间(1~30分钟)来控制,电解在常温下进行。具有代表性的电解着色液如表9.9所示。

表9.9 交流电解着色规范实例

着色金属	电解质	浓度/$g\cdot L^{-1}$	温度/℃	时间/min	电压/V	pH	对极	色调
Ni	$NiSO_4\cdot 7H_2O$	25	20	5~10	15	4.4	石墨或镍	青铜色
	$(NH_4)_2SO_4$	15						
	H_3BO_3	30						
Cu	$CuSO_4\cdot 7H_2O$	30	20	3~10	15	2.0	石墨	红褐色
	H_2SO_4	10						
Se	Na_2SeO_3	5	20	5~10	8	1.0	石墨	金色
	H_2SO_4	10						
Mn	$KMnO_4$	20	20	5	15	0.5	石墨	金黄色
	H_2SO_4	20						
Sn	$SnSO_4$	10	20	5~10	15	1.0	石墨或不锈钢	青铜色
	H_2SO_4	10						
Co	$CoSO_4\cdot 7H_2O$	2.5	20	5~10	15	4.4	石墨	古铜色
	$(NH_4)_2SO_4$	15						
	H_3BO_3	30						

为了改善电解液的着色效果,在各种金属盐的电解液中,可分别加入不同的添加剂。例如在含钴盐和镍盐的电解液中,常加入硫酸铵或酒石酸铵,以提高溶液的导电率;加入硼酸($50\ g\cdot L^{-1}$以下),以控制阻挡层界面上的pH值上升;加入甲酚磺酸、苯酚磺酸、甘氨酸、肌氨酸等,以稳定溶液,防止变质。

就色调的牢固性来说,锡盐溶液比镍盐溶液好,但 Sn^{2+} 容易氧化为 Sn^{4+}。因此,如何提高镍盐溶液着色的牢固性和保持锡盐溶液的稳定性,成为世界各公司的研究课题与专利。

铝材在 $4\sim12\ V$ 电压下,在硫酸溶液中阳极氧化后,再进行交流电解着色,可得红、蓝、绿、粉红、紫等原色氧化膜。电解着色除能产生各种单一颜色外,还可制成带木纹图案的着色氧化膜。例如铝材首先在 $20\ g\cdot L^{-1}$硼酸$+1\ g\cdot L^{-1}$苛性钠溶液中,用 $45\ V$ 交流电电解数分钟,再进行硫酸液阳极氧化,然后进行交流电解着色,氧化膜表面即呈木纹状。

2. 氧化铝膜的封孔

阳极氧化膜(除了需要继续进行着色的膜)和着色膜都要进行封孔,提高防护性能、绝缘性能和色彩的耐久性。封闭过程是无水氧化铝转变为水合氧化铝的过程,封孔后氧化膜的体积可以增加 33%～100%,使孔处于封闭状态。封孔方法有如下几种。

(1) 沸水封闭:在沸腾或接近沸腾的蒸馏水或去离子水(pH=5.5～7)中让孔封闭。15 μm 以下的膜约需 30 分钟,再厚的膜封闭时间要延长。水质对封孔后膜的防护性能有明显的影响。封孔后对颜色没有影响。

(2) 蒸汽封闭:在密闭状态中用 100～200 ℃的水蒸气封孔。这种方法适用于处理罐和管子之类大型制件的内表面。

(3) 水解盐封闭:镍盐或钴盐可在 pH=5 附近水解,孔内同时发生氧化铝的水合作用及由盐水解产生的氢氧化物沉淀的填充作用。适用的是醋酸盐,加入缓冲剂硼酸可使盐在一定的 pH 值下水解。水解盐封闭液组成例如 5 $g·L^{-1}$ 醋酸镍、1 $g·L^{-1}$ 醋酸钴、8 $g·L^{-1}$ 硼酸,pH 5～6,70～90 ℃。这种方法对防止染料因漂洗而褪色有好的效果。

(4) 重铬酸盐封闭:重铬酸盐有缓蚀作用,尤其适用于处理以防护为目的的氧化膜。

为了降低能耗,现在已逐渐采用常温封闭,例如使用镍－氟化物系列的常温封闭剂(含氟化镍、络合剂、防粉剂、pH 缓冲剂),可在 25～30 ℃下进行封闭。

三、磷酸盐膜

钢铁经用 $Fe(H_2PO_4)_2$、$Mn(H_2PO_4)_2$ 或 $Zn(H_2PO_4)_2$ 溶液处理可得到磷酸盐膜(也称磷化膜),处理过程称磷化。处理方法可用浸渍、喷淋等。磷化温度分高温、中温和低温三种。按生成膜的重量分为重膜(7.5 $g·m^{-2}$)、中膜(4.3 $g·m^{-2}$)和轻膜(1.1～4.2 $g·m^{-2}$)。磷酸盐膜有防腐蚀和提高涂层的附着力的作用。

在钢铁电泳涂漆前的磷化处理中,可用以下配方:30～40 $g·L^{-1}$ $Zn(H_2PO_4)_2$,80～100 $g·L^{-1}$ $Zn(NO_3)_2$,总酸度为 60～80 点,游离酸度为 5～7 点,温度为 60～70 ℃,时间为 10～15 分钟。

在钢铁表面的微阳极上产生非晶态的磷酸盐的沉积,作为膜的底层,其反应为

$$Fe + 2ZnPO_4^- \rightarrow FeZn_2(PO_4)_2 + 2e$$

而在微阴极上的反应为

$$NO_3^- + 2H^+ + 2e \rightarrow NO_2^- + H_2O$$

反应消耗 H^+ 的结果有利于 $Zn(H_2PO_4)_2$ 电离为 $ZnPO_4^-$ 和 $H_2PO_4^-$,出现反应

$$Zn^{2+} + 2ZnPO_4^- \rightarrow Zn_3(PO_4)_2$$

因此,晶态的 $Zn_3(PO_4)_2$ 构成了膜的主要成分。

磷酸盐膜的形成不用电流,设备简单,成本低,形状复杂的工件也能得出均匀的膜。膜是电的不良导体,所以电泳涂漆时只能用轻膜,不能用太厚的膜。磷酸盐膜虽有防护性能,但只靠本身不能长久地防锈,而且不耐碱。它明显的优点是和油漆的结合力极好。

磷化处理液大致可分为三类:磷酸锌系、磷酸锌钙系和磷酸铁锰系。磷酸锌系膜的组成为 $Zn_3(PO_4)_2·4H_2O$ 和 $FeZn_2(PO_4)_2·4H_2O$,磷酸锌钙系膜的组成为 $CaZn_2(PO_4)_2·4H_2O$、$Zn_3(PO_4)_2·4H_2O$ 和 $FeZn_2(PO_4)_2·4H_2O$。

第七节 电泳涂漆

一、电泳涂漆的原理

电泳涂漆是靠分散在水中的胶体状涂料粒子的电泳作用,到达被涂工件表面放电而沉积形成漆膜的方法。与刷涂、喷涂相比,具有涂漆均匀、涂料利用率高、适宜大规模自动化生产、污染少、几乎无火灾危险性等优点。电泳涂漆广泛应用在汽车、机电、轻工、国防等方面。

电泳涂漆所用的涂料由水溶性树脂、色料、填料、助溶剂配制而成。电泳漆分为阳极电泳漆和阴极电泳漆两种。阳极电泳漆用阴离子型树脂,工件为阳极,阴极电泳漆用阳离子型树脂,工件为阴极。在电泳槽中通电涂漆之后,工件出槽经水淋除去表面浮漆和气泡,再放入烘箱在一定温度下烘烤一定时间,便可得到平滑的漆膜。

电泳漆中树脂的胶粒直径为 $0.001\sim0.1~\mu m$,其水溶性主要借助于聚合物分子链上相当数量的强亲水基团,例如—COOH、—OH、—NH_2、—O—、—$CONH_2$ 等。这些聚合物多数只能形成乳浊液,用氨水(或胺)或有机酸中和成盐后有较好的水溶性,才可使用。例如带羧基的阳极电泳漆的树脂用胺中和,而带氨基的阴极电泳漆的树脂用羧酸中和:

$$\text{COOH···COOH} + R'NH_2 \longrightarrow COO^-\cdots COO^-\quad R'NH_3^+$$

$$NH_2\cdots NH_2 + R''COOH \longrightarrow NH_3^+\cdots NH_3^+\quad R''COO^-$$

阳极电泳涂漆时,阴离子在作为阳极的工件上沉积成膜;阴极电泳涂漆时,阳离子在作为阴极的工件上沉积成膜,如图 9.19 所示。沉积作用以电场最强的部件开始,首先形成点状漆膜。由于漆膜的电绝缘性,随着沉积的进行电场分布发生变化,漆膜逐渐扩展,最后把整个工件覆盖。图 9.20 表示电场的变化情况。

电泳涂漆是个十分复杂的过程,包括电离和分解、电泳、电沉积、电渗四个过程。电离和分解是树脂在电场中的离解以及水的分解;电泳是在直

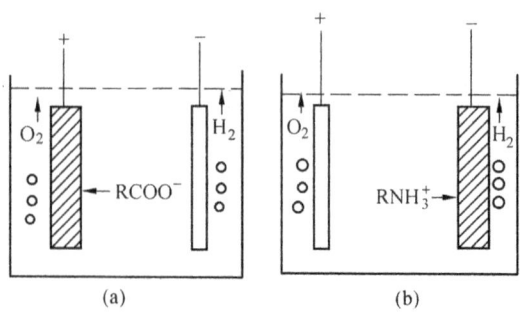

图 9.19 电泳涂漆
(a) 阳极电泳涂漆; (b) 阴极电泳涂漆

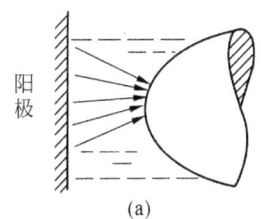 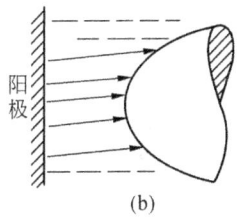

图 9.20　电泳涂漆电场分布过程
(a) 集中；(b) 分散

流电作用下,吸附着色料的树脂胶粒向带相反电荷的电极移动;电沉积是树脂胶粒到达工件而形成不溶于水的漆膜;电渗是漆膜内的水穿过漆膜出来回到溶液中。下面以阳极电泳涂漆作进一步说明。

阳极电泳漆有水溶性环氧树脂、水溶性醇酸树脂、水溶性丙烯酸树脂等好几种。如果是用水溶性丙烯酸树脂漆,树脂的离解为 $RCOONH_3R' = RCOO^- + R'NH_3^+$,阳极反应有 $RCOO^- + H^+ = RCOOH$, $2OH^- = H_2O + 1/2\ O_2 + 2e$;若工件是钢铁还会有 $Fe = Fe^{2+} + 2e$, $2RCOO^- + Fe^{2+} = (RCOO)_2Fe$。阴极反应有 $R'H_3N^+ + e \rightarrow R'NH_2 + H$, $R'NH_2 + H_2O \rightarrow R'H_2NOH + H$, $2H \rightarrow H_2 \uparrow$。

二、阳极电泳涂漆

20 世纪 60 年代,美国研制出一种阳极电泳漆,作为汽车车身之底漆,以增加防锈能力。此后,日本用电泳涂漆作为铝阳极氧化膜的封孔技术。下面简介阳极氧化铝电泳涂漆,所用阳极漆是热固型水溶性丙烯酸透明树脂。工艺条件:固体分浓度为 8%～15%,电泳温度为 22 ± 3 ℃,pH 为 9.2 ± 0.4(20 ℃),电压为 100～250 V,电流密度为 0.2～0.5 $A \cdot dm^{-2}$,通电时间为 90～180 秒,烘烤温度为 170～200 ℃,烘烤时间为 25～35 分钟。

为了保证电泳涂漆液的强度和涂膜均匀,必须严格控制电涂条件。

(1) 固体分浓度:一般在 8%～15% 范围内,浓度过高,粘度增大和电渗性差;浓度过低,粘度降低,电沉积效果变差。电泳过程中,固体分不断消耗,溶剂也会不断蒸发和带走,因此必须经常补充。

(2) 漆液温度:一般控制在 15～30 ℃ 范围内。温度过高,粘度降低,沉积增加,溶剂挥发,漆液不稳定,漆膜厚而粗糙。温度过低,沉积减少,膜厚而不均匀。因此,漆液必须采用热交换器进行加热或冷却。

(3) pH 值:电泳时在阴极产生胺,使漆液 pH 值逐渐升高。pH 值过高,漆膜外观恶化。pH 值过低,漆液凝聚,漆膜也变坏。调节 pH 可采用阴极隔膜法,或补加无胺新漆。丙烯酸树脂漆的 pH 范围一般在 7～9 之间。

(4) 电压:电泳涂漆一般用恒电压操作。电压高,沉积速度快,漆膜厚。电压过高,反应剧烈,漆膜粗糙或产生针孔。电压过低,反应速度慢,泳透力差,影响形状复杂工件漆膜的均匀性。电压一般在 60～250 V 之间。

(5) 电泳时间:与电压、固体分浓度、工件尺寸、漆膜厚度及极距(150～300 mm)等有关。如膜厚为 6～9 μm,需时一般为 1～3 分钟。

(6) 漆膜烘烤温度及时间:温度高时则时间短,温度低则时间长。烘烤的作用除使水分蒸发外还使树脂交联硬化,故要求较高的温度,一般为 170~200 ℃,烘烤 20~35 分钟。

三、阴极电泳涂漆

阴极电泳涂漆出现得较迟,1971 年才研制成功第一代阴极电泳漆。1978 年美国通用汽车公司和福特汽车公司基本上用阴极电泳代替了阳极电泳为汽车涂底漆,此后阴极电泳涂漆发展很快。

与阳极电泳相比,阴极电泳具有漆膜性能较好、涂层较均匀、漆膜色泽不变深等优点。在脱脂钢板阴极电泳漆的耐腐蚀时间为阳极电泳漆的 3~4 倍,超过了经磷化处理再涂阳极电泳漆的防护效果。阴极电泳漆的泳透力也比阳极电泳漆高,通常是阳极电泳漆的 1.3~1.5 倍,在工件形状复杂时也可不用辅助阳极。此外,阴极电泳漆的库仑效率(1 库仑电量沉积的膜重,单位 mg/C)较高,电泳槽液比较稳定,漆膜比阳极电泳膜耐碱。工件作为阴极,电泳中被涂的基体金属及表面膜(如磷化膜)不会溶进漆膜而使之颜色加深。

阴极电泳漆的原料,第一代用环氧树脂,缺点是在日光照射下,在极短时间内便分解蒸发掉,紫外线荧光灯照射试验只能维持数小时。第二代原料为丙烯酸(目前大多数电泳漆厂所采用),缺点是日光照射下会变黄及老化。第三代原料是聚氨脂,这是英国首先研制出来的,优点是在日光下不会分解、不会变色及老化。

聚氨脂阴极电泳漆电涂的工艺条件:固体含量为 8%~12%,pH 为 3.5~4.5,温度为 10~23 ℃,电压为 20~50 V,时间为 20~60 秒,漆膜厚度为 5~25 μm,烘烤温度为 130~160 ℃,烘烤时间为 130 ℃下 30 分钟、160 ℃下 15 分钟。

在透明的聚氨脂电泳漆中加入颜料得到有色电泳漆。透明色的例如金色、黄铜色、红铜色、仿古铜色、黑镍色、蓝色、红色、紫红色、黄色、绿色等。不透明色的例如白色、光黑色、哑黑色、绿色、粉红色、蓝色、奶白色、咖啡色、灰色、橙色等。透明电泳漆主要用于物件防氧化,如银件、镀银件、铜件、镀铜件、铝件、锌合金件等。在薄镀金件上涂透明漆,其寿命可与厚镀金件媲美,在人造首饰及手表工业上广泛使用。

电泳漆适用于灯具、门窗配件、浴室配件、家具配件、汽车合金轮圈及其他配件、工艺品、人造首饰、打火机、表壳表带、自行车配件、奖牌奖杯、玩具、铝型材、电器配件、眼镜框、厨房用品、电子器材外壳、衣饰及皮具配件等等。

第八节 电解抛光和电化学加工方法

一、电解抛光

利用电化学方法将金属工件作为阳极,置于适当的电解液中通电一段时间可获得平滑光亮的表面,这就是电解抛光。与机械抛光相比,电解抛光的加工速度不受金属硬度和韧性的限制,在一定条件下能得到较高的表面光洁度;电解抛光时在表面上生成了钝化膜,故表面光泽维持较长久;对于形状较复杂的工件和细小的零件,用电抛光比机械抛光容易得多;此外电解抛光不存在摩擦生热引起的的表面性能改变。与化学抛光相比,电解抛光表面质量较高,且环境污染较少,但化学抛光却可抛光形状复杂和各种尺寸的零件。

电解抛光的难易随金属材料的不同而不同。现在广泛采用电解抛光的材料是不锈钢、铝等,这些材料是单相固溶体或纯金属。对于两相合金,因会产生选择性溶解,所以难形成平滑面。例如 4·6 黄铜含 α、β 两相,含锌量大的 β 相优先溶解,抛光很困难。像铜锌镍合金和 7·3 黄铜那样的单相组成的材料,能得到很好的抛光效果。对于铸件上的皱纹、气孔,机械抛光时会得到填补,而用电解抛光,虽能使铸件的粗糙表面光亮,但是皱纹、气孔则会更加显露出来。

在抛光液中,以工件作阳极,铝或不锈钢为阴极,通电便可进行电解抛光。电解抛光过程中工件表面微凸起处处于活化状态,而微凹处处于钝化状态,故凸起处溶解速度快而凹处溶解速度慢,经过一段时间后微凸处被整平。图 9.21 表示抛光时阳极电位与电流密度的关系。曲线 AB 段为磨平,起刻蚀作用,此时不光亮。B 点以后,曲线平坦,这一段相应于抛光。C 点以后,电流密度上升迅速,是氧的析出。

以下是某些金属电解抛光的配方及操作条件的例子。

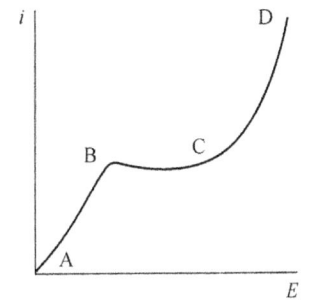

图 9.21 电解抛光阳极极化曲线

不锈钢:72%(重量)磷酸,23%铬酐,5%水;电流密度 20~100 A·dm^{-2},65~75 ℃,3~5 min。

碳钢:65%~70%(重量)磷酸,12%~15%硫酸,5%~6%铬酸,水 12%~15%;35~40 A·dm^{-2},65~75 ℃,10~15 min。

铝及铝合金:57%(重量)磷酸,14%硫酸,9%铬酐,其余水;17~20 A·dm^{-2},80 ℃,3~5 min。

铜:700 mL 85%磷酸,0.5 克苯并三氮唑,300 ml 水;25~40 ℃,14~25 A·dm^{-2},5 min。

黄铜:75%(重量)磷酸,17.5%铬酸,其余水;30~50 A·dm^{-2},65~75 ℃,10~15 min。

镁:30%(体积)磷酸,25%乙醇,38%水;0.5 A·dm^{-2},20 ℃,5 min。

锌:75%(重量)苛性钾,25%水;15 A·dm^{-2},20 ℃,15 min。

镍:75%(体积)过氯酸,25%冰醋酸;30~60 A·dm^{-2},30 ℃,5 min。

锡:20%过氯酸,80%醋酸酐;9~16 A·dm^{-2},30 ℃,8~10 min。

铅:30%(体积)过氯酸,70%冰醋酸,20~25 A·dm^{-2},20 ℃,5 min。

二、电解加工

电化学加工是一类特殊的加工技术,主要包括电解加工、电铸和电刻蚀。下面介绍电解加工和电铸。

电解加工是用阳极溶解的原理把加工件变成规定的形状或尺寸,是在电抛光基础上发展起来的金属加工方法。电解加工时把加工件作为阳极,而阴极是工具。电流集中在加工部位,如图 9.22 所示。电解加工过程中,加工件和工具之间保持一定的间隙,一般在 0.02~1 mm 左右。具有一定压力(常为 5~20 kg·cm^{-2})的电解液从两极间隙中快速流过。槽电压 5~20 V，电流密度 0.2~3 A·dm^{-2}。加工表面的金属按工具阴极的形状迅速溶解并立即被电解液带走。阴极工具不断向加工件进给，加工件的金属不断溶解，至加工尺寸或形状符合要求为止。

电解加工的方法应用很广，例如加工复杂的曲面、深小孔、喷气发动机的叶片以及锻模型腔等。在电解加工中还有切割、铣削、空腔加工以及扩孔等。

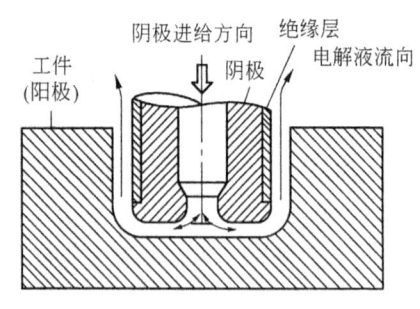

图 9.22 模具腔电解加工示意图

电解加工的电解液要求具有下列特征：① 不使加工表面钝化；② 阳离子不发生电沉积；③ 腐蚀性小；④ 电解液的比热大、传热系数高、沸点高、电导率高。这是因为电解液不但要带走极间的电解产物，而且要导电和带走加工过程产生的热量。电解液以 $NaCl$，$NaNO_3$，$NaClO_3$ 等中性盐溶液较理想。

三、电铸

电铸是利用金属电沉积的一种铸造方法。母模为阴极，金属在母模表面沉积。把电沉积层从母模脱下作为模具。

母模的材料有石膏、蜡、金属及塑料。非金属母模要先进行化学镀或真空镀才能导电。金属母模若用不锈钢或镀铬的，因有钝化膜易脱膜；若用铜、镍、铁来做，则要先进行硫化物处理、铬酸盐处理或电解氧化处理。

电铸用的沉积金属有镍、铜、铁、银及镍钴合金等。镍用得最广，因为镍硬度高，耐腐蚀性好，强度大。铜电铸应用也较广，其沉积应力比镍、铁都小，但强度低。电铸液和操作条件要求电沉积应力小和电流效率高。表 9.10 和表 9.11 分别列出镍和铜的电铸液和工艺条件。

电铸可用于制造模具、金属箔、金属网，还可用于制造复制品，例如，原版录音片、美术工艺品。

电铸最突出的优点是高度的逼真性，甚至可复制尺寸为 0.5 μm 以下的金属线，这是其他方法难以达到的。电铸的另一优点是能制造各种形状的电铸产品。但是电沉积时间长，制造母模、电镀和脱膜的技术要求也高。

电铸中控制内应力很主要。内应力与溶液种类有关，如表 9.12 所示。还因浓度、pH 值、电流密度、温度、添加剂而异。图 9.23 是 pH=4 时糖精对内应力的影响。

表 9.10 镍电铸液成分(g·L^{-1})及工艺条件

成分及工艺条件	瓦特型	全氯化物型	氨基磺酸盐型	氟化物型
$NiSO_4·7H_2O$	300			
$NiCl_2·6H_2O$	60	300		
$Ni(NH_2SO_3)_2$			400	
$Ni(BF_4)_2$				440
HBF_4				5~30

续表9.10

成分及工艺条件	瓦特型	全氯化物型	氨基磺酸盐型	氟化物型
H_3BO_3	37.5	37.5	30	30
pH	3.0	3.0	4.5	3.0
温度/℃	50~70	50~90	40~60	40~70
电流密度/$A \cdot dm^{-2}$	3~6	3~10	15~30	3~15

表9.11 铜电铸液成分($g \cdot L^{-1}$)及工艺条件

成分及工艺条件	硫酸盐型	氟化物型	焦磷酸盐型
$CuSO_4 \cdot 5H_2O$	225~240		
H_2SO_4	45~75		
$Cu(BF_4)_2$		300~450	
HBF_4		30	
$Cu_2P_2O_7 \cdot 3H_2O$			94
$K_2P_2O_7$			335
NH_4OH			2.5 $mL \cdot L^{-1}$
添加剂			1~3
pH		0.2~0.8	8.1~8.6
温度/℃	27~43	27~49	54~60
电流密度/$A \cdot dm^{-2}$	3.2~16.2	8~32	1.1~8.6

表9.12 溶液种类与内应力的关系

溶液名称	内应力/$kg \cdot cm^{-2}$
全氯化物溶液	2 500~3 000
氟硼酸盐溶液	1 100~2 400
瓦特溶液	1 200~2 000
氨基磺酸盐溶液	400~600

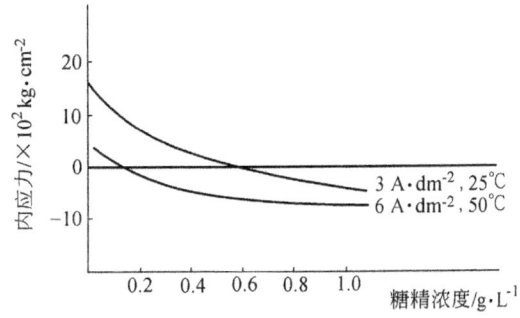

图9.23 糖精浓度对镀层内应力的影响

第十章 有机电化学和电活性聚合物简介

第一节 有机电化学反应的特点和分类

一、有机电化学反应的特点

有机电化学是有机化学与电化学之间的一门边缘学科,它在国民经济和科技领域中的应用不断扩大,应用范围大致有如下几方面:①有机化合物的电合成;②电合成高分子材料;③能量转换;④制作显示元件和敏感元件;⑤天然物质的电化学变换。

19世纪初Petrov进行醇和油脂的电解试验,Grotgus电解氧化无色靛蓝得到蓝色靛蓝;1849年Kolbe电解羧酸盐水溶液制取烷烃。但此后在很长时间内有机电合成发展缓慢,因难与催化剂化学合成竞争。1965年美国孟山都(Monsanto)公司电解还原丙烯腈合成己二腈,使有机物电解氧化还原不单是精细化学药品的合成方法,而且成为石油化学加工的手段。从此有机电化学反应被广泛研究,成为有机合成领域中寻找新反应的有效手段之一。

有机电化学反应不同于一般的有机化学反应,它是通过有机物分子与电极之间的电子转移,在电极表面生成活泼中间体,如(10.1)式所示。视电子转移方向而定,有机物分子(A)变成阳离子自由基、阳离子或阴离子自由基、阴离子。若有机物为自由基时,则按(10.2)式得失电子或得失H^+而互相转移。

$$A^{2-} \underset{+e}{\overset{-e}{\rightleftharpoons}} A^- \underset{+e}{\overset{-e}{\rightleftharpoons}} A \underset{+e}{\overset{-e}{\rightleftharpoons}} A^+ \underset{+e}{\overset{-e}{\rightleftharpoons}} A^{2+} \tag{10.1}$$

$$A^- \underset{+e}{\overset{-e}{\rightleftharpoons}} A\cdot \underset{+e}{\overset{-e}{\rightleftharpoons}} A^+ \tag{10.2}$$

$$A^- \underset{-H^+}{\overset{+H^+}{\rightleftharpoons}} A\cdot \underset{-H^+}{\overset{+H^+}{\rightleftharpoons}} A^+$$

在两个反应物分子中,通常是在亲核位置与亲电子位置之间才会发生反应的。为使两个极性相同的基团反应而合成所需的物质时,必须将其中之一的极性逆转。电化学方法可以把反应物的极性反转,因此电合成是有机合成的重要手段之一。

在电极的固液界面上生成活泼中间体表现出独特的性质:

(1) 立体定向性:例如在甲基环己烯的阳极乙酰氧化反应中,顺式异构体产物占优势,而化学合成法主要生成热力学稳定的反式异构体,这是由于甲基环己烯在阳极的立体选择性吸附引起的,如图10.1所示,甲基朝向溶液一侧。在阳

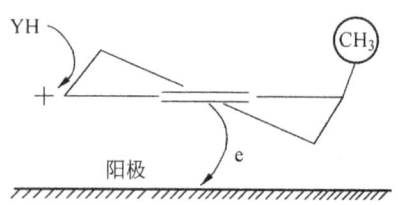

图10.1 阳极的立体选择性吸附

极形成阳离子中间体后,亲核溶剂 YH(Y 为 OAc 或 OCH$_3$)从甲基的同一侧进攻中间体。

(2) 分布的特殊性:电极表面生成的活泼中间体在均匀扩散到溶液中之前,就与其他试剂分子起反应。例如亚胺阳离子还原生成碳阴离子,在强酸条件下被卤代烃烷基化(10.3式),产率很高,已用于生物碱的合成。但对一般有机反应,活泼中间体在溶液中均匀分布,在酸性溶液中碳阴离子必然先质子化。

$$\begin{matrix} -CH = \overset{+}{\underset{H}{N}}R \end{matrix} \xrightarrow{+2e} -\overset{-}{C}H-NHR \xrightarrow{R'X} -\underset{R'}{\overset{}{C}H}-NHR \qquad (10.3)$$

二、有机电化学反应的分类

有机物电解氧化还原的概念不如无机物电解氧化还原那样明确。在无机物电氧化还原中许多情况下只是电荷转移,例如 $Fe^{2+} = Fe^{3+} + e$,失一电子;$Zn^{2+} + 2e = Zn$,得 2 电子。有机物电氧化还原常包括共价键的形成与破裂,因此,有机反应的类型比较复杂。

按有机反应特点分类:

(1) 加成反应:阴极加成多半为两个亲电子试剂和电子一起加成到双键化合物上,例如烯烃的氢化反应(10.4)。阳极加成则是亲核试剂和双键的加成,在此同时要失去电子,例如呋喃与醇在阳极上进行的反应(10.5)。

$$CH_2 = CH-(CH_2)_2-COOH \xrightarrow{+2H^+, 2e} CH_3-(CH_2)_3-COOH \qquad (10.4)$$

$$\begin{matrix} \text{furan} \end{matrix} + 2ROH \xrightarrow{-2e, -2H^+} \begin{matrix} RO \end{matrix} \begin{matrix} O \end{matrix} \begin{matrix} OR \end{matrix} \qquad (10.5)$$

(2) 取代反应:阴极取代是亲电试剂分子对亲核基团的进攻,通式如(10.6)所示,例如卤代烃的还原取代(10.7)。阳极取代的情况正好相反,通式如(10.8)式所示,例如芳香化合物的酰化作用(10.9)。

$$R-Nu + E^\oplus + 2e \longrightarrow R-E + Nu^\ominus \qquad (10.6)$$

$$R-X + 2H^+ + 2e \longrightarrow R-H + HX \qquad (10.7)$$

$$R-E + Nu^\ominus \longrightarrow R-Nu + E^\oplus + 2e \qquad (10.8)$$

$$\text{C}_6\text{H}_6 + AcO^- \xrightarrow{HOAc} \text{C}_6\text{H}_5-OAc + H^+ + 2e \qquad (10.9)$$

(3) 消除反应:此乃加成反应的逆过程。例如阳极脱羧(10.10)和阴极脱卤(10.11)。

$$\begin{matrix} \text{ }^{COO^-}_{COO^-} \end{matrix} \longrightarrow \begin{matrix} \text{ } \end{matrix} + 2CO_2 + 2e \qquad (10.10)$$

$$\begin{matrix} CH_3 \\ Br \end{matrix} \begin{matrix} CH_3 \\ Br \end{matrix} + 2e \longrightarrow CH_3-\begin{matrix} \text{ } \end{matrix}-CH_3 + 2Br^- \qquad (10.11)$$

(4) 官能团转换反应:还原转换例如(10.12),氧化转换例如(10.13)。

$$R-NO_2 \xrightarrow{+2e, +2H^+} R-NO \xrightarrow{+2e, +2H^+} R-NHOH \qquad (10.12)$$

$$RR'CH-OH \xrightarrow{-2e,-2H^+} RR'C=O \qquad (10.13)$$

此外还可进一步分为裂解反应、环化反应、聚合反应、金属化反应、不对称反应等。

按电极反应特点分类：

(1) 阳极氧化反应：例如烃的氧化、官能团的氧化、芳香族的取代反应等。在这些反应中除失去电子外，常常还要脱去质子，或在 OH^- 基参与下，脱去水分子。

(2) 阴极还原反应：包括不饱和烃(多重键)的还原、官能团(例如羰基、硝基、腈基、亚胺基、肟)的还原，在这些反应中除电子参加反应外，还有质子参加。

(3) 耦合反应：除发生电子得失的电极反应外，还伴随着进行均相化学反应。当电极反应的产物含有自由基或其他活性中间体时，常常会发生这类反应，例如电解氧化羧酸盐脱羧二聚反应。

(4) 间接电氧化还原反应：参加电极反应不是有机物本身而是某种氧化还原电对，它们在电极上被氧化或被还原，然后转移到均相体系中，通过化学反应把有机物氧化或还原，而自身则转化为共轭的还原态或氧化态，重新在电极反应中再生。间接电氧化反应如(10.14)式所示，例如用 Mn^{3+}/Mn^{2+} 间接电氧化 RCH_2OH。间接电还原反应如(10.15)式所示，例如用 Ti^{3+}/Ti^{2+} 间接电还原硝基苯甲酸。

$$\begin{array}{l} R \longrightarrow O + ne \\ O + S \longrightarrow R + P \end{array} \quad \text{O/R 为氧化还原电对} \atop \text{S,P 为原料和产物} \qquad (10.14)$$

$$\begin{array}{l} O + ne \longrightarrow R \\ R + S \longrightarrow O + P \end{array} \qquad (10.15)$$

第二节　有机电解液的溶剂、支持电解质和参比电极

一、溶剂

溶剂可分为质子传递溶剂和非质子传递溶剂两大类。在质子传递溶剂中，酸性的如硫酸、氟磺酸、氢氟酸、三氟乙酸、醋酸等；中性的主要是水、甲醇、乙醇；碱性的如液氨、甲胺、乙胺等。非质子传递溶剂如乙腈(AN)、N,N'-二甲基甲酰胺(DMF)、N-甲基吡咯烷酮(NMP)、六甲基膦酰胺(HMPA)、吡啶、二氧六环、二甲亚砜(DMSO)、环丁砜、四氢呋喃(THF)、丙二醇硫化物、硝基甲烷、硝基苯、碳酸丙烯酯(PC)、氯苯、醚、二氯甲烷、二氧化硫等。选择溶剂时应考虑下述因素。

(1) 质子的活度：采用质子传递溶剂时，质子对电极反应影响较大，尤其是还原。在水溶液中，pH 对电极反应有较大的影响，例如芳香硝基化合物阴极还原时，在低 pH 及适当电位下得到胺，而在碱性溶液中却得到苯胺。在质子活度高的溶剂中，常在较正的电位下发生氧化，阳离子自由基更稳定。采用非质子传递溶剂时，电极反应生成的阴离子自由基可以长期存在，它比原来的反应物更难还原。采用非质子传递溶剂时，需要考虑除水。

(2) 可用电位范围：通电时不会分解的溶剂才能被采用，溶剂不分解的电位范围(又

称电位窗)越宽越好。对于一定体系,使用电位范围取决于电极材料、支持电解质、溶剂和温度。许多溶剂是难以还原的,决定阴极界限是支持电解质。表 10.1 列出某些溶剂-支持电解质-电极体系的可用电位范围。

(3) 介电常数:在具有高介电常数的溶剂中,盐类较易溶解和离解。按介电常数的大小把溶剂粗略地分为三类:高介电常数($\varepsilon > 60$)的例如水、甲酰胺、N-甲基甲酰胺、PC;中等介电常数($20 < \varepsilon < 50$)的例如乙腈、DMF、DMSO、甲醇、硝基甲烷、液氨;低介电常数($\varepsilon < 13$)的例如醋酸、乙二胺、甲基胺、THF、二氧六环、二氯甲烷。

(4) 溶解能力:极少数溶剂能同时很好地溶解有机物和无机盐。水对无机盐的溶解能力很好,但对许多有机物的溶解能力差;有机溶剂一般溶解无机盐的能力较差。用水与有机溶剂(如乙醇、乙腈、DMF)组成混合溶剂,用某些支持电解质(如四烷基铵的甲苯磺酸盐)可以提高溶解能力。四烷基铵盐能溶于多数极性溶剂中,也溶于极性较差的溶剂,如氯仿、二氯甲烷中。乙腈、DMF、DMSO 对有机物和多种盐都有较好的溶解能力。

(5) 温度范围:要求溶剂在合适的温度范围内为液相,使用时蒸气压不会太高。采用密封系统或溶解盐浓度高时,会减少溶剂的挥发。

(6) 化学稳定性:溶剂在使用时,不能与电极、反应物、中间产物、产物起化学作用。

(7) 其他:选用的溶剂尽可能价格便宜,无毒,不可燃。多数有机溶剂有毒和易燃,但可采用合理通风及安全措施。溶剂的粘度也要考虑,低粘度有利于扩散和电解液循环。

二、支持电解质

采用溶解度大和分解电压高的盐类作为支持电解质,例如,高氯酸盐、四氟硼酸盐、六氟磷酸盐、硝酸盐、羧酸盐、芳香磺酸盐、四苯基硼酸盐。决定阳离子是否可用要看其析出电位,实际上只有碱金属离子、碱土金属离子、铵离子和四烷基铵离子是可以采用的。此外,还应考虑到离子对的形成、溶剂化和吸附。

在水溶液中可用的支持电解质很多。但在非水溶液中脂肪族季铵盐 $R_4N^+X^-$ 才合用,$R = CH_3, C_2H_5, n-C_4H_9$;$X = ClO_4^-, BF_4^-, PF_6^-$。含有 $(n-Bu)_4NPF_6$ 的乙腈使用电位范围最宽,$+3.4 \sim -2.9V$ (vs SCE)。在某一实验中不必正负两边电位都很宽。有机物阳极氧化,选用乙腈、二氯甲烷、硝基苯作溶剂,加入 $(n-Bu)_4NBF_4$。有机物阴极还原选用 DMF、乙氰、DMSO,也是加入 $(n-Bu)_4NBF_4$。

表 10.1 某些溶剂的介电常数和电位范围

溶剂	介电常数	研究电极	参比电极	支持电解质	阳极界限/V	阴极界限/V
水	80	Pt	SCE	$HClO_4$	1.5	
		Hg	汞池	TBAP		-2.7
甲醇	33	Pt	SCE	$LiClO_4$	1.3	
		Hg	汞池	TEAP		-2.2
硫酸	>84	Hg	汞池	无		-0.7
醋酸	6.4	Pt	SCE	NaAc	2.0	
		Hg	汞池	TEAP		-1.7

溶剂	介电常数	研究电极	参比电极	支持电解质	阳极界限/V	阴极界限/V
乙腈	37.5	Pt	SCE	$LiClO_4$	2.4	
		Pt	Ag^+/Ag	$LiClO_4$		-3.5
DMF	36.7	Pt	汞池	$LiClO_4$	1.5	
		Hg	汞池	TEAP		-3.5
NMP	32	Pt	汞池	$LiClO_4$	1.4	
		Hg	汞池	TEAP		-3.3
HMPA	30	Hg	Ag^+/Ag	$LiClO_4$		-3.6
NH_3	23	Hg	汞池	TBAI		-2.3
吡啶	13	石墨	Ag^+/Ag	$LiClO_4$	1.4	
		Hg	汞池	$LiClO_4$		-1.7
DMSO	46.7	Pt	SCE	$NaClO_4$	0.7	
		Hg	SCE	TEAP		-2.8
环丁砜	44	Pt	SCE	$NaClO_4$	2.3	
		Pt	SCE	$NaClO_4$		-4
PC	64.9	Pt	SCE	TEAP	1.7	
		Hg	SCE	TEAP		-2.5
硝基甲烷	36.7	Pt	SCE	$LiClO_4$	2.7	
		Hg	SCE	$LiClO_4$		-1.2
THF	7.4	Pt	Ag^+/Ag	$LiClO_4$	1.8	
		Pt	Ag^+/Ag	$LiClO_4$		-3.6
二氯甲烷	8.9	Pt	SCE	TBAP	1.8	
		Hg	SCE	TBAP		-1.7

注：TBAP，TBAI 分别表示四丁基铵的高氯酸盐、碘化物；
　　TEAP，TEAB 分别表示四乙基铵的高氯酸盐、溴化物。

三、参比电极

在有机物体系中，多数采用有机溶剂，不同溶剂有不同的氧化还原电位。但也可以选择某一电极作为标准，例如在乙腈中可选用 Ag/Ag^+ 作为参比电极，比较不同取代基的吩噻嗪取代物的氧化还原电位(图 10.2)。各种吩噻嗪取代物的电氧化还原反应如 10.16 式所示。

甘汞电极(SCE)广泛用于非水溶剂。把水溶液的甘汞电极连接到非水溶剂时，要设法避免沾污溶剂，可用非水溶液(例如由 $NaClO_4$ 或 R_4NClO_4 溶于有机溶剂)盐桥。如果 Cl^- 有害，可用汞-硫酸亚汞电极。在碱性溶液中，可用汞-氧化汞电极。

银-氯化银电极也常用于许多非水溶剂中，要防止电极直接接触所研究的体系，否则电位不稳定。Ag/Ag^+ 电极也可用于非水溶剂，例如乙腈，DMF，DMSO，甲醇，THF。

在非水溶剂中使用的参比电极，还有 $Fe(Cp)_2^+/Fe(Cp)_2$，Pt；$Zn(Hg)/Zn^{2+}$（或其他汞齐电极）；玻璃电极，但应用对象不多。

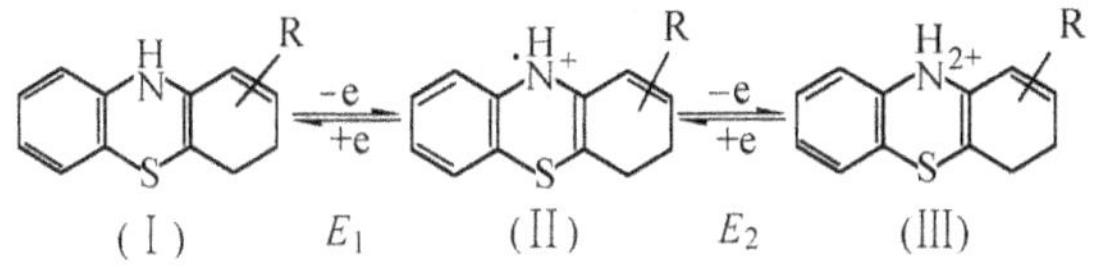

(10.16)

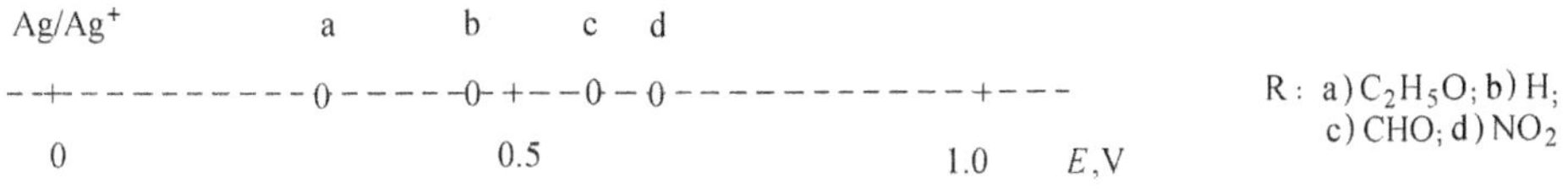

Ag/Ag^+　　　a　b　c　d

0 ―――――――――0―――0―＋―0―0―――――――――＋―
0　　　　　　　　　0.5　　　　　　　　　1.0 E,V

R: a) C_2H_5O; b) H;
c) CHO; d) NO_2

图 10.2　乙腈中不同吩噻嗪取代物 I/II 的电位相对 Ag/Ag^+ (10^{-2} mol·L^{-1})

第三节　有机化合物的阳极氧化

一、脂肪烃、烯烃的阳极氧化

脂肪烃直接氧化时，C—H 键与 C—C 键按 (10.17)、(10.18) 式断裂生成碳阳离子。这类反应的氧化电位很高，如在 Et_4NBF_4 — CH_3CN 溶液中，2,2-二甲基丁烷氧化的 $E_{1/2}$ 为 3.28 V (vs Ag/Ag^+)。但也有例外，在 10^{-2} mol·L^{-1} 金刚烷 — 10^{-1} mol·L^{-1} Bu_4NBF_4 — 乙腈中，测得 $E_{p/2}$ 为 2.36 V。金刚烷在乙腈中电氧化，C—H 键首先裂解生成金刚烷离子，最终得到产率为 90% 的乙酰氨基金刚烷 (10.19)。各种取代金刚烷都可以电氧化生成类似的产物，且产率都较高。

$$R-H \xrightarrow{-2e} R^+ + H^+ \quad (10.17)$$

$$R-R \xrightarrow{-2e} R^+ + R^+ \quad (10.18)$$

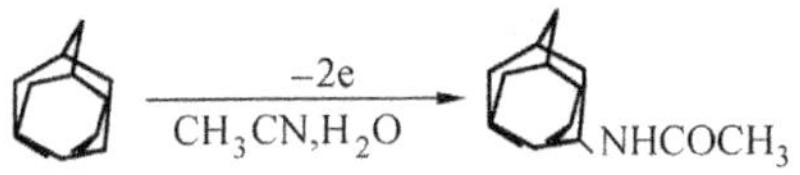

$$\text{(adamantane)} \xrightarrow[CH_3CN, H_2O]{-2e} \text{(adamantyl-NHCOCH}_3\text{)} \quad (10.19)$$

当饱和脂肪烃的 C—C 键存在张力时，可从最高占有分子轨道移走电子，C—C 键的直接断裂便有可能。三环萜的环张力较大，故较易电氧化。三环萜在含三乙胺的醋酸中阳极氧化，随后水解得到 Nojigiku 醇 (10.20 的 a)，它是花制香料的重要成分，化学法合成它，产率低和原料贵。由 α-蒎烯或 β-蒎烯电解氧化，可大规模制取纯度为 70%～75% 的三环萜。采用这种三环萜电解制取 Nojigiku 醇，成本较低，有利于工业生产。

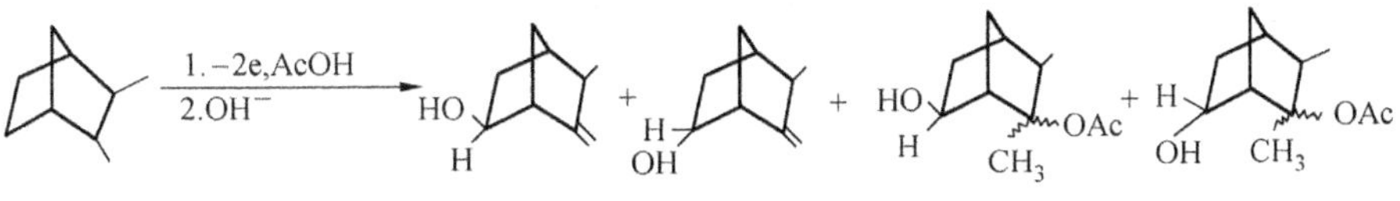

$$\text{(tricyclene)} \xrightarrow[2.\ OH^-]{1.\ -2e, AcOH} \text{(a)} + \text{(b)} + \text{(c)} + \text{(d)} \quad (10.20)$$

a (产率为 76%)　b (9%)　c (10%)　d (5%)

烯烃氧化的第一步是从双键移去电子生成阳离子自由基，然后进行加成、取代或二聚。共轭双烯阳极氧化 1,4 加成反应已用于有机合成，例如环戊二烯乙酰化 (10.21)。在芳香基取代烯烃中，最有用的是阳极氧化二聚 (10.22)。非共轭双烯氧化可能发生跨环、取代、加成,例如降冰片二烯的电氧化(10.23)。烯烃还可电化学环氧化,例如六氟丙烯阳极环氧化(10.24),转化率为65%~75%,电流效率为65%,选择性达90%;已可进行工业生产。

$$\text{环戊二烯} \xrightarrow[\text{AcOH-}(C_2H_5)_3N]{-2e} \text{二乙酰氧基环戊烯(AcO, AcO)} \quad (10.21)$$

$$\text{PhCH=CH}_2 \xrightarrow[\text{AcOH-CH}_3\text{ONa-NaClO}_4]{-2e,\ C\text{电极}} \text{Ph-CH(OCH}_3)\text{-CH}_2\text{-CH(OCH}_3)\text{-Ph} \quad (10.22)$$

$$\text{降冰片二烯} \xrightarrow[\text{AcOH-}(C_2H_5)_4\text{NOTs}]{-2e} \text{产物(OAc取代物)} \quad (10.23)$$

$$CF_2=CF-CF_3 \xrightarrow[\text{AcOH-H}_2\text{O-HNO}_3]{\text{PbO}_2 \text{阳极}} \overset{CF_2}{\underset{C}{O}} \quad (10.24)$$

二、醇、醚、羰基化合物的阳极氧化

饱和脂肪醇直接电氧化不一定有效,因其氧化电位相当高,例如甲醇氧化的 $E_{1/2}$ 为 2.7 V(vs Ag/Ag$^+$)。但选择适宜的溶剂和支持电解质或电极材料,能取得较好的效果。乙腈-氟硼酸盐体系的电位窗很宽,在此体系中醇电氧化可得较高产率的醛。例如丁醇阳极氧化,从氧原子移走电子,再除去一H$^+$生成自由基,然后转变为醛(10.25)。

$$C_4H_9OH \xrightarrow[\text{CH}_3\text{CN-LiBF}_4]{-2e,\text{Pt阳极}} C_3H_7CH_2^+\cdot OH \xrightarrow{-H^+} C_3H_7CH_2O\cdot$$

$$2C_3H_7CH_2O\cdot \longrightarrow C_4H_9OH + C_3H_7CHO \ (\text{产率}77\%) \quad (10.25)$$

醇在NaOH水溶液中,在镍氧化物[Ni^{III}O(OH)]阳极表面上首先变为自由基,然后失去电子和H$^+$,生成醛,再继续氧化为酸(10.26)。例如庚醇、苯酚阳极氧化为相应的酸,产率可达85%。二醇类化合物在CH$_3$OH-Et$_4$NOTs(四乙基铵甲苯磺酸盐)中,阳极氧化裂解为酮或醛。此类反应已用于有机合成中,例如合成对称酮(10.27),产率可达80%以上。在甲醇溶液中电氧化饱和脂肪醚得到相应的 α-甲氧基醚(10.28)。

$$RCH_2OH \xrightarrow{\text{Ni(III)}} R\dot{C}HOH \xrightarrow{-e,\ -H^+} RCHO \longrightarrow RCOOH \quad (10.26)$$

$$CH_3OCH_2CO_2-CH_3 \xrightarrow{2RMgX} CH_3O-\underset{\underset{H}{|}}{\overset{\overset{H}{|}}{C}}-\underset{\underset{R}{|}}{\overset{\overset{R}{|}}{C}}-OH \xrightarrow{-2e} R_2C=O \quad (10.27)$$

$$R = C_3H_7,\ iso-C_3H_7,\ C_4H_9,\ iso-C_4H_9,\ Cyclo-C_6H_{11}$$

$$\text{四氢呋喃} \xrightarrow[\text{CH}_3\text{OH-(CH}_3)_4\text{NSO}_3\text{CH}_3]{-e,\ \text{玻碳电极}} \text{2-甲氧基四氢呋喃} \quad \begin{array}{l}\text{选择性}81\%\\ \text{电流效率}75\%\end{array} \quad (10.28)$$

羰基化合物有醛、酮、酸、酰胺等,其中羧酸根的阳极氧化被研究最多,有著名的Kolbe反应。羧酸根电氧化有两种可能,单电子氧化或双电子氧化。在碱金属羧酸盐溶液中,进行单电子氧化、脱羧,生成的自由基二聚得到烃类,这就是 Kolbe 反应[10.29(a)]。电氧化发生在 2.1~2.4 V,介质可用甲醇或水溶液。在铂电极上醋酸根脱羧二聚得到乙烷,产量为 85%。己二酸半酯阳极氧化为癸二酸二甲酯研究得比较详细,已可工业生产。

$$RCCO^- \xrightarrow{-e} RCOO\cdot \xrightarrow{-CO_2} R\cdot \begin{array}{l} \text{(a)} \nearrow R-R \\ \text{(b)} \searrow_{-e} R^+ \xrightarrow{Nu^-} R-Nu \end{array} \quad (10.29)$$

若(10.29)式中的 R^+ 较稳定且反应条件适合,则由羧酸根生成的 $R\cdot$ 进一步电氧化为 R^+,并与亲核试剂反应[10.29(b)],可产生多种产物,如醇、酯、醚、卤代烃等。

醛阳极氧化得酸,例如乙二醛电氧化得乙醛酸(10.30)。葡萄糖电氧化时,糖分子的醛基在二氧化铅阳极上氧化为羧基,生成葡萄糖酸,乃至葡萄糖二酸。在碳酸钙存在下,用 BrO^-/Br^- 间接电氧化葡萄糖,可制得药物葡萄糖酸钙。

$$\begin{array}{c} CHO \\ | \\ CHO \end{array} \xrightarrow[H_2O-HCl]{-2e,\text{碳阳极}} \begin{array}{c} COOH \\ | \\ CHO \end{array} \quad \begin{array}{l} \text{转化率 98\%} \\ \text{选择性 92\%} \end{array} \quad (10.30)$$

酰胺阳极氧化可得甲氧基产物,其中 N-乙基酰胺的电氧化产物能进一步变成 N-乙烯基酰胺,例如(10.31)。

$$CH_3CH_2NHCHO \xrightarrow[CH_3OH-Et_4NBF_4]{Pt\text{ 阳极}} CH_3-\underset{\underset{OCH_3}{|}}{CH}-NHCHO \xrightarrow[CH_3OH]{\triangle} \diagup\!\!\!\!\diagdown NHCHO$$
$$(10.31)$$

三、有机物电化学卤化

1. 电化学氟化

典型例子是有机酸的氟化,n-丁酸电化学氟化(10.32)得到七氟丁酰氟,这是制造防水防油产品的原料。用镍阳极时,电解过程中阳极表面上形成镍的高价氟化物,有机物的氢原子为氟所取代,完全被氟化。改变有机物原料,例如醚、胺、腈,可得到不同的有机氟化物。

$$CH_3CH_2CH_2C\underset{OH}{\overset{\diagup O}{\diagdown}} + 18F^- \xrightarrow[HF-KF]{\text{镍阳极}} CF_3CF_2CF_2C\underset{F}{\overset{\diagup O}{\diagdown}} + 8HF + F_2O + 18e$$
$$(10.32)$$

2. 阳极氯化、溴化和碘化

烯烃阳极氯化可按(10.33)式进行。例如乙烯在 $H_2O-HCl-FeCl_3$ 中碳阳极上氧化,可得 1,2-二氯乙烷,产率及电流效率都超过 95%。丁二烯在非质子化电解液(例如 $CH_3CN-FeCl_3$)中阳极氧化生成二氯丁烯;有水存在时,生成二氯丁二醇。

$$\diagdown\!\!\!C=C\!\!\!\diagup + X^- \xrightarrow[Nu]{-2e} \diagdown\!\!\!\underset{Nu}{C}-\underset{X}{C}\!\!\!\diagup \quad (Nu \text{ 也可以是 } X^-) \quad (10.33)$$

芳香烃阳极卤化可得卤代芳香烃,如(10.34)式所示。卤阴离子首先被氧化为卤素或荷正电的卤素,然后由这些中间产物与芳香烃作用。取代芳烃的芳核阳极氯化与化学氯化相比,有时选择性较好,例如甲苯在 $CH_3CN - LiCl - Et_4NBF_4$ 中铂阳极上电氧化,所得对位氯甲苯与邻位氯甲苯之比为 2.2,而化学法只有 $0.5 \sim 1$。

$$ArH + X^- \xrightarrow{-2e} ArX + H^+ \qquad (10.34)$$

芳香核电化学卤化的产品具有实用价值,例如用作药物中间体(10.35)、橡胶中间体(10.36)、除草剂(10.37)。

$$R-\text{C}_6\text{H}_4-OCH_3 \xrightarrow{CH_3CN(或 CH_3OH) - LiCl} R-\text{C}_6\text{H}_3(Cl)-OCH_3 \qquad (10.35)$$

$$\text{Ph-NH-Ph} \xrightarrow{H_2O - CH_3CN - NaBr} \text{Ph-NH-C}_6\text{H}_4\text{-Br} \qquad (10.36)$$

$$CN-\text{C}_6\text{H}_4-OH \xrightarrow[\text{铂电极}]{H_2O - NaHCO_3 - KI} CN-\text{C}_6\text{H}_2(I)_2-OH \qquad (10.37)$$

四、含氮化合物、含硫化合物的阳极氧化

简单脂肪胺的氧化电位较低,例如 $(C_3H_7)_2NH$ 的氧化电位为 1.26 V(vs NHE)。在适量水存在下电氧化,脂肪胺常被去烷基化(10.38),从叔胺开始,可以相继变为仲胺、伯胺、以至氨。脂肪胺阳极去烷基化已应用于复杂药物的 N-去烷基代谢物的合成。

$$(RCH_2)_3N \xrightarrow{-e} (RCH_2)_3\overset{+\cdot}{N} \xrightarrow{-H^+} (RCH_2)_2\overset{\cdot}{N}CHR \xrightarrow{-e} (RCH_2)_2\overset{+}{N}CHR$$
$$\rightleftharpoons (RCH_2)_2\overset{+}{N}=CHR \xrightarrow[H_2O]{-H^+} (RCH_2)_2NH + RCHO \qquad (10.38)$$

芳香胺阳极氧化产物很多,生成何种产物视对象和条件而定。苯胺阳极氧化,强酸性条件利于形成联苯化合物,碱性条件利于形成联氮($-N=N-$)化合物。N,N-二甲基苯胺的阳极氧化主要发生在甲基上,例如在甲醇溶液中被甲氧基化(10.39)。用 Lewis 酸处理产物,得亚胺离子中间体,能和许多亲核试剂作用,例如与富电子烯烃生成四氢喹啉的衍生物。

$$\text{Ph-N(CH}_3\text{)}_2 \xrightarrow[CH_3OH - KOH]{-2e} \text{Ph-N(CH}_3\text{)(CH}_2OCH_3\text{)} \qquad 产率 73\% \qquad (10.39)$$

硫醇及硫醇钠阳极氧化易生成二硫化物,例如合成二硫化四烷基秋兰姆(见 10.40),可用作橡胶促进剂、杀(真)菌剂和种子处理剂。该反应选择性高达 95%,电流效率为 88%。

$$(CH_3)_2N-C(=S)-SNa \xrightarrow[H_2O - NaOH]{Pt, -2e} (CH_3)_2N-C(=S)-S-S-C(=S)-N(CH_3)_2 \qquad (10.40)$$

硫醚在水溶液中阳极氧化生成亚砜,例如二甲基硫电氧化为二甲亚砜(10.41)。通过这类反应可获得其他有机物,如酮、卤代物、环氧化物。

$$CH_3-S-CH_3 \xrightarrow[\text{碳阳极}]{-H_2O-DMSO-HCl} CH_3-\overset{\overset{O}{\|}}{S}-CH_3 \qquad \text{选择性 91\%} \qquad (10.41)$$
$$\text{电流效率 70\%}$$

五、芳香化合物的阳极官能化

这类阳极反应在有机合成中应用最多,氧化时芳香环的 π 电子转移到阳极,生成芳族的阳离子自由基或阳离子,进行芳香取代或偶合。

取代反应包括直接合成芳醇酯、多甲氧基芳烃化合物、醌、酚、N-芳基乙酰胺、硝基化合物、卤代芳烃、芳腈等,依次举例如下:

$$\text{CH}_3-\text{C}_6\text{H}_4-\text{CH}_3 \xrightarrow[\text{HOAc-KOAc}]{-2e, Pd/C} \text{产物(含 CO}_2\text{CH}_3\text{)} \qquad \text{产率 78\%} \qquad (10.42)$$

$$\text{C}_6\text{H}_6 \xrightarrow[\text{CH}_3\text{OH}-(\text{CH}_3)_4\text{NF}]{\text{C 阳极}} \text{1,1,4,4-四甲氧基环己二烯} \qquad \text{选择性 75\%} \qquad (10.43)$$

$$\text{HO-C}_6\text{H}_4\text{-OCOC}_5\text{H}_{11} \xrightarrow[\text{CH}_3\text{CN}-\text{CH}_2\text{Cl}_2]{\text{C}_6\text{H}_{13}\text{OH}, -2e} \text{C}_5\text{H}_{11}\text{CO}_2\text{C}_6\text{H}_{13} + \text{对苯醌} \qquad \text{产率 95\%} \qquad (10.44)$$

$$\text{C}_6\text{H}_6 \xrightarrow[(1)\text{CF}_3\text{CO}_2\text{H}-\text{CF}_3\text{CO}_2\text{Na} \ (2)\text{NaOH}]{-e} \text{C}_6\text{H}_5\text{OH} \qquad \text{产率 64\%} \qquad (10.45)$$

$$\text{蒽} \xrightarrow[\text{CH}_3\text{CN}-(\text{CF}_3\text{CO})_2\text{O}]{-2e} \text{9-NHCOCH}_3\text{-蒽} \qquad \text{产率 82\%} \qquad (10.46)$$

$$\text{萘} \xrightarrow[\text{CH}_3\text{CN}-\text{Bu}_4\text{NPF}_6, \text{N}_2\text{O}_4]{-2e} \text{1-硝基萘} \qquad \text{产率 91\%} \qquad (10.47)$$

$$(\text{CH}_3)_3\text{C-C}_6\text{H}_4\text{-C}(\text{CH}_3)_3 \xrightarrow[\text{CH}_3\text{CN}-\text{Et}_4\text{NPF}_6, \text{HF}]{-2e} (\text{CH}_3)_3\text{C-C}_6\text{H}_4\text{-F} \qquad (10.48)$$

$$\text{萘} \xrightarrow[\text{CH}_3\text{OH}-\text{NaCN}]{-2e} \text{1-氰基萘} \qquad \text{产率 74\%} \qquad (10.49)$$

偶合反应包括分子内偶合和分子间偶合二种,例如

$$\text{二甲氧基[2.2]环蕃} \xrightarrow[\text{CH}_3\text{CN}-\text{Et}_4\text{NBF}_4]{-2e} \text{二甲氧基二氢芘} \qquad \text{产率 90\%} \qquad (10.50)$$

$$\text{CH}_3\text{O-C}_6\text{H}_5 \xrightarrow[\text{CH}_2\text{Cl}_2-\text{CF}_3\text{CO}_2\text{H}-\text{Bu}_4\text{NBF}_4]{-2e} \text{CH}_3\text{O-C}_6\text{H}_4\text{-C}_6\text{H}_4\text{-OCH}_3 \qquad \text{产率} \sim 100\% \qquad (10.51)$$

芳香化合物阳极氧化除发生在苯环上,也有侧链上的取代,主要是苄基的电氧化,其反应历程如(10.52)所示。例如,烷基甲苯的阳极乙酰化得到苯甲基乙酸酯(10.53);在适当的电解溶液中,电氧化也可得到醛(10.54)。

$$ArCH_2R \xrightarrow{-e} Ar\overset{+}{C}H_2R \xrightarrow{-H^+} Ar\dot{C}HR \xrightarrow{-e} Ar\overset{+}{C}HR \xrightarrow{Nu^-} ArCHR \underset{Nu}{|} \tag{10.52}$$

$$\text{R}-\text{C}_6\text{H}_4-\text{CH}_3 \xrightarrow[\text{碳电极}]{\text{HOAc}-\text{H}_2\text{O}-\text{KOAc}-\text{Co(OAc)}_2} \text{R}-\text{C}_6\text{H}_4-\text{CH}_2\text{OAc} \tag{10.53}$$

$$\text{R}-\text{C}_6\text{H}_4-\text{CH}_3 \xrightarrow[\text{H}_2\text{O}-\text{CH}_2\text{Cl}_2-\text{H}_2\text{SO}_4(阳极液)]{\text{Ti/PbO}_2\ \text{阳极}} \text{R}-\text{C}_6\text{H}_4-\text{CHO} \tag{10.54}$$

六、杂环化合物的阳极氧化

呋喃电化学甲氧基化生成二甲氧基二氢呋喃(10.55),已有生产,这类反应可用于制取合成食用香料的中间体、生物杀伤剂、前列腺中间体。吡咯电氧化得到本身的聚合物,但1-乙酰氧基吡咯阳极氧化却得到甲基化产物(10.56),产率相当高。甲基吡啶电氧化生成异萘酸(10.57),它是制造异烟肼(雷米封)的中间体。吲哚电氧化时,主要发生在含杂环的碳原子上;阳极乙酰氧基化可合成染料中间体(10.58)。异色满阳极甲氧基化得到的产物(10.59),可用于合成杀(真)菌剂。

$$\text{呋喃} \xrightarrow[\text{碳阳极}]{\text{CH}_3\text{OH}-\text{NaBr}} \text{2,5-二甲氧基-2,5-二氢呋喃} \quad \begin{array}{l}\text{转化率}80\% \\ \text{选择性}96\%\end{array} \tag{10.55}$$

$$\text{N-CO}_2\text{CH}_3\text{-吡咯} \xrightarrow[\text{CH}_3\text{OH}-\text{NaBr}]{-2e} \text{2,5-二甲氧基产物} \quad \text{产率}94\% \tag{10.56}$$

$$\text{4-甲基吡啶} \xrightarrow[\text{PbO}_2, \text{H}_2\text{SO}_4]{-6e, -6H^+} \text{异烟酸} \quad \begin{array}{l}\text{产率}80\% \\ \text{电流效率}67\%\end{array} \tag{10.57}$$

$$\text{N-COR-吲哚} \xrightarrow[\text{HOAc}]{-2e} \text{2,3-二乙酰氧基吲哚啉} \tag{10.58}$$

$$\text{异色满} \xrightarrow[\text{碳阳极}]{\text{CH}_3\text{OH}-\text{K}_2\text{SO}_3, \text{C}_6\text{H}_5} \text{1-甲氧基异色满} \quad \begin{array}{l}\text{转化率}98\% \\ \text{选择性}75\%\end{array} \tag{10.59}$$

七、间接电氧化

当有机物难以直接阳极氧化,或直接电氧化效率低时,可采用间接电氧化。常用的氧化还原电对:Mn^{3+}/Mn^{2+},Co^{3+}/Co^{2+},Ce^{4+}/Ce^{3+},Ag^{2+}/Ag^{+},$Cr_2O_7^{2-}/Cr^{3+}$,$S_2O_8^{2-}/SO_4^{2-}$,$BrO^{-}/Br^{-}+2OH^{-}$,BrO_3^{-}/Br_2,$IO^{-}/I^{-}+2OH^{-}$,ClO^{-}/Cl^{-}。

对硝基苯甲酸是制备药物和染料的重要中间体,由于直接电合成所用的反应物难溶且易被电极吸附,故产率和电流效率都较低。采用 $Cr_2O_7^{2-}/Cr^{3+}$ 电对间接电氧化对硝基甲苯,可实现工业化生产。在含硫酸铬的硫酸溶液中,以氧化铅为阳极,在30℃左右进行电解,Cr^{3+} 氧化为 $Cr_2O_7^{2-}$,其产率达95%,电流效率达80%。把电解液从电解槽转移到反应器中与对硝基甲苯进行反应,得到纯度为98%的对硝基苯甲酸,产率达80%。分离产物后,电解液可循环使用。利用铬酸的氧化作用合成许多有机产品,往往排出大量含铬废水。运用间接电氧化法,铬酸能再生和循环使用,带来明显的环境效益和经济效益。

双醛淀粉可用作木材粘合剂、纸浆涂层、皮革鞣化等,用高碘酸氧化淀粉可得氧化率近于100%的双醛淀粉。若用电解法再生高碘酸循环使用,可大大降低成本。反应过程为

$$\text{(淀粉)} \xrightarrow[2nIO_3^- \;\; 2nIO_4^-]{} \text{(双醛淀粉)} \qquad (10.60)$$

$$e \;\; PbO_2 \text{阳极}$$

除单一中间体的间接电氧化外,还有双中间体的间接电氧化,例如蒽间接电氧化制取蒽醌。在水相中进行 Cr^{3+} 的电催化间接氧化,即 Ag^{+} 在阳极上氧化生成的 Ag^{2+} 使 Cr^{3+} 变为 $Cr_2O_7^{2-}$。所生成的 $Cr_2O_7^{2-}$ 利用相转移催化剂 Bu_4NHSO_4 转移到有机相 $CHCl_2-CHCl_2$ 中,在那里把蒽电氧化制取蒽醌,同时得到的 Cr^{3+} 再进入水相被氧化,循环利用。此法综合了电解和相转移技术的优点,效率高、选择性好、产物易分离。

第四节 有机化合物的阴极还原

一、含 C=C 双键化合物的阴极还原

活性烯烃(双键有强拉电子基团)电还原最重要的反应是丙烯腈阴极氢化二聚,生成己二腈(10.61)。活性烯烃与羰基化合物发生阴极偶联反应,例如丙烯酸酯与丙酮电还原得到内酯(10.62)。活性烯烃用 CO_2 作亲电试剂,进行阴极羧酸化(10.63)。

$$2CH=CH-CN \xrightarrow[+2H^+]{+2e} CN-CH_2CH_2CH_2CH_2-CN \qquad \begin{array}{l}\text{选择性 92\%}\\ \text{转化率 99\%}\end{array} \qquad (10.61)$$

$$\triangle COOCH_3 + \rangle=O \xrightarrow[Pb\text{阴极}]{H_2O-H_2SO_4} \text{(内酯)} \qquad \begin{array}{l}\text{选择性 92\%}\\ \text{电流效率 82\%}\end{array} \qquad (10.62)$$

$$H_3COOC-CH=CH-COOCH_3 \xrightarrow[\text{Hg 阴极}]{CO_2-CH_3CN-Et_4NOTs} \begin{array}{c} HOOC \quad COOH \\ CH-CH \\ HOOC \quad COOH \end{array} \quad (10.63)$$

芳香化合物电还原进行 1,4 加成，得到二氢化合物，例如苯还原为 1,4-环己烯、萘电还原为 1,4-二氢萘(10.64)，后者效果好，已进行工业性试验。

$$\text{萘} \xrightarrow[\text{Hg 阴极}]{\text{二甘醇二甲醚}-H_2O-Bu_4NBr} \text{1,4-二氢萘} \quad \begin{array}{l}\text{转化率 99\%}\\ \text{选择性 92\%}\end{array} \quad (10.64)$$

杂环化合物如吡啶、吲哚、咔唑的衍生物进行阴极还原，也在 C=C 双键上进行加成。例如，四氢咔唑电还原的产物是生产染料的中间体(10.65)，生产这中间体已经工业化。

$$\text{四氢咔唑} \xrightarrow[\text{Pb 阳极}]{H_2O-H_2SO_4} \text{八氢咔唑} \quad \begin{array}{l}\text{转化率 94\%}\\ \text{产率 99\%}\end{array} \quad (10.65)$$

二、有机卤代物的阴极还原

脂肪族卤化物阴极还原时，发生脱卤(10.66)、引入双键(10.67)、C—C 偶联(10.68)、生成有机金属化合物(10.69)、合成环化合物(10.70)等。有些反应具有实用意义，例如 C—C 偶联合成 1,4-丁二醇，还原脱卤合成抗菌素，二卤化物阴极消除合成高张力环化物等。具有不常见的取代型式的芳香卤化物，用其他方法无法得到时，可以通过多卤芳香化合物和杂环化合物的电还原来制取，例如合成除草剂就应用到这类电还原反应。

$$Cl_3C-\underset{OH}{CH}-COOH \xrightarrow[\text{Pb 或 C 阴极}]{H_2O-HCl} Cl_2HC-\underset{OH}{CH}-COOH \quad \begin{array}{l}\text{产率 85\%}\\ \text{电流效率 72\%}\end{array} \quad (10.66)$$

$$CF_2Cl-CFCl_2 \xrightarrow[\text{Zn 阴极}]{H_2O-ZnCl_2-\text{十二烷基磺酸钠}} CF_2=CFCl \quad \begin{array}{l}\text{选择性 90\%}\\ \text{电流效率 82\%}\end{array} \quad (10.67)$$

$$CH_2I-CH_2OH \xrightarrow[\text{Cu 阴极}]{H_2O-CuCl_2-NH_4NO_3} HO-(CH_2)_4-OH \quad \begin{array}{l}\text{选择性 55\%}\\ \text{转化效率 72\%}\end{array} \quad (10.68)$$

$$n-C_4H_9Cl \xrightarrow[\text{Sn 阴极}]{CH_3CN-Et_4NCl} (C_4H_9)_3SnCl \quad (10.69)$$

$$Br(CH_2)_3Br \xrightarrow[\text{Hg 阴极}]{DMF-LiBr} \text{环丙烷} \quad \text{产率 85\%} \quad (10.70)$$

三、羰基化合物的阴极还原

1. 醛和酮的阴极还原

醛和酮阴极还原时，通常在酸性条件下羰基还原为羟基，在碱性条件下发生还原偶合反应。葡萄糖电还原得到山梨醇(10.71)，这是食品添加剂，还可用来合成维生素 C。莰酮(樟脑)电还原得到龙脑，即冰片(10.72)，冰片广泛用于香料和医药工业生产。脂肪醛，尤其是甲醛电还原偶合为乙二醇(10.73)已实现工业化生产。羰基化合物电还原时还可与烯烃、卤化物发生交错偶联,例如乙醛的还原(10.74)。

$$HOCH_2-(CHOH)_4-CHO \xrightarrow[\text{汞齐化铅阴极}]{+2H^+ + 2e} HOCH_2-(CHOH)_4-CH_2OH \quad (10.71)$$

$$(10.72)$$ 经二异丙基酮类还原 $\xrightarrow[\text{Hg 阴极}]{+2e+2H^+}$ 相应仲醇 $H_2SO_4 + EtOH$

$$HCHO \xrightarrow[\text{KOH-H}_2\text{O}]{+2e, \text{Pb 阴极}} \begin{matrix} CH_2-CH_2 \\ | \quad\quad | \\ OH \quad OH \end{matrix} \quad (10.73)$$

$$CH_3CHO \xrightarrow[\text{C 阴极}]{CF_3Br-DMF-LiClO_4} CH_3CHOH-CF_3 \quad (10.74)$$

2. 羧酸的阴极还原

羧酸电还原可得醛,其中由草酸阴极还原为乙醛酸已实现工业化。乙醛酸是制造香料、医药及其他精细化工产品的中间体,用量不断增加,化学合成乙醛酸已不能满足要求。草酸还原为到乙醛酸(10.75),转化率可达70%,电流效率超过70%,选择性超过90%。

$$HOOC-COOH \xrightarrow[\text{Pb,H}_2\text{O}]{+2e, 2H^+} HOOC-CHO \quad (10.75)$$

水杨酸电还原得到水杨醛(10.76),水杨醛在制药、杀虫剂、染料工业等方面有重要用途,电合成法已有商品供应。水杨酸也可还原为 o-羟基苯甲醇(10.77),这是合成香料的中间体。杂环羧酸电还原也能转变为相应的醇(10.78)。

$$\text{水杨酸} \xrightarrow[\text{Hg, pH5.5}]{+2e, +2H^+} \text{水杨醛} \quad (10.76)$$

$$\text{水杨酸} \xrightarrow[\text{Pb/Hg 阴极}]{\text{异丙醇}-H_2O-Et_4NBr} o\text{-羟基苯甲醇} \quad (10.77)$$

$$\text{杂环羧酸} \xrightarrow[\text{Hg 或 Pb 阴极}]{H_2O-H_2SO_4} \text{相应的醇 (药物中间体)} \quad (10.78)$$

3. 酯、酰胺的电还原

芳香酯和杂环芳香酯电还原为相应的醇,类似于羧酸的电还原。例如对苯二酸二甲酯阴极还原为 p-甲酯基苯甲醇(10.79),转化率和产率超过90%,电流效率达85%。又如吲哚羧酸酯电还原生成约1比1的醇和醚(药物中间体)(10.80),总产率为80%。

$$CH_3OOC-C_6H_4-COOCH_3 \xrightarrow[\text{Pb/Hg 阴极}]{CH_3OH-NaOAc} HOH_2C-C_6H_4-COOCH_3 \quad (10.79)$$

$$\underset{\underset{H}{\overset{H_3C}{\bigvee}}}{\overset{EtOOC}{\bigvee}} \xrightarrow[\text{Pb 阴极}]{H_2O-H_2SO_4} \underset{\underset{H}{\overset{H_3C}{\bigvee}}}{\overset{HOH_2C}{\bigvee}} + \underset{\underset{H}{\overset{H_3C}{\bigvee}}}{\overset{EtOH_2C}{\bigvee}} \qquad (10.80)$$

酰胺电还原时,视反应条件不同而还原为胺或醇,例如吡啶酰胺的阴极还原(10.81)。这种反应可用作保护基团的立体选择性消除,例如合成盘尼西林的中间体(10.82)。

$$\text{吡啶-CONH}_2 \xrightarrow[\text{Pb 阴极}]{H_2O-H_2SO_4} \text{吡啶-CH}_2OH \qquad \begin{array}{l}\text{转化率 95\%}\\ \text{产 率 86\%}\end{array} \qquad (10.81)$$

$$\underset{\underset{\underset{\overset{|}{C=O}}{\overset{|}{Ph}}}{\overset{|}{NH}}}{\overset{Ph-CH-COOH}{}} \xrightarrow[\text{Hg 阴极}]{CH_3OH-HOAc-(CH_3)_4NCl} \underset{\underset{NH_2}{\overset{|}{}}}{\overset{Ph-CH-COOH}{}} \qquad (10.82)$$

四、含氮化合物的阴极还原

1. 芳香硝基化合物的电还原

硝基苯电还原的路线如 10.83 式所示,所得产物都有较成熟的工艺条件。

(10.83)

(1) 电合成联苯胺:联苯胺是一种偶氮染料的中间体。以邻二氯苯为溶剂,在 NaOH 存在下,用软钢做阴、阳极,还原硝基苯便可得联苯胺,电流效率在 95% 以上。

(2) 电合成对氨基苯酚:在硫酸溶液中用铂或铜阴极电还原硝基苯可得对氨基苯酚,它是印相中的显影剂。在含有硫酸的电解液中铜电极上还原时,对氨基苯酚的产率达到90%。

(3) 电合成苯胺:苯胺是重要的染料。以铅为阳极、镍网为阴极,电解液为 6% HCl + 96% C_2H_5OH + $SnCl_2$ + 硝基苯,还原最终的产物为苯胺。采用 Pb, Cu, Hg, C 等阴极,在酸性水溶液中,电还原硝基苯及其衍生物,皆可得到相应的苯胺或衍生物。

2. 脂肪硝基化合物的电还原

脂肪硝基化合物随反应条件不同可还原为羟胺或胺,室温时生成羟胺化合物(10.84),温度升高,还原产物主要是胺(10.85)。硝基环己烷电还原得到的环己羟胺是制药工业的重要中间体,电解时采用汞阴极,$NaHCO_3$ 作支持电解质。至于亚硝基化合物的电还原,从(10.85)式可知其产物为羟胺或胺。如果亚硝基连接在另一氮原子上,电还原得到的是肼。

$$C_2H_5-NO_2 \xrightarrow[\text{Hg 阴极},H_2SO_4,\text{EtOH}]{+4e,+4H^+} C_2H_5-NHOH \quad \text{电流效率 93\%} \quad (10.84)$$

$$R_2CH-NO_2 \xrightarrow{+2e,2H^+} R_2CH-NO \xrightarrow{\text{加热}} R_2C=N-OH \xrightarrow{+4e,4H^+} R_2CH-NH_2 \quad (10.85)$$
$$\downarrow +2e,+2H^+$$
$$R_2CH-NHOH$$

3. 偶氮化合物、腈的电还原

偶氮化合物电还原生成胺,消去 N—N 键,这个反应可用于在芳香环上引入 NH_2 (10.86)。电合成苯肼(10.87)具有工业化意义,产率及电流效率皆超过 90%。

$$\text{Ph}-N=N-\underset{\underset{\text{OH}}{|}}{\overset{\overset{\text{COOH}}{|}}{\text{C}_6H_3}} \xrightarrow[\text{Pb 阴极}]{H_2O-NaOH} H_2N-\underset{\underset{\text{OH}}{|}}{\overset{\overset{\text{COOH}}{|}}{\text{C}_6H_3}} \quad \text{产率 86\%} \quad (10.86)$$

$$\text{Ph}-N=N-NH-\text{Ph} \xrightarrow[\text{Pb 阴极}]{CH_3OH-KOH} \text{Ph}-NH-NH_2 + \text{Ph}-NH_2 \quad (10.87)$$

腈基化合物在强酸性溶液中阴极还原为胺,例如,己二腈还原为己二胺(10.88)已实现工业化生产。不饱和腈基化合物阴极还原时,腈基的三重键被还原,而碳键上的不饱和键不受影响(10.89)。芳香族腈基化合物也有类似的反应(10.90)。

$$NC-(CH_2)_4-CN \xrightarrow[\text{Ni 阴极}]{+8e,8H^+} NH_2-(CH_2)_4-NH_2 \quad (10.88)$$

$$CH_2=CH-C\equiv N \xrightarrow[\text{Pb 阴极},H_2SO_4]{+4e,4H^+} CH_2=CH-CH_2-NH_2 \quad (10.89)$$

$$R-CO-\text{C}_6H_4-CN \xrightarrow[\text{Hg 阴极},H_2SO_4]{+4e,4H^+} R-CO-\text{C}_6H_4-CH_2-NH_2 \quad (10.90)$$

五、含硫化合物的阴极还原

二硫化合物几乎可以完全电还原为硫醇化合物。由 L-胱氨酸电还原为半胱氨酸(10.91),产率达 99%,电流效率达 92%,已有生产。半胱氨酸是一种含巯基氨基酸,广泛应用于国防、医药、食品和化妆品等方面。芳香二硫化物也有类似的反应。砜电还原为亚磺酸可用于合成取代的 4-氧代氮杂环丁烷;磺酸酯的电还原可用于苯乙酸的烷基化。

$$\begin{matrix} \text{HOOC—CH} \\ | \\ \text{NH}_2 \end{matrix} \begin{matrix} \text{CH}_2\text{—S—S—CH}_2 \\ \\ \text{HC—COOH} \\ | \\ \text{NH}_2 \end{matrix} \xrightarrow[\text{Pb 或 Cu/Hg 阴极}]{\text{H}_2\text{O—HCl}} \begin{matrix} \text{CH}_2\text{SH} \\ | \\ \text{HOOC—CH} \\ | \\ \text{NH}_2 \end{matrix} \qquad (10.91)$$

第五节 有机电合成的电解槽和电解工业

一、有机电合成的电解槽、电极和隔膜

有机电化学虽然有 100 多年的历史,但至今能较大规模工业生产的有机化合物为数不多,在进行较大规模生产时会遇到下列问题:① 电极反应受电极面积的限制;② 极化作用导致反应的选择性较差和电流效率较低;③ 缺乏适当的隔膜把阴阳极区分开。受电极面积限制的问题已有所改善,例如采用压滤式电解槽或颗粒电极的流化床电解槽;电渗析的研究开发提供了解决极化问题的新途径,促进选择性渗透膜技术的发展。

有机电合成的电解槽通常有如下三类:

(1) 压滤式电解槽:大规模有机电合成最常用的电解槽,例如用于电合成己二腈的电解槽,图 10.3 所示的为其单槽(所用材料后述)。电解槽一般由 25~30 个单槽组装而成。

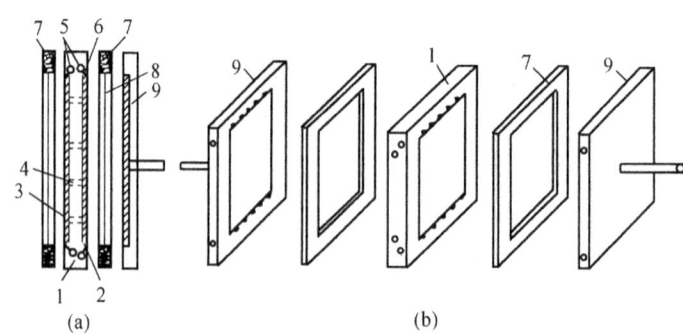

图 10.3 电解液具有高循环速度的压滤式电解槽的单槽

a—单槽侧面; b—各部件的外形; 1—电极板; 2—阴极; 3—阳极; 4—联接销钉;
5—溶液进出沟; 6—分配孔洞; 7—隔膜架; 8—隔膜; 9—具有接线的端面板

(2) 内放平板电极箱型电解槽:这是实验室杯型电解槽的直接放大,把平板插入有衬里的直角槽内;若有气体发生则要加盖。例如异丁酸半工业化生产的电解槽就是采用 1000A 的箱型电解槽,如图 10.4 所示。槽体由聚乙烯板制成,阳极是覆盖在钛基体上的二氧化铅,阴极为铜管绕成在一个平面上的线圈,兼冷却用。

(3) 颗粒电极电解槽:采用小粒子电极的主要优点是电极表面积与电解槽体积之比值高,有利于提高电解槽的生产率。这类电解槽分为固定床和流化床两种,电合成四烷基铅就是用固定床电解槽,如图 10.5 所示,电解槽结构与列管式热交换器相似。电解槽壳体内装有钢管,它们同时作为阴极。阳极是装在钢管内的铅粒填充床,插在铅粒中的铅棒作为集流极。阳极与阴极之间用多孔聚丙烯隔膜和衬垫隔开。反应剂从电解槽顶部平行

流入由每根钢管构成的各个电解单元中,管壳间通入传热介质移去反应热,以便控制温度。流化床电解槽中作为电极的金属颗粒在液流作用下而被流态化,提供了极高的电极面积与电解槽体积的比值。

有机物电还原要求高氢过电位的电极,在许多电解还原反应中,铅是合适的阴极材料。虽然铅较易变形,但可在铜、钢或其他刚性金属上镀铅,或者引入合金化元素(铜、锑、钙)到铅中,改善形状稳定性。如无特殊要求,一般可用价格低而机械强度高的钢。

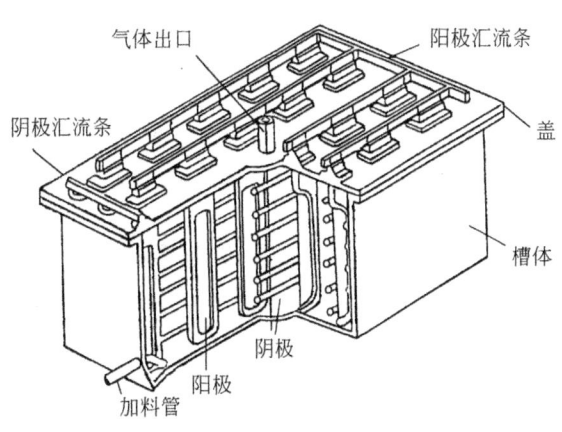

图 10.4 合成异丁酸的电解槽

由于腐蚀问题,选择阳极材料更困难。在硫酸溶液中,沉积在石墨或钛上的 PbO_2 是合适的阳极。在碱性溶液中,析氧反应可用镍、软钢或不锈钢。有机物阳极卤化时常用石墨或镍阳极,形稳阳极用于卤素体系也适合。kolbe 反应仅在光亮铂电极上得到满意的结果,但用铂电极进行生产是不切合实际的,可考虑在钛或钽上镀铂。

在使用过程中电极活性是随时间而变的,从而改变选择性和电流效率。电极活性降低的主要原因是电

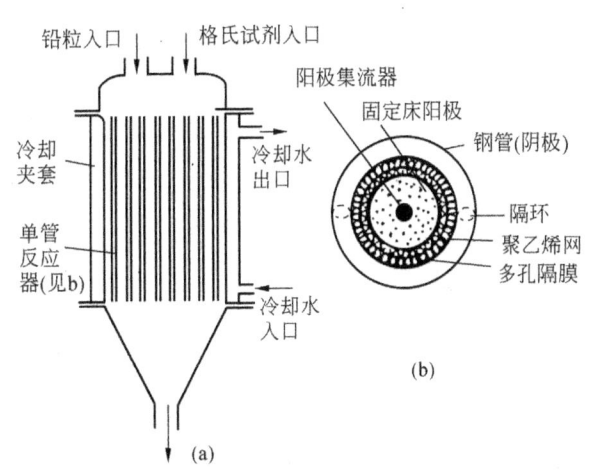

图 10.5 制造四乙基铅的电解槽

极受污染,防止污染措施:① 定期机械清洗或化学清洗电极;② 用反向电流清洗;③ 严格控制原材料的杂质含量;④ 化学处理或电化学处理电解液;⑤ 更换电极。

在许多有机体系中需用隔膜分开阴阳极区,以避免副反应,防止爆炸性气体的混合。作为电解槽的隔膜必须具备:① 低电阻;② 限制阴极液和阳极液的互相扩散,但导电离子可通过;③ 不易堵塞;④ 良好的形状稳定性;⑤ 使用寿命长;⑥ 价格适宜。

隔膜材料可分为非选择性渗透和选择性渗透两类。非选择性渗透膜只是对离子扩散起阻碍作用。选择性渗透膜或离子交换膜则可使一种电荷的离子通过,而其相反电荷的离子则被阻挡。可用作非选择性渗透的隔膜有如下几种:① 滤布——可用玻璃、聚丙烯、聚乙烯、聚四氟乙烯、尼龙来制造;② 无纺垫——包括石棉、塑料毡;③ 多孔塑料——可用聚乙烯、聚氯乙烯、聚四氟乙烯、橡胶来制造。

用苯乙烯和二乙烯苯的共聚物磺化,可得阳离子交换膜;胺化可得阴离子交换膜。这些聚合物通常用偏氯纶、玻璃或 PVC 的筛来加固,以改善机械性能。在介绍氯碱电解工业时已提到 Nafion 膜(全氟磺酸离子交换膜),它具有很好的化学稳定性与物理稳定性,

也可用于有机电合成,例如从丙酮制取四甲基乙二醇。

二、有机电合成的工业生产和中间试验简介

规模最大的有机电合成工业是电合成己二腈。电合成有机物大多处在试验性生产阶段,实验室试验则十分广泛。表10.2列出有机电合成工业生产和中间试验的实例。

表10.2 有机电合成工业化和中试的实例

产 品	原 料	方 法	公 司
己二腈	丙烯腈	还原聚合	Monsanto(美国,英国),Asahi(日本)
丁炔二酸	丁炔二醇	官能团氧化	BASF(德国)
o-氨基苯甲醇	o-氨基苯甲酸	还原	BASF
p-氨基苯酚	硝基苯	还原重排	日本,Holliday(英)
1-氨基-4-甲基萘	1-硝基萘	还原重排	BASF
苯胺	硝基苯	间接还原	印度
p-甲氧基苯胺	硝基苯	还原重排	BASF,中国
蒽醌	蒽	间接氧化	Holliday
p-甲酯基苯甲醇	二甲基对苯二酸酯	还原	Hoechst(德国)
苯甲醛	甲苯	间接氧化	印度
1,4-二氢萘	萘	还原	Hoechst
二氢苯二酸	苯二酸	还原	BASF
2,5-二甲氧基-二氢呋喃	呋喃	氧化加成	日本,BASF
有机氟化物	烃,脂肪酸	阳极取代	Dai Nippon(日本)
葡萄糖酸	葡萄糖	氧化	印度,俄罗斯
乙醛酸	草酸	还原	日本
六氢咔唑	四氢咔唑	还原	BASF
醌或氢醌	苯	阳极氧化	
麦芽酚	糠醇	阳极氧化	Otsuka
m-氨基苯磺酸	m-硝基苯磺酸	还原	BASF
频哪醇	丙酮	还原偶合	日本,BASF
呱啶	吡啶	还原	英国
氧化丙烯	丙烯	成对合成	BASF
水杨醛	水杨酸	还原	印度
癸二酸二酯	己二酸半酯	还原	俄罗斯、日本、德国
琥珀酸	顺式丁烯二酸	还原	印度
十四烷二酸	甲基壬二酸酯	还原	日本
四乙基铅	格氏试剂、铅	阳极	Nalco(美国)
山梨糖醇	葡萄糖	还原	日本、印度
二醛淀粉	淀粉	间接氧化	日本、印度、美国
糖精	甲基苯磺酰胺	间接氧化	印度、英国
异烟酸	2-甲基吡啶	氧化	俄罗斯
o-羟基苯甲醛	o-羟基苯甲酸	还原	印度
苯甲醇	苯甲酸	还原	印度

至今工业生产的有机电合成反应仍是水溶液反应占优,因为在电解槽设计方面,使用非水介质的能量效率现在还不能和含有高电解质浓度的水溶液竞争。比较成功的反应都具有如下条件:① 在水溶液介质中具有高的选择性;② 电活性物质在介质中有相当高的溶解度;③ 产物易从电解体系中分离出来;④ 便宜的电极材料,如铅、镍或铜都可以使用;⑤ 毒性低,所产生的废物少等。

三、电合成己二腈、四乙基铅和电化学氟化

己二腈是制造尼龙 6.6 的中间体,经典合成方法是用乙炔或苯酚为原料制备己二酸,己二酸与氨反应,脱水后得己二腈。合成过程使用大量化工原料、多种催化剂,损耗大,污染严重。1965 年美国孟山都化学公司成功地用电还原法生产了己二腈,创造了很大的经济效益和社会效益。此后,大量需求的己二腈都是电解生产的。

制造己二腈的原料是丙烯腈,它由丙烯(来自石油)氧化氨解制得。丙烯腈在水溶液中阴极还原的反应为

$$2CH_2=CHCN + 2H_2O + 2e \longrightarrow NC(CH_2)_4CN + 2OH^- \tag{10.92}$$

即丙烯腈氢化二聚。阳极反应为氧的析出

$$2H_2O \longrightarrow O_2 + 4H^+ + 4e$$

在阴极上可能的副反应为

$$CH_2=CHCN + 2H_2O + 2e \longrightarrow CH_3CH_2CN + 2OH^- \tag{10.93}$$

$$3CH_2=CHCN + 2H_2O + 2e \longrightarrow \underset{\underset{(CH_2)_2CN}{|}}{NCCH(CH_2)_3CN} + 2OH^- \tag{10.94}$$

测定稳态极化曲线,得到塔菲尔关系,斜率为 0.12 V;电流与丙烯腈浓度、水浓度成比例。因此,推测电极过程的控制步骤为

$$CH_2=CH-CN + H_2O + e \longrightarrow \cdot CH_2CH_2CN + OH^- \tag{10.95}$$

随后的快步骤为

$$\cdot CH_2CH_2CN + e \longrightarrow \bar{C}H_2CH_2CN \tag{10.96}$$

$$\bar{C}H_2CH_2CN + CH_2=CH-CN \longrightarrow \underset{\underset{CH_2CH_2CN}{|}}{CH_2\bar{C}HCN} \xrightarrow{H^+} CN(CH_2)_4CN \tag{10.97}$$

早期电解制取己二腈采用压滤式电解槽(图 10.3),用磺化聚苯乙烯树脂的阳离子交换膜作隔膜,阳极为 Pb-Ag 合金,阴极为铅。阳极液为 5% H_2SO_4,阴极液的成分为 16% 丙烯腈、16% 己二腈、28% H_2O、40% $Et_4N^+ EtOSO_3^-$。季胺盐的作用是增加丙烯腈的溶解度和改善溶液的导电能力。阴极液以 1~3 m·s^{-1} 快速循环,电解液温度为 30~70℃,电流密度为 4~6 kA·m^{-2}。槽电压为 11.9 V(E_d = 2.5 V, η_K = 0.8 V, η_A = 0.7 V, IR = 7.9 V)。己二腈的产率为 90% ~92%,电流效率为 90% 左右,电能消耗为 6700 kWh·t^{-1}。

1976 年采用无膜的双极性电解槽,内装 50~200 块碳钢板作为电极,板的一面为阳极,另一面镀镉为阴极,相邻两块极板间距离只有 2 mm 左右。电解液含丙烯腈、15% Na_2HPO_4、少量季胺盐、少量 EDTA 钠盐和硼砂,流速为 1~2 m·s^{-1}。电流密度为 2 kA·m^{-2},槽电压为 3.84 V,电能消耗为 2 500 kWh·t^{-1},明显低于压滤式电解槽。电解后所得

有机相含 55%～60% 己二腈和 25%～30% 丙烯腈，经分离可得产品，产率为 87%～89%。

四乙基铅是汽油防爆剂，由于污染大气，其产量必须控制，需研究其他取代物。电合成四乙基铅的原料为 C_2H_5Cl、Pb 和 C_2H_5MgCl（格氏试剂），在醚类和四氢呋喃的混合溶剂中，C_2H_5MgCl 可离解为 $C_2H_5^-$ 和 $MgCl^+$。阳、阴极反应分别为

$$4C_2H_5^- + Pb \longrightarrow (C_2H_5)_4Pb + 4e \tag{10.98}$$

$$4MgCl^+ + 4e \longrightarrow 2Mg + MgCl_2 \tag{10.99}$$

电解液是 20% 格氏试剂的醚溶液，内含氯乙烷（它与格氏试剂摩尔比为 0.9∶1.0）。采用固定床电解槽（图 10.5），电解温度为 40～50℃，阴极电流密度为 50～100 $A \cdot m^{-2}$，槽电压不超过 8 V。产率达 96%，电能消耗为 4～5 $kWh \cdot kg^{-1}$。

采用不同烷基的 RCl 与 RMgCl，可以制备各种四烷基铅，例如 Me_4Pb、Me_3EtPb 等。以铅为阳极，汞为阴极，电解熔融的 K_4AlEt 可制取 $PbEt_4$。电解温度为 120℃，电流密度为 4.5 $kA \cdot m^{-2}$，槽电压为 2.5 V，产率接近 100%，电能消耗为 1 $kWh \cdot kg^{-1}$。

电化学氟化的优点：① 应用范围广，工艺简单，投资费用低；② 参加反应的只是无水氟化氢，在氟化过程中无元素氟存在；③ 对原材料要求不苛刻，通常用镍或镍合金作阳极，用铁、钴、镍作阴极。电化学氟化的缺点主要是碳原子数多的有机物氟化产率一般只有 10% 左右，但个别有机物如 $CH_2 = CH_2$ 氟化产率达 80%。

许多有机物能较好地溶于无水氟化氢中形成导电溶液。用镍阳极氧化时，有机物的氢原子为氟所取代，完全被氟化［参见（10.32）式］。电解过程中镍阳极表面上形成镍的高价氟化物，起着强氟化剂的作用。这种方法称为 Simons 法氟化，已实现工业化。电化学氟化是制备一系列全氟化合物行之有效的方法，尤其便于制备全氟羧酸，制取全氟的醚、胺、腈和其他化合物也可以获得满意的产率。有机氟化物化学稳定性高，可用于制耐高温塑料、防水剂、灭火材料、不粘性防腐涂料、润滑剂、人造血液、镀铬添加剂。

第六节 导电聚合物

一、概述

有机导体分为两类：① 分子复合物，例如四氰代二次甲基苯醌（TCNQ）与喹啉形成的复盐 $[Qn(TCNQ)_2]$，其电导率为 10^2 $S \cdot cm^{-1}$；② 具有共轭结构的聚合物，例如掺杂 AsF_6^- 的聚乙炔，电导率超过 10^3 $S \cdot cm^{-1}$，具有金属的导电能力。此外还有一类能导电的聚合物，聚合物本身无导电性，而是加入导电粒子如金属、碳，使之能导电。

乙炔、吡咯等有机物具有共轭 π 键，可以用它们制取导电聚合物，所得聚合物电导率如表 10.3 所示。通常需要添加掺杂物提高导电能力，否则聚合物的电导率很低，例如顺式-聚乙炔的电导率只有 1.7×10^{-9} $S \cdot cm^{-1}$。

表 10.3 某些导电聚合物的电导率

名称	掺杂物	$\kappa/\text{S}\cdot\text{cm}^{-1}$
聚乙炔(PA)	AsF_6^-	1.2×10^3
聚苯(PPP)	AsF_6^-	5×10^2
聚噻吩(PTh)	ClO_4^-	$10\sim 20$
聚吡咯(PPy)	BF_4^-	100
聚苯胺(PAn)	(pH<3)	$10\sim 20$
聚吲哚(PIn)	ClO_4^-	0.02
聚咔唑(PCz)	ClO_4^-	10^{-3}

制备导电聚合物通常可用化学氧化聚合法或电化学氧化聚合法。用化学氧化法制取聚苯胺时,在水中依次加入质子酸、苯胺,再加入氧化剂 FeCl_3、$(\text{NH}_4)_2\text{SO}_4$,然后进行化学氧化聚合。若用电氧化聚合,则把一对电极浸入含苯胺的酸性溶液中,通电后在阳极表面苯胺聚合析出聚苯胺。可用的质子酸,例如 HClO_4,HBF_4,H_2SO_4,HCl 等。无论哪种方法聚合,质子浓度对生成聚苯胺的电化学性质的影响都很大。在中性或碱性溶液中聚合的聚苯胺不导电。

与化学氧化聚合法相比,电氧化法可以通过电量调节聚合量和膜厚,不纯物的残留量很少,并能聚合成片状;但难以形成规模化生产,且成本较高。改进聚合电解槽和聚合方法,电氧化法有可能进行大量生产。

苯胺在酸性溶液电氧化聚合生成聚苯胺的反应如下:

$$2x\ \text{C}_6\text{H}_5\text{-NH}_2 - 4xe \longrightarrow [-\text{C}_6\text{H}_4\text{-N=C}_6\text{H}_4\text{=N-}]_x \qquad (10.100)$$

电聚合得到的聚苯胺有共轭 π 键,电子能在大 π 键中自由移动,故有导电性。由于掺杂程度不同,聚苯胺的电导率在 $10^{-10}\sim 10\ \text{S}\cdot\text{cm}^{-1}$ 范围内变化。对于其他导电聚合物,添加掺杂物及其掺杂程度也是决定导电能力的重要因素。掺杂采用的方法:① 氧化剂,例如 I_2,Br_2;② 还原剂,例如 Li,Na;③ 电化学氧化或还原;④ 质子掺杂,例如聚苯胺。采用电化学方法既可合成聚合物,又能进行掺杂。

导电聚合物有许多优点,例如重量轻、可选择的材料种类和电导范围广、原料便宜、加工方便等。导电聚合物的应用:① 导电功能方面,已经工业化的如电容器,正在发展中的如集成电路板;② 氧化还原功能方面,已经工业化的如电池,正在发展中的如电致显色器件;③ 电器件方面,被研究的如晶体管、太阳电池;④ 光器件方面,被研究的如光导材料、电发光器件;⑤ 其他,正在开发的如电磁波屏蔽材料。解决聚合物的稳定性,这是应用的关键问题。

二、导电聚合物在电池中的应用

塑料在电池中早已用作绝缘材料。70 年代末用电化学方法在聚乙炔中掺杂阴离子、阳离子,这种电化学掺杂和脱掺杂能可逆地进行,表明导电聚合物具有可逆的电化学活性。例如在含有 LiClO_4 的丙烯碳酸酯溶液中放入两个聚乙炔电极,通电时电极反应为

$$\text{阳极}\quad (\text{CH})_x + xy(\text{ClO}_4^-) \underset{\text{脱掺}}{\overset{\text{掺杂}}{\rightleftharpoons}} [(\text{CH})^{y+}(\text{ClO}_4)_y^-]_x + xye \qquad (10.101)$$

$$\text{阴极}\quad (\text{CH})_x + xy(\text{Li}^+) + xye \underset{\text{脱掺}}{\overset{\text{掺杂}}{\rightleftharpoons}} [\text{Li}_y^+(\text{CH})^{y-}]_x \qquad (10.102)$$

把聚乙炔作电极制成的聚合物电池(也称塑料电池)的重量只有铅酸电池的 1/10,但其比功率却可高于铅酸电池 10 倍以上,引起了有关化学和电气产业的极大关注。有机聚合物二次电池的比功率相当高,见表 10.4。

表 10.4　某些聚合物二次电池的比较功率

电池	$E_开$/V	理论比能量/Wh·kg^{-1}	比功率/kW·kg^{-1}	掺杂量/%
Li|LiClO$_4$,PC|PPP	4.4	320	7	40
Li|LiClO$_4$,PC|PPy	3.5	270	2.8	18
Li|LiClO$_4$,PC|PA	3.7	290	35	6
铅蓄电池	2.1	173	1.2	

充电容量对实用的电极材料是一个重要的考察依据。图 10.6 表示四种导电聚合物正极的充电容量与库仑效率的关系,可见在这四种聚合物中聚苯胺的库仑效率特别高,即使在比较大的充电电量时,其值也接近 100%。

此外,作为二次电池的电极材料还要考察它的自放电特性,这是实用化的一个关键问题。铅酸电池和镉镍电池自放电率为每月 10% 左右,聚苯胺的自放电特性达到了实用化要求。聚吡咯用作二次电池的电极,其性能也是不错的。

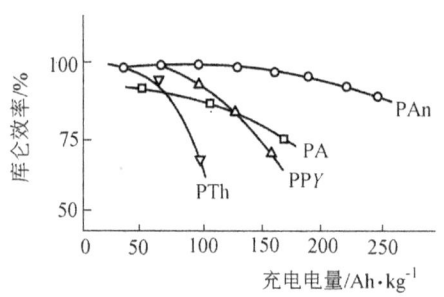

图 10.6　导电聚合物正极的库仑效率与充电电量的关系

日本用聚苯胺电极制成聚合物-锂二次电池已实现了商品化,这些成果表明聚合物电极在电池工业中应用,前景是很好的。

采用聚苯胺作正极材料,Al-Li 合金作负极材料,把含有 LiBF$_4$ 的碳酸丙烯酯和二甲氧基乙烷的混合液作电解液做成二次电池,如 AL920、AL2016、AL2032 电池的特性列在表 10.5,从表可见它们具有优良的特性。这些电池用途很广,例如作为备用电源,在装有内转换器的个人计算机、传真机、复印机、VTR 中应用。另外作为与太阳电池组合的电源,用于钟表、电子计算机和遥控等。

表 10.5　聚合物 (PAn)-锂二次电池的特性

项 目	AL920	AL2016	AL2032
开路电压/V	3.0	3.0	3.0
工作电压/V	3~2	3~2	3~2
公称容量/mAh	0.5	3	8
循环寿命/次	1 000(0.1 mA)	1 000(1 mA)	1 000(3 mA)
自放电(室温 1 个月保持率/%)	>90	>90	>90
浮充特性			
浮充电压/V	3.0	3.0	3.0
促进试验 60℃ 20 日保持率/%	>95	>95	>95

三、化学修饰电极和聚合物修饰电极

所谓化学修饰电极,就是在导电性电极表面上,把具有某种功能的化学基团通过物理

或化学方法赋予电极某种特定的功能。化学修饰电极将电化学与有机、生物、高分子结合在一起,实现了多年来人们渴望的电极功能设计,在电催化、光电转换、有机合成、电化学传感器、电色显示、电分析等方面取得了不少有意义的结果。

进行化学修饰有液滴蒸发、浸渍、等离子喷涂、化学气相沉积、电化学沉积等方法,可得到单层或多层修饰物。被修饰的基底材料如金属、金属氧化物、半导体、石墨等。在电化学沉积方法中,欠电位沉积所起的电催化作用是很明显的。所谓欠电位沉积,就是在比平衡电位更正的电位下沉积出单原子层或不足单原子层的金属。

用导电聚合物修饰电极,功能较多,稳定性较好。下面介绍聚吡咯修饰电极。用贵金属或碳作基体电极,以乙腈或 DMF(有时也可用水)为溶剂,过氯酸盐或四氟硼酸盐作支持电解质,吡咯浓度约为 $0.1\ mol\cdot L^{-1}$,在恒电流或恒电位下进行阳极聚合可得聚吡咯。聚吡咯的循环伏安曲线如图 10.7 所示,约在 -0.5 V(vs SSCE-钠和的饱和甘汞电极),BF_4^- 开始掺入聚合物中;电位向正移,电流上升很快,表明聚合物膜的导电性迅速增加。

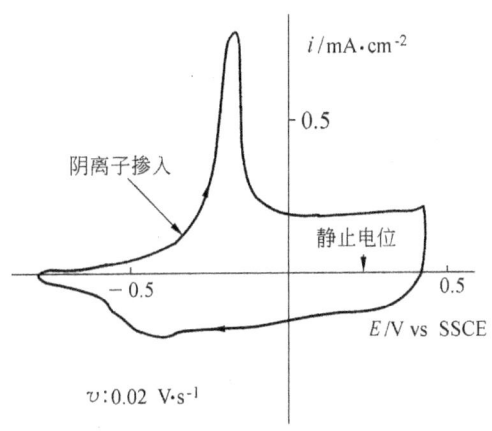

图 10.7　0.2 μmPPy(铂上)在 $0.2\ mol\cdot L^{-1}$ Bu_4NBF_4-乙腈溶液中的循环伏安曲线

由于聚吡咯薄膜具有电子导电性,因而可把电催化剂嵌入其内,例如嵌入 Co-四磺酸酞菁(CoTSPc)。$CoTSPc^{4-}$ 阴离子同时起催化剂及掺杂物的作用。离子导电性的聚合物,例如,在 Nafion 或质子化的聚 4-乙基-吡啶(H^+ PVP)中,也可嵌入电催化活性分子。

1. 化学修饰电极在分析上的应用

化学修饰电极可用于非水溶液作为无盐桥的参比电极。例如用电化学方法在铂丝表面上形成吡咯与二茂铁 N-取代吡咯的共聚物,然后在 +0.38 V(vs NHE)的电位下预处理,使二茂铁与二茂铁阳离子的比率为 1:1。由于这一氧化还原电对的活度系数与溶剂的类型无关,故这电极十分适合比较不同溶剂中的电极电位以及 pH 值。

含有 $FAD/FADH_2$(黄素腺嘌呤二核苷酸氧化还原酶)的葡萄糖氧化酶(G.O),即用多糖膜保护 $FAD/FADH_2$。在 $FAD/FADH_2$ 中嵌入二茂铁羧酸的衍生物(见图 10.8a),可促进酶中的电荷转移。如此修饰的葡萄糖氧化酶有毒性,在传感器中必须采取隔膜 M(孔径<8 nm),把 G.O 与血液隔开,如图 10.8b 所示。这个传感器和胰岛素输送体系连接在一起,可作监测用。

2. 化学修饰电极在合成方面的应用

工业上合成过氧化氢包括两步:$H_2 + AQ \rightarrow AQH_2$(用异相催化剂)和 $AQH_2 + O_2 \rightarrow AQ + H_2O_2$(在分开的容器中),式中 AQ 为蒽醌。采用萘醌(NQ)作为电催化剂,通过硅烷的桥梁作用附着在电极基体上,如图 10.9 所示。电催化合成 H_2O_2 反应为 $NQ + 2H^+ + 2e \rightarrow NQH_2$,

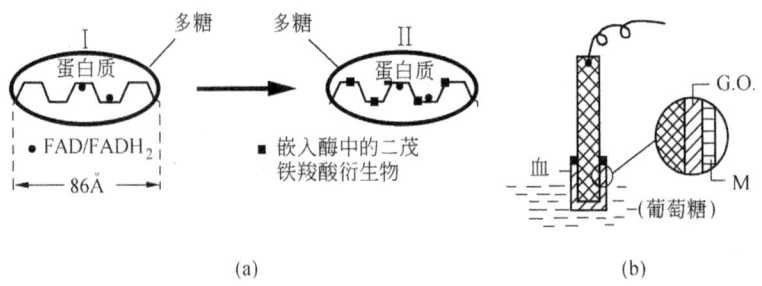

图 10.8 (a)修饰葡萄糖氧化酶；(b)传感器

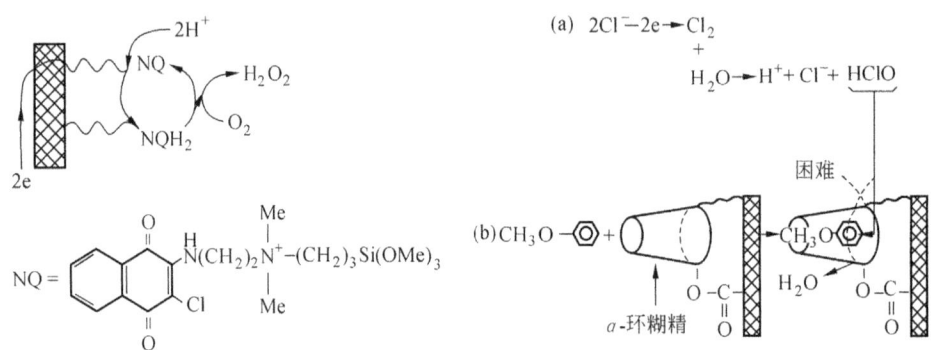

图 10.9 萘醌(具有硅烷桥)的修饰电极用于氧还原为过氧化氢

图 10.10 在 α-环糊精修饰的石墨电极上苯甲醚中的 p-位选择性取代

$NQH_2 + O_2 \rightarrow NQ + H_2O_2$。这种电催化作用可应用到许多间接有机电合成中。

化学修饰电极有可能用于立体选择性和对映选择性合成。例如氯选择性对位取代苯甲醚,可能借助 α-环糊精修饰的石墨电极来达到这一目的,因为修饰电极上环糊精的几何状态只有利于苯甲醚的对位取代(见图 10.10)。

3. 化学修饰电极在生物电化学和光电化学中的应用

修饰电极在生物电化学、光电化学中的应用,对于生物电化学、酶电极特别有意义。酶电极应用到生物领域中有不少问题需要解决,例如电位加在酶电极上,酶结构的构象会起变化。化学修饰电极用在光电化学上,不仅可以减少光腐蚀,而且可进行光电解,例如把水分解为 H_2 和 O_2。图 10.11 表示在半导体粒子部分覆盖 RuO_2 和 Pt,H_2O 在其上进行光电解;但 H_2 和 O_2 不分开,这是不利之处。

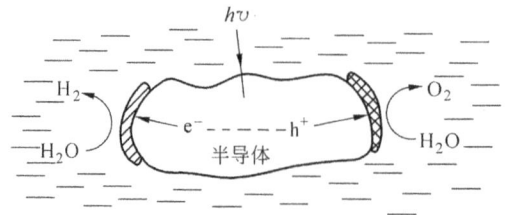

图 10.11 用部分覆盖 RuO_2 和 Pt 的半导体粒子光电解水

第七节 有机电致显色材料

一、电致显色器简介

电致显色现象是指在外加偏置电压感应下,材料光吸收或光散射特性的变化。电致显色材料是一类颜色能可逆地响应电场变化,具有开路记忆功能的电子材料,它广泛用作建筑物及交通工具的"电调光玻璃",使室内或车厢内光线柔和,并起到减轻空调负荷的功效。在集成电路、测量仪表、广告标志中也有应用。离子插入型的无机化合物电致显色材料如 WO_3 有脆性,制备大面积超薄膜难度大。因此,近年来有机电致显色材料的发展很快。

实用的电致显色材料应具有良好的电氧化还原可逆性、色彩对比度大、电色响应快、与电解质相容性好、便于制膜和性能稳定等特点。主要技术指标:① 响应时间<100 ms;② 电色功率<50 mW·cm^{-2};③ 循环次数在 $10^5 \sim 10^7$ 次之间。

电致显色器主要由透明电极、电致显色层和电解质三部分组成,图 10.12 是两种典型结构的原理示意图。在单层结构中变色层和电解质合并为一体,在偏压作用下显色剂发生氧化还原反应而显色,偏压切除后颜色自动消失,没有记忆功能。

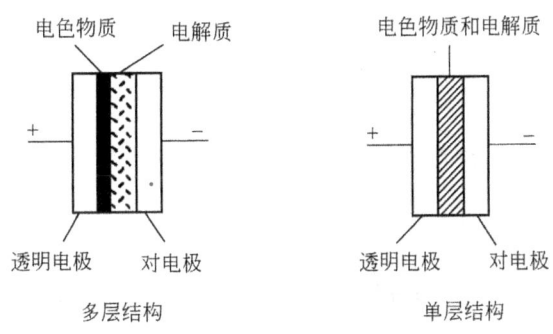

图 10.12 电致显色器的结构示意图

二、氧化还原型、金属有机螯合物电致显色材料

有机电致显色材料按材料结构大致可分为三类:氧化还原型、金属有机螯合物和导电聚合物电致显色材料。

氧化还原型有机化合物具有可逆电化学氧化还原性质,在不同可见光频率下氧化态和还原态(或其中之一)的库仑光吸收系数相当大。一般来说,这类化合物由一定长度的共轭链(环)结构和给电子的杂原子两部分组成,当中以杂原子芳香化合物最多;改变其取代基结构会引起颜色和氧化还原电位的变动。表 10.6 列出几种母体化合物的电致显色特性,它们的响应时间都在 100 ms 以内。这类化合物大多数呈现多价态,其中间价态的离子自由基具有一定的稳定性,会导致不可逆地生成二聚或多聚体,降低电色寿命。如何避免这类离子自由基的键合?解决的办法是把电色活性化合物接枝到高分子链上,或利用功能基团缩聚成聚合物,使其相互隔开以抑制离子自由基的二聚湮灭。

表 10.6 几种化合物的电致显色特征

化合物	电色反应式	颜 色
烷基联吡啶(V^{2+})	$V^{2+}+e=V^+$, $V^++e=V$	黄棕/紫/蓝紫
吩噻嗪(HMB)	$HMB-e \rightarrow HMB\cdot^+-e \rightarrow MB^++H^+$	无色/红/蓝
蒽醌(AQ)	$AQ+M^++e=MAQ$	白/红
四噻富瓦烯(TTF)	$TTF-e=TTF\cdot^+$	黄棕/蓝紫
二甲基联二苯胺(DMMA)	$DMMA-e=DMMA\cdot^+$	白/红
对苯二甲脂(DMP)	$DMP+M^++e=MDMP$	白/红

过渡金属离子与多配位基配体形成螯合物时,金属离子的 d 轨道受配体作用分裂成能级较低的 t_{2g} 轨道和能级较高的 e_g 轨道。这两种轨道间的能级差(以 Δ 表示),大都落在可见光能级范围内,使金属螯合物呈现 Δ 的互补色。有机配体的种类和配体取代基的电子结构都会影响 Δ,从而改变螯合物的颜色。例如用邻菲罗啉亚铁和 PEO – $LiClO_4$ 复合物制成的电致显色器,从无色变为红色;若在邻菲罗啉的 5 位引入硝基,则从无色变为紫红。

金属有机螯合物的颜色受金属离子和有机配体结构双重支配,它本身并无离子传导性,要完成电色过程,应配以离子传导的基质,例如聚合物固体电解质,使螯合物成为显色活性中心,电解质作为电色反应的离子传导基质。

三、导电聚合物电致显色材料

许多共轭聚合物被小分子掺杂后呈现很高的导电性,掺杂剂种类和浓度除决定导电性外,还支配其颜色变化。根据在一定条件下颜色变化的层次,把电致显色聚合物分为两类。

1. 单一颜色变化的聚合物

五元杂环如呋喃、噻吩、吡咯等化合物及其衍生物,可用电化学方法得到其相应的聚合物。这些聚合物一般固定在两种颜色之间发生转化,即具有单一颜色变化的特征。表 10.7 列出几种电致显色聚合物,以聚 3 – 甲基噻吩的性能最好,响应时间较短、循环稳定性较高(10^5 次循环后性能基本不变)。

图 10.13 是聚 3 – 甲基噻吩在乙腈 – $LiClO_4$ 溶液中,方波电压下的电流 – 时间曲线。从图可得到频率响应特性,频率响应的好坏以转换时间来衡量。较慢的还原步骤的电流半峰高对应的时间即是转换时间,其值为 12 ms(见图的下半部)。一般来说,电极基体越平整,聚合物薄膜的单一性越好,频率响应转换时间越短。

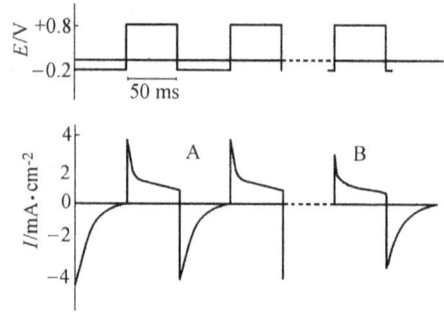

图 10.13 在乙腈 – $LiClO_4$ 溶液中聚 3 – 甲基噻吩在方波电位下的电流 – 时间曲线
A:首次循环后; B:10^5 次循环后

2. 多重颜色变化的聚合物

在中性或碱性条件下制得的黑色聚苯胺薄膜在可见光谱中不显示电致变色,只有在酸性条件制得的薄膜才显示可逆的多重颜色的电致显色。在含有苯胺的盐酸溶液中,用 Pt 或 Nesa 玻璃做研究电极,在 1 V(vs Ag/AgCl)下电聚合得到苯胺薄膜。从聚苯胺薄膜的颜色变化与循环伏安曲线的关系,可知在 $-0.7\sim0.6$ V 连续电位扫描时,颜色从黄、黄绿、暗绿、蓝绿、蓝、紫变到棕色经历了多重变化,而且变化是可逆的。

聚苯胺的电致显色性能比较好,响应时间约为 20 ms,稳定性达到 10^6 次循环。聚苯胺的颜色在黄、绿、蓝之间,符合迷彩伪装的要求,可望在军用伪装上得以应用。

因为导电聚合物本身具有很高的电子导电性,所以可以方便地用电化学聚合方法把导电聚合物沉积到透明电极上形成超薄电致显色电极。若用不同单体进行电化学聚合,则可以设计出多色彩的电致显色聚合物。最近日本科学家在悬浮 TiO_2 的苯胺溶胶中电聚合制备 PAn/TiO_2 复合膜,这种膜在光照射下,聚苯胺被光子还原呈蓝色,而在正偏压时聚苯胺被氧化消色,它是一种光电致显色材料。由此可见,电聚合"有机/无机"复合电致色涂层是改进导电聚合物电致色性能的另一新途径。

表 10.7 几种聚合物的电致变色特性

单 体	阴离子	吸收光谱特征		频率响应转换时间 /ms
		氧化态 λ_{max}/nm	还原态 λ_{max}/nm	
吡咯	ClO_4^-	660	420	20
	$CF_3SO_3^-$	蓝紫	红	40
噻吩	BF_4^-	730	470	50
	ClO_4^-	深蓝	红	40
	$CF_3SO_3^-$			35
3-甲基噻吩	BF_4^-	750	480	12
	ClO_4^-	深蓝	红	12
	$CF_3SO_3^-$			12
	$C_6H_2(NO_2)_3O^-$			15
3,4-二甲基噻吩	ClO_4^-	750	620	60
	$CF_3SO_3^-$	深蓝	淡蓝	20
间 2.2′-二噻吩	$CF_3SO_3^-$	680	460	40
		蓝灰	桔红	

第八节 有机电合成的某些专题

一、CO_2 的电化学还原

随着现代工业的迅速发展和世界人口的剧增,化石原料终将被耗尽,CO_2 可能是未来碳源中一个合适的候选者。CO_2 在自然界储量极大,利用它进行有机合成,不仅可实现 CO_2 再资源化,而且对于保护环境和节省资源具有重要意义。这是属于 C_1 化学的新研究课题。CO_2 可以用电化学方法使之还原为有机产物,如 HCOOH、(COOH)$_2$、

HOCH$_2$COOH，典型的例子是还原为草酸。

以 Zn 为阳极，不锈钢为阴极，用饱和 CO$_2$ 的 0.1 mol·L^{-1}(C$_2$H$_5$)$_4$NClO$_4$ 的乙腈为电解液，电解得到草酸，电流效率高达 87%，整个过程由三步封闭循环：

(1) CO$_2$ 电化学还原，生成草酸锌

$$\text{阴极反应} \quad 2CO_2 + 2e \longrightarrow C_2O_4^{2-} \tag{10.103}$$

$$\text{阳极反应} \quad Zn \longrightarrow Zn^{2+} + 2e \tag{10.104}$$

$$\text{总反应} \quad Zn + 2CO_2 \longrightarrow ZnC_2O_4 \tag{10.105}$$

(2) ZnC$_2$O$_4$ 转化为 H$_2$C$_2$O$_4$

$$ZnC_2O_4 + H_2SO_4 \longrightarrow ZnSO_4 + H_2C_2O_4 \tag{10.106}$$

(3) ZnSO$_4$ 电解得到 Zn 和 H$_2$SO$_4$，再进入循环

$$ZnSO_4 + H_2O \longrightarrow Zn + H_2SO_4 + \frac{1}{2}O_2 \text{(电解反应)} \tag{10.107}$$

三步的总反应为

$$2CO_2 + H_2O \longrightarrow H_2C_2O_4 + \frac{1}{2}O_2 \tag{10.108}$$

CO$_2$ 还可通过另一途径回收利用，因为燃烧化石燃料和制造普通水泥过程中，形成氮的氧化物或离子，并放出 CO$_2$，因此同时除去氮的氧化物和 CO$_2$，有利于环境保护。在气体扩散电极上用金属催化剂，可以同时还原 CO$_2$ 和 NO$_2^-$（或 NO$_3^-$）。在 0.2 mol·L^{-1} KHCO$_3$ + KNO$_2$（或 KNO$_3$）电解液中电还原的结果表明，周期表第 11～14 列金属（除 Au 外）催化剂对 CO$_2$ 与 NO$_2^-$ 共同还原为尿素具有催化作用，但 6～10 列中只有 Pd 有催化作用；CO$_2$ 与 NO$_3^-$ 同时还原的电流效率高于 CO$_2$ 与 NO$_2^-$ 同时还原的电流效率。反应机理如下所示，并从电流效率的测定结果得到证实。

CO$_2$ 还原：
$$CO_2(g) \longrightarrow CO_2(ad) \tag{10.109}$$

$$CO_2(ad) + e \longrightarrow \cdot CO_2^- \tag{10.110}$$

$$\cdot CO_2^- + 2H^+ + e \longrightarrow CO(\text{前身}) + H_2O \tag{10.111}$$

$$CO \longrightarrow CO(g) \tag{10.112}$$

NO$_2^-$ 还原：
$$NO_2^- + 6H^+ + 5e \longrightarrow NH_2(\text{前身}) + 2H_2O \tag{10.113}$$

$$NH_2 + H^+ + e \longrightarrow NH_3 \tag{10.114}$$

$$CO(\text{前身}) + 2NH_2(\text{前身}) \longrightarrow (NH_2)_2CO \tag{10.115}$$

二、SPE 法有机电合成

SPE（固体聚合物电解质）方法是 20 世纪 80 年代初引入有机电化学中的一种新的电解方法，首次将电解水工业中的 SPE 复合电极引入有机电合成，并成功地用于对苯醌和马来酸的电还原。该法是利用金属-SPE 复合电极的多孔金属层作为电子导体和电催化剂，SPE 膜一方面起隔膜作用，将含有反应物的有机相与对电极室的水相溶液（或另一有机相）分开，同时作为传递带电离子作用。电解反应在 SPE、金属催化剂和有机溶液三相界面上进行。

SPE 电解法与通常电合成法相比有以下优点：① 反应体系中不需要支持电解质，不

会引起由此带来的副反应,简化产物的分离与提纯,减少污染;② 扩大了溶剂的选择范围。可以直接对纯反应物进行电解,消除溶解度的局限;③ 电解池欧姆电压降低,节约能量。

用 SPE 法烯式双键加氢还原的研究结果,如表 10.8 所示。

表 10.8　SPE 法烯式双键加氢还原的结果

反应物	产物	溶剂	浓度 /$mol·L^{-1}$	电流 /A	电流效率 /%	产物收率 /%
顺丁烯二酸二乙酯	1,4-丁二酸二乙酯	乙醇	0.08	6.0	30	100
顺丁烯二酸二乙酯	1,4-丁二酸二乙酯	—	纯的	50.0	10	—
苯乙烯	乙苯	乙醇	0.04	3.0	35	75
环辛烯	环辛烷	正己烷	0.06	2.0	44	100
环辛烯	环辛烷	正己烷	0.06	10.0	19	100
丁烯酸乙酯	丁酸乙酯	乙醇	0.04	3.0	29	70
甲基丙烯酸丁酯	甲基丙酸丁酯	乙醇	0.04	3.0	35	85

在上述研究中,反应体系均未加入支持电解质,电解可在完全非极性溶剂(如正己烷)中进行,也可以在没有溶剂的化合物中进行。采用低浓度反应物仅仅是为了避免双键化合物发生聚合反应。由表可见,虽然电流效率较低,但产率却很高,表明析氢是主要的副反应。

三、消耗阳极法进行有机电合成

近年来,采用无隔膜电解槽,用消耗阳极法对烯烃、酮、醛、亚胺、有机卤化物进行羧化,选用在有机溶剂中阳极极化时能够溶解的金属阳极,例如镁阳极、铝阳极。用有机卤代物和 CO_2 为原料,以金属镁为消耗阳极,在非质子溶剂中进行电合成,得到一系列羧酸、酮、醛、醇等产物。反应通式为

$$Mg \longrightarrow Mg^{2+} + 2e \tag{10.116}$$

$$RX + CO_2 + 2e \longrightarrow RCOO^- + X^- \tag{10.117}$$

1. 制备苯乙酸

$$\text{C}_6\text{H}_5\text{—CH}_2\text{Cl} + CO_2 \xrightarrow{e/DMF/Mg\text{ 阳极}} \text{C}_6\text{H}_5\text{—CH}_2\text{COOH} \tag{10.118}$$

在 30 mL DMF 中加入 2 mL 苄氯、0.55g Bu_4NI,以圆筒型不锈钢网为阴极,Mg 棒为阳极,将 CO_2 通进电解池,电解温度为 278 K,可得苯乙酸,收率达 80%~90%。

2. 邻三氟甲基苯甲酸的合成

$$\text{o-Cl-C}_6\text{H}_4\text{-CF}_3 + CO_2 \xrightarrow{e/DMF/Mg\text{ 阳极}} \text{o-HOOC-C}_6\text{H}_4\text{-CF}_3 \quad \text{收率}80\% \tag{10.119}$$

3. 三氟甲基苯乙醇的合成

$$CF_3Br + ArCHO \xrightarrow{e/DMF/Zn} ArCHOHCF_3 \quad \text{收率}95\% \tag{10.120}$$

消耗阳极法的优点在于电解池结构简单,操作方便,产率高。但是要消耗较贵的金属,然而对附加值高的精细化工产品,仍然是一种值得推崇的新方法。

四、有机声电合成

在声和电共同作用下发展起来的声电化学综合了两种方法的优点,为电合成提供了新技术。利用声波的空化效应,使介质的微区在极短的时间内出现高温高压、强冲击波和微射流,空腔内充电放电、发光等,进而引起热离解、分子离子化、产生自由基,导致一系列化学变化。声对化学反应作用的特点主要是加速反应进行,减少反应步骤,不需其他添加剂就可引发反应。下面举例来说明。

1. 合成有机硒化物或碲化物

在一超声槽内的 H 型电解槽中,装有粉末硒、碳涂布的阴极和铂网阳极,在声作用下可产生 Se^{2-},这些离子可从卤代烷中通过亲核反应合成硒化物或碲化物,反应式为

$$2Se^- \xrightarrow{+2e} Se_2^{2-} \xrightarrow{+2e} 2Se^{2-} \tag{10.121}$$

$$PhCH_2Cl + Se_2^{2-} \longrightarrow PhCH_2SeSeCH_2Ph \tag{10.122}$$

$$PhCH_2Cl + Se^{2-} \longrightarrow PhCH_2SeCH_2Ph \tag{10.123}$$

2. 在声作用下的 Kolbe 反应

Kolbe(羧酸盐电解脱羧)反应为

$$RCOO^- \xrightarrow{-e} RCOO \cdot \xrightarrow{CO_2} \frac{1}{2}R-R$$

产物为二聚烷烃,但在反应式中的物种也可能发生歧化反应,得到相同比例的烷烃和烯烃,或从溶剂分子中吸收一个氢原子生成一个烷烃。二聚反应成功的关键在于自由基要接近阴极表面。利用超声波能使反应机理发生变化。例如在甲醇溶液中,以铂为阴、阳极恒电流电解环己烷羧酸盐时,其反应产物的比例受超声波的影响(见表 10.9)。在超声波作用下,铂电极一直保持光亮无明显污染,而且槽电压下降。利用相同方法进行电解苯乙酸或 4-氯苯乙酸,也得到相似的结果。

表 10.9 电解环己烷羧酸盐时反应产物的相对比例

产　物	无超声波	有超声波
环己基环己烷	49.0	7.7
环己烷	1.5	2.6
环己烯	4.5	32.4
环己酸甲酯	17.0	2.5
甲氧基环己烷	2.1	34.3

第九节　含有机化合物的分子电子器件

分子纳米材料是指纳米尺寸分子及其组合的功能新颖的物质,也可以概括为至少一维纳米尺度的分子和分子聚集体,包括纳米簇合物、低维分子固体、金属有机分子筛等。

它们有传统无机材料及新型有机固体材料无法替代的结构和功能优点。纳米簇合物组成单一、准确,又可以利用已有的分子化学知识修饰、裁减。纳米簇合物作为单分子磁体,还可以超越磁性纳米颗粒和纳米棒的受超顺磁性所限制的磁材料尺寸,最终实现磁电子材料的"量子飞越"。在这里主要介绍含有机化合物的分子电子器件。

早在1974年就有学者发表"分子整流器"的文章,但直到20世纪90年代中期才观察到在单分子或分子组合的大量微电子功能,包括存储、整流、转换、化学检测和负微分电阻(NDR)。研究分子电子学的目的,在于制造在 1～2 nm 尺度上的分子电子器件(导线、电阻、电容、整流器、放大器等),使之成功地用于集成电路,以发展更小、更快的器件。原则上,一个分子电路的元件可以小至单分子,约小于现有硅制件(～1300Å)2～3个数量级,而单分子装置的理论信息密度较之高 10^4 到 10^6 倍。分子的电子更复杂,在连接和构象上具有极多的能隙和振动。因此,一个分子就可能具备广泛的应用,超过现今使用的半导体,例如分子具有化学敏感性和生物敏感性,可以更持久和用较少元件来实现记忆。

一、碳基分子连接器及其应用实例——分子整流器

分子连接器是电子传递(ET)与微电子结构相结合的"二终端器件"。给体-受体分子的 ET 如图 10.14 所示。若用一个导体代替给体或受体,就是修饰电极;如果给体与受体都是导体(通常是金属),则是分子连接器(见图 10.14)。由单分子或平行的定向的分子集合体制造连接器,它们可显示整流、负微分电阻、转换开关和双稳态存储行为。

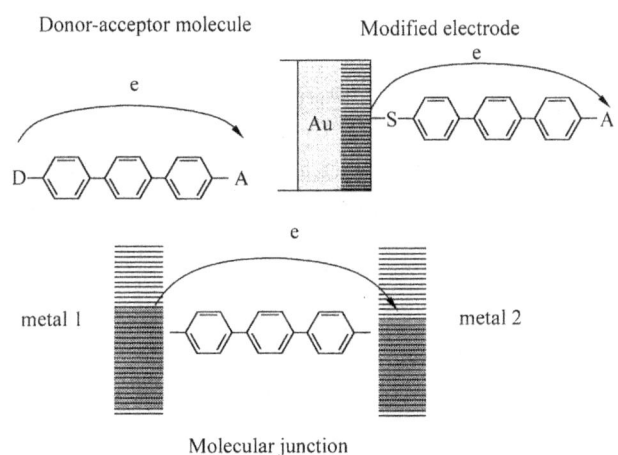

图 10.14　在给体-桥-受体、修饰电极和分子连接器中的电子传递

现有 Au/硫醇自组装单层(SAM)、LB 单层膜、碳纳米管等几种分子连接设置。碳纳米管并非严格的"分子",但它能并入分子连接器中,对连接行为有强烈的结构影响。下面简介用 LB 单层膜制作的分子整流器。

第一个被确定的单分子整流器是三氰基喹诺二甲化十六烷基喹啉鎓 hexadecylquinolinium tricyanoquinodimethanide, $C_{16}H_{33}Q-3CNQ$ (**1**),它在基态时是两性离子($D^+-\pi-A^-$),见图 10.15 上面的图。把由 **1** 构成的 LB 单层膜放在两个金属(M)电极之间(像三文治那样),测量其整流作用。图 10.15 下面的图就是 **1** 在 Au 垫与 Au 层之间的"三文治"。

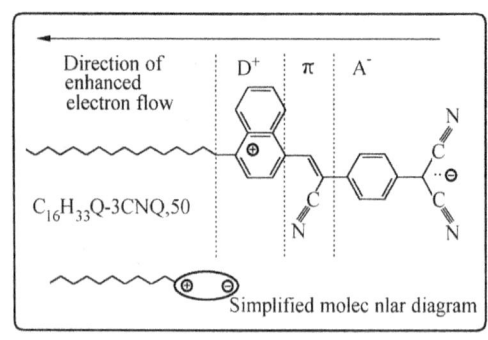

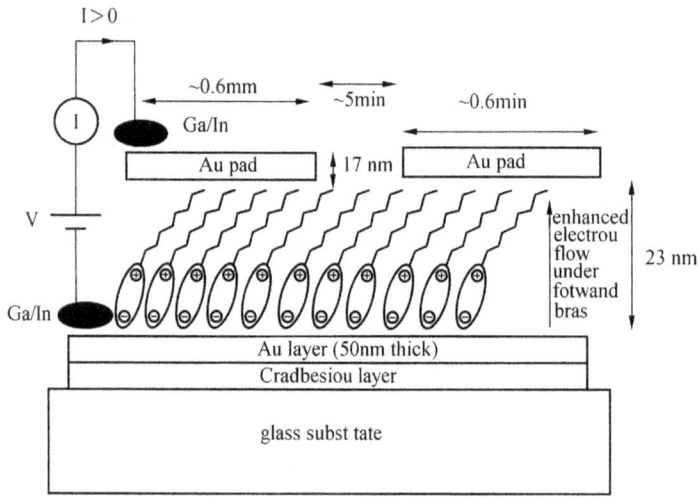

图 10.15 $C_{16}H_{33}Q$ - 3CNQ(**1**)的分子结构及在两个 Au 电极之间的 **1** 的三文治. 箭头表示在正偏压下增加的电子流动方向

整流比 RR 定义为:在某一正偏压(V)的电流 $I(V)$ 除以对应负偏压($-V$)的电流 $I(-V)$ 的绝对值,即 $RR(V) = I(V)/|I(-V)|$。Au 电极的最佳 $RR = 27.53$,最高电流为 9.04×10^4 电子·分子$^{-1}$·s^{-1}。

$C_{16}H_{33}Q$ - 3CNQ 的整流机理为:第 1 步是电场使基态到激发态,第 2 步是越过两个分子|金属界面的电子传递。

$$M_1 + D^+ - \pi - A^- + M_2 = M_1 + D^0 - \pi - A^0 + M_2,$$
$$M_1 + D^0 - \pi - A^0 + M_2 = M_1^- + D^+ - \pi - A^- + M_2^+$$

最近被研究的单分子整流器,还有碘化 2,6 -二[二丁基胺基苯基乙烯基]-1 -丁基吡啶鎓,$(Bu_2N\varphi V)_2 BuPy^+ I^-$(**2**)、二甲基苯胺基-氮杂[$C_{60}$]富勒烯,DMAn - NC$_{60}$(**3**)、三氰基喹诺二甲化硫代乙酰-十一烷基喹啉鎓(**4**)。**2** 的初始 RR 可达 60。Au|**3** 的 LB 单层膜|Au 电池竟然可通过 1A 的电流,大到 5×10^{11} 电子·分子$^{-1}$·s^{-1},令人难以置信。

二、使用多官能有机连接器的纳米分子磁铁

使用多官能有机连接器,可获得小孔尺寸范围大和功能性多的金属－有机开放框架结构,有望生产能预测结构和性质的纳米分子材料。由过渡金属离子参与构成的开放框架,可能设计具有其它物理性质的钠米功能材料。有机自由基配体的开壳特性,使之能与过渡金属离子有磁力地相互作用,从而增加纳米孔材料的磁性作用。因此,金属-自由基开放框架(MOROF)的结构有较大的磁耦合及尺寸。选用多氯化三苯基甲基(PTM)自由基,因其中心碳原子的自旋密度大部分被六个体积大的氯原子所屏闭,这种包装使自由基的寿命、热稳定性和化学稳定性显著增加。在苯环的对位上用三个羧基(TC)使PTM功能化,从而形成PTMTC自由基。PTMTC自由基的共轭部分可当作BTC^{3-}配体的演变形式。BTC是1,3,5-苯三甲酸,它具有0.1 nm的孔及协同反铁磁性行为。因此PTMTC^{3-}也具有开放框架结构,而且它的孔更大。

基于使用稳定的由三个羧基功能化的有机自由基(PTMTC),制取了被称为MOROF-1的$Cu_3(PTMTC)_2(py)_6(CH_3CH_2OH)_2(H_2O)$。将含有0.053 g $Cu_2(ClO_4)_2 \cdot 6H_2O$ 与0.075 g PTMTC自由基溶于乙醇(15 ml)和水(5 ml)中,然后把含有3 ml 嘧啶的乙醇(20 ml)溶液分层地置于其上,经过14天的缓慢扩散,得到MOROF-1的红色针状结晶。

MOROF-1是一个配合物,完全不溶于水和多数的普通有机溶剂。单晶结构分析表明,MOROF-1的电中性聚合物骨架结合两个Cu^{2+}单元,带有由两个单齿羧基和两个嘧啶配体形成的正方菱形配位多面体(图10.16 a)。在金属中心的其余配位点被溶剂分子水或乙醇所占据。由于每个Cu^{2+}离子与两个相邻的PTMTC^{3-}离子配位,而每个PTMTC^{3-}结合两个Cu^{2+}单元,所以这个网络的化学计量数为Cu^{2+}:PTMTC^{3-}=3:2,这就产生沿着$a-b$平面的,具有蜂巢结构的二维层。不同的层靠弱$\pi \cdots \pi$键和范德华力,形成一个开放构架。沿着MOROF-1单斜晶胞的[001]方向,呈现六角形的纳米孔,对顶点的距离为2.8~3.1 nm(图10.16 b)。对于金属-有机开放构架,这是迄今报道的若干最大的纳米孔之一。

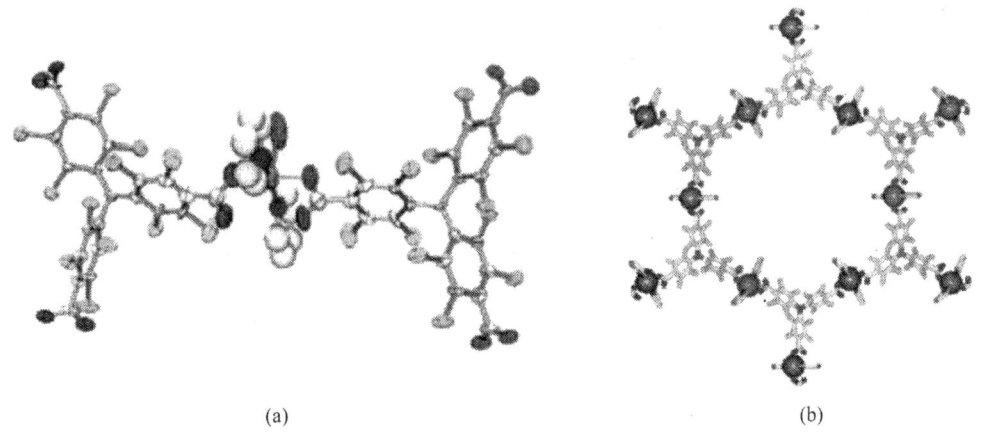

(a)   (b)

图10.16 (a) MOROF-1,即$Cu_3(PTMTC)_2(py)_6(CH_3CH_2OH)_2(H_2O)$的结构
(b) MOROF-1具有蜂巢结构的二维层,呈现六角形的纳米孔

低温测定的磁性数据表明,MOROF-1显示长程磁序。在室温下空气中,把少数MOROF-1单晶从溶液中移出来。几秒后,在显微镜下看到晶体的体积迅速收缩;一分钟后就不再收缩,总体积减少25%~35%。已收缩的MOROF-1样品放在液体乙醇中,

可以恢复到原来体积的 90%。样品的体积减少到 30%，磁性相互作用也不发生变化。由此可知，MOROF-1 显出可逆的和高选择性的溶剂诱导'收缩-放松'过程。有了这种类似海绵的磁性行为，新颖的磁性溶剂传感器也就可能实现。

三、人造 DNA 中自组装金属阵列

DNA（脱氧核糖核酸）主要由含腺嘌呤（A）、乌嘌呤（G）、胞嘧啶（C）和胸腺嘧啶（T）等碱基的核苷酸构成。DNA 末端（5'-端和 3'-端）可以开放形成线性结构，也可以闭合成环。线性 DNA 可以表示为 5'-GTTCA…TGAA-3'，即用碱基表示。DNA 的两条多聚脱氧核糖核苷酸链通过碱基之间的氢键相互作用，对合成双螺旋结构。

DNA 可用于"底向上"制造无机和生物有机分子装置。在天然 DNA 中，用金属媒介的碱基对合代替氢键的碱基对合，金属离子便沿着螺旋轴排成一行。把这些引入金属碱基对引进 DNA 中，赋予 DNA 各种各样的金属-碱基功能。一维金属阵列在溶液中是少有的，多数在固态中被发现。最近，日本学者用方便的方法组装了结合 DNA 的金属阵列。

合成一系列人造寡核苷酸，$d(5'-GH_nC-3')(n=1-5)$，它们带有羟基吡啶酮核碱基（H），作为平面的二齿配体。通过 Cu^{2+}-媒介的碱基对合，$(H-Cu^{2+}-H)$，定量形成寡核苷酸右旋的双螺旋，$nCu^{2+} \cdot d(5'-GH_nC-3')(n=1-5)$（图 10.17）。在 $(H-Cu^{2+}-H)$ 中，插进每个配合物的 Cu^{2+} 在双螺旋中轴沿着螺旋轴排列成行，$Cu^{2+}-Cu^{2+}$ 的距离为 3.7 ± 0.1 Å，此距离几乎等同于天然碱基对之间的距离。在双螺旋中 Cu^{2+} 离子通过未配对的 d 电子彼此铁磁性地耦合，形成磁性链。由此可见，上述方法有可能制备金属-碱基分子装置，例如分子磁铁和导线。

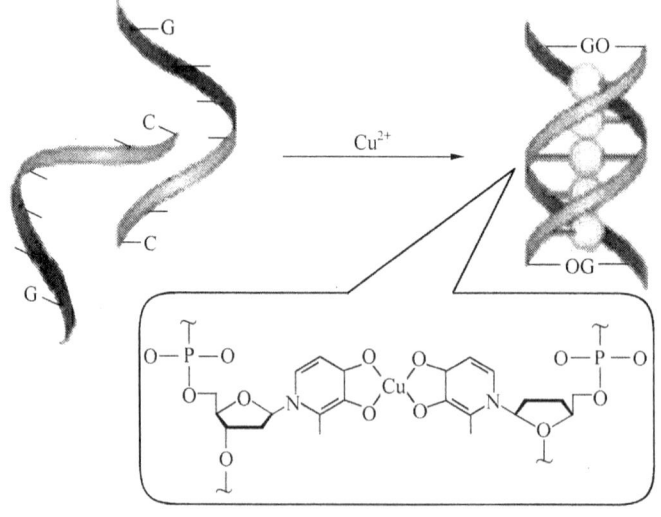

图 10.17　Cu^{2+} 媒介的 DNA 双螺旋的形成

第十一章 环境保护与电化学

第一节 电化学方法在环境保护中的应用

随着人口增长和技术进步,自然资源和自然环境受到日益严重的破坏,环境保护已成为举世瞩目的问题。防止水质污染,保护水资源更是迫在眉睫。生产废水和生活污水含有不少毒物和致癌物,如砒霜、苯、含铬化合物、重金属、煤焦油、冶炼过程的废物。流入江河湖泊的大量污水形成恶劣的自然环境,严重危害水产资源和人类健康。大气的污染物很多,仅煤碳燃烧就可能放出几百种有害物质,其中对人类及植物影响较大的大气污染物有硫化物、氟化物、氮氧化物、一氧化碳、氧化剂、醛类和各种金属的气体。近年来,大气污染已由局部的、短时间的发展成为全球规模,被污染了的大气已经变成经常的环境条件。因此,人们采取了物理的、化学的、生物的方法来处理污水和废气,其中电化学方法因其突出的优点而得到迅速发展。

电化学方法在处理废物方面有许多特点。① 多功能:利用直接或间接氧化和还原、相分离、浓缩或稀释、生物功能等方法处理气体、液体和固体的废物,处理量可从几微升到数百万升。② 消耗能量较低:与其他非电化学过程(例如热分解)相比,电化学过程一般都温度较低。通过控制电位、设计电极和电池,减少由于电流分布差、电压降及副反应引起的能量损失。③ 便于自动控制:电化学过程中的电参数(I 和 E)尤其适用于数据采集、过程自动化和控制。④ 有利于环保:处理废物主要通过得失电子的反应,通常不必加入其他试剂。许多过程还有高的选择性,可防止不希望的副反应发生。⑤ 成本不高:若设计适宜,则设备和操作条件都比较简单。

然而,电化学方法也存在一些缺点:① 如果电极选择性不高,容易发生副反应,使电流效率降低。② 电极容易形成吸附层和氧化膜,污损电极并使电压升高。

从电化学净化的角度来看,可把污水中的有害组分分为容易电解氧化或还原的杂质和需通过电解并配合其他方法综合处理的杂质两大类。

1. 可电解氧化或还原的有害组分

(1) 氰、砷及部分农药等急性毒物:含氰化物废水主要是由电镀厂、钢铁厂、制药厂、纺织厂、生产丙烯腈的工厂、以及照相材料等工业排放的。在冶金、化工、制药、制革、纺织、木材加工、玻璃、油漆和陶瓷等工业的生产废水中都含有砷。

(2) 有毒重金属:例如含 Cr,Ni,Cd,Hg,Pb 的酸性矿山废水。

(3) 耗氧污染物:指那些被细菌分解时要消耗水中溶解氧的物质。无机耗氧物主要指亚硫酸盐、硫化物、亚铁盐和氨等;有机耗氧物主要是可以生物降解的有机物质。耗氧污染物来自生活污水和造纸厂、印染厂、食品及酿酒厂的工业废水。常用化学需氧量(COD)来表示有机污染物的含量。含有较高浓度有机物和无机物的废水的生化需氧量(BOD)很高,BOD 是测定某一数量有机废水对水体潜在污染能力的一个常用参数。

(4) 致病微生物：污水，特别是医院污水中含有病原体，即病菌、病毒和寄生虫卵等病原微生物。

2.需综合治理的有害成分

(1) 富营养物：合成洗涤剂、化肥、饲料、生活污水流入湖泊，其中部分有机物分解而释放出氮、磷等营养物，有利于水中藻类等水生物畸形繁殖，恶化水质。

(2) 油类污染物：来源于石油、机械加工、涂料、煤气及油脂加工等工业废水，这类物质浮于水面使水中溶氧量下降，利于厌气菌繁殖，使水发臭。

(3) 放射性污染物：主要来源于开采和加工放射性矿石、核发电站、医院等排放的废水。放射性物质使被辐射的动植物发生化学及物理变化，引发生物效应和生理效应。

对上述三种污染物以及常可见到的沉淀物、热污染物等，需结合混凝、沉淀、酸碱中和等化学方法和澄清、砂滤、吸附等物理方法，综合治理。

电化学方法处理废水有电解氧化还原、电凝聚、电浮离和电渗析等方法，电解氧化还原的某些实例见表 11.1 和表 11.2。

表 11.1　直接电解法处理污物的某些实例

污　物	所得产物	备　注
氰化物	NH_4^+, CO_3^{2-} 或 CO_2, N_2	阳极氧化，产物与 pH 有关
	氰酸盐	阳极氧化，产物毒性小，电流效率高达 100%
染料	无色物质	阳极氧化，并使用活性碳，去色率~99.9%
苯胺染料	无色物质	阳极氧化，转换效率高达 97.5%，电流效率 15%~40%
Cr(III)	Cr(VI)	阳极氧化产物虽然更毒，但可在闭合回路中进行
Cu(II)	Cu	阴极还原，用多孔电极时电流密度为板状电极的 100~251 倍，用流动床电极时 Cu(II) 可从 350 ppm 降到 20 ppm
Hg(II)	Hg	阴极还原，用石墨毡电极，电流效率达 92%
Pb(II)	Pb	阴极还原，用镀锌钢筛电极，可降到~2.5 ppm

表 11.2　间接电解法处理污物的某些实例

可逆电对	污　物	备　注
Fe(II)/Fe(III)	含碳废水	反应器操作在 120~150℃
	Cr(VI)	间接还原为 Cr(III)，而 Cr(VI) 的直接还原很缓慢
Mn(II)/Mn(III)	Cr(VI)	操作条件比 Fe(II)/Fe(III) 温和
Ag(I)/Ag(II)	有机物	据称有机碳转换为 CO_2 的效率高于 98%
Cl^-/ClO^-	氰化物	用双极喷淋塔反应器，速度比直接氧化快

如何把大气中的废气或有毒气体转变为有用的物质，这是一个很重要的环保研究课题。

大气中 CO_2 含量的增加是做成温室效应的主要原因之一。近年来人们致力于电化学还原 CO_2，使之变为有用物质的研究，这样既可保护生态环境，也能回收碳的资源。在水溶液中还原 CO_2 遇到氢离子还原的问题，因此要选用氢过电位高的电极材料，如铅、锡、铟。在水溶液还原得到的产物主要是甲酸或甲酸根离子,也可能生成甲醇。除了采用金属电极外,还有 TiO_2/RuO_2 和其他氧化物电极。在水溶液使用的催化剂电极,例如把 $Co[(terpy)_2]^{2+}$ (terpy=2,2′:6′,2″-三吡啶)固定在 Nafion 膜上(在玻璃化碳基体上)。另一条途径是在有机溶剂(例如 CH_3CN, DMSO)中进行电还原,主要产品是草酸,具体还原方法见第十章。第三条途径是把 CO_2 固定在有机化合物中,例如在 CO_2 存在的条件下电解 1,4-苯醌,得到 2,5-二氢苯甲酸。此外,也有对 CO_2 还原进行光电化学和光催化的研究。

SO_x 和 NO_x 气体在电化学处理之前,通常转移到水溶液中被吸收或进行反应,转移有两种模式。其一是把气体直接吸收到电解池中进行处理,这称为内电解池;其二是气体首先吸收在贮存器中,然后再转移到电解池中,这叫做外电解池。电解处理后往往可以得到有用的产品,例如 SO_2 电还原可得到连二亚硫酸盐,这是在造纸工业和纺织工业所需要的重要化学物品。

进行环境保护,必须监测三废中有害成分的含量。测定有害成分的方法,除常规的化学分析方法外,还采用不少物理化学方法,如色谱法、分光光度法、荧光测定法、原子吸收光谱、质谱、极谱、离子选择电极以及其他许多方法。电化学方法检测污染物可大致分为:① 电位法;② 安培/库仑法;③ 伏安法;④ 电导法。本章主要介绍电位法和伏安法。表11.3 列出部分单项水质污染指标的电化学检测。

表11.3 单项水质污染指标的电化学检测示例

污染物	饮水允许限量/$mg \cdot L^{-1}$	污水来源	电化学检测方法
CN^-	0.01,>0.02 禁用	电镀废水、矿质水	银离子电极电位滴定,库仑滴定
F^-	0.7-1.2,>1.4 禁用	氟矿冶炼气水溶物	氟电极
Cl^-	≤250	盐酸酸洗液	氯离子电极
Br^-	<1.9	胶片乳剂	Ag_2Br+Ag_2S 电极
S^{2-}	<200	造纸工业废水	Ag_2S 电极
SO_4^{2-}	<250	石膏矿废水	铅离子电极
As^{5+} 或 As^{3+}	0.01	杀虫剂的残液	恒电流库仑滴定法
Cd^{2+}	<0.1	化工、炼锌废水	$CdTe-Ag_2S$ 陶瓷膜电极
Hg^{2+}	<0.05	水银槽下水	AgI 电极
Pb^{2+}	<1	冶炼厂下水	$PtTe-Ag_2S$ 电极

第二节 电解法处理污染物

一、电解氧化和电解还原除污染物

电化学方法处理污染物的方法包括:① 不溶性阳极电氧化法,通过阳极反应,氧化分解氰、酚、染料等杂质,或者通过阳极反应生成的中间体间接分解有毒物质或杀灭细菌。

除表11.2所示的氧化还原电对外,还有电化学产生的短寿命中间体,如OH^-,HO_2^-,可用来氧化酚、甲醛、CN^-等。② 阴极还原法,主要作用是重金属离子在阴极还原析出。③ 铁阳极电还原法,通过铁阳极溶解生成亚铁离子还原剂,二次反应生成氢氧化铁凝聚剂除杂质。适用于水中有氧化剂和有胶体物质的废水,如含铬、含蛋白质、含染料的废水。④ 铝阳极电凝聚法,利用铝阳极溶解生成的氢氧化铝凝聚剂,凝聚水中的胶体物质。⑤ 电浮离法,靠阳极产生氧气和阴极产生氢气,浮上分离废水中的杂质。⑥ 隔膜电解法,电解回收和净化浓废液,处理对象主要是离子和低分子范围的水中杂质。⑦ 电渗析法,利用离子交换膜的选择透过特性,分离浓缩和净化水中离子和低分子范围的杂质。下面介绍几个实例。

1. 电解氧化除氰

含氰化物的废水处理,通常在碱性溶液中加入次氯酸钠或通进氯气,使氰化物氧化成氮气。用药品处理浓度较高的氰化物溶液,从经济费用和安全两方面来考虑都是不可取的。电解氧化法适用于处理高浓度的含氰溶液。电解氧化时,在阳极上的反应为

$$CN^- + 2OH^- \longrightarrow H_2O + CNO^- + 2e \quad (11.1)$$

CNO^- 在碱性溶液中可水解为 NH_4^+ 及 CO_3^{2-} 或进一步阳极氧化,生成 N_2,即

$$CNO^- + 2H_2O \longrightarrow NH_4^+ + CO_3^{2-} \quad (11.2)$$

或

$$2CNO^- + 4OH^- \longrightarrow 2CO_2 + N_2 + 2H_2O + 6e \quad (11.3)$$

在碱性溶液中,在阳极上也常发生析出氧的反应

$$4OH^- \longrightarrow 2H_2O + O_2 + 4e$$

电解槽用钢板制作,在钢板上铺了一层橡胶或合成树脂材料,以便绝缘。电极宜采用耐碱的材料,可用石墨或二氧化铅做阳极,用石墨或炭钢做阴极,两极相距 $3\sim10$ cm。阳极电流密度约为 $1\sim10$ A·dm^{-2},电压约维持在 $3\sim7$ V 进行电解氧化。当 CN^- 浓度降到 200 ppm 以下,再用 NaClO 氧化分解余下的 CN^-,这样处理会较为经济。

在 CN^- 进行氧化分解时加入少量食盐,能增加 CN^- 的氧化分解效果,因为生成了 NaClO。但现在多采用氧化效率高的材质做阳极,而不加食盐。例如对含氰达到 1000 ppm 的溶液,用二氧化铅阳极时氧化效率特别高。

2. 电解氧化除酚

酚能使人中毒,出现头晕、贫血等症状。水体中酚浓度高时会引起鱼类中毒死亡。因此我国工业废水排放规定挥发酚不得超过 0.5 mg·L^{-1},饮用水不得超过 0.002 mg·L^{-1}。

含酚废水中投加一定量的食盐,在敞开式阳极电解氧化槽中,发生以下反应

$$\text{阳极} \quad 2H^+ + 2e \longrightarrow H_2$$
$$\text{阴极} \quad 2Cl^- - 2e \longrightarrow Cl_2 \quad (11.4)$$
$$Cl_2 + H_2O \longrightarrow HClO + HCl$$

次氯酸钠在阳极放电而获得初生态氧

$$12ClO^- + 6H_2O - 12e \longrightarrow 4HClO_3 + 8HCl + 6[O] \quad (11.5)$$

初生态氧能氧化水中的酚

$$14[O] + C_6H_5OH \longrightarrow 6CO_2 + 3H_2O \quad (11.6)$$

此外在阳极还可能发生 OH^- 氧化为氧气,以破坏苯环而生成有机酸。

影响电解氧化酚的因素有阴离子、阴阳极间距、酚的浓度及温度等。在含酚废水中添加 NaCl,Na_2SO_4,NaOH 几种电解质时,加入 NaCl 氧化酚的速度最快,而加入 NaOH 的速度最慢。极距缩短电耗降低,但因电解槽结构和有气体析出,故极距不能太小。通常耗电量随酚的浓度降低而增加,随温度上升而减少。当废水含酚浓度为 $10 \sim 50$ mg·L^{-1} 采用石墨阳极和铁阴极,极距为 $10 \sim 20$ mm,加入 $2 \sim 4$ g·L^{-1} NaCl 时电流密度为 $0.2 \sim 0.3$ A·dm^{-2},耗电量为 $8 \sim 20$ Ah·(g 酚)$^{-1}$,每立方废水电能消耗为 $2 \sim 7$ kWh。

估计有机杂质电化学氧化的难易,可采用所谓电化学氧化度(EOI)。它表示电解过程的平均电流效率,其值越大表示有机物越易氧化。计算氧化有机物的部分电流(相对于电解水那部分),并把它转化为每克有机物相当于氧的克数,如下式定义了电化学需氧量(EOD)。

$$EOD = w_{O_2}/w_{org} = (It/4F)(EOI)(32)/w_{org} \qquad (11.7)$$

式中:I 是电解电流,t 是电解时间,w_{org} 是有机物的重量。

3. 电解氧化 Cr(III)为 Cr(VI)

重铬酸盐常用于药物、电子和航空工业作为可再生的氧化剂,废液中含 Cr(III),经阳极氧化处理后再生 $Cr_2O_7^{2-}$,反应为

$$2Cr^{3+} + 7H_2O \longrightarrow Cr_2O_7^{2-} + 14H^+ + 6e \qquad (11.8)$$

氧化三价铬可在流动电解槽中进行,用 Nafion 膜做隔膜,掺氧化铅的锑或不锈钢做阳极。如果含有氟化物等腐蚀性介质,可采用 PbO_2 修饰的陶瓷电极。Nafion 膜能够把废液中的阳离子杂质(如 Al^{3+}、Cu^{2+})分隔到阴极室,在那里被还原为有附加值的副产品。

4. 电解还原除铬

电解还原除铬通常采用可溶性阳极,常用铁板。通电时,铁阳极在电流作用下电化学溶解,失去电子变成 Fe^{2+} 进入废水,在酸性条件下 Fe^{2+} 把 Cr^{6+} 还原为 Cr^{3+},反应式为

$$Fe \longrightarrow Fe^{2+} + 2e \qquad (11.9)$$
$$Cr_2O_7^{2-} + 6Fe^{2+} + 14H^+ \longrightarrow 2Cr^{3+} + 6Fe^{3+} + 7H_2O \qquad (11.10)$$
$$CrO_4^{2-} + 3Fe^{2+} + 8H^+ \longrightarrow Cr^{3+} + 3Fe^{3+} + 4H_2O \qquad (11.11)$$

阴极也采用铁板,在阴极上除析出氢外,还有少部分 Cr^{6+} 得到电子,直接还原为 Cr^{3+},反应式为

$$2H^+ + 2e \longrightarrow H_2$$
$$Cr_2O_7^{2-} + 14H^+ + 6e \longrightarrow 2Cr^{3+} + 7H_2O \qquad (11.12)$$
$$CrO_4^{2-} + 8H^+ + 3e \longrightarrow Cr^{3+} + 4H_2O \qquad (11.13)$$

由于氢的析出,废水中的 OH^- 逐渐增多,使 pH 升高,当 pH>5 时,三价铬形成 $Cr(OH)_3$ 沉淀,三价铁成为 $Fe(OH)_3$ 沉淀。

$$Cr^{3+} + 3OH^- \longrightarrow Cr(OH)_3 \qquad (11.14)$$
$$Fe^{3+} + 3OH^- \longrightarrow Fe(OH)_3 \qquad (11.15)$$

电解还原除铬主要靠铁阳极溶出亚铁离子的还原作用,而 Cr^{6+} 在阴极上直接还原是很少的,因此必须使用可溶性铁阳极。为了提高溶液的导电性,防止阳极钝化,可往电解槽中加入食盐。

5. 电解法应用于工业废气的脱硫处理

此法是将浓盐水加入熟石灰中使成碱性溶液而进行电解,首先制成含有次氯酸钠的溶液,然后将其送到废气吸收塔的上部,用喷淋法吸收废气中的二氧化硫,反应生成硫酸和食盐

$$NaClO + SO_2 + H_2O \longrightarrow NaCl + H_2SO_4 \qquad (11.16)$$

最后将吸收液送入结晶装置中,与碱性溶液中的熟石灰作用,生成石膏而析出。

食盐电解时所产生的 NaClO,因具有杀菌能力,也被利用到处理家庭废水。这种方法在海岸附近配合海水电解之后的电解液,与家庭废水混合进入反应槽中处理最为理想。

二、电浮离和电凝聚

1. 电浮离

电浮离装置示意于图 11.1,阴阳极相距 0.5～2 cm,放置在电解槽底成水平排列,覆盖整个槽面积,废水从槽的上部缓慢流入槽中。电解产生的气泡吸附废水中之悬浮物或胶状物,使其上浮而被分离,下部则为清洁的水溶液,由下部流出。电解槽由塑料或钢造成,阴极是钢网,阳极是镀铂的钛网或钛上覆盖氧化铅。电解槽的反应是电解水生成氢气和氧气。气泡大小对分离效率有很大的影响,它和电流密度、废水性质和电极面积有关。通常氢气泡为 10～30 μm,氧气泡为 20～60 μm。

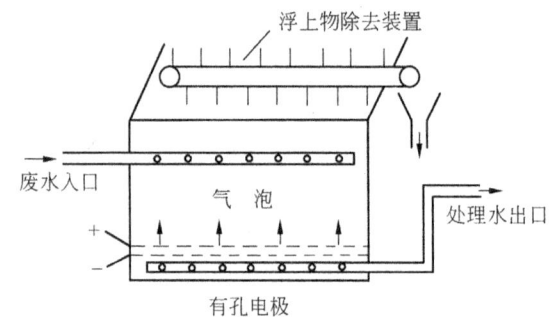

图 11.1 电浮离装置

在处理某些废水时遇到的主要困难是由于阴极表面 pH 升高,镁或其他金属的氢氧化物会沉淀在阴极表面上,使气泡增大,导致分离效率降低。电浮离采用的电流密度比较低,0.01～0.1 $A \cdot dm^{-2}$;虽然两极相距很近,但槽电压却达到 5～10 V,这是因为废水中含电解质量少。通常处理每立方米水,消耗的电能为 0.2～0.4 kWh。

电浮离法常用于石油工业、机械工业、食品工业和涂料工业等的废水处理。此法具有去除污染物范围广、泥渣量少、工艺简单、设备小等优点,主要缺点是电能消耗较大。研究表明,采用脉冲电流,可大大降低电耗。电浮离法多用于除去细分散悬浮固体和油状物。例如某轧钢厂废水中悬浮固体(主要是铁粉)含量为 150～300 $mg \cdot L^{-1}$,橄榄油的含量为 300～600 $mg \cdot L^{-1}$,废水流量为 75 $m^3 \cdot h^{-1}$。采用 25 m^3 的电解槽进行电浮离处理,电极材料为镀铂的钛,电流密度为 1 $A \cdot dm^{-2}$,槽电压为 8 V,总的能耗为每立方米水 0.275 kWh。处理后的水含固体量降至 30 $mg \cdot L^{-1}$ 以下,含油量降至 40 $mg \cdot L^{-1}$ 以下,从刮出的泡渣回收铁粉和油。

2. 电凝聚

电凝聚以铝、铁等金属为阳极,在直流电作用下,溶出 Al^{3+}、Fe^{2+} 等离子,经一系列水解、聚合及亚铁离子的氧化过程,逐渐生成各种羟基络合物、多核羟基络合物、氢氧化物,使水中的胶态杂质絮凝沉淀而被分离。水中带电的污染物颗粒则在电场中泳动,其部分电荷被电极中和,促使其脱稳聚沉。废水进行电凝聚处理时,用铝电极比铁电极好,因为

形成 $Fe(OH)_3$ 絮凝体要先经 $Fe(OH)_2$,故比较慢;而形成 $Al(OH)_3$ 则快得多。为了降低成本,可用废铝材或废铁板来做电极。

电凝聚法与投加絮凝剂的化学絮凝法相比,具有独特的优点:去除污染物范围广,反应迅速,适用 pH 范围宽,形成的沉渣密实,澄清效果好。电凝聚法已用于处理造纸、纺织印染、肉类加工、油漆涂料及建材加工废水。

对废水进行电解凝聚处理时,不仅对胶态杂质及悬浮杂质有凝聚沉淀的作用,而且由于阳极氧化作用和阴极还原作用,能除去水中多种污染物,如阳极氧化除去某些可溶性有机物,二价铁被阳极氧化为三价铁而沉淀出来。例如用此法处理造纸厂的制浆废水(COD 高达 $1500\sim2\,000$ ppm,色度也很高),采用铁板电极,槽电压为 $10\sim20$ V;电解 $10\sim15$ 分钟,COD 除去 $55\%\sim75\%$,色度去除 $90\%\sim95\%$。若与生物处理相结合,COD 可除去 $80\%\sim90\%$。又如处理污染河水以提供饮用水,可用铝板作电极,电流密度为 0.5 $A\cdot dm^{-2}$,槽电压为 13.6 V,每立方米水电能消耗为 0.3 kWh。

表 11.4 列出处理制革、毛皮、肉类加工、电镀厂等工厂排水采用的各项工艺参数,所用阳极为钢板,极距为 20 mm。表 11.5 列出处理效果。

表 11.4 电凝聚处理某些工厂废水的参数

	pH	电流密度/ $A\cdot dm^{-2}$	电能消耗/ $kWh\cdot m^{-3}$	电解电压/V	电极消耗/$g\cdot m^{-3}$
制革厂污水	8~10	0.5~1	1.5~3	3~5	250~700
毛皮厂污水	8~10	1~2	0.6~1.0	3~5	150~200
肉类加工厂污水	8~9	1.5~2.0	1~1.5	8~12	70~110
电镀厂污水	9~10.5	0.3~0.5	0.4~2.5	9~12	45~150

表 11.5 电凝聚法处理废水的某些质量指标

	制革厂		毛皮厂		电镀厂	
	原水	净化水	原水	净化水	原水	净化水
悬浮物/ mg	800~2500	100~200	300~1500	100~200	—	—
化学耗氧量	600~1500	350~800	700~2600	500~1500	—	—
透明度	0~2	10~15	1~5	8~10	—	—
硫化物	50~100	3~5				
表面活性剂	40~85	5~20	10~40	4~11		
Cr^{6+}	0.5~10	无	0.5~10	0.2~2.0		
Cr^{3+}	30~60	0.5~1.0	—	—	0.5	0.02~0.04
Cu^{2+}	—	—	—	—	5~18	0.2~1.9
Ni^{2+}	—	—	—	—	9~12	0.3~1.2

三、高性能电化学废水处理体系

各种废水中氮和磷的增加使天然水中的海藻急促生长,导致水被严重污染,这已成为全球性的问题。在民用废水和畜牧饲养废水中大部分的氮是以氨的形式出现的,通常用生物消化来处理。这种消化工艺与电化学处理相比,要求较大的处理体系和较长的处理时间,因而成本较高。电化学处理较便宜和效率较高,能把有机污染物完全转化为N_2,CO_2等气体。下面介绍2003年报道的采用高电压脉冲的电化学废水处理中间试验。

1. 原理和检测方法

通常电化学氧化处理分为在阳极表面直接氧化和远离阳极表面间接氧化两种。电极材料对处理的影响很大。近年来,氧化物电极因其具有较高的导电性和氧化度而引人注目,人们已开展了有机物在氧化物阳极(MO_x)的机理研究。

水在阳极催化下,产生羟自由基,见反应式(1):

$$H_2O + MO_x \rightarrow MO_x[\cdot OH] + H^+ + e^- \tag{1}$$

吸附的羟自由基进一步分解出吸附的活性氧,见反应式(2):

$$MO_x[\cdot OH] \rightarrow MO_{x+1} + H^+ + e^- \tag{2}$$

在许多含氯化物的废水中,也会产生另一个强氧化剂次氯酸,见反应式(3):

$$H_2O + Cl^- \rightarrow HOCl + H^+ + 2e^- \tag{3}$$

此外,高压脉冲能形成一个高压电场,产生自由基,如$\cdot OH$,$\cdot O$等,见反应式(4):

$$H_2O \rightarrow \cdot OH, \cdot O, H^+, H_2O_2 \tag{4}$$

在废水中的有机物(R)能被$\cdot OH$氧化,见反应式(5)、(6)、(7):

$$R + MO_x[\cdot OH] \rightarrow MO_x + CO_2 + zH^+ + ze^- \tag{5}$$

$$MO_{x+1} + R \rightarrow MO_x + RO \tag{6}$$

$$R + HOCl \rightarrow 产物 + Cl^- \tag{7}$$

有机物氧化与阳极材料、NaCl浓度、电流和电压有关。用直流电源进行电化学处理受NaCl和电极材料的影响已被研究过,但至今还没有研究在脉冲处理过程中阳极材料的作用。

在电化学处理废水过程中,电凝聚也会发生。电凝聚的机理被认为形成$Fe(OH)_3$或$Fe(OH)_2$。

机理I:

$$阳极 \quad 4Fe \rightarrow 4Fe^{2+} + 8e^- \tag{8}$$

$$4Fe^{2+} + 10H_2O + O_2 \rightarrow 4Fe(OH)_3 + 8H^+ \tag{9}$$

$$阴极 \quad 8H^+ + 8e^- \rightarrow 4H_2 \tag{10}$$

机理II:

$$阳极 \quad Fe \rightarrow Fe^{2+} + 2e^- \tag{11}$$

$$Fe^{2+} + 2OH^- \rightarrow Fe(OH)_2 \tag{12}$$

$$阴极 \quad 2H_2O + 2e^- \rightarrow H_2 + 2OH^- \tag{13}$$

为了研究阳极的电催化活性,测量磷酸缓冲溶液及其含有NH_4Cl或NH_3溶液的循环伏安曲线。铂电极用作对电极,饱和甘汞电极为参比电极。工作电极是平板型的钛、

Ti/RuO_2-TiO_2 和铂,浸入电解液的面积为 20 cm^2。为了测量电化学处理过程中生成的自由基,使用含有 50 $\mu mol \cdot L^{-1}$ p-亚硝基二甲基苯胺(RNO)的 NaCl 溶液(0.02%,w/w)。因为 RNO 能迅速地与自由基起反应,并有选择性。用分光光度计测定与羟自由基反应而被漂白的 RNO 溶液的吸收光谱。

2. 设备和操作

中间试验设备由筛、污水槽、反应器 A、反应器 B、两个沉降槽、直流电源、脉冲电源组成,如图 11.2 所示。用泵把废水通过筛网,分离一些大的固体粒子。经过滤的废水进入反应器 A 处理 15 分钟,然后进入第一个沉降槽 1 小时,从第一个沉降槽流出的液体进入反应器 B 处理 15 分钟。最后,流出液进入第二个沉降槽 1 小时便可放出。

在反应器 A 和 B 的阴极用不锈钢来做,在反应器 A 的阳极用铁来做,在反应器 B 的阳极用 Ti/RuO_2-TiO_2 来做。阴极和阳极是圆锥型。阳极尺寸为 φ21 cm × φ36 cm × H73 cm,阴极与阳极之间的距离为 2 cm。电极采用圆锥型是扰乱废水流,促进电极与废水之间污染物的传递。直流电加在反应器 A,电流密度为 3 $mA \cdot cm^{-2}$。高电压脉冲加在反应器 B,电压和频率分别为 500V 和 25 kHz。

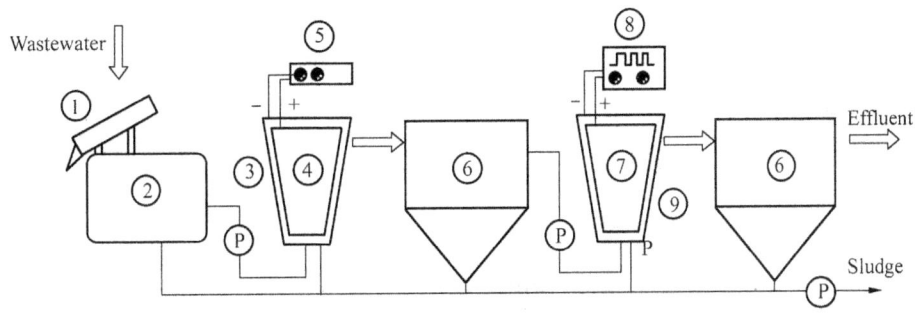

图 11.2 中间试验电化学体系(0.3 $m^3 h^{-1}$)的示意图

(1) 筛;(2) 废水槽;(3) 反应器 A(阴极);(4) 铁阳极;(5) 直流电源;(6) 沉降槽;(7) Ti/RuO_2 阳极;(8) 脉冲发生器;(9) 反应器 B(阴极)

3. 阳极的电催化性能及处理后的水质

用钛、Ti/RuO_2-TiO_2 和铂电极在磷酸盐缓冲溶液中测得的循环伏安曲线如图 11.3 所示。

从图 11.3 可见,钛几乎没有电化学活性。Ti/RuO_2-TiO 的氧化电流从 0 伏逐渐增加,到了 0.9V 急速上升,在 2V 是大约为 1.5 mA。在 0.9 V 之前,铂没有氧化电流,在 2V 时为 1 mA。当溶液中加入 NH_4Cl(见图 11.4)或 NH_3 时,Ti/RuO_2-TiO_2 的氧化电流些微地大于铂电极的氧化电流。尤其是在电位低于 0.9 V 时,氧化电流变小而且相当低。因此在电位低于 0.8 V 时,像 N_2O 和 NO 那样的含氧产物便会形成,因为对 N_2 的选择性是 100%。

用含有海藻的民用水、池塘水和饲养场的废水来评估电化学废水处理体系的性能。试验表明:①从循环伏安图观察到铂电极与 Ti/RuO_2-TiO_2 对氨氧化的催化活性没有多大差异。②用 RNO 溶液检测在电化学过程中生成的 OH 自由基,发现用 Ti/RuO_2-TiO_2 阳极产生的 OH 自由基多于用铂阳极和钛阳极产生的量。③能很好地除去民用废水和含

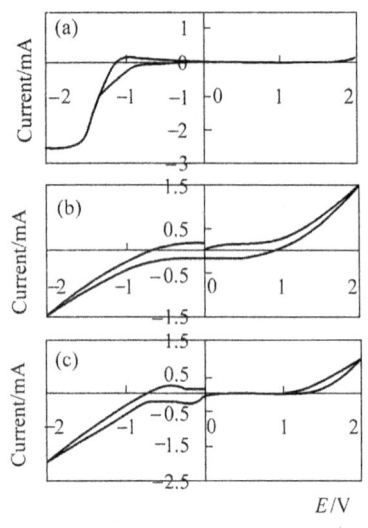

图 11.3 在 100 mM 磷酸盐缓冲溶液中得到的循环伏安图

扫描速度：20mV·s^{-1}；参比电极：SCE
(a) 钛；(b) Ti/RuO$_2$-TiO$_2$；(c) 铂

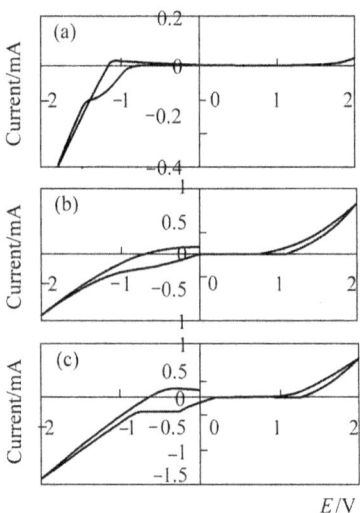

图 11.4 在含有 50 mM NH$_4$Cl 的 100 mM 磷酸盐缓冲溶液中得到的循环伏安图

测量条件同图 11.3
(a) 钛；(b) Ti/RuO$_2$-TiO$_2$；(c) 铂

有海藻的池塘废水中的 T-N、NH$_4$-N、T-P 和 COD,几乎全部除去海藻中的叶绿素-α。电化学处理民用水的中试数据见表 11.6。对含有高浓度悬浮物的饲养场废水,必须预先进行生物处理,才有好效果。

表 11.6 电化学处理民用废水的数据(0.3 m^3·h^{-1})

	T-N/mg·L^{-1}	NH$_4$-N/mg·L^{-1}	T-P/mg·L^{-1}	COD/mg·L^{-1}
未处理	33.03	23.09	4.5	36.5
已处理	8.86	4.35	0.045	5

注：电流密度为 3 mA·cm^{-2}；脉冲电压为 500 V；频率为 25 kHz。T-N 为总氮；NH$_4$-N 为氨氮；T-P 为总磷；COD 为化学需氧量

第三节 电渗析

一、原理和应用

电渗析是在电场作用下,依靠对溶液中离子有选择性透过的离子交换膜,使离子从一种溶液透过离子交换膜进入另一种溶液,以达到分离、提纯、浓缩、回收的目的。由于电渗析技术具有药剂用量少、环境污染小、适应性强和操作简便等优点,因此,广泛应用到海水淡化和浓缩制盐、医药及食品工业用水、物质纯化与分离、废水废液处理等方面。

电渗析器由电极、隔板和离子交换膜所组成。电极的作用是提供直流电,形成电场。隔板是用塑料做成的很薄的框架,其中开有进出水孔,在框的两侧紧压着膜,使框中形成小室,可以通过水流。由许多隔板和离子交换膜组成电渗析器。图 11.5 是电渗析装置示

意图。将只让阳离子通过的交换膜和只让阴离子通过的交换膜交互排列,通入电流一段时间后,各小室成浓稀相间之溶液。因通入电流后,阴离子和阳离子以相反方向移动,离子由稀释的小室向浓溶液的小室移动,如此浓溶液越来越浓,而稀溶液则越来越稀。

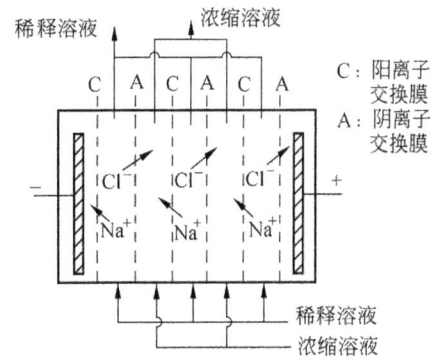

图 11.5 电渗析装置示意图

电渗析技术的应用很广,举例如下:① 海(咸)水淡化,解决海岛、某些沿海地区和远洋船只所需的饮用水,也有用于制备纯水供工业和科研用。如图 11.5 所示,稀溶液即淡化的海水。一般可使含盐量从 1 000～3 000 ppm 减少到 500 ppm。② 废水处理,例如含镍废水,在电场作用下,其中的 Ni^{2+} 透过阳离子交换膜进入浓缩液中,SO_4^{2-} 透过阴极膜进入浓缩液中。废水经脱除 $NiSO_4$ 后可再用或排放,浓缩液中的 $NiSO_4$ 再用于生产。③ 从中性盐回收酸和碱,例如从 Na_2SO_4 溶液生成 H_2SO_4 和 $NaOH$。在这种情况下,每对膜要有一对电极。阳极室内形成酸,阴极室内形成碱,在膜之间的 Na_2SO_4 越来越稀释。④ 从乳酪工厂废水制取乳酸,用阴离子交换树脂和阳离子交换树脂进行电渗析,电流效率接近 100%,乳酸的浓度可达 400 g·dm^{-3}。

和其他电解槽类似,电渗析槽的能量消耗也取决于槽电压与电流效率,但是影响槽电压与电流效率的因素却不同于一般电解槽。电流只取决于膜的性质,在电极上发生的法拉第过程并不重要。实际上阴极反应几乎总是析出氢,而阳极反应是析出氧或在氯化物介质中析出氧和氯。阴极反应使 pH 升高,可能产生氢氧化物沉淀,因此阴极经常是被酸化了的。含 N 对膜的槽电压分配为

$$V = E_d + \eta_A + \eta_K + NI(R_{阳离子膜} + R_{阴离子膜}) + NIR_{稀溶液} + (N-1)IR_{浓溶液} \quad (11.17)$$

很明显数值最大那一项是稀溶液的 IR 降,尤其是在过程结束时因总的离子浓度十分低而使 IR 降很大。为了减少这一项,电解的设计必须使膜之间的间隙尽可能小(0.7～1.5 mm)。当 N = 100～2000 时,与电极反应有关的项目可以忽略。因此,对电极材料的选择主要考虑价格与稳定性。阳极可用石墨、铅、铂,阴极可用铂/钛、不锈钢、铅。

通过膜的最大有用电流密度取决于极化,这是膜表面上缺乏迁移的离子引起的,属于传质问题。因而必须避免在膜/溶液界面间形成停滞层,为此要使电渗析槽在足够高的雷诺数或促进湍流的情况下工作。电渗析操作电流密度范围为 20～200 mA·cm^{-2}。

离子交换膜的数目和处理溶液的体积、总离子浓度、离开槽的溶液所要求的离子含量有关。对于水脱盐,常用 100～300 对膜,回收固体盐则要用 1000～2000 对膜。

世界上电渗析工厂不断增加,但在浓缩溶液和脱盐方面与之有竞争的方法是蒸发和反渗透,在稀溶液离子浓度较低、操作规模较大和电能价格较便宜的场合下宜用电渗析。

二、电渗析膜的分类和性能

电渗析槽的功能在很大程度上由渗析膜的性质所控制。电渗析采用的膜是离子交换

膜,按膜中活性基团种类分为:

(1) 阳离子交换膜:能离解出阳离子的离子交换膜,或者说在膜的结构中含有酸性活性基团的膜。它能选择性透过阳离子,而不让阴离子透过。按酸性基团离解能力的强弱可分为强酸性,如磺酸型($-SO_3H$);中强酸性,如磷酸型($-OPO_3H_2$)、膦酸型($-PO_3H_2$);弱酸性,如羧酸型($-COOH$)、酚型($-C_6H_4OH$)。

(2) 阴离子交换膜:能离解出阴离子的离子交换膜,或者说在膜的结构中含有碱性活性基团的膜。它能选择性透过阴离子,而不让阳离子透过。可分为强碱性,如季铵型($-N(CH_3)_3OH$);弱酸性,如伯、仲、叔胺型。

(3) 复合膜:由一张阳离子交换膜和一张阴离子交换膜复合而成,工作时阳离子交换膜对阴极,阴离子交换膜对阳极。在废水处理中可以利用复合膜产生的 H^+ 或 OH^- 与废水中的其他离子相结合,来制取某些产品。

也可根据制造工艺不同分为:① 异相膜,直接用磨细的离子交换树脂与粘合剂混合加工而成,活性基团分布不均匀。② 均相膜,由离子交换树脂直接制得,活性基团分布均匀。③ 半均相膜,将树脂与粘合剂同溶于溶剂中,然后再成膜,性能介乎上述两者之间。

离子交换膜的性能:

(1) 膜的选择透过性:可用选择透过率 p 来表示

$$p = \frac{t_{膜} - t_{液}}{t_{膜}} = 1 - \frac{t_{液}}{t_{膜}} \tag{11.18}$$

式中 $t_{液}$ 为离子在溶液中的迁移数,$t_{膜}$ 为离子在膜中的迁移数。显见在膜中迁移数越大,p 越高,表示膜的选择性越好。理想的 $p=1$,但实际大多数的 p 为 0.9～0.95,其值随膜的类型、离子种类和溶液浓度等条件而异。

(2) 导电性:一般来说,膜的交换容量越大和厚度越小,导电性越强。均相膜的导电性比异相膜好。溶液浓度越大,温度越高,膜的导电性越强。

(3) 交换容量:指单位重量膜中所含活性基团数量,通常以每克干膜所含的可交换离子的毫摩尔数来表示,其值影响到膜的选择透过性和导电能力。

(4) 膜的溶胀度和含水率:前者以伸长率来表示,后者以每克膜所含水的重量百分数来表示,它们是膜结构松紧程度的标志。

(5) 化学稳定性:一般用交换容量变化或使用寿命来衡量。

(6) 机械强度:常用爆破强度和抗拉强度来衡量。

用于电渗析的离子交换膜应具有高的选择透过率、低电阻、抗氧化耐腐蚀性好、机械强度高、使用过程中不发生变形等优良性能。

用化学修饰的 Nafion 膜(膜的一面电沉积了聚乙烯亚胺)对含 Mg^{2+},Zn^{2+},Mn^{2+} 的酸性废水进行电渗析,把这些二价金属盐分离出来,直到被处理水中的盐浓度低至0.5%,仍然不会因电阻增加而使电耗明显增加。这种修饰膜的性能优于其他处理这种废水的商品膜,而且有可能在膜堆内直接再生。

固体离子交换电解质成功用于电导率低的水电化学脱氧。填充床三度空间阴极混有离子交换树脂,故有足够的电导。蒸馏水用氢离子交换树脂,水塔水用钙离子交换树脂。

富氧低电导率水通过此阴极时,溶解氧被还原为水。去氧效率大于 99.9%,电流效率为 90%,每 m^3 氧饱和水耗能 0.06 kWh。

第四节 离子选择电极

一、离子选择电极的分类及原理

离子选择电极能对溶液中某种离子进行选择性反应,具有能斯脱关系式,从而可从电极电位值求出离子活度。它是一种有选择性将离子活度(化学参量)转换为电极电位(电参量)的电化学传感器。离子选择电极的关键部分是对离子具有选择性反应的薄膜,离子浓度不同,膜电位也随之不同。根据薄膜的性质和状态,通常把离子选择电极分为三类:

1. 固体膜型离子选择电极

这类电极用的薄膜由玻璃或其他无机盐类组成。常用测溶液 pH 的玻璃电极即为其中之一种。利用难溶盐固体膜,如 Ag_2S,$AgCl-Ag_2S$,$PbS-Ag_2S$ 和 LaF_3 等的电极,其主要形式如图 11.6 所示,图中(a)为电极导线与膜直接联接,即所谓全固体式电极,(b)为电极管内放电解液和内参比电极,内参比电极常用银-氯化电极。例如 Ag,AgCl|0.1 mol·L^{-1}(内电解液)|$AgCl-Ag_2S$(固体)|待测液,加入 Ag_2S 是为了降低氯化银的电阻和抑制其光电效应。

2. 流动载体型离子选择电极

此类电极又分为液态离子交换膜电极和中性分子载体膜电极。前者如钙离子选择电极,它用磷酸二癸钙作为液态离子交换剂,该化合物对 Ca^{2+} 离子具有选择性交换作用,把它溶于非水溶剂中制成的膜能随 Ca^{2+} 浓度建立不同的膜电位,结构如图 11.7(a)所示。内参比电极为银-氯化银电极,内电解液含 Ca^{2+} 和 Cl^-,磷酸二癸钙溶于 $2-n-$辛基苯基磷酸脂中制得的活性物质放在外层。在电极底部的多孔性膜中形成一层活性物质的薄膜,在此薄膜与内电解液的界面上建立固定的电位差。

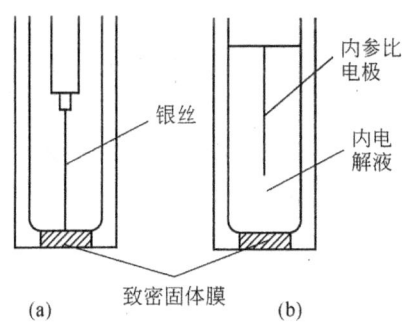

图 11.6 固体膜型离子选择电极

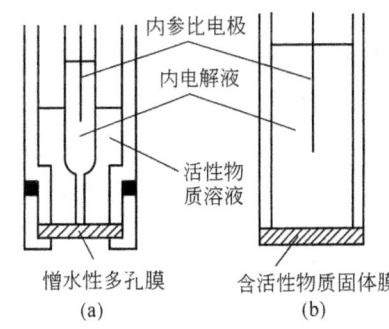

图 11.7 流动载体型离子选择电极

中性分子载体膜电极所用的有机物称为中间载体,如环状聚醚、链状聚醚、缬氨霉素等。它们能够与被选择测量的阳离子形成络合阳离子,并显出膜电位。例如钡离子选择电极[如图 11.7(b)],内参比电极为银-氯化银电极,内电解液为 0.1 mol·L^{-1} $BaCl_2$,电极的活性物质由中性载体非离子型表面活性剂三苯基聚氧乙基醚和 $BaCl_2$、四苯硼酸钠等作用而得。把活性物质和聚氯乙烯、增塑剂(邻苯二甲酸二丁酯)一起制成薄膜,固定在电极底部。过渡金属络合物和中性大环冠醚都可作为中间载体。

3. 气敏电极

有些离子选择电极,例如玻璃电极对 NH_3,CO_2,SO_2 等具有敏感性,可用于测定这些气体,这种离子选择电极称为气敏电极。对于 NH_3,CO_2,SO_2,气敏电极可由玻璃电极、银-氯化银电极以及聚四氟乙烯透气膜所组成,结构如图 11.8 所示。被测气体透过透气膜溶于电解液薄层中,改变薄层溶液的 pH 从而可测气体的浓度。

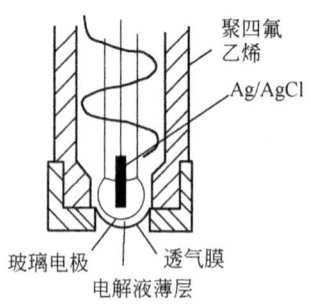

图 11.8 气敏电极

近年来发展了离子选择场效应晶体管(ISFET)。ISFET 是一种微电子离子选择敏感元件。将化学敏感膜代替半导体场效应管(MOSFET)的金属栅极,或者直接利用绝缘层(SiO_2,Si_3N_4 等)与溶液接触。在膜和溶液界面上,溶液中敏感离子的活度与电位建立能斯特关系,能控制场效应晶体管漏电流的变化,因此测定漏电流便可知离子的活度。ISFET 的特点主要是:① 全固态结构,可使离子选择电极微型化;② 可同时排列几种离子敏感材料,发展多元敏感微型探针;③ 适应温度范围宽;④ 工作频带宽,测定线路简单。

离子选择电极检测离子的灵敏度和选择性,依赖于被测溶液和参考溶液之间膜上建立起来的电位差。膜电位要迅速达到平衡,只对所研究的离子有响应并随浓度线性变化。膜电位与膜两边的 Donnan 平衡以及通过膜的扩散有关。离子选择电极的电位与离子活度的关系遵从能斯特方程式,而在实际测量中还要考虑干扰离子对电极电位的影响。设 a_j 为某干扰离子的活度,则对待测离子有响应的离子选择电极的电位为

$$E = E^* + \frac{2.303RT}{Z_i F}\log(a_i + \sum K_j a_j^{Z_i/Z_j}) \qquad (11.19)$$

式中 K_j 为选择性常数,Z_i 和 Z_j 分别为待测离子和干扰离子的价数。显然 K_j 越小,电极对待测离子的选择性越好。

离子选择电极的电位与被测离子活度的对数成线性关系,但实际使用时希望能测定被测溶液中的离子浓度,为此常采用标准曲线法,使标准溶液和样品溶液中的活度系数相同,就可把能斯特方程中的活度用浓度代替。在溶液中加入定量的不干扰测定的中性电解质,保持较高的离子强度,使试液中的离子强度近似一致,不再受样品或标准溶液中原有离子含量的影响,因而样品溶液中待测离子的活度系数可认为相等。

二、离子选择电极在环境分析方面的应用

离子选择电极已广泛应用于水质和环境的分析,例如测定水的总硬度(Ca^{2+} + Mg^{2+}),pH,F^-,CN^-,NH_3。现有许多商品供应的离子选择电极示例于表 11.7。离子选择电极与外参比电极之间的电位差影响到分析的误差,例如 1 mV 的电位误差引起一价离子分析的误差为 4%,引起二价离子分析的误差为 8%。

表 11.7 某些离子选择电极

电极	膜	浓度范围/$mol·L^{-1}$	干扰离子
H^+	玻璃	$10^{-14} \sim 1$	
K^+	缬氨霉素	$10^{-6} \sim 1$	Cs^+, NH_4^+
Na^+	玻璃	$10^{-6} \sim$ 饱和	Ag^+, H^+, Li^+
F^-	LaF_3	$10^{-6} \sim$ 饱和	OH^-, H^+
Cl^-	$Ag_2S/AgCl$	$10^{-5} \sim 1$	Br^-, I^-, CN^-, S^{2-}
Br^-	$Ag_2S/AgBr$	10^{-6}	I^-, CN^-, S^{2-}
I^-	Ag_2S/AgI	10^{-7}	CN^-, S^{2-}
CN^-	Ag_2S/AgI	$10^{-6} \sim 10^{-2}$	I^-, S^{2-}
S^{2-}	Ag_2S	$10^{-7} \sim$ 饱和	Hg^{2+}
Ag^+	Ag_2S	$10^{-7} \sim 1$	Hg^{2+}
Cd^{2+}	CdS/Ag_2S	$10^{-7} \sim 1$	Ag^+, Hg^{2+}, Cu^{2+}
Pb^{2+}	PbS/Ag_2S	$10^{-7} \sim 1$	Ag^+, Hg^{2+}, Cu^{2+}
Cu^{2+}	CuS/Ag_2S	$10^{-8} \sim$ 饱和	Ag^+, Hg^{2+}, S^{2-}
Ca^{2+}	$(RO)_2PO_2^-/(RO)_3PO$	$10^{-5} \sim 10^{-1}$	$Zn^{2+}, Fe^{2+}, Pb^{2+}, Cu^{2+}$
$Ca^{2+} + Mg^{2+}$	$(RO)_2PO_2^-/ROH$	$10^{-7} \sim 1$	$Zn^{2+}, Fe^{2+}, Pb^{2+}, Cu^{2+}, Ni^{2+}$
NO_3^-	$R_4N^+/$醚	$10^{-5} \sim 1$	$ClO_4^-, ClO_3^-, I^-, Br^-$

为了适应野外和连续分析,往往把离子选择电极做成相当牢固的探头,测量电位的设备亦要小型化便于携带,并且要求对特定的分析要有选择性、灵敏和响应快。

离子选择电极除了广泛用于分析水质和各种废水外,也能对大气或溶液中一些有害气体进行测定。采用气敏电极可测量 $H_2S, NH_3, CO_2, NO_2, SO_2, HCN$,对不同气体所要求的电极结构及性能见表 11.8。

对氧的监测在环境保护和医学上都是相当重要的,选用属于选择性安培电极的气敏电极可以测定氧含量。让气体通过渗透膜进入薄层电解液中,氧被阴极还原,还原电流正比于和阴极接触的氧分子的浓度,因此测定电流便可算出溶解氧的浓度。用于测量大气中氧的电极结构如图 11.9 所示,金圆盘作研究电极,银环作辅助电极和参比电极(图中的 a)。为了减少响应时间,可把研究电极直接沉积在聚四氟乙烯膜上(图中 b)。选择银为沉积金属,得到很好的氧化还原波。类似这种电极装置也用于监测大气中的氯。

表 11.8 某些气敏离子选择电极的构造和性能

气体	电极	电解液	膜	浓度范围/$mol·L^{-1}$	严重干扰物
H_2S	S^{2-}	柠檬酸,pH 5	聚丙烯	$10^{-6} \sim 10^{-2}$	
NH_3	pH	$0.1\ mol·L^{-1}\ NH_4Cl$	聚四氟乙烯	$10^{-6} \sim 1$	挥发胺
CO_2	pH	$0.01\ mol·L^{-1}\ NaHCO_3$ $+0.1\ mol·L^{-1}\ NaCl$	聚四氟乙烯 或聚丙烯	$10^{-6} \sim 10^{-4}$	挥发弱酸
NO_2	pH	$0.1\ mol·L^{-1}\ NaNO_3$ $+0.1\ mol·L^{-1}\ NaCl$	聚四氟乙烯 或聚丙烯	$10^{-6} \sim 10^{-4}$	挥发弱酸
SO_2	pH	$0.1\ mol·L^{-1}\ K_2S_2O_3$ $+0.1\ mol·L^{-1}\ NaCl$	聚四氟乙烯 或硅橡胶	$10^{-6} \sim 10^{-2}$	挥发弱酸
HCN	Ag^+	$10^{-2}\ mol·L^{-1}\ KAg(CN)_2$	聚四氟乙烯	$10^{-6} \sim 10^{-2}$	硫化物

近年来又发展了所谓膜极谱电池,用于监测汽车和工业废气中的有毒气体,例如SO_2,NO_2,NO,CO。但这种分析法需要解决测量浓度范围窄、电极中毒和易受干扰等问题。

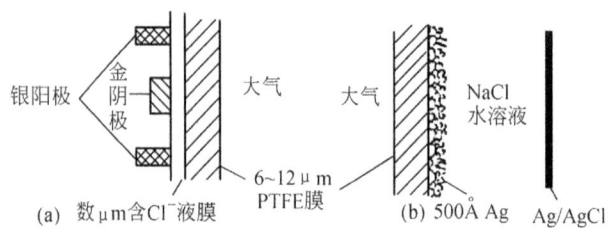

图 11.9 测氧装置

三、以聚合物膜为基的离子选择电极

近年来,用电化学聚合高分子膜固定电化学敏感元件已发展成为制作电化学传感器的一种新方法。它具有制作简单、重现性好和响应快等优点,因而越来越受到人们的重视。这种方法已用来制作离子选择电极、生物电化学传感器,应用到环保、生物和医药等领域,下面介绍一些实例。

1. 新型 PVC 膜铬(VI)离子选择电极

铬(VI)离子被认为致癌物质。饮用水中含铬浓度在 $0.1 mg \cdot L^{-1}$ 以上时,就会侵害肠道和肾脏。因此,$Cr(VI)$离子的测定是环境分析中的一个重要指标,目前多采用分光光度法来测定它。

金属酞菁由于具有轴向配位特性,是制备阴离子电极的优良载体。以硝基酞菁钯为活性物,邻硝基苯辛醚为增塑剂,制成硝基酞菁钯-PVC 膜电极。在 Britton – Robert(B-R)缓冲体系(pH 1.97)中,测得电极的响应特性。电极响应的线性范围为 $1.0^{-5} \times 10^{-}$ $mol \cdot L^{-1} \sim 1.0 \times 10^{-2} mol \cdot L^{-1}$,检测下限为 $2.95 \times 10^{-6} mol \cdot L^{-1}$,具有良好的线性关系,斜率为 $48 mV \cdot dec^{-1}$,与混合价态离子斜率的理论推断值相符。电极具有良好的稳定性和较强的抗干扰能力,在 B-R 缓冲液中,直接测定铬(VI)离子,操作比较简便,检测范围可达四个数量级。在选定的条件下,大部分的离子对铬(VI)的测定基本无干扰(见表 11.9)。用于电镀废水中 Cr(VI)离子的测定,结果令人满意(见表 11.10)。

表 11.9 电极的选择系数

干扰离子	K_n	干扰离子	K_n
SO_4^{2-} (0.01)	9.21×10^{-5}	F^- (0.01)	9.21×10^{-5}
PO_4^- (0.01)	2.63×10^{-5}	Cl^- (0.001)	6.07×10^{-2}
NO_3^- (0.001)	1.23×10^{-2}	Br^- (0.01)	1.02×10^{-3}
CNS^- (0.001)	1.46×10^{-2}	IO_3^- (0.001)	1.61×10^{-2}
ClO_3^- (0.01)	8.67×10^{-3}	MnO_4^- (0.001)	2.25×10^{-2}
ClO_4^- (1×10^{-5})	2.15×10^2		

注:括号内为干扰离子浓度,$mol \cdot L^{-1}$

表 11.10　电镀废水中 Cr(Ⅵ)离子的测定

样品	测得值	平均值	RSD/%
电镀废水（未处理）	4.80×10^{-3}, 5.01×10^{-3} 5.01×10^{-3}, 5.01×10^{-3} 4.80×10^{-3}	4.93×10^{-3}	2.33
电镀废水（初处理）	2.88×10^{-5}, 2.88×10^{-5} 2.75×10^{-5}, 2.88×10^{-5} 2.75×10^{-5}	2.83×10^{-5}	2.52

2．纳级检测铍的离子选择电极

在聚合物膜中含有离子载体，诸如苯并-9-冠-3、3,4-二[2-(2-四氢-2H-吡喃氧化)]羟乙基苯乙烯-乙烯共聚物、萘9-冠-3、2,4-二硝基苯肼苯并-9-冠-3，用于制作检测铍的传感器，它们都具有好的选择性和灵敏度。

在上述研究基础上，最近又研制出检测铍的电极，其聚氯乙烯膜中含有 PBC(见图 11.10)膜，此电极的选择性和灵敏度都相当高，能迅速检测微量的 Be^{2+} 离子。此传感器显示出能斯特关系，斜率为 29.9 mV(图 11.11)，检测界限为 $7.0\times 10^{-8}\,mol\cdot L^{-1}$。在碱金属、碱土金属、碱金属、重金属中有极好的识别能力(见表 11.11)，成功地应用到测量矿物中的铍(见表 11.12)。

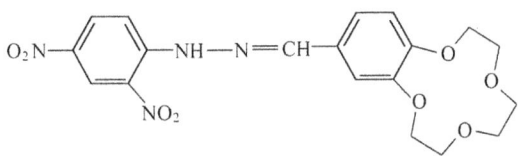

图 11.10　PBC 的分子式

表 11.11　各种干扰离子的选择性系数

Cations	K_{AB}^{MPM}
Li^+	4.0×10^{-6}
Na^+	5.8×10^{-6}
Co^{2+}	3.8×10^{-6}
Pb^{2+}	6.0×10^{-6}
Cs^+	1.3×10^{-5}
Sr^{2+}	3.4×10^{-5}
La^{3+}	3.2×10^{-5}
Ce^{3+}	1.2×10^{-5}
Ca^{2+}	1.0×10^{-5}
Ni^{2+}	1.6×10^{-4}

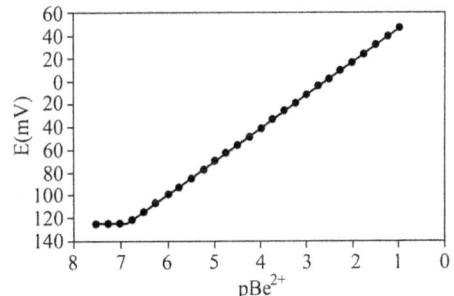

图 11.11　基于 PBC 的 Be(Ⅱ)传感器的校正曲线

表 11.12　测定绿宝石样品中的铍

Method	Be^{2+} Content in final solntion(ppm)		
	Sample 1	Sample 2	Sample 3
ISE	2.5±0.3	2.6±0.5	2.6±0.2
AAS	2.7±0.4	2.7±0.5	2.6±0.1

3．检测酚类的聚吡咯固定化酪氨酸酶电极

检测工业废水中酚类化合物及神经传递质儿茶胺，在环境控制及临床分析中具有重要意义。应用恒电位法电化学聚合吡咯,并将酪氨酸酶固定在导电聚吡咯膜内,制成一种灵敏、稳定的酪氨酸酶电极。在 0.9V 的恒电位下,把铂片电极于静止溶液中进行聚合 15 min。电解液为含 0.01 mol·L^{-1} 吡咯、0.1 mol·L^{-1} NaClO$_4$ 及 0.03 mg·mL^{-1} 酪氨酸酶的磷酸盐缓冲溶液(pH 6.6)。聚合得到亮黄色致密膜电极。

以对甲苯酚为底物,在磷酸盐缓冲溶液中和搅拌情况下,测定酶电极对底物响应的循环伏安曲线。对甲苯酚的还原峰电流在 $5.0\times10^{-8}\sim10\times10^{-6}$ mol·L^{-1} 浓度范围内与底物浓度成正比(见图 11.13)。可见该电极具有很高的灵敏度和很低的检测限,远优于应用普通的包埋、化学交联或共价键合固定化制造的传感器。尽管膜含量很低,但表现出的活性很高,聚吡咯基体对底物或产物在膜内的扩散阻力小。

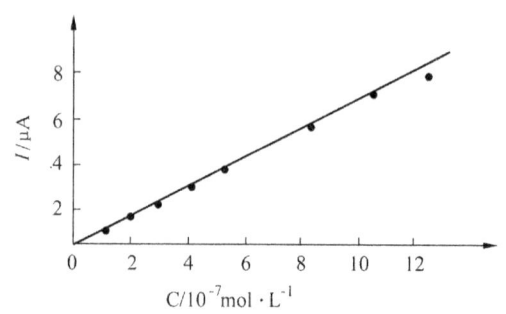

图 11.13 酶电极响应电流对甲苯酚浓度关系曲线

第五节 溶出伏安法及其应用

一、电积与溶出

溶出伏安法(又称反向极谱法)是从电化学分析中的极谱法发展起来的,分为阳极溶出伏安法与阴极溶出伏安法,但阳极溶出伏安法更为重要。

图 11.14 为溶出伏安法的原理图。在电解池内放入一个悬汞电极或其他固体电极代替极谱法的滴汞电极作为研究电极,以饱和甘汞电极兼作辅助电极和参比电极;电解池中盛有支持电解质和含有浓度很低的金属离子 M^{n+}。先将研究电极置于待测离子的极限扩散电流的电位上,一般负于半波电位 0.2~0.3 V。在不断搅拌溶液下进行电解,此时

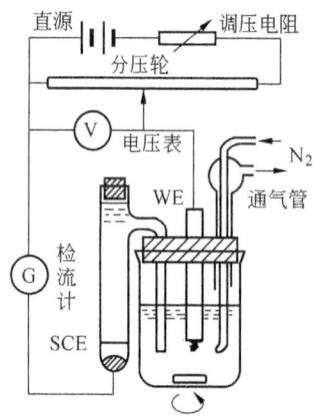

图 11.14 溶出伏安法原理图

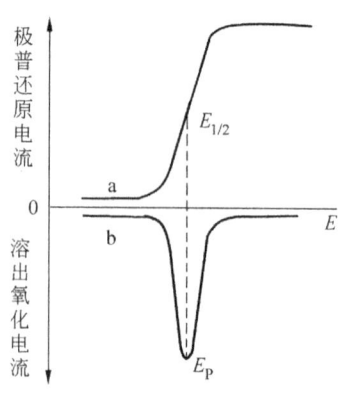

图 11.15 极谱波与溶出峰

金属离子在电极上还原成金属并生成汞齐,这一步称为电积,反应为 $M^{n+} + ne + Hg \longrightarrow M(Hg)$。经过一定时间电积富集之后,汞电极中的金属提高到必要浓度,停止搅拌,约 20~30 秒后把研究电极的电位向正方扫描,这时汞齐中的金属在半波电位附近又重新溶解成为离子进入溶液,这一步称为溶出,反应为 $M(Hg) - ne \longrightarrow M^{n+} + Hg$。在溶出过程中记录的电流-电位曲线上出现溶出峰型,如图 11.15 所示。峰高或峰面积与待测离子的浓度成正比,这是定量分析的基础。峰电位与离子的性质有关,这是定性分析的基础。图 11.15 上半部曲线为与溶出峰对照的极谱。

最常见的电积形式是金属离子在汞电极上还原为金属汞齐,此外还有金属离子在惰性电极上还原为金属(例如在石墨电极上 $Cu^{2+} + 2e \rightarrow Cu$)、生成金属化合物(例如在金膜上 $M^{n+} + ne + Au \rightarrow M-Au$)、变价离子氧化或还原生成难溶的氢氧化物(例如 $Tl^+ - 2e + 3H_2O \rightarrow Tl(OH)_3 + 3H^+$,这是阴极溶出)、金属离子氧化或还原并与有机溶剂生成不溶性化合物(例如 $Sb^{3+} - 2e + 6Cl^- \rightarrow [SbCl_6]^-$,$[SbCl_6]^- + R^+ \rightarrow R[SbCl_6]$)、阴离子在汞电极上电积(例如 $2X^- + 2Hg - 2e \rightarrow Hg_2X_2$)。

电积与富集有部分电积法和全部电积法两种方式,部分电积法是目前溶出法中使用最普遍的方法。由于电积电流很小,使一定体积的溶液中的金属离子全部电积出来需要很长的时间。例如要使 2 mL 溶液中的金属离子电积成汞齐,从浓度 10^{-6} mol·L^{-1} 降到 10^{-9} mol·L^{-1},若所用悬汞电极的汞滴重 10 mg,面积为 3.9×10^{-2} cm^2,体积为 7.4×10^{-4} cm^3,则需近 10 个小时。部分电积法必须在严格控制各种实验条件的情况下进行,才能获得良好的重现性。若采用大面积的研究电极,将小体积溶液内的待测离子在一定时间内全部电积为金属再溶出,其实验条件比部分电积法要简单。

溶出伏安法由于先将待测离子富集到电极上后溶出,因此能获得极高的灵敏度,检出下限达 $10^{-9} \sim 10^{-10}$ mol·L^{-1}。溶出有直流、交流、方波和脉冲等方法。目前用得最普遍的是快速扫描直流溶出法,其特点是溶出速度快,灵敏度较慢扫描高得多。如果电位扫描速度为 100 mV·s^{-1},则只需 2~3 秒。交流与方波溶出法目前用得不多,交流溶出法灵敏度较低,但分辨率比直流溶出法高。方波溶出法已被微分脉冲溶出法所取代,微分脉冲溶出法分辨率高,灵敏度也比直流溶出法高得多,能测出 10^{-12} mol·L^{-1} 的离子浓度。

在可逆情况下,直流溶出法得到的溶出峰电位与半波电位相符(见图 11.15)。若电极反应不可逆,则需要在更正的电位才能使汞齐中的金属氧化溶出;所得曲线仍为一峰形曲线,但峰电位要比半波电位正得多。

微分脉冲溶出法的电积富集步骤与直流溶出法相同。当金属在电极表面电积之后,直流电压向正方扫描,与此同时每隔一定时间,施加一次脉冲电压,如图 11.16a

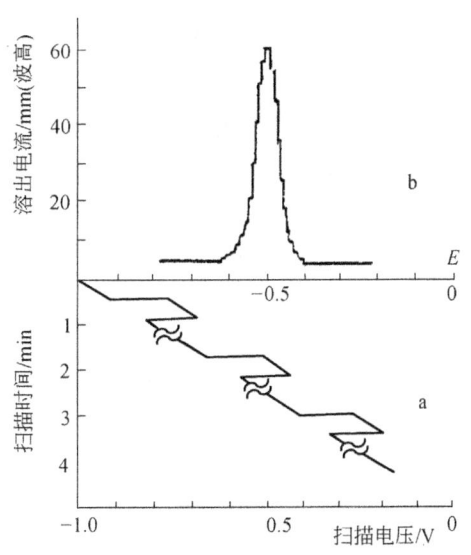

图 11.16 微分脉冲溶出伏安曲线
(a)脉冲加压极化波形; (b)微分脉冲溶出曲线

所示。当直流电位扫描到金属能够溶出的电位时,由于电极上溶出反应已发生,所加的脉冲电压就使金属在电极上产生氧化电流,称之为脉冲溶出法拉第电流。在施加脉冲的同时,也有脉冲电容电流,但在脉冲后期采样电流,其值几乎衰减为零。所得微分脉冲溶出伏安曲线见图 11.16b,峰高和面积是定量分析的基础,峰电位是定性分析的基础。扫描速度为 2~5 mV·s^{-1},因而测定时间较长。

溶出伏安法虽可进行定性和定量分析,但主要用于定量分析。常用标准曲线法和标准加入法,后者用得最广,因为所有影响因素均可互相抵消,不必像标准曲线法那样要严格控制实验条件。

二、溶出电流及其影响因素

在溶出伏安法中最常用的电极主要有悬汞电极、铂基镀银沾汞球形或平面圆盘电极、浸蜡石墨镀汞电极、玻碳同位镀汞或镀金的平面圆盘电极等 4 种。悬汞电极的汞层厚度最大,其次是铂基镀银沾汞球形电极,石墨电极预镀汞层也有一定厚度,同位镀汞的汞膜相当薄($\leqslant 10^{-4}$ cm)。对于不同类型的电极,溶出电流的公式是不同的。

(1) 悬汞电极上的电流公式

简单的悬汞电极是将一滴约 20 mg 的汞滴,沾附在直径为 0.5 cm 的镀银铂平面电极上即成。25 ℃时在此电极上溶出峰电流为

$$I_{pa} = 6.25 \times 10^6 n^{3/2} D^{7/6} \nu^{-1/6} \omega^{1/2} v^{1/2} rtc^0 \tag{11.20}$$

式中各参数的单位:离子扩散系数 D(cm^2·s^{-1}),动力粘度 ν(cm^2·s^{-1}),转动角速度 ω(= $2N\pi$,N 为每秒转数),扫描速度 v(V·s^{-1}),电极半径 r(cm),电积时间 t(s),离子浓度 c^0(mmol·L^{-1})。若在每次实验中全部实验条件均严格控制恒定,则溶出峰电流与浓度有如下简单关系

$$I_{pa} = Kc \tag{11.21}$$

K 为取决于实验条件的常数。

(2) 厚汞膜电极上的电流公式

厚膜电极是指铂基镀银沾汞电极。以平面圆盘电极来计算溶出电流的数值,在此电极上溶出电流公式为

$$I_{pa} = 2.084 \times 10^6 n^{3/2} D^{7/6} \nu^{-1/6} \omega^{1/2} v^{1/2} r^2 l^{-1} tc^0 \tag{11.22}$$

式中 l 为汞膜厚度、r 为圆盘电极的半径。若所用实验条件保持恒定,则可简化为

$$I_{pa} = K'c \tag{11.23}$$

(3) 薄汞膜电极上的电流公式

薄汞膜电极是指在石墨电极上用电解法制成的汞膜电极,这称为预镀汞法;也可用同位镀汞法(在被测溶液中加入一定量的汞离子与待测离子同时电积)得到薄汞膜电极。薄汞膜电极上金属溶出时峰电流的公式

$$I_{pa} = K_A n^2 D^{2/3} \nu^{-1/6} \omega^{1/2} vtc^0 \tag{11.24}$$

式中 K_A 为常数。在恒定的实验条件下上式可简化为

$$I_{pa} = K''c \tag{11.25}$$

影响溶出电流的因素很多,下面分别讨论之。

(1) 电积电位:在阳极溶出伏安法中,电积电位控制在比待测离子的半波电位负 0.2～0.4 V 左右即可。若电积电位离半波电位太近,则电积电流不稳定,影响到溶出电流的重现性。若控制电位太负,后来其他离子尤其是氢离子可能放电,也影响结果。有时也要更负的电积电位,例如铋离子有络合物存在时,半波电位在 −0.70 V,而电积电位却在 −1.5 V。

(2) 电积时间:使用部分电积法时,电极的面积都很小,溶液体积在 5 mL 以上。在短时间的电积过程中,离子浓度可认为不变,因此,电积金属的量与电积时间成正比。只要溶液体积在 10 mL 左右,电积时间在 5 分钟以内,溶出电流与电积时间成正比。

(3) 电位扫描速度:理论上扫描速度越快,溶出电流越大。但扫描速度越快,电容电流越大,因此扫描快到一定程度后便不能再提高灵敏度。现在常用扫描速度为 100 mV·s^{-1},一个可逆反应的溶出峰从开始到结束仅需 2～3 秒。

(4) 搅拌:如不搅拌,则电积电流很快下降,为此必需进行搅拌。搅拌速度越快,电积电流越大。溶出的重现性和搅拌状态也有很大的关系。通气搅拌是简单有效和重现性好的搅拌方法,通氮既除氧又起搅拌作用,流速为 50～70 mL·min^{-1}。

(5) 温度:升高温度使电积电流增大,从而使溶出峰增高。进行溶出伏安法实验时最好在恒温条件下进行,一般控制在 25 ℃。

(6) 支持电解质:溶出伏安法的支持电解质基本上和极谱法相同,各种酸、碱、盐几乎可作为支持电解质,因此可参考极谱的数据。

(7) 表面活性物质和氧的干扰:在极谱法中常需加入动物胶、聚乙烯醇来抑制极谱畸峰,但在溶出伏安法中不希望有表面活性物质存在。例如 0.01% 动物胶将强烈抑制镉和锌的溶出峰。氧的存在会严重影响金属的电积和溶出。

三、溶出伏安法在环境保护中的应用

从经典溶出伏安法发展至今,已出现了微分溶出伏安、静止溶出伏安、流动溶出伏安、阴离子溶出伏安、悬汞溶出伏安、吸附溶出伏安、修饰电极溶出伏安、微电极溶出伏安等多种类型。用计算机控制也有多通道溶出伏安、多扫描溶出伏安、计算机化流动溶出伏安等多种形式。溶出伏安法具有分析灵敏度高、抗干扰能力强、精密度和分辨率高和仪器简单价廉等特点,因而广泛应用到环境保护、卫生防疫、临床医学、生物学、食品、冶金、地质等领域。

水质分析是环境监测中一项十分重要的工作。铜、铅、镉、锌、汞、铬、砷、硒等十多种元素的排放标准国内外早已有规定。水中 ppb 级甚至更低浓度的铜、铅、镉、锌,可以十分简便地用溶出伏安法在一次实验同时测定。镀铬工厂排放的废水中,虽经处理,但仍含有痕量的铬,用溶出伏安法能迅速监测是否符合排放标准。砷的溶出法灵敏度很高,可检出 0.7 ppb,能直接用于天然水中痕量砷的测定。水中痕量的汞,用溶出法测定其灵敏度与冷原子吸收光谱法相仿。

空气中的铅来源于汽车废气中的四乙基铅,近年来用有机锰化物作为汽油的抗爆剂,又引起了空气中锰的污染。炼锌厂排出的废气含有痕量镉,不少金属冶炼厂排放的废气中含有砷、硫等。以上各元素均可用不同的采集方法收集,消化后再用溶出伏安法测定。对土壤中微量元素如碲、汞,也可用溶出伏安法进行测定。

下面举例说明之。

（1）锌、镉、铅和铜的同时连续测定：在 0.1 mol·L^{-1}KCl 底液中，用悬汞电极在电积电位为 -1.25 V（相对 3.3 mol·L^{-1} 银/氯化银电极）下，电积 10 分钟。用脉冲溶出伏安法同时检出锌、镉、铅和铜，最低检出下限：锌 1 ppb，镉 0.05 ppb，铅 0.1 ppb，铜 0.2 ppb。采用流动电解槽，配上三电极装置（旋转玻碳电极、铂电极和 1 mol·L^{-1} 银/氯化银电极），此电解槽又与一个连续流动除氧室相连（图 11.17），用微分脉冲溶出伏安法测定了天然水中痕量的镉、铅、铜等。此法适合于现场连续监测，电积量受电极旋转速度控制。

（2）砷：用同位镀金法使金与砷同时在玻碳电极上电积，生成砷-金的金属化合物。选用 1 mol·L^{-1} H$_2$SO$_4$ 作支持电解质，在 -0.45 V（相对 1 mol·L^{-1} 银/氯化银电极）下电积，砷的溶出峰电位在 +0.13～0.25 V 之间。砷的浓度在 1×10^{-9}～1×10^{-6} mol·L^{-1} 范围内与峰高有良好的线性关系，检出下限达 1.0×10^{-9} mol·L^{-1}。

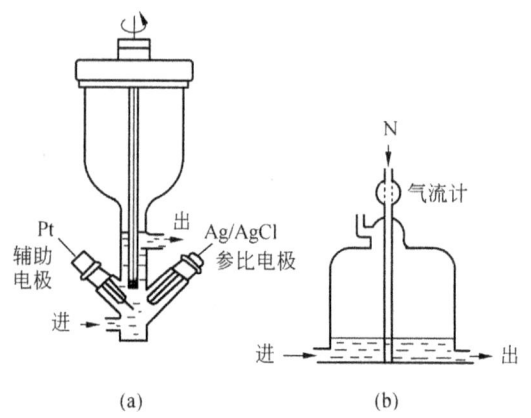

图 11.17　锌、镉、铅、铜连续测定装置
(a) 流动电解槽；(b) 连续流动除氧室

（3）有机物：用溶出伏安法测定有机化合物的阴离子，方法之一是使之与汞形成难溶盐或其他化合物富集在电极上，然后阴极溶出。这种方法大多用于一些简单的有机化合物，浓度约在 10^{-6}～10^{-7} mol·L^{-1} 左右。例如半胱氨酸的测定，用醋酸-醋酸钠为支持电解质，电积电位为 0 V，峰电位为 -0.25 V。另一方法是利用电极反应产物的吸附来富集，然后溶出。例如测定 10^{-9} mol·L^{-1} 亚甲基蓝，在浸蜡石墨电极上，控制电位在 -0.97 V，使其还原产物吸附在电极上，然后再氧化溶出，其阳极峰电位约在 +0.4 V。

（4）硫酸厂污泥中的碲：在 0.25 mol·L^{-1} 盐酸中加入 Cu(II)，碲与铜以化合物形式富集在玻碳电极上，用溴水作氧化剂，记录电位-时间曲线，碲的溶出电位在 +0.34 V（vs SCE）。电积 10 分钟，检出下限达 10 ppb，Hg(II)，Fe(III)，Au(III)，As(V)，Sb(V) 对实验基本无干扰。

第六节　电化学检测与流动注射分析联用分析水中痕量铝

近年来，环境污染物的电化学分析和分离发展很快，毛细管电泳和离子色谱这两种组合仪器系统的发展尤其迅速。另外，分析大量相似样品时，流动注射分析系统能与电化学测定联用。以下介绍电化学检测与流动注射分析联用分析水中痕量铝的体系。

以饮用为目标的净化水，首先要除去浑浊物和颜色，使消费者能够接受。通常用化学絮凝剂来处理凝聚相，铝基的絮凝剂如硫酸铝被广泛使用。由于消毒时水中所含的有机物被氯化，所以形成卤化有机物。凝聚也是除去天然有机物质（NOM）的有效方法，在控制 pH 为 6.2 的情况下,这种方法所用明矾的浓度相当高。当 pH 低于 6 时,残留铝量超过 0.2 mg·L^{-1}(指标数值)。由此可见,一个严格的控制和监示程序是必要的,以保证残留铝量低于指标数值。对于许多活生物体,铝是有毒的,例如引起老人痴呆症。

测定水中痕量的铝有多种技术,诸如石墨炉原子吸收光谱(GF-AAS)、诱导耦合等离子质谱(ICP-MS)、诱导耦合等离子光学发射光谱(ICP-OES)、核磁共振(NMR)、比色和电分析技术。比色和电分析能与流动注射分析(FIA)系统联用。采用分光光度法的 FIA,检测界限为 10~50 μg·L^{-1},但线性范围有限。用安培电化学技术检测铝,快速、能测到低限(LOD)、线性范围较宽。在 FIA 和伏安技术的基础上建立了全自动在线电化学分析器,能即时地监控痕迹量的铝和检验残留组分中易变的铝。这个测定仪是由电化学分析器、流动注射(FI)组件(管线,、泵、阀门)和内部设定的控制系统构成的,其示意图见图 11.18。

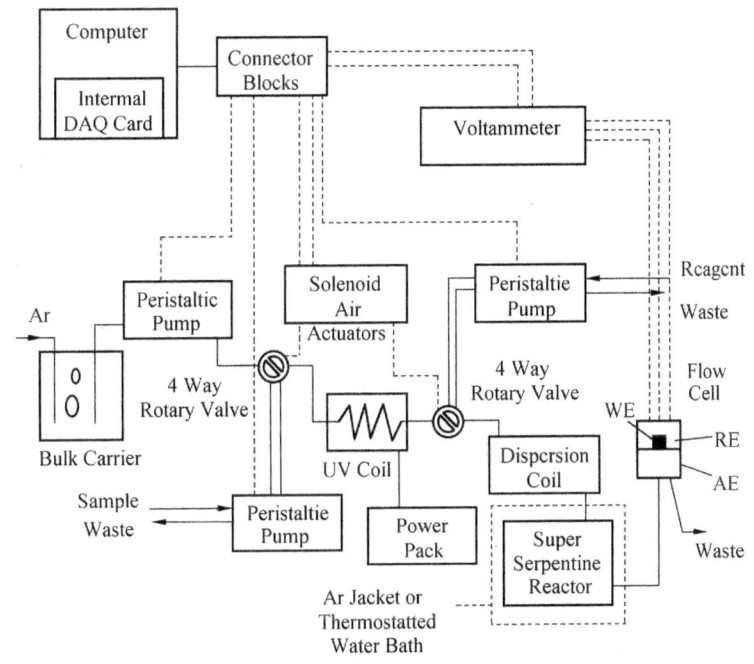

图 11.18 实验装置及排布示意图
WE:工作电极;RE:参比电极;AE:辅助电极

电化学分析器能进行阴极溶出伏安法(CSV)和安培法的测定。CSV 分两步,在预先浓缩之后进行电位扫描,安培法则在一个电位下测定电流。

由于铝离子(Al^{3+})的还原电位较负,-1.75V (vs. SCE),用电化学方法直接测定它是非常困难的。使用 1,2-二羟基-蒽醌-3-磺酸(DASA)配体与铝配位,把配合物覆盖在汞电极表面上,然后阴极溶出伏安法使之从阴极剥离下来。铝和 DASA 在水中的反应,很接近水体中自由铝和易变铝的水平。配位反应如下:

$$Al^{3+} + DASA \rightarrow Al(DASA) + 3H^+$$
$$(\log\beta = 14.11)$$
$$Al(DASA) + DASA \rightarrow Al(DASA)_2^{3-} + 3H^+$$

($\log\beta = 26.93$)

在+0.6V时,用安培法测量UV照射前后的样品,测定易变的铝和总铝的浓度。测定铝浓度采用下列公式:

$$\Delta i_P = i_{P\,blank}/i_{P\,sample}$$

预先做的校正曲线,即 Δi_P 对铝浓度的曲线,在 $0\sim1.6$ mg·L^{-1} 范围内显示很好的线性关系:$y=0.0040x+0.0207$,$r^2=0.999$。测定灵敏度为 0.004 $\mu A\cdot\mu g^{-1}$,检测界限约为 10 $\mu g\cdot L^{-1}$,响应信号比较稳定,漂移小于 $0.1\mu A\cdot min^{-1}$。

用 40,80 和 100 mg L^{-1} 明矾对模拟常规饮用水进行中试,易变铝/总铝的比例分别为 0.4,0.5 和 0.8。这些结果表明:明矾用量较多时,残留铝大部分为易变铝。然而,若处理过程不在最适宜的条件(剂量不足时)下进行,则大部分的铝以天然有机物质-铝的配合物出现在处理过的水中。

由上面的实验事实可见,FI-Al分析仪作为一个在线分析低含铝量的工具是相当成功的。其中的电化学检测体系具有简单、价格便宜和能实现计算机控制和获取数据的特点。

第十二章 电化学在生物和医学中的应用

第一节 生物电化学的研究内容

生命现象最基本的过程是电荷运动。生物电的起因可归结为细胞膜内外两侧的电位差人和动物的代谢作用以及各种生理现象,处处都有电流和电位的变化产生。人或其它动物的肌肉运动、大脑的信息传递以及细胞膜的结构与功能机制等无不涉及电化学过程的作用。细胞的代谢作用可以借用电化学中的燃料电池的氧化和还原过程来模拟;生物电池是利用电化学方法模拟细胞功能;人造器官植入人体导致血栓,这与血液和植入器官之间的界面电位差(基本电化学问题)密切相关;心电图、脑电图等则是利用电化学方法模拟生物体内器官的生理规律及其变化过程的实际应用。从上可见,生物电化学的创立具有很重要的理论意义和很强的应用背景。生物电化学是在 20 世纪 70 年代初由电生物学、生物物理学、生物化学、电生理及电化学等多门学科交叉形成的独立学科,其主要研究内容如下:

1. 生物分子电化学

利用近代电化学技术模拟生物分子在生命活动过程的作用和变化。蛋白质、核酸、多糖和核蛋白等生物大分子的表征,蛋白质和核酸各自的分离及提纯,生物大分子在溶液中的离子平衡、构象转变及药物和染料的络合作用的研究,都已取得一定的成功。生物体内进行的化学反应绝大部分是氧化还原反应,它们本身的电子传递机理及它们所构成的物质和能量代谢链的电子传递机理,正在利用电化学理论和研究技术有效地进行研究。电化学研究技术已成功地研究了生物体系中某些有机化合物(如邻苯二酚胺、吩噻嗪、生物醌、嘌呤类衍生物)的氧化还原行为。

2. 生物电催化

生物电催化是研究酶对生物体系中电化学反应催化作用,其研究内容主要有酶的结构和性能;酶促反应机理;酶固定化方法;在电极-电解质界面酶的电化学行为和氧化还原反应机理;酶促反应同电化学反应的关联方法,尤其是酶在固定化电子递体或促进剂的电极上的电催化作用;酶电催化的应用,尤其是酶作为专一性电化学传感器—酶在能源转换和存储中的应用。

3. 光合作用

光合作用实际上是所有生命过程所需能量的最初来源。光合作用敏化剂叶绿素分子的激发态,激发态的反应、能量转换过程及模型,初级电荷分离及其后的二级反应,CO_2 的并入和还原,光和氧的来源等,都可以利用电化学方法研究,光合作用的各个步骤也可能利用电化学系统来模拟。

4. 活组织电化学

利用对离子和氧化还原反应敏感的染料作指示剂可以间接测定细菌的电位和离子浓度,以探测细胞中的离子行为。微生物电化学有重要的应用,例如微生物燃料电池,利用电化学技术杀死微生物以净化水等。

5.生物技术中的电化学技术

研制生物电极,包括微电极、酶电极和微生物电极等,研究它们在生物技术、医学和其他领域中的应用。电化学为电生理学,例如跨膜电位的测定、兴奋细胞的刺激、膜电位的控制、离子电渗疗法、脑电图、肌动电流图、心电图的研究提供了基础。通过电流流过细胞描摹来修饰细胞,利用电脉冲进行细胞膜打孔、细胞电融合和电打孔基因摄取,这些电生物学技术离不开电化学原理。

由于生物体必然涉及到医药,所以生物电化学也与仿生电化学有密切的联系,例如应用有机电化学的仿生合成来探索新的医药品。有的药物本身对生物体无害,但其在生物体内的代谢产物却是有害的,所以确认药物在生物体内代谢的结构和其生理作用是开发研究新药的主要任务之一。一般药物是由肝脏代谢的,最近发现肝脏代谢反应与电极反应有类似性,因此研究电极反应的仿生合成,可用来代替肝脏进行代谢物的合成的医药品。

模拟生物膜体系的生物电化学研究是当前最活跃的学科发展前沿领域之一。膜现象几乎完全控制着离子、中性分子等在活细胞内、外的运输,离子运输形成的跨膜电位差反过来又可以调节物质运输。LB膜(用Langmuir－Blodgett技术制备的有机薄膜)和BLM(双层类脂膜)是人们研究生物膜结构和功能机制常用的模型体系。BLM与天然生物膜最为接近,但是两个分隔的水相之间所形成的双层脂膜极不稳定,为了提高它的稳定性,人们进行了许多新的尝试,其中SAM(自组装单分子层)的稳定性好并且容易制备。

我国已成功制备了BLM以及基于不同基底的多种模拟生物膜,建立了表征模拟生物膜的多种谱学及电化学现场观测方法,发展了从分子水平上跟踪观测膜的动态变化的现场扫描探针显微技术。开拓了在玻璃基底上用重氮盐还原和阳离子自由基制备前体膜及自组装单层和多层膜底新方法,提出了测定自组装膜的表面覆盖度、表面酸解离数等的有效方法,用自组装、溶胶-凝胶法制造了生物传感器。

随着生命科学特别是分子生物学和临床医学的发展,其研究不仅已从宏观描述进入分子水平,而且开始了对生命起源、癌症成因、遗传突变、药理机制、衰老过程等的研究,有关生物分子的检测与分子间作用机制的研究也就愈显重要。电化学作为重要的实验手段,结合其自身的优点,尤其基于近期在光谱电化学等方面的研究进展,可以预计,电化学方法不仅在上面提到的几个方面的应用将得到加强,而且电化学方法对于研究生物体系或模拟某些生物过程中发生的重要生化反应,揭示生物体内的物质代谢和能量转换,发展高灵敏度和高选择性的生化分析方法和生物分子器件等都将有很大的应用前景。

第二节 生物体的电现象

一、脑波、心电和筋电

1791年伽伐尼(Galvani)发现:把一只刚解剖了的青蛙放在桌上,当时与青蛙相隔一定距离处还有一台电机,后来用小手术刀的刀尖触及青蛙的脚杆神经时,青蛙四肢的全部肌肉强烈地收缩。由此证明动物机体组织与电的相互作用,得出生物学与电化学有着深奥联系的结论。200多年过去了,今日的生物电化学已经涉及到不同领域的生物学问题,主要是:① 在生物体内进行的绝大部分化学反应都是氧还原反应,例如为生命需要(营养、组织生长、再生、废物排泻)进行的新陈代谢。② 光合作用,包括吸收分子的电子激发过程、膜上产生的电子和质子转移过程和代谢化学反应。③ 膜现象几乎完全控制着离子和分子等物质从活细胞外部向内部或反方向的传输,离子有方向性的运动造成了跨膜电位差,调节着一系列的物质运输。④ 生物体所需的信息过程几乎都是通过电信号方式发生的,出现一系列电生理现象,包括视觉、动作、痛觉、热刺激、饥饿和干渴感等等。⑤ 用一定周期和幅度的适当电脉冲在膜中生成微孔,使物质更容易跨膜转移,有可能实现细胞融合和基因摄取。⑥ 生物电化学方法对各种疾病的治疗,涉及生物传感器、燃料电池、人工器脏、电刺激和电麻醉、食品控制、环境保护等多方面的应用。现在首先了解生物体的电现象及有关的实验技术。

在人体表面上可测得神经细胞的电现象。脑波、心电和筋电是有代表性的生物体的电现象,在医学诊断上是非常重要的。与心电、筋电相比,脑波的电位是非常小的。正常人的脑波是一定的,但患有脑疾病者则波形发生变化。即使是呼吸或脉搏几乎停止者也会有脑电波的,死亡的判断是以脑的生死状态来判定的。由此可见,生物体的电现象是基本的生命现象。通常脑电波是在耳和头部上装上电极进行测定的。

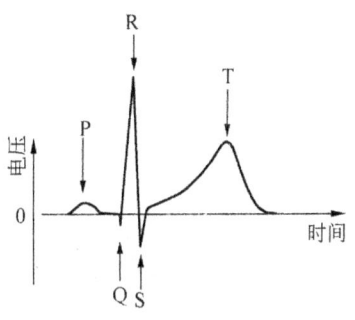

图 12.1　心电图的基本波形

对脑波、心电和筋电的测定要用面积比较大的电极,这些电极(称为表面电极)的电阻和极化都要小,而且能在生物体表面牢牢地固定住。在电极和皮肤之间使用膏剂电解液,但不能长时间贴在生物体表面上,因膏剂变干会使皮肤发炎。使用导电性粘接剂可进行长时间的测定。电极材料以银-氯化银电极的使用最广泛。

表 12.1 列出用表面电极观测的生物体的电现象。而生物电现象的例子则选用人们熟识的心电图,图 12.1 是正常心电图的基本波形。

表 12.1　生物体表面测定的生物电现象

生物体电现象	频率/Hz	电压/V	测定部位
脑波(EEG)	0.5～60	$10^{-6} \sim 3 \times 10^{-4}$	头皮上
心电(ECG)	0.1～200	10^{-3}	四肢和胸部
皮肤电反应(PGP)	0.03～10	$10^{-4} \sim 10^{-3}$	手掌
筋电(EMG)	5～1000	$10^{-5} \sim 10^{-2}$	体表

二、细胞膜电位和刺激传递

1. 微电极

nA)测定细胞膜电位要把微电极插入生物体内。微电极面积很微小(通常约为 10^{-8}

cm²),因而具有两个显著的特点：① 电极响应速度相当快($RC < \mu s$),在扫描伏安测量中,扫描速度高达 2×10^4 V·s⁻¹,比常规电极快 3 个数量级。② 极化电流甚微,一般为毫微安(,甚至可低到微微安(pA)的数量级;欧姆电位降很小,故可采用双电极体系(研究电极和参比电极－兼作辅助电极),不仅简化了实验方法及实验设备,而且提高了测量系统的信噪比。微电极技术已在生物电化学、金属电结晶、快速电极过程动力学、电分析化学、能源电化学、光谱电化学等领域中得到应用。

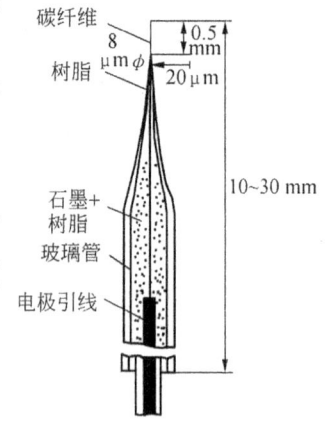

图 12.2　碳纤维微电极的结构

微电极的尺寸一般为 $10^{-1} \sim 10$ μm,制备技术精细难度大;但采用光刻、超细纤维制备等技术,现已能制备出单电极、多电极、阵列微电极、双管微电极、粉末微电极等等。电极材料多数采用碳纤维、铂、铜、钨。形状有盘、环、圆柱、球等。插入生物体内的微电极不仅要微小,而且要有一定的强度,此外还有影响电极反应的共存物质等问题。图 12.2 为碳纤维微电极的结构示意图,用它可测定生物体内神经传递物质。玻璃电极也可以制成微电极,其尖端可做到 < 0.5 μm,可用于测定细胞膜电位。

2. 细胞膜的静电位和电刺激时的电位变化

可兴奋的细胞膜是被一层原生质膜所包围着的,这层膜的主要功能是控制物质进入或排出细胞,膜厚约 7.5 nm。原生质膜中的一种重要组分是类脂体,当蛋白质嵌入膜内后形成通道,允许细胞内外的离子交换。图 12.3 表示细胞膜的主要结构。图中由憎水的类脂体尾巴组成膜的内层,其行为类似于厚约 3 nm 的电介质。对于平板电容器,可用(3.1)式计算其电容;若把静电单位换算为实用单位,则有(12.1)式,按此式估算出细胞膜的电容为 0.9 μF·cm⁻²(ε 取 3)。

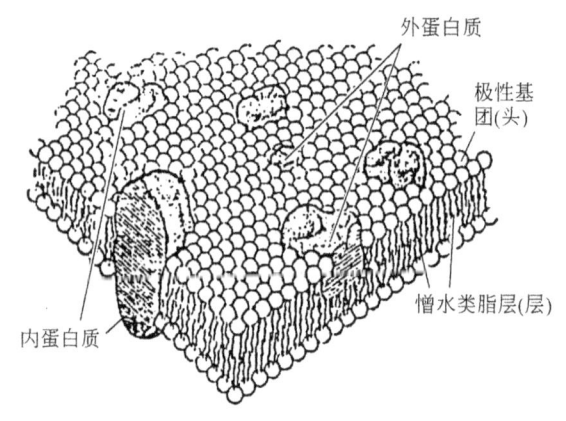

图 12.3　细胞膜的结构示意图

$$C = \varepsilon_0 \varepsilon / d = 8.85 \times 10^{-12} \varepsilon / d \quad (\text{F} \cdot \text{m}^{-2}) \qquad (12.1)$$

细胞内外离子浓度的分布示例于表 12.2。从表可见,细胞内钾离子浓度大大超过细胞外,而细胞外钠离子和氯离子的浓度则大大超过细胞内。离子浓度不均一导致离子从高浓度处向低浓度处扩散,形成了浓差电池。在平衡时,横跨膜的电位差(膜内电位减去膜外电位)和内外离子浓度的关系表示为(12.2)式,式中 Z_i、$c_{i,内}$、$c_{i,外}$ 分别为第 i 种离子的价数、在细胞内外的浓度。

$$V_m = \frac{RT}{Z_i F} \ln \frac{c_{i,外}}{c_{i,内}} = \frac{58}{Z_i} \lg \frac{c_{i,外}}{c_{i,内}} \quad (\text{mV}) \quad (20 \text{℃}) \qquad (12.2)$$

(12.2)式的 V_m 称为 Nernst 电位。利用表 12.2 的数据,计算出乌贼轴突在静息状

态下 K^+ 的 Nernst 电位为 -74.7 mV,与实测的静息电位(-70 mV)相近,故钾离子是接近平衡的。一般来说,细胞膜并不能让所有的离子都处于平衡中,也就是每个组分的 Nernst 电位不相同,因而没有一个膜电位同时能平衡几种离子。用稳态代表静息状态,即通过膜的电流为零。此时用 Goldman 方程(12.3)表示膜的静电位,该式考虑同时存在钾、钠、氯离子。

表 12.2 某些细胞膜内外钾、钠、氯离子的浓度

	肌肉(青蛙)		神经(乌贼轴突)	
	细胞内	细胞外	细胞内	细胞外
K^+/mmol·L^{-1}	124	2.2	397	20
Na^+/mmol·L^{-1}	4	109	50	437
Cl^-/mmol·L^{-1}	1.5	77	40	556

$$V_m = \frac{RT}{F}\ln\left[\frac{P_K c_{K,外} + P_{Na} c_{Na,外} + P_{Cl} c_{Cl,内}}{P_K c_{K,内} + P_{Na} c_{Na,内} + P_{Cl} c_{Cl,外}}\right] \tag{12.3}$$

式中 P 为通透性。

如果在细胞表面处通过一对电极加上刺激电流,就会产生动作电位,动作电位将传播到细胞的各个部分。膜在静息时都处于负电位,大致为 $-60\sim-100$ mV,若受到电刺激时膜电位翻转很快,峰值可达 $+40$ mV。下面举例说明。

老枪墨鱼的巨大神经轴线(直径为 $400\sim900$ μm,长为 $4\sim8$ cm)是无髓神经,构造简单。轴线内的原生质,含 400×10^{-3} mol·$L^{-1} K^+$、50×10^{-3} mol·$L^{-1} Na^+$,而与此相接触的外部液体含 Na^+ 多 K^+ 少。常用海水进行实验,因海水中含 10^{-3} mol·$L^{-1} K^+$,460×10^{-3} mol·$L^{-1} Na^+$,与外部液体的组成相近。使用输入阻抗高的电位计,测定插入细胞内的微电极与细胞外的 Ag-AgCl 电极之间的电位差。若同时插入对细胞进行电刺激的微电极,则可测定对电刺激响应时的细胞电位。神经受脉冲刺激时,膜电位向正方变化数 10 mV 后,又回到原来的负值,变化

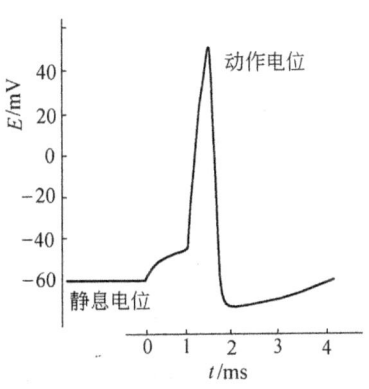

图 12.4 神经脉冲的波形

时间约 1ms(见图12.4)。神经脉冲在神经纤维内传递,反复进行可通过神经末端的刺激到达脑。不同种类的神经刺激传播速度是不同的,例如猫的无髓神经为 $0.7\sim2.3$ m·s^{-1}、猫的有髓神经为 $10\sim100$ m·s^{-1}、墨鱼的无髓神经为 25 m·s^{-1}、青蛙的有髓神经为 $6\sim32$ m·s^{-1}。

第三节 伏安法在生物和医学中的应用

一、伏安法研究生物体物质的电极反应

伏安法在生物电化学中有许多应用,例如对有生物学意义的有机物质和生物多聚体的分析和物理化学表征,研究药物代谢及效果,研究酶氧化还原反应和光氧化还原反应,对药物和食品的监控等等。

1. 有关核酸的电化学

在生物体系中控制遗传信息的物质是核酸,核酸的基本组成单位是核苷酸。含氮的杂环化合物嘌呤或嘧啶衍生物的碱基物质(如腺嘌呤、胞嘧啶)同糖结合而成核苷,再经磷酸脂化就得到核苷酸。腺嘌呤磷酸脂(AMP)对于糖类细胞代谢和器官的伴随功能非常重要,例如肌肉收缩、心血管系统、肾上腺皮质中激素的产生等。因此研究核苷酸中电活性部分,即碱基腺嘌呤还原的电极过程是极其重要的。碱基腺嘌呤在汞电极上还原时,必须预先质子化,因此溶液的 pH 必须低于 7。电极过程的第一步是其嘧啶环中的双键获得 2 个电子和 1 个质子,这一步是控制步骤;随后再得到 2 个电子和 2 个质子,见(12.4)式。以后的脱氨基很慢,只有在相当长的电解时间内,脱氨基才能充分进行,再取得 2 个电子和质子。

$$\text{(反应式)} \tag{12.4}$$

某些辅酶,如烟酸胺腺嘌呤二核苷酸(NAD)的电还原反应被详细研究。在氨盐水溶液中 NAD^+ 还原的极谱有二个波。第一还原波的 $\log i$ 与 E 为线性关系,从直线斜率求出反应电子数为 1,还原产物为 NAD 自由基。在第一个阴极峰电位下恒电位电解时,NAD^+ 被还原,辅酶的活性便消失。在第二步还原反应中,NAD 自由基可能得一电子和 H^+ 生成 NADH。但是在第二个还原波内恒电位电解时,酶活性的 NADH 的生成率较低,原因在于 NAD 自由基发生了二聚反应,生成了二聚体。

作为遗传密码载体,脱氧核糖核酸(DNA)在所有生命系统中具有关键的作用。DNA 与荷电生物界面(例如蛋白质外壳)的相互作用是经常性的,而其结果也是相当重要的。采用适当的伏安法将天然双螺旋 DNA 在荷电界面的行为与变性单股(s.s)DNA 相比较,对所测定的一般生物电化学参数的理解和解释有很大的意义。变性 DNA 的伏安行为比天然 DNA 简单得多。s.s-DNA 的碱基单元立即吸附在电极/溶液界面上,并可把碱基腺嘌呤和胞嘧啶还原。电位扫描时,只有吸附 DNA 的新鲜汞电极才出现不可逆的还原峰,这是 DNA 的碱基腺嘌呤和胞嘧啶还原引起的。再次扫描就看不到还原波,因为还原了的 DNA 形成致密膜,再也不能吸附未还原的 DNA。吸附的天然双螺旋 DNA 有类似于

s.s-DNA 的还原响应,但其构象肯定会发生变化,只有天然 DNA 在界面已打开螺旋位置上的腺嘌呤和胞嘧啶才能被还原。伏安法实验数据表明,不同来源 DNA 的碱基组分百分比是不同的。通过线性扫描伏安法研究,还发现在相当低的辐射(约 0.1 至几个 krad)下,天然 DNA 已受到损坏。

尿酸是腺嘌呤的代谢产物,在人和哺乳类动物中仅含少量尿酸。若出现尿酸病理学沉积,将会形成膀胱结石和尿结石,引起痛风病,分析尿酸有助于对血液失调的诊断与治疗,用电化学方法可以测定尿酸的浓度。对尿酸及其衍生物的伏安研究,提供了酶氧化机理的重要信息:证实酶氧化和电化学氧化的中间产物是相同的,说明生物反应与电极反应的相似性,因而有可能把酶反应从外界控制转化为电化学控制。

图 12.5 是用石墨电极在含尿酸和 H_2O_2 的溶液中测得的循环伏安图。开始先向阴极方向扫描,没有还原峰出现(曲线 A 之 1)。在其反向扫描至出现氧化峰 I_a 后,就看到两个还原峰 I_c 和 II_c(曲线 A 之 2)。I_a 和 I_c 是尿酸的氧化峰和相应的还原峰,II_c 是尿酸氧化生成的醌型中间产物转化为亚胺-醇型中间产物的还原峰。往溶液中加入过氧化物酶,则在开始向阴极方向扫描时,II_c 仍然出现(曲线 B),表明酶氧化和电化学氧化生成可还原的中间产物是一样的(UV-吸收光谱证实)。如果加入过氧化物酶数分钟后,即尿酸几乎完全被酶氧化时,则所有氧化峰和还原峰都消失(曲线 C)。测定尿酸及其衍生物酶氧化和电化学氧化中间产物(λ_{max} = ~300 nm)的反应速度常数,两者十分接近。由此可见,来源于尿酸及其衍生物酶氧化或电化学氧化的中间产物的光谱、动力学和电化学行为是相同的。

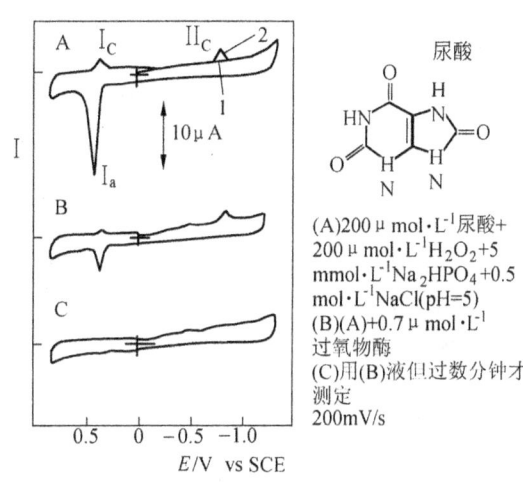

(A)200 μmol·L^{-1} 尿酸 + 200 μmol·$L^{-1}H_2O_2$ + 5 mmol·$L^{-1}Na_2HPO_4$ + 0.5 mol·L^{-1} NaCl(pH=5)
(B)(A) + 0.7 μmol·L^{-1} 过氧物酶
(C)用(B)液但过数分钟才测定
200mV/s

图 12.5 热解石墨电极的循环伏安曲线

2. 金属蛋白质的电极反应

在生物体内含有金属离子的蛋白质种类很多,以铁络合物为氧化还原中心的血红(素)蛋白质就是其中一类。已知在血液中有输送氧的血色蛋白,贮存氧的肌红蛋白,以及在呼吸过程中起到电子传递作用的细胞色素 c。这些金属蛋白质因其氧化还原的活性中心被大蛋白质包围,故在电极上很少有直接的电化学响应。但近年来采用功能性电极,容易测量循环伏安曲线。例如,在生物体细胞内线粒体膜上的呼吸链产生能量过程(从氧化的二磷酸腺苷(ADP)转变成三磷酸腺苷(ATP))中,传递电子的细胞色素 c 在修饰了 PySSPy 电极上,在中性磷酸溶液中的循环伏安曲线基本上是可逆的。测得 25 ℃时 $E^{0'}$ [= $(E_{pA} + E_{pK})/2$]约为 15 mV(vs SCE),D 为 1.0×10^{-6} $cm^2 \cdot s^{-1}$,k_{sh} 约为 5×10^{-3} $cm \cdot s^{-1}$。而且从溶液中共存离子的种类、pH 值、温度对 $E^{0'}$ 的影响还可获得有关金属蛋白质构造变化的信息和热力学数据。

二、溶出伏安法在医学中的应用

在医学上常需对人体的血、尿、体液、头发、各种组织以至内脏等所含的痕量元素进行测定,近年来采用溶出伏安法日益增多。在工厂和矿山职业病防治工作中,痕量有害金属如汞、铅、镉等的分析极为重要。用比色法测定铅锌矿工人体内血铅的浓度,一次要抽静脉血 5 mL;但用溶出伏安法只要采用指血或耳血一滴即可测定,操作简便,测定时间亦快得多。在世界上引起注目的"骨痛病"起因于镉中毒,用溶出伏安法一天内可测定 100 个以上的尿样,这种方法对镉中毒的防治有很大的作用。

分布在人体组织中的元素含量,随着人们生活的环境、年龄、性别以及元素自身的性质各有差异。一般情况下,它们在各种组织中的含量都在 ppm~ppb 范围内。因此欲测定如此痕量级的元素,必须有高灵敏度的分析技术、可靠的取样和预处理。溶出伏安法可对血液、尿液、头发、内脏、眼球、骨质和牙齿中常见的元素进行分析,例如,测定铅、镉、汞、钙、铁、镍、铜、锌、铊、锰、铬、锶、硒。

尿镉是人体内镉含量和由镉中毒引起肾脏损害的指标之一。正常健康人尿镉含量范围为 $0.64 \sim 8.90 \, \mu g \cdot L^{-1}$,患肾小管性蛋白尿的病人,排泄尿镉的量超过正常值。用线性扫描阳极溶出伏安法测定尿镉。把 0.5 mL 硝酸-高氯酸-硫酸溶液加入 0.5 mL 尿液中,在 250 ℃ 左右加热至尿液无色并蒸发至干。加入 5 mL 1 mol·L^{-1} 醋酸-0.2 mol·L^{-1} 氯化钠溶液,用 0.1 mL 高氯酸调节 pH 在 4.8~5.5 之间,以镀汞石墨为研究电极,银/氯化银电极为参比电极,电积电位调在 -1.1 V,扫描速度为 60 mV·s^{-1},镉的溶出峰在 -0.7 V 左右。此法可同时测定尿中铅、铜、铋。

当氰化物中毒时,尿液和唾液中的硫氰离子浓度会增高;从吸烟者的唾液也可检出 SCN^{-}。唾液中 SCN^{-} 的浓度一般在 2×10^{-3} mol·L^{-1} 左右。采用悬汞电极,用溶出伏安法在一定条件下可检测尿液或唾液中的 SCN^{-}。

核酸修饰汞电极(NAME)具有简单、方便、快速、灵敏的特点,广泛应用于 DNA 的痕量分析及结构研究、DNA 传感器。对核酸进行痕量的分析,微分脉冲极谱(DPP)法需要样品 1~2 mL,可分析 mg 级 DNA。吸附溶出伏安法(AdSV)比 DPP 提高了两个数量级,但用量仍较大。若用吸附转移溶出伏安法(AdTSV),只需 5~10 μL 的核酸溶液。这是利用核酸在汞电极上强烈的不可逆吸附制得的 NAME,并转入不含核酸的溶液中,结合溶出分析。采用悬汞电极(HMDE)足以测定 ng 量的 DNA。单链 DNA 修饰电极可用于基因传感器研究,例如具有顺序选择性的电化学传感技术能快速检测特定的 DNA 序列,且成本低和自动化。

三、溶出伏安法在食品中的应用

食品的卫生问题与人体健康密切相关。随着工业发展,各种化学制品的增多,不可避免地给食品带来各种污染。一些有害元素,如汞、镉、铅等,一旦污染了食品,人们食用后就会中毒。一些为人体必须的元素如锌、铜等,往往会在食品的精制过程中损失,亦能影响到健康。为了预防中毒,保障人体健康,必须加强对食品的分析和管理。溶出伏安法也被应用在食品分析上,已能进行和分析的项目相当多,粮食、肉类、水产、乳制品、罐头食品、食油、酒、烟等中的一些痕量元素都可用溶出伏安法进行测定。

鱼体中的汞,酱油和食盐中的砷,食糖、蜂蜜、味精、酱油、食盐、醋、汽水、酒中的铅,粮食中的镉、铅、铜,小麦和面粉中的碲,紫菜中的碘,水果中的锰,罐头食品中的锡、铅、铜等,都可以用溶出伏安法快速地检验出来。

尼古丁是烟草中含量最多的生物碱,对人体有坏影响,其含量大小是产品质量控制的重要指标之一。在常用的测定方法中,只有连续液流法可以在动态的条件下测定,但因仪器价格昂贵和使用剧毒氰化物试剂而受到限制。以聚苯胺修饰的石墨管电极为基体电极,管内涂以硅钨酸为活性物质的聚氯乙烯膜,构成双膜流通式尼古丁电极(研究电极);参比电极为SCE。连接流动注射分析装置和电位计,组成整个测量系统。此法简便、选择性好,进样频率80次/小时,适合大批量样品的快速测定,可用于检测烟草中的尼古丁。

第四节 生物电化学传感器

一、电化学传感器简介

电化学传感器是把非电参数变为电参数的装置,根据检测方法可分为电位传感器、安培/库仑传感器、伏安传感器(包括富集和溶出步骤)和电导传感器。

1. 电位传感器

电位传感器是把化学量转换为电位的装置,测量电位就可测定化学量,如浓度。它是应用最广泛的电化学传感器,除上一章介绍的用途很广的离子选择电极外,用固体电解质制成的传感器也相当有用。对于被测物处于较高温度的环境时,水溶液不适宜做传感器中的电解质,通常使用固体电解质。对气体敏感的固体电解质,例如碳酸盐(对CO_2)、硝酸盐(对NOx)和氧化物(对O_2)。固体态传感器坚固、耐腐蚀,并可小型化。有关测氧传感器在第二章介绍了用$ZrO_2 \cdot CaO$作固体电解质的传感器。此外,也可用$RbAg_4I_5$做电解质,主要反应为$4AlI_3 + 3O_2 \longrightarrow 2Al_2O_3 + 6I_2$,所产生的游离碘向多孔石墨电极扩散,形成电池$Ag|RbAg_4I_5|I_2$,石墨,总反应为$2Ag + I_2 \longrightarrow 2AgI$。从连接传感器的电压表的读数可以测得气体中的氧含量。同理更换活性物质,可以分析氟、臭氧、一氧化碳、一氧化氮、二氧化氮、四氧化二氮、乙炔、氨和氯化氢等气体。

用高温质子导体做固体电解质,制成蒸汽浓差电池可以测定烃类化合物,这就是烃类化合物传感器。当不同湿度的气体通进两个电极室,电池的电动势为

$$E = \frac{RT}{2F} \ln \frac{p_{H_2O(1)}}{p_{H_2O(2)}} \left[\frac{p_{O_2(2)}}{p_{O_2(1)}} \right]^{\frac{1}{2}} \tag{12.5}$$

当$p_{O_2(2)} \approx p_{O_2(1)}$时,电动势便取决于两个电极室的$p_{H_2O}$之比。烃类化合物传感器的原理图如图12.6所示。在固体电解质的两边分别装上电极,电极1不会引起碳氢化合物燃烧,而电极2对燃烧反应有催化作用。通入含有碳氢化合物的空气时,在电极2进行碳氢化合物的燃烧反应,产物为水蒸气与CO_2。由于空气中氧占1/5,而所含的碳氢化合物通常为1%左右。因此碳氢化物燃烧后,在固体电解质两边氧的浓度差别不大,主要形成水蒸气浓差电池。

用对烃燃烧反应有催化作用的$La_{0.6}Ba_{0.4}CoO_3$做被测电极,$CaZr_{0.9}In_{0.1}O_{3-x}$为固体电

解质,组成电池 La$_{0.6}$Ba$_{0.4}$CoO$_3$(2)|CaZr$_{0.9}$In$_{0.1}$O$_{3-x}$|Au(1)。往电极 1 通入干燥的空气($p=0.993$ torr)。在 973 K 下,测得电池电动势与碳氢化合物浓度的关系如图 12.7 所示。从图可见,对于 C$_2$H$_6$,C$_3$H$_8$,电动势与浓度有良好的线性关系。该电池的电动势稳定,而且从电池出来的气体已没有 C$_2$H$_6$,C$_3$H$_8$。

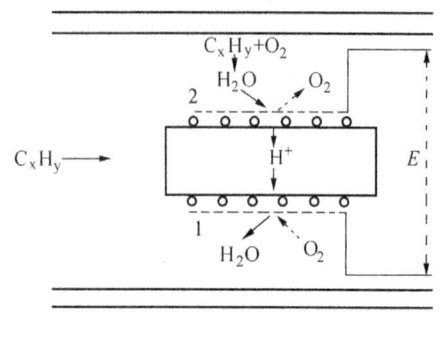

图 12.6 质子导体为电解质的烃传感器的原理图

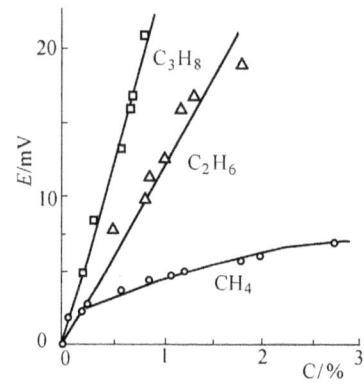

图 12.7 La$_{0.6}$Ba$_{0.4}$CoO$_3$|CaZr$_{0.9}$In$_{0.1}$O$_{3-x}$|Au 的电动势和烃浓度的关系

2. 安培/库仑传感器

安培/库仑传感器是把化学量转换为电流或电量的装置,通过测量电流或电量就可测定浓度。在安培传感器中,通常把电位控制在传质控制的电位平台区。近年来这类传感器与液相色谱(LC)和流动注入分析(FIA)体系连用,发挥更大的作用。库仑传感器在耗尽电解下工作,这有别于安培传感器,但两者的测量方法基本上相同。质子型安培传感器可检测 O$_2$,CO,SO$_x$。与 FIA 联合时,用安培法可检测水溶液中的阴离子,如碳酸根、亚硝酸根。原则上,任何无机、有机或生物的电活性物都可用安培/库仑法来检验之,但至今多数未能实现。这是因为存在电极污染、电化学可逆性、对干扰物交叉敏感性等问题尚未解决。

3. 电导传感器

电导传感器是把化学量转换为电导的装置,测量被测物的电导就可确定浓度。近年来电导法应用于液相色谱和毛细管电泳,取得较好的效果。基于电导率测定的生物传感器如纤维测试计(fibrometer)、血球计数器。比起上述两类传感器,电导传感器应用得较少。

二、生物电化学传感器的原理和器件

生物电化学传感器的出现不仅为临床检验、环境分析以及食品、医药等工业生产过程的监控提供了新的工具,而且促进了生物电催化和生物燃料电池研究的开展。

生物电化学传感器的构造分为两部分:① 感受器,由具有分子识别本领的生物物质,如酶、微生物、动植物组织切片、抗体或抗原等组成。② 信号转换部分,称为基础电极或内敏感器,这是一个电化学检测元件。例如葡萄糖电极就是由固定化的葡萄糖氧化酶膜贴在铂电极上而构成的。由固定化的生物材料与适当的换能器密切接触而构成的分析工具称为生物传感器,换能器可将生物信号转换成定量的电信号或光信号;如果换成电信号,则是生物电化学传感器。

生物物质的分子识别与下列两种反应密切相关。① 酶促反应:酶是生化反应的高效催化剂,具有高度的专一性。在反应过程中酶与底物形成了酶-底物复合物,此时酶的构象对底物分子显示识别本领。② 免疫反应:此乃抗体(Ab)与相应抗原(Ag)的反应,Ag + Ab = AgAb。抗原是由外界入侵到体内的异物,而抗体是该异物入侵后体内生成的一种蛋白质。抗体与抗原形成复合物,起着控制抗原的作用,即显示出对抗原的分子识别。通常酶只对低分子量物质有识别能力,而抗体则对高分子量物质有很强的识别能力,即使是微小的结构差异也能作出明确判断。

制作生物传感器,必须把生物物质固定化。固定化目的在于使酶等物质在保持固有性能的前提下处于不易脱落的状态,以便同基础电极组装在一起。固定化方法很多,在酶传感器制作中常用的方法有:① 包埋法,将酶包裹在聚合物凝胶或半透膜内;② 交联法,利用戊二醛等一些含有多个基团的试剂使酶分子之间以化学结合方式连接起来;③ 载体结合法,采用物理吸附法、离子结合法和共价结合法等方法,将酶固定在载体(膜或电极)表面上。微生物抗体或抗原的固定化,虽然具体操作条件与酶的固定化不尽相同,但原理很相似。例如,微生物的固定化常用吸附法和包埋法。

生物电化学传感器中的电信号的测量主要有电位法和电流法两种,此外个别酶传感器尚利用底物的吸附特性进行微分电容测定。测量方法的选择是传感器结构设计的基本依据,而测量方法的选择在很大程度上取决于生化过程的本质。

在葡萄糖氧化酶(GOD)作用下底物 β-D-葡萄糖进行如下氧化反应

$$\beta\text{-}D\text{-葡萄糖} + O_2 \xrightarrow{GOD} D\text{-葡萄糖酸} + H_2O_2 \tag{12.6}$$

反应物 O_2 和产物 H_2O_2 都是电活性物质,因此可采用电流法测量,即在维持某一恒定电位下测定氧的还原电流或过氧化氢的氧化电流,进而按化学计量关系确定底物浓度。此外,可使用中间体,例如葡萄糖与 GOD 作用,生成葡萄糖酸和还原型 GOD,后者使 $Fe(CN)_6^{3-}$ 变为 $Fe(CN)_6^{4-}$,此离子在电极上失去电子又变为氧化态,因而可检出电流。最近应用此原理,制成测定血液中葡萄糖的生物传感器,以监测糖尿病。

在脲酶作用下脲的水解反应

$$CO(NH_2)_2 + H_2O \xrightarrow{\text{脲酶}} CO_2 + NH_3(NH_4^+) \tag{12.7}$$

产物 CO_2 和 $NH_3(NH_4^+)$ 都是膜活性物质,可用气敏电极或离子选择电极进行电位法测量。

在氨基酸氧化酶作用下氨基酸与氧反应

$$RCHNH_2COO^- + O_2 + H_2O \xrightarrow{\text{氨基酸氧化酶}} RCO\text{-}COO^- + NH_4^+ + H_2O_2 \tag{12.8}$$

可用 NH_4^+ 电极测定 NH_4^+、用 I^- 电极测定 H_2O_2。

基础电极的选择性对生物传感器的性能影响很大,首先设法排除现有基础电极可能受到的干扰。例如以 pH 电极为基础的青霉素电极,由于酶吸附在玻璃电极上,而 +1 价离子又会吸附在酶的负电荷中心上,故该感受器受到 +1 价离子的严重干扰。采用渗析膜将酶与玻璃电极表面隔离,从而消除了干扰。研制新的基础电极也是很重要的工作。NH_3 和 CO_2 气敏电极的出现曾对生物传感器的发展起了很大的促进作用,由它们构成的生物传感器可直接在成分复杂的流体中使用。离子选择场效应晶体管或化学修饰电极作为基础电极的研究,也导致新型生物传感器的出现。

由于许多生化过程涉及 O_2,H_2O_2,H^+,NH_3 和 CO_2 等物种的消耗或生成,用于检测这些物质的基础电极显得格外重要。生物电化学传感器的结构与传感器种类和检测体系有关。图 12.8、图 12.9 和图 12.10 分别为酶传感器、微生物传感器和免疫传感器的结构示意图。

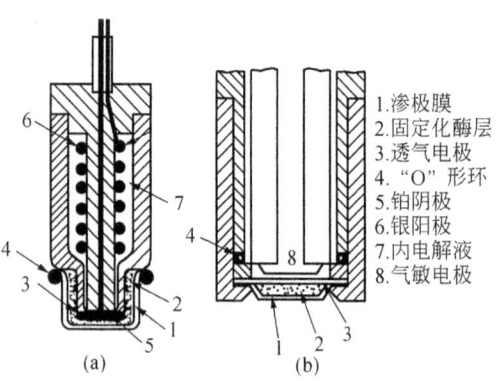

图 12.8　酶传感器的结构示意图
(a) 电流法；　(b) 电位法

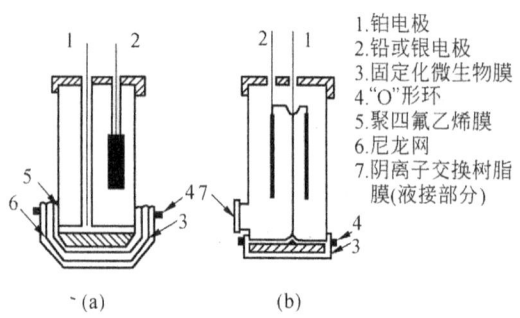

图 12.9　微生物传感器的结构示意图
(a) 呼吸活性测定型；　(b) 电极活性物质测定型

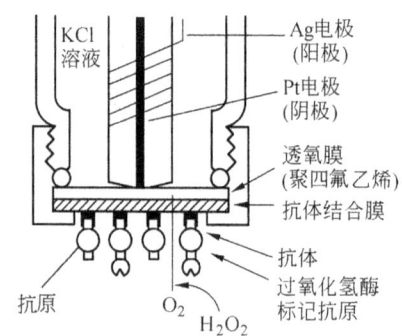

图 12.10　酶免疫传感器的结构示意图

三、酶传感器、微生物传感器、组织传感器和免疫传感器

1. 酶传感器

酶传感器是目前研究最广并部分实用化的生物传感器。酶电极的工作过程如图12.11所示。底物 S 在被检测过程中经历如下步骤:① S 由溶液传输到传感器表面；② S 在酶层与溶液相中进行分配；③ S 在酶层中传输与反应；④ 产物 P 传输到基础电极上被检测。酶(E)反应遵从 Michaelis-Menten 动力学。

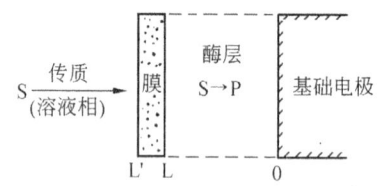

图 12.11　酶电极工作过程

$$E + S \underset{k_{-1}}{\overset{k_1}{\rightleftharpoons}} ES \overset{k_2}{\longrightarrow} E + P \tag{12.9}$$

在上述反应中,复合体 ES 离解的酶再次用来促进反应。当底物浓度比酶量充分多时,在稳态($dc_{ES}/dt = 0$)下,可导出酶反应的速率公式

$$v = \frac{dc_P}{dt} = \frac{dc_S}{dt} = \frac{V_{\max} c_S}{K_m + c_S} \tag{12.10}$$

式中 $V_{\max}$ 称为最大速率,K_m 是 Michaelis 常数,它是当速率 v 为 $V_{\max}/2$ 时底物的浓度。

当 $c_S \ll K_m$ 时,(12.10)式变为 $v = (V_{max}/K_m)c_S$,反应速率和 c_S 成比例,因此测定 v 便可求底物浓度。另外在稳态下,c_P 与 c_S 成比例,标定曲线变为直线。当 $c_S \gg K_m$ 时,(12.10)式变为 $v = V_{max} = k_2 c_E^0$(c_E^0 为 $x=0$ 处酶的浓度),反应速率和底物浓度无关。

酶传感器采用电位测量时,基础电极显示的电位为

$$E = 常数 + \frac{RT}{nF}\ln(c_P^0 + \sum K_I^P c_I) \tag{12.11}$$

K_I^P 是对干扰物种 I 的选择性系数,c_P^0 为 $x=0$ 处酶反应产物的浓度。可见酶电极的检测限度受离子选择电极检测限度所制约。当 $c_P^0 < 10\sum K_I^P c_I$ 时,校正曲线不再呈直线关系。

将离子选择电极与酶结合起来,既能测定无机物,又能检测有机物。特别是能测定生物体液中的组分,扩大了离子选择电极的使用范围,受到生物化学界和医学界的重视。现已研制成功 20 多种酶传感器,可用于检测尿素、葡萄糖、氨基酸、尿酸、青霉素、胆甾醇、过氧化氢、肌酸酐、苯酚、磷脂等等(见表 12.3)。

表 12.3 酶传感器的特性

传感器	酶	换能器	测定浓度/mg·L^{-1}	响应时间/min	稳定性/d
葡萄糖	葡萄糖氧化酶	氧电极	$1\sim 5\times 10^2$	0.17	100
苯酚	酪氨酸酶	铂电极	$5\times 10^{-2}\sim 10$	$5\sim 10$	—
丙酮酸	丙酮酸氧化酶	氧电极	$10\sim 10^3$	2	10
尿酸	尿酸酶	氧电极	$10\sim 10^3$	0.5	120
D-氨基酸	D-氨基酸氧化酶	氨离子电极	5×10^3	1	30
L-酪氨酸	酪氨酸脱羧酶	CO_2 电极	$10\sim 10^4$	$1\sim 2$	20
尿素	尿素酶	氨气电极	$10\sim 10^3$	$1\sim 2$	60
胆甾醇	胆甾醇脂酶	铂电极	$10\sim 5\times 10^3$	3	30
中性脂质	脂酶	pH 电极	$5\sim 5\times 10$	1	14
磷脂	磷脂酶	铂电极	$10^2\sim 5\times 10^3$	2	30
一元胺	一元胺氧化酶	氧电极	$10\sim 10^2$	4	>7
青霉素	青霉素酶	pH 电极	$10\sim 10^3$	$0.5\sim 2$	$7\sim 14$
扁桃苷	葡萄糖苷	氰电极	$1\sim 10^3$	$10\sim 20$	3
肌酸酐	肌酸(脱水)酶	氨气电极	$1\sim 5\times 10^2$	$2\sim 10$	—
过氧化氢	过氧化氢酶	氧电极	$1\sim 10^2$	2	30
磷酸离子	磷酸酶 葡萄糖氧化酶	氧电极	$1\sim 10^3$	1	120
硝酸离子	硝酸还原酶 亚硝酸还原酶	氨离子电极	$5\sim 5\times 10^2$	$2\sim 3$	—
亚硝酸离子	亚硝酸还原酶	氨气电极	5×10^3	$2\sim 3$	120
硫酸离子	烯丙基硫酸脂酶	铂电极	$5\sim 5\times 10^3$	1	30

酶是从各种细菌和动物组织中分离提取出来的,它们离开了原有的环境后便相当不稳定,极易失去其生物活性,从而使酶传感器的使用寿命短。为了扩大使用范围,提高电

极性能,主要措施有:① 利用多酶体系;② 采用固定化底物电极;③ 开发脱氢酶电极;④ 用电流法检测水解酶电极;⑤ 用电子传递中间体代替氧进行酶反应;⑥ 酶的电化学固定化。

2. 微生物传感器

微生物传感器的识别部分是由固定化微生物构成的。设计这类传感器的原因在于:① 微生物细胞内含有能使从外部摄取的物质进行代谢的酶体系,可避免使用价格较高的分离酶。况且,有些微生物的酶体系的功能是单种酶所没有的。② 微生物能够繁殖生长,或者可在营养液中再生,故能长时间保持生物催化剂的活性。微生物电极与酶电极结构很相似。与酶电极相比,微生物电极的稳定性一般较好,使用寿命较长,且灵敏度不亚于前者,但是响应速度较慢。表12.4列出一些微生物传感器。

表 12.4 微生物传感器的特性

传感器	微生物	电极	测定浓度/mg·L^{-1}	响应时间/min	稳定性
葡萄糖	荧光假单胞菌	氧电极(测电流)	5~20	10	14
同化糖	乳酸发酵短杆菌	氧电极(同上)	20~200	10	20
醋酸	芸苔丝孢酵母	氧电极(同上)	10~200	15	30
氨	硝化菌	氧电极(同上)	5~45	5	20
维生素 B$_{12}$	大肠杆菌	氧电极(同上)	0.005~0.025	2	25
BOD	丝胞酵母	氧电极(同上)	5~30	10	30
维生素 B$_1$	发酵乳杆菌	燃料电池(同上)	10^{-3}~10^{-2}	360	60
甲酸	酪酸梭菌	燃料电池(同上)	1~1000	10	30
头孢菌素	弗氏柠檬酸细菌	pH电极(测电位)	60~500	10	7
烟酸	阿拉伯糖乳杆菌	pH电极(同上)	10^{-2}~5	60	30
谷氨酸	大肠杆菌	CO$_2$ 电极(同上)	8~800	5	20
赖氨酸	大肠杆菌	CO$_2$ 电极(同上)	10~100	5	20

3. 组织传感器

组织传感器是将哺乳动物或植物的组织切片作为感受器的。由于组织是生物体的局部,组织细胞内的品种可能少于作为生命体的微生物细胞内的酶品种,因此组织传感器可望有较高的选择性。组织传感器的典型例子之一是ATP测定用的电极,它是用单丝尼龙网将0.5 mm厚的兔肌肉切片固定在氨气敏电极上而构成的。据称其选择性比纯酶制成的酶传感器好。用组织切片制作的传感器还有许多种,例如用猪肝切片和NH$_3$气敏电极构成谷酰胺传感器,用牛肝切片和O$_2$电极构成过氧化氢传感器,用玉米芯、刀豆肉、香蕉肉切片分别制作丙酮酸、尿素、多巴胺传感器。

有些组织传感器不是基于酶反应,而是基于膜传输性质。例如将蟾蜍囊状物贴在Na$^+$离子选择玻璃电极上,可用于测定抗利尿激素。其原理是该激素会打开组织材料的Na$^+$通道,以致Na$^+$能够穿过膜而达到玻璃电极表面,而Na$^+$的流量与激素的浓度有关。

4. 免疫传感器

免疫传感器是基于免疫化学反应的传感器。抗体对抗原的选择亲合性与酶对底物的选择亲合性有很大的差别。酶与底物形成复合体的寿命很短,只存在于底物转变为产物的过渡状态中,但抗体-抗原复合体非常稳定,难于分离。此外抗体-抗原反应不能直接提供电化学检测可利用的效应。

目前,免疫传感器可分为如下三类:① 非标志电极:抗体(或抗原)被固定在膜或电极表面上,当发生免疫反应后,抗体与抗原形成的复合体改变了膜或电极的物理性质,从而引起膜电位或电极电位的变化。例如,梅毒检测用的免疫电极和血型检验的免疫传感器。② 标志免疫电极:这是一种具有化学放大作用的传感器,通常以酶为标志物质,因而有时称为酶免疫电极。已报道的酶免疫电极有分别用于测定免疫蛋白 GiAiM、κ-绒毛膜促进腺激素以及 α-甲胎蛋白(AFP)的传感器。AFP 是癌论断的有效指标。AFP 免疫电极的可测浓度达 $10^{-8} \sim 10^{-11}$ mg·mL^{-1}。③ 基于脂质膜溶菌作用的免疫电极:这是另一种有化学放大作用的传感器。抗原固定在脂质膜表面上,季铵离子作为内部标记物。在补体蛋白存在下,抗体与抗原反应形成的复合物引起脂质膜的溶菌作用,于是标记物穿过脂质膜,并由离子选择电极检测。

第五节 毛细管电泳技术及其应用

一、毛细管电泳简介

电泳是带电粒子在一定介质中因直流电场的作用而发生定向运动(电迁移)的现象,带电粒子的迁移速度被称为电泳速度,在单位电场强度下就是淌度。根据电迁移原理进行物质的分离分析的各种技术,被称为电泳方法。

毛细管电泳(CE)是近年来发展很快的一种有效的分离技术。所谓毛细管电泳,就是把 2~3 万直流电压加在毛细管(长 50~100 cm,内径 25~100 μm)两端进行的电泳测试技术。毛细管电泳仪的基本结构包括进样、填灌/清洗、电流回路、毛细管/温度控制、检测/记录/数据处理等部分。检测器的灵敏度最重要。目前商品仪器主要配备紫外检测器,高质量紫外检测器的指标是基线漂移小、信噪比高、线性范围宽。

毛细管电泳具有极高的分离效率和极小的进样体积,采用电化学检测器,灵敏度高,制作方便,成本低廉。因此,毛细管电泳-电化学检测方法(CE-EC)的应用日益广泛。毛细管电泳与液相色谱(LC)结合而进行分析分离的方法,被称为毛细管电色谱(CEC),这是依据样品的淌度和分配行为来分离分析物质的一种新型的液相技术。CEC 兼有 CE 高效率和 LC 的高选择性,因而分离效率高和精确度好,应用也很广。根据不同的分离模式,毛细管电泳主要可分为毛细管区带电泳(CZE),胶束电动毛细管色谱(MECC),毛细管凝胶电泳(CGE),毛细管等速电泳(CITP),毛细管等电聚焦电泳(CIEF)以及新近发展的毛细管电色谱(CEC)等几种,其中毛细管区带电泳被应用较多。CZE 是以自由溶液的淌度为分离依据的,各种粒子以不同速度迁移而达到区带分离,它的流出顺序主要与组分的荷质比有关。

最近几年,以芯片为操作平台的芯片毛细管电泳技术迅速崛起,成为微全化学分析系统(miniaturized total chemical analysis system)的主流技术。与传统毛细管电泳技术相比,芯片毛细管电泳具有样品用量更少,分离速度更快的特点。芯片 CE 可以在几分钟甚至更短的时间内进行上百个样品的同时分析,通常只消耗 pL 级的样品,并且可以在线实现样品的预处理及分析全过程。

二、毛细管电泳的电化学检测器

由于 CE 中溶质区带超小体积的特性,对检测器灵敏度要求很高,可以说检测是 CE 中的关键问题。现有的检测器可分为光学检测器、电化学、质谱、核磁共振检测器等。CE 中应用最广泛的是紫外-可见检测器(UV),其灵敏度较低,但通用性好,适用于小分子如药物类分析。激光诱导荧光检测器(LIF)灵敏度可比 UV 高 1000 倍,但造价昂贵,大多数样品需要衍生,当然这也增加了选择性。DNA 序列的分析必须用 LIF,特殊的 LIF 可做到单分子水平检测,已达到光谱分析方法的极限。现已有大量相对廉价的激光光源可供选用,解决了 LIF 中激发波长较少及价格问题。

电化学检测技术(EC)能克服光学检测光程短、灵敏度不高的缺点,在实际样品分析中得到广泛应用。安培检测是毛细管电泳电化学检测(CEEC)中应用最多的一种检测方式,它具有灵敏度高、选择性好、响应速度快等特点。安培检测依靠被测物在工作电极上发生氧化还原反应,产生的电流作为信号记录。测方式通常分为两种,即离柱安培检测和柱端安培检测。安培检测与 CE 芯片集成在一起的分离分析系统,使 CE 安培检测在临床、环境、药物分析以及工业生产过程分析中得到更广泛的应用。

在 CEEC 中,通常是用一种工作电极对应一种电分析方法进行测定,较少采用双工作电极同时进行氧化、还原测定;而后者的电极制作烦琐,待测物的检测限较高。建立三通道电化学检测系统,可在同一工作电极下对同一复杂的分析体系同时进行氧化、还原和电导测定。

三通道电化学检测系统由两台伏安仪和一台电导仪并联在同一毛细管电泳检测系统中,由计算机控制轮流切换这三台仪器,并将仪器的各输出信号通过计算机进行实时采集、储存、处理和显示。用该系统对尼莫地平(NMD)药片进行氧化、还原和电导三种方法的同时测定。样品分离谱图见图 12.12。

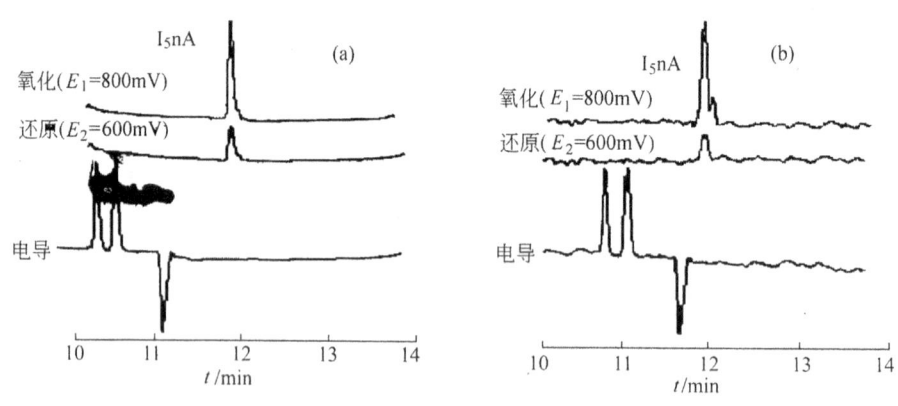

图 12.12 样品分离谱图
(a) 20 mg·L^{-1}NMD;(b) 实际样品

CEEC 已应用于药物和生物的分析。采用的电极有柱端盘电极、在柱电极、双电极、阵列电极、叉指电极、修饰电极等多种形式。例如用串行双电极间接测定了氨基酸和肽;用碳纤维微盘阵列电极检测了盐酸异丙嗪、吡哌酸、氯氮平、利血平、氯霉素等药物;肌红蛋白、血清转铁蛋白和鸟嘌呤等生化物质;用铜修饰金电极测糖和抗生素等。

芯片 CE 虽然具有样品用量少和分离速度快的优点,但对检测的灵敏度和响应速度却提出了更高要求。电化学检测具有灵敏度高、选择性好和易于微型化等优点,例如用碳纤维微盘电极和铂微盘电极在几秒内分离了多巴胺、5-羟色胺和肾上腺素等神经递质,多巴胺检测极限达到 5.5×10^{-7} mol·L^{-1}。因此,电化学检测应用于芯片 CE 的前景很好。

三、毛细管电泳技术在生物、医药、工业和环境等领域中的应用

1. 在基因工程研究方面的应用

毛细管电泳是以生命科学为依托发展起来的一项新技术。CE 用于 DNA 分析包括碱基、核苷、核苷酸、寡核苷酸、引物、探针、单链 DNA、双链 DNA、DNA 类似物和药物分析,广泛用于基因突变、法医检验、遗传、临床诊断、DNA 测序等研究。

核苷酸与细胞功能、生化过程、能量传输乃至食品风味等许多方面有关,比如鱼的美味来源于 IMP 而腐败味则产生于 IMP 的降解产物如肌苷、黄嘌呤等。核苷酸还可用于临床诊断。图 12.13 是用 CZE 分离核苷酸的谱图,由此可见,十几种常见的核苷酸都能够被分离。

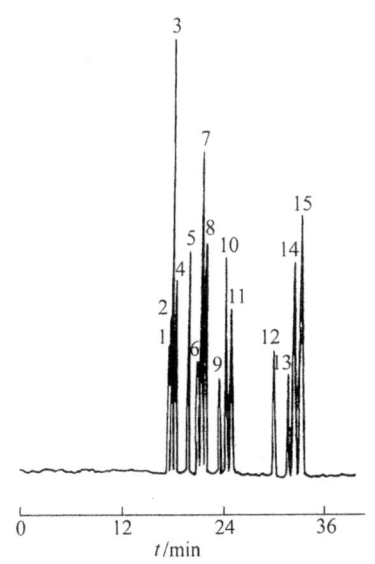

图 12.13 核苷酸标准 CZE 分离谱图

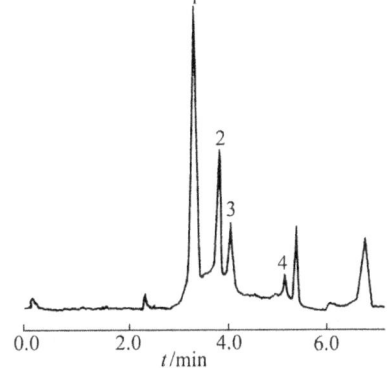

图 12.14 细菌 SSU rRNA 基因 PCR 扩增 5'-端限制内切片段的 CE-LIF 谱图

峰:1—Flavobacterium Okeanokoites 基因的 MspⅠ酶切产物;
2—Escherichia Coli 基因的 RsaⅠ酶切产物;
3—Streptococcus Faecalis 基因的 MspⅠ酶切产物;
4—Klebsiella Pneumoneae 基因的 MspⅠ酶切产物

利用核糖体 RNA 基因,可以用 CE 鉴定不同的细菌。图 12.14 显示了 4 种细菌核糖体 RNA 基因内切片段的 CE-LIF 分离结果,其中不同细菌 DNA 片段的长度不同,出峰时间不一样,容易分辨。利用同样的方法可以鉴别不同类型的真菌以及植物等。

DNA 分析对刑事工作也提供了一种可靠的方法。从罪犯在现场遗留的毛发、唾液及其他体液或组织中提取 DNA 样品,对某些基因进行分析,然后与嫌疑犯 DNA 图谱进行比较,就有可能找到罪犯,这是传统的血型或指纹分析不能比拟的。

2. 小分子离子分析

毛细管电泳在发展初期主要用于生物大分子的分离分析,但随着生物技术向各领域的渗透,小分子离子的CE在90年代发展起来了。CE在小分子离子分析方面的独到之处已被广泛用于环境、地质、医药及食品分析行业。无机离子可采用UV检测,但许多离子在可见光区无明显吸收,因此电化学方法也被较多地用于无机离子的测定。

小分子的检测,如环境分析中经常碰到的污染物多环芳烃(PAHs)。例如将固定相微提取(SPME)与环糊精CE系统结合,对16种EPA(美国国家环保局)优先考虑的PAHs进行了分离,检测限达 $8\times10^{-9}\sim75\times10^{-9}$ g·L^{-1}。CE还可用于元素形态分析。例如用CZE分离了As和Se的各种价态的化合物,并用电导检测,可检测到0.06 mg·L^{-1}。对研究污染物的消除、吸收和传播这些与元素形态密切相关的问题有很大帮助。

糖及其缀合物在细胞识别以及其它生物分子识别中,具有不可替代的或直接的作用。利用毛细管电泳分离糖首先必需解决电荷问题,可采用络合(例如硼酸络合、金属离子络合)、离解、衍生等方法。糖的检测有紫外、电化学、萤光以及激光诱导萤光(LIF)等方式。提高检测灵敏度最有效、最常用的方法是衍生方法。其中9-氨基芘-1,4,6-三磺酸(APTS)作为萤光标记试剂具有独特的优点。单糖分离是糖结构分析的基础。毛细管电泳分离单糖的关键是设法扩大单糖间的淌度,硼酸络合是最简单和普遍有效的方法。图12.15显示了标准单糖APTS衍生物的分离结果。

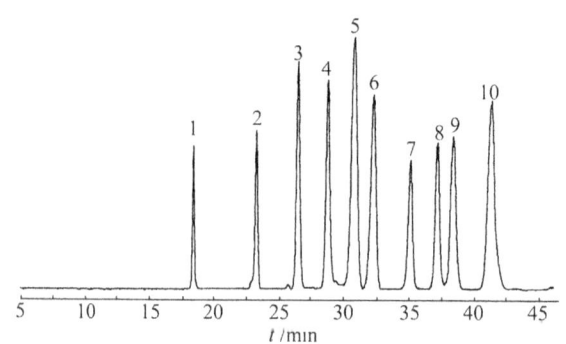

图12.15　APTS-单糖衍生物的CE-LIF电泳图
色谱峰:1—N-乙酰基半乳糖;2—N-乙酰基葡萄糖;3—鼠李糖;4—甘露糖;
5—葡萄糖;6—果糖;7—木糖;8—岩藻糖;9—阿拉伯糖;10—半乳糖

在中药分析分离方面,毛细管电泳技术应用的例子很多。诸如用CE鉴别酸枣仁蛋白质、枸杞子蛋白多肽、冬虫夏草中核苷类的含量,测定药物中的硒、吴茱萸中吴茱萸碱的含量、苦参中生物碱的含量、克心疼缓释片中的延胡索乙素、葛根及其制剂脑得生片中葛根素的含量、苦参药材及其制剂夜夜安息液中3种生物碱的含量。用CZE分离测定中药材山茱萸及中成药六味地黄丸中没食子酸的含量。用MECC分离和测定雷公藤中雷公藤内酯醇和雷公藤内酯酮的含量。在优化分离条件下,这2种有效成分的线性范围分别为0.0535~4.33 g·L^{-1}和0.0186~3.46 g·L^{-1},低检测限分别为0.0535 g·L^{-1}和0.0186 g·L^{-1},得到满意的分离效果。

3.单细胞分析

对作为一个相对独立生物功能体的单细胞中某些重要组分的检测,有助于阐明一些重要的细胞生理过程。毛细管电泳法已广泛用于单细胞多组分定量检测。CE在单细胞分析中的应用主要集中在神经科学领域。单细胞内组分含量极低,发展高灵敏度检测器是关键。发展高效的柱前、柱后微量衍生化手段有助于提高 CE—LIF 检测灵敏度,尤其对细胞内多肽、蛋白质的检测。

蛋白质在特定酶的作用下,会在特定的部位被切断,形成特征的肽片段混合物,利用 CE 分离,可以得到特征的电泳图。例如鉴定不同来源蛋白质的差异,由大肠杆菌和由中国仓鼠卵巢细胞表达的 rHuEPO 胰蛋白酶酶解肽谱是有差异的,因为大肠杆菌表达的是没有糖基化的 rHuEPO,而中国仓鼠卵巢细胞表达的是糖基化了的 rHuEPO。

第六节 应用电化学方法诊断和治疗的器件

一、生物燃料电池

植入人体内的电化学系统能够完成生物学和医学研究,以及诊断和治疗各种任务。例如当心脏不能进行协同动作,而且病态从一部分区域漫延到大部分心肌,就会造成心脏停跳;在这种情况下,必须靠一个植入的心脏起搏器来拯救生命,这就要把人工脉冲传送给心脏,刺激它的功能活性。

对体内测量、生物生长控制、刺激肌肉和神经、告警和遥感监测以及刺激心肌,要使用各种各样电极,并供给能量使电极工作。为了驱动整体植入的心脏,需要功率大于 5 W 的体内电源;而心脏起搏器需要的则小于 1 mW。除了功率要求和功能测定外,植入的电极和其他材料能否与人体相容,这是性命攸关的问题。然而电极的能力、活性及生物相容性很难同时满足要求,常常不得不作某种妥协。一个更有碍于电极性能发挥的因素是体内的平衡参数,人体的 pH 值、温度、血液和体液的化学组分都是不能改动的,因此电极就只能在很苛刻的条件下使用。尽管有这么多困难和限制,但由于电化学在生物和医学研究中具有特殊作用,这方面研究应该继续下去,某些临床目标是有可能实现的。

植入器件需要电源。Li/I_2 电池用于临床试验已有较好的效果,但若利用人体内的活性物质进行发电则更理想。按照燃料电池的原理,对"肉体物质"进行体内电化学能量转换,即直接将生物化学能转变为电能。使用体内的氧和生物燃料如葡萄糖,在生理体液中启动燃料电池。葡萄糖是体内最重要的燃料,它在血液和体液中的含量接近 $1\ \mathrm{g\cdot L^{-1}}$。葡萄糖生物燃料电池的电池反应分为如下两种情况。

(1) 生成葡萄糖酸

阳极反应 $\quad C_6H_{12}O_6 + 2OH^- \longrightarrow C_6H_{12}O_7 + H_2O + 2e$ (12.12)

阴极反应 $\quad \frac{1}{2}O_2 + H_2O + 2e \longrightarrow 2OH^-$ (12.13)

总反应 $\quad C_6H_{12}O_6 + \frac{1}{2}O_2 \longrightarrow C_6H_{12}O_7$ (12.14)

$$\Delta G^\ominus = -208\ \mathrm{kJ\cdot mol^{-1}}, E^\ominus = 1.08\ \mathrm{V}$$

(2) 生成 CO_2 和 H_2O

阳极反应 $\quad C_6H_{12}O_6 + 24OH^- \longrightarrow 6CO_2 + 18H_2O + 24e$ (12.15)

阴极反应 $\quad 6O_2 + 12H_2O + 24e \longrightarrow 24OH^-$ (12.16)

总反应 $6C_6H_{12}O_6 + 6O_2 \longrightarrow 6CO_2 + 6H_2O$ (12.17)

$\Delta G^{\ominus} = -2\,870 \text{ kJ}\cdot\text{mol}^{-1}, E^{\ominus} = 1.24 \text{ V}$

第1个电池反应,对于低功率($\sim 100\mu W$)器件已足够了。若实现第2个电池反应,则可能制出5W以上功率的生物燃料电池,这样就可以用来驱动植入的人工心脏。根据法拉第电解定律,可算出对应反应(1)的电池,每天需要16.12 mg葡萄糖,即 $0.187\,\mu g\cdot s^{-1}$;对于反应(2)的电池,每天需要67.66 g葡萄糖,即 $0.78 \text{ mg}\cdot s^{-1}$,此量小于$1 \text{ cm}^3$血液中存在的葡萄糖量。

5W功率电池要求的耗氧量,估计为$5\times 10^{-5} \text{ mol}\cdot s^{-1}$左右。若静脉血中的氧浓度为$3\times 10^{-3} \text{ mol}\cdot L^{-1}$,则15~17 cm^3的血液就足以提供此需求量。上述数据表明,人体基本上具有提供5W以上电功率的能力。

因为缺少可以迅速使葡萄糖定量氧化到CO_2的催化系统,5W以上功率的目标尚未达到,故人们更倾向于发展提供低功率的生物燃料电池,如心脏起搏器用的电池。Li/I_2电池具有高能量密度和低自放电速率,用胶囊把它完全包封后可植入体内,临床寿命接近十年。这一突破使需求生物燃料电池的迫切性减少了,但是可把生物燃料电池应用到探测器,例如葡萄糖传感器。生物电功率的产生也是很有魅力的研究课题,例如植入的药物释放器所用的电源。

二、FET生物传感器和DNA生物传感器

前面介绍生物电化学传感器时,已提及利用生物电化学传感器可以测量生物体物质(如体液、血液、尿等)和确定药物的浓度。在这里再介绍如下两种生物电化学传感器。

1. FET生物传感器

离子选择场效应晶体管(ISFET)具有微型化、高灵敏度、多功能和测量线路简单等特点,对于生物、医学的研究是很适合的。将酶或其他分子识别物质和ISFET结合就构成场效应晶体管生物传感器(FET生物传感器),如图12.16所示。

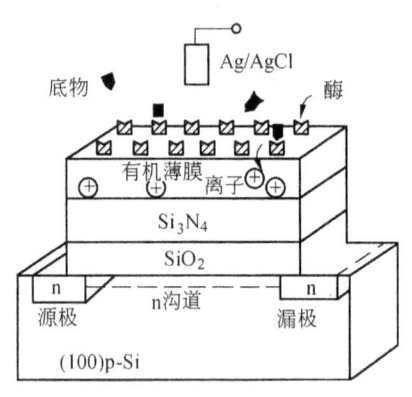

图12.16 FET生物传感器

FET生物传感器已用于临床检查和生物材料的研究。例如把钾离子FET生物传感器的微电极插入细胞内,便可测量钾的含量。这种传感器的灵敏度为50 ± 1 mV,检测限是1.8 ± 0.4 $\text{mmol}\cdot L^{-1}$,选择性$K_{K,Na}=0.025\pm 0.006$,寿命为10~15天。又如尿素FET传感器测定患者的血清和体液中的尿素,其电压响应经26天的测量,重复性在± 3 mV以内,第28天电压开始变小。

2. DNA生物电化学传感器

在诊治传染病中判断基因所用的核酸杂交技术,以往都需要标记探针(例如荧光染料曾被广泛用作标记物),而且检测基因与杂交反应是在不同的地点进行的。采用DNA传感器检测基因不用标记物,检测基因与杂交反应是在同一地方进行的。测量固定在

DNA 探针上的嵌入体或结合剂所产生的电信号就可检测某种基因,嵌入体或结合剂是连结在电极所形成的杂交物上的。测量过程的简单原理如图 12.17 所示。

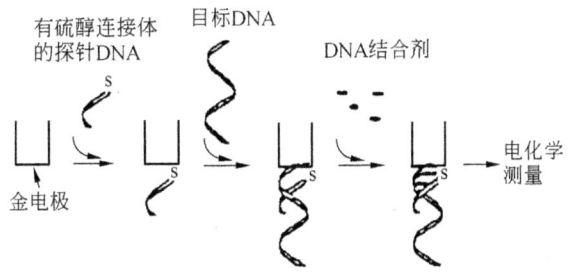

图 12.17　DNA 传感器的原理图

将具有巯基己基的 20-链节 DNA 探针固定在金电极上,这种 DNA 能与致癌基因 $v-myc$ 互补。分别测定没有修饰的金电极和修饰了 DNA 的电极在含铁氰化物/亚铁氰化物的 KCl 溶液中的循环伏安曲线,后者的峰电流比前者小,而且阴极峰电位与阳极峰电位之差增大,表明 DNA 已固定在金电极上。

用小沟结合剂 Hoechst 33258 作为杂交的指示剂,它是一种抗生素,又是染色体染料。未经修饰的金电极放入含

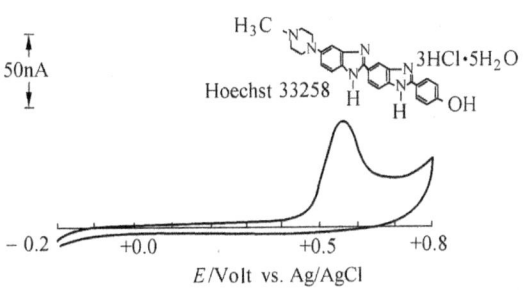

图 12.18　Hoechst33258($100\,\mu\,molL^{-1}$)在磷酸缓冲液中的循环伏安曲线,$100\,mV\cdot s^{-1}$

Hoechst 33258 的磷酸盐缓冲溶液中,测定的循环伏安曲线如图 12.18 所示,Hoechst 33258 阳极氧化的峰电流为 75 nA。若用修饰了 DNA 的电极,则阳极峰电流为 128 nA,电流增加是因为电极表面缔合了 DNA,使 Hoechst 33258 集中在电极表面。

选择单股 PVM 623 为目标 DNA,它含有致癌基因 $v-myc$。把上述修饰了 DNA 的电极放入含 $10^{-7}g\cdot mL^{-1}$ PVM 623 的溶液中进行杂交反应,杂交后测得阳极峰电流为 192 nA。若选择 PUC 119(没有与 $v-myc$ 互补的区域),则阳极峰电流为 128 nA。电极峰电流与 PVM 623 的浓度有线性关系,$y=240.7+7.9x(r=0.96)$。采用 Hoechst 33258 检测 PVM 623,定量范围为在 10^{-7} 到 $10^{-13}\,g\cdot mL^{-1}$ PVM 623。

有关 DNA 生物传感器的例子见表 12.5。从表可见电化学方法检测所需时间≤75 min,与表中所列的其他方法相比,灵敏度也较高。

表 12.5　DNA 生物传感器示例

换能器	固定方法	探针 DNA 长度/基	目标 DNA 长度/基	检测时间/min	检测极限/重量
电位法(pH)	维生素 H-抗生蛋白链菌素	20	114	75	1 pg
伏安法(碳)	共价	18	4000	10	2.5 ng

续表 12.5

换能器	固定方法	探针 DNA 长度/基	目标 DNA 长度/基	检测时间/min	检测极限/重量
伏安法(金)	硫醇化学吸附	20	4200	60	0.1 pg
表面声波	吸附	4000	4000	180	2 ng
石英晶体微天秤	硫醇化学吸附	10	7249	60	25 ng
光学纤维(氟)	共价	16	16	3	5 ng
表面基因组共振	吸附	17	97	5	30 pg

三、利用电刺激传导的治疗方法

在生物组织或血液中插入生物导电的植入物,可使电脉冲或电信号的电子在它们之间的界面发生转移。微电极是广泛的植入物,如记录神经传导动作电位的微电极和传输脉冲到神经的微电极。各种微电极的潜在应用可能有:止痛(如幻觉疼痛),刺激背部脊椎,调节窦胫动脉神经性高血压,膀胱或肛门失禁时对它们进行电刺激,电针刺和电麻醉等等。在心脏失调时,用电起搏器将脉冲传导到心肌的方法已广泛于医疗中。

一个植入的起搏器包括电源、电子仪器和起搏器电极(即刺激电极);前二者用适当的树脂包封在一起,形成一个起搏器单元(燃料罐)。用钛做的燃料罐外壳常常作为大面积阳极,这个燃料罐一般被植入腹部、肩窝或胸腔中。另一电极,即起搏器电极(例如 Pt-Ir 电极)则与心脏直接接触,用绝缘导线与燃料罐联接,通过静脉到达右心房。大面积的钛电极通过小电流密度,而且阻抗低,故不会引起肌肉惊挛或金属电化学腐蚀。

临床上植入的起搏器,用两只串联的 2.7 V 的 Li/I_2 电池,以平均电流 30 μA 工作。5 V 起搏器电压几乎是使神经或肌肉纤维兴奋所需电位(约 60 mV)的 100 倍,实际提供的能量(10^{-5} W·s)是刺激心脏最小能量的 1000 倍。提供的电源决定了起搏器的寿命和起搏器的大小。如果刺激脉冲可以更经济地利用,电源的尺寸还可以明显地减少,并延长了使用寿命。

四、人工肾脏中的电氧化除脲

治疗晚期慢性尿毒症患者的人工肾脏能对血液中存在的各种毒物,如脲、肌酸酐和尿酸进行血液透析和血液过滤。清除这些有毒分子和维持透析液的电解平衡,这是人工肾脏的关键问题。排除毒物的方法之一是使有机毒物电化学降解或分解为非毒性产物。适当选择电化学条件,在缓冲溶液(如 NaCl+HCl 溶液)中,脲可完全氧化为无毒产物,反应如下:

阳极反应: $6Cl^- \longrightarrow 3Cl_2 + 6e$

$(NH_2)_2CO + 3Cl_2 + H_2O \longrightarrow N_2 + CO_2 + 6H^+ + 6Cl^-$

阴极反应: $6H^+ + 6e \longrightarrow 3H_2$

总反应: $(NH_2)_2CO + H_2O \longrightarrow N_2 + CO_2 + 3H_2$

从上述反应可知,阳极析出氯气将阳极电解液中的脲分解,即间接电氧化除脲。

图 12.19 的流程图表明,用脲的体外间接电氧化方法,可以实现血液过滤和过滤液的

再生。当滤液流速一定时,随着电流密度上升,脲的浓度下降。用这样的电解池以及几个电解池联合工作,能够以 $7.2\ \mathrm{g\cdot h^{-1}}$ 的速度消除脲。

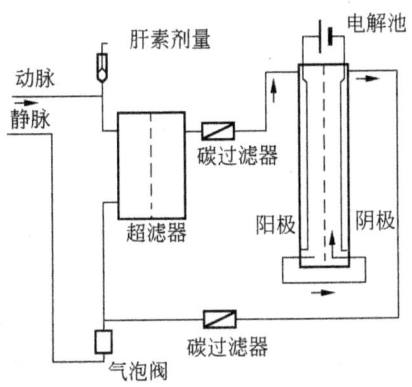

图 12.19　体外间接电氧化除脲示意图

上面列举了生物燃料电池、治疗糖尿病的葡萄传感器、心脏起搏器以及血液过滤解脲毒等,这些都是电化学方法应用于生物学和医学的例子。电化学方法在这些领域中的应用还有许多可能性,继续进行研究,将对保护和提高生命的价值作出更大的贡献。

习题及习题解答

一、习 题

1.1 写出 $HCl, ZnSO_4, K_2SO_4, CaCl_2, Al_2(SO_4)_3$ 各电解质溶液 $a_\pm$ 的表示式。

1.2 首先计算 $0.0015\ mol\cdot kg^{-1}\ MgCl_2$ 水溶液的离子强度;然后用德拜极限方程计算:(1) Mg^{2+}, Cl^- 的活度系数;(2) 平均活度系数。(298K)

1.3 计算(1) $0.001\ mol\cdot kg^{-1}\ La(NO_3)_3, 0.002\ mol\cdot kg^{-1}\ NaCl + 0.001\ mol\cdot kg^{-1}\ La(NO_3)_3$ 的离子强度;(2)用德拜极限方程(和德拜方程)计算 $La(NO_3)_3$ 的平均活度系数。(298K)

1.4 在水溶液中298K下不同浓度 NaCl 的平均活度系数如下表所示,用表中数据,通过作图计算离子间的最近距离。

m / $mol\cdot kg^{-1}$	0.001	0.002	0.005	0.01	0.02	0.05	0.10
$\gamma_\pm$	0.9649	0.9519	0.9273	0.9022	0.8706	0.8192	0.7784

1.5 298K下测得 $0.005\ mol\cdot L^{-1}$ NaCl 溶液的电阻为 $2.619\times 10^3\ \Omega$, $0.1\ mol\cdot L^{-1}$ KCl 溶液则为 $122.6\ \Omega$,已知 298K 下 $0.1\ mol\cdot L^{-1}$ KCl 溶液的电导率为 $0.01289\ S\cdot cm^{-1}$,计算 NaCl 溶液的摩尔电导率。

1.6 计算在无限稀的 KCl, HCl 和 $BaSO_4$ 三种溶液中阳、阴离子的迁移数。

1.7 计算在 $0.01\ mol\cdot L^{-1}\ KCl + 0.05\ mol\cdot L^{-1}\ HCl$ 溶液中, K^+ 传递电流的分数。

1.8 在298K无限稀溶液中丙酸钠、硝酸钠和硝酸的摩尔电导率分别为 0.859×10^{-2}, 1.2156×10^{-2} 和 $4.2126\times 10^{-2}\ S\cdot m^2\cdot mol^{-1}$,计算无限稀溶液中丙酸的摩尔电导率。

1.9 在25℃不同浓度 $AgNO_3$ 的摩尔电导率如下表所示,用表中数据测定 $AgNO_3$ 的 Λ_m^∞。

c/mmol	0.0276	0.0724	0.1071	0.3539	0.7538
$100\ \Lambda$ / $S\cdot m^2\cdot mol^{-1}$	1.329	1.326	1.325	1.316	1.308

1.10 计算 H^+ 和 Cl^- 在25℃时的扩散系数。

1.11 计算 $Fe(CN)_6^{3-}$ 和 $Fe(CN)_6^{4-}$ 的淌度、扩散系数及斯托克斯定律半径,已知水在 25℃时的粘度为 $0.890\times 10^{-3}\ kg\cdot m^{-1}\cdot s^{-1}$。

1.12 在电导池常数为 $29.05\ m^{-1}$ 电导池中,测得 $0.01\ mol\cdot L^{-1}$ 醋酸的电阻为 $1982\ \Omega$,计算在此浓度下醋酸的摩尔电导率、离解度和离解常数。

注:习题题目的第一位数字为本书的章次;第二位数字是该章习题序号。

1.13 在298K无限稀溶液中 H_3O^+ 和 OH^- 的离子电导分别为 3.4981×10^{-4} S·m²·mol⁻¹ 和 1.9830×10^{-4} S·m²·mol⁻¹,纯水的电导率为 5.498×10^{-6} S·m⁻¹,计算298K水的离子积(K_w)。

1.14 25 ℃时测得 $SrSO_4$ 饱和溶液的电导率为 1.482×10^{-4} S·cm⁻¹,该温度水的电导率为 1.50×10^{-6} S·cm⁻¹,计算 $SrSO_4$ 在水中的溶解度。

1.15 298K醋酸的摩尔电导率如下表所示,通过作图法计算醋酸离解常数的近似值,为什么这是近似值。

c/mol·L⁻¹	0	0.0005	0.001	0.002	0.005	0.01	0.02
Λ_m/S·cm²·mol⁻¹	390.7	66.5	48.5	35.5	23.8	16.2	10.7

1.16 绘画出下列体系的电导滴定曲线(忽略弱电解质或不溶物对电导的贡献)。
(1) 用 1 mol·L⁻¹ HCl 滴定 0.01 mol·L⁻¹ NH_4OH;
(2) 用 1 mol·L⁻¹ NaOH 滴定 0.01 mol·L⁻¹ HAc;
(3) 用 1 mol·L⁻¹ HCl 滴定 0.01 mol·L⁻¹ HCl 和 0.01 mol·L⁻¹ HAc;
(4) 用 1 mol·L⁻¹ KCl 滴定 0.01 mol·L⁻¹ $AgNO_3$。

2.1 从电化学位推出下列电极反应的平衡电位(表示为Nernst公式那样):
(1) $2Hg + SO_4^{2-} = Hg_2SO_4 + 2e$; (2) $Fe^{3+} + e = Fe^{2+}$

2.2 把一个铂电极放入装有 $FeSO_4$,$Fe_2(SO_4)_3$,H_2SO_4(均为 0.01 mol·L⁻¹)溶液的烧杯中,另一个铂电极放入另一个装有 $KMnO_4$,$MnSO_4$,H_2SO_4(均为 0.01 mol·L⁻¹)溶液的烧杯中,用盐桥连接两杯溶液。
(1) 用电池符号表示上述电池;
(2) 写出电极反应和电池反应;
(3) 计算电池的标准电动势及在上述条件的电动势;
(4) 计算电池反应的标准自由能变化和相应的平衡常数。

2.3 计算下列电池在 25 ℃时的电动势(忽略活度系数):
(1) $Zn | ZnSO_4(0.01\,mol·L^{-1}) \| KCl(饱和) | Hg_2Cl_2, Hg$
(2) $Ag, AgCl | KCl(3.5\,mol·L^{-1}) \| FeCl_3(0.01\,mol·L^{-1}), FeCl_2(0.002\,mol·L^{-1}) | Pt$
(3) $Pt | CrCl_3(0.1\,mol·L^{-1}), K_2Cr_2O_7(0.001\,mol·L^{-1}), HCl(0.001\,mol·L^{-1}) \|$
   $KCl(3.5\,mol·L^{-1}) | AgCl, Ag$

2.4 把银电极浸入 100 mL 0.1 mol·L⁻¹ KCl 溶液中,用 0.2 mol·L⁻¹ $AgNO_3$ 溶液滴定之,用 $Ag, AgCl | KCl(3.5\,mol·L^{-1})$ 作参比电极。计算加入 1,10,30,45,50,55 和 70 mL $AgNO_3$ 溶液时电池的电动势(忽略活度系数),把电位滴定曲线描绘出来。

2.5 在某一银–金合金中银的摩尔分数为 0.400,将此合金用于电池 $Ag | AgCl(固) | Ag - Au$ 中,在 200 ℃时测得电池的电动势为 0.0864 V,求该合金中 Ag 的活度及活度系数。

2.6 (1) 试从 $Ag^+ | Ag$ 和 $Fe^{3+}, Fe^{2+} | Pt$ 的标准电极电位数值计算 $Ag + Fe^{3+} = Fe^{2+} +$

Ag^+ 的平衡常数;(2) 设实验开始时取过量的 Ag 和 $0.1000\ mol\cdot kg^{-1}$ 的 $Fe(NO_3)_3$ 溶液反应,求平衡时溶液中 Ag^+ 的浓度(设为理想溶液)。

2.7 电池 $Cd|Cd^{2+}(0.00972\ mol\cdot L^{-1})\ \|\ Cd^{2+}(0.00972\ mol\cdot L^{-1}), CN^-(0.094\ mol\cdot L^{-1})|Cd$ 在 25℃时的电动势为 $-0.4127\ V$,如果惟一有意义的反应为生成 $Cd(CN)_4^{2-}$,计算生成配离子的平衡常数。

2.8 利用标准电极电位数据计算如下反应的标准自由能变化:
(1) 用 H_2O_2 氧化 Br^-;
(2) 用 Br_2 氧化 H_2O_2;
(3) H_2O_2 歧化为 H_2O 和 O_2;
(4) 从计算得到的数据说明为什么 H_2O_2 能够在较长时间稳定;
(5) 假设反应(1)和(2)的速度比较快,预期在 H_2O_2 溶液中加入少量 KBr 所起的作用。

2.9 利用标准电极电位数据计算如下歧化反应的标准自由能变化,并由计算结果说明如何用标准电极电位判别物质歧化的倾向性。

$$2Cu^+ \rightarrow Cu^{2+} + Cu$$
$$3Fe^{2+} \rightarrow 2Fe^{3+} + Fe$$
$$5MnO_4^{2-} + 8H^+ \rightarrow 4MnO_4^- + Mn^{2+} + 4H_2O$$

2.10 利用电极 $Cu^{2+}|Cu$ 和 $Pt|Cu^{2+}, Cu^+$ 的标准电极电位数值求 $Cu^+|Cu$ 的标准电极电位,并计算反应 $Cu^{2+} + Cu = 2Cu^+$ 的平衡常数。

2.11 计算 25℃时电解池 $Pt|HBr(0.05\ mol\cdot kg^{-1}, \gamma_\pm = 0.902)|Pt$ 的理论分解电压。

2.12 外加电压使下述电解池进行电解,当外加电压逐渐增加时,电极上首先发生什么反应?此时外加电压至少为若干伏?(设不考虑过电位,并假定电解质活度系数为 1,$T = 298K$)。$Pt|CdCl_2(1\ mol\cdot kg^{-1}), NiSO_4(1\ mol\cdot kg^{-1})|Pt$

2.13 上述两题计算的是理论分解电压,实际所需的分解电压可从电流与电压的关系曲线求得(外推到电流为零处的电压)。在含 $CdSO_4$ 溶液的电解池两极上施加电压,测出相应的电流数据列于下表,试求 $CdSO_4$ 的分解电压。

E/V	0.5	1.0	1.8	2.0	2.2	2.4	2.6	3.0
I/A	0.002	0.004	0.007	0.008	0.028	0.069	0.110	0.193

2.14 已知 $0.01\ mol\cdot L^{-1}$ 己二酸溶液的 pH 为 3.22,计算在同一温度下 $0.15\ mol\cdot L^{-1}$ 己二酸溶液的 pH 值。

2.15 计算下述各种盐溶液的 pH 值。(1) $0.2\ mol\cdot L^{-1}NH_4Cl$;(2) $0.1\ mol\cdot L^{-1}NaAc$;(3) $0.1\ mol\cdot L^{-1}NH_4Ac$。已知 NH_4OH 的 pK 为 4.75,HAc 的 pK 为 4.76。

2.16 用 ZrO_2 氧传感器控制汽车空燃比。空气中氧的分压为 0.21 atm,传感器输出的电压为 0.05 V,工作温度为 750℃,试求排气中的氧分压。若空燃比变小,排气中氧分压变为 1×10^{-14} atm,传感器的输出电压变到多大?

3.1 已知金属电极与溶液界面形成紧密双电层,其电容为 $36\ \mu F\cdot cm^{-2}$,剩余电荷为 0.2

$\times 10^{-4}$ C·cm^{-2},并近似认为界面间的介电常数为 20,求界面电场强度。

3.2 若电极 Zn|ZnSO$_4$($a=1$)的双电层电容与电极电位无关,其数值为 36 μF·cm^{-2},已知该电极的 $E^{\ominus}=-0.763$ V,$E_z=-0.63$ V,试求:
(1) 平衡电位时的表面剩余电荷密度;
(2) 通电使电极电位变化到 $E=0.32$ V 时的表面剩余电荷密度。

3.3 测定 Hg|1 mol·L^{-1}KCl,H$_2$O 的电毛细曲线,得到下表的结果,通过作图求双电层的零电荷电位和在 0.5 V 时的微分电容。

电极电位/V, vs SHE	界面张力/dyn·cm^{-1}	电极电位/V, vs SHE	界面张力/dyn·cm^{-1}
+0.242	367.4	−0.440	418.5
+0.062	402.0	−0.540	412.0
−0.150	422.4	−0.640	402.0
−0.205	424.0	−0.845	376.7
−0.278	424.9	−0.995	344.0

3.4 写出下列各电极过程可能由哪些基本步骤组成:
(1) Sn^{4+} 在铂电极上还原为金属锡;   (2) Cd^{2+} 在汞电极上还原;
(3) 氢在铂电极上氧化;   (4) 银在氨水溶液中的阳极溶解。

3.5 25 ℃,Ag(CN)$_2^-$ 还原为 Ag 时,通过的电流密度为 10 mA·cm^{-2},试计算浓差过电位,已知极限电流密度为 20 mA·cm^{-2}。

3.6 某一有机物在 25 ℃ 的静止电解液中电解氧化,如果它的扩散步骤是速度控制步骤,试求其极限电流密度。假定与每一有机物结合的电子数为 4,有机物在溶液中的扩散系数为 6×10^{-5} cm^2·s^{-1},浓度为 0.1 mol·L^{-1},扩散层厚度为 5×10^{-2} cm。

3.7 在静止电解液中,进行 M^{2+}+2e=M,M^{2+} 的扩散系数为 4.8×10^{-9} m^2·s^{-1},M^{2+} 的浓度为 0.5 mol·L^{-1},通过的电流密度为 631 A·m^{-2},试求在此条件下的扩散层厚度。

3.8 当银从银离子浓度为 0.1 mol·L^{-1} 的水溶液(含有大量支持电解质)中电沉积时,若扩散层厚度为 0.05 cm,估计极限电流密度的大小;如果快速搅拌溶液时电流密度为多少?

3.9 用旋转圆盘电极电解 0.1 mol·L^{-1}CuSO$_4$(有大量 Na$_2$SO$_4$)溶液,圆盘电极面积为 55 cm^2,转速为 1 转/秒,Cu^{2+} 的扩散系数为 1.1×10^{-5} cm^2·s^{-1},溶液粘度为 1.2×10^{-2} g·cm^{-1}·s^{-1},密度为 1.1 g·cm^{-3},求通过电极的极限电流。

3.10 将甘汞电极与另一析出氢气的电极组成电解池,电解液是 pH 为 7 的饱和溶液。在 25 ℃ 时以一定大小的电流通过电解池时,测得两极间的电压为 1.25 V,若认为甘汞电极不极化,求在此条件下阴极的过电位(假设溶液的欧姆电位降可以忽略不计)。

3.11 测得在 400 ℃ 时 LiCl-KCl 熔体中,Ti^{3+}+e=Ti^{2+} 的交换电流密度为 0.4 A·cm^{-2},Ti^{3+} 和 Ti^{2+} 的浓度都是 4.86×10^{-3} mol·L^{-1},试求反应速度常数 k_s。

3.12 考虑电极反应 O+ne=R,已知 $c_R=c_O=1$ mol·L^{-1},$k_s=10^{-5}$ cm·s^{-1}(25 ℃),$\alpha=\beta=0.5$,$n=1$。(1) 计算交换电流密度;(2) 绘出在 10 μA·cm^{-2} 前的阴极极化曲

线，$i_K - \eta_K$；

(3) 绘出在 1 mA·cm^{-2} 后的阴极化曲线，$\lg i_K - \eta_K$。

3.13 电解水溶液，镍电极上的 $\eta_K = 0.35$ V，当 i_K 增加到原来的数值的 8 倍时，η 的数值为多少？已知 $\eta = a + b\lg i_K$ 中的 b 为 0.12 V。

3.14 Pt│Ce^{4+}($a=1$)，Ce^{3+}($a=1$) 电极的标准电极电位为 +1.61 V，交换电流密度为 4.0×10^{-5} A·cm^{-2}，传递系数为 0.75，计算在外加电位为 1.30, 1.40, 1.50, 1.61, 1.70, 1.80 和 1.90 V 时通过电极面积为 1 cm^2 的电流。

3.15 把面积为 1.5 cm^2 的 Pt 电极浸入含有 Fe^{3+}, Fe^{2+} 的溶液中，测得其在 298K 时阴极过电位如下表所示，计算传递系数和交换电流密度。

η_K/mV	0.02	0.05	0.07	0.10	0.12	0.15	0.20
I/mA	3.20	9.95	17.03	35.18	55.89	110.78	343.62

3.16 采用上题算出的传递系数和交换电流密度，计算 Pt│Fe^{3+}, Fe^{2+} 在阳极过电位为 0.07 V 时的电流密度。

3.17 在活度为 1 的硫酸铜溶液中通过 1 mA·cm^{-2} 电流密度，已知 Tafel 常数 b 为 0.06V，i^0 为 1×10^{-4} A·cm^{-2}，求铜的析出电位。

3.18 用计时电位法(即恒电流阶跃)研究了 25 ℃ 时 Cd^{2+}(1.23×10^{-2} mol·L^{-1}) 还原为 Cd，所得结果列于下表。试求 Cd^{2+} 的扩散系数。

$i\times10^2$/A·cm^{-2}	1.74	3.48	5.23	6.97	10.46	12.78	16.28
$\tau\times10^3$/s	121.0	29.6	13.0	7.32	3.30	2.19	1.34

3.19 298K 时在滴汞电极进行 M$^{n+} + n$e = M 的可逆反应，在不同电位下测得的电流如下表所示。(1) 用作图法求出 $E_{1/2}$ 和 n。(2) 当 M^{n+} 的浓度为 2.98×10^{-3} mol·L^{-1} 时，汞的流速为 3.299 mg·s^{-1}，汞滴从开始到滴下的时间为 2.47 s，计算 M^{n+} 的扩散系数。

$-E$/V vs SCE	0.97	0.98	0.99	1.01	1.02	1.03	1.04	1.05
$\bar{I}$/μA	2.134	4.255	7.718	17.100	20.644	22.831	25.000	25.000

3.20 用低电流密度的电流对溶液进行预电解，这是提纯化溶液的方法之一。假设杂质浓度变化的速度 dc/dt 与预电解采用的电流密度 i、杂质浓度 c、杂质离子价数 n 和电解池的溶液体积 V 有如下关系

$$\frac{dc}{dt} = -\frac{i}{nFV}$$

假设预电解的电流密度近似地等于杂质的极限电流密度 ($i_L = nFDc^°/\delta$)，试找出预电解过程中某一时刻杂质浓度与通电时间的关系式。并由推出的公式估计杂质从原来浓度(设为 10^{-6} mol·L^{-1}) 降到 10^{-12} mol·L^{-1} 所需通电的时间。已知 D 为 10^{-5} cm^2·s^{-1}，δ 约为 10^{-3} cm(搅拌溶液时)，V = 0.1 L。

4.1 电解 NaCl-KCl 熔体中的 $TiCl_4$,可产生 Ti^{3+}、Ti^{2+}、Ti,试求这些产物的电化当量(计算时电量单位取 Ah)。Ti^{3+}、Ti^{3+} 也可继续还原为 Ti,试求这两种离子各自还原为 Ti 的电化当量。

4.2 有一银库仑计通电完毕后,滴定阳极溶解的银用去 23.8 mL 0.1 mol·L^{-1} NaCl 溶液,试求通过的电量。

4.3 在 27 ℃ 及 1 atm 下,用 5A 直流电来电解很稀的硫酸水溶液。(1) 通电多少时间可得 1 L 氧气;(2) 通电多少时间可得 1 L 氢气。

4.4 25 ℃ 及 1 atm 下电解硫酸铜溶液,当通入 965 库仑电量时,阴极析出 0.2859 g 铜,问同时在阴极上放出多少氢气?

4.5 在含有 $CuSO_4$ 水溶液中的烧杯(A)放入铜阴极和铜阳极,在另一个含有 NaCl 水溶液中的烧杯(B)放入铁阴极和石墨阳极,把这两个电解池串联起来,通 250 mA 电流半小时,问:(1) 分别写出 A 和 B 的的电极反应;(2) A 的阴极增重若干克? B 的阴极释放气体多少立方厘米(标准状态下)?

4.6 电解碱性 KCl 溶液可制备 $KClO_3$,电极反应为 $Cl^- + 6OH^- \rightarrow ClO_3^- + 3H_2O + 6e$。通电 10.9 小时得到 10 g $KClO_3$,试问电流效率为多少?

4.7 25 ℃,10^5 Pa(101325 Pa = 1 atm)时隔膜电解槽中电解 1 mol·L^{-1} NaCl 溶液(pH=7),计算理论分解电压和所需最小电功;若过电位为 1.5 V,计算实际所需的电功。

4.8 若 40 000 A 电流通过氯碱电解槽,其实际电压与热中电压之差为 1.5 V,计算氯碱电解的热流量,每摩尔反应产生的热。

4.9 若阳、阴极室各为 0.5 cm 厚,并充以电导率为 0.08 S·cm^{-1} 的电解质,在电流密度为 0.2 A·cm^{-2} 时,隔膜电解槽的欧姆电压降为多少? 已知隔膜的 d(厚度)为 0.2 cm、ε(孔率)为 0.58、β(扭曲因子)为 1.2,其有效电导率可按 $\kappa_{eff} = \kappa\varepsilon/\beta^2$ 来计算。

4.10 用铂电极电解 KOH 溶液,分解电压为 1.69 V。阴极释氢的 Tafel 常数:$a = 0.31$,$b = 0.1$;阳极释氧的 Tafel 常数:$a = 1.01$,$b = 0.059$。电极面积为 7×7 cm,用 0.98 A 电流通电 1 小时,试计算每摩尔氢所消耗的电功。设电流效率为 100%,浓差极化可忽略。此值比水分解为氢和氧的标准自由焓变化大几倍?

4.11 计算电流为 610 mA,电流效率为 95%,10 cm^3 体积的流化床槽中沉积银的空时产率。

5.1 电解下述电解液时得到什么产品? 写出阴、阳极的电极反应。
(1) $Pb(NO_3)_2$ 溶液,用碳做电极;
(2) $Pb(NO_3)_2$ 溶液,用碳做阳极,铅做阴极;
(3) $Pb(NO_3)_2$ 溶液,用铅做阳极,碳做阴极。

5.2 若海水中含有 Na^+,K^+,Mg^{2+},Cl^-,Br^- 和 HCO_3^-,用碳电极电解这种成分的海水时可能得到什么产品?

5.3 把下列每个反应分开为阳极氧化反应和阴极还原反应。
(1) $2KI(aq) + Cl_2(g) \rightarrow 2KCl(aq) + I_2(aq)$;

(2) $3KI(aq) + Cl_2(g) \rightarrow 2KCl(aq) + KI_3(aq)$；

(3) $K_2Cr_2O_7(aq) + 7H_2SO_4(aq) + 3Zn(s) \rightarrow K_2SO_4(aq) + Cr_2(SO_4)_3(aq) + 3ZnSO_4(aq) + 7H_2O(l)$。

5.4 H^+ 在铅阴极上还原，从实验获得 Tafel 方程的 $a = 1.54$ V 和 $b = 0.119$ V，计算传递系数 α 和交换电流密度。

5.5 用镍阴极电解氢氧化钠溶液，在过电位为 0.148 V、0.394 V 下相应的电流密度分别为 0.0001 A·cm^{-2}、0.01 A·cm^{-2}，计算在上述介质中析氢反应的传递系数和交换电流密度。

5.6 在 1 mol·L^{-1} HCl 的 50% 水-甲醇溶液中，汞阴极的氢过电位如下

i/A·cm^{-2}	10^{-6}	3×10^{-6}	10^{-5}	3×10^{-5}	10^{-4}	3×10^{-4}	10^{-3}	3×10^{-3}
η/V	0.665	0.716	0.791	0.834	0.893	0.937	0.988	1.031
i/A·cm^{-2}	10^{-2}	3×10^{-2}						
η/V	1.089	1.122						

试求出 Tafel 方程的截距和斜率，计算交换电流密度。

5.7 下表列出在 1 mol·L^{-1} H_2SO_4 溶液中不同金属电极上释氢反应的交换电流密度，试求出反应速度，并把所列金属电极按对释氢反应的电催化能力的大小顺序排列出来。

金属	汞	铅	铊	锰	钛	铌	钨	金	镍	铂	钯
i^0/A·cm^{-2}	$10^{-8.3}$	$10^{-8.0}$	$10^{-7.0}$	$10^{-6.9}$	$10^{-4.2}$	$10^{-2.8}$	$10^{-1.9}$	$10^{-1.4}$	$10^{-1.2}$	$10^{+0.9}$	$10^{+1.0}$

5.8 氧在饱和了氧的 1 mol·L^{-1} KOH 溶液中，在粉末微电极（盘的直径为 25 μm）上还原的极化曲线（扫描速度为 5 mV·s^{-1}）如图所示，试从极化曲线选择其中对氧还原催化性能最好的粉末微电极。图中：1. 乙炔黑；2. RB 碳粉；3. 乙炔黑/TMPPCo；4. RB 碳粉/TMPPCo，TMPPCo 为四对甲基苯基卟啉钴。

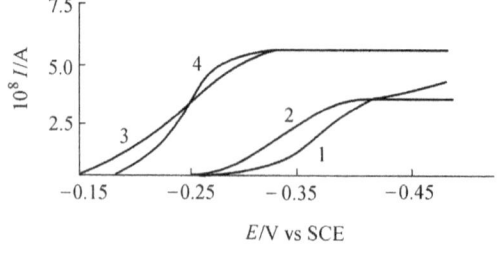

习题 5.8 图

5.9 用 1250 A 电流电解 NaCl 溶液 10 小时制备 NaOH，在这 10 小时中连续从槽中取出共 140 L 溶液，平均每 L 含 116.5 g NaOH，试求电流效率。

5.10 一个氧化铼样品溶于盐酸中（无氯气产生），并用控制电位法在此溶液中进行电解，

铼沉积在铂阴极上(无氢产生)。在平均电流为 0.1 A 下电解 27min,阴极增重约 80 mg,试问此氧化物的分子式。

5.11 用光滑铂电极将电解液(1) 1 mol·L^{-1}KOH(最小实际分解电压为 1.67 V);(2) 0.01 mol·L^{-1}KOH(最小实际分解电压为 1.69 V);(3) 0.01 mol·L^{-1}NH$_3$(aq)(最小实际分解电压为 1.74 V)分别进行电解;试绘出电流随电压变化的曲线。

5.12 1 mol·L^{-1}电解液的最小实际分解电压列于下表,假设在所有情况下的氢过电位都一样,那么(1) 此氢过电位等于多少？(2) 每种溶液的阳极产物是什么？所要求的过电位为多少？

	HCl	HBr	HI	HNO$_3$	H$_2$SO$_4$	H$_3$PO$_4$
E/V	1.34	0.94	0.52	1.69	1.69	1.70

6.1 Mg|7%NaCl|O$_2$ 电池的反应为 Mg + 1/2O$_2$ + H$_2$O = Mg(OH)$_2$,计算其重量比能量:(1) 按电池反应计算;(2) 只考虑电极活性物质;(3) 同(2),但用空气代替。

6.2 重量为 123 g 的碱性锌锰电池在 2.25 Ω 负载下连续放电,直到电池的终止电压为 0.9 V。持续放电的时间为 735 min,放电量为 6.21 Ah。试求该电池放电时的平均比能量和平均比功率。已知体重为 55 kg 的人平均输出功率约 100W,体重为 450 kg 的马输出功率为 1 马力(760 W),试把它们与上述电池的比功率作一比较。

6.3 锌氯电池的电池反应为 Zn + Cl$_2$ → ZnCl$_2$。把 118 单个锌氯电池串联而成的电池组的能量约为 90 kWh,有可能开发为车辆电源。计算:(1) 该电池的标准电动势;(2) 为了维持所需的能量,要贮存多少固体氯水合物(Cl$_{12}$·8H$_2$O)？

6.4 某仪器使用的电源体积已限定为 130 mm×60 mm×8 mm,平均工作电压为 13 V,最大工作电流为 250 mA,并要求工作 4 小时,问用何种电池(见下表)能满足这个指标？

	铅蓄电池	锌锰干电池	锌银电池	镉镍电池	锌汞电池	碱性锌空气电池
体积比能量/Wh·L^{-1}	30~90	93~195	103~275	45~110	396~475	~150

6.5 某设备使用的电源要求平均电压为 27 V,工作电流为 20 A,工作时间 15 天。已知锌银电池组的质量比能量可达 80 Wh·kg^{-1},如果使用锌银电池组,则其质量为多少？

6.6 烧结式镉镍电池的正、负极活性物质为 NiOOH、Cd。实际上在化成前,镉电极上存在的是 Cd(OH)$_2$,NiOOH 电极上存在的是 Ni(OH)$_2$。试问容量为 3Ah 的镉镍电池所需正、负极活性物质的量。

6.7 磷酸型燃料电池的设计性能是输出电压为 0.7 V 以上,输出电流密度为 200 mA·cm^{-2}(140 mA·cm^{-2}以上,190 ℃),设反应 2H$_2$ + O$_2$ = 2H$_2$O 在 190 ℃ 下的 $\Delta G = -439.6$ kJ,$\Delta H = -482.8$ kJ。试求:(1) 电池的能量转化率;(2) 理论电动势;(3) 如果燃料利用率为 80% 时,电池能量转化率的最低限度是多少？

6.8 各个燃料电池反应如下所示:

$$CH_4(g) + 2O_2 = CO_2(g) + 2H_2O(l)$$
$$\Delta H_{298}^\ominus = -890.4 \text{ kJ} \cdot \text{mol}^{-1}, \Delta G_{298}^\ominus = -818.0 \text{ kJ} \cdot \text{mol}^{-1}$$
$$C_2H_6(g) + \frac{7}{2}O_2 = 2CO_2(g) + 3H_2O(l)$$
$$\Delta H_{298}^\ominus = -1560 \text{ kJ} \cdot \text{mol}^{-1}, \Delta G_{298}^\ominus = -1467.5 \text{ kJ} \cdot \text{mol}^{-1}$$
$$C_3H_8(g) + 5O_2 = 3CO_2(g) + 4H_2O(l)$$
$$\Delta H_{298}^\ominus = -2220 \text{ kJ} \cdot \text{mol}^{-1}, \Delta G_{298}^\ominus = -2108.0 \text{ kJ} \cdot \text{mol}^{-1}$$
$$CH_3OH(l) + \frac{3}{2}O_2 = CO_2(g) + 2H_2O(l)$$
$$\Delta H_{298}^\ominus = -764.0 \text{ kJ} \cdot \text{mol}^{-1}, \Delta G_{298}^\ominus = -706.9 \text{ kJ} \cdot \text{mol}^{-1}$$

计算：(1) 电池反应的电子转移数；(2) 298K 时电池的可逆电动势；(3) 电池的最大效率。

6.9 写出电池 Cd-Hg($c_{Cd,1}$)|CdSO$_4$(0.05 mol·L^{-1})|Cd-Hg($c_{Cd,2}$)的 Nernst 公式，并计算其电动势。已知 $c_{Cd,1}$ = 0.110 g Cd/150 g Hg，$c_{Cd,2}$ = 0.030 g Cd/150 g Hg。将此电池放电 40 C，求电池重新达到平衡后的电动势。这种电池能当蓄电池使用吗？

7.1 现有如下 6 种金属：金、银、铜、铁、铅和铝，试问哪些金属在下列条件下会被腐蚀。
(1) 强酸性溶液 pH=1；(2) 强碱性溶液 pH=14；
(1) 微酸性溶液 pH=6；(4) 微碱性溶液 pH=8。

7.2 在 25 ℃下将铁放入 Fe^{2+} 活度为 1 的溶液(pH=3)中，已知 Fe^{2+} 还原为 Fe 的交换电流密度为 2×10^{-5} A·m^{-2}，氢在该溶液中析出的交换电流密度为 1.6×10^{-3} A·m^{-2}；Fe 氧化过程和氢离子还原过程的 b 值分别为 0.06 和 0.12 V，试求腐蚀电位和腐蚀电流密度。

7.3 铁在含有不同氧化剂的酸中腐蚀速度是不同的，试从给出的极化曲线进行比较之。图中 ABCDE 是铁的阳极极化曲线，标上数字的是氧化剂阴极极化曲线，(1) H$_2$SO$_4$；(2) 含氧 H$_2$SO$_4$；(3) 稀 HNO$_3$；(4) 浓 HNO$_3$。已钝化的铁放进这些酸中腐蚀速度又如何？

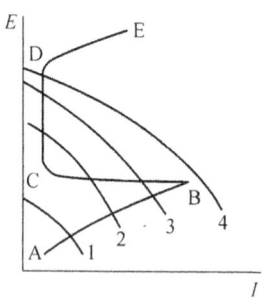

习题7.3图

7.4 镍的阳极溶解反应 25 ℃时 Tafel 公式中，b(10 底对数)为 0.052 V，$i^0 = 2 \times 10^{-5}$ A·m^{-2}，求 Ni^{2+} 活度为 1 的溶液，电极电位为 0.02 V 时阳极的溶解速度(以电流密度表示)为多少？

7.5 铸铁在 44% 乙二醇溶液中的极化曲线(80 ℃)如图所示，1 和 1′是没有加添加剂的，2 和 2′是有添加剂的。试由图求出各曲线直线部分的斜率(b_K 或 b_A)和腐蚀电流密度，并说明添加剂的作用。

7.6 将上述铁电极与外电源的负极接通，使电流密度为 1 A·m^{-2} 的阴极电流通过铁，求在如此阴极保护下铁的腐蚀速度(以电流密度表示)。

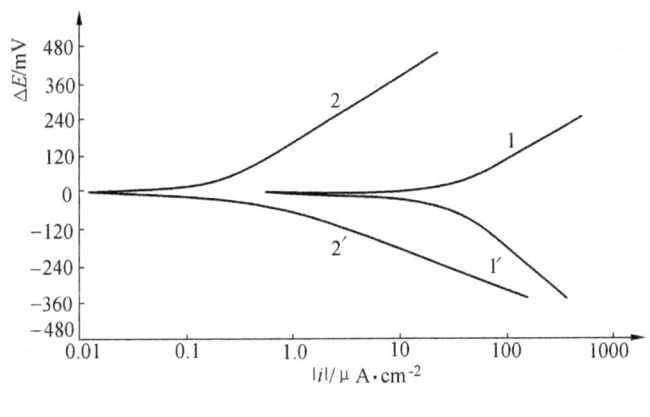

习题 7.5 图

7.7 微量稀土离子对铝合金的孔蚀有缓蚀作用,下表列出有 $SmCl_3$ 和无 $SmCl_3$ 时 LY12CZ 铝合金在 NaCl 溶液中的腐蚀深度数据,试计算不同浸入时间的缓蚀效率。

	$0.5\ mol\cdot L^{-1}\ NaCl$				$0.5\ mol\cdot L^{-1}\ NaCl + 1000ppm SmCl_3$			
浸入时间/h	120	240	480	720	120	240	480	720
腐蚀深度/mm	0.018	0.045	0.075	0.107	0.017	0.011	0.015	0.017

7.8 人们发现在罗马征服英国时期的遗址上有数以吨计的铁钉,像山一样的铁钉的周围几乎都被腐蚀了,但放在中心的铁钉却没有腐蚀,说明腐蚀与不腐蚀的原因。还有在日本千叶发现古时代的带有金象眼的铁剑都腐蚀了,这种情况与铁钉的情况有何不同?

8.1 在铂上沉积锌时 Tafel 方程中的 $a = 0.280$ V, $b = 0.059$ V,说明为什么在锌盐活度为 1 的中性溶液中,用电流密度为 $1\ mA\cdot cm^{-2}$ 电解时得不到锌。

8.2 湿法炼锌过程中,假设由于电解液含铁太多,锌极表面有 1% 被铁覆盖,当锌极维持在 -0.8 V (vs SHE)时,估算锌沉积过程的电流效率。氢离子放电和金属锌沉积的阴极极化曲线如图所示,
(1) $Zn|H_2$, $0.5\ mol\cdot L^{-1}\ H_2SO_4$, 20 ℃;
(2) $Zn|Zn^{2+}$, $0.5\ mol\cdot L^{-1}\ H_2SO_4$, 20 ℃;
(3) $Fe|H_2$, $0.5\ mol\cdot L^{-1}\ H_2SO_4$, 20 ℃。

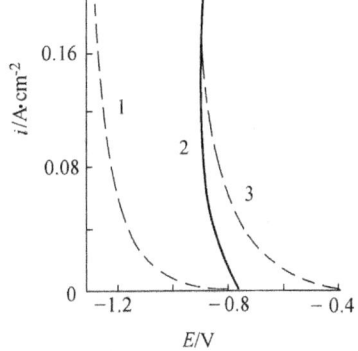

习题 8.2

8.3 在一含 $1\times10^{-4}\ mol\cdot L^{-1}\ Zn^{2+}$ 的溶液中电沉积锌时,不希望有氢析出,已知氢在锌上析出的过电位为 0.72 V。设氢过电位与溶液中电解质浓度无关,问溶液的 pH 应控制在什么范围?

8.4 电极反应 $Cu^{2+} + 2e = Cu$ 的传递系数为 0.5,交换电流密度为 $2.5\times10^{-5}\ A\cdot cm^{-2}$,计算 298 K 时的 Tafel 常数,并估计从 Cu^{2+} 活度为 1 的电解液在 298 K 和电流密度为

5×10^{-3} A·cm^{-2} 沉积铜时所需的过电位。

8.5 从酸性液中电沉积铜,电流效率为 90%。用恒定电流 3.11A 电解 30min。因不小心有 10% 的铜氧化为 CuO,25% 的铜氧化为 Cu$_2$O。假设把沉积物误算为全是铜,则电流效率的表观值为多少？电解时共析出氢多少毫克？

8.6 873K 时电池 Pb|PbCl$_2$|Cl$_2$($P_{氯气}$=1 巴)的电动势为 1.218 V,计算电池反应的平衡常数。

8.7 熔盐电解制备铝的反应为 2Al$_2$O$_3$ + 3C = 4Al + 3CO$_2$,此反应自由能变化为 1.354 kJ,请回答下列问题。(1) 理论分解电压是多少？(2) 制造 1 吨铝,理论上需要多少碳？(3) 电能消耗为 13500 kWh·t^{-1} 时,能量效率为多少？

8.8 7000 A 的铝电解槽,每日(24 小时)产铝 49.5 kg,槽电压为 4.7 V,计算电流效率和电能消耗。

8.9 图中所示的是铂电极在对甲苯磺酸铕-正四丁基氟硼酸铵- DMF 溶液(25 ℃)中的计时电位曲线,图中出现两个电位台阶(在相同条件下测得的循环伏安曲线上也出现两个阴极波和相应的阳极波),从图读取过渡时间,可按 $\tau_2/\tau_1 = 2n_2/n_1 + (n_2/n_1)^2$ 求出电子转移数。试写出 Eu^{3+} 还原的电极反应步骤。

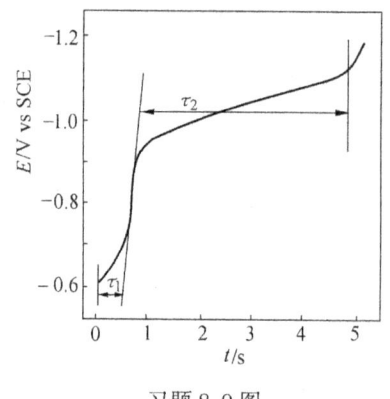

习题 8.9 图

9.1 电解 1.0 mol·L^{-1} CuSO$_4$ + 1.0 mol·L^{-1} H$_2$SO$_4$ 溶液,用铂做阳极,阴极是面积为 5 cm^2 的铜盘,电流维持在 0.40 A。如果电解槽中有一升溶液,计算溶液中 99.9% 的 Cu^{2+} 沉积为 Cu 所需的时间,开始沉积时的槽电压,结束时的槽电压(忽略欧姆电位降、过电位和 pH 变化)。

9.2 镀镍溶液中 NiSO$_4$·6H$_2$O 的含量为 270 g·L^{-1},溶液中还有 Na$_2$SO$_4$、MgSO$_4$、NaCl 等物质,已知氢在镍上的过电位为 0.42 V,氧在镍上的过电位为 0.1 V,问在阴极上和阳极上首先析出(或溶解)的可能是哪种物质？

9.3 镀镍时,通过 2.5 A 电流 1.0 小时,电极增重 2.55 g,计算电流效率。

9.4 在含有 NiSO$_4$ 的溶液中进行电镀,被镀物件总表面积为 100 cm^2,通电电流为 3 A,试问镀上 0.3 mm 的镀层要多少时间？已知电流效率为 90%,Ni 的密度为 8.9 g·cm^{-3}。

9.5 在塑料上镀镍层的厚度用库仑法测定。把蜡封闭镀层只露出面积 2 cm^2,然后放入稍微酸化的氯化钠溶液中,外加电压使露出的镍层全部溶解,而与镀槽串联的碘库仑计析出 4.0 mmol I$_2$,试计算镀镍层的平均厚度。

9.6 在硫酸溶液中进行铝的阳极氧化,阳极电流密度为 1.5 A·dm^{-2},通电 30 分钟,电流效率为 80% 左右,求氧化层的厚度。已知 Al$_2$O$_3$ 的密度为 3.4 g·cm^{-3}。

9.7 测定在 1×10^{-2} mol·L^{-1} CuSO$_4$ + 1 mol·L^{-1} H$_2$SO$_4$ 溶液中的复数平面图,(1) 极化前测得的;(2) η_K = 14 mV 时测得的。问:(1) Cu^{2+} 还原为 Cu 的电极过程的控制步骤的特征;(2) 解释两个复数平面图的图形。(可参考:《电镀与涂饰》,1986,(4),50)

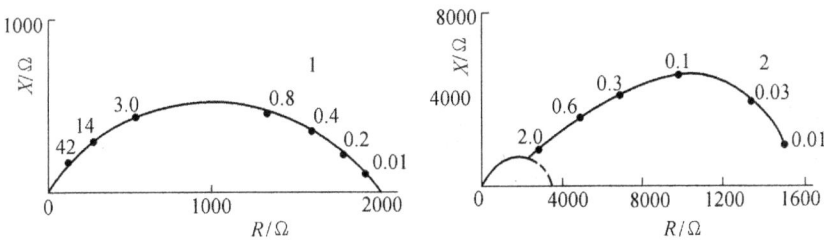

习题9.7图

10.1 在含有丙酮的 KI 水溶液中进行电解可得到 CHI_3，其反应为下式，以 2.50 A 电流通过电解槽，问要多少时间能得到 1.00 g 的 CHI_3。

$(CH_3)_2CO(aq) + 3I^-(aq) + 3H_2O \rightarrow CHI_3(s) + CH_3COO^-(aq) + 2OH^- + 3H_2(g)$

10.2 设槽电压为 5 V，电流效率为 80%，计算乙二酸 + $2H^+$ + $2e \rightarrow$ 乙醛酸 + H_2O 的电能消耗。

10.3 在饱和草酸溶液中，用铅作电极电还原草酸制取乙醛酸，电极面积为 40 cm^2，电流密度为 250 A·m^{-2}，通电 180 分钟。无添加剂时得到 2.90 g 乙醛酸；用季胺盐－Ⅰ作添加剂时，得 3.14 g；试计算电流效率。

10.4 从下列有机氧化还原反应写出制备反应产物的电极反应。

(1) $RCH=CH_2 \xrightarrow{H_2O_2, 痕迹 OsO_4} RCH(OH)CH_2OH$

(2) $RCH=CH_2 \xrightarrow{Zn, HCl(aq)} RCH_2RCH_3$

(3) $C_{10}H_8 \xrightarrow{Cr_2O_7^{2-}, H^+} C_6H_4C_2O_3$
萘　　　　　　　　　邻苯二甲酸酐

(4) $C_6H_5CH_3 \xrightarrow{MnO_4^-, OH^-} C_6H_5COO^-$
甲苯

(5) $HCHO \xrightarrow{Ag(NH_3)_2^+} CO_2$
甲醛

(6) $CH_3CH_2OH \xrightarrow{Cr_2O_7^{2-}, H^+} CH_3CHO$

(7) $>C(OH)-C(OH)< \xrightarrow{Pb(IV)} 2>C=O$

10.5 $R_2C=O$(酮)在酸性水溶液中，用足够高的电流密度电解，容易转变为 $\begin{matrix} R_2C-OH \\ | \\ R_2C-OH \end{matrix}$

(邻二叔醇)，试写出电极反应，以及可能的反应机理。

(注：在低电流密度电解时有相当多的 R_2CHOH(醇)生成。)

10.6 用库仑滴定法检测石油中的环己烷。含有醋酸、甲醇、0.15 mol·L^{-1} KBr 和 0.1 wt% $HgAc_2$ 催化剂的溶液的电解池分别与一个库仑电路和一个安培电路连接。开始时安培电路由于阴极极化而没有电流；但当库仑电路通过 3.00 mA 电流后产生了 Br_2 时，安培电路就会有小电流流过，达到 20 μA 时断掉库仑电路。此时加入 2.00 cm^3 液样，则发生反应：$C_6H_{10} + Br_2 \rightarrow C_6H_{10}Br_2$，安培电路的电流便下降。再在库仑电路通入 3.00 mA 电流 13.2 s,安培电路的电流便恢复到原来的数值。计算石油中含环己烷的含量,已知石油的密度为 0.66 g·cm^{-3}。

11.1 某废水中含 0.005 mol·L^{-1}Cu^{2+} 离子、10 mol·L^{-1}H$^+$ 离子,电解此溶液来回收铜。在操作条件下沉积铜的极限电流密度为 5 A·m^{-2}。试分别计算下列两种电流密度下铜阴极的电位和沉积铜的电流效率,(1) 4.99 A·m^{-2};(2) 7.00 A·m^{-2}。铜阴极上释氢反应的 Tafel 常数 $a = 0.23, b = 0.12$(25 ℃ 时)。

11.2 Na$_2$Cr$_2$O$_7$ + H$_2$SO$_4$ 溶液在使用后 6 价铬被还原为 3 价铬,把此废液电解,使 3 价铬被氧化为 6 价铬。现有含 260 g·L^{-1}Cr$_2$(SO$_4$)$_3$ + 20 g·L^{-1}Na$_2$Cr$_2$O$_7$ + 250 g·L^{-1}H$_2$SO$_4$ 废液,用电解法再生到 90% 的铬以 6 价态存在为止。设两电极的电流效率为 100%,电解过程中硫酸浓度变化很小。试分别计算电解开始和终止时所需槽电压的理论值,并计算再生液的最终组成。在计算中可用浓度代替活度。

11.3 欲从镀银废液中回收金属银,废液中 AgNO$_3$ 的浓度为 1×10^{-6} mol·kg^{-1},还有少量的 Cu^{2+}。今以银为阴极、石墨为阳极电解回收银,要求银的回收率达 99%。试问阴极电位应控制在什么范围之内?Cu^{2+} 离子浓度应低于多少才不致使铜和银同时析出?(设所有的活度系数均为1)。

11.4 在测定坑道水的 BOD 的实验中,空气通入 250 cm^3 水样中连续除去 CO$_2$。发现在 298 K 下让 322 mA 电流通过电解池 Pt|CuSO$_4$(aq)|Pt,所产生的氧气足以阻止气体压力减少。试计算坑道水的 BOD。

11.5 钠离子选择电极浸入 25 mL 未知溶液中,测得电位为 0.2631 V vs SCE,加入 5.00 mL 0.010 mol·L^{-1}Na$^+$ 标准溶液电位减少为 0.1921 V。(1) 计算未知溶液的 Na$^+$ 浓度;(2) 若电位测量的误差为 ±0.0005 V,则测量浓度的误差为多少?

11.6 由玻璃膜做成的钠离子选择电极在碱性溶液中,电位与钠离子浓度的对数成线性关系,斜率为 59 mV,用此种电极测定:(1) pH 为 7 含 10^{-3} mol·L^{-1}Na$^+$ 的溶液的电位;(2) pH 为 7 含 10^{-3} mol·L^{-1}Na$^+$ + 0.1 mol·L^{-1}K$^+$ 的溶液的电位,进行比较。论述 K$^+$ 和 pH 的影响,如果在 pH 为 3 中测定,结果又如何?已知 $K_{Na^+,K^+} = 10^{-3}$,$K_{Na^+,H^+} = 10^2$。

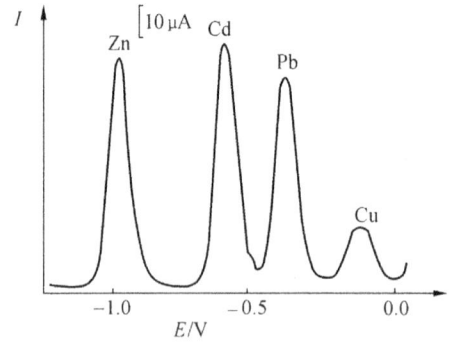

习题 11.7 图

11.7 某溶液中的 Zn^{2+},Cd^{2+},Pb^{2+},Cu^{2+} 先经电积富集,后进行阳极溶出,所得的微分脉冲阳极溶出曲线如图所示,又从工作曲线获知 1.0 μmol·L^{-1} 的 Pb^{2+} 相应的电流为 12.5 μA,试计算上述各离子的浓度。

12.1 在生物相关物质的水溶液中,氧化还原反应大多数与 H$^+$ 有关。现有一反应为 R

$+ 2H^+ + 2e = RH_2$,试说明氧化还原电位因 pH 变化是如何改变的?

12.2 在 pH 为 7,25 ℃ 的磷酸缓冲溶液中,细胞色素 c 的标准氧化还原电位为 260 mV(vs NHE)。如果把在此溶液中的电极电位维持在 230 mV(vs NHE)时,电极/溶液界面的细胞色素 c 的氧化体和还原体浓度之比 $[Cyt.c(Fe^{3+})]/[Cyt.c(Fe^{2+})]$ 是多少?

12.3 海龟巨神经细胞的主要内外离子浓度约为

	$K^+_{外}$	$K^+_{内}$	$Na^+_{外}$	$Na^+_{内}$	$Cl^-_{外}$	$Cl^-_{内}$
c/mmol·L^{-1}	10	280	185	61	485	51

(1) 求 K^+、Na^+、Cl^- 的 Nernst 电位。

(2) 是否有一跨膜电位可使所有离子处于平衡中?

(3) 细胞的静息电位为 -49 mV,哪些离子处于平衡中,而哪些不是?后者向什么方向作离子运动?

12.4 神经细胞膜在静态时表现出选择 K^+ 的透过性,当兴奋时,一下子表现出对 Na^+ 的选择性。试从膜电位的观点说明细胞膜受刺激时产生电压脉冲的情况。如果神经细胞内的溶液中 K^+(0.4 mol·L^{-1}),Na^+(0.05 mol·L^{-1}),神经细胞外的溶液中 K^+(0.01 mol·L^{-1}),Na^+(0.46 mol·L^{-1}),那么细胞膜在静态时和兴奋时其膜电位为多少?

12.5 对于蛙肌肉,假设其 K^+、Na^+ 和 Cl^- 浓度如表 12.2 所示,并设 Cl^- 的通透率为 K^+ 的 10%,Na^+ 的通透率为 K^+ 的 1%。试利用 Goldman 方程计算其平衡电位。

12.6 许多生物膜的电容是 $1~\mu F \cdot cm^{-2}$,膜质基本上是一种脂质,其介电常数为 3,问有效膜厚度为多少?

12.7 成年人脑工作时的功率约 25 W,其中大部分使神经细胞中的"钠泵"工作,以维持内部 Na^+ 浓度约为 0.015 mol·L^{-1},外部 Na^+ 浓度约为 0.15 mol·L^{-1}。假设全部功率用于钠泵和总的效率为 50%,计算每秒从脑细胞流出的 Na^+ 流量。

12.8 生物化学标准自由能($\Delta G'$)、标准电位(E')和平衡常数(K')与相应的化学标准量(ΔG°)、标准电位(E°)和平衡常数(K)是不同的。对于电极反应 $A + mH^+ + ne = B$,$E^\circ = E' - 0.414 m/n$、$\Delta G^\circ = \Delta G' + 40.0 m$(kJ·mol^{-1})、$K = 10^{-7m} K'$。下述反应在 pH 为 7 下进行,$RCHO + HPO_4^{2-} + NAD^+ = RCO_2PO_3^{2-} + H^+ + NADH$(NAD 为烟酰胺腺嘌呤二核甘酸,R 为 $-CHOHCH_2OPO_3^{2-}$,$RCO_2PO_3H_2$ 为磷酸甘油酸)。计算上述反应的 $\Delta G'$,K' 和 ΔG°,K。已知 $RCO_2PO_3^{2-} + 2H^+ + 2e = RCHO + HPO_4^{2-}$ 和 $NAD^+ + H^+ + 2e = NADH$ 的 E' 为 -0.286 V 和 -0.320 V。

12.9 写出草酸分别在草酸脱羧酶、草酸氧化酶作用下的反应,并指出利用这两个酶反应构成的传感器是用什么电极检测什么电化学参数?

二、习题解答*

1.1 HCl： $a_{\pm} = (a_{H^+} \times a_{Cl^-})^{\frac{1}{2}}$ ZnSO$_4$： $a_{\pm} = (a_{Zn^{2+}} \times a_{SO_4^{2-}})^{\frac{1}{2}}$

K$_2$SO$_4$： $a_{\pm} = (a_{K^+}^2 \times a_{SO_4^{2-}})^{\frac{1}{3}}$ CaCl$_2$： $a_{\pm} = (a_{Ca^{2+}} \times a_{Cl^-}^2)^{\frac{1}{3}}$

Al$_2$(SO$_4$)$_3$： $a_{\pm} = (a_{Al^{3+}}^2 \times a_{SO_4^{2-}}^3)^{\frac{1}{5}}$

1.2 $I = \frac{1}{2}\sum m_i z_i^2 = \frac{1}{2}[(0.0015 \times 2^2) + (2 \times 0.0015 \times 1^2)] = 0.0045 \text{ mol} \cdot \text{kg}^{-1}$，

按 $\log \gamma_i = -0.5115\sqrt{I}$，$\log \gamma_{\pm} = -0.5115|Z+Z-|\sqrt{I}$ 计算活度系数。结果如下：
(1) Mg^{2+}、Cl$^-$ 的活度系数为 0.729、0.924；(2) 平均活度系数为 0.854。

1.3 (1) 0.001 mol·kg^{-1} La(NO$_3$)$_3$ 的离子强度 (A)

$$I = \frac{1}{2}[(0.001 \times 3^2) + 3 \times 0.001 \times 1^2] = 0.006 \text{ mol} \cdot \text{kg}^{-1},$$

0.002 mol·kg^{-1} NaCl + 0.001 mol·kg^{-1} La(NO$_3$)$_3$ 的离子强度 (B)

$$I = \frac{1}{2}[(0.001 \times 3^2) + (3 \times 0.001 \times 1^2) + (0.002 \times 1^2) + (0.002 \times 1^2)] = 0.008$$

(2) 德拜极限方程见上题，计算结果：La(NO$_3$)$_3$ 的 $\gamma_{\pm}$ 为 0.761 (A)，0.729 (B)

德拜方程为 $\log \gamma_{\pm} = (-0.5115|Z+Z-|\sqrt{I})/(1 + Ba\sqrt{I})$，

$B = 0.329 \times 10^8 \text{ cm}^{-1} \cdot \text{mol}^{-1/2} \cdot \text{kg}^{1/2}$，$a^* = 0.4$ nm

计算结果：La(NO$_3$)$_3$ 的 $\gamma_{\pm}$ 为 0.780 (A)，0.754 (B)

*a 之值为 0.3~0.4 nm，由于所取之值不同，计算结果便有差异。

1.4 根据德拜方程，$-0.5115|Z+Z-|/\log\gamma_{\pm} = 1 + Ba\sqrt{I}$，用等号左边之值对 $\sqrt{I}$ 作图 (数据见下表)，得到斜率 $Ba = 1.40$ mol·kg^{-1}，而 B = 0.329×10^8 cm^{-1}·mol$^{-1/2}$·kg$^{1/2}$，故 $a = 0.43$ nm。

$\sqrt{I}$	0.0316	0.0447	0.0707	0.100	0.141	0.224	0.316
$\dfrac{-0.115\|Z+Z-\|\sqrt{I}}{\log\gamma_{\pm}}$	1.042	1.067	1.103	1.144	1.202	1.321	1.487

1.5 电导池常数，$l/A = \kappa R = 0.01289 \times 122.6 = 1.58$ cm^{-1}；

NaCl 的电导率，$\kappa = (l/A)/R = 1.58/(2.619 \times 10^3) = 6.032 \times 10^{-4}$ S·cm^{-1}。

$\Lambda_m = \kappa/c = 6.032 \times 10^{-4} \times 1000/0.005 = 120.6$ S·cm^2·mol^{-1}

$= 1.206 \times 10^{-2}$ S·m^2·mol^{-1}

1.6 $\lambda t_+ = U_+^{\infty}/(U_+^{\infty} + U_-^{\infty}) = \lambda_+^{\infty}/(\lambda_+^{\infty} + \lambda_-^{\infty})$ $t_- = \lambda_-^{\infty}/(\lambda_+^{\infty} + \lambda_-^{\infty})$，从表 1.3 查 KCl 的 λ_+^{∞} 和 λ_-^{∞} 为 73.52×10^{-4} 和 76.3×10^{-4} S·m^2·mol^{-1}，代入上式算出 t_+ 和 t_- 为 0.491 和 0.509。同理得 HCl 的 t_+ 和 t_- 为 0.821 和 0.179、BaSO$_4$ 的 t_+ 和 t_- 为 0.446 和 0.554。

---

*注：各人由作图得到的数据会有差异。

1.7 $t_+ = v_i z_i c_i / \sum_i v_i z_i c_i \approx c_{K^+} \lambda_{K^+} / (c_{K^+} \lambda_{K^+} + c_{H^+} \lambda_{H^+} + c_{Cl^-} \lambda_{Cl^-})$

   $= (0.1 \times 73.52) / [0.1 \times 73.52 + 0.05 \times 349.82 + (0.1 + 0.05) \times 76.34] = 0.203$

1.8 根据 $\Lambda^\infty_m = \lambda^\infty_+ + \lambda^\infty_-$，丙酸的摩尔电导率 $= (0.859 + 4.2126 - 1.2156) \times 10^{-2}$

   $= 3.856 \times 10^{-2} \, \text{S} \cdot \text{m}^2 \cdot \text{mol}^{-1}$

1.9 因为 $\Lambda_m = \Lambda^\infty_m (1 - \beta\sqrt{c})$，所以 Λ_m 对 $\sqrt{c}$（数据见下表）作图为线性，直线的截距便是 Λ^∞_m。用最小二乘法求得 Λ^∞_m 为 $133.4 \times 10^{-4} \, \text{S} \cdot \text{m}^2 \cdot \text{mol}^{-1}$。

$\sqrt{c}/\text{mmol}^{1/2}$	0.166	0.269	0.327	0.595	0.868
$100\Lambda/\text{S}\cdot\text{m}^2\cdot\text{mol}^{-1}$	1.329	1.326	1.325	1.316	1.308

1.10 $D_{H^+} = RT\lambda^0_m / z^2 F^2 = 8.314 \times 298.2 \times 349.82 / 1^2 \times 96500^2 = 9.312 \times 10^{-5} \, \text{cm}^2 \cdot \text{s}^{-1}$

   $D_{Cl^-} = RT\lambda^0_m / z^2 F^2 = 8.314 \times 298.2 \times 76.34 / 1^2 \times 96500^2 = 2.032 \times 10^{-5} \, \text{cm}^2 \cdot \text{s}^{-1}$

1.11 分别把 Fe(CN)_6^{3-}, Fe(CN)_6^{4-} 的 λ^0_m 代入 $D = RT\lambda^0_m / z^2 F^2$，

   求出 Fe(CN)_6^{3-}, Fe(CN)_6^{4-} 的 D 为 8.96×10^{-10}, $7.36 \times 10^{-10} \, \text{m}^2 \cdot \text{s}^{-1}$。

   把 D 值代入 $D = RTU^\infty / |z|F$，求得 U^∞ 为 1.046×10^{-7} 和 $1.145 \times 10^{-7} \, \text{m}^2 \cdot \text{V}^{-1} \cdot \text{s}^{-1}$。

   把 Fe(CN)_6^{3-} 的 D 值代入 $D = RT/6\pi\eta r N_0$，求得 r 为 $0.27 \, \text{nm}$。

1.12 按 $R = (1/\kappa) \times (l/A)$，

   $\kappa = (1/R) \times (l/A) = (1/1982) \times 29.05 = 0.01466 = 14.66 \times 10^{-4} \, \text{S} \cdot \text{m}^{-2} \cdot \text{mol}^{-1}$

   $\alpha = \Lambda_m / \Lambda^\infty_m = 14.66 \times 10^{-4} / (349.8 \times 10^{-4} + 40.9 \times 10^{-4}) = 0.0375$

   $K_c = [\text{H}^+][\text{Ac}^-]/[\text{HAc}] = \alpha^2 c / (1-\alpha) = 1.46 \times 10^{-5}$

1.13 $c = \kappa/\Lambda = 5.498 \times 10^{-6} / (349.81 \times 10^{-4} + 198.30 \times 10^{-4})$

   $= 1.003 \times 10^{-4} \, \text{mol m}^{-3} = 1.003 \times 10^{-7} \, \text{mol dm}^{-3}$

   $K_w = [\text{H}^+][\text{OH}^-] = (1.003 \times 10^{-7})^2 = 1.006 \times 10^{-14}$

1.14 $\kappa_{\text{SrSO}_4} = 1.482 \times 10^{-4} - 1.50 \times 10^{-6} = 1.467 \times 10^{-4} \, \text{S} \cdot \text{cm}^{-1} = 1.467 \times 10^{-5} \, \text{S} \cdot \text{dm}^{-1}$

   $\Lambda_{\text{SrSO}_4} = 2 \times (59.46 + 79.8) \times 10^{-4} = 278.5 \times 10^{-4} \, \text{S} \cdot \text{m}^2 \cdot \text{mol}^{-1} = 0.0278 \, \text{S} \cdot \text{dm}^2 \cdot \text{mol}^{-1}$

   $c = \kappa / \Lambda_{\text{SrSO}_4} = 5.26 \times 10^{-4} \, \text{mol} \cdot \text{L}^{-1}$

1.15 $K = [\text{CH}_3\text{COO}^-][\text{H}^+]/[\text{CH}_3\text{COOH}] = \alpha^2 c/(1-\alpha)$，近似地认为 $\alpha = \Lambda/\Lambda_0$，用上表数据计算 α；作 c^{-1} 对 $\alpha^2/(1-\alpha)$ 图（数据见下表），从直线斜率得到 $K = 1.74 \times 10^{-5} \, \text{mol} \cdot \text{L}^{-1}$

$c/\text{mol}\cdot\text{L}^{-1}$	0.0005	0.001	0.002	0.005	0.01	0.02
$c^{-1}/\text{L}\cdot\text{mol}^{-1}$	2000	1000	500	200	100	50
α	0.170	0.124	0.091	0.061	0.041	0.027
$\alpha^2/(1-\alpha)$	0.0348	0.0175	0.00911	0.00396	0.00175	0.00075

1.16 (1)终点前：$\text{HCl} + \underline{\text{NH}_4\text{OH}} \longrightarrow \underline{\text{NH}_4\text{Cl}} + \text{H}_2\text{O}$　电导逐渐升高

   终点后：有过量的 HCl，电导迅速升高。

(2) 终点前：NaOH + HAc ⟶ NaAc + H₂O 电导逐渐升高

终点后：有过量的 NaOH，电导上升更快。

(3) NaOH + HCl + HAc ⟶ NaCl + NaAc + H₂O

首先 NaOH + HCl ⟶ NaCl + H₂O 电导逐渐降低；

滴完 HCl 后进行 NaOH + HAc ⟶ NaAc + H₂O 电导又逐渐升高；滴完 HAc 后，有过量 NaOH，电导上升更快。

(4) 终点前：KCl + AgNO₃ ⟶ KNO₃ + AgCl 电导变化不大

终点后：有过量的 KCl，电导明显升高。

按上述电导变化，划出电导曲线。

2.1 (1) $\bar{\mu}_{Hg} = \mu_{Hg}$, $\bar{\mu}_{SO_4^{2-}} = \mu_{SO_4^{2-}} - 2F\phi_s = \mu^*_{SO_4^{2-}} + RT\ln a_{SO_4^{2-}} - 2F\phi_s$, $\bar{\mu}_e = \mu_{e(M)} - F\phi_M$,

$\bar{\mu}_{Hg_2SO_4} = \mu_{Hg_2SO_4}$

把上述各项代入 $\bar{\mu}_{Hg_2SO_4} + 2\bar{\mu}_e = 2\bar{\mu}_{Hg} + \bar{\mu}_{SO_4^{2-}}$，移项得

$$\phi_M - \phi_s = \frac{\mu_{Hg_2SO_4} - 2\mu_{Hg} + 2\mu_e - \mu^*_{SO_4^{2-}}}{2F} + \frac{RT}{nF}\ln\frac{1}{a_{SO_4^{2-}}}$$

(2) $\bar{\mu}_{Fe^{2+}} + 2F\phi_s - \bar{\mu}_{Fe^{3+}} - 3F\phi_s - \mu_{e(M)} + F\phi_M = 0$

$$\phi_M - \phi_s = \frac{\mu^*_{Fe^{3+}} - \mu^*_{Fe^{2+}} + \mu_e}{F} + \frac{RT}{F}\ln\frac{a_{Fe^{3+}}}{a_{Fe^{2+}}}$$

2.2 (1) Pt | Fe³⁺, Fe²⁺ ‖ MnO₄⁻, Mn²⁺, H⁺ | Pt

(2) 负极：$Fe^{2+} = Fe^{3+} + e$ $E^\ominus = 0.771V(298K)$

正极：$MnO_4^- + 8H^+ + 5e = Mn^{2+} + 4H_2O$ $E^\ominus = 1.51V(298K)$

电池：$5Fe^{2+} + MnO_4^- + 8H^+ = 5Fe^{3+} + Mn^{2+} + 4H_2O$

(3) 电池的 $E^\ominus = 1.51 - 0.771 = 0.739V$

$$E = E^\ominus - \frac{RT}{nF}\ln\frac{[Fe^{3+}]^5[Mn^{2+}]}{[Fe^{2+}]^5[MnO_4^-][H^+]^8}$$

$$E = 0.739 - \frac{8.314 \times 298}{5 \times 96500}\ln\frac{(0.01 \times 2)^5 \times 0.01}{0.01^5 \times 0.01 \times (0.01 \times 2)^8} = 0.561V$$

(4) 电池的 $\Delta G^\ominus = -nFE^\ominus = -5 \times 96500 \times 0.739 = -356.6 \text{ kJ} \cdot \text{mol}^{-1}$

∵ $E^\ominus = (RT/nF)\ln K_a$ ∴ $\ln K_a = nFE^\ominus/RT$, $K_a = 3.18 \times 10^{62}$

2.3 (1) 左边 $Zn = Zn^{2+} + 2e$ $E_{左} = -0.763 + (0.05916/2)\log[Zn^{2+}]$

$E = E_{右} - E_{左} = 0.2438 - [-0.763 + (0.05916/2)\log 0.01] = 1.066V$

(2) 右边 $Fe^{3+} + e = Fe^{2+}$ $E_{右} = 0.771 + 0.05916\log[Fe^{3+}]/[Fe^{2+}]$

$E = E_{右} - E_{左} = [0.771 + 0.05916\log(0.01/0.002)] - 0.205 = 0.607V$

(3) 左边 $2Cr^{3+} + 7H_2O = Cr_2O_7^{2-} + 14H^+ + 6e$

$E_{左} = 1.36 + (0.05916/6)\log[Cr_2O_7^{2-}] \times [H^+]^{14}/[Cr^{3+}]^2 = 1.36 +$

$(0.05916/6)\log 0.001 \times 0.001^{14}/0.1^2 = 0.936V$

$E = E_{右} - E_{左} = 0.205 - 0.936 = -0.731V$

2.4 (1) 终点前滴定反应为 $Ag^+ + Cl^- = AgCl$，电极电位取决于 $AgCl + e = Ag + Cl^-$ (A)
$E_A = 0.222 - 0.05916\log[Cl^-]$ (25℃)
$E = E_A - E_{RE} = 0.222 - 0.05916\log[Cl^-] - 0.205 = 0.017 - 0.05916\log[Cl^-]$
加入 1 mL 0.2 mol·L^{-1} AgNO$_3$ 滴定液后，
$[Cl^-] = (100 \times 0.1 - 1 \times 0.2)/(100+1) = 0.097$ mol·L^{-1}, $E = 0.077$V
如上计算加入 10,30,45 mL 滴定液后的 E，为 0.084, 0.106, 0.145V。

(2) 加入 50 mL 0.2 mol·L^{-1} AgNO$_3$ 滴定液，到达终点，
AgCl 的溶度积为 2.3×10^{-10}，故 $[Cl^-] = 1.5 \times 10^{-5}$, $E = 0.302$V

(3) 终点后电极电位取决于 $Ag^+ + e = Ag$ (B)
$E = E_B - E_{RE} = 0.799 + 0.05916\log[Ag^+] - 0.205 = 0.594 + 0.05916\log[Ag^+]$
加入 55 mL 0.2 mol·L^{-1} AgNO$_3$ 滴定液，即过量 5 mL 0.2 mol·L^{-1} AgNO$_3$，
$[Ag^+] = 5 \times 0.2/(100+55) = 0.00645$ mol·L^{-1}, $E = 0.465$V
如上计算加入 70 mL 0.2 mol·L^{-1} AgNO$_3$ 滴定液后的 E，为 0.497V。

(4) 作 $V_{AgNO_3} - E$ 图，就得到电位滴定曲线。

2.5 阳极反应 $Ag(纯) + Cl^- \rightarrow AgCl + e$
阴极反应 $AgCl + e \rightarrow Ag(合金) + Cl^-$
电池反应 $Ag(纯) \rightarrow Ag(合金)$ $E = -(RT/nF)\ln a_{Ag}(合金)$
$\log a_{Ag}(合金) = -nFE/2.303RT = -1 \times 96500 \times 0.0864/(2.303 \times 8.314 \times 473.2)$
$= -0.920$
$a_{Ag}(合金) = 0.120$
$\gamma_{Ag}(合金) = a_{Ag}/X_{Ag} = 0.120/0.4 = 0.300$

2.6 (1) 电池 $Ag^+|Ag \parallel Fe^{3+}, Fe^{2+}|Pt$ 的电池反应为 $Ag + Fe^{3+} \rightarrow Ag^+ + Fe^{2+}$
$\log K = nFE^\ominus/2.303RT = 1 \times 96500 \times (0.771 - 0.799)/(2.303 \times 8.314 \times 298.2)$
$= -0.473$
$K = 0.337$

(2) 平衡时,溶液中, $c_{Ag^+} = c_{Fe^{2+}}$, $c_{Fe^{3+}} = 0.1000 - c_{Ag^+}$
$K = c_{Ag^+} c_{Fe^{2+}}/c_{Fe^{3+}} = c_{Ag^+}^2/(0.1000 - c_{Ag^+}) = 0.337$
$c_{Ag^+}^2 + 0.337 c_{Ag^+} - 0.100 \times 0.337 = 0$
$c_{Ag^+} = 0.081$ mol·kg^{-1}

2.7 上面所写电池的电动势为负值,因而把两边电极位置对调,电动势便为正值。
负极反应 $Cd + 4CN^- = Cd(CN)_4^{2-} + 2e$
正极反应 $Cd^{2+} + 2e = Cd$
电池反应 $Cd^{2+} + 4CN^- = Cd(CN)_4^{2-}$

电动势 $E = \dfrac{0.05916}{2}\log K - \dfrac{0.05916}{2}\log \dfrac{a_{Cd(CN)_4^{2-}}}{a_{Cd^{2+}} \times a_{CN^-}^4}$ (298K)

$0.4127 = \dfrac{0.05916}{2}\log K - \dfrac{0.05916}{2}\log \dfrac{0.00972}{0.00972 \times (0.094 - 0.00972)^4}$ （近似地以浓度代替活度）

$K = 1.8 \times 10^{18}$

2.8 (1) $H_2O_2 + 2H^+ + 2Br^- = 2H_2O + Br_2$ (1) 分为

阳极反应 $2Br^- = Br_2 + 2e$ $E^\ominus = 1.065\text{V}$ (1A)

阴极反应 $H_2O_2 + 2H^+ + 2e = 2H_2O$ $E^\ominus = 1.77\text{V}$ (1B)

(1A)+(1B)为电池反应,也就是(1)的反应,电池的 $E^\ominus = 1.77 - 1.065 = 0.705\text{V}$

H_2O_2 氧化 Br^- 的 $\Delta G^\ominus = -nFE^\ominus = -2 \times 96500 \times 0.705 = -136 \text{ kJ·mol}^{-1}$

(2) $Br_2 + H_2O_2 = O_2 + 2Br^- + 2H^+$ (2) 分为

阴极反应 $Br_2 + 2e = 2Br^-$ $E^\ominus = 1.065\text{V}$ (2A)

阳极反应 $H_2O_2 = O_2 + 2H^+ + 2e$ $E^\ominus = 0.682\text{V}$ (2B)

(2A)+(2B)即为(2)的反应,电池的 $E^\ominus = 1.065 - 0.682 = 0.383\text{V}$

Br_2 氧化 H_2O_2 的 $\Delta G_0 = -nFE^\ominus = -2 \times 96500 \times 0.383 = -74 \text{ kJ·mol}^{-1}$

(3) $2H_2O_2 = O_2 + H_2O$ (3) 分为

阴极反应 $H_2O_2 + 2H^+ + 2e = 2H_2O$ $E^\ominus = 1.77\text{V}$ (3A)

阳极反应 $H_2O_2 = O_2 + 2H^+ + 2e$ $E^\ominus = 0.682\text{V}$ (3B)

(3A)+(3B)即为(3)的反应,电池的 $E^\ominus = 1.77 - 0.682 = 1.088\text{V}$

H_2O_2 歧化为 H_2O 和 O_2 的 $\Delta G^\ominus = -nE^\ominus F = -2 \times 1.088 \times 96500 = -210 \text{ kJ·mol}^{-1}$

(4) 反应(1)与反应(2)的 $\Delta G^\ominus$ 的绝对值都少于 H_2O_2 歧化为 H_2O 和 O_2 的 $\Delta G^\ominus$,表明能与 H_2O_2 作用的物质,使 H_2O_2 氧化或还原的趋势都低于 H_2O_2 歧化为 H_2O 和 O_2 的趋势。因此,H_2O_2 能够在较长时间稳定。

(5) 若反应(1)的速度和反应(2)的速度比较快,则表明 KBr 促进 H_2O_2 分解为 O_2 和 H_2O,起到催化剂的作用。

2.9 (1) $2Cu^+ \rightarrow Cu^{2+} + Cu$ 分为

$Cu^+ + e = Cu$ $E^\ominus = 0.521\text{V}$, $Cu^+ = Cu^{2+} + e$ $E^\ominus = 0.153\text{V}$,

反应(1)的 $\Delta G^\ominus = -nFE^\ominus = -1 \times 96500 \times (0.521 - 0.153) = -35.5 \text{ kJ·mol}^{-1}$

(2) $3Fe^{2+} \rightarrow 2Fe^{3+} + Fe$ 分为

$Fe^{2+} + 2e = Fe$ $E^\ominus = 0.44\text{V}$, $2 \times (Fe^{2+} = Fe^{3+} + e)$ $E^\ominus = 0.771\text{V}$

反应(2)的 $\Delta G^\ominus = -nFE^\ominus = -2 \times 96500 \times (0.771 - (-0.44)) = -234 \text{ kJ·mol}^{-1}$

(3) $5MnO_4^{2-} + 8H^+ \rightarrow 4MnO_4^- + Mn^{2+} + 4H_2O$ 分为

$4 \times (MnO_4^{2-} = MnO_4^- + e)$ $E^\ominus = 0.564\text{V}$,

$MnO_4^{2-} + 8H^+ + 4e = Mn^{2+} + 4H_2O$ $E^\ominus = 1.745\text{V}$

反应(3)的 $\Delta G^\ominus = -nFE^\ominus = -4 \times 96500 \times (1.745 - 0.564) = -456 \text{ kJ·mol}^{-1}$

2.10 $Cu^{2+} + 2e = Cu$ (1) $\Delta G_1^\ominus = -2FE_1^\ominus$; $Cu^{2+} + e = Cu^+$ (2) $\Delta G_2^\ominus = -FE_2^\ominus$

(1)式减(2)式得 $Cu^+ + e = Cu$ (3),

$E_3^\ominus = -(\Delta G_1^\ominus - \Delta G_2^\ominus)/F = 2E_1^\ominus - E_2^\ominus = 2 \times 0.337 - 0.153 = 0.521\text{V}$

电池 $Cu|Cu^+ \parallel Cu^{2+}, Cu^+|Pt$ 的反应为 $Cu^{2+} + Cu = 2Cu^+$

$\log K = -\Delta G^\ominus/2.303RT = FE^\ominus/2.303RT = 96500 \times (0.153 - 0.521)/(2.303 \times 8.314 \times 298) = -6.22$

$K = 6.0 \times 10^{-7}$

2.11 电解反应为 $H^+ + Br^- \rightarrow \frac{1}{2}H_2 + \frac{1}{2}Br_2$，此电解池的可逆分解电压等于可逆电池 $Pt, H_2 | HBr(0.05 \text{ mol} \cdot kg^{-1}, \gamma_\pm = 0.860) | Br_2, Pt$ 的电动势 E。

$$E_{\text{分解}} = E_{\text{右}} - E_{\text{左}} = \left(E^\ominus_{Br} + \frac{RT}{F}\ln\frac{1}{a_{Br^-}}\right) - \left(E^\ominus_H + \frac{RT}{F}\ln a_{H^+}\right)$$

$$= (E^\ominus_{Br} - E^\ominus_H) - \frac{RT}{F}\ln a_{H^+} \cdot a_{Br^-} = 1.065 - 0.05916\log(0.05 \times 0.860)^2 = 1.227\text{V}$$

2.12 当外加电压逐渐增加时，阴极上首先析出金属 Ni，因其 $E^\ominus$ 为 -0.250V，而 Cd 的为 -0.403V，阳极上首先逸出 Cl_2。电解反应为 $Ni^{2+} + 2Cl^- \rightarrow Ni + Cl_2$。因此，外加电压至少不小于原电池 $Ni | Ni^{2+}(c=1) \| Cl^-(c=2) | Cl_2(1\text{ atm}), Pt$ 的电动势 E。

$$E = \left(E^\ominus_{\text{氯}} + \frac{RT}{F}\ln\frac{1}{a_{Cl^-}}\right) - \left(E^\ominus_{Ni} + \frac{RT}{F}\ln a_{Ni^{2+}}\right) = (1.36 - 0.05916\log 2) -$$
$$(-0.250) = 1.59\text{V}$$

2.13 作 $E - I$ 图，将曲线急剧上升直线部分延长至与 E 轴相交的交点，即为分解电压（2.05V 左右）。

2.14 由 $0.01 \text{ mol} \cdot L^{-1}$ 已二酸溶液的 pH，按 $pH = \frac{1}{2}(pK_a - \log c)$ 求得 $pK_a = 4.44$

再按上式求出 $0.15 \text{ mol} \cdot L^{-1}$ 已二酸溶液的 $pH = 2.63$

2.15 (1) $pH = \frac{1}{2}(pK_w - pK_a - \log c) = 4.97$ ($pK_w = 14$)

(2) $pH = \frac{1}{2}(pK_w + pK_b + \log c) = 8.88$

(3) $pH = \frac{1}{2}(pK_w + pK_b - pK_a) = 7.01$

2.16 $E = \frac{RT}{nF}\ln\frac{P_{O_2,\text{air}}}{P_{O_2}} = \frac{8.314 \times 1023}{4F}\ln\frac{0.21}{P_{O_2}} = 0.05, P_{O_2} = 0.0217 \text{ atm}$

$E = \frac{RT}{nF}\ln\frac{P_{O_2,\text{air}}}{P_{O_2}} = \frac{8.314 \times 1023}{4F}\ln\frac{0.21}{1 \times 10^{-14}} = 0.676\text{V}$

3.1 $E = 4\pi\varepsilon d/q$
$E/d = 4\pi q/\varepsilon = 300 \times (4\pi \times 0.2 \times 10^{-4} \times 3 \times 10^9/20) = 1.1 \times 10^7 \text{ V} \cdot cm^{-1}$
(转换单位：1 库仑 = 3×10^9 静电单位，1 伏 = 1/300 静电单位)

3.2 (1) $Q = C(E^\ominus - E_z) = 36 \times 10^{-6}[-0.763 - (-0.630)] = -4.79 \times 10^{-6} \text{ C} \cdot cm^{-2}$
(2) $Q = C(E - E_z) = 36 \times 10^{-6}[-0.763 - (-0.630)] = 3.42 \times 10^{-5} \text{ C} \cdot cm^{-2}$

3.3 利用表中数据作电毛细曲线（$E - \sigma$ 图），曲线最高点对应的电位为零电荷电位，等于 -0.26V。从 $E - \sigma$ 图的回归曲线的截距求出 $d\sigma/dE$，再从 $E - d\sigma/dE$ 图的回归曲线的截距求出 $d^2\sigma/dE^2$。$\because d^2\sigma/dE^2 = C_d$，$\therefore$ 可以得到 0.5V 时的 $C_d = 30 \text{ }\mu F \cdot cm^{-2}$。

3.4 (1) ①Sn^{4+} 向电极表面扩散；②$Sn^{4+} + 2e = Sn^{2+}$；③$Sn^{2+} + 2e = Sn$；④Sn 原子在电极上电结晶。

(2) ①Cd^{2+} 向电极表面扩散； ②Cd^{2+} + 2e(Hg) = Cd(Hg)； ③Cd 向 Hg 内扩散。

(3) ①溶解 H_2 向电极表面扩散； ②H_{2}→$2H_{吸}$； ③$H_{吸}$→H^+ + e； ④H^+ 离开电表面。

(4) ①Ag→Ag^+ + e；②Ag^+ + $2NH_3$→$Ag(NH_3)_2^+$；③$Ag(NH_3)_2^+$ 离开电表面。

3.5 $\eta_{浓} = -\Delta E = -0.05916 \log(i/i_L) = -0.05916 \log(10/20) = 0.018 V = 18 mV$

3.6 $i_L = nFDc^0/\delta = 4 \times 96500 \times 6 \times 10^{-5} \times 0.1 \times 10^{-3}/5 \times 10^{-2}$

$= 4.6 \times 10^{-2}\ A \cdot cm^{-2}$

3.7 $i_L = nFDc^0/\delta$

$\delta = nFDc^0/i_L = 2 \times 96500 \times 4.8 \times 10^{-9} \times 0.5 \times 10^3/631 = 7.34 \times 10^{-3}\ m$

3.8   近似取 D 为 $1 \times 10^{-5}\ cm^2 \cdot s^{-1}$，$\delta$ 为 $0.05\ cm$(无搅拌)，$1 \times 10^{-3}\ cm$(快速搅拌)代入下式。

$i_L = nFDc^0/\delta \approx 1 \times 96500 \times 10^{-5} \times 0.1 \times 10^{-3}/0.05 = 2\ mA \cdot cm^{-2}$（无搅拌）

$i_L = nFDc^0/\delta \approx 1 \times 96500 \times 10^{-5} \times 0.1 \times 10^{-3}/1 \times 10^{-3} = 100\ mA \cdot cm^{-2}$（快速搅拌）

3.9 $i_L = 0.62 nFD^{2/3} \upsilon^{-1/6} \omega^{1/2} c^0$

$= 0.62 \times 2 \times 96500 (1.1 \times 10^{-5})^{2/3} \times (1.2 \times 10^{-2}/1.1)^{-1/6} \times (2 \times 3.14 \times 1)^{1/2} \times 0.1 \times 10^{-3}$

$= 0.031\ A \cdot cm^{-2}$

$I_L = 0.031 \times 55 = 1.71\ A$

3.10   电解时，$E = E_{阳} - E_{阴} = E_{SCE} - (E_{e,阴} - \eta_K)$

$\eta_K = E + E_{e,阴} - E_{SCE} = E + (0 - 0.05916 pH) - E_{SCE}$

$= 1.25 - 0.05916 \times 7 - 0.2412 = 0.595\ V$

3.11 $i^0 = nFk_s c$，$k_s = i^0/nFc = 0.4/(1 \times 96500 \times 4.86 \times 10^{-3} \times 10^{-3}) = 0.9\ cm \cdot s^{-1}$

3.12   (1) $i^0 = nFk_s c = 1 \times 96500 \times 10^{-5} \times 1 \times 10^{-3} = 9.65 \times 10^{-4}\ A \cdot cm^{-2}$

(2) $\eta_K = i_K RT/i^0 nF = 10 \times 10^{-6} \times 8.314 \times 298/(9.65 \times 10^{-4} \times 1 \times 96500)$

$= 0.27\ mV < 10\ mV$，$i_K - \eta_K$ 为线性关系。

(3) $\eta = -\dfrac{RT}{\alpha nF}\ln i^0 + \dfrac{RT}{\alpha nF}$，代入 i_K 和 i^0 之值，$\eta_K = 0.016\ V > 0$，合理，$\eta_K - \log i_K$ 为线性关系。

3.13 $\eta_1 = a + 0.12 \lg i_K = 0.35$ (1)

$\eta_2 = a + 0.12 \lg 8 i_K$ (2)

(2)式 − (1)式得 $\eta_2 = 0.35 + 0.12 \lg 8 = 0.46\ V$

3.14   (1) 在外加电位小于 1.61 V 时，进行阴极反应，采用下式计算电流密度

$\eta_K = -\dfrac{RT}{\alpha nF}\ln i^0 + \dfrac{RT}{\alpha nF}\ln i_K$，式中 $\alpha = 1 - \beta = 1 - 0.75 = 0.25$；

$\eta_K = E_e - E_{外} = 1.61 - E_{外}$

(2) 在外加电位大于 1.61 V 时，进行阳极反应，采用下式计算电流密度

$\eta_A = -\dfrac{RT}{\beta nF}\ln i^0 + \dfrac{RT}{\beta nF}\ln i_A$，式中 $\beta = 0.75$；

$$\eta_A = E_{\text{外}} - E_e = E_{\text{外}} - 1.61$$

(3) 在外加电位等于 1.61V 时，外加电流密度为零。

因此在外加电位为 1.30、1.40、1.50、1.61、1.70、1.80 和 1.90V 时，计算得到的电流数值依次为 0.82、0.30、0.12、0、0.54、10.29、191.9mA(1cm²)。

3.15 作 $\eta_K - \ln i$ 图(数据见下表)，直线斜率为 $22.78 = \alpha F/RT$，由此求得 α 为 0.58 及直线截距为 $0.9 = \ln i^0$，因此 i^0 为 2.46 mA·cm⁻²

η_K/V	0.02	0.05	0.07	0.10	0.12	0.15	0.20
i/mA·cm⁻²	2.13	6.63	11.35	23.45	37.26	73.85	22.9.08
$\ln i$	0.756	1.892	2.429	3.155	3.618	4.302	5.434

3.16 $i_A = i^0 \left[\exp\left(\frac{\beta nF\eta_A}{RT}\right) - \exp\left(-\frac{\alpha nF\eta_A}{RT}\right) \right]$

$= 2.46 \times \left[\exp\left(\frac{0.42 \times 96500 \times 0.07}{8.314 \times 298}\right) - \exp\left(-\frac{0.58 \times 96500 \times 0.07}{8.314 \times 298}\right) \right]$

$= 2.46 \times [3.143 \times 0.206] = 7.23$ mA·cm⁻²

3.17 $\eta_K = -b\log i^0 + b\log i_K = -0.06 \log(1 \times 10^{-4}) + 0.06 \log(1 \times 10^{-3}) = 0.06\text{V}$

$E_K = E_e - \eta_K = 0.34 + \log 1 - 0.06 = 0.28\text{V}$

3.18 作 $i^{-1} - \tau^{1/2}$ 图(数据见下表)，得一直线，斜率 $m = 0.0061$。

$\tau_{1/2} = nF\pi^{1/2}D^{1/2}c^0/2i = (2 \times 96500 \times 3.1416^{1/2} \times D^{1/2} \times 1.23 \times 10^{-2} \times 10^{-3}/2)/i$

$= 96500 \times 3.1416^{1/2} \times D^{1/2} \times 1.23 \times 10^{-2} \times 10^{-3}/i = (2.10 \times D^{1/2}) \times i^{-1}$

$2.10 \times D^{1/2} = 0.0061$

$D = 8.43 \times 10^{-6}\text{cm}^2 \cdot \text{s}^{-1}$

i^{-1}/A⁻¹·cm²	57.5	28.7	19.1	14.3	9.56	7.82	6.14
$\tau^{1/2}$/s^{1/2}	0.348	0.172	0.114	0.0856	0.0574	0.0468	0.0366

3.19 作 $\log \frac{\bar{I}_L - \bar{I}}{\bar{I}} - E$ 图(数据见下表)，$\log \frac{\bar{I}_L - \bar{I}}{\bar{I}} = 0$ 处的电位为 $E_{1/2} = -1.0\text{V}$；从直线斜率 = 0.0293，求出 $n = 2$。

按 Ilkovic 方程 $\bar{I} = 607nD^{1/2}m^{2/3}t_d^{1/6}c^0$

$25 = 607 \times 2 \times D^{1/2} \times (3.299)^{2/3} \times (2.47)^{1/6} \times 2.98 \times 10^{-3}$

由此算出 $D = 7.19 \times 10^{-6}$ cm²·s⁻¹

E/VvsSCE	0.97	0.98	0.99	1.01	1.02	1.03	1.04	1.05
$\log \frac{\bar{I}_L - \bar{I}}{\bar{I}}$	1.030	0.688	0.350	−0.335	−0.676	−1.022		

3.20 $\int_{c_1}^{c_2} \frac{dc}{c} = -\int_0^t \frac{D}{\delta V} dt$

$$\ln\frac{c_1}{c_2}=\frac{Dt}{\delta V}, \quad \ln\frac{10^{-6}}{10^{-12}}=\frac{10^{-5}\times t}{10^{-3}\times 0.1\times 10^3}$$

由上式求出 $t=138000$ s，约为 38 小时。

4.1 (1) $Ti^{4+}+e=Ti^{3+}$ $n=1$; (2) $Ti^{4+}+2e=Ti^{2+}$ $n=2$;
(3) $Ti^{4+}+4e=Ti$ $n=4$; (4) $Ti^{3+}+3e=Ti$ $n=3$;
(5) $Ti^{2+}+2e=Ti$ $n=2$。
按 $k=M/nQ=47.9/26.8n$，求得电化当量：(1) 1.782；(2) 0.893；(3) 0.447；
(4) 0.596；(5) 0.893。

4.2 $23.8\times 0.1\times 10^{-3}=2.38\times 10^{-3}$ mol； $2.38\times 10^{-3}\times 26.8=0.0638$ Ah

4.3 (1) $V=nRT/P=(Itk_{氧}/M_{O_2})\times RT/P$
$1=(5\times t\times 0.2985/32)\times 0.08206\times 300/1, t=0.871$ h
(2) $V=nRT/P=(Itk_{氢}/M_{H2})\times RT/P$
$1=(5\times t\times 0.03761/2.016)\times 0.08206\times 300/1, \quad t=0.436$ h

4.4 在阴极上的反应为 $Cu^{2+}+2e\rightarrow Cu$, $2H^++2e\rightarrow H_2$。
阴极析出物质的总摩尔数 $n=n_{铜}+n_{氢}=965/(96500\times 2)=0.00500$
$n_{氢}=n-n_{铜}=0.00500-0.2859/63.54=0.00050$
$V_{氢}=n_{氢}RT/P=0.00050\times 0.08206\times 298/1=0.0122$ L

4.5 (A) 电池的电极反应：正极 $Cu^{2+}+2e\rightarrow Cu$, 负极 $Cu\rightarrow Cu^{2+}+2e$
(B) 电池的电极反应：正极 $2Cl^-\rightarrow Cl_2+2e$, 负极 $2H_2O+2e\rightarrow H_2+2OH^-$
通半小时所耗的电量为 $Q=0.250\times 30\times 60=450$ C
A 的阴极增重 $w=(Q/F)\times(M/n)=(450/96500)\times(63.5/2)=0.148$ g
B 的阴极释放气体体积 $V=(450/96500)\times(22.4\times 10^3/2)=52.3$ cm^3

4.6 电流效率 $=[10/(k_{氯酸钾}\times 2\times 10.9)]\times 100\%=60\%$
$k_{氯酸钾}=122.55/(6\times 26.8)=0.7621$ g·(Ah)$^{-1}$

4.7 阳极反应 $Cl^-\rightarrow (1/2)Cl_2+e$
$E_{e,A}=1.36+0.05916\log(P_{Cl_2}^{\frac{1}{2}}/a_{Cl^-})=1.36+0.05916\log 0.987^{1/2}=1.36$ V (298 K)
阴极反应 $H_2O+e\rightarrow (1/2)H_2+OH^-$
$E_{e,K}=-0.828+0.05916\log(P_{H_2}^{\frac{1}{2}}\cdot a_{OH^-}/a_{Cl^-})=-0.828+0.05916\text{pH}=-0.414$ V
理论分解电压 $E_d=E_{e,A}-E_{e,K}=1.36-(-0.414)=1.77$ V
所需最小电功 $=nFE_d=1\times 96487\times 1.77=171$ kJ·mol^{-1}
过电位为 1.5 V 时所需的电功 $=nFE=1\times 96487\times(1.77+1.5)=316$ kJ·mol^{-1}

4.8 反应产生的的热流量 $q=I(U-U_{tn})=40\times 10^3\times 1.5=60$ kJ·s^{-1}
每摩尔反应产生的热 $Q=nF(U-U_{tn})=1\times 96487\times 1.5=145$ kJ·mol^{-1}

4.9 阳极室、阴极室面电阻之和
$R'_1=R_1\cdot A=(d_{阳}+d_{阴})/\kappa=(0.5+0.5)/0.08=12.5$ Ω·cm^2

有效电导率 $\kappa_{eff} = \kappa\varepsilon/\beta^2 = 0.08 \times 0.58/1.2^2 = 0.032$ S·cm^{-1}

膜的面电阻 $R'_2 = R_2 \cdot A = d/\kappa_{eff} = 0.2/0.032 = 6.25$ Ω·cm^2

电解槽的欧姆电压降 $iR = i(R'_1 + R'_2) = 0.2(12.5 + 6.25) = 3.75$ V

4.10 $H_2O = H_2 + (1/2)O_2$

$\eta_K = 0.31 + 0.1 \log 0.98/(7 \times 7) = 0.14$ V

$\eta_A = 1.01 + 0.059 \log 0.98/(7 \times 7) = 0.91$ V

每摩尔氢所消耗的电功 $= nFE = 2 \times 96500 \times (1.69 + 0.14 + 0.91)$
$= 529000$ J·mol^{-1} $= 529$ kJ·mol^{-1}

$\Delta G^\ominus_{氧} = 0$，$\Delta G^\ominus_{氢} = 0$，$\Delta G^\ominus_{水} = -237$ kJ·mol^{-1}

$\Delta G^\ominus_{电解} = 0 + 0 - (-237) = 237$ kJ·mol^{-1}

529 kJ·mol^{-1}/237 kJ·mol^{-1} $= 2.23$ 倍

4.11 空时产率 = 产量/tV = $[(M/nF)\eta_I It]/tV = [(M/nF)\eta_I I]/V$
$= [107.88 \times 95\% \times 0.610/1 \times 96487]/10 = 6.48 \times 10^{-5}$ g·s^{-1}·cm^{-3}

5.1 在每种情况下，阴极的产品都是铅。在阳极的产品：(1)和(2)是 $O_2 + CO_2$；(3)是 Pb^{2+} 离子(水溶液)。

阴极反应：(1)、(2)、(3)同为 $Pb^{2+} + 2e = Pb$

阳极反应：(1) $H_2O = (1/2)O_2 + 2H^+ + 2e$, $C + O_2 = CO_2$

(2)同上

(3) $Pb = Pb^{2+} + 2e$

5.2 阴极的主要反应为 $2H_2O + 2e = H_2 + 2OH^-$。因为 Na^+，K^+，Mg^{2+} 还原为相应金属的电位都负于 H_2O 还原为氢的电位。

阳极的主要反应为 $H_2O = (1/2)O_2 + 2H^+ + 2e$。因其电位负于 Cl^- 氧化的电位；虽然稍正于 Br^- 氧化的标准电位，但由于，H_2O 的量远远大于 Br^- 的含量，所以释氧的实际电位负于 Br^- 氧化的电位。

因此，得到的产品为氢气、氧气和二氧化碳(释出的氧与C碳电极作用而来的)。

5.3 (1) $Cl_2 + 2e \rightarrow 2Cl^-$；$2I^- \rightarrow I_2 + 2e$

(2) $Cl_2 + 2e \rightarrow 2Cl^-$；$3I^- \rightarrow I_3^- + 2e$

(3) $Cr_2O_7^{2-} + 14H^+ + 6e \rightarrow 2Cr^{3+} + 7H_2O$；$3Zn \rightarrow 3Zn^{2+} + 6e$

5.4 由 $a = (-0.059/\alpha)\log i^0 = 1.54$，$b = -0.059/\alpha = 0.119(298$ K$)$，

算出 $\alpha = 0.49$，$i^0 = 1.12 \times 10^{-13}$ A·cm^{-2}

5.5 ∵ $\eta_1 = a + b\log i_1$；$\eta_2 = a + b\log i_2$

∴ $(\eta_1 - \eta_2) = b(\log i_2 - \log i_1)$，由此式求得 $b = 0.123$，从而算出 $a = 0.640$ V；

再从 a 和 b 求得 $\alpha = 0.48$，$i^0 = 6.34 \times 10^{-6}$ A·cm^{-2}

5.6 作 $\eta_K - \log i$(数据见下表)图，为一直线，其截距 a 和斜率 b 为 1.29V 和 0.10V。

据 $a = -b\log i^0$，求出交换电流密度为 1.6×10^{-13} A·cm^{-2}。

η/V	0.665	0.716	0.791	0.834	0.893	0.937	0.988	1.031	1.089	1.122
$\log i$	-6	-5.52	-5	-4.52	-4	-3.52	-3	-2.52	-2	-1.52

5.7 $\because i=nFv$,$\therefore$ 反应速度正比于交换电流密度,因此表中所列金属电极对释氢反应电催化能力的大小从左到右依次增大。

5.8 从极化曲线可见:在$-0.40V<E<-0.25V$,对氧还原催化性能的次序为$1<2<3\approx 4$,因此可以选择乙炔黑/TMPPCo 或 RB 碳粉/TMPPCo。

5.9 电流效率=$[(140\times 116.5/40)/(1250\times 10/26.8)]\times 100\%=87.2\%$

5.10 $ReO_y\rightarrow Re^{2y+}$(溶于盐酸中);
$(27\times 60\times 0.1)/(96500\times 2y)=(78\times 10^{-3})/186$; 186 为铼的原子量
由此式解出 $y\approx 2$

5.11 开始时电流随电压增大很缓慢上升,达到某一电压后电流迅速上升,从转折点可得最小实际分压电压。电解电压 $E=E_{阳}-E_{阴}+IR$。$R_3\gg R_2>R_1$,因此电流迅速上升后的曲线(3)很贴近 E 坐标,(1)差不多垂直 E 坐标;(2)居中,但靠近(1)。按上面描述,就能绘出曲线。

5.12 (1)氢过电位≈ 0,因为 298K 时 HCl,HBr,HI 的理论分解电压分别为 1.36,1.06,0.54V;

(2)HCl,HBr,HI 的阳极产物分别为 Cl_2,Br_2,I_2,过电位≈ 0;
HNO_3,H_2SO_4,H_3PO_4 的阳极产物都是 O_2,过电位为 0.46 V 或 0.47 V,因为 298 K 时水的理论分解电压为 1.23 V。

6.1 $Mg+1/2O_2+H_2O=Mg(OH)_2$ $E^\circ=3.09$ V

$M_{Mg}=24.31$; $\frac{1}{2}M_{O_2}=16$; $M_{H_2O}=18.02$

1 mol Mg 能产生 2 法拉第电量,$2\times 26.8=53.6$ Ah
(1)$53.6\times 3.09\times 1000/(24.31+16+18.02)=2839$ Wh·kg^{-1}
(2)$53.6\times 3.09\times 1000/(24.31+16)=4109$ Wh·kg^{-1}
(3)$53.6\times 3.09\times 1000/24.31=6813$ Wh·kg^{-1}

6.2 $Q/t=I=6.21/(735/60)=0.507$ A
$I^2R=0.507^2\times 2.25=0.578$ W
平均比功率=$(0.578/123)\times 10^3=4.70$ W·kg^{-1}
平均比能量=$4.70\times 735/60=57.6$ Wh·kg^{-1}
55kg 人平均输出的比功率=$100/55=1.82$ W·kg^{-1}
450kg 马输出的比功率=$760/450=1.69$ W·kg^{-1}
由上可见,该电池的比功率高于 55kg 人的比功率和 450kg 马的比功率

6.3 (1) $E^\circ_{cell}=E^\circ_{Cl_2/Cl^-}-E^\circ_{Zn^{2+}/Zn}=1.36-(-0.76)=2.12$ V

(2)贮存的电量=贮存的电能/电池组的电压=$90\times 10^3\times 60\times 60/(118\times 2.12)$
$=1.296\times 10^6$ C
要求 Cl_2 的量=$[1.296\times 10^6/(2\times 96500)]\times 70.9=476$g (式中 70.9 为 Cl_2 的分

子量)

相应水合物的量 = $[M(Cl_{12} \cdot 8H_2O)/M(Cl_{12})] \times 476 = 637$ g

6.4 电能 = $IVt = 0.25 \times 13 \times 4 = 13$ Wh
电池体积 = $13 \times 6 \times 0.8 = 62.4 \text{cm}^3 = 0.0624$ L
比能量 = $13/0.0624 = 208$ Wh·L^{-1}
由此可见,锌银电池和锌汞电池能满足这个指标。

6.5 总能量 = $27 \times 20 \times 15 \times 24 = 194400$ Wh
电池组的质量 = $194400/80 = 2430$ kg

6.6 正极活性物质 Ni(OH)$_2$ 的分子量为 92.68,
$3 \times 92.68/(1 \times 26.8) = 10.37$ g Ni(OH)$_2$
负极活性物质 Cd(OH)$_2$ 的分子量为 112.41,
$3 \times 112.41/(2 \times 26.8)) = 8.19$ g Cd(OH)$_2$

6.7 (1)电池的能量转化率 = $\Delta G/\Delta H = (-439.6 \times 10^3/-482.8) \times 100\% = 91\%$
(2)理论电动势 = $-\Delta G/nF = 439.6 \times 10^3(4 \times 96500) = 1.14$ V
(3)电压效率 = $(0.7/1.14) \times 100\% = 61.4\%$
燃料利用率为 80% 时,最低限度的电池能量转化率为
$0.80 \times 0.91 \times 0.614 \times 100\% = 44.7\%$

6.8 把第一个燃料电池的电池反应分为两个半电池反应
(1) $CH_4 + 2H_2O = CO_2 + 8H^+ + 8e$
$2O_2 + 8H^+ + 8e = 4H_2O$ 电池反应的电子转移数,$n = 8$
(2) $\Delta G^\circ = -nFE^\circ, E^\circ = -\Delta G^\circ/nF = 818.0 \times 1000/(8 \times 96500) = 1.060$ V
(3) $\varepsilon = \Delta G^\circ/\Delta H^\circ = (-818.0/-890.4) \times 100\% = 91.9\%$
如上处理,求出其余燃料电池的 n 为 14,20,6;E° 为 1.086V,1.092V,1.221V;
ε 为 94.0%,95.0%,92.5%

6.9 阳极反应 Cd(1) = Cd^{2+} + 2e; 阴极反应 Cd^{2+} + 2e = Cd(2)
电池反应 Cd(1) = Cd(2)
电池的电动势 $E = \dfrac{2.3RT}{2F}\log\dfrac{c_{Cd,1}}{c_{Cd,2}} = \dfrac{0.059}{2}\log\dfrac{0.110}{0.030} = 0.0166$ V
电池放电 40C,使镉变化的量为 $\kappa_{Cd}Q = 5.824 \times 10^{-4} \times 40 = 0.02328$ g,
$c_{Cd,1} = (0.110 - 0.023)$ g Cd/150 g Hg = 0.087 g Cd/150 g Hg,
$c_{Cd,2} = (0.030 + 0.023)$ g Cd/150 g Hg = 0.053 g Cd/150 g Hg,
重新达到平衡后,$E = \dfrac{0.059}{2}\log\dfrac{0.087}{0.053} = 0.0064$ V
这种电池能蓄电,但不能用作蓄电池,因为其电压随放电过程而变化。

7.1 利用标准电极电位或 pH-电位图,可以判断金属被腐蚀的可能性,后者可从图上直接看到金属被腐蚀的 pH 的范围,而前者则要计算出电极电位。
根据 pH-电位图(参考本书引用的有关书籍)可作如下判断:
(1)在 pH=1 的溶液中,金、银、铜没有被腐蚀,铁、铅、铝分别溶解为 Fe^{2+}, Pb^{2+},

Al^{3+}。

(2) 在 pH = 14 的溶液中,金、银、铁、铅没有被腐蚀,铝、铜分别溶解为 AlO_2^-,CuO_2^{2-}。

(3) 在 pH = 6 的溶液中,金、银、铜、铅没有被腐蚀,铝表面生成 $Al_2O_3 \cdot 3H_2O$,铁溶解为 Fe^{2+}。

(4) 在 pH = 8 的溶液中,金、银、铅没有被腐蚀,铜表面生成 Cu_2O,铝表面生成 $Al_2O_3 \cdot 3H_2O$,铁溶解为 Fe^{2+}(浓度低于在 pH = 6 的溶液中)。

注:以浓度 $<10^{-6}$ mol·L^{-1} 为不溶解。

7.2 $Fe^{2+} + 2e = Fe$

$E_A = E_e + \eta_A = E_e + (-b_A \log i^0 + b_A \log i_A)$

$2H^+ + 2e = H_2$

$E_K = E_e - \eta_K = E_e - (-b_K \log i^0 + b_K \log i_K)$

在腐蚀电位处,$E_A = E_K$,$i_A = i_K = i_c$

$-0.44 - 0.06 \log 2 \times 10^{-5} + 0.06 \log i_c = -0.059 \times 3 + 0.12 \log 1.6 \times 10^{-3} - 0.12 \log i_c$ (1)

由上式得到 $i_c = 0.011$ A·m^{-2},把 i_c 代入(1)式左边(也可代入右边)

$E_{corr} = -0.44 - 0.06 \log 2 \times 10^{-5} + 0.06 \log 0.011 = -0.28$ V

7.3 铁放在各种溶液的腐蚀速度:$I_3 > I_2 > I_1 > I_4$

已钝化的铁放在各种溶液的腐蚀速度:对 2、3、4 均为 I_4;而 1 则为 I_1,即在 H_2SO_4 溶液中重新活化。

7.4 $\eta_A = E - E_e = 0.02 - [-0.250 + (0.05916/2) \log 1] = 0.27$ V

$\eta_A = -b \log i^0 + b \log i_A = -0.052 \log 2 \times 10^{-5} + 0.052 \log i_A$

因而求得 $i_A = 3.11$ A·m^{-2}

7.5 从图求得曲线 1 和 1' 的直线部分的斜率:$b_K = 0.28$,$b_A = 0.22$;曲线 2 和 2' 的直线部分的斜率:$b_K = 0.13$,$b_A = 0.23$。

从曲线 1 和 1' 的直线部分的交点,得到没有加添加剂时的腐蚀电流密度约为 25 $\mu A \cdot cm^{-2}$;从曲线 2 和 2' 的直线部分的交点,得到有加添加剂时的腐蚀电流密度约为 0.25 $\mu A \cdot cm^{-2}$;加入添加剂使腐蚀电流密度降低约 100 倍。从加入添加剂前后直线部分斜率的改变,表明所加添加剂主要抑制阴极过程。

7.6 1 A·m^{-2} 即 100 $\mu A \cdot cm^{-2}$,在曲线 1' 上相应于此电流密度处作一平行于横坐标的线,与曲线 1 直线段的延长线之交点对应的电流密度为 5 $\mu A \cdot cm^{-2}$,这就是阴极保护下铁的腐蚀速度。

7.7 缓蚀效率 = [(腐蚀深度$_{无SmCl3}$ − 腐蚀深度$_{有SmCl3}$)/腐蚀深度$_{无SmCl3}$] × 100%

按上式计算结果如下表:

浸入时间/h	120	240	480	720
缓蚀效率/%	5.6	75.6	83.6	86.0

7.8 因钉子山(大量的钉子堆成的山)周围部分有充分的氧气和水分供给,所以腐蚀比较激烈。可是中心部分的钉子被上层已腐蚀的钉子和锈层覆盖了(可预想比钉子的量厚得多),所以氧气及水分被遮断,没有腐蚀。对金象眼来讲,除嵌上金以外的部分均有保护性强的铁锈,而且锈层也不太厚,它与金形成(伽伐尼)电池对金象眼也有影响,经过长年累月的腐蚀,其上的铁剑变成了破烂不堪的东西。

8.1 $E_{锌} = E^{\ominus} + (0.05916/2)\log a - \eta_K = -0.763 + 0 - (0.280 + 0.05916 \log 0.001)$
$= -0.867$ V
中性溶液的 pH $= 7$,$[H^+] \approx 10^{-7}$ mol dm^{-3}
$E_{氢} = E^0 + (RT/F)\ln a_{H^+} \approx 0.0591 \log 10^{-7} = -0.414$ V
析氢的电位正于沉积锌的电位约 0.45 V,因而锌不沉积。

8.2 由图知,当负极维持在 -0.8 V 时,H$^+$ 不会放电,而
$i_{Zn|Zn^{2+}} = 0.02$ A·cm^{-2},$i_{Fe|H_2} = 0.06$ A cm^{-2}
由于锌极表面有 1% 被铁覆盖,则电流效率
C.E. $= i_{Zn|Zn^{2+}}/i_{总} = (i_{Zn|Zn^2} \times 99\%)/(i_{Zn|Zn^{2+}} \times 99\%) + i_{Fe|H_2} \times 1\%) = 97\%$

8.3 沉积锌的 $E = -0.763 + (0.05916/2)\log 10^{-4} = -0.881$ V
在此电位析氢的 pH,由 $E = E_e - \eta_K = -0.05916$ pH $- 0.72 = 0.881$ 求得 pH $= 2.72$,因此 要控制 pH$\geqslant 2.7$。

8.4 $\eta = a + b \log i^0$, $b = 2.303RT/anF = 2.303 \times 8.314 \times 298/(0.5 \times 2 \times 96500) = 0.059$
$a = -b \log i^0 = -0.059 \log 2.5 \times 10^{-5} = 0.272$
$\eta = 0.272 + 0.059 \log 5 \times 10^{-3} = 0.136$ V

8.5 电沉积的铜为 $3.11 \times (30/60) \times 1.185 \times 90\% = 1.659$ g ($k_{铜} = 1.185$ g·(Ah)$^{-1}$)
10% 铜氧化为 CuO 的量为 $(79.54/63.54) \times 1.659 \times 10\% = 0.207$ g
25% 铜氧化为 Cu$_2$O 的量为 $(143.08/63.54) \times 1.659 \times 25\% = 0.467$ g
65% 的铜为 $1.659 \times 65\% = 1.078$ g
电流效率的表观值为 $[(0.207 + 0.467 + 1.078)/1.843] \times 100\% = 95.1\%$
析氢:$3.11 \times (30/60) \times (100\% - 90\%) \times (2.016/2 \times 26.8) = 0.0058$ g $= 5.8$ mg

8.6 Pb + Cl$_2$ = PbCl$_2$

$$E_e = \frac{RT}{nF}\ln K_a - \frac{RT}{nF}\ln \frac{a_{PbCl_2}}{a_{Pb} \times P_{Cl_2}}$$

$$E_e = \frac{8.314 \times 873}{2 \times 96500}\ln K_a - \frac{8.314 \times 873}{2 \times 96500}\ln \frac{1}{0.978} = 1.218 \text{ V}$$

由上式求得 $K_a = 1.19 \times 10^{14}$
(式中 0.978 是把 1 巴换算为大气压的数值)

8.7 (1) 2Al$_2$O$_3$ + 12e = 4Al + 6O^{2-}, 6O^{2-} + 3C = 3CO$_2$ + 12e,
 按 $\Delta G^{\ominus} = -nFE^{\ominus}$, $E_d = -E^{\ominus} = \Delta G^{\ominus}/nF = -1.354 \times 10^3/12 \times 96500 = 1.17$ V
(2) $[(3 \times 12)/(4 \times 27)] \times 1 = 0.33$ t 碳 (12 和 27 分别为碳和铝的的原子量)
(3) 能量效率 $= [1.17 \times (26.8 \times 3/27) \times 10^6/(13500 \times 10^3)] \times 100\% = 25.8\%$

8.8 理论产量 = kIt = $0.3354 \times 7000 \times 24$ = 56.35×10^3 g = 56.35 kg
电流效率 = $(49.5/56.35) \times 100\%$ = 87.8%
电能消耗 = 消耗的电能/电解产量 = $(E_槽 \cdot It)/(kIt \cdot CE)$ = $E_槽/(k \cdot CE)$
= $4.7/(0.3354 \times 0.878)$ = 15.96 Wh·g^{-1} = 15.96 kWh·kg^{-1}

8.9 由公式 $\tau_2/\tau_1 = 2n_2/n_1 + (n_2/n_1)^2$ 可知，$\tau_2/\tau_1 = 8$ 时，$n_2 = 2n_1$。从图得到 τ_2/τ_1 = 7.8 ≈ 8。因此，Eu^{3+} 还原的第一步的电子转移数为 1，第二步的电子转移数为 2，
电极反应步骤为 (1) Eu^{3+} + e $\longrightarrow$ Eu^{2+} (2) Eu^{2+} + 2e $\longrightarrow$ Eu。

9.1 阴极反应 Cu^{2+} + 2e = Cu；阳极反应 H$_2$O = 2H$^+$ + (1/2)O$_2$ + 2e
$E_{阴,始}$ = $0.337 + (0.05916/2)\log 1$ = 0.337 V
$E_{阴,终}$ = $0.337 + (0.05916/2)\log(1 - 99.9\%) \times 1$ = 0.248 V
$E_阳$ = $1.23 + (0.05916/2)\log a^2 \times P_{O_2}^{1/2}$
= $1.23 + (0.05916/2)\log 2^2 \times 1^{1/2}$ = 1.25 V（忽略 pH 变化）
$E_{槽,始}$ = $1.25 - 0.337$ = 0.91 V
$E_{槽,终}$ = $1.25 - 0.248$ = 1.00 V
溶液中 99.9% 的 Cu^{2+} 沉积为 Cu，即有 $m = 1 \times 99.9\%$ = 0.999 mol Cu 沉积出来；
根据 $Q = It = nmF$, $0.40 \times t = 2 \times 0.999 \times 26.8$, $t = 133.9$ h

9.2 Ni^{2+} + 2e = Ni
$E = E_e - \eta_K = -0.250 + 0.05916 \log(270/244.8) - \eta_K$
= $-0.247 - \eta_K \approx -0.247$ V（近似地认为 η_K 等于零）
H$_2$O + e = $\frac{1}{2}$H$_2$ + OH$^-$
$E = E^{\ominus} + 0.05916 \log \dfrac{P_{H_2}^{1/2}}{a_{OH^-}} \eta_K = -0.828 - 0.05916 \log 10^{-7} - 0.42 = -0.834$ V
H$_2$O = $\frac{1}{2}$O$_2$ + 2H$^+$ + 2e
$E = E^{\ominus} + 0.05916\log(a_{H^+} \cdot P_{O_2}^{V_4}) + \eta_A = 1.229 + 0.05916 \log 10^{-7} + 0.42 = 0.915$ V
∵ Ni^{2+} + 2e = Ni 的电位正于 H$_2$O + e = $\frac{1}{2}$H$_2$ + OH$^-$ 的电位，负于 H$_2$O = $\frac{1}{2}$O$_2$ + 2H$^+$ + 2e 的电位，∴ 在阴极上首先析出 Ni，在阳极上首先溶解 Ni。

9.3 电流效率 = $[增重/(k_{Ni} It)] \times 100\%$
= $[2.55/(1.095 \times 2.5 \times 1.0)] \times 100\%$ = 93.2%

9.4 镀层重 w = $0.3 \times 10^{-1} \times 100 \times 8.9$ = 26.7 g
$t = Q/I = [(w/C.E.)/k_{Ni}]/I = [26.7/(90\% \times 1.095)]/3$ = 9.13 h

9.5 镍的体积 = $4.0 \times 10^{-3} \times 58.7/8.9$ = 26.4×10^{-3} cm^3
所以镍的厚度 = $26.4 \times 10^{-3}/2$ = 0.0132 cm = 0.132 mm

9.6 阳极反应：2Al + 3H$_2$O = Al$_2$O$_3$ + 6H$^+$ + 6e
厚度 = $[(It \times CE \times (M_{Al_2O_3}/nF)]/\rho$

$= [1.5×10^{-2}×(30/60)×80\%×102/(6×26.8)]/3.4 = 0.00112$ cm $= 11.2$ μm

9.7 在平衡电位下测得的阻抗复数平面图为一半圆,显示电荷传递步骤起控制作用的特征。电极阴极化后,除在高频部分有半圆特征外,出现了表征扩散控制的直线部分,这是 Cu^+(注)从电极表面向溶液本体扩散所引起的。在低频时直线往下弯,皆因扩散层被限限制在一定范围内。

注:在酸性硫酸铜溶液中电沉积铜时,电极反应机理为: $Cu^{2+} + 2e = = Cu^+$(慢);
$Cu^+ + e = = Cu$(快)。

10.1 可以认为该反应是通过氧化 I^- 为 I_2,$6I^- \rightarrow 3I_2 + 6e$,然后由 I_2 氧化$(CH_3)_2CO$。

$(CH_3)_2CO + 3I_2 + 4OH^- \longrightarrow CHI_3(s) + CH_3COO^- + CHI_3^- + 3H_2O + 3I^-$

$t = Q/I = [nF×(1/M_{CHI_3})]/I = 6×96500/(2.5×393.7) = 588$ s $= 9.8$ min

10.2 电能消耗 $= VQ = 5×[(96500×2/74)/80\%] = 1.63×10^4$ J·$g^{-1} = 1.63×10^7$ J·kg^{-1}(式中 74 为乙醛酸的分子量)

10.3 $k_{乙醛酸} = 74/(2×26.8) = 1.381$ g·$(Ah)^{-1}$

理论产量 $= 250×40×10^{-4}×(180/60)×1.381 = 4.14$ g

无添加剂时电流效率 $= (2.90/4.14)×100\% = 70\%$

有添加剂时电流效率 $= (3.14/4.14)×100\% = 76\%$

10.4 (1) $RCH=CH_2 + 2H_2O \longrightarrow RCH(OH)CH_2OH + 2H^+ + 2e$

(2) $RCH=CH_2 + 2H^+ + 2e \longrightarrow RCH_2CH_3$

(3) $C_{10}H_8 + 7H_2O \longrightarrow C_6H_4C_2O_3 + 2CO_2 + 18H^+ + 18e$

(4) $C_6H_5CH_3 + 7OH^- \longrightarrow C_6H_5COO^- + 5H_2O + 6e$

(5) $HCHO + 4OH^- \longrightarrow CO_2 + 3H_2O + 4e$

(6) $CH_3CH_2OH \longrightarrow CH_3CHO + 2H^+ + 2e$

(7) $>C(OH)-C(OH)< \longrightarrow 2>C=O + 2H^+ + 2e$

10.5 酮阴极还原,第一步可能是 $R_2CO + e \longrightarrow R_2CO^-$

若自由基离子有足够高的浓度(高电流密度)时,发生二聚反应:

$$R_2CO^- \longrightarrow \begin{matrix} R_2C-O^- \\ | \\ R_2C-O^- \end{matrix} \xrightarrow{2H^+} \begin{matrix} R_2C-OH \\ | \\ R_2C-OH \end{matrix}$$

如果自由基离子浓度低(低电流密度)时,则进一步还原

$R_2CO + 2H^+ + e \longrightarrow R_2CHOH$

10.6 两点说明:

(1) 最初库仑电路通过 3.00 mA 电流,其作用是产生足够与环已烷起反应的 Br_2,而安培电路流过的 20μA,只是起指示作用;这两个数值都不是计算的参数。

(2) ∵ $2Br^- \longrightarrow Br_2 + 2e$,$C_6H_{10} + Br_2 \longrightarrow C_6H_{10}Br_2$,∴ C_6H_{10} 氧化的 n 也是 2。

石油中环已烷的含量 $= k_{环已烷}It/$石油重量

$= [(M_{环己烷}/2 \times 26.8) \times It]/(液样体积 \times 石油密度)$

$= [(82/53.6) \times 3 \times 10^{-3} \times 13.2/3600]/(2.00 \times 0.66) = 12.7$ ppm

11.1 (1) $\because 4.99$ A·m^{-2} < 沉积铜的 i_L,$\therefore$ 只进行沉积铜的反应,电流效率为 100%。

$E = 0.337 + (0.059/2) \log 0.005 = 0.269$ V (近似认为 $\eta_K = 0$)

(2) $\because 7.00$ A·m^{-2} > 沉积铜的 i_L,$\therefore$ 还进行释氢反应

$E = 0 + 0.059 \log[H^+] - \eta_K = 0.059 \log 10 - (0.71 + 0.12 \log 7 \times 10^{-4})$

$= -0.272$ V

沉积铜的电流效率 $= (5/7) \times 100\% = 71.4\%$。

11.2 处理前:

$[Cr_2O_7^{2-}] = 20/262 = 0.0763$ mol·L^{-1}, $[H^+] = 2 \times 250/98 = 5.10$ mol·L^{-1},

$[Cr^{3+}] = 2 \times (260/392) = 2 \times 0.663 = 1.326$ mol·L^{-1}

($\because Cr_2(SO_4)_3 \longrightarrow 2 Cr^{3+}$)

$Cr_2O_7^{2-} + 14H^+ + 6e = 2Cr^{3+} + 7H_2O$

$E_A = 1.36 + (0.059/6) \log 0.0763 \times (5.10)^{14}/(1.326)^2 = 1.44$ V

$H^+ + e = \frac{1}{2} H_2$

$E_K = 0 + 0.059 \log 5.10 = 0.042$ V

$E_{槽} = 1.44 - 0.042 = 1.40$ V

处理后:

$[Cr_2O_7^{2-}] = (0.0763 + 0.663) \times 90\% = 0.665$ mol·L^{-1}

$[Cr^{3+}] = 2 \times (0.0763 + 0.663) \times 10\% = 0.158$ mol·L^{-1}

$E_A = 1.36 + (0.059/6) \log 0.665 \times (5.10)^{14}/0.158^2 = 1.47$ V

$E_K - 0.042$ V (∵ 设电解过程中硫酸浓度变化很小)

$E_{槽} = 1.47 - 0.042 = 1.43$ V

再生液的最终组成:

0.0739 mol·L^{-1} Cr$_2$(SO$_4$)$_3$ + 0.665 mol·L^{-1} Na$_2$Cr$_2$O$_7$ + 约 5.10 mol·L^{-1} H$_2$SO$_4$

即 29 g·L^{-1} Cr$_2$(SO$_4$)$_3$ + 174 g·L^{-1} Na$_2$Cr$_2$O$_7$ + 约 250 g·L^{-1} H$_2$SO$_4$

11.3 溶液的浓度很稀,故 1×10^{-6} mol·kg$^{-1} \approx 1 \times 10^{-6}$ mol·L^{-1}

$Ag^+ + e = Ag$ $E_1 = 0.799 + 0.05916 \log 10^{-6} = 0.444$ V

$E_2 = 0.799 + 0.05916 \log (1 - 99\%) \times 1 \times 10^{-6} = 0.326$ V

因此,阴极电位应控制在 0.444 V < E < 0.326 V。

$Cu^{2+} + 2e = Cu$ $E = 0.337 + (0.05916/2) \log [Cu^{2+}] = 0.326$ V

求出 $[Cu^{2+}] = 0.425$ mol·kg^{-1},

因此,Cu^{2+} 的浓度应低于 0.425 mol·kg^{-1}。

11.4 每 min 电解得到 $(322 \times 10^{-3} \times 0.2985/32)/60 = 5.00 \times 10^{-5}$ mol O$_2$

按 $PV = nRT$, 当 $P = 1, n = 1, T = 298$ K 时, $V = 24.45$ L

$BOD = 5.00 \times 10^{-5} \times 24.45 \times 10^3/250 = 0.00489$ L $= 4.89$

$(cm^3 O_2) \cdot (L \text{水})^{-1} \cdot min^{-1}$

11.5 (1)据 $E = E^{\ominus} + 0.05916 \log a_{Na^+} \approx E^{\ominus} + 0.05916 \log c_{Na^+}$

$E_2 - E_1 = 0.05916 \log(c_2/c_1)$

$\log(c_2/c_1) = (0.1921 - 0.2631)/0.05916 = -1.199$

$c_2/c_1 = 0.063$ (A)

又 $c_2 - c_1 = 5 \times 0.01/(25+5) = 1.67 \times 10^{-3}$ (B)

由(A)和(B)两式,求出 $c_2 = 1.78 \times 10^{-4} \text{ mol} \cdot L^{-1}$ $c_2 = 1.12 \times 10^{-4} \text{ mol} \cdot L^{-1}$

(2)间接测量中误差的传递,对于对数,

设 $N = \log u = 0.43429 \ln u$ $\Delta N = 0.43429 \Delta u/u$ $\therefore \Delta u = \Delta N \times u/0.43429$

在本题中, $N = (E_2 - E_1)/0.05916$ $u = c_2/c_1 = 0.063$

$\Delta N = \pm 0.0005/0.05916$

$\Delta(c_2/c_1) = \pm 0.0005 \times 0.063/0.05916 \times 0.43429 = 0.0012$

$\Delta(c) = \pm 0.03 \text{ mol} \cdot L^{-1}$

11.6 在多种离子共存的离子电极的电位由下式确定

$E_i = E_i^{\ominus} + \frac{0.059}{i} \log(a_i + \sum_j K_{ij} \times a_i^{z_i/z_j})$

pH 为 7 时:

$E_1 = E^{\ominus'} + 0.059 \log(10^{-3} + 10^2 \times 10^{-7})$

$E_2 = E^{\ominus'} + 0.059 \log(10^{-3} + 10^{-3} \times 0.1 + 10^2 \times 10^{-7})$

$E_2 - E_1 = -0.003 V,$

pH 为 3 时:

$E_1 = E^{\ominus'} + 0.059 \log(10^{-3} + 10^2 \times 10^{-3})$

$E_1 = E^{\ominus'} + 0.059 \log(10^{-3} + 10^{-3} \times 0.1 + 10^2 \times 10^{-3})$

$E_2 - E_1 = 0.000 V$

11.7 由于 Zn^{2+}、Cd^{2+}、Pb^{2+}、Cu^{2+} 的价数相同,所以图中高度的比例相同。
从曲线得到 Zn^{2+}、Cd^{2+}、Pb^{2+}、Cu^{2+} 的浓度依次为 5.3、5.7、4.6、1.2 $\mu mol \cdot L^{-1}$ (约数)

12.1 $R + 2H^+ + 2e = RH_2$ 的氧化还原电位为

$E = E^{\ominus} + (RT/nF) \ln([R][H^+]^2/[RH_2]) = E^{\ominus} + (0.059/2) \log([R]/[RH_2])$
$- 0.059 pH$

由此可见,每增加一个 pH,氧化还原电位向阴极方向推移 59 mV (25℃)。

12.2 $E = E^{\ominus} + 0.059 \log \frac{[C_y t. c(Fe^{3+})]}{[C_y t.(Fe^{2+})]}$

$0.23 = 0.26 + E = E^{\ominus} + 0.059 \log \frac{[C_y t. c(Fe^{3+})]}{[C_y t. c(Fe^{2+})]}$

由上式求出: $\frac{[C_y t. c(Fe^{3+})]}{[C_y t. c(Fe^{2+})]} \approx 0.31$

12.3 (1) $V_m = (RT/Z_iF) \ln(c_{i,外}/c_{i,内}) = (58/Z_i) \log(c_{i,外}/c_{i,内})$ (20℃),代入浓度数据,求出 K^+、Na^+、Cl^- 的 Nernst 电位为 -84、30、57 mV

(2) 从所得 Nernst 电位数据,可知没有一跨膜电位可使所有离子处于平衡。

(3) K^+、Na^+、Cl^- 都没有处于平衡中,K^+ 向膜外运动,Na^+、Cl^- 向膜内运动。

12.4 静止时:$E_M \approx -(RT/nF) \ln([K^+]_内/[K^+]_外) = -0.059 \log(0.4/0.01)$
$= -0.095$ V(25℃)

兴奋时:$E_M \approx -(RT/nF) \ln([Na^+]_内/[Na^+]_外) = -0.059 \log(0.05/0.46)$
$= 0.057$ V

12.5 根据 $V_m = (RT/F) \ln[(P_K c_{K,外} + P_{Na} c_{Na,外} + P_{Cl} c_{Cl,外}/c_{Cl,内})/(P_K c_{K,外} + P_{Na} c_{Na,外} + P_{Cl} c_{Cl,外}/c_{Cl,内})]$,利用题目所给的数据,算出平衡电位为 -93 mV。

12.6 根据 $C = 8.85 \times 10^{-12} \varepsilon/d$ (F·m^{-2}),代入 $C = 1\mu F \cdot cm^{-2}$ 和 $\varepsilon = 3$,便可求得 $d = 2.7$ nm。(注意单位换算)

12.7 根据电功 = $EQ = EIt$,电功率 = EI,细胞膜电位 $E = 0.059 \log[Na^+]_外/[Na^+]_内$ (25℃)得到 $I = (25 \times 50\%)/[0.059 \log 0.15/0.015] = 212$ A

又因 $I = nF$

所以 每秒从脑细胞流出的 Na^+ 流量 $n = I/F = 212/96500 = 2.2 \times 10^{-3}$ mol·s^{-1}

12.8 由 $RCO_2PO_3^{2-} + 2H^+ + 2e = RCHO + HPO_4^{2-}$ 和 $NAD^+ + H^+ + 2e = NADH$ 组成的电池反应为 $RCHO + HPO_4^{2-} + NAD^+ = RCO_2PO_3^{2-} + H^+ + NADH$,相应的电动势为 $E' = (-0.320) - (-0.286) = -0.034$ V

$\Delta G' = -nFE' = -2 \times 96500 \times (-0.034) = 6.56$ kJ·mol^{-1}

$\log K' = nFE'/2.303RT = 2 \times 96500 \times (-0.034)/(2.303 \times 8.314 \times 298)$
$= -1.15$

$K' = 0.071$

$\Delta G^{\ominus} = 6.56 + 40.0 = 46.6$ kJ·mol^{-1} ($m = 1$)

$K = 10^{-7} \times 0.071 = 7.1 \times 10^{-9}$

12.9 $(COOH)_2 \xrightarrow{\text{草酸脱羧酶}} CO_2 + HCOOH$,采用 CO_2 电极进行电位测定

$(COOH)_2 \xrightarrow{+O_2, \text{草酸氧化酶}} 2O_2 + H_2O_2$,采用氧电极进行电位或电流测定。

附录1 原子量四位数表*

(以 $^{12}C=12$ 相对原子质量为标准)

序数	名称	符号	原子量	序数	名称	符号	原子量	序数	名称	符号	原子量
1	氢	H	1.008	37	铷	Rb	85.47	73	钽	Ta	180.9
2	氦	He	4.003	38	锶	Sr	87.62	74	钨	W	183.9
3	锂	Li	6.941±2	39	钇	Y	88.91	75	铼	Re	186.2
4	铍	Be	9.012	40	锆	Zr	91.22	76	锇	Os	190.2
5	硼	B	10.81	41	铌	Nb	92.91	77	铱	Ir	192.2
6	碳	C	12.01	42	钼	Mo	95.91	78	铂	Pt	195.1
7	氮	N	14.01	43	锝	^{99}Tc	98.91	79	金	Au	197.0
8	氧	O	16.00	44	钌	Ru	101.1	80	汞	Hg	200.6
9	氟	F	19.00	45	铑	Rh	102.9	81	铊	Tl	204.4
10	氖	Ne	20.18	46	钯	Pd	106.4	82	铅	Pb	207.2
11	钠	Na	22.99	47	银	Ag	107.9	83	铋	Bi	209.0
12	镁	Mg	24.31	48	镉	Cd	112.4	84	钋	^{210}Po	210.0
13	铝	Al	26.98	49	铟	In	114.8	85	砹	^{210}At	210.0
14	硅	Si	28.09	50	锡	Sn	118.7	86	氡	^{222}Rn	222.0
15	磷	P	30.97	51	锑	Sb	121.8	87	钫	^{223}Fr	223.0
16	硫	S	32.07	52	碲	Te	127.6	88	镭	^{226}Ra	226.0
17	氯	Cl	35.45	53	碘	I	126.9	89	锕	^{227}Ac	227.0
18	氩	Ar	39.95	54	氙	Xe	131.3	90	钍	Th	232.0
19	钾	K	39.10	55	铯	Cs	132.9	91	镤	^{231}Pa	231.0
20	钙	Ca	40.08	56	钡	Ba	137.3	92	铀	U	238.0
21	钪	Sc	44.96	57	镧	La	138.9	93	镎	^{237}Np	237.0
22	钛	Ti	47.88±3	58	铈	Ce	140.1	94	钚	^{238}Pu	239.1
23	钒	V	50.94	59	镨	Pr	140.9	95	镅	^{243}Am	243.1
24	铬	Cr	52.00	60	钕	Nd	144.2	96	锔	^{247}Cm	247.1
25	锰	Mn	54.94	61	钷	^{145}Pm	144.9	97	锫	^{247}Bk	247.1
26	铁	Fe	55.85	62	钐	Sm	150.4	98	锎	^{252}Cf	252.1
27	钴	Co	58.93	63	铕	Eu	152.0	99	锿	^{252}Es	252.1
28	镍	Ni	58.69	64	钆	Gd	157.3	100	镄	^{257}Fm	257.1
29	铜	Cu	63.55	65	铽	Tb	158.9	101	钔	^{256}Md	256.1
30	锌	Zn	65.39±2	66	镝	Dy	162.5	102	锘	^{259}No	259.1
31	镓	Ga	69.72	67	钬	Ho	164.9	103	铹	^{260}Lr	260.1
32	锗	Ge	72.61±3	68	铒	Er	167.3	104	钅卢	^{261}Rf	261.1
33	砷	As	74.92	69	铥	Tm	168.9	105	钅罕	^{262}Ha	262.1
34	硒	Se	78.96±3	70	镱	Yb	173.0	106		^{263}Nh	263.1
35	溴	Br	79.90	71	镥	Lu	175.0	107		^{262}Ns	262.1
36	氪	Kr	83.80	72	铪	Hf	178.5	109		^{260}Ue	266.1

*摘自"化学通报"3.58 (1981) 及"化学通报" 12, 53 (1985)。

附录2 25℃水溶液的标准电极电位/V*

(a) 酸性溶液			
电 极 反 应	$E^{\ominus}$	电 极 反 应	$E^{\ominus}$
$\frac{3}{2}N_2 + e^- = N_3^-$	-3.09	$Nb^{3+} + 3e^- = Nb$	(-1.1)
$Li^+ + e^- = Li$	-3.045	$TiO^{2+} + 2H^+ + 4e^- = Ti + H_2O$	-0.89
$K^+ + e^- = K$	-2.925	$H_3BO_3 + 3H^+ + 3e^- = B + 3H_2O$	-0.87
$Rb^+ + e^- = Rb$	-2.925	$SiO_2 + 4H^+ + 4e^- = Si + 2H_2O$	-0.86
$As^+ + e^- = As$	-2.923	$Ta_2O_5 + 10H^+ + 10e^- = 2Ta + 5H_2O$	-0.81
$Ra^{2+} + 2e^- = Ra$	-2.92	$Zn^{2+} + 2e^- = Zn$	-0.763
$Ba^{2+} + 2e^- = Ba$	-2.90	$TlI + e^- = Tl + I^-$	-0.753
$Sr^{2+} + 2e^- = Sr$	-2.89	$Cr^{3+} + 3e^- = Cr$	-0.74
$Ca^{2+} + 2e^- = Ca$	-2.87	$Te + 2H^+ + 2e^- = H_2Te$	-0.72
$Na^+ + e^- = Na$	-2.714	$TlBr + e^- = Tl + Br^-$	-0.658
$La^{3+} + 3e^- = La$	-2.52	$Nb_2O_5 + 10H^+ + 10e^- = 2Nb + 5H_2O$	-0.65
$Ce^{3+} + 3e^- = Ce$	-2.48	$U^{4+} + e^- = U^{3+}$	-0.61
$Nd^{3+} + 3e^- = Nd$	-2.44	$As + 3H^+ + 3e^- = AsH_3$	-0.60
$Sm^{3+} + 3e^- = Sm$	-2.41	$TlCl + e^- = Tl + Cl^-$	-0.557
$Gd^{3+} + 3e^- = Gd$	-2.40	$Ga^{3+} + 3e^- = Ga$	-0.53
$Mg^{2+} + 2e^- = Mg$	-2.37	$Sb + 3H^+ + 3e^- = SbH_3$ (g)	-0.51
$Y^{3+} + 3e^- = Y$	-2.37	$H_3PO_2 + H^+ + e^- = P + 2H_2O$	-0.51
$Am^{3+} + 3e^- = Am$	-2.32	$H_3PO_3 + 2H^+ + 2e^- = H_2PO_2 + H_2O$	-0.50
$Lu^{3+} + 3e^- = Lu$	-2.25	$Fe^{2+} + 2e^- = Fe$	-0.440
$\frac{1}{2}H_2 + e^- = H^-$	-2.25	$Eu^{3+} + e^- = Eu^{2+}$	-0.43
		$Cr^{3+} + e^- = Cr^{2+}$	-0.41
$H^+ + e^- = H$ (g)	-2.10	$Cd^{2+} + 2e^- = Cd$	-0.403
$Sc^{3+} + 3e^- = Sc$	-2.08	$Se + 2H^+ + 2e^- = H_2Se$	-0.40
$Pu^{3+} + 3e^- = Pu$	-2.07	$Ti^{3+} + e^- = Ti^{2+}$	(-0.37)
$AlF_6^{3-} + 3e^- = Al + 6F^-$	-2.07	$PbI_2 + 2e^- = Pb + 2I^-$	-0.365
$Th^{4+} + 4e^- = Th$	-1.90	$PbSO_4 + 2e^- = Pb + SO_4^{2-}$	-0.356
$Np^{3+} + 3e^- = Np$	-1.86	$In^{3+} + 3e^- = In$	-0.342
$Be^{2+} + 2e^- = Be$	-1.85	$Tl^+ + e^- = Tl$	-0.336
$U^{3+} + 3e^- = U$	-1.80	$PtS + 2H^+ + 2e^- = Pt + H_2S$	-0.30
$Hf^{4+} + 4e^- = Hf$	-1.70	$PbBr_2 + 2e^- = Pb + 2Br^-$	-0.280
$Al^{3+} + 3e^- = Al$	-1.66	$Co^{2+} + 2e^- = Co$	-0.277
$Ti^{2+} + 2e^- = Ti$	-1.63	$H_3PO_4 + 2H^+ + 2e^- = H_3PO_3 + H_2O$	-0.276
$Zr^{4+} + 4e^- = Zr$	-1.53	$PbCl_2 + 2e^- = Pb + 2Cl^-$	-0.268
$SiF_6^{2-} + 4e^- = Si + 6F^-$	-1.2	$V^{3+} + e^- = V^{2+}$	-0.255
$TiF_6^{2-} + 4e^- = Ti + 6F^-$	-1.19	$V(OH)_4^+ + 4H^+ + 5e^- = V + 4H_2O$	-0.253
$Mn^{2+} + 2e^- = Mn$	-1.18	$SnF_6^{2-} + 4e^- = Sn + 6F^-$	-0.25
$V^{2+} + 2e^- = V$	(-1.18)		

续上表

(a) 酸 性 溶 液			
电 极 反 应	$E^{\ominus}$	电 极 反 应	$E^{\ominus}$
$Ni^{2+} + 2e^- = Ni$	-0.250	$HCNO + H^+ + e^- = \frac{1}{2}C_2N_2 + H_2O$	0.33
$N_2 + 5H^+ + 4e^- = N_2H_5^+$	-0.23	$UO_2^{2+} + 4H^+ + 2e^- = U^{4+} + 2H_2O$	0.334
$2SO_4^{2-} + 4H^+ + 2e^- = S_2O_6^{2-} + 2H_2O$	-0.22	$Cu^{2+} + 2e^- = Cu$	0.337
$Mo^{3+} + 3e^- = Mo$	(-0.2)	$AgIO_3 + e^- = Ag + IO_3^-$	0.35
$CO_2 + 2H^+ + 2e^- = HCOOH(aq)$	-0.196	$Fe(CN)_6^{3-} + e^- = Fe(CN)_6^{4-}$	0.36
$CuI + e^- = Cu + I^-$	-0.185	$VO^{2+} + 2H^+ + e^- = V^{3+} + H_2O$	0.361
$AgI + e^- = Ag + I^-$	-0.151	$ReO_4^- + 8H^+ + 7e^- = Re + 4H_2O$	0.363
$Sn^{2+} + 2e^- = Sn$	-0.136	$\frac{1}{2}C_2N_2 + H^+ + e^- = HCN(aq)$	0.37
$O_2 + H^+ + e^- = HO_2$	-0.13	$2H_2SO_3 + 2H^+ + 4e^- = S_2O_3^{2-} + 3H_2O$	0.40
$Pb^{2+} + 2e^- = Pb$	-0.126	$RhCl_6^{3-} + 3e^- = Rh + 6Cl^-$	0.44
$GeO_2 + 4H^+ + 4e^- = Ge + 2H_2O$	-0.15	$Ag_2CrO_4 + 2e^- = 2Ag + CrO_4^{2-}$	0.446
$WO_3(c) + 6H^+ + 6e^- = W + 3H_2O$	-0.09	$H_2SO_3 + 4H^+ + 4e^- = S + 3H_2O$	0.45
$2H_2SO_3 + H^+ + 2e^- = HS_2O_4^- + 2H_2O$	-0.08	$Sb_2O_5 + 2H^+ + 2e^- = Sb_2O_4 + H_2O$	0.48
		$Ag_2MoO_4 + 2e^- = 2Ag + MoO_4^{2-}$	0.49
$HgI_4^{2-} + 2e^- = Hg + 4I^-$	-0.04	$H_2N_2O_2 + 6H^+ + 4e^- = 2NH_3OH^+$	0.496
$2H^+ + 2e^- = H_2$	0.000	$ReO_4^- + 4H^+ + 3e^- = ReO_2 + 2H_2O$	0.51
$Ag(S_2O_3)_2^{3-} + e^- = Ag + 2S_2O_3^{2-}$	0.01	$4H_2SO_4 + 4H^+ + 6e^- = S_4O_6^{2-} + 6H_2O$	0.51
$CuBr + e^- = Cu + Br^-$	0.033	$C_2H_4 + 2H^+ + 2e^- = C_2H_6$	0.52
$UO_2^{2+} + e^- = UO_2^+$	0.05	$Cu^+ + e^- = Cu$	0.521
$HCCOOH(aq) + 2H^+ + 2e^- = HCHO(aq) + H_2O$	0.056	$TeO_2(c) + 4H^+ + 4e^- = Te + 2H_2O$	0.529
		$I_2 + 2e^- = 2I^-$	0.536
		$I_3^- + 2e^- = 3I^-$	0.536
$P + 3H^+ + 3e^- = PH_3(g)$	0.06	$Cu^{2+} + Cl^- + e^- = CuCl$	0.538
$AgBr + e^- = Ag + Br^-$	0.095	$AgBrO_3 + e^- = Ag + BrO_3^-$	0.55
$TiO^{2+} + 2H^+ + e^- = Ti^{3+} + H_2O$	0.1	$TeOOH^+ + 3H^+ + 4e^- = Te + 2H_2O$	0.559
$Si + 4H^+ + 4e^- = SiH_4$	0.102	$H_3AsO_4 + 2H^+ + 2e^- = HAsO_2 + 2H_2O$	0.559
$C + 4H^+ + 4e^- = CH_4$	0.13	$AgNO_2 + e^- = Ag^+ + NO_2^-$	0.564
$CuCl + e^- = Cu + Cl^-$	0.137	$MnO_4^- + e^- = MnO_4^{2-}$	0.564
$S + 2H^+ + 2e^- = H_2S$	0.141	$PtBr_4^{2-} + 2e^- = Pt + 4Br^-$	0.58
$Np^{4+} + e^- = Np^{3+}$	0.147	$Sb_2O_5 + 6H^+ + 4e^- = 2SbO^+ + 3H_2O$	0.581
$Sn^{4+} + 2e^- = Sn^{2+}$	0.15	$CH_3OH(aq) + 2H^+ + 2e^- = CH_4 + H_2O$	0.586
$Sb_2O_3 + 6H^+ + 6e^- = 2Sb + 3H_2O$	0.152	$PdBr_4^{2-} + 2e^- = Pd + 4Br^-$	0.6
$Cu^{2+} + e^- = Cu^+$	0.153	$RuCl_5^{2-} + 3e^- = Ru + 5Cl^-$	0.60
$BiOCl + 2H^+ + 3e^- = Bi + H_2O + Cl^-$	0.16	$UO_2^{2+} + 4H^+ + 2e^- = U^{4+} + 2H_2O$	0.62
$SO_4^{2-} + 4H^+ + 2e^- = H_2SO_3 + H_2O$	0.17	$PdCl_4^{2-} + 2e^- = Pd + 4Cl^-$	0.62
$HCHO(aq) + 2H^+ + 2e^- = CH_3OH(aq)$	0.19	$Cu^{2+} + Br^- + e^- = CuBr$	0.640
		$AgC_2H_3O_2 + e^- = Ag + C_2H_3O_2^-$	0.643
$HgBr_4^{2-} + 2e^- = Hg + 4Br^-$	0.21	$Ag_2SO_4 + 2e^- = 2Ag + SO_4^{2-}$	0.653
$AgCl + e^- = Ag + Cl^-$	0.222	$Au(CNS)_4^- + 3e^- = Au + 4CNS^-$	0.66
$HAsO_2(aq) + 3H^+ + 3e^- = As + H_2O$	0.247	$PtCl_6^{2-} + 2e^- = PtCl_4^{2-} + 2Cl^-$	0.68
$ReO_2 + 4H^+ + 4e^- = Re + 2H_2O$	0.252	$O_2 + 2H^+ + 2e^- = H_2O_2$	0.682
$BiO^+ + 2H^+ + 3e^- = Bi + H_2O$	0.32	$HN_3 + 11H^+ + 8e^- = 3NH_4^+$	0.69

续上表

(a) 酸 性 溶 液			
电 极 反 应	$E^\ominus$	电 极 反 应	$E^\ominus$
$Te + 2H^+ + 2e^- = H_2Te$	0.70	$NpO_2^{2+} + e^- = NpO_2^+$	1.15
$2NO + 2H^+ + 2e^- = H_2N_2O_2$	0.71	$CCl_4 + 4H^+ + 4e^- = C + 4Cl^- + 4H^+$	1.18
$H_2O_2 + H^+ + e^- = OH + H_2O$	0.72	$ClO_4^- + 2H^+ + 2e^- = ClO_3^- + H_2O$	1.19
$PtCl_4^{2-} + 2e^- = Pt + 4Cl^-$	0.73	$IO_3^- + 6H^+ + 5e^- = \frac{1}{2}I_2 + 3H_2O$	1.195
$C_2H_2 + 2H^+ + 2e^- = C_2H_4$	0.73	$ClO_3^- + 3H^+ + 2e^- = HClO_2 + H_2O$	1.21
$H_2SeO_3 + 4H^+ + 4e^- = Se + 3H_2O$	0.74	$O_2 + 4H^+ + 4e^- = 2H_2O$	1.229
$NpO_2^+ + 4H^+ + e^- = Np^{4+} + 2H_2O$	0.75	$S_2Cl_2 + 2e^- = 2S + 2Cl^-$	1.23
$(CNS)_2 + 2e^- = 2CNS^-$	0.77	$MnO_2 + 4H^+ + 2e^- = Mn^{2+} + 2H_2O$	1.23
$IrCl_6^{3-} + 3e^- = Ir + 6Cl^-$	0.77	$Tl^{3+} + 2e^- = Tl^+$	1.25
$Fe^{3+} + e^- = Fe^{2+}$	0.771	$AmO_2^+ + 4H^+ + e^- = Am^{4+} + 2H_2O$	1.26
$Hg_2^{2+} + 2e^- = 2Hg$	0.789	$N_2H_5^+ + 3H^+ + 2e^- = 2NH_4^+$	1.275
$Ag^+ + e^- = Ag$	0.799	$ClO_2 + H^+ + e^- = HClO_2$	1.275
$2NO_3^- + 4H^+ + 2e^- = N_2O_4 + 2H_2O$	0.80	$PdCl_6^{2-} + 2e^- = PdCl_4^{2-} + 2Cl^-$	1.288
$Rh^{3+} + 3e^- = Rh$	(0.8)	$2HNO_2 + 4H^+ + 4e^- = N_2O + 3H_2O$	1.29
$OsO_4(c) + 8H^+ + 8e^- = Os + 4H_2O$	0.85	$Cr_2O_7^{2-} + 14H^+ + 6e^- = 2Cr^{3+} + 7H_2O$	1.33
$2HNO_2 + 4H^+ + 4e^- = H_2N_2O_2 + 2H_2O$	0.86	$NH_3OH^+ + 2H^+ + 2e^- = NH_4^+ + H_2O$	1.35
		$Cl_2 + 2e^- = 2Cl^-$	1.360
$Cu^{2+} + I^- + e^- = CuI$	0.86	$2NH_3OH^+ + H^+ + 2e^- = N_2H_5^+ + 2H_2O$	1.42
$AuBr_4^- + 3e^- = Au + 4Br^-$	0.87	$Au(OH)_3 + 3H^+ + 3e^- = Au + 3H_2O$	1.45
$2Hg^{2+} + 2e^- = Hg_2^{2+}$	0.920	$HIO + H^+ + e^- = \frac{1}{2}I_2 + H_2O$	1.45
$NO_3^- + 3H^+ + 2e^- = HNO_2 + H_2O$	0.94	$PbO_2 + 4H^+ + 2e^- = Pb^{2+} + 2H_2O$	1.455
$PuO_2^{2+} + e^- = PuO_2^+$	0.93	$Au^{3+} + 3e^- = Au$	1.50
$NO_3^- + 4H^+ + 3e^- = NO + 2H_2O$	0.96	$HO_2 + H^+ + e^- = H_2O_2$	1.5
$AuBr_2^- + e^- = Au + 2Br^-$	0.96	$Mn^{3+} + e^- = Mn^{2+}$	1.51
$Pu^{4+} + e^- = Pu^{3+}$	0.97	$MnO_4^- + 8H^+ + 5e^- = Mn^{2+} + 4H_2O$	1.51
$Pt(OH)_2 + 2H^+ + 2e^- = Pt + 2H_2O$	0.98	$BrO_3^- + 6H^+ + 5e^- = \frac{1}{2}Br_2 + 3H_2O$	1.52
$Pd^{2+} + 2e^- = Pd$	0.987	$HBrO + H^+ + e^- = \frac{1}{2}Br_2 + H_2O$	1.59
$IrBr_6^{3-} + e^- = IrBr_6^{4-}$	0.99	$Bi_2O_4 + 4H^+ + 2e^- = 2BiO^+ + 2H_2O$	1.59
$HNO_2 + H^+ + e^- = NO + H_2O$	1.00	$H_5IO_6 + H^+ + 2e^- = IO_3^- + 3H_2O$	1.6
$AuCl_4^- + 3e^- = Au + 4Cl^-$	1.00	$Bk^{4+} + e^- = Bk^{3+}$	1.6
$V(OH)_4^+ + 2H^+ + e^- = VO^{2+} + 3H_2O$	1.00	$Ce^{4+} + e^- = Ce^{3+}$	1.61
$IrCl_6^{2-} + e^- = IrCl_6^{3-}$	1.017	$HClO + H^+ + e^- = \frac{1}{2}Cl_2 + H_2O$	1.63
$H_6TeO_6 + 2H^+ + 2e^- = TeO_2 + 4H_2O$	1.02	$AmO_2^{2+} + e^- = AmO_2^+$	1.64
$N_2O_4 + 4H^+ + 4e^- = 2NO + 2H_2O$	1.03	$HClO_2 + 2H^+ + 2e^- = HClO + H_2O$	1.64
$PuO_2^{2+} + 4H^+ + 2e^- = Pu^{4+} + 2H_2O$	1.04	$NiO_2 + 4H^+ + 2e^- = Ni^{2+} + 2H_2O$	1.68
$ICl_2^- + e^- = \frac{1}{2}I_2 + 2Cl^-$	1.06	$PbO_2 + SO_4^{2-} + 4H^+ + 2e^- = PbSO_4 + 2H_2O$	1.685
$Br_2(l) + 2e^- = 2Br^-$	1.065		
$N_2O_4 + 2H^+ + 2e^- = 2HNO_2$	1.07	$AmO_2^{2+} + 4H^+ + 3e^- = Am^{3+} + 2H_2O$	1.69
$Cu^{2+} + 2CN^- + e^- = Cu(CN)_2^-$	1.12	$MnO_4^- + 4H^+ + 3e^- = MnO_2 + 2H_2O$	1.695
$PuO_2^+ + 4H^+ + e^- = Pu^{4+} + 2H_2O$	1.15	$Au^+ + e^- = Au$	(1.7)
$SeO_4^{2-} + 4H^+ + 2e^- = H_2SeO_3 + H_2O$	1.15	$AmO_2^+ + 4H^+ + 2e^- = Am^{3+} + 2H_2O$	1.725

续上表

(a) 酸 性 溶 液			
电 极 反 应	$E^{\ominus}$	电 极 反 应	$E^{\ominus}$
$H_2O_2 + 2H^+ + 2e^- = 2H_2O$	1.77	$U(OH)_4 + e^- = U(OH)_3 + OH^-$	-2.2
$Co^{3+} + e^- = Co^{2+}$	1.82	$U(OH)_3 + 3e^- = U + 3OH^-$	-2.17
$FeO_4^{2-} + 8H^+ + 3e^- = Fe^{3+} + 4H_2O$	1.9	$H_2PO_2^- + e^- = P + 2OH^-$	-2.05
$HN_3 + 3H^+ + 2e^- = NH_4^+ + N_2$	1.96	$H_2BO_3^- + H_2O + 3e^- = B + 4OH^-$	-1.79
$Ag^{2+} + e^- = Ag^+$	1.98	$SiO_3^{2-} + 3H_2O + 4e^- = Si + 6OH^-$	-1.70
$S_2O_8^{2-} + 2e^- = 2SO_4^{2-}$	2.01	$Na_2UO_4 + 4H_2O + 2e^- =$	
$O_3 + 2H^+ + 2e^- = O_2 + H_2O$	2.07	$U(OH)_4 + 2Na^+ + 4OH^-$	-1.61
$F_2O + 2H^+ + 4e^- = 2F^- + H_2O$	2.1	$HPO_3^{2-} + 2H_2O + 2e^- = H_2PO_2^- + 3OH^-$	-1.57
$Am^{4+} + e^- = Am^{3+}$	2.18	$Mn(OH)_2 + 2e^- = Mn + 2OH^-$	-1.55
$O(g) + 2H^+ + 2e^- = H_2O$	2.42	$MnCO_3 + 2e = Mn + CO_3^{2-}$	-1.48
$F_2 + 2e^- = 2F^-$	2.65	$ZnS + 2e^- = Zn + S^{2-}$	-1.44
$OH + H^+ + e^- = H_2O$	2.8	$Cr(OH)_3 + 3e^- = Cr + 3OH^-$	-1.3
$H_2N_2O_2 + 2H^+ + 2e^- = N_2 + 2H_2O$	2.85	$Zn(CN)_4^{2-} + 2e^- = Zn + 4CN^-$	-1.26
$F_2 + 2H^+ + 2e^- = 2HF(aq)$	3.06	$Zn(OH)_2 + 2e^- = Zn + 2OH^-$	-1.245
		$H_2GaO_3^- + H_2O + 3e^- = Ga + 4OH^-$	-1.22
		$ZnO_2^{2-} + 2H_2O + 2e^- = Zn + 4OH^-$	-1.216
		$CrO_2^- + 2H_2O + 3e^- = Cr + 4OH^-$	-1.2
		$CdS + 2e^- = Cd + S^{2-}$	-1.21
		$HV_6O_{17}^{3-} + 16H_2O + 30e^- =$	
(b) 碱 性 溶 液		$6V + 33OH^-$	-1.15
		$Te + 2e^- = Te^{2-}$	-1.14
电 极 反 应	$E^{\ominus}$	$PO_4^{3-} + 2H_2O + 2e^- = HPO_3^{2-} + 3OH^-$	-1.12
		$2SO_3^{2-} + 2H_2O + 2e^- = S_2O_4^{2-} + 4OH^-$	-1.12
$Ca(OH)_2 + 2e^- = Ca + 2OH^-$	-3.03	$ZnCO_3 + 2e^- = Zn + CO_3^{2-}$	-1.06
$Sr(OH)_2 \cdot 8H_2O + 2e^- =$		$WO_4^{2-} + 4H_2O + 6e^- = W + 8OH^-$	-1.05
$Sr + 2OH^- + 8H_2O$	-2.99	$MoO_4^{2-} + 4H_2O + 6e^- = Mo + 8OH^-$	-1.05
$Ba(OH)_2 \cdot 8H_2O + 2e^- =$		$Cd(CN)_4^{2-} + 2e^- = Cd + 4CN^-$	-1.03
$Ba + 2OH^- + 8H_2O$	-2.97	$Zn(NH_3)_4^{2+} + 2e^- = Zn + 4NH_3$	-1.03
$H_2O + e^- = H(g) + OH^-$	-2.93	$FeS(\alpha) + 2e^- = Fe + S^{2-}$	-1.01
$La(OH)_3 + 3e^- = La + 3OH^-$	-2.90	$In(OH)_3 + 3e^- = In + 3OH^-$	-1.0
$Lu(OH)_3 + 3e^- = Lu + 3OH^-$	-2.72	$PbS + 2e^- = Pb + S^{2-}$	-0.98
$Mg(OH)_2 + 2e^- = Mg + 2OH^-$	-2.69	$CNO^- + H_2O + 2e^- = CN^- + 2OH^-$	-0.97
$Be_2O_3^{2-} + 3H_2O + 4e^- = 2Be + 6OH^-$	-2.62	$Tl_2S + 2e^- = Tl + S^{2-}$	-0.96
$Sc(OH)_3 + 3e^- = Sc + 3OH^-$	(-2.6)	$Pu(OH)_4 + e^- = Pu(OH)_3 + OH^-$	-0.95
$HfO(OH)_2 + H_2O + 4e^- = Hf + 4OH^-$	-2.50	$SnS + 2e^- = Sn + S^{2-}$	-0.94
$Th(OH)_4 + 4e^- = Th + 4OH^-$	-2.48	$SO_4^{2-} + H_2O + 2e^- = SO_3^{2-} + 2OH^-$	-0.93
$Pu(OH)_3 + 3e^- = Pu + 3OH^-$	-2.42	$Se + 2e^- = Se^{2-}$	-0.92
$UO_2 + 2H_2O + 4e^- = U + 4OH^-$	-2.39	$HSnO_2^- + H_2O + 2e^- = Sn + 3OH^-$	-0.91
$H_2ZrO_3 + H_2O + 4e^- = Zr + 4OH^-$	-2.36	$HGeO_3^- + 2H_2O + 4e^- = Ge + 5OH^-$	-0.9
$H_2AlO_3^- + H_2O + 3e^- = Al + 4OH^-$	-2.35	$Sn(OH)_6^{2-} + 2e^- =$	

续上表

(b) 碱 性 溶 液			
电 极 反 应	$E^\ominus$	电 极 反 应	$E^\ominus$
$HSnO_2^- + H_2O + 3OH^-$	-0.90	$CuCNS + e^- = Cu + CNS^-$	-0.27
$P + 3H_2O + 3e^- = PH_3 + 3OH^-$	-0.89	$HO_2^- + H_2O + e^- = OH + 2OH^-$	-0.24
$Fe(OH)_2 + 2e^- = Fe + 2OH^-$	-0.877	$CrO_4^{2-} + 4H_2O + 3e^- = Cr(OH)_3 + 5OH^-$	-0.13
$NiS(\alpha) + 2e^- = Ni + S^{2-}$	-0.83	$Cu(NH_3)_2^+ + e^- = Cu + 2NH_3$	-0.12
$2H_2O + 2e^- = H_2 + 2OH^-$	-0.828	$2Cu(OH)_2 + 2e^- = Cu_2O + 2OH^- + H_2O$	-0.080
$Cd(OH)_2 + 2e^- = Cd + 2OH^-$	-0.809	$O_2 + H_2O + 2e^- = HO_2^- + OH^-$	-0.076
$FeCO_3 + 2e^- = Fe + CO_3^{2-}$	-0.756	$Tl(OH)_3 + 2e^- = TlOH + 2OH^-$	-0.05
$CdCO_3 + 2e^- = Cd + CO_3^{2-}$	-0.74	$AgCN + e^- = Ag + CN^-$	-0.017
$Co(OH)_2 + 2e^- = Co + 2OH^-$	-0.73	$MnO_2 + H_2O + 2e^- = Mn(OH)_2 + 2OH^-$	-0.05
$HgS + 2e^- = Hg + S^{2-}$	-0.72	$NO_3^- + H_2O + 2e^- = NO_2^- + 2OH^-$	0.01
$Ni(OH)_2 + 2e^- = Ni + 2OH^-$	-0.72	$HOsO_5^- + 4H_2O + 8e^- = Os + 9OH^-$	0.02
$Ag_2S + 2e^- = 2Ag + S^{2-}$	-0.69	$Rh_2O_3 + 3H_2O + 6e^- = 2Rh + 6OH^-$	0.04
$AsO_2^- + 2H_2O + 3e^- = As + 4OH^-$	-0.68	$SeO_4^{2-} + H_2O + 2e^- = SeO_3^{2-} + 2OH^-$	0.05
$AsO_4^{3-} + 2H_2O + 2e^- = AsO_2^- + 4OH^-$	-0.67	$Pd(OH)_2 + 2e^- = Pd + 2OH^-$	0.07
		$S_4O_6^{2-} + 2e^- = 2S_2O_3^{2-}$	0.08
$Fe_2S_3 + 2e^- = 2FeS + S^{2-}$	-0.67	$HgO(r) + H_2O + 2e^- = Hg + 2OH^-$	0.098
$SbO_2^- + 2H_2O + 3e^- = Sb + 4OH^-$	-0.66	$N_2H_4 + 4H_2O + 2e^- = 2NH_4OH + 2OH^-$	0.1
$CoCO_3 + 2e^- = Co + CO_3^{2-}$	-0.64	$Ir_2O_3 + 3H_2O + 6e^- = 2Ir + 6OH^-$	0.1
$Cd(NH_3)_4^{2+} + 2e^- = Cd + 4NH_3$	-0.597	$Co(NH_3)_6^{3+} + e^- = Co(NH_3)_6^{2+}$	0.1
$ReO_4^- + 2H_2O + 3e^- = ReO_2 + 4OH^-$	-0.594	$Mn(OH)_3 + e^- = Mn(OH)_2 + OH^-$	0.1
$ReO_4^- + 4H_2O + 7e^- = Re + 8OH^-$	-0.584	$Pt(OH)_2 + e^- = Pt + 2OH^-$	0.15
$2SO_3^{2-} + 3H_2O + 4e^- = S_2O_3^{2-} + 6OH^-$	-0.58	$Co(OH)_3 + e^- = Co(OH)_2 + OH^-$	0.17
		$PbO_2 + H_2O + 2e^- = PbO(r) + 2OH^-$	0.248
$ReO_2 + H_2O + 4e^- = Re + 4OH^-$	-0.576	$IO_3^- + 3H_2O + 6e^- = I^- + 6OH^-$	0.26
$TeO_3^{2-} + 3H_2O + 4e^- = Te + 6OH^-$	-0.57	$PuO_2(OH)_2 + e^- = PuO_2OH + OH^-$	0.26
$Fe(OH)_3 + e^- = Fe(OH)_2 + OH^-$	-0.56	$Ag(SO_3)_2^{3-} + e^- = Ag + 2SO_3^{2-}$	0.30
$O_2 + e^- = O_2^-$	-0.56	$ClO_3^- + H_2O + 2e^- = ClO_2^- + 2OH^-$	0.33
$Cu_2S + 2e^- = 2Cu + S^{2-}$	-0.54	$Ag_2O + H_2O + 2e^- = 2Ag + 2OH^-$	0.344
$HPbO_2^- + H_2O + 2e^- = Pb + 3OH^-$	-0.54	$ClO_4^- + H_2O + 2e^- = ClO_3^- + 2OH^-$	0.36
$PbCO_3 + 2e^- = Pb + CO_3^{2-}$	-0.506	$Ag(NH_3)_2^+ + e^- = Ag + 2NH_3$	0.373
$S + 2e^- = S^{2-}$	-0.48	$TeO_4^{2-} + H_2O + 2e^- = TeO_3^{2-} + 2OH^-$	0.4
$Ni(NH_3)_6^{2+} + 2e^- = Ni + 6NH_3(aq)$	-0.47	$O_2 + H_2O + e^- = OH^- + HO_2^-$	0.4
$NiCO_3 + 2e^- = Ni + CO_3^{2-}$	-0.45	$O_2 + 2H_2O + 4e^- = 4OH^-$	0.401
$Bi_2O_3 + 3H_2O + 6e^- = 2Bi + 6OH^-$	-0.44	$Ag_2CO_3 + 2e^- = 2Ag + CO_3^{2-}$	0.47
$Cu(CN)_2^- + e^- = Cu + 2CN^-$	-0.43	$NiO_2 + 2H_2O + 2e^- = Ni(OH)_2 + 2OH^-$	0.49
$Hg(CN)_4^{2-} + 2e^- = Hg + 4CN^-$	-0.37	$IO^- + H_2O + 2e^- = I^- + 2OH^-$	0.49
$SeO_3^{2-} + 3H_2O + 4e^- = Se + 6OH^-$	-0.366	$2AgO + H_2O + 2e^- = Ag_2O + 2OH^-$	0.57
$Cu_2O + H_2O + 2e^- = 2Cu + 2OH^-$	-0.358	$MnO_4^{2-} + 2H_2O + 2e^- = MnO_2 + 4OH^-$	0.60
$Tl(OH) + e^- = Tl + OH^-$	-0.345	$RuO_4^- + e^- = RuO_4^{2-}$	0.60
$Ag(CN)_2^- + e^- = Ag + 2CN^-$	-0.31	$BrO_3^- + 3H_2O + 6e^- = Br^- + 6OH^-$	0.61

续上表

(b) 碱 性 溶 液			
电 极 反 应	$E^{\ominus}$	电 极 反 应	$E^{\ominus}$
$ClO_2^- + H_2O + 2e^- = ClO^- + 2OH^-$	0.66	$ClO^- + H_2O + 2e^- = Cl^- + 2OH^-$	0.89
$H_3IO_6^{2-} + 2e^- = IO_3^- + 3OH^-$	0.7	$FeO_4^{2-} + 2H_2O + 3e^- = FeO_2^- + 4OH^-$	0.9
$2NH_2OH + 2e^- = N_2H_4 + 2OH^-$	0.73	$ClO_2 + e^- = ClO_2^-$	1.16
$Ag_2O_3 + H_2O + 2e^- = 2AgO + 2OH^-$	0.74	$O_3 + H_2O + 2e^- = O_2 + 2OH^-$	1.24
$BrO^- + H_2O + 2e^- = Br^- + 2OH^-$	0.76	$OH + e^- = OH^-$	2.0
$HO_2^- + H_2O + 2e^- = 3OH^-$	0.88		

附录3 25℃在某些非水溶液中的标准电极电位/V

	MeOH	EtOH	HCOOH	MeCN	N_2H_4	$HCONH_2$
$Li^+ + e^- = Li$	−3.095	−3.042	−3.48	−3.23	−2.20	
$Na^+ + e^- = Na$	−2.728	−2.657	−3.42	−2.87	−1.83	
$K^+ + e^- = K$			−3.36	−3.16	−2.02	−2.872
$Rb^+ + e^- = Rb$			−3.45	−3.17	−2.01	−2.855
$Cs^+ + e^- = Cs$			−3.44	−3.16		
$Ca^{2+} + 2e^- = Ca$			−3.20	−2.75	−1.91	
$Cu^{2+} + 2e^- = Cu$	+0.490	+0.21	−0.14	−0.28		+0.279
$Ag^+ + e^- = Ag$	+0.764	+0.749	0.17	+0.23	+0.77	
$Zn^{2+} + e^- = Zn$	−0.74	−0.64	−1.05	−0.74	−0.41	−0.757
$Cd^{2+} + e^- = Cd$	−0.258	−0.38	−0.75	−0.47	−0.10	−0.408
$Hg_2^{2+} + 2e = 2Hg$	+0.74	+0.76	0.18			
$Tl^+ + e^- = Tl$	−0.379	−0.313				−0.344
$Pb^{2+} + 2e^- = Pb$	−0.20	−0.15	−0.72	−0.12	+0.35	−0.193
$H^+ + e^- = \frac{1}{2}H_2$	0.0	0.0	0.0	0.0	0.0	0.0
$Cl_2 + 2e^- = 2Cl^-$	+1.116	+1.048		+0.58		
$Br_2 + 2e^- = 2Br^-$	+0.837	+0.777		+0.47		
$I_2 + 2e^- = 2I^-$	+0.357	+0.305		+0.07		

* 附录2、3摘自 Parsons R, Hanbook of Electrochemical Constants, London: Butterworths scientific publications, 1959。熔盐中的标准电极电位见第八章。

附录4 电化学（原理和应用）名词术语中英对照*

离子导体、电解质溶液
Ionic conductor, electrolyte solution
导体 conductor
绝缘体 insulator
电介质 dielectric
半导体 semiconductor
水溶液 aqueous solution
非水溶液 non‐aqueous solution
有机溶剂电解液 organic solvent electrolyte
熔融盐 molten (or fused) salt
离子熔体 ionic melt
氯化1-乙基-3-甲基咪唑鎓
1‐ethy1‐3‐methylimizaolium chloride (EMIC)
氯化正丁基吡啶鎓
n‐buty1‐pyridinium chloride (BPC)
低温熔盐 low‐temperature molten salt
室温熔盐 room‐temperature molten salt
固体电解质 solid electrolyte
聚电解质 polymer electrolyte
胶体电解质 colloidal electrolyte
阳离子 cation
阴离子 anion
阳极电解液 anolyte
阴电解液 catholyte
溶剂化 solvation
缔合 association
离子对 ion pairs
离子氛（或离子云）ion cloud
活度系数 activity coefficient
离子强度 ionic strength
电场（或电位梯度）electric field (or potential gradient)

---
* 基本上按本书章节归类

电迁移 electric transfer
迁移数 transport number
电导 electric conductance
摩尔电导率 molar conductivity
电阻率 resistivity
离子淌度 ionic mobility
扩散系数 diffusion coefficient
粘度 viscosity
摩擦系数 frictional coefficient
韦斯顿电桥 Wheatstone bridge
电导池常数 cell constant of a conductance cell
☆电导法 conductimetry
☆电导滴定 conductometric titration
电离常数 dissociation constant

电化学体系和电池的电动势
Electrochemical system and electromotive force of cell
可逆电池 reversible cell
电解池 electrolytic cell
半电池 half cell
阳极 anode
阴极 cathode
正极 positive electrode
负极 negative electrode
平衡电位 equilibrium potential
标准电极电位 standard electrode potential
氢标 hydrogen scale
标准形式电位 formal potential
液体接界电位 liquid junction potential
盐桥 salt bridge
界面电位 interfacial potential
外电位 outer potential
内电位 inner potential

表面电位 surface potential
电化学位 electrochemical potential
接触电位差 contact potential difference
伽尔伐尼电池（或称原电池）Galvanic cell
指示（或工作）电极 indicator (or working) electrode
辅助电极（或对极）auxiliary electrode (or counter electrode)
参比电极 reference electrode
标准氢电极 standard hydrogen electrode
动力氢电极 dynamic hydrogen electrode
甘汞电极 calomel electrode
玻璃电极 glass electrode
氢醌电极 quinhydrone eletrode
氯化银电极 silver–silver chloride electrode
硫酸亚汞电极 mercurous sulfate electrde
氧化汞电极 mercuric oxide electrode
汞齐电极 amalgam electrode
韦斯通（标准）电池 Weston (standard) cell
数字电压表 digital voltmeter
电位计 potentiometer
☆补偿法 compensation method
☆电位法 potentiometry
电动势 electromotive force (emf)
反电动势 back emf
分解电压 decomposition voltage
电位-pH图 potential–pH diagram (Pourbaix diagrams)
缓冲溶液 buffer solution
平衡常数 equilibrium constant
溶度积 solubility product

双电层
Electrical double layer

离子双电层 ionic double layer
偶极双电层 dipolar double layer
吸附双电层 adsorption double layer
紧密双电层 compact double layer
亥姆荷茨双电层 Helmholtz double layer
分散双电层 diffuse double layer
双电层厚度 thickness of double layer
介电常数 dielectric constant
充电电流 charging current

法拉第电流 Faraday current
理想极化电极 ideal polarizable electrode
双电层电容 capacitance of double electric layer
微分电容 differential capacity
积分电容 integral capacity
☆微分电容曲线 differential capacity curve
☆电毛细曲线 electrocapillary curve
表面张力 surface tension
表面电荷密度 surface charge density
零电荷电位 zero charge potential
特性吸附 specific adsorption

电极过程动力学
Kinetics of electrode process

二电极系统 two electrode system
三电极系统 three electrode system
电化学极化 electrochemical polarization
浓差（或浓度）极化 concentration polarization
不可逆的 irreversible
准可逆的 quasi–reversible
活化过电位（或超电势）activation overpotential
浓差过电位 concentration overpotential
电阻过电位 resistance overpotential
电极过程 electrode process
传质步骤 mass transfer step
电荷转移步骤 charge transfer step
表面转化步骤 surface conversion step
前置反应 preceeding reaction
电极反应机理 electrode reaction mechanism
速度控制步骤 rate determining step
多电子过程 multi–electron processes
电化学-化学偶联反应 electrochemical–chemical couple reaction
前置反应机理 CE mechanism
后续反应机理 EC mechanism
催化反应机理 EC' mechanism
稳态扩散 steady diffusion
扩散层 diffusion layer
电迁移 migration
对流传质 convective diffusion
动力粘度 kinematic viscosity

扩散层厚度 thickness of diffusion layer
极限电流 limiting current
表面浓度 surface cocentration
非稳态扩散 non‐steady diffusion
电流阶跃 current step
电位阶跃 potential step
过渡时间 transition time
交换电流 exchange current
反应电阻 reaction resistance
传递系数 transfer coefficient
电极反应速度常数 rate constant of electrode reaction
等效电路 equivalent circuit
法拉第阻抗 Faraday impedance

电化学测量方法
Electrochemical methods（和电极过程动力学有关的放在这里，在他处有☆号者亦属方法）

稳态极化曲线 steady polarization curve
恒电流 galvanostat
恒电位 potentiostat
鲁金毛细管 Luggin capillary (or probe)
换向器方法 commutator method
线性电位扫描 linear potential sweep
三角波电位扫描（或循环伏安法）triangle wave potential sweep (or cyclic voltammetry)
峰电位 peak potential
峰电流 peak current
卷积伏安法 convolution voltammetry
暂态法 transient method
计时电位法 chronopotentiometry
计时电流法 chronoamperometry
计时库仑法 chronocoulometry
旋转圆盘电极 rotating disk electrode
旋转环盘电极 rotating ring‐disk electrode
直流极谱 direct current polarography
方波极谱 square wave polarography
常规脉冲极谱 normal pulse polarography
示差脉冲极谱 differential pulse polarography
半波电位 half wave potential
极谱极大 polarographic maximum
滴汞电极 dropping mercury electrode
交流技术 AC techniques
复数平面图 complex plane diagram
李沙育图形 Lissajous figure
光谱电化学 spectroelectrochemistry
光学透明电极 optically transparent electrode
紫外-可见光谱 UV‐visble spectroscopy
红外反射光谱 infrared reflectance spectroscopy
拉曼光谱 Raman spectroscopy
椭圆偏振光谱 ellipsometric spectroscopy
电化学扫描隧道显微术 electrochemical scanning tunneling microscopy
非现场（非原位）方法 ex‐situ method
现场（原位）方法 in‐situ method

电化学工程
Electrochemical engineering

电化学工业 electrochemical industry
物料衡算 mass balance
电压衡算 voltage balance
能量衡算 energy balance
热平衡 heat balance
槽电压 cell voltage
热中电压 thermoneutral voltage
欧姆电位降 ohmic potential drop
法拉第电解定律 Faraday's law of electrolysis
电化学当量 electrochemical equivalent
库仑计 coulometer
电流效率 current efficiency
产率（或转化率）material yield
电能消耗 energy consumption
空时产率 space time yield
电解参数 electrolysis parameters
  电极电位 electrode potential
  电极材料和结构 electrode material and structure
  电活性物种浓度 concentration of electroactive species
  电解介质 electrolysis medium

温度和压力 temperature and pressure
传质制度 mass transfer regime
电解槽设计 cell design
电化学反应器 electrochemical reactor
间歇式（或分批）反应器 batch reactor
活塞流式反应器 plug flow reactor
连续搅拌式反应器 backmix reactor
箱形电解槽 tank cell
压滤式电解槽 plate－and－frame cell in a filter press
固定床电极 fixed electrode
流化床电极 fluidized electrode
双极电极 bipolar electrode
多孔电极 porous electrode
形稳阳极 dimensionally stable anode (DSA)
不溶性阳极 insoluble anode
可溶性阳极 soluble anode
惰性金属 inert metal

重要的电极过程 Important electrode processes

气体电极 gas electrode process
　氢电极过程 hydrogen electrode process
　氧电极过程 oxygen electrode process
　氯电极过程 chlorine electrode process
金属电极过程 metal electrode process
　金属电沉积 metal electrodeposition
　金属阳极溶解 metal anodic solution
氧化还原电极体系 redox electrode system
氢过电位 hydrogen overpotential
　迟缓放电理论 theory of slow discharge
　迟缓复合理论 theory of slow recombination
氧过电位 oxygen overpotential
氯过电位 chlorine overpotential
电催化 electrocatalysis
催化剂材料 catalyzer material
　铂、铱 platinum, iridium
　镍钼合金 Ni－Mo alloy
　氧化钌 ruthenium oxide
　过渡金属酞菁化合物 transition metal phthalocyanines

无机物电解制备 Electrolytic preparation of inorganic compounds

盐水电解（制氯和氢氧化钠）electrolysis of brine (preparation of chorine and sodium hydrate)
　隔膜电解槽 diaphragm cell
　汞电解槽 mercury cell
　离子膜电解槽 ion membrane cell
电解水 water electrolysis
重水 heavy water
重氢 diplogen (or heavy hydrogen)
次氯酸盐 hypochorite
氯酸盐 chlorate
过酸 peracid
过硫酸盐 peroxodisulfate
过氧化氢 hydrogen peroxide
高锰酸钾 potassium permanganate
二氧化锰 manganese dioxide
重铬酸钾 potassium dichromate
铬酸 chromic acid
铬酸铅 lead chromate
赤血盐 potassium ferricyanide
高铁酸盐 ferrate
氟 fluorine
臭氧 ozone

电池和能源 Batteries and power source

一次电池 galvanic cell primary cell
蓄（或二次）电池 accumulator (or secondly) battery
圆柱形电池 cyclindrical cell
钮扣电池 button cell
迭层电池 layer－built cell
锌锰电池 zinc－manganesium cell
纸板干电池 paper－lined dry cell
碱性锌锰电池 alkaline zinc－manganesium cell
锌银电池 zinc-silver cell
锌汞电池 zinc－mercury cell

锌空气电池 zinc-air battery
铅酸电池 lead acid cell
镍镉电池 nickel cadmium cell
镍氢电池 nickel hydrogen cell
锂电池 lithium cell
锂离子电池 lithium ion cell
锂金属硫化物电池 lithium-metal sulfide cell
锂亚硫酰氯电池 lithium-thionyl chloride cell
钠硫电池 sodium sulfur cell
固体电解质电池 solid electrolyte cell
热电池 thermal battery
贮备电池 reserve battery
碱性燃料电池 alkali fuel cell (AFC)
直接甲醇燃料电池 direct methanol fuel cell (DMFC)
熔融碳酸盐燃料电池 molten carbonate fuel cell (MCFC)
质子交换膜燃料电池 pronton exchange membrane fuel cell (PEMFC)
固体氧化物燃料电池 solid oxide fuel cell (SOFC)
活性物质 activated material
贮氢合金 hydrogen storage alloy
防水电极 water-proof electrode
气体扩散电极 gas diffuse electrode
隔膜 membrane or separator
极柱 terminal
额定容量 rated capacity
比能量 energy density of battery
比功率 power density of battery
标称电压 nominal voltage
开路电压 open circuit voltage
工作电压 operating voltage
放电深度 depth of discharge
充电效率 charge efficiency
自放电 self-discharge
循环寿命 cyclic life
使用寿命 service life
化成 formation
浮充蓄电池 floating battery
干荷电蓄电池 dry charge battery
太阳能电池 solar cell

光电化学电池 photoelectrochemical cell
氢能经济 hydrogen economy
原子能发电站 atomic energy power plant
电动汽车 exectric vehicle (EV)
电动汽车电源 electrical source for electric vehicles

腐蚀及防腐
Corrosion and corrosion prevention
电化学腐蚀 electrochemical corrosion
化学腐蚀 chemical corrosion
大气腐蚀 atmosphere corrosion
海水腐蚀 seawater corrosion
土壤腐蚀 soil corrosion
均匀腐蚀 uniform corrosion
局部腐蚀 localized corrosion
小孔腐蚀 pitting corrosion
缝隙腐蚀 crevice corrosion
晶间腐蚀 intercrystalline corrosion
应力腐蚀破裂 stress corrosion cracking
腐蚀疲劳 corrosion fatigue
杂散电流腐蚀 stray-current corrosion
腐蚀速度 corrosion rate
丹尼尔电池（腐蚀电池）Daniell cell
伊文思图 Evans diagram
腐蚀电位 corrosion potential
稳定电位 steady potential
自动溶解 spontaneous dissolution
共轭反应 coupled reaction
去极化作用 depolarization
释氢腐蚀 hydrogen evolution corrosion
氧还原腐蚀 oxygen reduction corrosion
钝化 passivation
超钝态 tranpassivity
线性极化法 linear polarization method
极化电阻 polarization resistance
三点法 three point method
防腐 corrosion protection
耐蚀性 corrosion resistance
腐蚀阻化剂（缓蚀剂）corrosion inhibitor
水溶性缓蚀剂 water-soluble inhibitor
油溶性缓蚀剂 oil-soluble inhibitor
气相缓蚀剂 vapor phase inhibitor
缓蚀系数 (corrosion) inhibitor coefficient

阴极保护 cathodic protection
牺牲阳极 sacrificial anode
辅助阳极 auxiliary anode
阳极保护 anodic protection
达克罗，锌铬膜 DACROMAT

电解冶金和功能材料制取
Electrolytic metallurgy and preparation of functional materials
电冶金 electrometallurgy
电解生产（提取）
  锌、铝、镁、钠、稀土金属、钛、钽
 electrowinning of
  zinc, aluminium, magnesium, sodium, rare earth metals, titanium, tantalum
电解精炼
  铜、镍、银、金
 electrorefining of
  copper, nickel, silver, gold
电解制取金属粉末 electrolytic preparing metal powder
湿法冶金 hydrometallurgy
浸出溶液 leaching solution
熔盐电解 molten salt electrolysis
金属电结晶 metal crystallization
 表面扩散 surface diffusion
 结晶过电位 crystallization overpotential
晶格缺陷 crystal lattice defect
树枝晶 dendrites
电冶铝 aluminium electrometallurgy
霍尔-赫罗尔特过程 Hall-Héroult process
金属间化合物 intermetalli compound
自耗阴极法 consumable cathode
永磁材料 permanent magnetic material
 钕-铁-硼 neodymium-iron-boron
贮氢材料 hydrogen storage material
 镧-镍合金 lanthanum-nickel alloy
太阳能材料 material of solar energy
 硫化镉 cadmium sulfide
 砷化镓 gallium arsenide
表面工程材料 surface engineering material
 硼化钛 titanium boride

电子发射材料 electron emission material
原子能工程材料 atomic energy engineering material

表面处理（精饰）与电化学加工
Surface finishing and electrochemical machining
表面涂敷技术 surface coating technique
表面加工技术 surface machining technology
表面改性技术 surface modification technique
防护性镀层 corrosion resistant plating layer
装饰性镀层 decorated plating layer
功能性镀层 functional plating layer
抛光 polishing
脱脂 degreasing
清洗 cleaning
浸蚀 pickling
电镀 electroplating
 从络合物溶液 from complex solution
 从简单盐溶液 from simple salt solution
添加剂 additive agent
表面活性剂 surfactant
润湿剂 wetting agent
光亮剂 brightener
平整剂 leveling agent
赫尔槽 Hull cell
电流分配 current distribution
分散能力 throwing power
覆盖能力 covering power
付着力 adhesive force
光泽度 glossiness
表面粗糙度 surface roughness
耐磨性 abrasion resistance
电镀锌（在钢铁上），electrogalvanizing
合金电镀 alloy electroplating
诱导共沉积 inductive codeposition
欠电位电沉积 underpotential electrodeposition
非晶态镀层 amorphous deposited layer
复合（或分散）电镀 composite electroplating
化学镀（即无电镀）electroless plating 又称

自催化镀 autocatalytic plating
塑料电镀 plating on plastics
浸镀 immersing plating
机械镀 machining plating
高速镀 high speed plating
喷镀 jet plating
脉冲电镀 pulse electroplating
刷镀 brush plating
激光镀 laser plating
阳极（氧）化 anodization
微弧氧化 micro‑arc oxidaton
磷化 phoshating
铬酸盐化 chromating
电解着色 electrolytic coloring
整体着色 integral color
有机染料 organic dye
耐光性 light-fastness
耐候性 weather‑fastness
电解加工 electrolytic machining
电铸 electrocasting, electroforming
电抛光 electropolishing
电刻蚀 electroetching
电泳涂漆 electrophoretic painting
电渗 electroosmosis
封孔处理 sealing
水溶性树脂涂料 water soluble resin paint

有机电合成
Organic electrosynthesis
质子传递溶剂 protophilic solvent
 水 water，乙醇 ethanol，甲醇 methanol，醋酸 acetic acid，乙胺 ethylamine
非质子传递溶剂 aprotic solvent
 乙腈 acetonitrile
 二甲亚砜 dimethylsulfoxide（DMSO），
 N,N-二甲基甲酰胺
  N,N‑dimethylformamide（DMF）
有机溶剂中的支持电解质 support（or background）electrolyte in organic solvent
 高氯酸锂 lithium perchlorate
 四乙铵氟磷酸盐 tetraethylammonium fluorophosphate
 四丁铵氟硼酸盐 tetrabutylammonium fluoroborate
阳极氧化 anodic oxidation of
 烷烃和烯烃 alkane and olefin
 醇、醚、羰基化合物 alcohol, ether, carbonyl compound
 含氮化合物、含硫化合物 compound containing nitrogen, containing sulfur
 杂环化合物 heterocyclic compound
有机化合物电化学卤化 electrochemical halogenation of organic compound
芳香化合物阳极官能基化 anodic functional of aromatic compound
间接电氧化 indirect electrooxidation
阴极还原 cathodic reduction of
 含碳-碳双键化合物 compound containing carbon‑carbon double bond
 有机卤代物 organic halide
 羰基化合物 carbonyl compound
 酯、酰胺 ester, amide
 含氮化合物 compound containing nitrogen
 含硫化合物 compound containing sulfur
 柯尔伯反应 Kolbe reaction
电合成 electrosynthesis of
 四烷基铅 lead tetraalkyls
 己二腈 adiponitrile
 乙醛酸 glyoxylic acid
 苯胺 aniline
 癸二酸二酯 sebacic acid diester
 有机氟化物 fluorinated organics
电化学氟化 electrochemical fluoration
固体聚合物电解质-电解 solid polymer electrolyte（SPE）‑electrolysis
两相溶剂中的电解 electrolysis in two‑phases solvent
有机声电合成 organic sound‑electricity synthesis

电活性聚合物
Electroactive polymer
导电聚合物 conductive polymer
 聚乙炔 polyacetylene（PA）
 聚苯 polyparaphenylene（PPP）

聚苯胺※ polyaniline (PAn)
聚吡咯※ polypyrrole (PPy)
聚噻吩※ polythiophene (PTh)
聚合物（或塑料）电池 polymer (or plastic) battery
化学修饰电极 chemically modified electrode
　电化学法（制备）electrochemical method
　　欠电位沉积 underpotential deposition
　化学气相沉积法 chemical vapor deposition (CVD)
　聚合物修饰电极 modified electrode with polymer
　电致显色材料 electrochromic material
　　紫精（属于氧化还原型）viologen
　　金属有机螯合物 metal organic chelate
（带※的导电聚合物也是电显色材料）

电化学方法在环境保护中的应用
Application of electrochemical methods in environment protection

电化学法处理污染物 electrochemical methods for treating pollutant
化学需氧量 chemical oxidation demand (COD)
生化需氧量 biochemical oxidation demand (BOD)
电化学需氧量 electrochemical oxidation demand (EOD)
电化学氧化指数 electrochemical oxidability index (EOI)
直接电解 direct electrolysis
间接电解 indirect electrolysis
电解氧化氰 electrolytic oxidation of cyanide
电解氧化酚 electrolytic oxidation of hydroxybenzene
电解还原铬（VI）electrolytic reduction of chromium (VI)
电浮离 electroflotation
电凝聚 electrocoagulation
电渗析 electrodialysis
海水淡化 desalt of seawater

海藻污染 algae pollution
铝基絮凝剂 alumiuium based coagulant
废水处理 treatment of wastewater
离子透过膜 ion permeable membrane
透过率 permeability
机械强度 mechanic intensity
交换容量 exchange capacity
电化学消毒水 electrochemical disinfection of water
电化学转换气体污染物 electrochemical conversion of gaseous pollutants
☆离子选择电极 ion selective electrode
　　固态电极 solid-state electrode
　　液膜电极 liquid-membrane electrode
　　气敏电极 gas sensing electrode
　　场效应管 field effect transtor
☆溶出伏安法 stripping voltammetry
　　流动溶出伏安法 flowing stripping voltammetry
　　吸附溶出伏安法 adsorptive stripping voltammetry
　　阴离子溶出伏安法 anion stripping voltammetry
食品 foodstuff
地质 geology

生物电化学，传感器
Bioelectrochemistry, Sensor

脑波 brainwave
心电 heart electricity
筋电 muscle electricity
心电图 electrocardiogram
微电极 microelectrode
细胞膜的静息电位 resting potential of cell membrane
电刺激 electric excitation
动作电位 action potential
核酸 nucleic acid
核酸中的碱基 base of nucleic acid
　腺嘌呤（A），乌嘌呤（G），胞嘧啶（C），胸腺嘧啶（T）
　adenine, guanine, cytosine, thymine
核酸修饰电极 nucleic acid modified

electrode
脱氧核糖核酸 deoxyribonucleic acid (DNA)
DNA 双螺旋结构 DNA duplex helix structure
核苷酸 nucleotide
寡核苷酸 oligonucleotide
尿酸 uric acid
辅酶 coenzyme
葡萄糖 glucose
蛋白质 protein
氨基酸 amino acid
脂质 lipid
生物催化剂 biocatalyst
固定化酶 immobilized enzyme
线粒体 mitochondria
三磷酸腺苷 adenosine triphosphate (ATP)
细胞色素 cytochrome
临床检验 clinic inspection
药物 medicament
☆电化学传感器 electrochemical sensor
 电位传感器 potentiometric sensor
 安培/库仑传感器
  amperometric/coulometric sensor
 电导传感器 conductometric sensor
感受器 receptor
信号转换 signal conversion
生物电化学传感器 bioelectrochemical
 sensor
 酶传感器 enzyme sensor
 微生物传感器 microbe sensor
 组织传感器 tissue sensor
 免疫传感器 immunity sensor
  抗体 antibody
  抗原 antigen
 DNA 传感器 DNA sensor
生物燃料电池 biological fuel cell
电麻醉 electric anaesthesia

电针刺 electric acupuncture
☆毛细管电泳 capillary electrophoresis (CE)
☆区带电泳 zone electrophoresis (ZE)
☆毛细管电色谱 (CEC)
 capillary electric-chromatography (CEC)

纳米材料，分子器件
nanomaterial, molecular device

纳米涂层 nanocoating
纳米技术 nanotechnology
纳米管 nanotube
纳米线 nanowire
纳米复合物 nanocomposite
纳米簇合物 nanocluster
金属阵列 metal array
模板 Templating
溶胶-凝胶方法 sol-gel process
扫描隧道显微镜
 scanning tunneling microscopy (STM)
自组装单层膜
 self-assembled monolayer (SAM)
分子磁铁 molecular magnet
碳基分子电子连接器
 carbon-based molecular electronic
 junction
分子整流器 molecular electrical
 rectifier
给体-受体分子
 donor-acceptor molecule
金属-有机自由基开放框架
 metal-organic radical open frame
 (MOROF)
三氰基喹诺二甲化十六烷基喹啉鎓
 hexadecylquinolinium
 tricyanoquinodimethanide
富勒烯 fullerene

参 考 文 献

电化学基础理论

1. 查全性等.电极过程动力学导论(第三版).北京:科学出版社,2004
2. 陆兆锷.电极过程原理和应用.北京:高等教育出版社,1989
3. 李荻.电化学原理.北京:航空航天大学出版社,1992
4. [苏]弗鲁姆金著.电极过程动力学.朱荣昭译.北京:科学出版社,1957
5. [美]博克里斯,德拉齐克著.电化学科学.夏熙译.北京:人民教育出版社,1981
6. [苏]安德罗波夫著.理论电化学.吴仲达等译.北京:人民教育出版社,1984
7. [日]小泽昭弥主编.现代电化学.吴继勋,卢燕平译.北京:化学工业出版社,1995
8. [美]安森讲授.电化学与电分析化学.黄慰曾等编译.北京:北京大学出版社,1981
9. [美]莫理森著.半导体与金属氧膜的电化学.吴辉煌译.北京:科学出版社,1988
10. [美]博克里斯著.量子电化学.冯宝义等译.哈尔滨:哈尔滨工业大学出版社,1988
11. Bockris J O'M. Reddy A K N. *Modern Electrochemistry*. Vol. 1－2. New York and London: Penum Press, 1970
12. Philip H Rieger. *Electrochemistry*. Englewood Cliffs: Prentice-Hall, Inc., 1987
13. Hamann C H, Hamnett A, Vielstich W. *Electrochemistry*. New York: Chichester, Brisbane, Singapore, Toronto: Wiley-VCH, 1998
14. Brockris J O'M et al. *Comprehensive of Electrochemistry*, Vol. 1, *The Double Layer*. New York: Plenum Press, 1981
15. Brockris J O'M et al. *Comprehensive of Electrochemistry*, Vol. 6, *Electrodics: Transport*. New York: Plenum Press, 1983
16. Vetter K J. *Electrochemical Kinetics*. Berlin: Springer Verlag, 1961
17. Thirsk H R, Harrison J A. *A Guide to the Study of Electrode Kinetics*. New York: Academic Press, 1972

电化学研究方法和测量技术

1. 田昭武.电化学研究方法.北京:科学出版社,1984
2. 周伟舫主编.电化学测量.上海:上海科学技术出版社,1983
3. 刘永辉.电化学测试技术.北京:航空航天大学出版社,1987
4. 田昭武等.电化学实验方法进展.厦门:厦门大学出版社,1988
5. [美]巴德,福克纳著.电化学方法——原理与应用.谷林瑛等译.北京:化学工业出版社,1986
6. [英]南安普顿电化学小组著.电化学的仪器方法.柳厚田等译.上海:复旦大学出版社,1992
7. [日]藤山昭等著.电化学测定方法.陈震,姚建年译.北京:北京大学出版社,1995
8. 林仲华,叶思宇,黄明东,沈培康.电化学中的光字方法.北京:科学出版社,1990
9. White R E et al. *Comprehensive Treatise of Electrochemistry*, Vol. 8, *Experimental Methods in Electrochemistry*. New York: Plenum Press, 1984
10. Yeager E et al. *Comprehensive Treatise of Electrochemistry*, Vol. 9, *Electrodics: Experimental Techniques*, Plenum Press, 1984

11 Yeager E et al. *Techniques of Electrochemistry*, Vol. 1. New York: Wiley, 1972
12 Ives D I G, Janze G J. *Reference Electrodes*. New York: Academic Press, 1961
13 Abruna H D. *Electrochemical Interfaces: Modern techniques for in-situ interface characterization*. New York: VCH Publishers, Inc., 1991
14 杨绮琴,符圣卫.在氯化物熔体中用铁阴极沉积Na-Fe合金的电极过程.化学通报,1987,45,244
15 郑华均,马淳安.光谱电化学原位测试技术的应用及进展.浙江工业大学学报,2003,31(5),501

电化学数据

1 朱元保等编.电化学数据手册,长沙:湖南科学技术出版社,1985
2 姚允斌,解涛,高英敏.物理化学手册(内有有机物半波电位).上海:上海科技出版社,1985
3 Parsons R. *Electrochemical constants*. London: Butterworths Scientific Publicatons, 1959
4 Janz G J. *Molten Salt Handbook*. New York: Academic Press, 1967
5 Conway B E. *Electrochemical Data*. Westport, Conn.: Greenwood Press, 1969
6 Bard A J, Parsons R, Jordan J. *Standard Potentials in Aqueous Solution*. New York: Dekker, 1985
7 Horvath A L. *Handbook of Aqueous Electrolyte Solutions*. New York: John Wiley & Sons, 1985

电化学工业和电化学工程

1 吴辉煌,许书楷.电化学工程导论.厦门:厦门大学出版社,1994
2 邝鲁生,陈芬儿,梁启勇.应用电化学.武汉:华中理工大学出版社,1994
3 何卓立.电化学工程基础.天津:天津科学出版社,1993
4 [苏]库特利雅夫采夫等著.应用电化学.陈国亮,柴华丽,祝大昌,郁祖湛译.上海:复旦大学出版社,1992
5 [日]日根广文著.电解槽工学.安家驹,陈之川译.北京:化学工业出版社,1985
6 Ismail M I, *Electrochemical Reactors, Their Science and Technology*, Pt. A. Amsterdam: Elsevier,1989
7 Pletcher D, Walsh F C. *Industrial Electrochemistry*. 2nd. ed. London: Chapman Hall, 1990
8 Yeager E et al. *Techniques of Electrochemistry*, Vol. 3. New York: Wiley, 1978
9 Vreeke M S, Mah D T, Doyle C M. "Report of the electrolytic industries for the year 1997". *J. Electrochem. Soc.* 1998, 145(10), 3668

电解质水溶液、熔融盐、固体电解质

1 黄子卿.电解质溶液理论导论.北京:科学出版社,1983
2 段淑贞,乔芝郁主编.熔盐化学——原理和应用.北京:冶金工业出版社,1990
3 [苏]捷里马尔斯基著.离子熔体.沈时英译.北京:冶金工业出版社,1986
4 史美伦.固体电解质.重庆:科学技术文献出版社重庆分社,1982
5 Janz G J, Tomkins R P T. *Nonaqueous Electrolytes Handbooks*. Vol.1, Vol.2. New York Academic press, Inc 1972,1973
6 White B E et al. *Comprehensive Treatise of Electrochemistry*, Vol. 5, *Thermodynamic and Transporties of Aqueous and Molten Electrolytes*. New York: Plenum Press, 1983
7 Yeager E et al. *Techniques of Electrochemistry*, Vol. 2. New York: Wiley, 1973
8 Gray F M. *Solid Polymer Electrolytes: Fundamentals and Technological Applications*. New York: VCH, 1991
9 Inman D, Lovering D G. "Electrchemistry of Molten Salts". In: Conway B E et al ed. *Comprehensive*

Treatise of Electrochemistry, Vol. 7. New York: Plenum Press, 1983. 593

10　Aurbach D. *Nonaqueous Electrochemistry*. New York: Marcel Dekker Inc., 1999
11　杨绮琴, 方北龙. 常温熔盐. 化学通报, 1993, (5): 14
12　赵东滨, 寇元. 室温离子液体:合成、性质及应用. 大学化学, 2002, 17(2), 42
13　赵地顺, 孙凤霞, 张星辰等. 高分子固体电解质材料研究进展. 功能高分子学报, 2000, 13(4), 469

无机物的电合成和有关的电化学

1　天津化工研究院等编. 无机工业手册, 下册. 北京: 化学工业出版社, 1981
2　[英]库尔特编. 现代氯碱技术. 胡善珍译. 北京: 化学工业出版社, 1980
3　Bockris J O'M et al. *Comprehensive Treatise of Electrochemistry*, Vol. 2: *Electrochemical Processing*. New York: Plenum press, 1981
4　Jackson C. *Modern Chlor-alkai Technology*, vol. 2. Chichester: Ellis, 1983
5　Kinoshita K. *Electrochemical Oxygen* Technology, New York: Wiley, d 1992
6　周震, 阎杰, 王先友. 纳米材料的特性及其在电催化中的应用. 化学通报, 1998, (4), 23
7　童叶翔, 康北笙, 杨绮琴. 金属配位化合物溶液的电化学研究. 电化学, 1999, 5(4), 361
8　Pletcher D. "Electrocatalysis". *J. Appl. Electochem.*, 1985, 15: 403
9　Cepria G, Castillo J R. "Electrocatalytic behavior of several cobalt complexes". *J. Appl. Electochem.*, 1998, 28(1): 65
10　Spalek O. "Oxygen trickle-bed electrode as a cathode for chlor-alkali electrolysis." *J. Appl. Electochem.*, 1994, 24: 751
11　Katoh M, Nishiki Y, Nakamatsu S. "Polymer electrolyte-type electrochemical ozone generator with an oxygen cathode." *J. Appl. Electochem.*, 1994, 24: 489
12　李志远, 赵建国. 高铁酸盐制备、性质和应用. 化学通报, 1993, (7): 19

电源和能量转换

1　徐国宪, 章庆权. 新型化学电源. 北京: 国防工业出版社, 1987
2　张文保, 倪生麟. 化学电源导论. 上海: 上海交通大学出版社, 1992
3　吕鸣祥, 黄长保, 宋玉瑾. 化学电源. 天津: 天津大学出版社, 1992
4　朱松然主编. 蓄电池手册. 天津: 天津大学出版社, 1998
5　[日]吉泽四郎主编. 新电池读本. 苏昆译. 北京: 化学工业出版社, 1987
6　隋智通, 隋升, 罗冬梅. 燃料电池及其应用. 北京: 冶金工业出版社, 2004
7　[美]理查德等著. 实用光伏技术. 乔幼筠, 王斯成译. 北京: 航空工业出版社, 1988
8　Bockris JO'M et al. *Comprehensive Treatise of Electrochemistry*, Vol. 3: *Electrochemical Energy Conversion and Storage*. New York and London: Plenum press, 1981
9　Vincent C A, Scrosati B. *Modern Batteries*, 2nd. ed. London: Arnold, 1997
10　伍玉章编译. 原电池 IEC 标准选编(专集). 电池, 1985, (3)
11　黄振谦, 赖为华. 氢镍电池. 电池, 1994, 21(1), 29
12　原岛·孝一等. 燃料电池的最新技术(特集). 电气化学[日], 1998, 66(2): 122
13　任学佑. 锂离子电池及其发展前景. 电池, 1996, 26(1): 38
14　钱勇之. 世界太阳电池产业的新进展. 电池, 1996, 26(1): 41
15　王晓宁, 时茜, 史启祯等. 光电化学过程及其应用研究的部分新成果. 化学通报, 1998, (2): 14
16　杨遇春. 电动汽车和相关电源材料的现状与前景. 中国工程科学, 2003, 5(12), 1

17 张肇芬,贾静.国内外可充碱锰电池研究与应用现状.电源技术,1998,22(6),216

18 Dhar H P. "A unitized approach to regenerative solid polymer electrolyte fuel cells". *J. Appl. Electrochem.*, 1993, 23: 32

19 Muller S, Holzer F, Haas O. "Optimized zinc electrode for the rechargeable zinc – air battery." *J. Appl. Electrochem.*, 1993, 23: 32

20 Soonho A. "High capacity, high rate lithium – ion battery electrodes utilizing fibrous conductive additives". *Electrochemical and Solid – State Letters*, 1998, 1(3): 111

21 Woo J H, Lee K S. "Electrode characteristics of nanostructured Mg_2Ni – type alloys prepared by mechanical alloying." *J. Electrochem. Soc.*, 1999, 146(3): 819

22 K. Naoi et al. "A new energy storage material: organosulfur compounds based on multile sulfur-sulfur bonds." *J. Electrochem. Soc.* 1997, 144(6): L170, L173

腐蚀与防护

1 曹楚南.腐蚀电化学原理.北京:化学工业出版社,1985
2 刘永辉,张佩芬.金属腐蚀学原理.北京:航空工业出版社,1993
3 宋师哲.腐蚀电化学研究方法.北京:化学工业出版社,1988
4 中国腐蚀与防护学会主编,火时中.电化学保护.北京:化学工业出版社,1995
5 [英]伊文思著.金属的腐蚀与氧化.华保定译.北京:机械工业出版社,1978
6 杨熙珍,杨武.金属腐蚀电化学热力学,电位-pH图及其应用.北京:化学工业出版社,1991
7 Wranglen G. *An Introduction to Corrosion and Protection of Metals*. London: Chapman and Hall, 1985
8 Ailor W H. *Atmospheric Corrosion*. New York: Wiley, 1982
9 Laque F L. *Marine Corrosion*. New York: Wiley, 1975
10 Sastri V S. *Corrosion Inhibitors: principles and applications*. New York: Wiley, 1998
11 林海潮.缓蚀剂研究的进展.腐蚀科学与防护技术,1997,9(4),308
12 旷亚非,陈曙,林志成.2-巯基苯并噻唑对 NaCl 溶液中铜的缓蚀行为.中国腐蚀与防护学报,1995,15(2),129
13 邱枫,徐乃欣.用带状牺牲阳极对埋地钢管实施阴极保护时的电位和电流分布.中国腐蚀与防护学报,1997,17(2),99
14 杨绮琴,童叶翔.电化学方法制备稀土材料及稀土在电化学中的应用.电化学,1998,4(2):121
15 王伟彬,夏文惠,杨绮琴,刘冠昆.重碳酸盐型地热水中金属腐蚀的研究.中山大学学报(自然科学版),1982,(1),86
16 崔晓莉,江志裕.自组装膜技术在金属防腐蚀中的应用研究.腐蚀与防护,2001,22(8),335
17 蒋永锋,郭兴伍,翟春泉,丁文江.导电高分子在金属防腐领域的研究进展.功能高分子学报,2002,15(4),473
18 崔晓莉,杨锡良,章壮键.光催化 TiO_2 涂层在金属防腐蚀中的应用研究现状.腐蚀与防护 2003,24(3),102
19 魏计文.金属防腐新工艺—达克罗.武钢技术,2002,40(5),58

电解冶金

1 蒋汉赢.冶金电化学.北京:冶金工业出版社,1983
2 邱竹贤.铝电解原理与应用.北京:中国矿业大学出版社,1997
3 杨显万,邱定.湿法冶金.北京:冶金工业出版社,1998

4　夏忠让主编. 有色金属提取冶金手册——铜镍钴. 北京：冶金工业出版社，1991
5　彭容秋主编. 有色金属提取冶金手册——锌镉铅铋. 北京：冶金工业出版社，1992
6　李洪桂. 稀有金属冶金原理及工艺. 北京：冶金工业出版社，1981
7　稀土编写组. 稀土，上、下册. 北京：冶金工业出版社，1978
8　[苏]哥宾克等著. 钛的熔盐电解精炼. 高玉璞译. 北京：冶金工业出版社，1988
9　杨绮琴. 熔盐电解制取合金. 见：段淑贞，乔芝郁主编. 熔盐化学——原理和应用. 北京：冶金工业出版社，1990. 362,
10　杨绮琴. 中山大学电化学研究工作介绍——熔盐电沉积稀土金属及其合金的研究. 电化学，1997，4(2)：117
11　李国勋，范德芳. 钼在 $KF-B_2O_3-K_2MoO_4$ 中电沉积的研究. 电镀与精饰，1993，15(5)：7
12　Cathro K J, Dentscher R L, Sharama R A. "Electrowining magnesium from its oxide in a melt containing neodymium chloride." *J. Appl. Electrochem*. 1997, 27: 404
13　Tong Yexiang, Liu Guankun, Yang Qiqin. "Preparation of yttrium – barium – copper trinary master alloy by electrolysis from molten fluoride." *J. Rare Earths*. 1995, 13(4): 271
14　Ett G, Pessine E J. "Pulse current plating of TiB_2 in molten flouride." *Electrochimica Acta*, 1999, 44: 2859
15　Liu Peng, Yang Qiqin, Tong Yexiang, Yang Yansheng. "Electrodeposition of Rare Earth Metals and Their Alloys in Organic Electrolytes." *Journal of Rare Earths*, 1999, 17(2), 151
16　Liu Peng, Qiqin Yang, Yexiang Tong, YanshengYang. "Study on Electrodeposition of Gd – Co film in organic bath." *Electrochimica Acta*, 2000, 45, 2147
17　Qiqin Yang, Peng Liu, Yansheng Yang, Yexiang Tong. "Study on electroredution of Eu(III) and electrodeposition of Eu-Co in europium toluenesulfonate + DMF." *J. Electroanal. Chem*. 1998, 456: 223

表面处理和电化学加工

1　周绍民等. 金属电沉积—原理与研究方法. 上海：上海科技出版社，1987
2　曲敬信，汪泓宏主编. 表面工程手册. 北京：化学工业出版社，1998
3　曾华梁，吴仲达，秦月文等. 电镀工艺手册. 北京：机械工业出版社，1989
4　方景礼. 多元络合物电镀. 北京：国防工业出版社，1983
5　吴素纯. 化学转化膜. 北京：化学工业出版社，1988
6　郭鹤桐，张三元. 复合镀层. 天津：天津大学出版社，1991
7　高云震，任继嘉，宁福元编译. 铝合金表面处理. 北京：冶金工业出版社，1991
8　严钦元. 现代电镀与表面精饰添加剂. 北京：科学技术出版社，1994
9　[日]吕戊辰著. 表面技术加工. 张翙风，傅文章译. 沈阳：辽宁科学技术出版社，1984
10　黄子勋. 实用电镀技术. 北京：化学工业出版社，2002
11　渡边彻等编著. 非晶态电镀方法及应用. 于维平，李荻译. 北京：北京航空航天大学出版社，1992
12　[苏]鲁米扬采夫，达维多夫著. 金属电解加工工艺. 刘友轩译. 北京：国防工业出版社，1989
13　向国朴. 脉冲电镀的理论与应用. 天津：天津科学技术出版社，1989
14　Edwards J. *Coating and Surface treatment systems for Metals*. Ohio: ASM International, 1997
15　杨绮琴. 电镀研究中的电化学测量技术(I)、(II)、(III)、(IV). 电镀与涂饰，1986，5，(1)：34、(2)：33、(3)：44、(4)：50
16　方北龙，王锐光，陈小华. 仿金电镀过程的研究. 电镀与环保，1992，12(3)：5

17　丘开容，杨绮琴，韦宏．阳极氧化铝在锡盐溶液中电解着色的机理．电镀与环保，1988，8(2)：7

18　王伟彬，杨绮琴，韦永好．在铬酸-硫酸溶液中不锈钢的阳极氧化着色．电镀与环保，1990，10(1)：1

19　杨绮琴，童叶翔．激光电镀和激光刻蚀．电镀与涂饰，1999，18(2)，47

20　Landolt D. "Electrochemical and materials science aspects of alloy deposition." *Electrochimica Acta*. 1994，39(8/9)，1075

有 机 电 化 学

1　陈敏元．有机电化学讲义和资料．昆明：云南工学院，1990

2　江琳才．电合成．北京：高等教育出版社，1993

3　陈松茂．有机化工产品电解合成．上海：上海科学技术出版社，1994

4　程能林，胡声闻．溶剂手册．北京：化学工业出版社，1987

5　Baizer M, Lund H. *Organic Electrochemistry*. New York: M.Dekker,3rded.1991

6　Kyriacou D. *Modern Electroorganic Chemistry*. Beilin: Springer-Verlag, 1994

7　Shono T. *Electroorganic Chemistry as a New Tool in Organic Synthesis*, Berlin: Springer-Verlag, 1984

8　Kyriacou D E, Jannakoudis D A. *Electrocatalysis for Organic Synthesis*. New York: Wiley, 1986

9　Covington A K, Dickinson T. *Physical Chemistry of Organic Solvents*. New York: Plenum Press, 1985

10　Banks R F. *Preparations, Properties and Industrial Application of Organo-fluorine Compounds*, New York: John Wiley & Sons, 1982

11　方忠安，杨绮琴，刘冠昆．异黄樟油素电氧化的机理研究．中山大学学报(自然科学版) 1992, 31(2)：62

12　董绍俊．化学修饰电极的研究进展．分析化学，1985, 13(11), 870

13　张升水，张茂龙．有机电显色材料．化学通报，1993, (9)：27

14　M. Shibata, K. Yoshida, N. Furuya. "Electrochemical synthesis of urea at gas-diffusion electrodes". *J. Electrochem. Soc.*, 1998, 145(2)：595．(7)：2348

15　M. Lieder, C. W. Schlapfer. "Synthesis and electrochemical properties of new viologen polymers." *J. Appl. Electrochem*. 1997, 27：235

电化学在环境保护中的应用

1　韩庆生，陶映初．污水净化电化学技术．武汉：武汉大学出版社，1988

2　陶映初，陶举洲．环境意化学．北京：化学工业出版社，2003

3　高小霞．电化学分析法在环境监测中的应用．北京：科学出版社，1982

4　王振坤．离子交换膜——制备、性能及应用．北京：化学工业出版社，1986

5　邵刚．膜法水处理技术．北京：冶金工业出版社，1992

6　高以炬，叶凌碧．膜分离技术基础．北京：科学出版社，1989

7　颜流水，魏洽，王承宜等．电聚吡咯固定化酪氨酸酶电极的制备及性能．电化学，2000,6(5),22

8　李玉瑛，钟桐生，李必芬，黄杉生．一种新的PVC膜铬(VI)离子选择电极的研制及应用．湖南大学学报(自然科学版)，2003(4)

9　Dahmen E A F, *Electrodialysis*: *Theory and Applications in Aqueou and non-aqueous Media and in Automated Chemical Control*. Amsterdam: Elsevier 1986

10　Tamminen A, Vuorilehto K. "Application of a three-dimensional ion-exchange electrolyte in the deoxygenation oflow-conductivity water". *J. Appl. Electrochem*. 1997,27,1095

11 Rajeshwar K, Ibanez J G, Shain G M. "Electrochemistry and Environment", *J. Appl. Chem*. 1994, 24:1077

12 Sistat P, Pourcelly G Turcotte N T. "Electrodialysis of acid effluents containing metallic divalent salts". *J. Appl. Electrochem*. 1997, 27: 65

13 Kemakoon C L K, Bhardwaj R C, Bockris J O'M. "Electrochemocal treatment of human waste." *J. Appl. Electrochem*. 1997, 27: 635

14 Bockris J O'M, Kin J. "Electrochemical treatment of low-level nuclear waste." *J. Appl. Electrochem*. 1996, 26: 18

15 Boniardi N, Rota R, Nane G. "Lactic acid production by electrodialysis. Pt. I." *J. Appl. Electrochem*. 1997, 27: 125

16 Boscoletto A B, Gottardi F, Milan L. "Electrochemical treatment of bisphenol-A containing wastewaters." *J. Appl. Electrochem*. 1994, 24: 1052

17 Do J-S, Chen M-L. "Decolouringation of dye-containing solutions by electrocagulation." *J. Appl. Electrochem*. 1994, 24: 785

18 Chuanping Feng, Norio Sugiura, Satoru Shimada, etc. "Development of a high performance electrochemical wastewater treatment system." *Journal of Hazardous Materials*. 2003, B103, 65

19 Christopher W. K. Chow. Shaun D. Thomas, David E. "Davey, etc. Development of an on – line electrochemical analyzer for trace level aluminium." *Analytica Chimica Acta*, 2003, 499, 173

20 Mohammad Reza Ganjali, Maryam Ghorbani, Parviz Norouzi, etc. "Nano levels detection of beryllium by a novel beryllium PVC – based membrane sensor based on 2, 3, 5, 6, 8, 9 – hexahydro – 1, 4, 7, 10 – benzotetra oxacyclododecine – 12 – carbaldehyde – 12 – (2, 4 – dinitropheny)hy". *Sensors and Actuators*, 2004, B100, 315

生物电化学和电化学在医药中的应用

1 [意]米拉佐,[美]布兰克编. 生物电化学 生物氧化还原反应. 肖科等译. 天津:天津科学技术出版社, 1990

2 [美]罗伯特, 罗杰著.定量生物电学. 江志裕等译.上海:复旦大学出版社, 1992

3 邓家祺, 林义祥. 溶出伏安法在环境、医学、食品上的应用. 北京:人民卫生出版社, 1986

4 Srinivasan S et al,. *Comprehensive Treatise of Electrochemistry*, Vol. 10, *Bioelectrochemiry*. New York and London: Plenum press, 1985

5 Calabrese G S, O'Connell K M. "Medical applications of elecrochemical sensors and techniques", *Electrochemistry* II, Ed. by Steckhan E. Berlin:Speringer-Verlag, 1987

6 Lunte C E, Heineman W R. "Electrochemical techniques in bioanalysis," *Electrochemistry* II. Ed. by Steckhan E. Berlin: Speringer-Verlag,1987

7 Campbell W W. *Essentials of electrodiagnostic medicine*, Baltimore: Williams & Wilkins, 1999

8 陆琪, 庞代文. 核酸修饰电极研究进展. 化学通报, 1998 (5): 15

9 杨俊, 邵国泉, 段占伟. 流动注射电位法测定烟草中尼古丁的研究. 化学世界, 1999, 40 (1): 43

10 石森义雄. 电化学检测 DNA 技术的开发. 电气化学[日], 1998, 66 (1): 2

11 毛煜,徐建明.毛细管电泳技术和应用新进展.化学研究与应用,2001,13(1),4

12 赖瑢,莫金垣,郑一宁.毛细管电泳多道电化学检测工作站.分析试验室,2002,21(5),72

13 李义.毛细管电泳技术及应用.北京:化学出版社,2000 年

14 卢基林,庞代文.生物电化学简介.大学化学,1998,13(2),30

15 陈银生,张新胜,戴迎春,袁渭康.电化学——21 世纪的绿色化学和热门学科.江苏化工,2002,30(3),11

16 汪尔康,黄卫民."分子仿生——仿生膜体系的电化学研究".科学中国人,2004,(4)30

电化学传感器和生物化学传感器

1 贺安之,阎大鹏. 现代传感器原理及应用. 北京：宇航出版社,1995
2 ［日］铃木周一主编.生物传感器.霍纪文译.北京：科学出版社,1988
3 ［日］清水罔夫等著. 新功能材料. 李福绵译. 北京：北京大学出版社,1990
4 黄克勤,刘庆国. 固体电解质直接定氧技术. 北京：冶金工业出版社,1993
5 Janata J. *Princeples of Chemical Sensors*. New York: Plenum Press, 1989
6 Koryta J, Stulik K. *Ion-selective Electrodes in Analytical Chemistry*, 2 Vols. New York: Plenum Press, 1981
7 Hibino T, Iwahara H, Suzuki T et al. "Recycling of carbon dioxide using a proton conductor as a solid electrolyte." *J. Appl. Electrochem*. 1994, 24: 126
8 Hibino T, Iwahara H. "A hydrocarbon sensor using a high-temperature-type proton conductor." *J. Appl. Electrochem*. 1994, 24: 268
9 Barton S A C, Murach B L, Fuller T F, et al. " A methanol sensor for portable direct methanol fuel cells," *J. Electrochem. Soc.*, 1998, 145 (11):3783
10 Daniel R Thevenot, Klara Toth, Richard A Durst, et al. Electrochenical biosensors: recommended definitions and classification. *Biosensors & Bioelectronics*, 2001, 16, 121

纳 米 材 料

1 邓姝皓,龚竹青,陈文汩.电沉积纳米晶体材料的研究现状与发展.电镀与涂饰,2001,20(4),35
2 林文松,李培耀,钱士强等.纳米涂层的研究现状与展望.材料保护,2003,36(7),1
3 张莉芹,袁泽喜.纳米技术和纳米材料的发展及其应用.武汉科技大学学报(自然科学版),2003,26(3),234
4 Tianbo Liu, Christian Burger, Benjamin Chu. "Nanofabrication in polymer matrices."*Prog. Polym. Sci*.28 (2003)5－26
5 Onishi K, Kumakura T, Fujita D. "Nanostructure fabrication for future nanodevices using a scanning tunneling microscope." *Superlattices and Microstructures*, 2002, 32(4－6), 249
6 Giinter Schmid, Gabor L Hornyak. "Metal Clusters－new perspectives in future nanoelectronics." *Current opinion in solid state & Materials science* 1997, 2(2), 204
7 Kentaro Tanaka, Atsushi Tengeiji, Tatsuhisa Kato, et al. "A Discrete Self－Assembled Metal Array in Artifical DNA". *Science*, 2003, 299, 1212
8 Daniel Maspoch, Daniel Ruiz－Molinai, Klaus Wurst, et al. " A nanoporous molecular magnet with reversible solvent－induced mechanical and magnetic properties." *Nature Materials*, 2003, 2(3), 10
9 Richard McGreery. "Molecular electronics." *Interface*, 2004, 13(1), 25
10 Robert M Metzger. "Four examples of unimolecular electrical rectifiers." *Interface*, 2004, 13(1), 40
11 Richard McGreery. "Carbon－based molecular electronic junctions." *Interface*, 2004, 13(1), 46
12 W. Freyland, C. A. Zell, S. Zein El Abedin, et al. "Nanoscale electrodeposition of metals and semiconductors from ionic liquids." *Electrochimica Acta*, 2003, 48, 3053
13 Naichao Li, Charles R. Martin, Bruno Scrosati. "Nanomaterial－based Li－ion battery electrodes." *J Power Soures*, 2001, 97－98, 2240
14 Michel A. Aegerter. "Sol－gel niobium pentoxide: A promising material for electrochromic coatings, bateries nanocrystalline solar cells and catalysis." *Solar Energy Materials & Solar Cells*, 2001, 68, 401